지명과 권력

- 한국 지명의 문화정치적 변천 -

김 순 배

부소산에 저문 가랑비 내리는 충남 부여가 고향이다. 1997년 한국교원대학교 지리교육과를 졸업하고 2009년 같은 대학에서 『한국 지명의 문화정치적 변천에 관한 연구: 구 공주목 진관 구역을 중심으로』로 박사학위를 받았다. 땅에 새긴 이름으로 인해 누군가의 경관이 되고 장소가 되는 지명의 문화정치와 전통적 지명 고증에 관심을 갖고 있다.

주요 논문으로는 「하천 지명의 영역과 영역화」(2009)와 「지명의 스케일 정치: 지명 영역의 스케일 상승을 중심으로」(2010), 「지명의 유형 분류와 관리 방안」(2010), 「The Confucian Transformation of Toponyms and the Coexistence of Contested Toponyms in Korea」(2012) 등이 있다. 주요 저서로는 『지명의 지리학』(공저, 2008), 『한국지명유래집(충청편, 전라·제주편, 경상편)』(공저, 2010, 2010, 2011)이 있고, 옮긴 책으로는 『문화정치 문화전쟁: 비판적 문화지리학』(공역, 2011) 등이 있다.

현재 한국교원대부설고등학교 교사이며 한국교원대에서 강의를 하고 있다.

지명과 권력 - 한국 지명의 문화정치적 변천 -

초판 인쇄   2012년 10월30일
초판 발행   2012년 10월30일

저 자 김순배
펴낸이 한정희
펴낸곳 경인문화사
편 집 신학태 김지선 문영주 맹수지 송인선 안상준 조연경
영 업 이대진
관 리 하재일, 정혜경

주 소 서울 마포구 마포동 324-3
전 화 02-718-4831~2
팩 스 02-703-9711
등 록 1973년 11월 8일 제10-18호
이메일 kyunginp@chol.com / kip1@mkstudy.net
홈페이지 www.kyunginp.co.kr / www.mkstudy.net

정 가 53,000원
ISBN 978-89-499-0899-1 94980

지명과 권력
-한국 지명의 문화정치적 변천-

김 순 배

景仁文化社

이 논문은 2009년 2월 한국교원대학교 대학원위원회에 제출된
교육학 박사학위 논문을 수정 및 보완한 것임.

책머리에

이 땅의 실존적 존재가 가지는 태생적 한계는 그 한계가 놓여 있는 '곳'(處, 所)과 '터'(場, 域)를 한시도 벗어날 수 없다는 사실이다. 무생물과 식물은 일정한 곳과 터에 자리 잡고, 동물과 인간은 처음의 곳과 터를 넘어 다른 자리를 찾아 이동한다. 결국 모든 지리적 존재가 유형(有形)의 땅 위에 처할 수밖에 없는 처지라면 그 이동의 폭과 깊이도 제한된 수치의 수평과 수직이 뒤따를 것이다.

아침에 집에서 일어나 어느 곳에서 일을 하고 해질 무렵 돌아가는 잠자리도 모두 그 '곳'과 '터'의 위치와 영역들 안쪽에 있다. 삶을 넉넉하고 값있게 살기 위해 인간들은 그 위치들과 영역들을 나누어 나름의 말과 글로 유형의 이름들을 붙여 놓았다. 바로 이 땅 위의 이름들이 지명이고 실존적 존재가 가지는 태생적 한계의 이름이 다름 아닌 지명이다. 이때 그 유형의 이름이 사라진다는 것은 형태를 갖는 존재가 없어진다는 것이고 그것은 곧 '죽는 것'이다. 이름으로 이어졌던 나와 우리들 사이의 무수한 관계의 끈이 끊어진다는 것이다.

그 실존의 끈과 의미를 놓지 않기 위해 시인 김춘수의 <꽃>이 있었고, 그 땅을 얻어 관계 맺기 위해 천시(天時)와 천도(天道), 인심(人心)과 인성(人性)을 이르면서 지명과 지리(地利, 地理)를 함께 말해 온 것이다. 이것은 그/그녀와 만나기 위해서는 우선 인명(人名)을 불러주어야 하듯, 나와 우리가 땅의 의미와 형상을 소유하기 위해서는 먼저 말과 글로 표현된 지명을 '호명(呼名, interpellation)'해야 한다는 것이다. 곧 지명을 말한다는 것은 인간과 공간을 짝지어주는 부합(符合)의 행위이다.

사람들이 나름의 말과 글로 붙인 지명들 속에는 다른 존재들과는 차별되는 물질과 생각, 가치와 의지가 담길 수 있다. 장횡거(張橫渠, 1020~1077) 선생의 "이름을 얻으면 형상을 얻게 된다(得名斯得象)"는 생각은 언어로서의 지명의 기능을 넘어 신분과 계층을 달리하는 인간 사회에서 지명을 통한 구별 짓기를 떠오르게 한다. 힘을 가진 자와 가지지 않은 자, 배운 자와 배우지 않은 자들은 나름의 지명 짓기를 실천해 왔다.

권력과 지식이 지명을 명명하고 인식하는 방식은 사회적 주체들이 소유한 아이덴티티(정체성)와 이데올로기에 영향을 받고, 거꾸로 그들의 아이덴티티와 이데올로기를 견고하게 해주는 기표(signifier)로 작용해 왔다. 대체로 권력과 지식을 가진 자들은 무거워진 권력과 지식의 무게로 형이하(形而下)의 땅을 향하여 유형의 경계와 영역, 그것의 이름들을 형상화하고 표준화하는 유가적(儒家的) 경향이 있어 왔다. 반대로 권력과 지식을 가지지 않은 자들은 가벼운 몸과 생각으로 형이상(形而上)의 하늘을 향하여 유형의 이름들을 무형(無形)으로 흩트리고 무의미하게 다양화하는 도가적(道家的) 경향이 있었다.

상반된 사회 계층의 지명 명명과 인식은 유형과 무형, 색(色)과 공(空), 작위(作爲)와 무위(無爲), 문화와 자연, 있는 것과 없는 것의 서로 다른 방향으로 수직 이동하는, 그래서 경중을 달리하는 서로의 무게로 쉼 없이 흔들리는 저울과 같다. 이 속에서 인간은 저울이 가늠하는 중력의 평형을 찾아, 구심력도 원심력도 없는 무중력의 순수한 형상화와 지명화를 고민하기도 한다.

인간의 지명에 대한 관심과 고민은 선사 시대로 거슬러 올라가 인간이 언어를 가지게 된 역사와 함께 한다. 지명 연구(地名學, toponymy)의 역사는 동방과 서방을 막론하고 오랜 연구 전통을 가지고 있으나 그 성과를 살펴보면 미진한 감이 없지 않다. 특히 근대적인 분과 학문으로 개별화된 이후, 국어학자와 지리학자, 그리고 역사학자가 서로의 지명 연구를 바라볼 경우 다른 분야의 연구 과정과 결과에 자기 학문의 어느 부분이 도움을 준다면 지명의 보다 정확한 이해가 가능하리라는 사실을 지적하는 사례가 적지 않다.

지명은 내재적으로 언어적, 문화적, 역사적, 지리적 성격 등을 품고 있어 그 연구에 있어서도 여러 분과 학문들 사이의 학제적 연구가 필수적이다. 지명을 바라보는 통섭과 융합의 시선은 지명이 놓인 시간과 공간의 경위(經緯) 모두에 닿아 있어야 한다. 이는 지명에 대한 다학문적이고 통합적인 접근이 확보될 때 지명의 본 형상과 의미가 드러날 수 있다는 것을 의미한다.

그러나 지금까지 이루어진 학술적인 지명 연구들은 대부분 언어학, 역사학, 지리학 등이 개별 학문의 연구 대상과 방법을 중심으로 폐쇄적으로 진행되면서 서로에게 닫힌 연구가 진행되어 온 것이 사실이다. 일례로 국어학계의 지명 연구는 언어 내적인 지명 연구에 천착하여 지명의 차자 표기법이나 음운 변화, 고어 및 어원 연구, 방언 연구 등을 수행해왔고, 지리학계에서는 자연 및 인문 환경과 지명과의 관련성을 조사하거나 민족 집단의 이동과 언어의 전파를 지명 형태소를 중심으로 분석하여 그 분포를 지도화 하는 것에 초점을 둔 연구가 많았다.

이들 중 많은 연구들에서 언어학과 지리학적 지식들이 상보되었더라면 더욱 정치한 연구 결과가 기대되는 부분들이 발견된다. 앞으로 동일한 연구 지명을 대상으로 관련 학문의 연구자들이 함께 모여 서로의 지명 지식과 연구 방법을 교환하고, 나아가 소통의 과정에서 발견된 기존 지식과 방법의 결점을 수정하고 보완해 가는 학제적 공동 연구가 필요하다.

한편 언어 내적인 형태적 연구를 진행해온 전통적 지명 연구들은

1990년대 이후 언어 외적인 과정적이고 관계적인 연구들을 대면하고 있다. 특히 영미 문화지리학계에서 진행되고 있는 비판적-정치적 지명 연구(critical-political toponymy)들은 지명 명명의 불균등한 권력관계와 정치적 갈등을 논의하거나 다양한 스케일의 정치적 아이덴티티가 구축되고 합법화되는 상징적 전달자(symbolic conduit)로서의 지명 명명을 다루고 있다. 나아가 기억의 텍스트(text of memory)로서의 기념적 도로명을 분석하고, 이데올로기적 담론과 권력의 헤게모니적 구조화를 재현하는 지명의 의미를 연구하기도 하였다.

　본서가 지향하는 지명 연구 또한 공교롭게도 새로운 비판적-정치적 지명 연구의 한 부분에 닿아 있다. 하지만 한국 지명이 지닌 특수성과 전통적 지명 연구의 가치를 존중한다면 사회적, 문화적, 정치적 구성물로서의 지명 연구와 함께 한국 지명의 국어학적, 역사학적 분석에 대한 일정한 소양과 이해가 필수적이다. 한국 지명에 대한 올바른 이해는 바로 지명 고증을 기초로 한 한국 역사 지도 작성의 주춧돌이 되며 나아가 동아시아 한자 문화권의 지명 비교 연구를 위한 선행 작업임을 간과할 수 없다.

　이러한 학문적 판단은 앞서 언급한 지명 연구의 통합적 접근을 필요로 했고, 거칠게나마 그러한 접근에 근접하고자 한 노력의 결과가 바로 본 연구물이다. 본서는 2009년에 나온 필자의 박사학위논문『한국 지명의 문화정치적 변천에 관한 연구』를 다듬어 보완한 것이다. 문화연구(cultural studies)와 신문화지리학(new cultural geography)에서 논의해 온 문화정치(cultural politics)는 문화와 문화 생산의 의미를 둘러싸고 발생하는 다양한 사회 집단들 사이의 갈등과 경합의 권력관계를 분석하는 연구 방법론이다.

　문화 및 언어 현상의 하나로 이해할 수 있는 지명의 명명과 인식은 문화정치적 접근에 쉽게 노출되어 있었고, 필자는 여기에 맑스주의 언어

철학자인 바흐찐(Mikhail M. Bakhtin)의 이데올로기적 기호 이론과 페쇠
(Michel Pêcheux)의 유물론적 담론 이론 등의 언어 이론(linguistic theory)
을 접목해 한국 지명의 문화적, 언어적 보편성을 가늠해 보았다.

지명 연구의 다학문적이고 통합적인 접근을 위해서는 이 같은 이론적
구성 논의에 앞서 한국 지명 본래의 특수성이 정리되어야 했다. 고유한
표기 문자를 가지지 못한 채 이웃한 중국의 한자(漢字)를 빌어 표기한
한국 지명의 차자 표기(借字 表記) 역사는 그야말로 서럽고 눈물겨운 것
이었다. 신산하고 심난했던 한국 지명의 차자 표기는 문예문의 향찰(鄕
札), 실용문의 이두(吏讀), 번역문의 구결(口訣) 등에서 이루어진 차자
표기 방식과 유사하다. 현재 한국 지명의 차자 표기법은 크게 음차법(음
가자, 음독자), 훈차법(훈독자), 훈음차법(훈가자) 등으로 정리되고 있으
며, 차자 표기에 대한 기본적인 이해 없이는 한국 지명을 섣불리 해석하
고 단언할 수 없음은 사계의 공통된 견해이다.

본 연구는 한국 지명의 문화정치적 변천을 분석하기에 앞서 한국 지명
의 특수성을 담고 있는 다양한 표기 사례와 변천 과정을 조사하였고, 이를
위해 기초 자료로서의 지명 고증 도표와 변천 도표를 지명별로 분류하여
언어학적, 역사학적, 지리학적 방법론으로 여과된 연구 대상 지명을 수집
하고 정리하였다. 그 결과물의 일부가 본서에 부록으로 부기되어 있다.

본서는 지명과 지명 영역의 생성과 변천 과정에 개재된 권력관계를
포착하여 사회적 주체의 아이덴티티와 이데올로기가 재현되고 구성되는
과정을 분석하려는 목적에서 시작되었다. 다양한 역사적 경험과 흔적이
혼재되어 나타나는 경계 지대로서의 공주목 진관 구역의 지명들 중 8세
기 이후 고문헌 및 고문서, 고지도와 금석문 등에 나타나는 지명들로부
터 현대까지의 지명들을 연구 대상으로 정하였다.

1장에서는 언어 내적인 형태적 연구를 추구해 온 전통적 지명 연구를 비판적으로 계승하여 신문화지리학계의 문화정치적 지명 연구에 접목해야 할 필요성을 국내외 학계의 연구 동향과 구체적인 연구 설계, 연구 지역의 문화정치적 의의와 함께 제시하였다. 2장에서는 한국 지명의 문화정치적 연구를 위한 이론 구성을 장소 아이덴티티(place identity), 영역 경합(territorial contestation), 스케일 정치(politics of scale)라는 세 개념을 중심으로 논의하였다.

2장에서 구축된 지명 이론을 기반으로 3장에서는 공주목 진관 지명의 유형과 각각의 문화정치적 의의를 언어적 변천, 명명 유연성, 경합이라는 세 기준으로 구분하여 분석하였다. 4장은 지명 영역에 대한 언어 외적인 관계적, 과정적 접근에 대한 구체적인 사례 연구를 담고 있다. 크게 영역(territory), 영역성(territoriality), 영역화(territorialization) 개념에 기초하여 지명 영역의 경합과 변동 양상을 사회적 주체들 사이의 권력관계와 아이덴티티 및 이데올로기의 재현에 초점을 두어 접근하였다.

지명 연구와 인연을 맺은 지 올해 꼭 10년째이다. 지난 10년을 돌아보니 무심코 떠오르는 소중한 이름들이 있다. 2002년 어느 봄날, 지도교수이신 류제헌 선생님은 노둔한 나를 이끌어 당시 충남대 국어국문학과 명예 교수로 계시던 도수희 선생님 댁을 찾아 갔다. 운명에 이끌리듯 방문한 그곳에서 지명 연구의 인연이 시작되었다. 두 선생님은 지명 연구의 바탕과 안료에서부터 드넓은 크기로 뻗어 있는 지명의 화폭을 말씀해 주셨고, 거기에 담을 내용은 어리석은 나에게 주문하셨다. 그 말씀과 주문에 누가 되지 않을까 항시 염려뿐이다.

학위논문을 쓰면서 성신여대 양보경 선생님이 주신 고문헌과 고지도에 대한 조언들은 자료 분석에 임하는 학자적 엄밀성과 정직성을 일깨워 주었다.

한국교원대 지리교육과의 김일기, 한균형, 오경섭, 주경식, 이민부, 권정화, 김영훈 선생님은 지명을 바라보는 지리학적 시선을 곁에서 오랜 시간 조율해 주셨던 분들이다. 문사철(文史哲)의 인문학에 지(地)를 끼우고 싶어 하는 어린 지리학도에게 박문약례(博文約禮)와 윤집궐중(允執厥中)의 학문적 겸양과 일상적 경의(敬義)을 가르쳐 주신 병주(屛洲) 이종락(李鍾洛) 선생님을 비롯한 청유 서당의 여러 선생님들께 고마움을 전한다.

지리학이라는 바다에서 표류할 때 항상 그 자리의 북극성이 되어준 박승규, 전종한, 장의선, 서민철 선배님과 인생의 험한 산에 오름에 묵묵하게 제이오(第二吾)가 되어준 이강준이 떠오른다. 누구보다도 나와 이름 석자를 있게 하고 존재를 확인해 주는 변함없는 어머님과 장인, 장모님, 그리고 따뜻한 아내 兪敬壽, 사랑스런 두 아이 穩, 秦이 눈에 밟힌다. 마지막으로 설익은 글을 마다하지 않고 출판을 허락해준 한정희 사장님과 거친 글감을 다듬고 마름질 하느라 애써주신 편집부 신학태 부장님과 맹수지 님의 노고에 감사드린다. 지명 연구의 동학들과 독자들의 바른 이해와 질정을 기대한다.

2012년 6월 宇連齋에서

김 순 배

목 차

제1장
서 론

1. 연구의 필요성과 목적

이름(name)을 얻으면 형상(shape)으로서의 공간(space)을 얻을 수 있다. 이 세상의 모든 지리적이고 역사적인 사실과 현상은 이름이 있고서야 비로소 존재와 형상의 윤곽과 질서가 부여되는 것이다.[1] 지리적·역사적 존재들에 형상과 윤곽, 그리고 질서를 부여하는 이름의 작용은 땅이름인 地名(place name)에도 이어져 인간 주체와 자연을 재현하는 수많은 이름들을 낳았다.[2] 특히 지명은 공간의 존재와 형상에 구체적인 경계와 영역, 그리고 의미를 부과하면서 인간의 일상생활에 끊임없이 작용하고 있다.

바로 공간적 형상과 윤곽을 부여하여 그것을 지시하고 구별하는 지명의 기능은 지명의 지리적 연구를 가능케 하는 기본적인 조건이 된다. 한편 지명은 지리적 특성과 함께 언어적·문화적 요소로 구성되어 있다. 하

---

1) 중국 북송 시대의 학자 橫渠 張載(2002, 31)는 그의 저서 『正蒙(天道篇)』에서 "형상을 얻기 이전의 것은 뜻을 얻으면 이름을 얻고, 이름을 얻으면 형상을 얻게 된다. 이름을 얻지 못하면 형상을 얻은 것이 아니다. 그러므로 道를 말하면서도 형상으로 표현할 수 없으면 이름도 말도 모두 사라지는 것이다(形而上者 得意斯得名 得名斯得象 不得名 非得象者也 故語道至於不能象 則名言亡矣)"라고 말하였다. 또한 老子는 "無名天地之始, 有名萬物之母"(道德經 一章)(김용옥, 2000, 100에서 재인용)라 표현하면서 이름과 존재(existence), 형상의 관계를 구체적으로 제시하였다.

2) 일반적으로 땅이름을 뜻하는 지명은 행정적, 정치적, 학술적, 실용적 측면을 고려하여 '지리적 이름(geographical name)'이라는 포괄적인 용어로 사용되기도 한다. 'geographical name'은 다시 자연지명을 한정하여 지칭하는 'toponym'과 인문지명과 관련된 'place name', 그리고 해양의 중요성과 함께 부각되고 있는 'hydronym'으로 구분되기도 한다. 본 연구는 대체로 인간이 거주하면서 의미를 부여하고 있는 '場所(place)'를 연구 대상으로 하고 있어 'place name'으로서의 지명 의미를 염두에 두고 논지를 전개해 나갔다.

나의 지리적 사실이자 동시에 언어 현상, 문화 요소인 지명에 대한 연구
는 지리적, 언어적, 사회·정치적 연구가 중층적으로 수행되어야 하는 多
學問的(multidisciplinary) 영역인 것이다.

이러한 인식 위에서 수행되어야 하는 지명 연구는 현재 인문·사회과학,
특히 문화지리학계에 일정한 수위로 밀려오고 있는 언어적(linguistic), 문화
적(cultural), 공간적(spatial) 전환(turn)의 흐름에 당면해 있다. 지명 자체
가 품고 있는 언어적, 문화적, 지리적 특성들은 이러한 인문·사회과학의
학문적 흐름을 예견하고 구체적으로 실천할 수 있는 중심에 놓여 있는 것
이다. 당대 인문·사회과학의 연구 흐름 속에서 확보된 지명 연구의 당위성
은 1990년대 이후 전개되고 있는 신문화지리학(new cultural geography)의
장소와 공간에 대한 과정적이고 관계적인 연구에도 자연스럽게 연결되고
있다.

특히 지난 수천 년 동안 한국인이 실천해온 언어생활의 이중성과 다양
한 사회적 주체들에 의한 아이덴티티(identity)와 이데올로기(ideology)의
再現(representation) 과정에는 權力關係(power relations)가 내재되어 있
다. 권력관계의 행사는 사회적 주체들 사이의 지배와 저항, 포함과 배제,
갈등과 경합(contestation)의 작용을 일으키면서 한국 지명의 경관과 장
소, 그리고 영역(territory)에 고스란히 각인되어 있다.

이러한 한국 지명의 사회적·정치적 성격은 사회적 주체들이 문화의
의미를 둘러싸고 벌이는 갈등과 경합의 권력관계를 공간적으로 연구하
는 文化政治(cultural politics)에 적합한 연구주제로 부각된다. 문화정치
적 접근은 한국 지명의 생성과 변천을 둘러싼 사회적 주체들 간의 권력
관계를 분석하는데 효과적인 방법론을 제공한다.

그러나 사우어식(Sauerian) 전통 문화지리학이 수행해온 문화지리와
지명 연구(toponymy)는 문화 전파와 문화 생태적 연구를 중심으로 형태
적인 결과로서의 물질적 문화 요소에 집중해 왔다. 그 결과 문화적 사실

과 현상에 내재된 현실 사회의 권력관계와 생성적이고 과정적인 문화에
대한 사회 맥락적 이해에 소홀하였다. 국내 지리학 분야의 지명 연구 또
한 지명의 생성과 변천 과정에 작용하는 현실적인 다양한 차이와 관계의
분석에 주목하지 못하였다. 이로 인해 결과로서 주어진 지명을 표기자의
뜻(訓)을 기준으로 有緣性을 분류하여 그 지리적 분포를 확인하는데 머
문 정태적이고 형태적인 연구가 주류를 이루었다.[3] 지명 언어학이라는
이름으로 수행된 국어학계의 지명 연구 또한 지명이 지닌 사회관계와 권
력관계를 포착하지 못한 채, 언어 내적인 음운 변화, 형태 변화, 고어 재
구, 어원 연구 등을 수행해 왔다.

언어 내적인 추상적인 논의가 야기한 지명 연구의 형태적이고 정태적
인 속성에 대한 반성은 이제 지명 안에서 펼쳐지는 사회적 권력관계에
주목하는 새로운 시선과 연구 방법론을 요구하고 있다. 이것은 바로 한
국 지명의 문화정치적 연구를 시사하는 것으로, 이러한 새로운 관점은
기존의 전통적인 방법론과 연구 성과가 비판적으로 존중되는 토대 위에
서 가능한 것이다.

이러한 인식을 기초로 하여 본 연구가 지향한 문화정치적 지명 연구
는 한국 지명의 생성과 변천 과정을 통해 사회적 주체가 지니고 있는
아이덴티티와 이데올로기가 재현되고 구성되는 과정을 분석하려는데 목
적이 있다. 나아가 '공간과 언어', '인간 주체', 그리고 '차이와 관계의

---

3) '지명의 有緣性'이란 지명이 발생하게 된 공간상의 특정한 사실과 현상이 음성과
   문자 상태로 지명에 반영되어 있음을 의미하는 용어로 지명과 장소·공간 사이에
   밀접한 관계가 있음을 뜻하는 말이다. 달리 말하면 지명어(기호)의 형식(記標)과
   내용(記意)사이에 어느 정도 관련이 있음을 말하는 것이다. 일반적인 언어가 자의
   성(arbitrariness)으로 인해 기표와 기의 사이에 필연적인 연관성이 없는 것과는 달
   리 지명은 해당 지명이 지칭되거나 통용되는 범위, 즉 지명 영역 내의 자연적·인
   문적 속성과 일정한 관련을 맺고 있다. 이와 같은 지명의 유연성은 유물론적 언어
   이론이 지명 연구에 유효하며 지명 연구에 언어학이나 역사학은 물론 지리학의
   참여가 필연적으로 요구되는 이유가 된다.

권력'이라는 삼자가 일상의 장소와 지명 영역 수준에서 펼치는 문화정치의 다양한 경합 양상을 지명과 권력관계를 매개로 고찰하려는 목적을 지닌다.

그런데 한국 지명의 문화정치적 연구를 위해서는 연구 지역의 일정한 역사적 배경과 지리적 배경이 고려되어야 한다. 우선 한국 지명의 문화정치적 연구를 위한 역사적 배경은 지명의 생성과 변천에 개입한 상이한 사회적 주체들이 다수 존재해야 하며, 이들 사이의 갈등과 경합 양상이 시계열적으로 분포해야 한다는 점이다. 특히 사회적 주체들이 지닌 사회 문화적, 정치 경제적, 신분적인 계층의 다양성과 함께 그들이 함유한 아이덴티티와 이데올로기의 중층성과 다양성이 확인될 때, 권력과 경합 중심의 문화정치적 지명 연구가 정밀하게 진행될 수 있다.

다음으로 문화정치적 지명 연구의 지리적 배경은 서로 다른 영역이 경계를 이루는 경계와 점이 지대, 그리고 다양한 자연 환경의 분포와 관련이 있다. 경계·점이 지대에서 발생하는 다양하고 복잡한 사회 문화적이고 정치 경제적인 권력관계는 지명의 생성과 변천 과정에 반영되어 수많은 복수 지명과 경합 지명을 생산한다. 이때 다양한 자연 환경은 그러한 지명 변천 과정에 다양성을 증대시키는 구조적인 배경이 될 수 있다.

그런데 이와 같은 역사적이고 지리적인 배경은 한반도의 역사적·지리적 환경에 풍부하게 자리 잡고 있다. 특히 국가적 스케일(national scale)에서 한반도의 경계·점이 지대에 위치한 중부 내륙 평야대의 公州牧 鎭管 區域은 본 연구의 목적과 조건을 충족하는 연구 지역이다. 이곳은 삼국 시대 이래 백제의 영역이자 신라와의 접경 지대였으며, 고려 시대에는 후백제와 고려의 경계이자 車峴(車嶺) 이남, 公州江(錦江) 이외의 지역으로 차별받던 공간이었다. 조선 시대에는 호서 사림의 근거지이자 산지 - 구릉지 - 평지라는 다양한 생산 기반과 높은 농업 생산력을 제공하던 士族과 평민의 생활 무대였다. 이러한 지리적·역사적 층위 위에 전개된 근대 공간으로서의 공주목 진관 구역은 일제 강점기에 식민지 지명 경관이 양산되었고, 근대적 지역 구조로의 재편 과정에서 발생한 다양한 사회적 주체들 간의 권력관계가 누적된 곳이다. 최근에는 주요 국가적 교통로가 경유하고 대전의 정부 제2청사 건립, 그리고 공주·연기 지역에 행정중심복합도시인 세종시 건설로 인하여 국가적 스케일에서의 중요한 결절지 역할이 집중되고 있다. 이와 같은 다양한 지리적·역사적 충위는 지명을 매개로한 사회적 주체의 아이덴티티 재현과 지명 영역의 경합과 변동으로 공주목 진관 구역에 누적되어 있다.

한편 지명의 문화정치적 연구를 위한 시기 설정과 연구 대상 지명의 선정은 지명의 생성과 변천 자료를 구체적으로 확보할 수 있는 고문헌의 선정으로부터 추출되었다. 『三國史記(地理志)』(1145)에 기록된 통일신라 경덕왕 16년(757년)의 지명 개정 시기로부터 현재에 이르는 연구 시기와 그 기간에 현존하는 문헌들의 수록 지명들을 선별하여 연구 대상 지명으로 선정하였다. 특히 연구 대상 지명으로는 조선 초기 공주목 진관 구역이었던 公州牧, 林川郡, 韓山郡, 燕岐縣, 全義縣, 懷德縣, 鎭岑縣, 連山縣, 恩津縣, 魯城縣, 扶餘縣, 石城縣, 定山縣의 13개 군현에 소재하는 固有 地名과 漢字 地名이 포함되었다.[4]

8세기 이후 공주목 진관 지명에 대한 문화정치적 연구는 네 가지 절차를 통해 수행되었다. 먼저 공주목 진관에 소재한 지명의 추출과 연구

---

4) 본 연구에서 사용된 '固有 地名'이란 순수 우리말의 고유어로 구성된 음성 상태의 지명과 이를 漢字로 音借 및 訓音借 표기한 지명에 한정하여 사용한 용어이다. 한편 '한자화된 지명'에 대한 용어 정의에 있어 학계 공동의 합의가 이루어지지 못한 상황을 고려하여, 고유 지명을 제외한 訓借 표기와 훈음차 표기, 그리고 음차 표기로 기록되고 통용되는 漢譯語 및 漢字語로 구성된 모든 지명을 '漢字 地名'으로 규정하여 사용 하였다. 예를 들어 고유 지명을 음차 표기한 경우에는 차자의 뜻과 무관하게 피표기된 지명이 고유어로 유지되기 때문에 '㉠豆仍只 > ㉡燕岐'의 경우, ㉠은 한자로 표기가 되었으나 고유 지명으로 구분하였고, ㉡은 한자 지명으로 분류하였다.

지명을 선정하기 위한 기초 작업으로서 연구 시기에 포함된 고문헌과 고지도 등에서 연구 대상 지명을 고증·선별하고, 해당 지명의 변천을 시계열적으로 확인할 수 있는 도표를 작성하였다.

다음으로 한국 지명의 문화정치적 연구를 위한 지리적 이론 구성을 장소 아이덴티티(place identity), 영역 경합(territorial contestation), 스케일 정치(politics of scale)라는 세 개념을 중심으로 시도하였다. 이후 이러한 이론 논의를 기반으로 공주목 진관 지명의 유형과 문화정치적 의의를 언어적 변천(linguistic change), 命名 有緣性(named source), 경합(contestation)으로 구분하여 분석하였다. 끝으로 영역(territory), 영역성(territoriality), 영역화(territorialization) 개념을 중심으로 지명 영역의 경합과 변동 양상을 고찰하는 실증적인 사례 분석을 수행하였다.

2. 국내외 학계의 연구 경향

1) 신문화지리학의 동향과 문화정치

사회적 주체(social subjects)는 공간적 질서와 시간적 질서가 조화롭게 얽혀 있는 우주적인 존재이다.[5] 사회적 주체에 대한 이해는 바로 그들이

---

5) '宇宙'라는 말은 중국 전국 시대 말기의 책인 『尸子』에 처음 등장하는 말로 "하늘과 땅 사이, 동서남북 사방으로 확장되어 있는 공간 구조를 '宇'라하고, 옛 것은 가고 새로운 것이 오는 것을 '宙라 한다'(天地四方曰宇, 往古來今曰宙)['宇'는 上下, 四方의 橫(空間), '宙'는 往古來今의 縱(時間)](이정우, 1996, 220 ; 성백효, 1992, 15). 사회적 주체를 포함한 모든 사물과 현상은 시간과 공간의 좌표에 얽혀 존재한다. 그런데 과거 사회와 문화 현상을 바라보는 근대적인 시선은 '시간'을 중심으로 사실과 현상을 구성하려는 '宙合'의 태도, 즉 불평등, 통일, 발전론, 진화론이 주류를 이루었다. 그러나 포스트모던의 공간적 전환 이후에 사물과 현상을 구성하는 방식은 '宇連'의 태도, 즉 평등, 다양성, 차이성, 관계성이 중시되고 있다. 그러므로 앞으로 전개될 인문·사회과학의 인식론과 방법론은 '宇連'의 공간

처한 시간과 공간을 통합적으로 고려할 때 가능한 것이다. 그런데 과거, 사회적 주체를 포함한 사회·문화 현상을 시간(time)을 중심으로 구성하던 경향이 1960년대 이후의 언어적 전환(linguistic turn)과 문화적 전환(cultural turn), 그리고 1990년대 이후의 공간적 전환(spatial turn)을 거치면서 공간(space) 중심으로 변화되고 있다. 이러한 학문적 전환은 문화이론과 언어이론을 경유해 신문화지리학(new cultural geography)의 연구로 이어지고 있다(Cosgrove and Jackson, 1987, 95-101).

이러한 학문적 변화의 기저에는 1세기 전 소쉬르(Ferdinand de Saussure), 프로이드(Sigmund Freud), 그리고 뒤르켐(Emile Durkheim)에 의해 수행된 기존의 존재론적·인식론적 전통에 대한 도전과 실천이 있었기에 가능한 것이었다. 안정적이고 자율적이며 독립적, 통일적인 자아(self)와 주체(subject), 그리고 인간 개인에 대한 고정된 인식은 이들의 학문적 실천 이후 랑그(langue)에 의존하는 개인의 發話(parole), 무의식(unconsciousness)에 지배되는 자아(ego), 그리고 사회적 사실(social fact)에 포섭된 개인의 행위와 사고라는 인식론적 대전환을 유도하게 되었다.

이로써 기존의 안정적이고 독립적인 자아와 주체가 아닌 불안정하고 구성적이며 관계적인 존재이자, 사회 내 구조에 의존하고 지배되는 자아, 주체, 개인 개념으로 변화되었다. 집단적 사회체계 및 의미생산 체계로서의 구조와 관계를 중시하는 새로운 인식론적 변화는 세계 2차 대전 이후 구조주의(structuralism)와 후기구조주의(poststructuralism)의 탄생으로 이어졌다. 이들에서 파생된 포스트모더니즘(postmodernism)의 등장은 모더니즘의 계몽주의적 합리주의가 지닌 획일적, 배타적, 억압적인 이성에 도전하여 차이(difference), 관계(relation), 다양성(diversity)을 추구하는 새로운 존재론적·인식론적 경향을 일으켰다. 이 두 포스트이즘(postism)은 바로 신문화지리학 탄생의 계기를 제공해 주었으며, 구체적

성과 '宙合'의 시간성이 조화되는 것이어야 할 것이다.

인 제공 통로는 영국의 문화연구(cultural studies)와 문화이론(cultural theory), 그리고 언어이론(linguistic theory)이었다.

영국의 문화연구로 대표되는 문화이론은 세계 2차 대전 이후 영국에서 일어난 연속된 식민지 독립과 다인종 사회로의 현실 변화 속에서 발생하였다. 문화연구라는 새 지평을 연 윌리엄스(Raymond Williams), 호가트(Richard Hoggart), 홀(Stuart Hall)의 연구는 문화 개념의 재구성과 함께 문화 생산물을 정치 구조와 사회적 위계 등의 사회적 실천과 관련시켜 연구하였다(Edgar and Sedgwick, 2002; 박명진 외, 2003, 165). 이러한 지성적 풍토 속에서 신문화지리학을 선도한 잭슨(Peter Jackson)의 『의미의 지도(Maps of meaning)』(1989) 출간은 장소와 공간에 대한 문화유물론적(cultural materialism)이고 문화정치적(cultural politics)인 연구를 가속화시켰다. 특히 잭슨은 문화와 사회의 관계에 초점을 두고 문화정치(cultural politics)가 암시하는 관계(relations)의 정치적 차원을 강조하였다(Jackson, 1989, 171).

다음으로 언어이론의 경로에는 언어적 전환(linguistic turn)의 계기를 만든 소쉬르의 구조주의 언어학과 기호학, 그리고 기존 언어 중심주의의 한계를 극복하면서 등장한 맑스주의 언어철학자인 바흐찐(Mikhail Mikhailovich Bakhtin)과 유물론적 담론 이론의 미셸 페쇠(Michel Pêcheux)가 포함된다.6) 또한 탄생 경로를 달리하는 언어 게임과 언어적 실천 개념을 제시

---

6) 20세기 초 소쉬르 구조주의 언어학의 탄생과 1960년대 이후 본격화된 언어학적 전환(linguistic turn)은 언어에 대한 새로운 인식을 불러왔다. 언어는 외부세계의 지시대상을 있는 그대로 반영해주거나 표상하며, 언어를 통하여 객관적 실재나 진리를 직접적으로 인식할 수 있다는 전통적인 언어 인식은 언어의 진리 대응성, 중립성, 투명성, 객관성을 전제로 성립한 것이었다. 그러나 언어학적인 전환은 이러한 전통적인 언어 인식이 하나의 환상이라고 비판하면서 언어의 우연성과 불확정성, 불투명성, 주관성을 주장하였다. 이로써 구체적인 사회적 맥락(social context) 속에서 언어의 의미를 탐구하려는 경향들이 언어이론, 사회이론, 문화이론의 수용 과정에서 등장하게 되었다(안병직, 1998, 10-13). 이러한 변화는 인식

한 분석철학자인 비트겐슈타인(Ludwig Wittgenstein)의 언어이론이 주목
된다.

후기구조주의 사상의 단초를 가능케 한 소쉬르의 구조주의 언어학은
프랑스 후기구조주의, 기호학, 해석학의 논의로 연결되었고, 궁극적으로
는 홀의 문화연구를 경유하여 신문화지리학의 연구 주제와 방법론으로
흡수되었다. 이 과정에서 경관 연구에 적용된 재현(representation)과 담
론(discourse), 그리고 텍스트 메타포(text metaphor) 개념 등은 신문화지
리학 연구의 주요 소재와 방법이 되었다. 한편 계급투쟁의 영역이자 이
데올로기로서의 기호, 그리고 사회관계에 주목한 바흐찐과 담론의 구성
적 기능에만 함몰되어 허황된 담론 논의로 변질된 언어 중심주의를 비판
한 페쇠의 유물론적 담론이론은 최근 확대되고 있는 신문화지리학의 재
물질화(rematerializing) 경향과 맞닿아 있다.[7]

이러한 맥락에서 다양한 사회적 주체들에 의한 아이덴티티와 이데올
로기의 재현(representation), 그리고 그들 사이의 권력관계를 중심으로
공간적 갈등과 경합 양상을 분석하는 문화정치(cultural politics)야 말로
한국 지명의 복잡한 사회적 구성 양상을 십분 분석할 수 있는 방법론적
장점을 지니고 있다.[8] 문화정치의 연구 주제와 방법론을 살펴보기에 앞

론적 측면에 있어 언어를 통해서만 비로소 현실이 존재하고 언어 외에 실재하는
것은 없으며, 언어가 현실을 구성한다는 입장에까지 진행되었다.

7) 잭슨(Peter Jackson)은 문화를 실존(existence)의 사회적 조건을 구성하는 매개
(medium)로 이해한 윌리엄스(Williams, 1977, 96-97)와 인식을 같이 하였다. 그
는 문화와 사회에 대한 유물론적인 분석은 관념, 태도, 인지, 가치 기준의 영역들
을 생산력과 생산관계와 관련시켜 연구해야 한다고 주장하였다. 이를 통해 실존
의 물질적 조건을 반영하는 물질문화(material culture)에 대한 관심을 재차 강조
하였다(Jackson, 1989, 33 ; 2000, 9-13).

8) 再現(representation) 개념은 권력(power)의 작용과 관련시켜 이해되어야 하며, 이
러한 의미에서 신문화지리학, 특히 문화정치적 연구에 매우 중요한 개념이다. 사전
적인 의미로서 재현은 하나의 상징(symbol) 혹은 이미지(image)를 뜻하며, 눈과 마음
(mind)에 나타나는 과정(process)을 의미하기도 한다(Williams, 1983, 296 ; Baldwin

서 먼저 이들 연구가 정의하는 문화(culture) 개념을 이해해야 한다.

이를 위해서 18세기 말 독일 철학자인 헤르더(Johann von Herder)의 문화 개념과 문화연구 분야의 문화 개념, 즉 윌리엄스의 문화 개념을 살펴보았다. 헤르더는 당시 돌보고(tending) 경작하는(cultivating) 행위로서의 문화 관념을 비판하면서, 단수가 아니라 오히려 복수로 존재하는 문화들, 즉 문화의 복수성(plurality)과 문화 복수주의(cultural pluralism)를 주장하였다(Mitchell, 2000, 8). 이러한 복수적 문화에 대한 사고는 유럽 내부에 존재하는 상반된 문화들의 상호 공존성에 근거한 것으로, 이후 문화연구가 표방한 다문화주의(multiculturalism)의 근원이 되고 있다.

이러한 사고를 바탕으로 윌리엄스는 역사적 부류로서의 세 가지 문화 개념, 즉 '고급문화로서의 문화', '생활양식으로서의 문화', '발전과 과정으로서의 문화'가 있음을 제시하면서(Baldwin et al., 2004, 4-7), 문화 의미의 다중성을 지적하였다. 그는 문화가 인간 생활을 규정하거나 혹은 인간 생활로부터 구성되는 감정의 구조(structure of feeling)이며, 재현의 다양한 전략을 통하여 감정의 구조를 반성하거나 조형하는 생산물들의 집합이라고 정의하였다(Williams, 1973; Mitchell, 2000, 13). 한편 그는 문화가 항상 정치적인 위치, 즉 지속적인 투쟁과 협상의 위치에 있다고 제시하였다. 그 이유는 문화의 가치와 위계화가 의미화의 체계(signifying system)를 통해 생산되고, 이 과정의 이면에 권력관계가 놓여 있기 때문이다. 이때 문화는 기존의 경제적·정치적 불평등을 생산하거나 재생산하는 역할을 담당하고, 바로 이러한 의미에서 문화는 물질성을 갖는다

---

et al., 2004, 61). 달리말해 재현은 어떤 사물의 대표되는 이미지(영상)를 대변하거나 그러한 이미지를 비추는 행위(상영)를 말하며, 수행(performance) 개념과 함께 특정한 의도를 가지고 인위적인 진실이나 거짓을 실행함을 의미한다. 재현 개념은 기존의 문화 경관과 문화 자본(cutural capital)을 특정 목적을 위해 본래의 기능과 형태를 변질시켜 주체나 집단의 의도와 저항을 위해 사용하는 專有(appropriation) 개념과 함께 권력관계를 내포하고 있다.

(허필숙, 1991, 33-34).

문화연구의 문화 개념에 이론적 토대를 두고 있는 문화정치적 연구는 문화를 하나의 사물(thing)이 아닌 투쟁의 대상이 되는 일련의 사회적 관계로 파악한다. 여기에서 사회적 관계란 권력의 구조, 즉 지배와 복종의 구조로 가득 차 있는 관계를 말한다(Mitchell, 2000, xv). 문화에 관한 이 같은 사고는 잭슨이 문화를 경제적이고 정치적인 모순들이 충돌하고 해결되는 영역(domain)으로 정의한 것과 맥락을 같이 한다(Jackson, 1989, 2).

한발 더 나아가 미첼(Don Mitchell)은 문화를 존재론적 기반이 없는 신기루(mirage)나 실체가 없는 관념(idea)으로 정의하였다(Mitchell, 2000, 6). 문화 그 자체는 현실적이고 영구적인 사물로서 존재하지 않으며 대신 문화에 관한 강력한 이데올로기, 즉 문화를 기준으로 사람들이 행동하는 바를 지시하는 이데올로기만이 존재할 뿐이라고 지적하였다. 이때 문화를 존재하는 것으로 인정한다면, 그 문화는 사회적 상호 작용의 영역(realm)이자 수준(level), 매개(medium)로 존재한다고 주장하였다.

문화연구가 문화 현상을 권력관계가 얽혀있는 정치적 장으로 바라보는 것과 같이 문화정치적 연구 또한 문화 개념을 하나의 사회 질서가 전달, 체험, 탐구되는 의미체계로 파악한다. 이로써 문화는 집단의 사회 관계가 구조화되고 형성되는 방식이며, 동시에 그러한 형태가 경험, 이해, 해석되는 매개인 것이다. 따라서 문화는 지배와 종속의 패턴으로 반영되는 권력관계를 함축하며 정치경제적 모순이 충돌되는 장으로 나타난다. 이 같은 인식은 문화 그 자체로부터 의미가 충돌되고 지배·종속 관계가 규정되는 문화정치의 영역으로 사고가 확대됨을 의미한다(이무용, 2005, 36). 이러한 인식의 연장선 위에서 Schiller(1997, 2)는 문화정치를 "권력관계(relations of power)가 생각, 가치, 상징, 그리고 일상생활의 실천에 의해서 주장, 수용, 경합되거나 파괴되는 과정들"을 구성한다고 정의하였다. 특히 소속(belonging)과 관련된 문화정치 논의는 재현의

권력(power of representation), 그리고 재현과 구성원 자격(membership)
의 결정을 둘러싼 투쟁을 수반한기도 한다.9)

　　권력관계와 소속의 개념에 주목한 문화정치는 문화지리적 과정(process),
투쟁(struggle), 변동(change)과 같은 문화전쟁(culture wars)에 관심을 갖
는다.10) 그 결과 문화정치는 사회적 관계와 제도, 그리고 공간과 장소의
의미와 구조를 둘러싼 투쟁(battle)의 영역으로 문화를 규정한다. 이로써
문화정치는 관계(relation)와 권력(power)의 문제를 중심으로 문화 생산의
주체는 누구이며 문화 생산의 원인은 무엇인가를 분석한다.

　　특히 권력은 문화적 실천과 생산, 그리고 문화정치의 중심에 놓여 있
는 주제로 의미 있는 모든 실천들은 권력의 관계를 포함하고 있다. 이러
한 인식을 토대로 Jackson(1989, 2)은 새로운 문화지리학이 주목하는 대
상은 문화 그 자체가 아니고 문화정치라고 생각하였다. 또한 이무용
(2005, 14)은 공간의 문화정치를 공간의 생성, 변천, 소멸의 과정을 '공
간－주체－권력'의 상호 작용의 관점에서 종합적으로 연구하는 분야라
고 정의하였으며, 공간을 둘러싼 물리적, 상징적, 문화적 권력관계와 갈
등, 경합의 다양한 과정과 그 지리적 맥락을 탐구하는 비판지리학의 핵

---

9) 이와 관련하여 Escobar(1997, 203)는 문화정치를 "사회적 행위자(social actors)들이
　　형성되거나, 혹은 상이한 문화적 의미와 실천들(cultural meanings and practices)이
　　서로 충돌하게 될 때 일어나는 과정들(process)"이라고 정의하였다.

10) 문화전쟁(culture wars)은 반드시 공간을 필요로 하며 이를 통해 문화전쟁이 바로
　　영역(territory)을 둘러싼 투쟁임을 알 수 있다. 특히 20세기 후반부터 현재까지 전
　　개되고 있는 문화전쟁은 자기 고유의 형상(shape)과 양식(style)을 지니고 있는 문화
　　적 아이덴티티를 대상으로 하는 투쟁이기도 하다. 문화전쟁은 아이덴티티의 형상
　　과 내용을 결정하고 이들에 일정한 지위를 부여하는데 필요한 권력을 서로 먼저
　　차지하려는 전쟁인 것이다. 한편 문화전쟁은 우리들이 살아가는 지리(geographies)
　　를 반영하는데 그치지 않고 지리 자체의 구축에 기여하는 전쟁이다. 문화전쟁의
　　어느 순간은 그것이 발생하는 장소의 지리를 변형시켜 후속되는 문화전쟁의 맥락
　　(context)과 지리적 상황을 새로이 조성하기도 한다. 그러므로 공간이 문화적 투쟁
　　의 형상을 결정하는 것과 마찬가지로 문화적 투쟁은 우리가 살고 있는 공간의 형
　　상을 결정하는 것이다(Mitchell, 2000, 5).

심이라고 규정하였다.

이상에서 살펴본 영미 신문화지리학의 형성 과정과 장소와 공간에 대한 문화정치적 연구는 국내 문화지리학계의 연구 주제와 방법론에 지속적인 자극과 반향을 일으키고 있다. 신문화지리학과 관련된 국내 연구로는 신문화지리학의 연구 주제와 방법론을 개관하여 소개하고 있는 연구(박승규, 1995 ; 홍금수, 2000)와 함께, 연구 방법을 구체화하여 문화이론의 관점에서 한국적 문화 현상을 경관과 장소에 접목하는 연구(전종한·류제헌, 1999 ; 남호엽, 2001 ; 전종한, 2002 ; 권선정, 2003 ; 2004 ; 최진성, 2003 ; 진종헌, 2005a ; 2005b ; 이무용, 2005 ; 2006 ; 정현주; 2006 ; 임병조, 2008 ; 박경환, 2005 ; 2007)로 대별할 수 있다. 국내외 신문화지리학적 연구들의 주제와 분석 방법 곳곳에는 문화(언어) 이론을 통한 꾸준한 이론적 수용과 내적 충전, 그리고 공간에 대한 인문·사회과학의 높은 관심들이 배어 있다.

2) 영미 신문화지리학의 지명 연구

1980년 던컨(James Duncan)은 버클리 학파(Berkeley School)의 사우어식(Sauerian) 문화지리 연구와 특히 Zelinsky(1973)에 의해 정교화된 문화의 초유기체주의(superorganicism)가 담고 있는 정태적, 형태적, 문화 결정적 연구를 비판하면서 새로운 문화지리학을 주창하였다.[11] 이 같은 패러다임 변화의 실마리는 Cosgrove and Jackson(1987), Jackson(1989), 그리고 Mitchell(2000) 등에 의해 제기된 문화지리 연구의 새로운 경향,

---

11) Duncan(1980)은 전통 문화지리학이 지닌 초유기체주의가 문화를 '과정(process)'이 아닌 사물(thing)로 구체화했고 사회에 대한 개인의 역할(role of individuals)을 무시했다는 점 등을 거론하면서 비판하였다. 또한 그는 새로운 문화지리학이 사회적, 문화적, 정치적, 그리고 경제적 관계 속에서 문화가 구축되고 작용하는 과정을 이해하는 문화의 사회학적인 규정(sociological definition)에 관심을 가진다고 강조하였다(Duncan, 1980, 198).

즉 문화정치적 연구의 새로운 방법론으로 이어졌다. 20여년의 연륜을 확보하고 있는 신문화지리학의 연구들은 이제 문화지리학계 뿐만 아니라 인문지리학 전반에 큰 영향을 미치고 있다. 또한 문화연구와 언어이론, 나아가 포스트 계열의 사상들(postism)로부터 꾸준한 연구 방법과 대상들을 수용하면서 문화현상에 대한 과정적이고 관계적인 연구를 수행하고 있다.

한편 전통 문화지리학과 역사지리학이 수행해온 지명 연구들은 대체로 문화 전파(cultural diffusion)의 방법론 위에서 진행되었다. 특히 지명을 민족의 기원과 이주, 그리고 언어의 분포와 전파를 확인해주는 도구적인 지표로 분석한 연구들(Miller, 1969 ; Kaups, 1966 ; Zelinsky, 1962 ; Leighly, 1978)이 대부분이었다. 전통 문화지리학이 수행해온 지명 연구들은 언어 형태소(toponymic morpheme) 분석을 기초로 한 객관적이고 과학적인 특징을 지니고 있었다. 그러나 지명의 생성과 변천의 배후에 작용한 사회적 주체들의 사회적 관계와 권력관계, 그리고 다양한 차이에 대한 맥락적 이해 등의 인식에는 뚜렷한 한계를 지니고 있다.

전통 문화지리학이 수행해 온 지명 연구에 대한 반성 속에서 전개되고 있는 현재의 신문화지리학, 특히 문화정치적 지명 연구는 아직까지 그 뚜렷한 방법론의 정립과 연구 집단을 형성하지 못한 채 산발적으로 진행되고 있다. 그 대표적인 연구들은 특정한 사회적 주체의 아이덴티티와 이데올로기 재현물로서의 지명, 그리고 권력관계의 실천 영역으로서의 지명 변천에 주목하고 있다. 결국 문화정치적 지명 연구들은 사회적 주체가 지닌 아이덴티티와 권력관계 사이의 관계적인 작용에 시선을 집중하는 연구들로서 그 개략적인 연구 내용과 경향을 살펴보았다.

먼저 Nash(1999, 457-480)는 영국으로 부터 독립한 후기 식민주의 시대 아일랜드 게일지명(Gaelic placenames)을 조사하면서, 지명이 언어(language)와 위치(location)의 복잡한 문화적 지리를 전달해 준다고 언급하였다. 특히 지명 변화는 장소의 의미와 집단 아이덴티티를 둘러싸고 일어나는 권력이 개입된(power-laden) 경합(contests)의 사례로 조사되어 왔다고 지적하였다. 또한 동시대 아일랜드에 분포하는 게일 지명을 조사, 보존, 복권시키기 위한 프로젝트는 문화 아이덴티티와 진정성(authenticity), 그리고 다양성(diversity)의 더욱 복잡한 문제를 일으키고 있다고 제시하였다. 이러한 문제들은 식민지 이후(post-colonial) 문화정치(cultural politics)의 중심을 이루고 있으며, 다원주의(pluralism)와 다양성의 개념들, 그리고 진정성, 소속(belonging), 진실(truth)의 여러 개념들과 결합된다고 주장하였다.

1990~1997년 루마니아의 수도 부쿠레시티의 도로명(street names)을 연구한 Light(2004, 154-172)는 사회주의 이후(post-socialist)의 변화와 현대 역사지리의 성격을 도로명을 중심으로 조사하였다. 도로명의 변화는 바로 사회주의 이후의 정권과 제도의 가치와 일치하는 새롭고 공적인 도상적(iconographic) 경관이 탄생하는 과정이라고 주장하였다. 또한 이러한 변화에 관한 연구는 사회주의 이후의 여러 국가들이 자신들의 민족 아이덴티티와 민족 역사(national identities and national pasts)를 재정의하는 방식들에 의미 있는 통찰력을 제공한다고 지적하였다. 특히 도로명 변화의 중심적인 주제가 사회주의 이전 시기에 대한 관심으로 연결되어 있으며, 과거 루마니아 황금시대(Golden Age)(1918~1938)의 특유한 말로 도로명이 구축되어 왔다고 언급하였다.

Azaryahu and Golan(2001, 178-195)은 1949년부터 1960년에 이르는 연구시기 동안 이스라엘의 헤브라이 지도(Hebrew map) 작성과 관련된 경관에 이름을 다시 붙이는(renaming the landscape) 프로젝트를 연구하였다. 이들은 이스라엘 건국에 수반된 헤브라이 지도의 구축 프로젝트는 헤브라이 지명(Hebrew toponomy)을 복구시키려는 이스라엘 국가 건설(Zionist nation-building)의 또 하나의 절차였음을 제시하였다. 특히 경관

의 헤브라이화(Hebraicization)는 이스라엘(헤브라이) 부활의 지리적 양
상을 띠고 있었으며, 이스라엘의 이데올로기와 상상력(Zionist ideology
and imagination)을 지배하였다. 헤브라이 이름들(Hebrew names)은 이
스라엘 사람의 시각과는 다른 '낯선' 아랍 이름을 대체하였다. 그 결과
이스라엘의 민족적 헤브라이 지도 구성은 유대인(Jewish) 통치권과 관련
된 문화적이고 영토적인 국면과 융합되어 이스라엘 국가의 유대인 아이
덴티티(Jewish identity)를 옹호하기 위해 계획되었다.

식민지 시대 싱가포르의 도로명(street-name) 구축, 특히 특정 집단의
권력에 의한 지명 구성을 연구한 Yeoh(1992, 313-322)는 식민주의의 경
험과 함께 사회적인 맥락 속에서 지명이 만들어지는 과정을 연구하였다.
당시 유럽인의 시각에 기초하고 있는 공식적인 도로명 체계는 이민 온
아시아인 공동체에 의해 명명된 대안적인 도로명 체계와 혼합되어 공존
하고 있었다. 그녀는 식민주의를 경험한 싱가포르의 사회적 맥락 위에서
유럽인의 유산과 함께 다양한 아시아 민족의 유산들을 도로명을 통해 확
인하였고, 특히 식민주의의 권력(power)이 다양한 도로명에 투영되어 있
음을 언급하였다.

Pred(1992, 118-154)는 장소, 언어, 실천, 저항, 그리고 권력의 관계를
분석하면서 상이한 여러 맥락 속에서 장소가 권력관계와 생활사의 변형
에 어떻게 관련되는지를 연구하였다. 특히 그는 잃어버린 세계뿐만 아니
라 잃어버린 말들이 있으며, 살아남거나 잊혀진 것들은 권력의 문제라고
언급하면서 19세기 말 스웨덴 스톡홀름에 존재하는 공식(official) 지명과
비공식(folk, popular) 지명을 권력과 관련시켜 분석하였다. 지명에 대한
그의 해석은 빠르게 변모하는 도시에서 지명이 문화적 계급투쟁(cultural
class war)과 권력 전쟁의 무기가 될 수 있음을 제시하였다. 끝으로 그는
지명을 매개로한 장소의 재현 과정이 바로 경합하는 사회 집단에 의해
수행되는 권력을 위한 전투(battle for power)라고 주장하였다.

　권력과 관련된 재현(representation)은 타자와 연관된 특정 집단의 권력 문제를 구체화하고 있는 아이덴티티 형성에 중요한 요소이다. 이러한 맥락에서 Said(1978)는 상상적 지리(imaginative geographies)의 구성에 작용하는 장소 사이의 지리적 구별(geographical distinction), 경계(boundaries)의 구획, 그리고 장소에 이름을 붙이는(naming place) 과정이 '우리'와 '그들' 사이의 대립을 통해 아이덴티티를 구성하는 과정임을 제시하였다(Baldwin et al., 2004, 172). 특히 우리와 그들, 자아와 타자의 구분은 문화적인 구성물로서의 지명과 대륙을 형성시키기도 하였다. 이와 관련하여 Lewis and Wigen(1997)은 'Orient와 Occident', 'East와 West'라는 지명의 의미와 경계·영역이 바로 비유럽적인 타자들을 배제하려는 유럽중심주의의 메타 지리(metageography)가 만들어낸 공간적이고 문화적인 구성물임을 지적하였다.12)

　포함과 배제를 실천하는 권력은 본 연구의 기본적인 문제의식인 지명의 문화정치적 분석에 있어 핵심적인 개념이다. 권력에 대한 논의는 자연스럽게 정치지리학(political geography) 및 지정학(geopolitics)과 연결되며, 현재 인문지리학계의 주요한 흐름 중의 하나인 문화지리학과 정치지리학의 습합 현상을 상정케 한다. 자본주의 시장경제 체제의 지구적 진행(globalization)과 병행하여 지역적으로 발생하고 있는 민족성(ethnicity), 민족주의(nationalism), 민족 아이덴티티(national identity)의 배타적 형성과 이 과정에서 발생된 폭력과 분쟁의 증가는 최근 지명들로 구성된 지도(map)의 권력성과 이중성, 그리고 지도의 지정학과 정치지리에 대한 관심을 증가시키고 있다(이대희 외, 1997 ; Flint, 2006 ; 한국지정학연구회, 2007 ; 박광식, 2006 ; 이용주, 2007 ; 김희균, 2007).

　최근 영어권의 지명 연구 또한 '비판적-정치적 지명 연구(critical-political

---

12) 메타지리는 세계에 대한 인간의 지식에 질서를 부여하는 공간 구조를 뜻한다 (Lewis and Wigen, 1997; 한국지정학연구회, 2007, 259)

toponymy)'라는 제하로 지명 명명(place naming)의 불균등한 권력관계와 정치적 갈등을 논의하거나, 다양한 스케일의 정치적 아이덴티티가 구축되고 합법화되는 상징적 전달자(symbolic conduit)로서의 지명 명명과 함께 지명을 통한 스케일의 재구축(toponymic rescaling) 과정을 연구하고 있다. 또한 지명 경관(toponymic landscape, namescape)에 내재된 권력과 의미를 고찰하거나(Rose-Redwood and Alderman 2011; Berg 2011), 기억의 텍스트(text of memory)로서의 기념적 도로명을 분석하고, 이데올로기적 담론과 권력의 헤게모니적 구조화를 재현하는 지명의 의미를 연구하기도 하였다(Rose-Redwood 2011 ; Azaryahu 2011).

이와 같이 지명 명명 과정에 대한 정치적 분석과 지명 명명을 통한 장소의 문화적 생산에 주목하는 능동적 기표로서의 지명 연구 경향은 사회 집단에 의해 수행되는 지명 명명의 스케일 활용을 탐색하는 지명 연구의 스케일 정치(scalar politics of toponymy) 논의로 심화되기도 하였다 (Hagen 2011). 한편 사회 집단의 아이덴티티를 재현하고 공동체 사이의 경계를 구별 짓는 영역적 기표(territorial signifiers)로서의 지명 연구로도 확대되고 있다(Whelan 2011).

3) 국내 학계의 지명 연구

본 연구가 지향하는 지명의 문화정치적 접근은 아직까지 국내 학계에서 본격적으로 연구되지 않고 있는 상황이다. 다만 사회적 구성물로서의 지명을 연구한 권선정(2004)은 지명이 장소를 형성하는 경관 텍스트이자 의사 소통 체계를 구성하는 다양한 사회 집단 간의 사회적 관계를 반영하면서 일정한 역할을 수행하고 있음에 주목하였다. 이 연구 또한 본격적으로 문화정치적 방법론을 적용한 지명 연구로 규정하긴 어려우나, 지명을 사회적 구성물로 바라보면서 문화정치적 지명 연구의 새로운 가능성을 제시해 주고 있다.

국내 지리학계에서 이루어진 기존의 지명 연구들은 대부분 지명의 표기자와 형태소에서 도출된 유형들의 지리적 분포와 자연 환경과의 상관성을 고찰한 연구가 대부분이다. 국어학계에서 이루어진 지명학 연구들도 대부분 문헌 연구를 통한 고지명 연구나 고유 지명에 대한 국어학적 연구가 주종을 이루고 있다.[13]

국내의 지명 연구는 일본 역사학자인 白鳥庫吉(1895)이 조선 고대 지명에 대해 역사학적·언어학적 연구를 시도한 것이 최초의 사례이다. 한국인으로서는 처음으로 지명 연구를 제안한 이희승(1932)은 지헌영(2001), 도수희(1987; 1994; 1999; 2003; 2008)와 함께 지명 연구의 다학문적 접근, 특히 공간적(지리적, 수평적, 공시적)이고 시간적(역사적, 수직적, 통시적)인 연구를 제시하고 실천한 학자들로서 한국 지명 연구사에서 차지하는 학문적 업적이 지대하다.[14]

---

13) 강병윤(1998, 219-278)은 지명 언어학의 연구가 크게 두 가지 방향으로 진행되어 왔음을 지적하였다. 그 하나는 문헌에 기록된 지명을 연구하여 고대어의 형태를 유추하고 어의를 추정하며, 이들 고대 지명이 어떠한 변천 과정을 거쳐 오늘에 이르게 되었는가를 밝히려는 연구들이다. 다른 하나는 현대의 지명어를 조사하여 여기에 잔존하는 고어의 형태와 고어의 재구를 살피고 지명 명명의 유연성과 음운적 특질을 고찰하려는 연구들이다.

14) 이들의 연구를 자세히 언급하는 것은 지명 연구가 지닌 다학문적 특성과 이러한 특성을 선각하여 지명 연구에 구체적으로 실천한 이들의 업적이 크기 때문이다. 특히 오늘날 분과화되고 단선적인 지명 연구에 대해 일정한 경계와 반성의 기회를 제공해 주는 의의는 실로 작지 않은 것이다. 우선 이희승(1932, 46-49)은 한국인으로는 처음으로 지명 연구의 필요성을 강조했으며, 언어 연구의 한 갈래로서 지명 연구를 언급하였으나, 지명 연구의 지리적이고 역사적인 접근을 강조했다는 점에서 주목하지 않을 수 없다. 지헌영(2001, 16-22)은 지명 연구의 역사지리적이고 인문지리적인 접근을 강조한 국어학자였다. 당대 국어학계의 지명 연구를 선도하고 있는 도수희(1987; 1994; 2003; 2008)는 지리학적인 도구와 방법을 활용해 활발한 지명 연구를 수행하고 있다. 그는『三國史記(地理志)』(卷34~37: 地理 1~4)에 수록된 고지명의 위치를 모두 고증하여 지도에 배치하고 당시 백제의 판도를 복원하였으며, 최근에는 지명어를 포함한 마한, 변한, 진한의 삼한어에 대한

이들의 선구적인 연구를 토대로 성장해 온 당대의 지명 연구를 21세기 초반 이후에 진행된 주요 연구들을 중심으로 살펴보았다.[15] 우선 국어학계의 지명 연구 중 지리적인 관점으로 산천 지명을 접근한 조강봉(2002)이 있다. 그는 지금까지의 지명 연구가 음운과 형태에 대한 연구가 주종을 이루었음을 반성하면서 어원을 탐구하는 지리적인 지명 연구를 강조하였다. 이 연구에서 그는 하천의 합류지역에 나타난 지명을 대상으로 물줄기의 합류 지점에는 합류 지명인 '아울'계, '얼'계, '올'계 지명이, 분기처에는 분기 지명인 '가르(kVrV)'계, '가지(枝)'계, '날(nVrV)'계 지명이 존재함을 제시하였다. 이러한 한국 지명의 명명 기반은 하천이 합류하고 분기하는 지리적 특성에 의하여 생성된 것이라고 주장하였다.

한편 현재 충남 공주시와 연기군, 충북 청원군 일대에 건설되고 있는 행정중심복합도시의 지명 제정과 관련된 현실 참여적인 연구들이 수행되었다. 먼저 행정중심복합도시의 지명 제정에 관한 문제를 연구한 도수희(2006)는 새로 제정될 행정중심복합도시의 지명은 반드시 '중심'의 뜻을 지닌 지명소가 머리를 차지해야 한다고 주장하였다.[16] 특히 그는 '중심(심장부)'을 의미하는 어두 지명소 '忠'과 넓은 평원을 의미하는 어미 지명소 '原'을 결합한 '忠原'이 지리적 특성과 역사성을 겸비한 적절한

어원 연구로 관심 영역을 확장시켰다. 그 또한 지명 연구 방법으로 언어학적 접근과 역사학적 접근 이외에 지리학적 접근을 제시하면서 각 시대별 지리지와 읍지류, 그리고 지도류에 대한 풍부한 지식의 겸비를 강조하였다.

15) 2003년 이전에 수행된 국내 지리학계와 국어학계의 선행 지명 연구들에 대한 구체적인 내용과 그 유형 분류는 김순배(2004, 17-22)에 정리되어 있다.

16) '지명 형태소'의 준말인 '地名素'는 '지명을 구성하는 의미 있는 최소 단위'를 뜻하는 용어로, 이는 다시 前部 지명소(성격 요소, 실질+문법 형태소)(the front morpheme, specific toponym)와 後部 지명소(분류 요소, 실질 형태소)(the back morpheme, generic toponym)로 구분된다. 가령 2개의 형태소로 구성된 '절골(寺洞)'은 '절(寺)'이 전부 지명소, '골(洞)'이 후부 지명소가 되며, '한절골(大寺洞)'의 경우 '한절(大寺)'이 전부 지명소, '골(洞)'이 후부 지명소가 된다. 그런데 '한절(大寺)'만을 다룰 때는 '한(大)'이 전부 지명소, '절(寺)'이 후부 지명소가 된다.

지명이라고 제시하였다. 이를 통해 새로 확정된 '世宗'이란 지명의 지명학적 문제점을 지적하였다.

또한 박병철(2006)은 행정중심복합도시의 명칭 제정의 경과와 전망을 소개하였다. 이를 구체적으로 살펴보면 국민공모를 통해 수집된 2,160건의 응모작 중 역사성, 지리적 특성, 상징성, 도시 특성, 대중성, 국제성 등 6가지 기준에 의한 심사를 거쳐 '한울, 금강, 세종, 새서울, 행복, 가온, 대원, 새별, 연기, 연주'가 선정되었다. 그 중 1, 2차 선호도 조사를 통해 '한울, 세종, 금강'이 채택되었고, 그 중 '세상(世)의 으뜸(宗)'이라는 의미를 지닌 '世宗'이 발음이 뚜렷하고 영문 표기가 쉬워 국제성을 갖추었다고 판단되어 행정중심복합도시 건설추진위원회에 의해 최종 확정되었다.

이와 같이 최근 활발히 이루어지고 있는 대규모 토목공사 및 택지개발과 관련된 지명 명명 문제는 자본주의 시장경제 체제 하에서 재현되고 있는 다양한 사회적 주체들의 아이덴티티 재현과 권력관계와 관련되어 다양한 지명 경합을 양산하고 있다. 지명 선정을 둘러싼 이 같은 사회적 주체들 간의 갈등과 경합 양상은 바로 문화정치적 지명 연구가 주목하는 지점이기도 하다.

최근 지리학계에서 이루어지고 있는 지명 연구는 그 연구 방법과 내용, 그리고 현실 참여적 성격과 관련하여 크게 세 가지의 유형으로 나눌 수 있다. 먼저 지난 선행연구들이 수행했던 지명 연구 방식을 계승하여 지명의 명명 유연성과 유형을 자연·인문 환경과 관련시켜 분석하는 형태적 연구들이 있다. 관련 연구로 정치영(2005)은 지명이 사람들이 장소, 지역, 경관을 어떻게 이해하고 판별하는지를 규명하는 중요한 실마리를 제공한다고 지적하면서, 조선 말기 농작물 관련 마을명의 분포와 특성을 조사하였다. 특히 그는 경기도와 함경도의 마을명에 사용된 지명어를 분석한 결과 마을의 입지로는 폐쇄적인 지형 조건이 선호되었고 함경도에서는 일조 조건을 고려한 향이 중시되었음을 확인하였다. 울릉도 지명의 생성과 변화를 연구한 김기혁·윤용출(2006)은 일제(일본식) 지명을 추출하여 지명 형태의 차이를 분석하였고, 국가 공시 지명 중 적지 않은 지명이 일제 지명과 관련이 있다고 주장하였다.「五萬分一地形圖」에 나타난 20세기 초 한반도의 지명 분포와 특성을 연구한 김선희(2008)는 지명이 생활 환경에 대한 인간의 인지적 표현이자 시공간적으로 변화하는 역사·문화적 산물로서 지역의 역사성과 지역성을 이해하는 유용한 기초 자료임을 언급하였다. 또한 그녀는 일제 강점기 대축척 지도에 수록된 지명의 유형별·지역별 분포와 빈도를 파악하여 전자문화지도로 구현하려는 시도를 하였다.

다음으로 국제적으로 민감한 정치적 현안과 관련된 국경과 영토, 그리고 지명과 지정학적 문제와 연결된 연구들이 수행되었다. 특히 현재까지 지속되고 있는 한국과 일본 사이의 '東海 / 日本海' 명칭을 둘러싼 문제, 그리고 '獨島(독도) / 竹島(다케시마)'의 지명과 영유권 갈등 문제와 관련된 연구들이 수행되었다.

우선 성효현(2006)은 해저 지명 부여와 관련된 활동들에 대한 역사적 조명, 해양 지명 표준화를 위한 지침 개발, 그리고 국제수로국 산하 해저지명소위원회(SCUFN)에 제안할 14개의 동해 해저지형을 검토하는 등 최근 대한민국에서 이루어지고 있는 해저지형에 대한 지명 부여 활동을 소개하였다. 특히 최진용·권영락(2006)은 현재 동해의 해저지형 가운데 해저지명목록집(Gazetteer)에 등재되어 있는 '한국대지, 쓰시마분지, 순요퇴'라는 세 지명 중 '쓰시마분지와 순요퇴'가 지명 등재의 수로학적·지질학적 근거와 지리적 관련성이 전혀 기록되어 있지 않다고 지적하였다. 그는 이들 지명을 지리적·성인적 측면에 부합하는 '울릉분지'와 '이사부해산'으로 각각 명칭을 대체시켜야 한다고 주장하였다.

또한 해저 지명소 위원회를 중심으로 해저 지명 제정의 국제적 관례를 검토하고 동해 해저 지명 제정에의 시사점을 연구한 주성재(2006)가 있다. 그는 역사적 인물의 이름을 사용하거나 상징적 의미를 갖는 고유 명칭, 그리고 해저지명목록집에 이미 등재되어 있는 두 개의 이름(쓰시마분지 / 울릉분지, 순요퇴 / 이사부해산)에 대해서는 더욱 정교한 정당성 부여 과정이 필요하다고 지적하였다.

이외에 동해 지명과 관련된 연구들로 '東海' 명칭의 역사적 기록을 살펴보고 '동해'라는 지명의 국제적 통용을 위한 방책을 고찰한 이기석(1995)과 정치지리학적 시각으로 동해 지명을 연구한 임덕순(1992), 그리고 동해 명칭 복원을 위한 최근 논의의 진전과 향후 연구 과제를 논의한 주성재(2007)와 동해의 지정학적 의미와 표기 문제를 분석한 주성재(2010)가 있다.

그리고 일본식 지명의 정리와 관련하여 국내 경기도 여주군의 산지 지명을 사례로 일본식 지명의 관리와 정비 방안을 검토한 김기혁·심보경(2007)의 연구가 있다. 이상의 문화정치적 혹은 정치지리적 성격의 지명 연구는 영토 분쟁이 발생하고 있는 국가들 사이에서 경쟁적으로 일어나고 있는 지명 헤게모니의 선점 및 장악과 관련된 정책들과 연관되어 있다. 특히 지명을 둘러싼 다양한 갈등 현상은 권력의 실천과 관련된 경합 지명(contested place names)의 변천과 갈등 양상을 조사할 수 있는 연구 대상으로 부각된다.

한편 현실 참여적인 지명 연구와 관련하여 이영희(2006)는 북한 개성시의 자연 경관 특성을 지명을 통해 연구하였다. 연구 결과로 도출된 네 가지의 지명 특성들은 향후 개성지역을 관리하고 운영하는 기초자료로 제공될 수 있음을 언급하였다. 지명의 행정 업무와 관련하여 양보경·정치영(2006)은 현재 한국의 지명 업무가 자연지명, 행정지명, 해양지명 등으로 나뉘어 각각의 관련 법령을 제정하여 소관 부처에 의해 수행되고 있으며 이러한 지명업무 현황 전반에 대한 상세한 검토를 통해 지명 업무의 활성화 방안을 모색하였다. 특히 김순배·김영훈(2010)은 지명 관리의 효율성과 통일성을 확보하기 위해 지명 유형 분류를 새롭게 시도하였고 국무총리 산하의 국가지명위원회의 설립을 주장하였다.

나아가 국제적 지명 사용의 표준화를 강화하기 위한 한국 지명의 영문 표기 표준화 방안이 연구되기도 하였다(김영훈·김순배, 2010). 한편 주성재(2011)는 유엔지명전문가그룹(UNGEGN)에서 진행되고 있는 지명 논의의 내용을 분석하여 지리학적 지명 연구, 즉 외래지명과 토착지명의 사용 문제, 지리적 실체의 본질과 인식, 국제적 지명 소통을 위한 표기법의 문제, 무형문화유산으로서의 지명에 대한 연구 등을 제안하였다. 이 외에도 한국 지명 데이터베이스의 구축 필요성과 그 구조를 분석한 김종혁(2006)의 연구가 있다.

마지막으로 지명을 교수－학습 활동의 내용 요소로 설정한 지리교육적 연구들이 있다. 대표적인 연구로 우선 오상학(2003)은 초등학교 사회과 교과서에 기록된 지명을 학년별, 단원별, 유형별, 지역별로 분석하여 지명 종류에 따른 적절한 안배를 제시하였다. 지리 내용 요소로서의 지명의 의미를 탐색하고 교수－학습의 실제에 지명 교육을 활용한 장의선(2004)은 기호의 표상으로서의 지명, 환경 지각의 결과로서의 지명, 지리교과 내용 요소로서의 지명을 분류하였다. 또한 그녀는 지명을 활용한 지리 교수－학습의 적용을 위해 지명의 상징성을 통한 장소성 학습, 지명의 언어적 구조를 통한 환경인지 학습, 그리고 추상적 공간인지로서의 지명 이해 학습으로 구분하여 지리 교수-학습 활동의 실제를 구성하려는 시도를 하였다.

이밖에 고지도에 수록된 지명을 분석하여 지명의 위치와 행정 경계의 오류를 지적한 이기봉(2005)이 있다. 그는 충청도 海美縣을 사례로 ≪青邱圖≫와 ≪東興圖≫에 기록된 지명 위치를 고찰하면서 ≪청구도≫와 ≪동여도≫에 나타난 지명 위치의 오류가 조선 시대 이 지역에 존재한

월경지의 경계가 복잡한데서 연유한 것이며, 이로 인해 행정 경계와 위치를 고산자 김정호가 정확하게 인식하지 못했음을 지적하였다.

3. 연구의 방법과 자료

1) 연구의 구상: 문화정치적 지명 연구의 설계

지명을 신문화지리학, 특히 문화정치적으로 접근하려는 본 연구의 기본적인 문제 의식을 개념적으로 구성하기 위해 본 연구는 우선 '인간 주체', '공간과 언어', '차이와 관계'의 세 축으로 구성된 지명 변천의 외부적 관계 개념도를 작성하였다<그림 1-1>. 여기에서 생물적 요소로서의 인간 주체가 지닌 아이덴티티와 이데올로기, 구조적·순환적 요소로서의 공간(땅)과 언어(지명), 그리고 관계적 요소로서의 차이와 관계(권력)는 인간, 공간(지명), 권력의 상호 관계를 이해하는 개념축으로 설정되었다. 이들 세 축은 각각의 존재 양태로서 작용하며 동시에 이들 상호 간에는 끊임없는 관계 맺기가 이루어지고 있다. 이를 각 축을 중심으로 그 내용을 세분하여 살펴보았다.

첫째, 생물적 요소로서의 인간 주체는 주체의 자기 의식인 아이덴티티(identity)를 지니고 있다. 이 아이덴티티는 數的－質的－自我(numerical－qualitative－I) 아이덴티티로 생성·분류되며 자아와 타자(self / other), 주체와 객체(subject / object), 같음과 다름(sameness / otherness)의 상대적 의미와 인식을 수반하고 있다. 이러한 아이덴티티는 공간, 특히 장소와 관련하여 일정한 장소감(sense of place)과 장소 및 영역적 아이덴티티(place and territorial identity)를 생성한다. 아이덴티티를 구성하는 과정에는 同一視(identification), 逆同一視(counter-identification), 非同一視(disidentification)

가 작동되고, 아이덴티티의 생성 이후에는 정당화하는(legitimizing) 아이덴티티, 저항하는(resistance) 아이덴티티, 기획하는(project) 아이덴티티로 외부에 실천되기도 한다. 이러한 아이덴티티와 주체의 구성에는 외부적 조건이자 구조·신념 체계로서의 이데올로기(ideology)가 관여하며, 이러한 이데올로기는 주체와 아이덴티티, 나아가 사회관계를 재생산하게 된다.

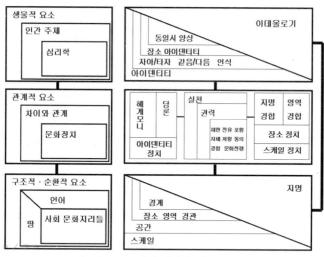

〈그림 1-1〉 지명 변천의 외부적 관계

　　둘째, 구조적·순환적 요소로서의 공간(땅, land)과 언어(language)의 축이다. 공간(땅)은 장소(place)와 영역(territory), 혹은 경관(landscape)과 경계(boundary)로 구성되며, 스케일(scale)의 사회적 구성에 따라 서로 다르게 인식되고 재현된다. 언어(language)는 언어적 전환(linguistic turn) 이후 인간 주체와 세계를 구축하는 하나의 구조로서 인식되기에 이르렀다. 이러한 언어와 함께 공간과 관련된 언어적 현상인 지명(place name)은 인간 주체와 공간을 연결시키는 관계적인 구조로서 작용하기도 한다.

　　셋째, 관계적 요소로서의 차이(difference)와 관계(relation)이다. 이 축은 문화정치적 지명 연구를 위한 근본적인 이론적 토대가 되는 부분으로 차이와 관계에 대한 실천(practice)과 권력(power)의 작용과 관련되어 있다. 권력의 실천에는 특정한 사회적 주체에 의한 재현(representation)과 전유(appropriation), 저항(resistance)과 동의(consent)가 수반되며, 상이한 주체 간의 갈등 과정에서 포함(inclusion)과 배제(exclusion), 경합(contestation)과 문화전쟁(culture wars)이 발생한다. 이 과정에서는 인간 주체의 아이덴티티와 이데올로기에 의해 아이덴티티 정치(identity politics), 헤게모니(hegemony), 담론(discourse)이 작동한다. 장소와 영역과 관련해서는 장소정치(place politics), 스케일 정치(politics of scale), 지명 경합(contestation of place name), 영역 경합(territorial contestation)이 나타난다.

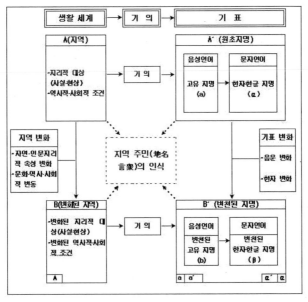

〈그림 1-2〉 지명 변천의 내부적 관계

지명 변천의 외부적 관계는 바로 지명을 둘러싼 문화정치를 뜻한다.

이와 같은 개념 구성을 통해 인간 주체, 공간(지명), 권력 사이에 발생하는 끊임없는 상호 작용과 함께 차이와 관계에 대한 권력 실천이 영역 경합이라는 공간적인 수준으로 표출되는 가시적인 경합 양상을 포착할 수 있다. 한편 이 세 개념축을 연결하는 선(link)들 내에는 구체적인 지명 생성과 변천의 과정들이 포함된다. 특히 지명의 언어적 변천을 중심으로 전개되는 지명 변천의 내부적 관계는 <그림 1-2>에 제시되었다.[17]

지명의 문화정치적 연구에 대한 존재론적·인식론적 개념 구축에 병행하여 본 연구가 진행한 후속 작업은 바로 한국 지명이 지닌 문화정치

---

17) <그림 1-2>는 지명의 언어적 변천이라는 언어 내적인 변화에 초점을 두어 구성한 것으로 이를 구체적으로 설명하면 다음과 같다(김순배, 2004, 33-35). 우선 사회적 주체는 자신들이 거주하는 '생활세계'에서 유의미하거나 특징적인 요소를 '기의(signifié, signified)' 형태로 간직하고 있다. 이 기의는 음성언어 혹은 문자언어를 통해 '기표(signifiant, signifier)'로 발화되고 기록되어 지명 언중(지역 주민)에게 통용된다. 한편 시간적으로 앞서는 생활세계로서의 (A) 지역에서는 주민들에게 가치롭고 일상생활에 많은 영향을 주고 있는 요소의 의미(기의)가 지명 (A′)라는 기표로 생성된다. 이 단계의 지명은 주민들에게 구전되는 음성언어 상태의 고유 지명 (a)이며 이 고유 지명이 우리나라의 상황에서는 한자 혹은 한글 (α)로 표기된다. 특히 한자로 표기되는 지명은 한자화 되는 과정에서 차자 표기법이 적용되므로 단순히 음차 표기된 한자 지명 (α)를 표기된 한자의 뜻(訓)으로 풀이하면 (A) 지역의 기의를 곡해할 수 있으므로 차자 표기법에 대한 정확한 이해가 선행되어야 한자 지명의 정확한 의미를 밝혀낼 수 있다. 이 단계에서 (A) 지역의 성격과 관련된 기의와 (A′)(원초 지명)는 지역 변화로 인해 (B)라는 새로운 지역으로 그 성격이 변화되기도 하며, 이는 곧 (B′)라는 변천된 지명을 생성하기도 한다. (B′)는 또한 (A′)의 자체적인 기표 변화로 (a′)와 (α′)가 발생되는 경우도 있다. 이때 B 지역에서 새로운 기의에 의해 (B′)로 지명이 새롭게 생성되는 과정은 앞선 단계의 기표화 과정과 동일하다. 이 단계에서 유념할 것은 지명의 존속성으로 인해 과거 시기의 고유 지명 (a)와 한자·한글 지명 (α), 그리고 (A) 지역의 일부 특성은 이후 시기의 (B) 지역과 (B′) 지명들의 내부에서 지명 언중들에 의해 잔존하는 사례가 있다는 것이다. 지명의 언어적 변천과 관련된 과정은 사회적 주체로서의 언중들에게 수용되어 지명에 대한 인식과 사용에 영향을 미친다. 특히 변천된 지명 (B′)은 언중들에게 새로운 지명 해석을 발생시켜 제 3의 새로운 지역(장소) 인식을 형성하기도 한다.

적 성격을 확인하고 부각시키는 일이었다. 한국 지명의 생성과 변천 과정에는 한국적인 역사적, 지리적, 정치·사회적 특성이 큰 영향을 미쳐왔다. 특히 수천 년 동안 한국인이 실천하고 경험해 온 언어생활의 이중성과 계층별 차별성은 한국 지명이 지닌 다양성과 복잡성을 낳은 중요한 맥락이 되어 왔다. 언어생활의 이중성과 계층별 차별성은 특정한 사회적 주체들의 아이덴티티와 이데올로기 재현, 그리고 권력관계의 실천을 통해 지명의 생성과 변천 과정에 각인되어 있다. 특히 아이덴티티, 이데올로기, 권력의 작용은 지명을 매개로 한 지명 경합과 영역 경합으로 확장되고 형상화되어 다양한 스케일의 공간상에 투영되어 있다.

이상의 개념 구성을 토대로 본 연구는 공주목 진관 지명에 대한 문화정치적 연구를 위해 네 가지 절차를 구상하여 수행하였다.

첫째, 공주목 진관 지명 중 연구 목적에 부합하는 지명을 선정하기 위한 기초 작업을 수행하였다. 이 작업은 연구 시기[통일신라 경덕왕 16년(757) 이후]에 포함된 고문헌과 고지도 등에서 연구 대상 지명을 고증·선별하고, 이를 토대로 지명 변천을 시계열적으로 확인할 수 있는 도표를 작성하는 것이다.

둘째, 기초적인 지명 고증과 변천 조사를 토대로 한국 지명의 문화정치적 연구를 위한 지리적 이론 구성을 제2장에서 시도하였다. 문화정치적 지명 연구를 위한 지리적인 이론 구축 작업은 장소 아이덴티티(place identity), 영역 경합(territorial contestation), 스케일 정치(politics of scale)라는 세 개념을 중심으로 진행하였다. 우선 지명과 아이덴티티의 관계를 논의한 절에서는 자연·주체·타자를 지시하는 지명, 주체가 지닌 아이덴티티와 이데올로기를 재현하는 지명의 특성을 살펴본 후 지명을 매개로 한 아이덴티티의 구성과 이데올로기적 기호화를 분석하였다. 이를 기초로 장소 아이덴티티와 권력관계, 그리고 지명을 통한 장소 아이덴티티의 구축 문제를 논의하였다. 인간 주체 수준에서의 아이덴티티 재현 논의는 구체적인 실천 영역인 권력관계와 이의 공간적 산물인 지명 영역 논의로 집중되었다. 먼저 자아와 타자를 구별하는 지명, 권력의 자기장으로서의 지명 영역 논의를 토대로 지명을 둘러싼 영역 형성과 경합 양상을 분석하였다. 끝으로 권력관계가 동반되어 지명 영역이 인위적으로 축소 및 확대되어 특정한 사회적 주체의 의도와 목적을 실현시키는 지명을 둘러싼 스케일 정치를 분석하였다.

셋째, 문화정치적 지명 연구를 위한 지리적 이론 구성을 기반으로 공주목 진관 지명의 유형과 문화정치적 의의를 제3장에서 살펴보았다. 공주목 진관 지명의 일반적 유형과 그 안에서 포착되는 문화정치적 의미를 확인하기 위해 언어적 변천, 명명 유연성, 경합이라는 세 가지 기준에 따라 공주목 진관 지명들을 분류하였다. 언어적 변천에 따른 지명 유형에는 미화지명을 포함한 표기 변화 지명과 음운 변화 지명, 이두식 지명들이 해당되며 지명의 언어적 변천이 문화정치적 변천 과정에 흡수되는 측면을 고려하여 언어－사회적 유형으로 구분하였다. 명명 유연성에 따른 지명 유형은 자연적 지명, 사회·이념적 지명, 역사적 지명, 경제적 지명으로 구분되며, 인문·자연 지리적 특성에 담긴 문화정치적 의미를 탐색한다는 측면에서 지리－사회적 유형으로 분류된다. 마지막으로 경합에 따른 지명 유형은 다양한 사회적 주체들의 지명과 지명 영역을 둘러싼 경합에 주목하고 있어 정치－사회적 유형으로 분류된다. 이 유형에는 경합 지명, 표기 방식 통일 지명, 영역 확대 지명, 영역 축소 지명이 포함되며, 이들 지명에 담긴 문화정치적 함의를 살펴보았다.

넷째, 공주목 진관 지명의 문화정치적 의의를 확인한 후, 이들 지명들을 둘러싼 문화정치적 변천 양상을 지명 영역의 경합과 변동을 중심으로 제4장에서 사례 분석하였다. 이 분석은 크게 영역(territory), 영역성(territoriality), 영역화(territorialization)라는 세 가지 개념을 중심으로, 지명 영역의 형성과 경합, 아이덴티티 재현 지명과 영역성 구축, 권력을 동반한 지명의 영역화로 구분하여 진행하였다. 지명 영역의 형성과 경합에서는 지명 영역이 형성, 경합, 분화되는 다양한 경로와 양상을 분석하였다. 아이덴티티 재현 지명과 영역성 구축에서는 특정한 이데올로기적인 지명 부여와 장소 아이덴티티 재현 지명의 생산을 통해 사회적 주체의 영역성이 구축·강화되는 사례를 살펴보았다. 끝으로 권력을 동반한 지명의 영역화에서는 권력관계의 작용에 의해 지명 영역이 확장, 축소, 쟁탈되는 양상을 실증적으로 포착하고자 하였다.

2) 주요 자료 및 분석 방법

한국 지명의 문화정치적 연구라는 기본적인 문제의식을 전개해 나가기 위해서 본 연구는 인접 학문의 이론적 성과와 지명 연구 방법론을 수용하려는 다학문적 접근을 견지하였다. 특히 공주목 진관 소속 13개 군현에 소재한 지명들의 고증 작업과 지명별 변천 조사에는 지리적인 조사뿐만 아니라 언어학적인 방법들을 적용하였다.[18] 특히 지명 자료의 고증에 있어서는 국어학적인 음운 및 어휘 변화와 관련된 개념과 한자 지명의 借字 表記法에 관한 이론들을 적용하였다.[19] 국어학적으로 고증

---

18) 지명 고증과 변천 조사에 활용된 고문헌 및 고지도와 인용 시 사용된 '약호'는 다음과 같다. 『新增東國輿地勝覽』=『新增』, 『東國輿地志』=『東國』, 『輿地圖書』=『輿地』, 『戶口總數』=『戶口』, ≪東輿圖≫=≪東輿≫, ≪大東輿地圖≫=≪大圖≫, 『大東地志』=『大志』, 『朝鮮地誌資料』=『朝鮮』, 『舊韓國地方行政區域名稱一覽』=『舊韓』, 『新舊對照朝鮮全道府郡面里洞名稱一覽』=『新舊』, 『韓國地名總覽4(忠南篇)上』=『韓國』, 『三國史記(地理志)』=『三國』, 『高麗史(地理志)』=『高麗』, 『世宗實錄(地理志)』=『世宗』, 『忠淸道邑誌』=『忠淸』, 『輿圖備志』=『輿圖』, 『湖西邑誌(1871)』=『湖西a』, 『湖西邑誌(1895)』=『湖西b』, ≪海東地圖≫=≪海東≫, ≪1872년 지방지도≫=≪1872≫.

19) 우리말의 고유 명사에 대한 차자 표기법에는 네 가지의 기본법이 있다. 이에 대한 내용을 도수희(1999, 72-73; 2008b, 336-338)의 글을 참고하여 정리하면 다음과 같다.
    ① 음차법 : 고유 명사를 유사한 한자음으로 음차 표기하는 방법.

이 불가능한 경우에는 관련 고문헌과 고지도, 기타 자료들에 기록된 지명 이표기를 비교 분석하는 방법을 사용하였다. 실내 문헌 조사로 풀리지 않은 지명 고증에 대해서는 현지 지역의 답사와 현지 주민과의 면담을 통해 보완하였다.

이 과정에서 지명의 고증과 변천 조사가 수행되는 절차와 방법에는 무엇이 있는지 간략히 정리하였다<표 1-1>. 지명 조사의 절차는 크게 세 가지로 분류할 수 있다. 이때 한국 지명이 지닌 이중성이라는 특수한 성격으로 인해 순수한 우리말의 고유 지명과 이를 한자로 차자 표기한

　지명 - 徐羅伐, 所夫里, 買忽 등 / 多樂洞(다락골), 麻斤洞(마근골), 艮隱洞(가는골) 등

② 훈차법 : 고유 명사를 한자의 훈(새김)을 빌어 적는 방법.
　지명 - 荒山(거츨뫼), 竹田(대밭), 石浦(돌개) 등 / 長洞(긴골), 直洞(고든골), 炭洞(숯골) 등

③ 훈음차법 : 한자의 본뜻은 버리고 훈의 음만 빌어 적는 방법.
　지명 - 熊津(고마ᄂᆞᄅ), 白江(泗沘江), 黃等也山(늘어들이) 등 / 花田(꽃밭), 木浦(남개), 琴坪(거문들) 등

④ 음·훈 병차법 : 음·훈을 아울러 쓰는 혼합 표기 방법.
　지명 - 加莫洞(가막골), 廣津(광ᄂᆞᄅ), 善竹(선째) 등 / 五丘山(오구미), 弥串(미꾸지), 豚池(돌못) 등

③, ④는 다시 하위 분류되는 차자 표기의 활용법이 있다. ㉠ 음+훈, 훈+음 竝借法, ㉡ 음+훈음, 훈음+음 병차법, ㉢ 훈+훈음, 훈음+훈 병차법, ㉣ 음+훈+훈음, 훈음+훈+음 병차법 등이 그것이다. 이 활용법 중에 주목할 것은 향찰 표기에서 김완진(1980)이 찾아낸 '訓主音從法', 즉 '받쳐적기법'이다. 이 받쳐적기법은 '훈+음'의 순서로 표기하는 방법이 보편적인데 그 첫째 자는 뜻을 나타내며 둘째 자는 음을 나타내어 발음하면 첫째 자의 훈독음이 실현되도록 한 것을 말한다. 즉 첫째 자의 훈독어형(고유어형)의 말음절을 표기하는 방법으로 赫居(혁거), 世里(셰리), 活里(활리) 등에서 '居(거)', '里(리)', '里(리)'가 그것이다. 이 받쳐적기법은 '혁거', '셰리', '활리'로 발음해서는 안 된다는 지시로 끝음절을 받쳐적어 '불거', '누리', '살리'와 같이 바르게 발음하도록 유도한 차자 표기 방법이다. 이 밖에 '音假字', '音讀字', '訓假字', '訓讀字'로 차자표기법을 구분한 연구(남풍현, 1981)가 있으며, 김순배(2012, 11)는 이를 각각 '음소리 표기', '음뜻 표기', '훈소리 표기', '훈뜻 표기'로 명명할 것을 제안하였다.

한자 지명을 동시에 조사하여야 지명의 본래 의미와 변천 내용을 확인할 수 있다.

첫째, 실내 문헌 조사 단계이다. 이 단계는 다시 세 가지 조사 방법으로 하위분류할 수 있다. ① 해당 지명을 기록하고 있는 (고)문헌과 (고)지도를 최대한 확보하는 단계로 가능한 많은 지명 자료와 이표기 자료를 수집해야 한다. ② 확보된 지명 표기 자료를 문헌 및 지도 간 비교 분석하는 단계로 이로서 이표기가 얼마만큼 변이되고 어떤 차자 표기가 적용되었는지를 확인할 수 있다. ③ 해당 지명의 다양한 음운 현상과 변화를 고려하는 단계이다. 이 단계에서는 역사학적인 사료 분석과 국어학적인 차자 표기법 및 음운 현상에 관한 지식이 동원되어야 한다.

둘째, 현지 야외 답사의 단계이다. 이 단계는 실내 조사에서 확보된 지명 자료와 다양한 이표기 자료를 토대로 실제 해당 지명이 위치한 장소를 답사하여 지명의 유연성과 지리적 관련성을 조사하는 단계이다. 특히 이 단계에서는 해당 지명을 사용하는 다양한 부류의 지명 언중들과의 면담이 필수적으로 요구된다. 그 이유는 면담 과정에서 언중들이 비공개로 소장하거나 기억하고 있는 음성 및 문자 언어 상태의 각종 지명 자료와 지명 기록 문헌들이 확보될 수 있기 때문이다. 아울러 지명어의 의미와 음운 변화의 실마리, 지리적이고 역사적인 지명 변천 요인, 그리고 언중들 내에 작용하고 있는 다양한 사회관계와 권력관계가 파악될 수 있기 때문이다.

셋째, 종합적 분석 및 이해의 단계이다. 지금까지 수집된 지명 자료를 종합적으로 분석하고, 해석·이해하는 단계이다. 이를 통해 지명의 차자 표기법과 음운 변화 같은 언어 내적인 조사 내용과 함께 지명을 매개로 작용하고 있는 지명 언중들의 아이덴티티와 이데올로기의 재현, 그리고 권력관계 등에 주목하는 언어 외적인 지명 조사를 종합하여 지명의 본래 의미와 변천 과정을 문화정치적으로 정밀하게 분석할 수 있을 것이다.[20]

〈표 1-1〉 지명 고증 및 변천 조사의 방법

조사 순서	조사 내용
1. 실내 문헌조사	① 고문헌 및 고지도 확보(다양한 이표기 자료 수집)
	② 문헌 간 비교 분석(이표기의 변이 및 차자표기법 분석)
	③ 해당 지명의 음운 현상과 변화 분석
2. 현지 야외답사	① 현지 답사 : 실내조사에서 확보된 일반 자료와 이표기 자료를 토대로 지명의 유연성과 지리적 관련성 조사
	② 면담 : 다양한 지명 언중들과의 면담으로 비공개된 음성 및 문자 언어 상태의 각종 지명 자료 수집 : 지명 언중들 내에 작용하는 사회관계와 권력관계 파악
3. 종합적 분석 및 이해	언어 내적인 지명조사+언어 외적인 지명조사의 종합

이상과 같은 지명 고증과 변천 조사를 통해 수집된 지명들을 『新增東國輿地勝覽』(1530), 『東國輿地志』(1656~1673), 『輿地圖書』(1757~1765), 『戶口總數』(1789), 『東輿圖·大東輿地圖·大東地志』(1800년대 중반), 『舊韓國地方行政區域名稱一覽』(1912), 『新舊對照朝鮮全道府郡面里洞名稱一覽』(1917), 『현대 각 시군 지명지』(20세기 후반 이후 간행)의 문헌별 8시기로 구분하여 지명 변천에 관한 도표를 작성하였다. 그 결과 도합 2,156개의 郡縣 地名, 鄕·所·部曲 地名, 驛院 地名, 山川 地名, 村落 地名이 선정되었다.

이때 지명 고증과 변천 조사에 동원된 8세기 이후의 고문헌과 고지도는 약 100여년의 시간 단면으로 구분하여 선정한 것이다. 자료의 타당성과 신뢰성을 확보하기 위해 가급적이면 관찬의 지리지나 지도들을 선정하였으나, 특정 해당 시기에 편찬된 관찬 자료가 없는 경우에는 저명한 사찬의 지도나 지리지를 택하였다. 한편 지명 고증과 변천 조사 작업에

---

20) '言衆'의 사전적인 의미는 '같은 언어를 사용하는 사회 안의 대중', 또는 '같은 말을 쓰는 사람들'이다. 본 논문에서는 여러 경합 지명 중 특정한 지명이나 표기 문자를 선호하여 사용하거나, 그러한 지명 표기를 지지하고 동일시하는 일정한 사람들에 한하여 '地名 言衆'이라는 용어를 사용하였다.

활용한 문헌들을 분석하는 데에는 유의할 점이 있다. 우선『新增東國輿地勝覽』(1530)은 1481년에 간행된『東國輿地勝覽』에 50여년 사이에 추가된 사실들을 '新增'하여 부기한 것이어서 수록된 많은 내용에는 15세기 후반의 사실들이 기록되었음에 주의해야 한다. 한편『新增東國輿地勝覽』과『東國輿地志』에는 '土産條'와 '古跡條'에 기록된 소수의 촌락지명을 제외하고, 행정 지명으로서의 면 지명과 촌락 지명이 기재되어 있지 않아 소규모 지명의 변천 과정은『輿地圖書』이후의 문헌에서부터 확인할 수 있다는 점이다. 1700년대 중반 이전에 기록된 면 지명과 촌락 지명 자료의 확보 문제는 연구 지역에 존재하는 개인문집류, 비문류, 족보류, 洞記, 호적대장류, 금석문, 각종 관용 문서 등의 수집으로 보완되어야 할 과제이다.[21]

특히 18세기 중반의 자료로 선정한『輿地圖書』와『戶口總數』에는 다량의 면 지명과 촌락 지명 등의 소규모 지명들이 등재되기 시작하여 소지명 분석의 기준 사료로 평가된다. 또한 연구 대상 지명의 대부분을 차지하면서 사회적 주체들에 의한 지명 명명, 개정, 변경 등을 실증적으로 살필 수 있는 촌락 지명을 문화정치적으로 연구할 수 있는 중요한 자료들이다.[22] 이와 함께 일제 강점기 초기의 두 문헌에는 1914년에 단행된

---

21) 조선 중기와 후기에 걸쳐 남아 있는 호적대장(彦陽縣戶籍大帳, 蔚山戶籍大帳, 英陽縣戶籍大帳, 尙州帳籍, 大邱帳籍, 丹城戶籍帳籍, 慶尙道山陰帳籍)과 조선 후기 영조·정조 대에 간행된『輿地圖書』,『戶口總數』에서부터 한자화된 촌락 지명이 대거 등장하고 있다. 이들 촌락 지명은 이른 시기부터 주요 사족들이 거주한 일부 촌락을 제외하고는 대부분 순수한 우리말의 고유 지명이었으나 이 시기에서부터 차자 표기에 의한 한자화 과정을 겪게 된다.

22) 그런데 조선 영조 33~41년(1757~1765)에 간행된『輿地圖書』에는 定山縣 등의 일부 군현 자료가 누락되어 있다. 특히 본 연구에서 참고한 영인본『輿地圖書』(국사편찬위원회, 1973년)는 누락된 정산현(補遺篇) 자료를 조선 헌종 연간에 간행된『忠淸道邑誌』(1835~1849)의 정산현 자료를 그대로 옮겨 보유하였다. 그러므로 영인본『輿地圖書』의 정산현 자료는 18세기 후반이 아니라 19세기 중반 경의 기록임에 주의해야 한다.

전국 단위의 행정 구역 개편으로 인한 지명 변천의 전후 내용이 기록되어 있다. 즉 『舊韓國地方行政區域名稱一覽』(1912)에는 행정구역 개편 이전의 지명들이 수록되어 있고, 개편 이후의 지명과 행정구역 통폐합의 과정과 결과를 담은 내용은 『新舊對照朝鮮全道府郡面里洞名稱一覽』(1917)에 등재되어 있어, 현재 사용되고 있는 행정 지명의 변천 과정을 추적할 수 있는 중요한 지명 자료로 평가된다.

이외에도 조선 후기와 일제 강점기에 제작된 ≪海東地圖≫(1750~1751), ≪朝鮮地圖≫(1750~1768), ≪1872년 地方地圖≫, ≪靑丘圖≫(1834), ≪舊韓末 韓半島 地形圖(1:50,000)≫(1894~1906), ≪近世韓國五萬分之一地形圖(1:50,000)≫(1912~1919) 등의 지도류와 『三國史記(地理志)』(1145), 『高麗史(地理志)』(1451~1454), 『世宗實錄(地理志)』(1454), 『忠淸道邑誌』(1724~1849), 『輿圖備志』(1851~1856), 『湖西邑誌』(1871), 『湖西邑誌』(1895), 『朝鮮地誌資料』(1911) 등의 지리지와 읍지류는 전술한 기준 문헌에서 누락되었거나 기록 내용이 상이한 이표기 지명들과 諺文(한글) 지명을 찾아내어 특수한 기재 내용을 추기하는데 활용하였다.

4. 연구 지역의 문화정치적 함의

1) 사례 연구의 의의와 절차

(1) 연구 지역의 선정 조건

한국 지명을 둘러싼 다양한 사회적 주체들의 아이덴티티와 이데올로기의 재현, 그리고 재현 과정에서 발생한 권력관계의 실천은 구체적인 장소와 영역 수준에서 경험적으로 분석되어야 한다. 이러한 분석 과정을 통해 다양한 규모의 장소와 영역에서 펼쳐지는 지명의 의미와 의미 생산을 둘러싼 문화전쟁의 갈등과 경합 양상이 실증적으로 포착될 수 있을 것이다.

실증적인 사례 분석을 진행하기 위해서는 두 가지의 선행 작업이 뒤따라야 한다. 그 하나는 한반도란 공간과 그곳에 분포하는 한국 지명들이 문화정치적으로 접근 가능한가를 확인하는 작업이다. 다른 하나는 한국 지명에 대한 문화정치적인 접근 가능성을 확인한 후, 연구 목적에 적합한 사례 연구 지역을 선정하는 것이다. 특히 사례 연구 지역에는 문화정치적 접근을 가능케 하는 지명의 시간적이고 공간적인 다양성과 중층성이 존재해야 한다.

지명의 문화정치적 변천 과정을 분석할 수 있는 적합한 사례 연구 지역은 두 가지 조건, 즉 다양하고 중층적인 역사적 조건과 지리적 조건이 만족되어야 한다. 먼저 사례 연구 지역의 역사적 조건은 다양하고 이질적인 사회적 주체들이 분포해야 하고, 선사 시대부터 현재에 이르는 오랜 역사성과 함께 다양하고 역동적인 역사적 변화를 경험한 곳이어야 한다는 것이다.

다음으로, 사례 연구 지역의 지리적 조건은 상이한 영역들 사이에 존재하는 경계·점이 지대이어야 한다는 것이다. 왜냐하면 경계·점이 지대는 사회·문화와 정치·경제 측면에서 복수적이고 혼성적인 성격과 함께 이질적이고 중층적인 속성을 지니고 있어, 지명을 둘러싼 문화정치를 심도 있게 살필 수 있기 때문이다. 이와 같은 역사적·지리적 조건의 다양성과 중층성은 한국 지명을 매개로 한 사회적 주체들의 권력관계를 분석할 수 있는 기본적인 전제가 된다.

(2) 연구 지역의 선정과 절차

본 연구는 사례 연구 지역이 갖추어야 할 역사적·지리적 조건을 충족하는 곳으로 舊 公州牧 鎭管 區域(이하 公州牧 鎭管 區域)을 선정하였다<그림 1-3>.23) 조선 초기의 鎭管 體制 하에서 공주목이 관할하던 방위 영역은 公州牧, 懷德縣, 鎭岑縣, 燕岐縣, 全義縣, 定山縣, 連山縣, 魯城縣, 恩津縣, 扶餘縣, 石城縣, 林川郡, 韓山郡의 13개 군현(1牧 2郡 10縣)으로 차령 산지 남쪽의 금강 유역에 해당된다<표 1-2>. 역사적으로 이 지역은 공주시 장기면 석장리의 구석기 유적, 부여군 초촌면 송국리의 청동기 선사 취락 유적, 그리고 대전시 괴정동과 둔산동의 청동기 선사 유적지 등과 같은 선사 시대 이래 인간 거주지로서 오랜 역사성을 지닌 곳이다<표 1-3>.

〈표 1-2〉 조선 초기 충청도의 진관 체제

행정	觀察使	牧使	郡守	縣令·縣監		副職
군사	兵使·水使	僉節制使	同僉節制使	節制都尉		
兵使2 (觀察使兼· 忠淸兵使) *監營: 忠州 *兵營: 海美		忠州진관 (충주목사)	청풍, 단양, 괴산	충주판관, 연풍현감, 음성, 영춘, 제천		兵使副職 = 兵馬虞侯
		淸州진관 (청주목사)	천안, 옥천	청주판관, 문의현령, 직산현감, 목천, 회인, 청안, 진천, 보은, 영동, 황간, 청산		
		公州鎭管 (公州牧使)	林川, 韓山	公州判官, 燕岐縣監, 全義, 定山, 連山, 尼山(魯城), 恩津, 懷德, 鎭岑, 扶餘, 石城		
		洪州진관 (홍주목사)	서천, 서산, 태안, 온양	홍주판관, 평택현감, 홍산, 덕산, 청양, 대흥, 비인, 결성, 남포, 보령, 아산, 신창, 예산, 해미, 당진		

*주: 김이열(1965, 101)을 기초로 작성함

---

23) 조선 초기인 세조 3년(1457)에 확립된 진관 체제는 전국의 군현을 지역 단위의 방위체제로 편성한 조직으로 자연적인 향토를 단위로 한 소규모 방어 위주의 전략이다(김이열 1965, 101). 지방 수령이 군사직을 겸직하는 진관체제는 행정 단위인 군현을 군사 조직인 '鎭'으로 편성하여 행정과 군사를 일원화 시켰다. 또한 각 도마다 1~2 곳에 主鎭, 그 아래에 3~13개의 巨鎭, 그 하위에 여러 개의 諸鎭을 두어 전국의 모든 군현을 지역 단위의 방위체제로 편성하였다. 전국을 방위체제로 전환시킨 장점에도 불구하고, 진관체제는 광범위한 방위망으로 인한 실제적인 기능 상실, 대규모 전면전에서 나타난 취약성, 군사들의 부실한 경제적 기반, 문관 출신을 군사 지휘관에 겸임하면서 초래된 비전문성 등으로 인해 급기야 16세기에는 制勝方略 체제로, 임진왜란 이후에는 束伍軍 체제로 전환되었다.

또한 공주목 진관 구역은 삼한 시대 마한의 근거지이자 삼국 시대 부여와 공주를 수도로 한 백제의 핵심 지역이었다. 현재 대전시에 해당되는 회덕현 일대는 신라와의 접경 지역으로 식장산과 계족산으로 이어지는 능선에 많은 산성들이 분포하였다. 후삼국 시대에는 고려와 후백제의 접경 지역이었으며 고려 시대에는 訓要十條(940년) 8훈에서 거론된 '車峴(車嶺) 以南 公州江(錦江) 以外' 지역으로 정치적 차별을 받았던 주변의 공간이면서,[24] 많은 불교 유적을 간직한 곳이었다.

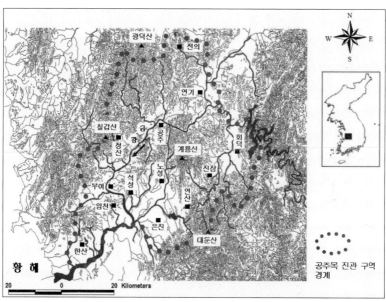

〈그림 1-3〉 공주목 진관 구역 개관도

이후 조선 시대에는 금강의 수운을 바탕으로 계룡산 신도안(新都內)이

---

[24] 이와 관련하여 태조 왕건의 고려 건국 과정에서 가장 강력한 반대 세력으로 금강 유역에 있는 청주와 공주 지역의 호족 세력이 거론되며, 고려 초기에는 이 지역 출신이 중앙의 높은 관직에 진출한 경우가 매우 희박하였다(한국향토사연구전국협의회, 1998, 350~351).

조선의 수도로 거론되기도 하였다. 조선 후기 沙溪 金長生(1548~1631) 이후에는 예학의 본거지이자 湖西 士林의 근거지로서 당시 정치와 사회·문화에 중심적인 역할을 해 온 곳이기도 하다. 李重煥(1690~1752) 의 『擇里志』(1751)에서 거론된 바와 같이 한양과의 적당한 거리로 인해 정치적 진퇴가 용이한 지역으로 판단되어 조선 사대부, 즉 지배층인 사족의 활발한 거주와 그들이 생산한 다양한 유교 경관이 분포한 곳이었다. 조선 후기에는 금강 내륙 수운과 금강 유역의 높은 농업 생산력 등을 기반으로 강경과 공주 등을 중심으로 한 활발한 상품유통경제가 이루어지던 곳이자, 농업과 상업 등에 종사하던 기층민의 다양한 민속 경관이 누적된 곳이기도 하였다. 일제 강점기, 특히 指定面制가 실시된 1917 년 이후에는 금강 유역의 풍부한 농업 생산물과 근대적 교통 기관인 철도 개통으로 인해 大田面, 公州面, 論山面, 江景面, 鳥致院面 등지에 다수의 일본인 거류민들이 거주했던 곳으로 일본식 지명을 비롯한 적지 않은 일본식 경관이 잔존한 지역이기도 하다. 최근에는 다수의 국가적 간선 교통망의 경유와 대전시의 정부 제 2 종합청사 건립, 공주와 연기의 행정중심복합도시(世宗市) 건설로 국가적 스케일의 결절지로서 그 중심성이 확장되고 있다.

〈표 1-3〉 공주목 진관 소속 군현 지명의 변천

군현 \ 시기		三國 (백제)	統一新羅 경덕왕 16 (757)	高麗 태조 23 (940)	朝鮮 태종13 (1413)	朝鮮 고종32/33 (1895/ 1896)	日帝 대정3 (1914)	현재	비고
공주	공주	熊川州 (熊津, 懷道)	熊州	公州	公州牧	公州郡	公州郡 公州面	公州市	
	신풍	伐音支縣 (武夫)	清音縣	新豊縣	新豊廢縣 (新增 古 跡條)			新豊面	

군현	시기	三國 (백제)	統一新羅 경덕왕 16 (757)	高麗 태조 23 (940)	朝鮮 태종13 (1413)	朝鮮 고종32/33 (1895/ 1896)	日帝 대정3 (1914)	현재	비고
대전	회덕	雨述郡 (朽淺)	比豊郡	懷德縣	懷德縣	懷德郡	懷德面	懷德洞	*大德區 (大田+懷德) (1935년)
	진잠	眞峴縣 (貞峴, 杞城)	鎭嶺縣	鎭岑縣	鎭岑縣	鎭岑郡	鎭岑面 杞城面	鎭岑洞 杞城洞	
	유성	奴斯只縣 (奴叱只)	儒城縣	儒城縣	儒城縣 儒城廢縣 (東國 古 蹟條)	儒城 (大圖)	儒城面 儒城里	儒城區	
	덕진	所比浦縣	赤烏縣	德津縣	德津廢縣 (新增 古 跡條)	德津里	德津里	德津洞	
논산	연산	黃等也山郡	黃山郡	連山郡	連山縣	連山郡	連山面	連山面	
	노성	熱也山縣	尼山縣	尼山縣	尼山縣 *尼城縣	*魯城郡	魯城面	魯城面	*尼山〉尼城 (조선 정조즉 위년1, 1776)〉 魯城 (순조 즉위년, 1800) *尼城(尼山+ 石城) (太宗14년: 1414년)
	은진	德近郡	德殷郡	德恩郡					
		加知奈縣 (加乙乃, 薪浦)(如 來卑離:馬 韓)	市津縣	市津縣	*恩津縣	恩津郡	恩津面	恩津面	*恩津 (조선 세종 元 年:1418년)
부여	부여	所夫里郡 (泗沘, 泗泚 南夫餘, 餘 州)(內卑 離:馬韓)	扶餘郡	扶餘郡	扶餘縣	扶餘郡	扶餘郡	扶餘郡 扶餘邑	

시기 군현		三國 (백제)	統一新羅 경덕왕 16 (757)	高麗 태조 23 (940)	朝鮮 태종13 (1413)	朝鮮 고종32/33 (1895/ 1896)	日帝 대정3 (1914)	현재	비고
	임천	加林郡 (林州) (峇離牟盧: 馬韓)	嘉林郡	嘉林縣	林川郡	林川郡	林川面	林川面	
	석성	珍惡山縣	石山縣	石城縣	石城縣 *尼城縣	石城郡	石城面	石城面 石城里	*尼城 (尼山+石城) (1414년)
연기	연기	豆仍只縣	燕岐縣	燕岐縣	燕岐縣	燕岐郡	燕岐郡	燕岐郡 燕岐里	
	전의	仇知縣	金池縣 (金地)	全義縣	全義縣 *全岐縣	全義郡	全義面	全義面	*全岐 (全義+燕岐) (조선 태종14 년:1414년)
청양	정산	悅己縣 (豆陵尹城)	悅城縣	定山縣	定山縣	定山郡	定山面	定山面	
서천	한산	馬山縣 (馬邑)	馬山縣	韓山縣 (韓州, 鵝州)	韓山郡	韓山郡	韓山面	韓山面 馬山面	

*주1 : 전용신(1995, 318-320), 도수희(2003, 414)와 본 논문의 부록을 기초로 작성함.
*주2 : '비고' 항목의 'a>b'는 'a에서 b로의 지명 및 지명 영역 변화'를 의미함.

한편 공주목 진관 구역은 경계와 점이 지대로서의 지리적 조건을 갖추고 있어, 자연적이고 지정학적인 다양성과 중층성을 포함하고 있다. 특히 차령산지와 소백(노령)산지 사이의 중부 내륙 평야대에 포함되어 있는 공주목 진관 구역은 지난 오랜 역사 기간을 거치면서 반주변의 경계와 점이 지대를 형성했던 곳이다. 이러한 경계와 점이 지대로서의 성격은 이 지역에 사회·문화와 정치·경제 측면의 다양성과 복수성 등을 생성하면서 지명을 둘러싼 문화정치적 분석을 가능케 해준다.

공주목 진관 구역이라는 연구 지역이 선정된 다음, 이 지역의 지명들을 대상으로 한 문화정치적 분석이 실증적으로 접근되었다. 이를 위해 우선 연구 지역에 존재하는 지명들에 대한 기초적인 고증과 변천 조사가 이루어졌다. 이 과정을 통해 연구 지역에 분포하는 지명들의 언어적 변천, 명명 유연성, 경합에 따른 유형을 분류하였고, 이 지명들이 지닌 문화정치적 의의를 제시하였다. 공주목 진관 지명이 지닌 문화정치적 의의를 토대로 사례 지명을 선정하여 지명을 둘러싼 사회적 주체의 아이덴티티와 이데올로기의 재현 양상, 권력관계를 동반한 영역 경합과 변동 양상을 구체적으로 고찰하는 연구를 실시하였다.

공주목 진관 지명에 대한 실증적인 사례 연구들은 국지적 스케일에서 지역적 스케일에 이르는 지명 영역의 형성과 경합, 아이덴티티 재현 지명과 영역성 구축, 권력을 동반한 지명의 영역화에 대한 분석을 담고 있다. 이 과정에서 사례 지역에 현존하는 관찬 고문헌과 고지도, 사회적 주체들이 소장한 洞記(洞契文書), 족보류, 개인문집류, 비문류, 금석문, 각종 관용 및 개인 문서 등을 수집·검토하였고 현지답사와 면담 등을 실시하였다.

2) 연구 지역 설정의 배경과 문화정치적 의의

(1) 한국 지명의 이중성과 관계성

언어적, 문화적, 공간적 요소로서의 지명을 문화정치적으로 연구한다는 것은 지명 명명 주체와 언중들이 지닌 아이덴티티와 이데올로기의 재현, 그리고 지명을 둘러싼 주체들 간의 권력관계를 포함과 배제, 지배와 저항, 투쟁과 경합의 측면에서 접근한다는 의미이다. 그렇다면 문화정치적으로 접근 가능한 정치 – 사회적 차이와 관계들이 한국 지명의 특성에 내재되어 있어야 한다는 전제가 해결되어야 한다.

특히 한국 지명을 문화정치적으로 접근하는 것이 왜 필요하고 가능한가, 그리고 한국 지명의 특수성을 분석하기 위해 문화정치적 연구의 주제와 방법들이 왜 적절한 관점을 제공해 주고 있는가를 분석하였다. 이와 관련하여 본 연구는 우선 한국 지명이 지닌 이중성과 관계성, 그리고 다양성이 지명을 둘러싼 사회 주체 간의 권력관계를 여실히 반영하고 있음에 주목하였다. 이것이 바로 신문화지리학의 문화정치적 연구가 수행하는 분석 주제 및 방법과 상통하고 있음을 감지하였다. 게다가 기존 지명 연구의 한계로 지적된 현실 사회관계에 대한 무관심은 바로 한국 지명의 문화정치적 접근이 충분한 필요성과 당위성을 확보하고 있음을 의미하는 것이기도 하다.

문화정치적 지명 연구는 지명을 아이덴티티, 이데올로기, 권력, 그리고 이들의 재현과 실천의 과정에서 발생하는 다양한 문화전쟁의 양상을 고찰하여, 지명과 지명 영역의 의미를 둘러싼 갈등과 경합을 역동적으로 구현할 수 있는 분야이다. 문화 현상에 내재된 은닉된 권력관계와 그 실상을 파악하기 위해 한국 지명을 그 문화 현상에 대입하는 것은 문화정치의 풍부한 사례를 제공할 수 있을 것이다.

이러한 인식 위에서 한국 지명에 대한 문화정치적 접근이 왜 필요하고 가능한가에 대한 이유를 본 연구는 한국 지명이 지니고 있는 두 가지의 근본적인 성격에서 찾아보았다. 그 하나는 한국 지명이 품고 있는 수천 년간의 의미의 누층으로 쌓인 역사적 사실의 다양성이고, 다른 하나는 대륙적 스케일(continental scale)에서 발견되는 한반도의 경계적이고 점이적인 성격이다. 이와 관련하여 한국 지명에서 보편적으로 발견되는 순수 우리말의 고유 지명과 한자 지명의 공존은 한국의 지정학적 위치와 반도적 성격에서 유래한 이중성과 관계성에 기인한 바가 크다.25) 한국 지명의 이중성과 관계성을 규명한다는 것은 바로 한국 지명의 문화정치적 접근 가능성과 필요성을 확보하는 사전 작업인 것이다.

먼저 한국인이 지닌 언어생활의 이중성은 고스란히 한국 지명에 투영

---

25) 한반도라는 특수한 지정학적 위치와 영역은 역사적이고 사회 문화적인 다양성과 불안정성을 야기 시켰고, 이러한 역사적 다양성과 복잡성은 한국 지명에도 그대로 반영되어 있다. 이로 인해 한국 지명의 생성과 변천 과정은 세계에서 가장 심한 굴곡과 부침, 변이와 변형을 경험하였다(배우리, 1985).

되어 있다. 우리나라는 訓民正音[조선 세종 28년(1446)]이 창제된 15세기 중반까지 고유한 표기 문자를 가지지 못했으며, 훈민정음 창제 이후 조선 말기까지도 훈민정음이라는 고유한 표기 문자가 활발히 통용되지 못했다. 당시 한국인은 일상생활에서 발화하는 음성 언어로서 한국어를 사용하였으나, 문자 언어로는 이웃한 중국의 漢文이나 혹은 한자를 빌어 차자 표기하는 鄕札, 吏讀, 口訣 같은 변형된 표기법을 사용하였다. 이러한 상황에서 순수한 우리말로 불리어 오던 고유 지명이 오랜 역사 시기를 거치면서 다양한 차자 표기법을 통해 한자 지명으로 표기된 것이다. 음성 언어와 문자 언어의 불일치라는 언어생활의 이중성은 바로 사회 신분에 따른 언어생활의 차별을 낳았다.26) 특히 조선 시대에는 신분적 계층에 따라 언어생활이 분리되어 지배층(사족), 중인층(향리), 피지배층(평민, 천민)이 각각 한문, 이두, 한글(諺文, 암클)을 사용하였다. 이러한 기형적이고 차별적인 언어생활의 이중성은 甲午改革(1894년)이 있었던 구한말까지 제도적으로 존속되었다.

  이러한 언어생활의 이중성은 지명 표기의 이중성을 야기 하였고, 이 과정에서 특정한 사회적 주체가 소유한 아이덴티티와 이데올로기가 지명 표기에 반영되었다. 특히 조선 시대 통치 이데올로기를 내장하고 있던 지배층(官人層, 在地士族層)들은 한문 지식과 유교적 소양을 바탕으로 지명을 한어화하였고, 중인층인 향리층은 이두로 고유 지명을 차자 표기하

---

26) 조선 시대 문자 언어와 사회 계층의 공존을 설명한 남풍현(2000, 30-31)은 이두와 한글이 사회적 계층과 밀접한 관계를 맺고 있음을 지적하였다. 즉 한문은 사대부(사족) 계층을 중심으로 사용되었으며, 특히 조선시대 사족들, 즉 양반들은 구어로는 우리말을 사용했지만 문어로는 한문을 사용하는 이중적인 언어 생활을 하였다고 지적하였다. 또한 이두는 중인(향리 등) 계층을 중심으로, 한글은 부녀자와 천민 계층을 중심으로 사용되는 사회적인 관습이 생겨났음을 제시하였다. 이러한 문자 언어의 사회적 계층과의 밀접한 관련성은 이후 甲午更張(1894년)에 의해 국한문 혼용의 법령이 나오면서 비로소 언문일치의 문자 생활을 이루게 되었고, 문서도 이두 대신 국한문 혼용체로 통일되었다고 설명하였다.

였다. 피지배층으로서의 평민이나 천민들은 문자 생활을 하지 못한 경우
가 대부분이었지만, 순수한 우리말과 한글을 통해 지명을 말하거나 표기
하면서 자신들의 아이덴티티를 자연스럽게 지명에 투영하게 되었다.

각각 상이한 아이덴티티와 이데올로기를 지니고 있는 사회적 주체들
은 특정 거주지와 연고지에 자신들의 아이덴티티와 이데올로기를 지명
에 삼투시켰고, 이러한 지명 명명 과정은 장소 아이덴티티 형성에 기여
하였다. 또한 사회적 주체들은 특정한 지명의 의미를 매개로 지배와 저
항, 포함과 배제의 권력을 실천하면서 영역 형성과 영역 간 경합을 공간
에 새기게 되었다.

이러한 현상은 바로 한국 지명의 이중성에서 유래한 것이며, 그 근저
에는 한국 지명이 지닌 관계성이 자리 잡고 있다. 이때 관계성이란 용어
는 한국 지명이 다양한 사회적 주체, 상이한 언어, 특정한 장소와 영역,
그리고 이들 사이에 내재된 권력의 실천과 긴밀하게 연결되어 있음을 대
변한다. 한국 지명의 이중성과 관계성을 기반으로 지명의 생성과 변천이
강화되었고, 이 과정에서 지명 의미의 끊임없는 구성과 차연(différance)
의 쉼 없는 의미 변화가 발생하였다.

언어생활의 이중성이 수반한 지명 표기의 다양성과 한국 지명이 주체
-언어-공간-권력과 맺고 있는 관계성은 한국 지명의 변천 과정에 고
스란히 반영되어 있다. 『三國史記(地理志)』(1145년)에 기록된 고구려 장
수왕의 한강 유역 지명 개정(474년), 멸망한 백제와 고구려 古地에 대한
당 고종의 지명 개정[總章 2년(669년)], 그리고 통일신라 경덕왕에 의해
국가적 스케일로 단행된 二字式 한자 지명으로의 개정(757년)은 고려와
조선을 거쳐 일제 식민지 시기의 구심적이고 독백적인 지명 개정(1914년)
과 변천으로 이어지면서 한국 지명의 다양성과 중층성을 배가시켰다. 특
히 한국 전쟁(1950~1953) 이후 이질적으로 전개되고 있는 남·북한의 정
치·경제 체제는 한반도의 허리를 사이에 두고 자본주의 시장경제체제와

사회주의 계획경제체제라는 대립적인 역사 시대를 형성시켰다. 이러한 당대의 역사적 상황과 사회 문화적·정치 경제적 구별은 남·북한의 지명 변천에 영향을 끼쳐 상이한 사회적 주체들의 아이덴티티와 이데올로기, 그리고 권력관계가 차별적이고 배타적으로 지명에 투영되고 있다.

험난한 역사를 거치면서 전개되고 있는 한국 지명의 생성과 변천 과정에는 한반도가 자리한 경계적이고 점이적인 위치와 영역이 근본적으로 영향을 미치고 있다. 정치 경제적인 측면에서는 중국·러시아와 일본·미국, 사회주의와 자본주의, 대륙 세력과 해양 세력이 경계하는 자리이며, 생태 환경적인 측면에서는 대륙과 해양, 건조와 습윤, 열대와 한대가 점이적으로 투과하는 지대이기도 하다. 한반도의 경계적이고 점이적인 특성은 바로 한국 지명의 이중성과 관계성, 그리고 다양성을 낳은 구조적 배경으로 작용해 오면서 한국 지명의 문화정치적 접근을 가능케 하는 원동력이 되고 있다.

(2) 공주목 진관 구역의 문화정치적 함의

공주목 진관 구역은 한국 지명이 지닌 이중성과 관계성, 그리고 풍부한 다양성을 내재하면서 동시에 지명의 문화정치적 과정을 분석할 수 있는 다양하고 중층적인 역사적 조건과 지리적 조건을 갖추고 있다. 공주목 진관 구역은 현재의 충남 공주시(公州牧), 대전광역시(懷德縣, 鎭岑縣), 연기군(燕岐縣, 全義縣), 청양군 일부(定山縣), 논산시(連山縣, 魯城縣, 恩津縣), 부여군 일부(扶餘縣, 石城縣, 林川郡), 서천군 일부(韓山郡) 지역으로 차령 산지 남쪽의 금강 유역에 해당되는 곳이다<그림 1-4>.[27]

이 지역은 선사 시대 이래 삼한과 삼국 시대를 거치면서 다양한 사회

---

27) 조선 시대 연산현의 영역이자 최근 논산시에 속해 있던 豆磨面 일대의 '鷄龍出張所'가 지난 2003년에 '鷄龍市'로 승격되었다. 본 연구에서는 과거 두마면 일대를 계룡시로 분류하지 않고 연산현과 논산시에 포함시켜 지명 기초 조사를 진행하였다.

적 주체들이 거주했던 곳으로, 특히 고유 지명의 한자화와 한자 지명 변천에 큰 영향을 미친 관인, 향리, 그리고 재지사족과 유학자들의 거주가 활발했던 곳이었다. 일제 강점기에는 大田面, 公州面, 論山面, 江景面, 鳥致院面을 중심으로 일본인 거류민들이 자신들의 아이덴티티를 재현한 일본식 지명을 생산한 곳이기도 하다.

또한 공주목 진관 구역은 다양한 생태적 환경과 이를 토대로 한 높은 농업 생산력, 그리고 활발한 경제적 상업 활동 등으로 언중의 다수를 구성하는 하층민들에 의해 다양한 지명이 생성된 곳이기도 하다. 한편 상이한 지배 이데올로기를 표방했던 일련의 왕조들이 생멸해 가면서 불교, 유교, 풍수, 민속신앙, 자본주의 등의 이데올로기가 지명 경관에 다양한 방식으로 투영되어 왔다.

역사적으로 다양한 아이덴티티와 이데올로기를 지닌 사회적 주체들이 거주해 오고 있는 공주목 진관 구역은 경계적이고 점이적인 지리적 조건으로 인해 한층 더 다양하고 이질적이며, 혼합적이고 복수적인 지역이 되어 갔다. 이러한 지역적 특성은 다양한 사회적 주체들이 지명을 둘러싸고 펼치는 문화정치를 분석하기에 적합한 조건이 아닐 수 없다. 중부 내륙 평야대에 위치한 공주목 진관 구역의 경계적이고 점이적인 성격을 고려하는 것은 한국 지명의 문화정치적 연구를 심도 있게 전개하기 위한 기본적인 과제이다.[28]

---

28) 중부 내륙 평야대는 차령산지와 소백 및 노령 산지 사이에 분포하고 있는 불연속적인 평야대를 지칭하는 것으로, 구체적인 위치와 영역은 북동쪽으로부터 남한강과 그 지류들이 흐르고 있는 제천분지, 충주분지 등과 남서쪽으로 금강과 미호천 등이 흐르고 있는 미호평야, 대전분지, 논산평야 등을 포함한다. 차령산지와 소백 및 노령산지로 인해 외부와 일정한 거리를 두고 있는 공간이며, 공주목 진관 구역은 바로 중부 내륙 평야대의 남서부 지역을 구성하고 있다. 중부 내륙 평야대에 대한 구조 지형학적 분석은 오경섭·양재혁(2007, 1-19)에 의해 상세하게 이루어졌다.

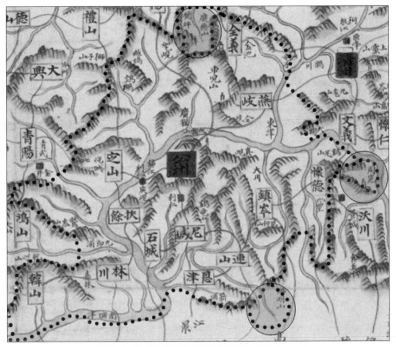

〈그림 1-4〉 고지도에 표현된 공주목 진관 구역

*주 : 『輿地圖』(규장각 古4709-78)(18세기 후반) 위에 공주목 진관 구역의 해당 경계를 점선으
로 나타낸 것이다. 지도 위에 표시된 세 곳의 원은 위로부터 시계방향으로 각각 '德坪鄕'
(청주목 소속, 현 연기군 소정면), '周岸鄕'(청주목 소속, 현 대전시 동구), '陽良所'(전주부
소속, 현 논산시 양촌면)를 표현한 것으로, 본 연구에서는 이들 세 鄕所 월경지에 분포하는
일부 지명들도 연구 대상에 포함시켜 분석하였다.

　　공주목 진관 구역의 경계적·점이적 성격은 이 지역의 자연 환경 위에
서 다양한 지명적 변이를 전개시켜 왔다. 특히 공주목 진관 구역의 산지
체계와 하천 체계는 한국 지명의 다수를 차지하는 자연 지명의 생성에
큰 영향을 미쳐 왔으며, 대체로 자연 지명은 지형적인 유연성에서 유래
한 경우가 많다. 산지와 구릉지 지형, 그리고 저평한 평지 사이를 흐르면
서 다양한 곡지와 범람원을 형성한 하천 지형 등에 대한 고찰은 지명
생성의 명명 유연성과 공간적 구조를 관련시켜 살필 수 있는 기초적인

작업으로 판단된다.

먼저 공주목 진관 구역의 산지체계를 살펴보면 금강 이북에서 크게 북동 – 남서 방향의 1차적인 선적 배열을 보이는 차령 산지가 넓은 체적으로 분포하고 있다. 2차적으로는 북동 – 남서 방향의 구조선을 직각 방향으로 자르는 북서 – 남동 방향의 구조선들을 따라 차령 산지 주변으로 소규모 하천들이 발달해 있다. 경기도 안성시와 충북 진천군에서 뻗어내린 차령 산지는 충남 천안시의 성거산과 흑성산(519m)을 거쳐 충남의 중앙부를 북동 – 남서 방향으로 관통해 서해안의 서천군과 보령시 쪽으로 접어든다. 대략적으로는 북동 – 남서 방향의 구조선을 따나 자세히 살펴보면 북북동 – 남남서 방향, 북 – 남 방향, 북서 – 남동 방향의 구조선도 눈에 띤다. 차령 산지 사이의 곡지를 따라 흐르는 하천들은 대개 위와 같은 방향의 구조선을 따라 유도된 것들이 많으며, 이 일대의 교통로와 취락 분포, 그리고 지명의 형성과 변천에 영향을 미쳐 왔다.

금강 유역에 자리한 공주목 진관 구역의 하천은 크게 금강 본류와 금강으로 유입되는 소규모 지류들로 구성되어 있다. 금강은 전북 장수군에서 발원하여 북쪽으로 흘러 충남 금산군과 충북 옥천군을 거치면서 심한 산지 곡류를 하다 충북 청원군 부용면의 부강을 지나면서 북동 – 남서 방향의 구조선을 따라 흐른다. 이후 공주시 장기면 장군봉 남단의 장암리에서 다시 북서 – 남동 방향의 구조선을 따라 공주시내에 진입하고, 공주시내에서 부여읍내까지는 북동 – 남서 방향의 구조선을 따라 거의 직선상으로 흐른다. 금강은 부여읍내에서 다시 북서 – 남동 방향을 보이며 흐르다 강경에 접어들면서 크게 휘돌아 금강 하구인 장항·군산까지 북동 – 남서 방향의 구조선을 따라 흘러 황해로 유입된다. 금강의 중·하류 일대에는 금강으로 유입되는 다양한 방향의 소규모 하천들이 발달해 있으며, 이들은 크게 북동 – 남서 방향, 북 – 남 방향, 북서 – 남동 방향의 구조선을 따라 흐르고 있다.

이와 같은 산지와 하천 체계를 바탕으로 공주목 진관 구역의 위치와 영역적 특성을 경계와 점이 지대의 측면에서 살펴보았다. 공주목 진관 구역은 대략 북위 36°~37°, 동경 127°~128° 사이에 위치한 곳으로, 차령 산지와 소백(노령) 산지 사이에 불연속적으로 분포하고 있는 제천분지와 충주분지에 이어진 미호평야, 대전분지, 논산평야가 위치한 곳이다. 공주목 진관 구역의 위치와 영역은 한반도 중부의 수도권을 안으로 보았을 때 그 바깥쪽인 영남과 호남을 경계 짓는 반주변(semi-periphery)의 점이적인 지대에 위치하고 있다. 특히 이 지역은 다양한 역사 시기를 거치면서 한반도의 동-서와 남-북을 경계 짓고 동시에 연결하는 중요한 길목이자 통로 역할을 해왔다.

공주목 진관 구역은 한반도의 서해안 평야 지역과 동해안 산지 일대를 연결하는 동-서 소통의 주요 길목이다. 이곳에는 현재 북동-남서 방향과 동-서 방향의 교통로가 다수 분포하고 있다. 현재 충북선이 연기군 조치원읍에서 북동쪽으로 분기되어 있으며, 36번 국도와 청원-상주간 고속국도가 동-서 방향으로 지나고 있다. 또한 금강(황해~강경~부여~공주~부강)은 조선 시대 수운이 통하던 곳으로 뱃길을 통한 동-서 소통을 담당하기도 하였다.

한편 이 지역은 남-북 소통의 주요 통로 역할을 해 온 곳으로, 한강 유역과 영산강 및 낙동강 유역을 연결해 왔다. 조선 시대에는 濟州路(海南路), 嶺南路(東萊路)를 비롯한 다수의 역원과 봉수가 한강 유역의 중심부와 그 주변을 연결하면서 공주목 진관 구역을 관통하고 있었다. 현재는 경부선, 호남선, 경부 고속철도의 철도망과 중앙 고속국도, 중부내륙, 중부, 경부, 천안-논산, 서해안 고속국도 등의 간선 도로가 관통하고 있어 과거로부터 내려오는 한반도 남-북을 연결하는 주요 길목으로서의 입지적 특성을 잇고 있다.

이와 같은 공주목 진관 구역의 지리적 성격은 이 지역을 기회의 공간으로 인식하게 하였다. 공주목 진관 구역은 중심부인 경기 지방으로부터 일정한 거리를 두고 위치해 있으며, 더욱이 차령 산지와 소백(노령) 산지는 외부로부터의 일정한 차단 기능을 갖추고 있다. 또한 산지 – 구릉지 – 평지에 기반한 높은 생산성으로 말미암아 고려 시대 이래로 사회적 지배층들의 寓居地와 可居地로 선호되어 그들의 別莊과 田庄이 다수 분포하던 곳이었다. 특히 과거로부터 사회 정치적 십승지의 한 곳으로 지목되었던 이 지역은 溪居地를 선호한 사족들의 거주가 활발하였고, 원격지에 위치한 영남과 호남에 비해 중심으로의 재접근도 용이하여 기회를 포착한 세력들이 다시 중심의 권력으로 捲土重來하기 위한 유리한 위치를 점하고 있었다.

공주목 진관 구역이 지닌 경계와 점이적 성격은 다양한 역사 시대를 거치면서 이 지역을 다양한 정치 세력 간 충돌 지역, 전략적 요충지이자 길목, 그리고 상이한 사회·문화적, 정치·경제적 주체들이 상호 투쟁하고 경합하는 지역으로 인식하게 하였다. 이러한 공주목 진관 구역의 성격은 지명의 생성과 변천에 다양성과 중층성을 잉태시키면서 문화정치적 지명 연구를 가능케 한 공간적 배경이 되어 왔다.

제2장

지명의 아이덴티티 재현과 영역 경합

1. 지명을 통한 장소 아이덴티티의 재현

1) 지명의 문화정치적 의의와 재현

지명의 주된 기능은 인간이 거주하는 장소의 자연(nature) 환경, 생물적 요소로서의 인간 주체(human subject), 그리고 주체가 대상화 하는 他者(others)라는 존재들의 '있음(being)'과 '거기 있음(dasein)'을 언어로 지칭하는 것이다. 일정한 대상을 지칭하는 지명의 기능은 지명의 유연성에 기초하고 있으며, 이러한 기능은 일정한 경계와 영역을 갖는 공간적 형상화를 필연적으로 동반한다. 공간적 형상화는 혼돈(chaos)의 상태에 있는 추상적이고 관념적인 존재에 대해 구체적인 윤곽과 질서(cosmos)를 제공하며, 존재의 '있음'을 언어적이고 시각적이며 물리적으로 확증해 준다.

한편 공간이 가지고 있는 구체성과 물리성은 지명이라는 언어적 요소를 통해 인간 주체의 존재를 재현하는 매개 내지 수단으로 이용된다. 인간 주체를 포함하는 드넓은 공간과 이러한 공간 내부의 복잡한 사회적 관계 속에서 나를 다른 사람과 구별하고 효과적으로 지칭하는 방법은 나의 이름에 공간을 부착시키는 것이다. 사회적 주체(social subject)의 이름에 공간의 이름인 지명을 덧붙임으로써 자아(self)와 관계 맺고 있는 위치와 영역을 지칭할 뿐만 아니라 자아의 아이덴티티와 이데올로기를 우회적이고 간접적으로 재현한다. 일정한 대상을 지칭하는 지명의 기능은 단순히 대상을 지칭하려는 목적을 넘어 특정한 사회적 주체의 아이덴티티와 이데올로기, 그리고 권력관계를 재현하려는 목적을 위한 것이기도 하다.

지명은 자연·주체·타자의 존재를 지칭하는 과정에서 때때로 특정한 사회적 주체의 특질을 재현하기도 한다. 특정한 주체가 "이름(name)을 얻으면 형상(shape)을 얻게 된다"는 張載(2002, 31)의 사유는 특정한 주

체가 형상을 부여받는 단계에서 공간의 물리성을 필요로 한다는 조건을
전제하고 있다. 하나의 주체가 이름을 얻고 형상을 얻어 존재로서 출현
하는 과정을 현실에 실천하려면 위치와 영역이라는 구체적인 공간이 확
보되어 있어야 한다는 것이다. 이 때 공간의 명칭으로서의 지명은 주체
의 이름 주변에 부착되어 사회적 주체의 출신지, 거주지, 활동 영역에
관한 정보를 타자에게 제공해 준다. 그리고 지명은 때때로 사회적 주체
의 아이덴티티와 이데올로기를 대변해 주는 의미를 지니는 특정한 문자
로 표기되는 경우가 있다.

예를 들면, 한국인의 성씨 앞에 수식어처럼 따라다니는 本貫(貫鄕)의 명
칭이 다름 아닌 지명이고('南陽' 洪氏, '慶州' 李氏), 출가한 남성과 여성의
호칭으로 쓰이는 宅號의 상당수도 지명을 사용한다('安城' 댁, '奉化' 댁).[1]
또한 조선 시대 통용되던 사람의 雅號에도 흔히 지명이 사용되었다('退溪'
이황, '栗谷' 이이, '沙溪' 김장생)<표 2-1>. 이와 같이 주체의 이름에 공
간적 정보인 지명을 붙이는 사례는 이슬람교도, 즉 무슬림들(muslims)의 경
우에도 흔히 발견되는데, 무슬림들은 자신들의 출신지를 강조하기 위해 출
신지의 지명을 자신의 이름으로 대용하기도 하였다. 또한 한국에서 성씨가
확립되기 이전의 고대인들은 이름 앞에 출신지(出自)를 붙여 특정한 집단
에 소속되어 있음을 표시하기도 하였다(김종택, 2004, 34).

---

1) 보다 특수한 사례로 향촌 사회에서 특정한 종족의 주요 거주지 명칭을 성씨 앞에
   덧붙여 지연과 혈연의 관계를 표현하는 경우가 있다. 문옥표(2004, 32)에 의하면,
   안동시에 살고 있는 義城 金氏는 지역 사회에서 '川前派' 종족으로 두루 알려져
   있는데, 이는 김씨라는 성씨 명칭에 그들 근거지의 지명인 '내앞'('川前'의 한글
   표기)이라는 지명을 붙여 '내앞 김씨'로 통칭한 결과이다. 또한 그녀는 안동시에
   서 풍산면 하회의 豊山 柳氏는 '河回' 류씨, 무실의 全州 柳氏는 '무실' 류씨, 예
   안면 토계동의 眞城 李氏는 '토계' 이씨로 부른다고 지적하였다. 다른 지방에서
   발견되는 이와 유사한 사례로는 조선 시대 호서사림들 사이에 통용되던 '懷德' 은
   송(회덕의 은진 송씨)과 '連山' 광김(연산의 광산 김씨)이란 호칭이 있다.

〈표 2-1〉 주체를 재현하는 지명

	지명 사례	비고
본관	全州 이씨, 密陽 박씨 등	*주체와 관련된 공간정보를 타자에게 제공함
택호	安城댁, 奉化댁 등	
아호/자호	退溪 이황, 栗谷 이이, 沙溪 김장생 등	
성씨 지명	金村, 宋村, 李뜸, 金氏洞, 車哥洞, 晋州姜村, 韓山所里, 朴山所 등	*주체의 아이덴티티와 이데올로기를 재현하여 주체의 현존성을 지시함
군현명 표기 지명	公州말, 扶餘두리, 魯城편, 連山뜸 등	

　이와는 달리 군현의 명칭, 본관과 성씨의 명칭을 전부 지명소로 사용하여 사회적 주체의 아이덴티티를 간접적으로 재현하고 거주지의 영역과 경계를 외부에 표시하는 경우가 있다〈표 2-1〉. 예를 들면, 金村, 宋村, 李뜸, 金氏洞, 車哥洞, 晋州姜村, 泰仁許村, 宋山所里, 韓山所里 등과 같이 본관과 성씨의 명칭을 붙여 지명으로 명명하거나(이영택, 1986, 109~114), 公州말, 扶餘頭里, 魯城편, 石城말, 連山뜸, 恩津뜸 등과 같이 군현 명칭이라는 고유 명사를 전부 지명소로 붙이는 경우가 발견된다〈그림 2-1〉.

"윤촌"·"최촌"(경북 울진군 원남면 매화리)　　　　　　　"공주말"(대전시 동구 삼괴동)
≪1:50,000 지형도≫ 〈울진〉(2001년 인쇄)

〈그림 2-1〉 성씨지명과 군현명 표기 지명

*주 : "공주말"은 사진 중앙의 대전천 다리를 경계로 동쪽(오른쪽)의 회덕현과 경계한 조선시대 공주목 산내면 영역에 속한 마을(사진 왼쪽의 표지판)이었다.

이러한 경우들은 주체의 이름 앞에 지명을 부가하는 것과 마찬가지로, 주체와 관련된 공간적 정보를 제공하는데 그치지 않고 주체의 아이덴티티와 이데올로기를 통하여 주체의 현존성을 입증하는 효과를 가진다. 이와 같이 공간을 수단으로 하여 주체의 존재를 표상하는 지명의 기능은 언어 요소이자 공간 요소로 존재하는 지명의 내재적인 특성에서 기인한 것이다. 또한 이러한 지명은 때때로 주체의 아이덴티티와 이데올로기를 재현하는 도구로 활용되어 지배적인 아이덴티티와 이데올로기의 구축과 전파에 기여한다.

2) 지명의 아이덴티티 재현과 이데올로기적 기호화

지명은 사회적 관계와 의미 생산 체계의 물리적인 재현물이자 사회적 구성물이다.[2] 사회적 구성물로 지명을 바라본다는 것은 지명을 사회 내 구조의 관계적 요소로 파악하여 지명의 생성과 변천, 그리고 의미 경합에 따른 지명의 자리 놓임(context)과 사회적 주체들 사이의 사회관계와 권력관계에 주목한다는 것이다. 지명의 생성과 변천 과정 내에는 지명 의미와 영역을 둘러싼 끊임없는 문화전쟁이 발생하면서 경합, 동의, 저항이 수반되는 문화적 헤게모니의 과정이 반복된다. 특정한 사회적 주체의 이데올로기와 담론의 재현, 그리고 권력의 실천에 대한 분석은 아이덴티티(identity) 구성 요소로서의 지명의 위치를 상기시켜준다.[3] 이러한

---

2) 지명의 사회적 구성을 연구한 권선정(2004, 167-181)은 지명을 장소를 구성하는 경관 텍스트(landscape text)로 규정하였다. 그는 지명이 의사소통체계를 구성하는 다양한 사회집단 간의 사회적 관계를 반영하면서 일정한 역할을 수행한다고 제시하였다. 또한 그는 사회적 구성물이자 경관 텍스트로서의 지명을 분석하기 위해, 지명의 형태보다는 의미 차원을 주된 대상으로 하여 기어츠(Clifford Geertz)의 '두꺼운 기술(thick description)'과 같은 해석적 연구를 추구하였다.
3) 아이덴티티는 '같은'을 뜻하는 라틴어 'idem'에서 유래한 '정체성'이나 '동일성'을 말하며 반대어는 '타자성(otherness)'이다(이정우, 1996, 81). 일상적인 맥락에서 자

지명과 아이덴티티에 대한 기본적인 이해를 토대로 지명을 매개로한 아이덴티티의 재현 과정과 지명의 이데올로기적 기호화에 대한 논의를 살펴보았다.

(1) 지명의 아이덴티티 재현

특정한 사회적 주체의 아이덴티티 구성에 기여하는 지명의 인위적 개정과 변경에는 바로 신문화지리학의 문화정치가 자리 잡고 있다. 이를 분석하기 위해서는 다양한 지리적 스케일에 위치하고 있는 상이한 사회적 주체들 사이에 내재한 권력관계의 본질이 규명되어야 한다. 이를 위한 기초적인 분석으로 지명 명명과 인식이라는 두 가지 측면으로 구분하여 논의를 진행하였다.

이 분석은 특정한 사회적 주체들이 지니고 있는 아이덴티티에 의해 지명이 명명되는 과정과 특정한 사회적 주체들이 외부에 이미 존재하면서 경험되는 지명을 인식하는 과정과 관련된다. 사회적 주체의 아이덴티티에 의해 특정한 지명이 명명되고 인식되는 과정은 후속될 지명의 이데올로기적 기호화의 과정과 함께 지명의 생성과 변천의 기본적인 기제로 작용하고 있다. 이 과정은 바로 지명을 둘러싼 권력관계가 구체적으로 발현되는 과정을 의미하기도 한다.

(2) 아이덴티티 재현에 의한 지명 명명

사회적 주체들의 아이덴티티 재현과 관련된 지명 명명 과정은 아이덴

기 동일성의 문제는 곧 아이덴티티의 문제이며, 다른 사람과 구별되면서 하나로 범주화되는 속성을 지니고 있다. 어떤 아이덴티티는 무엇에 대한 동일시 과정의 특정한 국면이라 말할 수 있으며, 무엇과 같다고 여기는 일련의 심리적이고 사회적인 과정을 통해서 구성된다. 아이덴티티는 일상생활에서 가지는 자기 의식으로 일상적인 느낌과 경험을 기초로 형성되며, 동시에 사회적 관계와 같이 비교적 객관적인 맥락 속에서 만들어진다(류제헌, 1999, 182; 남호엽, 2001, 13-14).

티티의 성격에 따라 다시 두 가지로 하위분류된다. 그 하나는 '내적 아이
덴티티', 즉 형성 단계에 있는 아이덴티티들의 재현에 따른 지명 명명(안
게른의 수적 – 질적 – 자아 아이덴티티와 지명 명명)이고, 다른 하나는
'외적 아이덴티티', 즉 이미 만들어진 기성 아이덴티티들이 외부에 작용
하면서 발생하는 지명 명명(카스텔의 정당화 – 저항 – 기획 아이덴티티
의 지명 명명)이다<표 2-2>.

<표 2-2> 아이덴티티의 재현에 의한 지명 명명

		의미 및 특성	지명 사례
내적아이덴티티	數的 아이덴티티 (numerical Identity)	*차이 *개별성 *타자와 다름 *시공적 유일성 *보편성 부정	*간골, 음지말, 東村 등 *자연 지명, 방위 지명
	質的 아이덴티티 (qualitative Identity)	*성질 *내적단일성 *역할 아이덴티티 *아이덴티티의 변형 가능성	*仁里, 義里, 智里 등 *유교 지명
	自我-아이덴티티 (I-Identity)	*같음 *내적동일성 *시공적 연속성 *질적 아이덴티티들의 형식적 통합	*충청도 사람, 한국인 등 *일상의 통합적·의사소통적 인식
외적아이덴티티	정당화하는 아이덴티티 (legitimizing identity)	*사회제도를 통하여 타자에 대한 자신의 우월성을 확대하고 합리화함	*渼湖(대전 미호동)
	저항 아이덴티티 (resistance identity)	*우월성의 논리로 압박을 하는 타자나 타자의 사회제도에 대해 반대·위반·저항함	*벌말(대전 미호동)
	기획 아이덴티티 (project identity)	*지배적 주체나 집단이 자신의 위치를 더욱 확고히 하기 위해 구축함	*上所洞(대전 상소동)

*주 : Angehrn(1985, 235 ; 이현재 2005, 277)과 Castells(1997, 6-10)의 아이덴티티 분류를 인용
정리함.

우선 '내적 아이덴티티'의 지명 명명과 관련해서 안게른(Emil Angehrn) 의 형성 단계에 따른 아이덴티티 구분과 그 지명 명명의 특성을 살펴보 았다. 안게른은 아이덴티티가 맥락에 따라 개별성, 성질 그리고 같음 등 의 논리적 의미를 지니며, 이는 각각 '數的 아이덴티티(numerical identity)', '質的 아이덴티티(qualitative identity)', 그리고 '自我－아이덴티티(I-ide ntity)'와 연관되어 있다고 보았다(Angehrn, 1985, 235; 이현재, 2005, 265).

'수적 아이덴티티'는 개인의 개별성을 기초로 하여 형성되며, 지시적 요소인 '이것'으로 확정되는 단수 주어나 이름 같은 고유명사를 통해 물 질적 개별성의 지시를 확정하는 특성을 지닌다. '수적 아이덴티티'와 관련 된 지명 명명은 지명의 기본적인 기능인 특정 장소를 다른 장소와 구별하 고 지시하는 기능과 관련된다. 이와 관련된 사례로는 지명 명명 주체가 거주하는 장소의 수적 개별성과 차이를 강조하여 명명된 자연 지명(긴골, 가는골, 양지말 등)이나 방위 지명(동촌, 안골, 뒷골 등) 등이 해당한다.

다음으로 현대 사회학자들에 의해 주목된 내적 단일성을 강조하는 '질적 아이덴티티'가 있다. '질적 아이덴티티'는 개별성이나 차이보다는 내적 단일성이나 같음을 강조하여 "그는 무엇인가? 그는 어떤 종류의 인 간인가? 그는 어떤 집단에 속하는가?"라는 물음에 답하면서 형성되는 아 이덴티티이다. 개인의 역할 내지는 경험과 기획으로 형성되는 '질적 아 이덴티티'는 개인이 지향하는 가치체계와 소속 공동체의 특성을 표현한 다. 이 단계의 아이덴티티와 관련된 지명 명명으로는 특정한 사회적 주 체들이 자신들의 이데올로기적 속성을 재현하여 명명한 지명들이 해당 된다. 특히 조선 시대 성리학적 이데올로기가 담긴 유교 지명 같은 이데 올로기 지명에 잘 재현되어 있다. 예를 들어, 경북 김천시 봉산면의 '仁 義里, 禮智里, 信里', 김천시 아포읍과 구미시 선산읍에 걸쳐 있는 '仁 里, 義里, 智里, 禮里, 習禮里', 평북 평원군 한천면의 '仁義洞, 禮智洞,

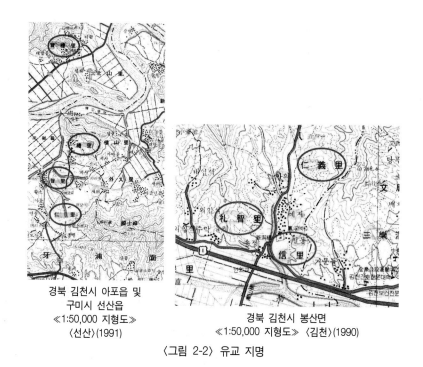

경북 김천시 아포읍 및
구미시 선산읍
≪1:50,000 지형도≫
〈선산〉(1991)

경북 김천시 봉산면
≪1:50,000 지형도≫ 〈김천〉(1990)

〈그림 2-2〉 유교 지명

信義里' 등은 특정한 사회적 주체들의 속성을 반영하는 '질적 아이덴티티'에 의한 지명 명명이라 볼 수 있다<그림 2-2>.

그런데 이러한 '질적 아이덴티티'는 고정되어 있지 않고 끊임없이 변화하는 특성을 지니고 있다. 이러한 '질적 아이덴티티'의 변화와 다양성에도 불구하고 이를 동일한 자신의 것으로 통합하는 아이덴티티가 바로 '자아-아이덴티티'이다. 예를 들어, '나는 누군가의 아들이면서 한 아이의 아빠이기도 하고, 기업인이면서 불교신자이기도 하며, 혹은 공주 사람이자 충청도 사람, 그리고 한국인이다'라고 할 때, 여러 질적 아이덴티티들이 변화하는 시공간에서도 동일한 자신에게 통합되어 정당화되는 것이 형식적 동일성이자 '자아-아이덴티티'인 것이다. '자아-아이덴티티'는 '질적 아이덴티티'와 마찬가지로 내적 동일성과 같음을 강조하며, 자신의 다양한 질적 아이덴티티들을 모두 동일한 자신의 것으로 통합시켜 내적으로 다르지 않음의 구조에 도달할 때 형성된다. 이러한 의미에서 '자아-아이덴티티'는 주체의 통합 능력과 의사소통 능력을 기초로 한다. 내적 동일성과 같음을 강조하는 '자아-아이덴티티'에 의한 지명 명명으로는 상기한 '충청도 사람', '한국인'이란 말에서 재현된 '충청도'와 '한국'이 해당된다.

내적 아이덴티티에 의한 지명 명명과는 달리 '외적 아이덴티티', 즉 이미 만들어진 기성 아이덴티티들이 외부에 그들의 위치, 상황, 특성 등을 재현하면서 생산한 지명 명명의 사례를 생각해 볼 수 있다. 이는 카스텔 (Manuel Castells)의 정당화-저항-기획 아이덴티티와 관련된다. 카스텔 (1997, 6-10)는 아이덴티티의 유형을 '正當化하는 아이덴티티(legitimizing identity)', '抵抗 아이덴티티(resistance identity)', '企劃 아이덴티티(project identity)' 등으로 분류하여 제시하였다(임병조·류제헌, 2007, 588).

'정당화하는 아이덴티티'는 사회제도를 통하여 다른 사회에 소속된 다른 사람들에 대하여 자신의 우월성을 확대하고 합리화하려고 구성하는 것으로 그 대표적인 실례로 민족주의(nationalism)가 있다. '저항 아이덴티티'는 타자에 의해 우월성의 논리로 압박을 당하거나 평가 절하되는 자신의 위치와 상황을 벗어나기 위하여 구성하는 것이다. 특히 일정한 사회 제도에 순응하고 복종하기 보다는 반대하거나 위반하는 원칙을 만들어 자신의 저항과 생존의 전선을 구축하기 위한 아이덴티티이다. '정당화하는 아이덴티티'와 '저항 아이덴티티'는 일반적으로 사회적 주체 간의 갈등과 경합의 과정에서 발생하는 경우가 대부분이며, 해당 사례의 하나로 경합 지명으로서의 '渼湖'와 '벌말'이 있다. 대전시 대덕구 미호동에 있는 '美湖'와 '벌말'이라는 지명은 각각 사족과 평민이라는 신분적으로 상이한 사회적 주체들에 의해 명명되고 존속된 지명들로 지배와 정당화로서의 '美湖' 지명과 이에 대한 저항으로서의 '벌말' 지명 사이의 갈등과 경합 양상을 살필 수 있는 사례이다.

마지막으로 '기획 아이덴티티'는 어느 정도 유리한 사회 문화적 여건을 갖추고 있는 사회적 주체들이 사회에서 차지하고 있는 자신의 위치를 더욱 확고히 하기 위하여 구축하는 것이다. 기획 아이덴티티에 의한 지명 명명의 사례로는 대전시 동구 '上所洞'과 '下所洞'이 해당된다. 원래 해발고도가 낮아 '下所洞(下所田)'이라 명명된 지명이 그곳에 거주하던 지배적 사족 집단인 恩津 宋氏 등에 의해 '上所洞(上所田)'이란 지명으로 강제 변경되어, 사족으로서의 높은 사회적 신분과 지명 표기자('上')의 의미를 동일시하여 자신들의 사회적 위치를 지명을 통해 확고히 한 사례이다(김순배, 2004, 69~79).

(3) 아이덴티티에 의한 지명 인식

다양한 아이덴티티 재현에 의한 지명 명명과 함께 아이덴티티에 의한 지명 인식 과정, 즉 특정한 아이덴티티를 지니고 있는 다양한 사회적 주체들이 이미 외부에 존재하면서 경험되는 지명을 구체적으로 인식하는 과정에 대한 분석을 요구한다. 이 과정은 바로 사회적 주체가 일정한 지명을 동일시, 역동일시, 비동일시하거나, 지명 의미를 해석하고 인식하는 디코딩(decoding)의 과정을 의미한다. 본 연구는 이에 대한 분석을 위해 Pêcheux(1975)의 동일시 이론과 Hall(1980)의 디코딩의 위치에 대한 분류를 구체적인 지명 인식과 관련시켜 살펴보았다<표 2-3>.4)

---

4) 1970년대 홀은 구체적인 문화연구의 실천과 관련하여 인코딩(encoding)(기호생산, 암호)과 디코딩(decoding)(기호소비, 해독) 사이의 불일치를 탐구했다. 그의 「Encoding/ decoding」이라는 논문은 기호의 생산과 소비 간의 간극을 주장하였다. 그는 "인코딩의 단계에서는 디코딩의 단계에서 어떤 의미가 '선호'되고 채택되도록 시도할 수는 있지만, 그러한 의미가 채택되도록 규정하거나 보장할 수는 없다"라고 말하였다. 특히 그는 기호생산과 기호소비 간의 간극에 세 가지의 디코딩 위치를 설정하였다. 지배적인 의미규칙 내에서 움직이는, 즉 인코딩의 규칙에 충실한 ① '支配的－헤게모니적 위치(dominant-hegemonic position)', 지배적인 기호 규칙에 동

  페쇠는 보편 주체(대주체)(신, 국가, 민족, 언어와 지명)에 대해 주체
가 갖는 3가지 관계 양상을 同一視, 逆同一視, 非同一視로 구분하여 제
시하였다(Pêcheux, 1975, 156~159; 강내희, 1992, 40~41).[5] 그런데 보
편주체를 바라보는 주체의 동일시 양상은 홀이 인코딩(기호생산)과 디
코딩(기호소비) 간의 불일치에서 나타나는 세 가지 디코딩의 위치, 즉
지배적-헤게모니적 위치, 타협적 의미규칙의 위치, 대항적 의미규칙의
위치 개념과 자연스럽게 연결된다. 먼저, 보편주체를 '좋은 주체'로 동일
시하여 대상과의 같음(sameness)을 추구하면서 자신이 속한 보편주체,
즉 담론구성체가 생산해 내는 의미를 자명하고 당연한 것으로 받아들이
는 '동일시(identification)' 양상은 '지배적-헤게모니적 위치'와 연결된
다. 동일시 양상은 외부에 존재하는 일정한 지명을 특정한 사회적 주체
들이 자신들의 아이덴티티를 재현해주고 강화해주는 긍정적이고 좋은
지명으로 동일시하거나, 혹은 지배적-헤게모니적으로 인정하거나 전유
하는 경우이다.

  조하면서도 부분적으로 그것에 저항하는 ② '妥協的 의미규칙의 위치(negotiated
  code or position)', 끝으로 지배적 기호규칙을 거슬러 읽는 ③ '對抗的 의미규칙
  (oppositional code)'이 그것이다. 인코딩과 디코딩 간의 간극은 아무리 기호가 특
  정한 방식으로 생산된다고 하더라도 그것의 소비는 전적으로 생산에 좌우되지 않
  는다는 점을 지적하는 것이다. 이는 바로 구조화의 과정 내부에 지배와 타협, 그
  리고 저항이라는 헤게모니 투쟁이 항상적으로 벌어지고 있음을 의미한다(Hall,
  1980, 136~138 ; 김용규, 2007, 13).
 5) 본 연구는 담론적 주체(사회적 주체)에 대하여 보편적 주체가 지니고 있는 선험적,
  필연적, 강압적인 특성을 고려하여, 언어적 전환 이후에 구조적인 실체로 주목받고
  있는 '언어'와 언어적 요소가 내재된 '지명'을 보편 주체의 하나로 분류하여 접근
  하였다.

〈표 2-3〉 아이덴티티에 의한 지명 인식

		의미 및 특성	지명 인식 사례
동일시 양상	동일시(identification)	*담론주체는 보편주체를 '좋은 주체'로 여기며, 자신을 담론구성체와 동일시함 *자신이 속한 담론구성체가 생산해내는 의미를 자명한 것으로 받아들여 담론구성체의 재생산을 돕는 주체의 태도	*특정 사회주체 및 집단들이 특정 지명을 자신들의 아이덴티티를 재현하고 강화해주는 긍정적이고 좋은 지명으로 동일시하는 경우
동일시 양상	역동일시 (counter-identification)	*담론주체가 '나쁜 주체'의 형태를 띠며 자신에게 부과된 보편주체나 담론구성체에 대해 반항하나 지배구조 재생산에 기여함	*특정 사회주체 및 집단들이 특정 지명의 의미를 나쁘고 거북한 것으로 역동일시하거나 비동일시하면서 새로운 지명의 의미를 생산해 내기 위해 지명 표기를 바꾸거나 새로운 지명을 명명하는 경우
동일시 양상	비동일시 (disidentification)	*담론구성체 및 세계체제의 작동방식을 변경시키려는 전략적 의미를 지니며, 지배적인 흐름을 거스르는 변혁적 주체를 형성하여 새로운 구조를 생산하려함	*특정 사회주체 및 집단들이 특정 지명의 의미를 나쁘고 거북한 것으로 역동일시하거나 비동일시하면서 새로운 지명의 의미를 생산해 내기 위해 지명 표기를 바꾸거나 새로운 지명을 명명하는 경우
디코딩 위치	지배적-헤게모니적 위치 (dominant-hegemonic position)	*지배적인 의미규칙 내에서 움직이고, 인코딩의 규칙에 충실한 디코딩 위치	*동일시 사례와 유사
디코딩 위치	타협적 의미규칙의 위치 (negotiated code or position)	*지배적인 기호 규칙에 동조하면서도 부분적으로 그것에 저항함	*역동일시 사례와 유사
디코딩 위치	대항적 의미규칙 (oppositional code)	*지배적 기호 규칙을 거슬러 읽는 의미규칙	*비동일시 사례와 유사

*주 : Pêcheux(1975, 156~159)와 Hall(1980, 136~138)의 동일시 이론과 디코딩 위치를 인용 분류함.

다음으로, 자신에게 부과된 보편주체(담론구성체)를 '나쁜 주체'로 규정하여 불편해 하거나 꺼려하고, 대상과의 다름(otherness)과 차이를 지향하면서도 협상의 여지를 남겨 놓는 '역동일시(counter-identification)' 양상은 '타협적 의미 규칙의 위치'와 유사하다. 이 역동일시 양상은 동일시 양상과 함께 특정한 사회적 주체의 아이덴티티를 강화하거나 재생산하고 나아가 보편주체나 지배구조의 재생산에 기여한다.

이에 반해, 마지막의 '비동일시(disidentification)' 양상은 세계 체제의 작동 방식을 변경시키거나 지배적인 흐름을 거스르는 변혁적 주체를 형성하여 새로운 구조를 생산하려는 전략적 의미를 지니고 있으며, 홀의 디코딩 위치 중 '대항적 의미 규칙의 위치'와 성격이 유사하다. 이와 관련된 지명 사례로는 특정한 사회적 주체가 일정한 지명의 의미를 '나쁘고 거북한 것'으로 역동일시하거나 비동일시하면서 새로운 지명의 의미를 생산해 내기 위해 지명을 인위적으로 개명하거나 변경시키는 경우가 있다. 이러한 비동일시는 보편 주체와 전혀 다른 대항적 위치로부터 지배적 아이덴티티를 완전히 대체하는 대안적 아이덴티티를 구축하려고 노력한다.

특정한 주체가 자신의 외부로부터 부여된 일정한 지명을 역동일시나 비동일시하는 과정이 확인되는 대표적인 사례로는 '자지텃골'(연기군 남면 갈운리)과 '赤谷面'(충남 청양군)이 있다. 전자는 남성 성기를 지칭하는 우리말인 '자지'를 연상시키면서 일부의 지명 언중들이 공식적으로 부르는 것을 꺼리는 지명이다. 후자는 반공 이데올로기의 영향을 받은 지명 언중들에 의해 그 의미가 '빨갱이 굴', 즉 인민군의 은신처를 연상시킨다는 이유로 결국 1987년에 '長坪面'이라는 지명으로 변경되었다 (임동권 외 편, 2005, 141).[6]

다양한 아이덴티티에 의한 동일시 양상과 지명 인식의 결과는 사회적 주체들의 권력 실천을 통해 특정한 지명을 강화하거나 혹은 거부하면서 새로운 지명을 생성시키고 변경시키는 갈등과 경합의 문화정치를 발생

---

6) 이와 관련하여 남북 분단의 대치 상황에서 대한민국 정부가 북한 정권을 비동일시하여 지명 사용을 제한하거나 변경한 사례를 다음의 관보에서 확인할 수 있다. "우리나라 국호를 북한 괴뢰 정권과의 확연한 구별을 짓기 위하여 「朝鮮」은 사용하지 못한다(조선해협>대한해협, 동조선만>동한만, 서조선만>서한만)"[관보 제261호(국호 및 일부 지명과 지도색 사용에 관한 건: 국무원 고시 제7호-8호), 1950.1.16].

시킨다. 특히 사회적 주체들이 외부의 지명을 인식하는 양상은 다음에 살펴볼 지명의 이데올로적 기호(ideological sign) 과정 곳곳에서 구체적으로 작용하고 있다.

(4) 지명의 이데올로기적 기호화

러시아의 맑스주의 언어철학자 바흐찐(Mikhail Mikhailovich Bakhtin)(1973 ; 1992)은 사회적 맥락과 행동 내에서 언어를 이해해야 한다고 주장하였다(Baldwin et al., 2004, 62).[7] 이러한 견해 위에서 만들어진 그의 이데올로기적 기호(ideological sign) 이론은 언어(기호)가 바로 사회 내에서 이데올로기적인 특성을 지니며, 이데올로기적 계급투쟁과 실천의 장소임을 주장한 것이다(Bakhtin, 1992, 204~205 ; Edgar and Sedgwick, 2002 ; 박명진 외, 2003, 112).[8] 특히 그가 제시한 기호의 다액센트성

---

7) 카니발 이론(carnivalesque), 대화주의(dialogism), 크로노토프(chronotope)로 유명한 바흐찐에게는 볼로쉬노프(Valentin Nikolaevich Voloshinov)라는 또 다른 필명이 있다. 본 연구는 1929년 레닌그라드에서 첫 출판되어 1973년에 영역된 볼로쉬노프의 『맑스주의와 언어철학(Marxism and the Philosophy of Language)』(1973)도 바흐찐의 저작으로 분류하였다.

8) 여기에서 말하는 이데올로기(ideology)는 사회적 재생산의 중요한 동인이며 의미 부여의 체계로서의 문화와 유사한 의미를 지닌다. 바로 이데올로기로서의 문화는 특정한 이익의 추구를 용이하게 하기 위해 의미를 부여하는 하나의 체계인 것이다(Mitchell, 2000, 78). 따라서 권력의 실행 방식이자 권력관계의 재현 방식인 이데올로기 개념은 문화를 둘러싼 다양한 의미의 생산과 경합, 저항을 이해하는 데 필수적인 것이다. 일반적으로 이데올로기 개념은 사회질서를 유지하고 한 시대의 집단적 의식을 구성하는 사고들의 조직이나 일반화된 체계를 말하며, 인간 존재의 실재적 조건들을 포착하지 못한 허위의식이자 사고들의 왜곡된 체계로도 이해된다. 윌리엄스(Williams, 1977, 5; Baldwin et al., 2004, 84)는 이데올로기를 두 가지로 구분하였다. 하나는 '특정한 사회 집단의 관념(ideas)으로서의 이데올로기'로 '모든 시대의 지배적 관념은 항상 지배계급의 관념이다'라고 말한 맑스(Karl Marx)의 표현과 뜻을 같이하며, 지배 집단이 그들의 지배적 위치를 유지하고 불평등한 사회적 관계를 재생산하는데 활용한다. 다른 하나는 '환상의 신념(illusory beliefs) 체계로서의 이데올로기'로 언어와 권력과의 관계, 특히 언어의 재현과 커

(multiaccentuality)은 서로 다른 계급에서 서로 다른 의미를 갖게 되는 기호의 특성을 지칭하는 것이며, 기호가 계급투쟁의 전장(battle field)임을 주장한 것이다. 이 개념은 기호의 다의성으로 말미암아 기호가 계급투쟁의 매개가 될 수 있다는 사실뿐만 아니라 특정한 기호의 의미를 둘러싼 투쟁이 계급투쟁의 일부라는 사실까지 지적하는 것이다. 또한 모든 사회 구성원들이 동일한 언어를 공유한다 하더라도 각 계급마다 상이한 정치적 목적을 가지고 언어를 전유(appropriation)하기 때문에 기호를 잠재적인 계급투쟁의 영역으로 이해한 것이다.

이데올로기적 기호와 기호의 다액센트성 개념은 언어 기호로서의 지명을 이데올로기적이고 사회적인 맥락 속에서 바라볼 수 있게 해주는 새롭고 근원적인 시선을 제공한다. 이를 구체적인 지명 사례와 관련시켜 살펴보면 다음과 같다. 우선 지명의 이데올로기적 기호화는 사회적 액센트의 부여 과정과 함께 일상생활에서 동시 다발적으로 발생하고 있다. 특정한 지명이 사회적 주체에 의해 일정한 사회적 가치를 획득하는 과정은 지명이 주어진 시대와 특정한 사회 집단의 사회적 시야에 들어와 그들의 물질적이고 정신적인 토대에 연결되어 가치 평가적인 액센트를 부여받는 과정이다.9) 사회적 주체에 의해 사회적 액센트 혹은 이데올로기적인 가치 평가를 부여 받은 특정한 지명은 이데올로기의 영역으로 편입됨으로써 구체적인 형태를 얻게 되며 비로소 이데올로기적 기호가 된다. 특정한 지명이 해당 집단의 사회적 시야에 들어가기 위해서는 지명이 그집단의 존립에 있어 필수적인 경제적이고 정신적인 조건과 결부되어야한다. 그런데 동일한 지명에 대해 상이한 사회적 주체들이 다양하면서

뮤니케이션에 의해 유동적으로 변화하는 신념 체계를 뜻한다.

9) 특정한 사회 집단의 사회적 시야에 들어와 가치평가적인 액센트를 받는 과정은 바로 폐쇄가 언급한 보편 주체를 동일시(identification)하는 과정과 유사하다. 또한 홀이 제시한 기호의 지배적인 의미규칙에 충실한 지배 – 헤게모니적 위치 (dominant – hegemonic position)와 어느 정도 일치한다.

서로 다른 각자의 액센트(multiaccent)를 부여하게 되어 지명 의미를 둘러싼 투쟁과 경합이 발생하게 된다. 이런 의미에서 지명은 이데올로기적 기호이자 다양한 사회적 주체들이 벌이는 이데올로기적 계급투쟁의 영역이 되는 것이다.

바흐찐의 이데올로기적 기호와 기호의 다액센트성은 페쇠가 말한 담론의 의미 생산과 주체 형성 과정과 유사한 인식 구조를 지니고 있다.[10] 페쇠는 하나의 단어가 특정한 사회적 주체의 담론 과정에 들어가면 그 단어는 사회적 주체의 담론 내에 놓인 다른 단어들과 일정한 방식으로 관계를 맺는데 의미는 바로 이런 과정에서 파생한다고 보았다. 이로써 담론 과정은 의미 생산의 과정일 뿐만 아니라 주체 형성의 과정이라는 점을 지적하였다(Pêcheux, 1975, 111 ; 강내희, 1992, 33).

이를 통해 동일한 지명 유연성과 표기를 지닌 고유 지명이 그곳에 거주하는 상호 대립적인 사회적 주체의 특정한 이데올로기에 의해 다양하게 변이되어 특수한 이데올로기적 기호로 바뀌는 과정을 확인할 수 있다. 이데올로기적 기호화 과정을 '물이 맑은 골' 혹은 '무쇠가 많이 나는 골'이라는 의미를 지니고 있는 '무쇠골' 지명에 적용하여 살펴보면 다음과 같다.[11]

먼저 '무쇠골'이라는 지명이 특정한 사회적 주체들(대장장이 / 풍수·

---

10) 프랑스 알튀세르학파의 언어학자인 Pêcheux(1975)는 상부구조로서의 언어, 계급투쟁과 상관없는 비자율적인 중립적 대상으로서의 언어를 강조한 전통 맑스주의 언어이론에서 탈피하여 언어 문제를 자율적인 체계를 지닌 계급투쟁과 관련된 대상으로 보았다. 특히 그는 사회의 재생산 및 변혁과 관련된 담론적 실천을 분석하면서 지배구조의 재생산과 변혁이 어떻게 언어에서 구체화 되는지를 유물론적 담론 이론을 통해 분석하였다.

11) '무쇠'란 사전적 의미로 철에 2.0% 이상의 탄소가 들어 있는 합금을 뜻하며 빛이 검고 바탕이 연하다. 강철보다 녹기 쉬워 주조에 적합하며 솥, 철관, 화로 등을 만드는 재료로 쓰인다. 주조의 편리성으로 인해 '무쇠'는 과거 우리나라 곳곳에 산재했던 대장간(풀무간)의 주요 재료로 쓰였다. 과거 대장간이 위치했던 곳에는 현재까지 '무쇠'를 지명소로 하는 많은 지명들이 존속하고 있다.

지관 / 유학자·사족)의 담론 과정에 들어가면 그 지명은 특정 주체의 담
론 내에 놓인 다른 이데올로기적 단어들(쇠, 낫, 쟁기, 합금, 철광석, 단
금질, 노동 / 氣·陰陽五行·感應·藏風得水·形局·明堂 / 性理學·漢學·
仁·敬·修己·主一無適)과 일정한 방식으로 관계를 맺어, 제각기 특정한
지명의 의미(무쇠가 풍부하게 생산되는 '무쇠골' / 仙人舞袖形 吉地로서
의 '舞袖峙' / 근심 없이 편안한 '無愁洞')를 생산하게 된다. '水鐵里',
'舞袖峙', '無愁洞' 이라는 지명들은 지명이 자리한 장소에 어떠한 사회
적 특성을 지닌 주체가 거주하느냐에 따라 상이한 이데올로기적 기호화
과정을 거쳐 명명된 것들이다.12) 이렇게 생산된 특정하고 상이한 지명
의미는 해당 지명 영역에 거주하는 집단의 사회적 특성을 재현해 줌과
동시에 지명 경관을 통해 그들의 경계와 영역을 구분해 준다<표 2-4>.

---

12) 이밖에 대전시 중구(옛 공주목 산내면) '무쇠골'과 청양군 목면 본의리의 '무술'
   은 유교 이데올로기적 기호로 변형된 경우이다. 전자인 '무쇠골'에는 安東 權氏
   有懷堂公派 종족촌이 17세기 후반 이후 형성되면서 이들 유교적 소양을 지닌 사
   족들에 의해 '근심없는 마을'이라는 修己 차원의 의미를 지닌 '無愁洞'으로 바뀌
   게 된다(김순배, 2004, 65-69). 후자인 청양군 목면 본의리의 '무술'에는 漆原 尹
   氏 參議公派의 종족촌이 형성되어 있다. '무술'에 있는 칠원 윤씨 한 인물의 墓碑
   에는 '無愁洞'이란 지명이 등장하고 있으며, 이를 통해 칠원 윤씨 종족 구성원들
   의 무수동 지명에 대한 유교 이데올로기적 기호화 용례를 찾아볼 수 있다. "鼻祖
   始榮…定山入鄕派祖遵悌…靑陽郡木面本義里無愁洞裡岡乾坐原…繼以爲銘曰薇
   蕨陽麓公門梓里…無愁吉藏實福于玆"[「漆原尹公諱鍾武之墓配海州吳氏(合祔乾
   坐)」(尹弘洙謹撰)]. '무술'이란 지명은 칠원 윤씨 종족 구성원들에 의해 '無愁洞'
   으로 표기되어 안동 권씨 유회당공파의 無愁洞과 동일하게 '근심 없는 마을'로 인
   식·통용되는 유교 이데올로기적 기호인 것이다. 이와는 달리 논산시 벌곡면 수락
   리의 '무수골'은 '舞袖峙'로 표기되어 "仙人舞袖形의 명당이 있는 곳"이라는 풍수
   이데올로기적 기호로 생산된 경우이다. 한편 논산시 상월면(상도면) 상도리의 '쇠
   점(水鐵店)', 서천군 마산면(하북면) 시선리의 '무수점', 부여군 은산면(방생동면)
   의 '水鐵里', 대전시 서구(상남면) 봉곡동의 '쇠점(鐵店)'은 순수한 민간 수공업을
   재현하는 민속 이데올로기적 기호로 통용되고 있다.

〈표 2-4〉 무쇠골 지명의 이데올로기적 기호화 과정

원 지명	사회계층	이데올로기적 가치평가 및 사회적 액센트 부여 과정 (특정 사회집단의 물질적·정신적 토대와 연결) 특정 사회 집단의 담론 과정 (집단 내 다른 단어들과 관계 맺음)		이데올로기적 지명화
무쇠골	대장장이 (노동자)	무쇠 낫 쟁기 단금질 합금 철광석 풀무질 노동	→	무쇠골/水鐵里 (무쇠가 풍부한 마을)
	風水·地官 (중인)	氣 陰陽五行 感應 藏風 得水 定穴 坐向 形局 明堂 風水	→	무수골/舞袖峙 (仙人舞袖形의 吉地)
	儒學者 (지식인)	三綱 五常 敬 修己 主一無適 性理學 漢學	→	無愁洞 (근심없는 편안한 마을)

　　이와 같이 동일한 표기자인 '무수골, 무쇠골'은 다양하고 상이한 사회적 주체들에 의해 각기 다른 이데올로기적 기호로 생성되었다. 이러한 이데올로기적 기호화는 지명에 사회적 주체들의 사회적 가치를 부여하고 그들의 존립에 물질적이고 정신적인 조건으로서 지명을 평가하면서 다양한 지명 변천을 야기하였다. 또한 상이한 사회적 주체들에 의해 각각의 특정한 지명 의미가 생산되면서 지명을 둘러싼 갈등과 경합을 발생시키는 지명 기호의 다액센트성과 이데올로기적인 계급 투쟁 영역으로서의 지명 기호를 가능케 하였다.

　　특히 지난 오랜 역사 시기 동안 고유한 문자를 보유하지 못한 채 중국의 한자와 사상을 빌려 온 한국의 특수한 역사적·언어적 환경은 다양한 사회적 주체들에 의해 이데올로기적인 다양한 지명을 탄생시켰다. 통일신라와 고려 시대에는 전국에 산재하는 유명 산천에 불교를 상징하는 한자 지명이 활발하게 부여되었다(류제헌, 2002, 133). 조선 시대에는 유교적·성리학적 이데올로기가 반영된 수많은 한자 지명이 생성되면서 기존의 불교 지명을 대체하거나 변질시키기도 하였다(Kim, 2012, 106-128).[13]

---

13) 일례로 고려 태조 23년(940) '比豊'을 개정하면서 등장한 '懷德'이란 군현 지명은 유교 경전인 『論語(里仁篇)』(子曰 君子懷德 小人懷土 君子懷刑 小人懷惠)와 『中

이와 같이 다양한 이데올로기의 재현에 의해 만들어진 한국 지명들은 폐쇄의 세 가지 동일시 양상과 홀이 말한 디코딩의 세 가지 위치에 의해 다양하게 인식되면서 갈등과 경합의 과정을 경험하였다.

3) 지명을 매개로 한 장소 아이덴티티 구축

(1) 장소 아이덴티티와 권력관계

다양한 아이덴티티의 재현 과정에서 나타난 지명 명명과 지명 인식의 양상들은 장소 아이덴티티의 형성에 큰 영향을 미친다. 이와 관련하여 먼저 아이덴티티가 지닌 복수적인 특성과 함께 포함과 배제의 갈등적인 속성을 살펴보았다. 문화연구(cultural studies)의 중심적인 주제가 되고 있는 '아이덴티티'(정체성, 동일성)라는 개념은 과거에 통상적으로 정의되었던 개념과는 선명하게 구별된다. 문화연구에서는 아이덴티티를 구성하는 자아(self)나 주체(subject)가 모든 외부적인 영향으로부터 독립

庸』에 등장하는 글귀에서 유래한 것이다. 洪城郡 洪北面 魯恩里 '논골'에는 조선 후기 尤庵 宋時烈과 西人 성향의 홍주 지방 사족들에 의해 1675년(숙종 1) '魯恩祠'란 사우가 건립되었다. 그런데 1712년(숙종 38)에는 '綠雲書院'이란 액호를 '魯恩書院'으로 개정하여 재사액을 받는 과정을 거치면서 그 지명 의미가 孔子의 출신국인 魯나라와 연관되는 유교적 변질을 경험한다(『列邑院宇事蹟』, 洪州牧書院事蹟成冊, 魯恩書院 賜額致祭文). 이 과정에서 '논골'이란 지명이 이 서원의 명칭과 관련하여 '魯恩里'로 변천되었고 내포 지방으로의 서인들의 활동 영역도 확장되어 갔다. 유사한 사례로 경남 산청군 단성면에서는 서인 노론계 사족인 星州 李氏, 安東 權氏, 商山 金氏 등에 의해 朱子의 관향인 '新安'과 관련된 '新安江', '新安樓', '新安菴(新安精舍)', '新安影堂(新安祠)'이란 이름이 등장하였고, 경호강(신안강) 맞은편의 암벽을 蘇東坡의 「赤壁賦」와 관련시켜 '赤壁'이란 지명이 생성되었다(지승종, 2000, 42-64). 한편 조선시대 人名을 함부로 부르지 않았던 유교적인 '避諱' 관념이 작용하여 지명이 변경된 사례도 있다. 조선 영조 26년(1750) 대구 유생 李亮采 등 23인이 당시 大丘 지명이 공자의 이름인 '丘'와 같아 향사를 드릴 때 송구스럽고 두려운 마음이 생긴다[所謂大丘之丘字 卽孔夫子名字也…臣等每當享祀之日…而聽其讀祝之聲 則心甚悚惕 不能自安(承政院日記 英祖 26年 12月 2日 辛未)]는 상소를 조정에 올린 이후 '丘'가 '邱'로 변경되었다.

적, 자율적, 안정적인 존재라는 과거의 전통적인 견해를 인정하지 않는다.

오히려, 문화연구는 아이덴티티가 자아의 바깥에 존재하는 자아와 다른 사람들, 즉 타자에 대한 반응으로 형성된다는 입장을 취한다(Edgar and Sedgwick, 2002; 박명진 외, 2003, 378). 신문화지리학은 문화연구로부터 영향을 받아 아이덴티티가 개인적인 수준에서 단수로 형성되기보다는 오히려 복잡하고 다양한 사회적 관계들이 전개되는 다자적인 수준에서 복수로 형성된다고 생각한다.

이와 같이 복수적이고 다자적인 아이덴티티의 형성 과정을 이해하려면, 우선 사람들이 자기 자신이 누구인가를 어떻게 이해하고, 다른 사람들로부터 자기 자신을 어떻게 구별하는가에 대한 질문이 필요하다. 그다음으로 필요한 질문은 사람들이 어떻게 일정한 장소를 인지하여 자기 자신과 동일시하고, 어떻게 이러한 장소가 다른 장소와 다른 동일성을 가지는가에 대한 것이다.

"어떤 사람은 누구이다"라는 긍정적 정의의 이면에는 "어떤 사람은 누구가 아니다"라는 부정적 정의를 반드시 동반한다. 따라서 아이덴티티의 형성 과정에는 언제나 포함(inclusion)과 배제(exclusion)라는 상반되는 사고와 행동이 동시에 실행되고 있는 것이다. 개인적인 수준은 물론 집단적인 수준에서 특정한 주체의 아이덴티티가 형성되는 과정은 "자아와 다른 것이 타자이고, 타자와 다른 것이 자아이며, 자아와 다르지 않은 것이 자아이고, 타자와 다르지 않은 것이 타자이다"라는 방식으로 연속적인 판단을 거친다. 이러한 과정은 같은 것과 다른 것을 마치 동전의 양면과 같은 관계로 보며 긍정과 부정을 함께하는 과정이다.

그런데 이와 같이 차이를 판단하고 때로는 정당화까지 하는 과정에는, 일정한 사회적 관계에 특정한 인물이나 집단을 포함하거나 배제할 뿐만 아니라 물질적인 이해관계를 배경으로 특정한 인물이나 집단에 대한 가치 평가를 결정하는 권력관계가 개입되어 있다(Baldwin et al., 2004,

139). 이러한 권력관계의 실천은 아이덴티티의 복수화와 아이덴티티의 게임 혹은 정치(identity game or politics)라는 형태로 전개된다. 그리하여 권력관계는 다양하고 복수적인 정치적 주체와 집단들의 아이덴티티들이 서로 경합(contestation)되고 절합(articulation)되는 실제적인 정치 현장에서 헤게모니의 장악에 활용되기도 한다(Hall, 1992; 김수진, 2000, 328-329에서 재인용).

오늘날 아이덴티티의 재현에 대한 권력관계의 개입이 복잡하고 다양한 방식으로 전개된다는 사실은, 문화전쟁은 곧 문화 아이덴티티(cultural identity)를 대상으로 하는 투쟁이라는 주장을 가능하게 한다. 만일 이러한 주장을 수용한다면, 문화전쟁을 이해하기 위하여 특정한 주체의 아이덴티티를 재현하는 공간과 장소에 형상을 부여하는 과정에 작용하는 권력관계를 파악하려는 노력이 중요하다. 이러한 노력은 다름 아닌 특정한 아이덴티티를 구축하려는 선택적, 인위적, 조작적인 권력관계의 실체와 배후를 규명하려는 것이기도 하다. 이러한 권력관계는 일정한 장소 안에서 맺어지므로, 장소는 인간 집단의 아이덴티티가 형성되는 과정에 반드시 개입되어 있는 요소이다(류제헌, 1999, 182). 더구나 일정한 권력관계 속에서 문화적 아이덴티티의 구축을 둘러싼 논쟁은 결과적으로 특정한 장소를 점유하고 있는 경관 형태를 통하여 표상되기도 한다.

실제로, 장소(place)는 개인적인 사회생활이 교차하는 지점들의 집합이자 개인들의 동일시 양상이 전개되는 존재론적 장이므로 집단적인 아이덴티티의 형성에 필수적인 요소이다. 보다 더 비유적인 표현으로, 장소는 개인이나 집단이 특정한 사회적 주체로서 성립하는 기반인 동시에 개인적이거나 집단적인 아이덴티티가 연출되는 무대이다. Massey(1995)의 정의에 의하면, 이러한 장소는 한편으로 사회적 관계가 맺어지는 특수한 지점들이 되지만, 또 다르게는 특수한 지점들에서 맺어지는 사회적 관계 그 자체가 된다(Massey, 1995, 57-61).[14]

문화전쟁의 시각에서 보면, 장소는 다양하고 복수적인 아이덴티티가 역동적으로 생성되고 변형되며 헤게모니를 장악하려고 각축전을 벌이는 전투 공간(battle field)이다. Rose(1995)의 주장에 의하면, 특정한 장소가 이에 대한 (인간의) 경험과 느낌(sense of place)을 거쳐 특정한 (인간의) 아이덴티티로 발전하면 이른바 장소-근거의 아이덴티티(place-bound identity)가 된다(Rose, 1995, 88-89). 그리고 만일 다양한 공간적 스케일의 권력관계가 이러한 장소와 관련을 맺으며 형성되면, 장소-근거의 아이덴티티는 비로소 문자 그대로 장소 아이덴티티(place identity)가 된다(Rose, 1995, 88-89). 이와 같이 장소 아이덴티티는 사회적 행위의 주체가 장소와 맺고 있는 관계들을 근거로 형성되므로 어떤 사람이 어디에 살고 있는가를 통해 그가 누구인가를 알려 주는 기능을 한다(Crang, 1998, 102-103).

(2) 지명을 통한 장소 아이덴티티의 구축

최근 문화 이론가와 인문지리학자들에 의한 일련의 논의들에서 개인적·집단적 주체와 장소의 관계, 그리고 장소 아이덴티티의 형성에 관한 주제가 중요한 부분으로 거론되고 있다. 한편 장소 아이덴티티의 두 가지 구성 요소인 장소와 주체(자아)의 경계가 희미해지면서 사회적으로 '주체(자아)=장소'라는 인식이 활발해 지고 있다(전종한·류제헌, 1999, 173). 이러한 인식은 주체가 지닌 아이덴티티와 그 아이덴티티를 재현하고 있는 지명과 그 지명이 놓여 있는 장소 사이의 긴밀한 관계를 상기

---

14) Entrikin(1997, 263)은 장소의 관계적인 성격이 대상(objects)과 정서(affect)를 결합시킴으로써 자아와 타자의 상호 (구성적인) 관계를 가능하게 한다고 주장하였다. 그의 주장에 따르면, 아이덴티티의 구축(construction of identity)과 장소를 관련시키는 작용은 다름 아닌 자아와 타자의 상호 (구성적인) 관계이다. 그 결과 그는 장소를 단순히 인간들의 활동 무대나 배경이 아닌 인간 행동을 위한 맥락(context for human actions)으로 이해해야 한다고 주장하였다.

시킨다. 그러므로 아이덴티티와 장소를 매개하는 지명을 분석하는 것은 장소 아이덴티티 구축에 있어 지명이 차지하는 비중을 가늠하는 작업이기도 하다.

그런데 특정한 사회적 주체들이 만드는 장소 아이덴티티의 구성에 있어 지명이 매개가 되는 사례는 다양한 문화전쟁의 전장(battle ground)이었던 한국에서 상당수가 발견이 된다. 이는 오랫동안 고유한 문자를 보유하지 못한 채 이웃한 중국의 한자와 사상을 빌려온 한국의 특수한 역사적, 언어적 환경에서 유래한 경우가 많다. 특히 조선 후기에는 성리학적 유교 이데올로기를 지닌 사족 집단에 의해 야기되었던 촌락 단위의 국지적 스케일에서 지역과 국가 단위의 지명 명명에 이르는, 다양한 규모의 지명을 둘러싼 아이덴티티 경합과 투쟁이 담긴 문화전쟁 사례를 찾아 볼 수 있다.

지명을 통해 장소 아이덴티티가 구축되고 강화된 사례로는, 성씨를 전부 지명소로 하는 촌락 지명(金村, 宋村 등)과 군현 명칭이라는 고유명사를 전부 지명소로 하는 촌락 지명(公州말, 魯城편 등)이 있다<표 2-5>. 이러한 지명들은 특정한 사회적 주체가 자신의 아이덴티티와 영역을 대외적으로 표방하는데 기여하는 것들이다. 또한 공주시 사곡면 고당리(古堂里) 안단평에는 중국 漢나라 武帝 때의 隱人 嚴子陵이 살던 浙江省 桐廬縣의 지명들(富春山, 子陵臺, 七里灘)이 한때 촌락 내부와 주변에 부여되어 지칭되었다. 이러한 경우는 엄자릉과 그에 관한 故事를 자신들의 처지와 동일시(identification)하는 고당리의 특정한 사회적 주체들에 의해 장소 아이덴티티가 구축된 사례이다.

한편 일제 강점기에는 일본인들의 집중적인 거주지였던 공주면, 대전면, 조치원면, 강경면, 논산면과 같은 전국의 指定面, 邑, 府 일원에 일본식 지명들(本町, 春日町, 旭町, 榮町, 大正町, 大和町 등)이 부여되고 지칭되었다. 이러한 일본식 지명의 상당수는 일본인의 아이덴티티와 영역

을 상징하는 것으로 타자(조선인)와 차별되는 일본인을 위한 장소 아이
덴티티의 구축에 기여하였을 것이다<표 2-5>.[15]

<표 2-5> 지명을 통한 장소 아이덴티티의 구축

	지명 사례	비고
종족촌을 나타내는 성씨 지명	金村, 宋村, 李뜸, 金氏洞, 車哥洞, 晋州姜村 등	*장소(place) :동일시 양상이 전개되는 존재론적 장 :개인 혹은 집단들이 특정 주체들로서 성립하는 아이덴티티의의 생산지 :서로 다른 아이덴티티가 역동적으로 생성되고 변형되면서 각축전을 벌이는 전투 공간(battle field) *장소 아이덴티티(place identity) :장소에서의 경험과 느낌이 아이덴티티로 발전하는, 장소에 기반한 아이덴티티 :어떤 사람이 어디에 살고 있는가를 통해 그가 누구인지를 말해 줌 :사회적 행위의 주체가 장소와 맺는 관계에 기초함
군현소속을 나타내는 촌락 지명	公州말, 扶餘頭里, 魯城편, 石城말 등	
특정 고사를 재현하는 지명	중국 한나라 무제 때의 은인 엄자릉이 은거하던 절강성 동려현의 지명들(富春山, 子陵臺, 七里灘)을 빌려와 엄자릉과 그 고사를 동일시한 사례(공주시 사곡면 고당리)	
일본식 지명	일제 강점기 공주면, 대전면, 조치원면, 강경면, 논산면 등 지정면, 읍, 부에 존재했던 일본식 지명들	

나아가 한국 지명에 내재된 다중성을 이해하려면, 한자를 차자하여
우리말로 발음하는 상황과 고유 지명을 한자 지명으로 표기하고 이를 그
대로 발음하는 과정에 주목해야 한다. 왜냐하면, 이러한 과정에서 하나
의 지명 언중이 특정한 지명의 표기 문자나 의미를 동일시하는 것은 별
로 문제가 되지 않지만, 이것을 역(비)동일시하거나 타자화(othering)하
는 것은 한국 지명이 가지는 다중성의 직접적인 원천이 되기 때문이다.

---

15) 특히 일제 강점기 大田府에 존재했던 'タイテンフシ゜'(大田 富士山)은 일본인의
아이덴티티 및 환경 인식과 관련된 일본식 지명이다. 본래 조선인들에 의해 '御屛山'
이라 불리던 지명이 일본 본국(内地)의 후지산(富士山: フシ゜サン,)'과 지형이 유
사하다는 일본인들의 인식에 따라 이같이 개명되었던 것이다(지헌영, 2001, 23).

이러한 과정에는 때때로 특정한 사회적 주체의 아이덴티티와 이데올로기를 지명에 투영하려는 은폐된 권력관계가 개입되는데, 이러한 권력관계의 개입은 실제로 지명을 통한 장소 아이덴티티의 구축과 영역 형성에 결정적으로 기여한다.

더구나 오늘날과 같은 자본주의 시장경제체제 하에서도 지명을 통해 자신들의 장소 아이덴티티를 구축하여 타자를 배제하려는 다양한 문화 전쟁의 사례가 전국 각지에서 지속적으로 발견되고 있다. 대규모 토지 개발 사업 과정에서 개발 주체들이 특정한 지명의 명명을 둘러싸고 서로 경합하거나, 지역 개발 과정에서 지방 정부와 지역 주민들이 특정한 지명의 사용을 두고 논쟁하기도 한다. 그리고 국가 간 영유권 차원에서 한국과 일본이 영토 분쟁의 수단으로 '獨島'에 대한 명칭[일본의 경우: 竹島(다케시마)]의 국제적 공인을 얻기 위하여 상호 경쟁하는 사례들은 지명 연구가 역사적이든 현재적이든 문화정치적 분석을 요구한다는 주장을 입증하고 있다.

2. 권력을 통한 지명의 영역 경합

지명을 통한 아이덴티티의 재현과 구축 과정은 단순히 개인적이고 내부적 수준을 넘어 타자에게 영향력을 확대하는 사회적 관계를 내포하고 있으므로, 이러한 과정에 관여하는 사회적이고 외부적인 수준까지 고려해야 한다. 특정한 사회적 주체의 아이덴티티가 자아−스케일(I−scale)을 넘어 재현되고 구축되는 과정에는 다양한 스케일에 처해 있는 타자에 대한 억압과 배제는 물론 이를 위한 권력 기제가 개입되어 있다.

그러므로 지리학에서 일반적으로 사물과 사실, 현상, 관계를 분석할 때와 마찬가지로 특정한 아이덴티티의 구축 과정을 연구할 때에도 스케일-연쇄(scale-linkage)의 다양성과 역동성을 고려하는 태도가 요구된다. 또한 주체성(subjectivity)과는 달리 아이덴티티는 자신을 의식화하고 자신의 모습을 겉으로 나타내기 위해 반드시 공간과 장소를 필요로 한다. 이러한 과정에서 형성된 경계(boundary)나 영역(territory)과 같은 형상은 아이덴티티를 물질적으로 재현하는 지명의 문화전쟁에 있어서 중요한 공간적 통로이자 산물이 된다.

지명을 매개로 하는 동일시 과정과 아이덴티티의 구축 과정은 궁극적으로 타자와 구별되는 자아의 동일시와 이에 따른 아이덴티티를 강화한다. 지명은 포함과 배제라는 표면적으로는 상반적이지만 내용적으로는 동반적인 과정을 거치는 동안, 타자를 배제하는 경계와 자아를 포함하는 영역을 동시에 물리적으로 구축하는 수단으로 이용된다.16) 또한 너와 나, 그들과 우리들을 구별하는 아이덴티티가 강조되면 될수록 자아와 타자의 차이는 더욱 선명해지며, 이러한 차이에 근거하여 내부적 동일성을 인식하는 장소감(sense of place)에 기초하는 場所 아이덴티티가 구축된다.

그런데 이러한 장소 아이덴티티의 구축 과정은 곧 국지적인 스케일에서 지구적인 스케일에 이르기까지 다양한 공간적 규모에서 실행되는 포함과 배제의 과정이므로 영역(영토)과 스케일을 다각적으로 연결하는 사고가 요구되는 것이다. 특히 그동안 국가적 스케일의 연구에 머물던 정치지리학의 영역 개념을 문화정치에 확대 적용하여 아이덴티티와 권력관계의 결합에 따른 지명의 경계와 영역의 수축과 팽창을 분석하는 작업이 요구된다.

---

16) Lewis and Wigen(1997)은 'Orient와 Occident' 또는 'East와 West'라는 지명의 의미, 경계, 영역이 바로 비유럽적인 타자를 배제하려는 유럽중심주의의 메타지리(metageography)가 만들어낸 문화적인 구성물임을 지적하였다.

1) 지명 영역의 형성과 권력관계

하나의 지명은 인간 주체에 의한 가치 평가를 거쳐 수용되거나 거부되며, 이러한 평가의 과정에는 '좋고 나쁨'의 기준을 결정하는 권력관계가 개입되게 마련이다. 흔히 이러한 기준은 인간 주체의 아이덴티티와 이데올로기가 되는데, 인간 주체는 이를 근거로 지명을 평가할 때 자기와 같은 것은 포함하고 자기와 다른 것은 배제하며 나와 너 또는 우리들과 그들을 구별한다. 그리고 더 나아가 인간 주체는 자기와 같다고 평가되는 지명을 타자에게 강요하는 동일성(identity)의 논리로 타자를 지배하거나 억압하기도 한다. 이러한 동일성 논리에 의한 지배와 억압에 대해 피지배자로서의 타자는 경우와 상황에 따라 특정한 지명에 저항(resistance)을 하기도 하고, 동의(consent)나 협상(negotiation)을 하기도 한다.

이러한 평가와 이에 대한 반응 과정에서 특정한 아이덴티티와 이데올로기를 재현하는 지명은 지배적인 위치에 정착한다. 지배적인 지명이 지칭하는 범위, 즉 지명의 영역은 우리들을 포함하고 그들을 배제하는 물리적 수단이 되어 더욱 선명하게 외부 경계가 구획되기도 한다. 특정한 지명은 사회적 주체의 아이덴티티와 이데올로기를 수용하는 용기(container)로 이용될 때에야 비로소 특정한 사회적 주체의 손과 발이 되어 주체의 특성과 영역을 확정하고 확장하는 매개로 작용하는 것이다. 우리들과 그들을 확연히 구별하는 하나의 지명은 특정한 사회적 주체의 권력이 실천되는 매개이자 수단으로 이용되는 동안 다양한 스케일로 자기 고유의 영역을 구축하며 다른 지명의 영역과 경합하는 것이다.

앞서 살펴본 특정한 사회적 주체가 우리와 그들을 구별하는 포함과 배제의 행위는 곧 바로 권력(power)이 작용하는 과정 그 자체이다.[17] 특

---

17) 權力(power)의 사전적 의미는 특정 개인이나 사회 집단에 대해 다른 개인이나 집단이 폭력이나 통제를 행사하는 것이다. 권력이란 다른 사람이 스스로 받아들이지 않을 어떤 지배를 부과할 수 있는 능력을 말하기도 한다. 이때 권력의 문제에

히 이름을 붙이는 행위(naming)는 권력 그 자체로, 무언가를 실재하게
하는 창조적인 힘(power)이며 비가시적인 것을 가시화하는 힘이다. 또한
특정한 장소가 고유한 명칭을 부여받은 다음 아이덴티티가 지속적으로
유지되는 것도 따지고 보면 언어의 힘이다. 그 결과 지명에 대한 권력의
실천이란 특정한 사회적 주체가 동일시하는 지명이 자신의 영역을 정화
하고 확장하는 과정을 의미한다. 특정한 사회적 주체가 자신의 아이덴티
티와 이데올로기를 재현하는 지명의 표기 방식으로 다른 지명들을 개정
하려는 시도는 동일성에 의한 지배와 억압을 뜻한다. 이러한 의미에서
특정한 지명의 영역은 특정한 사회적 주체의 권력이 자기장처럼 힘을 발
휘하는 공간적 범위와도 같은 것이다.

바로 이와 같은 이유에서, 바흐찐이 언급한 언어의 구심력과 원심력은
언어, 특히 지명을 통한 권력의 실천을 분석할 수 있는 이론적 토대를
제공해 준다(조주관, 2002, 355).[18] 바흐찐의 이론을 지명에 적용해 보면

서 중요한 것은 권력이 어떻게 실행되는가와 어떤 수단을 통해 복종을 이끌어 내
는 가를 이해하는 것이다(Edgar and Sedgwick, 2002; 박명진 외, 2002, 78; 이정
우, 1996, 49). 권력의 실행 방식과 관련하여 윌리엄스(Raymond Williams)와 푸코
(Michel Foucault)는 권력이 지닌 능동적인 요소를 주시하여 권력이 행위를 억압하
기 보다는 오히려 특정 행위가 일정한 형태로 발생되도록 하는 능력이라고 주장
하였다. 권력은 다른 대상과 권력관계로 엮여져 있으면서 사회 내 모든 수준과 스
케일에서 작동하는 사회적 관계이자 사회적 상호작용의 산물이다. 이러한 사회적
관계 내에서 타자에 대한 권력의 행사는 필연적으로 지리의 창조를 포함하고 있
다(한국지리연구회 2000, 68-69). 한편 문화는 사회를 작동시키는 힘의 중요한 연
장선에서 형성되기 때문에 문화의 분석은 필연적으로 정치와 권력과의 관계로부
터 분리될 수가 없다.

18) 바흐찐과 같이 언어를 가장 핵심적인 기호로 인식하였던 소쉬르(Ferdinand de
Saussure)는 언어 활동의 추상적인 체계(랑그)에 관심을 가지면서 언어를 규격화
되고 폐쇄적인 고정 불변한 체계로 인식하였다. 그러나 바흐찐이 생각한 언어는
구심력과 원심력이 늘 공존하고 있는, 사회 이데올로기적인 요소로 포화된 하나
의 세계였다. 그에게 있어 언어란 경쟁적인 집단들이 언어적 주도권을 차지하기
위해 서로 싸우는 하나의 세계였던 것이다(조주관, 2002, 355).

지명을 둘러싼 권력의 실천에 두 가지 상반되고 대립적인 힘이 존재한다
는 것을 알 수 있다. 여기에서 지명의 求心力(centripetal force of place
name)은 모든 것을 동질화하고 한 곳으로 집중화하는 힘으로써 단일한
지명(형식과 의미)을 구성하려는 목표를 지향한다. 이때 단일한 지명이
란 현실적인 지명의 다양성과 대립하지만 이러한 다양성을 제한하고 통
일성을 강조하는 표준적인 지명 표기 방식을 대표한다. 지명의 구심력을
선호하는 지배 계층은, 자신의 기득권과 현상 유지를 위해 무엇보다도 단
일성과 통일성을 중시하며 지명을 획일화하고 중앙집권화하려고 노력한
다. 이와 같은 의미에서, 구심적인 지명은 바흐찐이 정의한 권위적인 언
어이자 절대적인 언어(absolute language)와 유사한 성격을 지닌다.

이에 반해, 지명의 遠心力(centrifugal force of place name)은 모든 단
일성과 통일성을 해체하고 분리하여 다양화하고 다층화하려는 힘으로,
중심에서 멀어지려는 방사성과 다양성을 지향한다. 주로 피지배 계층과
소수자들에 의해 사용되는 원심적인 지명은 각 지방에 존속하고 있는 순
수 우리말의 고유 지명이 포함되며, 지명의 구심력을 붕괴시키고 지방분
권화하려는 시도를 하는 한편 지명을 단일화 하려는 모든 시도를 비판하
고 이에 저항한다<표 2-6>.

<표 2-6> 지명의 구심력과 원심력

	지명 사례	지명의 변천 양상
지명의구심력 (지배계층)	*중앙 및 지방 행정 권력에 의한 지명의 획일화 *역대 전국(national) 단위의 지명 개정 (2자식 한자 지명화) *조선 시대 지방(local) 관인층 및 사족에 의 한 2자식의 유교적이고 미화적인 지명 개정 *하천 지명의 구심력	*지명의 통일성, 단일성, 표준성 강화 *지명의 동질화, 중앙집권화
지명의 원심력 (피지배계층)	*일반 연중에 의한 순수 우리말의 고유 지명 사용 *일반 연중에 의한 다양한 지명 인식과 지명 명명	*지명의 다양화, 지방분권화 *단일 지명을 거부, 비판, 파괴함

현재 한국에서 지명의 다중성과 복잡성이 상당한 수준에 도달해 있는 이유는 역사상 지금까지 다양한 형태의 지명 변천과 이에 상응하는 지명 영역의 형성과 경합이 끊임없이 빈번하게 전개되어 왔기 때문이다. 특히 순수한 우리말로 호칭되던 고유 지명을 한자화하는 구심적인 지명의 역사는 중국 문명에 호의적이고 사대적이었던 중앙과 지방 권력, 그리고 지배적인 사회적 주체들에 의해 지난 수천 년간 지속되어 왔다.[19] 이로 인해 한국 지명은 전체적으로 한자의 발음(音)보다는 의미(訓)가 중시되는 순수한 한자 지명으로 전환되는 과정을 겪어 왔으며, 이러한 과정에 특정한 사회적 주체의 아이덴티티와 이데올로기, 그리고 권력이 구심력으로 작용해 왔다. 그 결과 구심적인 지명들은 고유 지명들을 포함한 원심적인 지명들을 지배 내지 억압하고 변형 내지 변질시키면서 지명의 표기와 지명의 영역을 특정한 방식과 형태로 고착화시켰다.[20]

---

19) 지명을 한자로 표기하는 차자 표기 방법은 과거 고유한 표기 문자를 보유하지 못한 한국인의 필연적인 지명 표기 방법으로 고유 지명의 발음이나 의미를 한자로 옮겨 적는 이두식 표기와 유사한 것이었다. 이러한 방법은 점차 순수한 한자 지명 표기로 변화하는 절차를 밟았으며, 우선적으로 전국의 주요 산과 하천 또는 대단위 주요 행정 구역에 음성 상태로 구전되어 오는 고유 지명들이 공식화된 한자 지명으로 변경 또는 대체되었다.

20) 한준수(1998, 100~101)는 이른 시기인 통일신라 시대에 지명의 구심력을 행사하려는 중앙의 행정 권력에 의해 단행된 지명 개정 사례를 제시한 바 있다. 그는 통일신라 경덕왕 16년(757) 군현제 개편의 계획적이고 통일적인 특징을 설명하며 그 당시 군사적 기능을 가졌던 10停 주둔지의 군현 개편 상황을 정리하여 다음과 같이 제시하였다: 三良火縣>玄驍縣(良州), 召彡縣>玄武縣(康州), 南川縣>黃武縣(漢州), 骨乃斤縣>黃驍縣(漢州), 伐力川縣>綠驍縣(朔州), 伊火兮縣>綠武縣(溟州), 古良夫里縣>靑正縣(熊州), 居斯勿縣>靑雄縣(全州), 未多夫里縣>玄雄縣(武州). 또한 1914년 일제에 의한 전국 단위의 행정 구역 개편은 우리 역사상 최초로 국가에 의해 획일적으로 구획된 행정촌이 완성되는 사건이었다. 그 결과 강화된 촌락 지명의 통일적 경향은 『新舊對照朝鮮全道府郡面里洞名稱一覽』(1917)을 통해 확인할 수 있다. 국가 권력에 의한 의도적이고 구심적인 지명 제정과 변경 사례는 현재에도 계속되고 있다. 국가기록원에 소장된 관보 기록을 검색한 결과 '표준 지명 사용에 관한 건, 지명 확정 고시, 지명 변경, 지명 제정, 지명

한편 고유 지명의 인위적인 한자화는 표기법상의 특수성으로 인하여 지명의 개정을 주도했던 사회적 주체가 의도하지 않았던 지명 본래의 의미를 변질시키는 우연한 결과를 가져왔다<표 2-6>. 여기에는 이미 한자화한 지명이 同音異義字로 표기되거나(取音), 異音類義의 다른 한자로 대치한 경우(取義)도 있다. 두 지역이 한 단위의 행정 구역으로 개편될 때는 각 지명에서 한자(1字) 씩을 취하여 하나의 지명을 구성한 경우도 있다. 특히 조선 시대 중앙 행정 권력이 군현 단위 지명을 통일하려는 작업과 궤를 같이하여 지방의 관인층과 사족들은 전래의 세 글자(3字) 이상의 고유한 촌락 지명을 두 글자(2字)의 유교적이고 미화적인 지명으로 획일화하는 작업을 국지적 스케일의 촌락 단위에서 실천함으로써 지명의 구심력을 강화하였다.[21)]

2) 지명 영역의 아이덴티티와 경합

(1) 경계와 영역의 구획과 영역적 아이덴티티의 구축

특정한 장소에는 사회적 목적을 위하여 일정한 공간적 범위의 한계, 즉 境界(boundary)가 설정된다.[22)] 이러한 경계의 내부로는 특정한 사회적 관

결정, 지명 제정 및 변경' 등과 같은 국가 권력에 의한 지명 변경 사례들을 발견할 수 있다.

21) 예를 들면, 조선 중기의 유학자인 寒岡 鄭逑(1543~1620)는 선조 19년(1586) 咸安 군수 재임 시에 군내 14개 里(面과 같은 지역촌) 중 8개 里名을 중국식 두 글자(2字) 한자 지명으로 개정('並火谷>並谷, 阿道>安道, 安尼大>安仁, 山法彌>山翼' 등) [『咸州誌(1587년)』]하였다. 그리고 경북 안동의 읍지인 『永嘉誌(1608년)』에는 '辰山>龍山村, 都叱質>道谷村, 今音知>金溪, 上槽谷>上桂谷, 首冬>水東, 西豆所乃>兜率村, 所也>松坡, 逆水村>嘉水村, 伊火於>益友, 末由>武夷, 刀沓>道津, 梅墅>馬沙'로의 지명 개정 사례가 기록되어 있다(이수건, 1989, 144-146).

22) 특히 지정학(geopolitics)이라는 정치지리학의 하부 분야에서 연구되고 있는 경계(boundary)라는 용어는 해당 문맥에 따라 接境(border), 接境地(borderland), 邊境(frontier)이란 개념으로 다양하게 해석된다. 다양한 정치체 사이에 존재하는 分界

계들에 의해 묶여지는 領域(territory)이 구획된다(류제헌, 1999, 189~190; 남호엽, 2001, 36~39). 외부적 경계가 그어지는 장소는 내부적으로 일정한 영역을 가지게 되고, 이러한 영역의 주체가 되는 사람들은 자신들의 아이덴티티를 관리하고 확장하려는 능력, 즉 領域性(territoriality)을 가지게 된다.23) 다시 말해서, 경계와 영역은 장소감이 장소 아이덴티티를 거쳐 영역성으로 발전하는데 필수적인 물리적 조건이다. 영역성이 더욱 발전하면, 영역 내부의 아이덴티티는 더욱 강화되어 영역 외부로도 확장되는 과정, 즉 領域化(territorialization)라는 단계에 진입한다.24)

이와 같은 영역화는 공간적 관계가 사회적 관계로 전환되는 과정뿐만 아니라 사회적 관계가 공간적 관계로 전환되는 과정이며, 사회적 주체의 아이덴티티는 바로 이러한 관계의 쌍방적 전환에 중재자로 작용한다(남호엽, 2001, 32). 더구나 영역화는 언제나 공간적인 차이를 가지고 진행되므로, 모든 사회적 주체들은 제각기 자기 고유의 영역을 기반으로 하는 아이덴티티, 즉 영역적 아이덴티티(territorial identity)를 가지게 된다.

특정한 사회적 집단의 아이덴티티는 자기 집단 내부의 동일성과 다른

線을 의미하는 '경계'라는 용어는 경계와 인접한 지역을 지칭하는 '접경'이라는 용어로 대체되기도 한다. 또한 미디어에서 경계를 언급할 때 인용되는 '변경'이라는 용어는 특정한 사회적 주체에 의해 '비어 있는' 곳으로 잘못 인식된 지역으로의 영토 확장 과정을 묘사할 때 사용되기도 한다(Prescott, 1987; 한국지정학연구회, 2007, 218에서 재인용).

23) 경계와 영역의 상호 작용은 일정한 사회적 맥락과 질서를 의미하는 영역성을 만들며, 이러한 영역성은 영역에 대한 통제를 주장하고 행사함으로써 영역 내에서 이루어지는 행동이나 상호 작용에 영향을 주어 특정한 사회적 주체에 의한 통제를 강화하고 유지한다. 권력의 기본적인 지리적 표현이기도 한 영역성은 사회, 공간 그리고 시간 사이의 본질적인 연결을 추구한다. 지리적 맥락의 배경막이자 인간들의 공간 조직을 구성하고 유지하는 장치인 영역성은 인간과 사물들 그리고 관계들에 대한 접근에 영향을 주고 통제하는 복합적인 전략인 것이다(Sack, 1986, 216.)

24) 영역성이 강화되어 새로운 영역을 확장시키는 영역화 개념은 공간적 차이와 차별적인 삶의 터전을 생성하게 된다. 이때 특정한 사회적 주체들은 차별적이고 영역화된 공간의 주체들로서 서로 다른 아이덴티티를 지니고 있다(남호엽, 2001, 32).

집단 내부의 동일성이 가지는 차이성, 즉 타자성(otherness)을 식별하는 과정을 통하여 형성된다. 이러한 과정에서 하나의 사회적 주체가 '우리들' 집단을 '그들' 집단과 구별할 때 흔히 경계를 가진 영역을 전제로 한다는 이유에서 이러한 주체의 아이덴티티는 곧 영역적 아이덴티티가 되는 것이다(Crang, 1998, 61).

또한 영역적 아이덴티티는 경계를 가진 영역의 구획에 따라 형성되는 것이지만, 그것이 일단 형성된 다음에는 반대로 현재의 경계와 영역을 고정시키고 확정하는 작용을 한다. '우리들'이라는 집단은 자신들을 '좋은' 사람이라고 규정한 다음 일정한 경계로 구획된 영역 내부에 위치시키는 반면, 그 나머지의 '그들'을 '나쁜' 사람들로 규정하여 이러한 경계 외부의 영역에 위치시킨다. 일정한 경계를 기준으로, '우리들'이라는 긍정적인 이미지는 그 내부의 영역에 포함시키는 반면, '그들'이라는 부정적인 이미지는 그 영역의 외부로 배제하는 과정을 거쳐 하나의 영역적 아이덴티티가 구축되는 것이다.

하지만 '좋은' 우리들과 '나쁜' 그들을 분류하는 기준, 즉 경계는 상황에 따라 다르고 시간이 흐르며 변하는 동안에도 언제나 권력관계로부터 영향을 받는다. 경계 긋기는 바로 권력을 가진 집단이 권력을 가지지 못한 집단을 배제하고 주변화하여 일정한 공간을 정화하고 장악하려는 의도를 반영한다(류제헌, 1999, 190).

아이덴티티의 구축과 영향을 주고받는 경계와 영역의 구획에는 갈등과 경합의 권력관계가 끊임없이 개입함에 따라 아이덴티티의 경계와 영역은 영구히 고정되어 있지 않고 지속적으로 변동한다. 그런데 지명은 물리적이고 형상적인 차원에서 지리적 경계와 영역을 확인하고 설정하는데 도움을 주지만, 추상적이고 상징적인 차원에서 영역적 아이덴티티를 재현하고 공고히 하는데도 일조를 한다. 지명의 명명과 변경이 '우리들'과 '그들'을 분리시키는 경계를 긋고 영역을 나누는 과정에 깊이 연

루되는 경우에는 지명이라는 언어적 요소는 구체적으로 영역의 형성과
경합의 수단뿐만 아니라 대상이 된다.

(2) 지명 영역의 형성과 경합

한국에서 영역적 아이덴티티의 형성에 관여하는 경계, 영역, 영역성,
영역화라는 속성들은 일반적으로 지명의 형상과 표상을 통하여 실현되었
다. 특정한 사회적 주체들에 의해 재현되고 전유된 지명은 때때로 일정한
경계와 영역을 창출하고 영역을 확장시키는 수단으로 이용되었다. 다양
한 아이덴티티와 이데올로기를 소지한 사회적 주체들은 복잡한 권력관계
에 참여하면서 한국 지명의 표기와 그 의미, 그리고 지명 영역을 역동적
으로 변화시켰다. 지명의 경계와 영역이 끊임없이 변동하는 동안 특정한
영역성은 강화되어 새로운 영역화가 촉진되었지만, 이에 따른 영역에 대
한 越境(transgression)이 부분적으로 시도되기도 하였다.[25] 한국에서 지
명 변천과 영역 변동의 상호 관계는 지명의 표기자가 지명 영역과 더불
어 변화하는 경우와 그렇지 않은 경우의 두 가지로 분류된다<표 2-7>.
먼저 지명 표기자가 지명 영역과 더불어 변화한 대표적인 사례로는
충북 충주시 이류면 금곡리가 있다. 금곡리에 소재하고 있는 '쇠실고개',
'上金谷'과 '윗 쇠실', '下金谷'과 '아랫 쇠실'이라는 지명들은 남한강
지류인 요도천의 소규모 곡지를 따라 붙여진 '쇠실'이라는 고유 지명에
서 파생된 것으로, 제각기 해발 고도에 따라 상이한 경계와 영역들을 확

---

25) 지명 영역의 변동에 관하여 지헌영(2001, 97)은 다음과 같이 지적하였다: "… 지
    명 그것을 언어활동에 끌어들이는 화자들의 생활공간과 그 지명의 입지와의 거리
    또는 지명 세력의 함수관계라든가 그 지명과의 접촉 관계도에 따라 그 표상 범위
    (지명 영역)가 유동·신축하는 殊異性이 드러나기도 한다. 이러한 지명의 공시적
    활동에 있어서의 가변성은 지명 표상의 변화, 지명 표상공간의 이동, 지명의 新
    발생, 지명의 변용 또는 소멸이라는 성장 변화를 몰아온 淵源的인 구조를 이루고
    있다 하겠다."

보하여 왔다.

다음으로 지명 표기자가 변하지 않으면서 지명 영역이 변화한 사례로는 '錦江'과 '甲川'(대전시) 등과 같은 일부 하천 지명들이 있다. 현재는 '錦江'으로 통칭되는 조선시대 회덕현 부근의 하천 유역은 상류로부터 '적등진(옥천)~이원진~검단연~신탄진~나리진(연기)'으로 불리었다. 한편 현재 '甲川'으로 통칭되는 하천 유역은 상류로부터 '한삼천~대둔천(논산)~증산천~차탄(진잠)~성천(공주 유성)~선암천(=갑천)(회덕)'으로 지칭되었다. 원래 '錦江'은 임진왜란 이후 충청도 감영이 자리 잡은 공주목 치소의 公山城 부근 하천 명칭이었고, '甲川'은 회덕현의 邑基였던 현재의 대전시 대덕구 邑內洞 부근 하천의 명칭이었다. 일제 강점기와 현대를 거치면서, 행정 중심지 부근의 특정 하천 지명이 하천 유역 곳곳에 산재하는 다양한 하천 지명들을 대체하면서 상·하류로 자신들의 지명 영역을 확대시켜 왔다.

〈표 2-7〉 지명 변천과 영역 변화

	지명 사례	비고
지명 표기자가 변하면서 지명 영역도 변화한 경우	*남한강 지류인 요도천에 면한 소규모 곡지를 따라 '쇠실'이라는 고유지명에서 파생된 '쇠실고개', '上金谷'과 '윗쇠실', '下金谷'과 '아랫쇠실'이 각기 해발 고도를 달리하며 상이한 영역들을 확보(충북 충주시 이류면 금곡리)	*촌락 분동과 지명 영역의 분화 사례
지명 표기자가 변하지 않으면서 지명 영역이 변화한 경우	*하천 지명의 영역 경합 *여러 유역의 하천 지명 중 행정적으로 중심성이 강한 촌락 및 도시 부근의 특정 하천 지명이 하천 전 유역으로 그 지명 영역이 확대·대체된 사례	

하천 지명은 하천 유역과 지류의 구분에 따라 해당 주민들에 의해 다양하게 지칭되었으며, 주로 하천 유역에 존재하는 인근의 촌락 지명이 하천 지명으로 사용되는 경우가 많았다. 그러나 일제 강점기를 거치면서

중앙과 지방 행정 권력에 의해 특정한 지명, 특히 행정 기관에 인접한 하천 지명으로 하천의 상·하류를 통칭하려는 경향이 나타났다. 이와 동시에 언중의 하천 유역에 대한 지리적 인식의 확대로 인하여 행정적으로 중심성이 강한 촌락과 도시 부근의 하천 지명으로 유역 전체를 지칭하는 빈도가 증가하였다.

그 결과 지명의 영역을 둘러싼 경쟁 또는 경합에서 열세에 놓인 소하천이나 지류의 지명들은 대체로 소멸되거나 사용 빈도가 제한되었을 것이다. 이러한 지명 영역의 변동은 지명의 구심력으로 인하여 하천 지명의 다양성은 감소하고 그 대신 효율성과 통일성이 증대하는 방향으로 진행되었으며 이른바 지명 영역의 변화에 사회적 권력관계가 직접적으로 개입하는 이른바 스케일 정치를 동반하였을 것이다. 이와 관련된 하천 지명의 영역화 사례는 제4장 후반부에서 상세하게 분석될 것이다.

이와 같이 아이덴티티와 지명의 사회적 구성 문제는 경계, 영역, 영역성, 영역화라는 개념을 통하여 구체적으로 탐구될 수 있다. 사회적 관계의 중층화된 국면인 지명을 매개로 차이와 구별을 가려내는 포함과 배제의 사고 과정을 거쳐 개별적인 아이덴티티들과 이것이 지배적으로 작동하는 지명 영역이 형성될 수 있는 것이다.

이러한 의미에서 아이덴티티와 지명은 단순한 사물이 아니라 사회적 관계들의 산물로서 지속적인 재구성의 과정에 놓여 있는 것이다. 지명들 사이에 끊임없이 새로운 경계가 그어지고 그 안에 새로운 영역이 설정되는 과정은 사회적 관계의 다양함을 그대로 반영하고 있다. 영역적 차원에서 접근한 아이덴티티와 지명은 고정 불변한 것이 아니며, 가변적이고 역사적인 과정의 산물로서 인간 사고와 행위의 역동적인 속성을 지니고 있는 것이다.

3. 지명을 둘러싼 스케일 정치

1) 스케일의 사회적 구성과 스케일 정치

스케일(scale)은 지리적 영역의 상대적인 크기(size)와 수준(level)을 의미하는 용어로, 국지적 스케일(local scale)에서 지역적 스케일(regional scale)과 국가적 스케일(national scale)을 거쳐 대륙적 스케일(continental scale)과 지구적 스케일(global scale)에 이르는 다양한 규모를 포함한다. 스케일은 보다 단순하게는 연구 대상의 규모나 범위를 지칭하지만, 보다 복잡하게는 계층화된 관계 속에 자리하는 특정한 층위를 가리킨다. 일반 적으로, 사회과학에서는 스케일을 후자와 같이 수직적인 권력관계를 함 유하는 복합적인 개념으로 사용하므로 스케일의 축소와 확대는 곧 정치 적인 권력관계의 재편을 동반한다고 가정한다(류연택, 2006, 37).

스케일의 개념을 활용하는 최근의 연구들은 구성주의적 접근에 근거 하여 스케일을 사회적이고 정치적으로 구축되는 유동적인 생산물이라는 사실을 강조하고 있다(Delancy and Leitner, 1997; Marston, 2000; 정현 주, 2006, 480에서 재인용). 이러한 강조는 스케일을 단편적이고 고정적 인 정태적 존재가 아니라 그 자체가 사회적으로 규정되고 생산되는 동태 적인 존재라는 사실에 주목하는 것이다.

구체적으로, 스케일은 고정 불변한 독립적인 실체라기보다는 오히려 유동적인 사회적 관계의 산물이며, 공간, 장소, 그리고 환경을 포함하는 복합적인 체계로 구성된다(Marston, 2000, 221). 스케일은 사회적 관계 의 공간적 수준으로 파악되기도 하고, 공간적인 이해 관계나 공간의 역 학을 내포하고 있는 사회적 관계로 파악되기도 한다. 개별적인 사회적 주체는 자신들의 아이덴티티와 이데올로기를 공간적으로 표상하기 위하여 다양한 스케일을 구축하고, 이러한 공간적 표상은 유동적인 사회적 관계 속에서 의도적으로 구축한 스케일에 맞추어 가시화 된다(남호엽, 2001, 50~51).

스케일을 사회적이고 정치적으로 구축하는 과정은 필연적으로 기존의 스케일을 수축하고 확대하거나, 아니면 전혀 새로운 스케일을 창조하는 노력, 즉 스케일 정치(politics of scale)를 요구한다. 그리고 스케일 정치가 권력관계와 영역의 확장이라는 목적을 달성하려면, 스케일의 상승(scaling up)과 스케일의 하강(scaling down)이라는 스케일 전략(scalar strategy)을 통하여 사회적 포함과 배제, 그리고 정당화(legitimation)를 동반해야 한다 (류연택, 2006, 38; 정현주, 2006, 482).

2) 지명을 통한 스케일 정치

스케일이 사회적이고 정치적인 구성물이라는 가정에 근거하는 스케일 정치라는 개념은 지명 영역의 축소와 확장을 분석하는데 유용한 방법론을 제공해 준다. 스케일의 관점에서 지명은 영역의 규모를 기준으로 하면 대 지명, 중 지명, 소 지명으로 분류되지만, 영역의 형태를 기준으로 하면 점 지명, 선 지명, 면 지명으로도 분류된다. 흔히 지명의 변천은 지명의 경계와 영역의 변동을 통하여 궁극적으로 지명이 통용되는 공간적 범위, 즉 스케일의 변동을 야기한다. 이 때 지명을 수단이나 대상으로 하는 스케일 정치는 구체적으로 스케일의 상승과 스케일의 하강이라는 상반된 전략을 통하여 실행된다<표 2-8>.

먼저 스케일의 상승(scaling up)이라는 전략은 특정한 사회적 주체의 아이덴티티를 재현하는 지명 영역이 확장되는 결과를 가져온다. 예를 들면, 조선 시대 충청도 공주목 산내면의 '大田(한밭)'과 은진현 화지산면의 '論山(놀뫼)'은 소규모의 촌락 지명이었다. 하지만 일제 강점기 철도

교통의 발달에 따라 일본 거류민의 집단 거주지가 성장하면서 이들 지명의 영역이 현재의 '大田廣域市'와 '論山市'의 범위로 확장되는 계기가 되었다.26)

다음으로, 스케일의 하강(scaling down)이라는 전략은 특정한 사회적 주체의 아이덴티티를 재현하는 지명의 영역이 축소되거나 소멸되는 결과를 초래한다. 이러한 사례로는 삼국 시대 '南扶餘'라는 백제국의 국호가 현재는 충남 '扶餘郡'과 '扶餘邑'의 군과 읍 지명으로 축소된 경우와 조선 시대 존재했던 여러 군현 지명이 1914년 일제에 의한 대규모의 행정 구역 개편으로 면 지명과 촌락 지명으로 행정 단위가 축소된 경우가 있다.

후자의 경우 面과 洞 수준의 지명으로 축소된 사례는 '은진현>은진면, 회덕현>회덕동, 한산군>한산면' 등이 있고, 촌락 지명으로 축소된 사례는 '비풍군>대전시 대덕구 비래동, 덕은현>논산시 가야곡면 육곡리 덕은골·삼전리 덕은당' 등이 해당된다. 그밖에, 면 지명이 촌락 지명으로 축소된 사례는 '석성현 증산면>증산리, 연산현 백석면>백석리' 등이 있다.

---

26) 일제 강점기 지명 영역의 스케일 상승과 관련된 논의로 홍금수(2007, 118~120)의 논문이 있다. 이 논문에서 그는 근대적 지역구조로의 이행 과정에서 지명을 통한 지역구조 재편의 주도권을 장악하려는 의도를 論山과 江景을 사례로 간략히 언급하였다. 그는 1914년 행정구역의 개편 당시 連山縣, 恩津縣, 魯城縣을 통합하여 신설한 군 명칭으로 論山郡이 선정되는 과정에 江景郡으로 군 명칭을 바꾸려는 강경 거주민들과의 갈등과 경합이 있었다는 역사적 사실을 소개하였다. 이와 함께 지명의 스케일이 상승한 또 다른 사례로, 1914년 행정구역의 개편으로 충남 부여군의 규암리에서 유래한 窺岩面과 은산리에서 유래한 恩山面이 각각 조선 시대의 淺乙面과 方生面을 대신하는 면 지명으로 등장한 경우가 있다.

〈표 2-8〉 지명의 스케일 정치

	변화 이전	스케일 전략의 주체와 요인	변화 이후
스케일 상승 (scaling up)	大田里(한밭) (공주목 산내면)	*일제시대 철도교통 발달 *일본 거류민 집단 거주지 *특정 취락의 행정력 강화	大田廣域市
	論山里(놀뫼) (은진현 화지면)		論山市
	특정 유역명 (錦江·甲川)	──────────▶ ┈┈┈┈┈┈▶	특정 취락 인근에 있는 하천 지명의 영역 확대
스케일 하강 (scaling down)	南扶餘 (백제국 국호)		扶餘郡 扶餘邑
	石城縣	*권력 경합에서의 열세	石城面 石城里

　지금까지 지명의 동일시(identification)와 타자화(othering)의 권력관계 속에서 구축된 사회적 주체의 아이덴티티 재현과 구성, 그리고 지명을 매개로 한 영역 경합과 스케일 정치의 과정을 살펴보았다. 지명을 매개로 권력관계를 실천하는 사회적 주체의 아이덴티티와 이데올로기는 이것들이 공간의 물리적 형태로 형상화된 경관, 장소, 영역의 형성과 변형에 큰 영향을 미치고 있다. 동시에 경관, 장소, 영역의 형성과 변형 과정은 사회적 주체의 아이덴티티와 이데올로기, 그리고 권력관계를 확대 재생산하는 순환의 고리를 이어가게 된다.

제3장

공주목 진관 지명의 유형과 문화정치적 의의

1. 공주목 진관 지명의 분포와 일반적 유형

1) 연구 대상 지명의 선정

공주목 진관 구역이 지닌 경계적이고 점이적인 성격은 다양한 사회적 주체들의 거주와 이동을 발생시켰고, 이들에 의한 지명의 명명과 변천 과정에 영향을 미치면서 상이한 지명 변천 유형을 양산하였다. 이와 더불어 공주목 진관 구역 내에 분포하는 다양한 규모의 산지와 하천 지형은 자연 지명의 다양성에도 영향을 미쳐 지명 변천 과정에 기초적인 지명 자료를 제공하고 있다. 구체적인 사례 연구에 앞서 연구 대상 지명의 선정 과정과 범위를 살펴보고, 선정된 지명에 대한 유형 구분을 위해 구체적인 분류 기준을 제시하였다.

공주목 진관 구역의 다양한 자연 환경은 지명 생성에 영향을 미쳐 다양하고 풍부한 자연 지명을 낳았다. 특히 연구 지역에 분포하고 있는 차령산지와 노령산지에는 다양한 산지 지형을 반영한 자연 지명들이 분포하고 있다. 두 산지의 사이를 가로지르며 관류하고 있는 금강 본류와 지류들의 유역에는 저기복 구릉 지형과 저평한 저습지 지형을 유연성으로 하는 지명들도 풍부하게 자리 잡고 있다.

이들 지명은 '긴' 형, '가는' 형, '잔' 형, '벌' 형, '가르' 계, '얼' 계 등의 전부 지명소를 생성하면서 연구 지역 내 다양한 지형 요소들의 명명 유연성을 반영하고 있다. 연구 지역에 분포하는 자연 지명들은 지리지와 읍지류, 지도류들의 '山川條' 내용을 구성하면서 다양한 산·고개 지명, 하천·진·포 지명 등으로 등재되어 있다.

한편 공주목 진관 구역이 지닌 경계적·점이적 성격은 여러 유형의 인문 지명을 발생시켰다. 이들 인문 지명에는 지리지와 읍지류에 기록된 군현 지명, 향·소·부곡·처 지명, 면 지명, 역원 지명, 일부 촌락 지명, 그리고 '古跡條', '堤堰條', '道路條', '土産條'에 등재된 지명들을 포함하는 다양한 규모의 행정 지명들과 촌락 지명들이 다수를 차지하고 있다. 특히 이 지역에는 삼국 시대 이래 여러 국경과 행정 경계가 분포하면서 산성 등의 군사 및 관방 시설 관련 지명과 역사 및 전설 지명 등을 포함한 다양한 사회적 주체들이 생산한 인문 지명들이 자리 잡고 있다.

공주목 진관 구역에 분포하는 자연 지명과 인문 지명중에서 한국 지명의 문화정치적 연구에 필요한 연구 대상 지명을 다음과 같은 절차를 통해 선정하였다. 먼저 본 연구에 최종 선정된 대상 지명의 수는 총 2,156개이다. 이들 지명들은 공주목 진관 구역 내에 분포하는 지명들로서 고문헌과 고지도 등을 통해 확보한 것으로 군현 지명(19개), 향·소·부곡 지명(34개), 면 지명(144개), 역원 지명(62개), 산천 지명(224개), 촌락 지명(1,673개)이 포함되었다. 연구 대상 지명의 선정에 있어 우선 『新增東國輿地勝覽』(1530년), 『東國輿地志』(1656~1673)에 등재된 지명들 중 山城, 烽燧, 樓亭, 祠廟, 佛宇 등의 명칭은 유사한 종류의 다른 지명과 그 전부 지명소가 중복될 경우 대상 지명에서 제외하였다.

〈표 3-1〉 공주목 진관 구역의 지명 분포

군현	분류	郡縣 지명	향·소·부곡·처 지명				面 지명		역원 지명		山川 지명		村落 지명
			鄕	所	部曲	處	방위면	새로운 촌락면	驛	院	산·고개	하천·진·포	
공주	공주	2	·	1	5	·	4	16	6	11	31	11	435
	계(522)	2	6				20		17		42		435
대전	회덕	1	1 (주안향)	1	2	·	6	1	1	5	7	5	66
	공주 (일부)	2	·	6	1	·	1	5	·	2	3	4	108
	진잠	2	·	·	·	·	5	·	·	3	12	4	51
	계(305)	5	11				18		11		35		225

분류 / 군현	郡縣 지명	鄕	所	部曲	處	방위면	새로운 촌락면	驛	院	산·고개	하천·진·포	村落 지명
논산 연산	1	·	·	1	·	1	9 (양량소)	1	3	5	9	162
논산 노성	1	·	2	·	·	1	10	·	2	2	4	96
논산 은진	2	1	·	·	·	·	14	·	1	13	11	122
계(474)	4	4				35		7		44		380
부여 부여	1	·	1	1	·	1	9	2	3	8	8	103
부여 임천	1	·	3	1	1	3	17	1	3	17	7	94
부여 석성	1	·	·	·	·	2	7	·	2	5	6	39
계(347)	3	7				39		11		51		236
연기 연기	1	·	1	1	·	7	·	1	3	9	1	109
연기 전의	1	1	·	·	1	6	1 (덕평)	1	1	7	3	67
계(222)	2	4				14		6		20		176
청양 정산	1	·	·	·	·	1	8	1	4	12	3	115
계(145)	1	0				9		5		15		115
서천 한산	2	1	1	·	·	9	·	1	4	9	8	106
계(141)	2	2				9		5		17		106
총계(2156개)	19 (0.9)	4	16	12	2	47	97	15	47	140	84	1673 (77.6)
		34(1.6)				144(6.7)		62(2.9)		224(10.4)		

*주1 : 군현지명, 향소부곡지명, 면지명, 역원지명, 산천지명, 촌락지명 등이 상호 중복될 경우 각
   각의 지명을 별개의 종류로 판단하여 계산함.
*주2 : (%), 소수점 둘째 자리에서 반올림함.

연구 대상 지명의 과반수를 구성하는 촌락 지명의 선정은 다음과 같은
기준과 절차에 의해 선정하였다. 먼저 촌락 지명을 다수 등재하고 있는
『戶口總數』(1789년)와 『舊韓國地方行政區域名稱一覽』(1912년)을 대상
으로 이 문헌에 등재된 공주목 진관 구역 소재의 144개 面과 약 3,028개
[『戶口總數』(2,244개), 『舊韓國地方行政區域名稱一覽』(3,028개)]의 촌
락 지명들 중 시기별 문헌에 중복되어 기재된 지명을 일차적으로 선별하
였고, 지명 변천에 문화정치적인 의미를 보이는 지명들을 이차적으로 선
정하였다. 이 과정에서 현재의 지명과 위치에 비정되지 않거나, 문자 판
독이 어려워 고증이 불가능한 지명들은 연구 대상 지명에서 제외하였다.
이러한 과정을 통해 선정된 촌락 지명의 수는 총 1,673개이며, 전체 연구

대상 2,156개의 지명은 군현 지명, 향소부곡 지명, 면 지명, 역원 지명, 산천 지명, 촌락 지명이 상호 중복될 경우 각각 별개의 종류로 판단하여 算入한 수치이다. 연구 대상으로 선정된 2,156개의 지명들을 군현 지명, 향소부곡 지명, 면 지명, 역원 지명, 산천 지명, 촌락 지명으로 대별하여 그 종류와 수치를 분류 정리한 것이 <표 3-1>이다.

2) 연구 대상 지명의 유형

연구 대상으로 선정된 지명들을 수집될 당시의 지리지나 읍지류의 등재 부류였던 군현 지명, 향소부곡 지명, 면 지명, 역원 지명, 산천 지명, 촌락 지명으로 나누어 그 특성을 살펴보았다. 우선 군현 지명은 공주목 진관 구역 내에 19개가 분포한다. 이 지명들은 각 시대별 문헌의 '建置沿革條'와 '郡名條' 등에 등재되어 있던 13개 군현의 郡名, 古名, 一名, 혹은 廢郡縣 명칭 등으로 현재까지 그 지명이 존속하고 있는 것을 선정한 것이다. 군현 지명들은 일부 전부 지명소의 변화와 함께 행정 단위를 지칭하는 후부 지명소가 변화됐을 뿐 대부분 현재까지 존속하고 있다. 그러나 각 군현의 행정 구역이자 군현 지명이 지칭하는 범위, 즉 지명 영역은 시대별 행정 구역 개편과 통폐합 등으로 인해 확대 혹은 축소되었다. 이러한 행정 단위의 변화와 지명 영역의 변동은 스케일 정치(politics of scale), 즉 지명의 스케일 하강(scaling down)과 상승(scaling up)으로 분석될 수 있다.

연구 대상 지명에 선정된 향소부곡 지명은 총 34개로 鄕 4곳, 所 16곳, 部曲 12곳, 處 2곳이 포함되었다. 이들 향소부곡 지명은 지명이 소멸된 곳도 있으나 일부는 음운 및 표기의 형태 변화를 경험하면서 현재까지 지속되고 있다. 특히 '처' 지명은 공주목 진관 구역에 두 곳만이 존재하는 특수한 지명으로, 전의현의 '加乙井處'(연기군 전의면 신정리 가나

물·가을우물·갈우물·葛井)는 표기 변화와 함께 현재까지 존속하고 있
으나 임천군의 '今勿村處'(부여군 임천면 두곡리 두므골·豆毛谷·豆谷)
는 지명이 소멸되고 위치했던 곳만이 고증될 뿐이다.

연구 지역 내에 존재하는 면 지명은 총 144개로 주로 조선 전기의 方
位面 체제 하에서 만들어진 방위면 지명(東西南北面, 內外면 등)이 47
개, 조선 후기의 새로운 面里制에서 발생한 면 지명이 97개이다. 지명
변천과 소멸에 있어 조선 전기의 방위면 지명은 현대로 오면서 소멸되는
경향이 강하며, 조선 전기의 방위면에 존재하던 촌락(○○里)이 면으로
승격하면서 등장했던 조선 후기의 새로운 면 지명(○○面)은 현재까지
존속되고 있는 비율이 높다. 그 이유는 실제 언중들의 지명 인식과 사용
을 고려하지 않은 채 행정 관청에 의해 획일적으로 부여된 방위면 지명
은 일상생활에서 빈번히 통용되고 동시에 구체적인 촌락 단위의 지명 영
역을 간직하고 있는 조선 후기의 새로운 면 지명보다 취약한 생명력을
지닐 수밖에 없기 때문이었다.

이러한 조선 전기의 방위면 지명은 이후 행정 구역 개편과 통폐합 이후
발생한 지명 명명의 유연성을 제공하던 군현 중심지의 이동으로 인해 자연
스럽게 소멸되어 갔던 것이다.[1] 특히 회덕현, 진잠현, 연기현, 전의현, 한
산군은 방위면 지명의 비율이 매우 높게 나타나는데, 이들 방위면 지명은
현재 연기현의 東面(1914년 동일면과 동이면 통합), 南面, 西面(1914년 신
설), 회덕현의 東面(현 대전시 東區) 등을 제외하고 모두 소멸되었다.

---

1) 전국 단위에서 부분적으로 단행된 방위면의 정리와 소멸 경향은 현대의 관보 기
   록에서도 종종 발견되며, 그 내용은 다음과 같다. "전북 임실군 屯南面>檗樹面"
   [官報 제12177호(면 명칭 변경: 내무부 공고 제 1992-39호), 1992.7.25]; "경기도
   안성군 二竹面>竹山面"[官報 제12217호(면 명칭 변경: 내무부 공고 제 1992-51
   호), 1992.9.15]; "전북 남원시 東面>引月面"[官報 제12177호(면 명칭 변경: 내
   무부 공고 제 1992-39호), 1992.7.25]; "경기도 용인군 外四面>白岩面, 內四面>
   陽智面"[官報 제13103호(법정동 및 면명칭 변경 승인: 내무부 공고 제 1995-29
   호), 1995.9.1] 등.

공주목 진관 구역 내에 존재하는 역원 지명은 총 62개로 驛 15곳, 院
47곳이다. 역원 지명은 역원 제도의 변화와 함께 지명 변화를 겪게 된다.
17~18세기 상업과 사설 숙박 시설의 발달에 능동적으로 대응하지 못하
면서 쇠퇴하기 시작한 원은 대부분 18세기 이전에 혁파되어 사라지게
된다. 이들 원 지명은 역 지명과는 달리 대부분 소멸되는 경향이 강하며
일부 원 지명의 전부 지명소가 촌락 지명으로 승계되거나, 후부 지명소
인 '~院'이 촌락 지명의 전부 지명소로 존속되는 경우(원골, 院洞)도 발
견된다. 역(驛站)은 조선 고종 32년(1895) 郵遞司의 설치로 완전히 폐
지되었다. 그러나 역은 원보다 늦게 폐지되어 역 지명의 전부 지명소가
촌락 지명으로 승계되어 존속되고 있는 경우가 다수 발견되며, 일부는
'驛村', '역말' 등과 같이 후부 지명소만이 존속하는 경우도 있다. 마지
막으로 촌락 지명은 전체 연구 대상 지명 2,156개 중 77.6%인 1,673개
를 구성하고 있으며, 전술한 바와 같이 연구 지역 내 모든 촌락 지명을
대상으로 하지 않고 일정한 기준과 절차를 통해 선정된 것들이다.

<표 3-2> 지명어의 유형 분류

분류자	분류 기준		유 형
善生永助 (1935, 173)			① 行政 지명 ② 位置·地形 지명 ③ 官衙·建築 지명 ④ 産業 經濟 지명 ⑤ 動植物 지명 ⑥ 形容 지명
이돈주 (1971, 287~314)	지명어 소재 및 有緣性		① 山 ② 골(谷) ③ 재(城·峙·嶺 등) ④ 바위·돌(岩·石) ⑤ 숲·초목(樹林·草木) ⑥ 물(江·川·溪 등) ⑦ 들·벌판·터 ⑧ 地形·地勢의 특징 ⑨ 지리적 환경 ⑩ 위치 ⑪ 동물의 이름 ⑫ 자연자원·생산물 ⑬ 유물·유적 ⑭ 人名 ⑮ 신앙·관습
한글학회 (1974, 1~2)			① 행정구역명 ② 자연 지명 ③ 인공 지명
이철수 (1982, 459~463)	지명어 체계론	어종구성에 따른 분류	① 고유 지명어 ② 漢語 지명 ③ 外來語 지명 ④ 混種語

분류자	분류 기준		유 형
김윤학 (1985, 15~20)		지명에 사용된 소재	이돈주(1971)의 분류와 동일
		인간 거주 여부	① 인간거주 지명(place name) ② 자연지형 지명(toponym) ③ 水域 지명(hydronymie)
		지명어 民族型	
		지명어 時代型	
	지명어 구성형	지명어의 音節數	① 單音語 ② 2음절 ③ 3음절 ④ 多音節 지명어
		形態素 配合型	① 前接 要素(性格 要素) ② 後部 要素(分類 要素)
	짜임새 분석	계통 분석	① 토박이말 ② 한자말 ③ 섞임말
		낱말 만들기	① 단순한 것 ② 복합적인 것
		생성요인 분석 (유연성에 따른 분류)	① 위치 ② 모양 ③ 유물 유적 및 건물 ④ 동물 ⑤ 식물 ⑥ 관념 ⑦ 전설 ⑧ 사람 ⑨ 땅의 성질 ⑩ 사물 ⑪ 물 ⑫ 新舊 ⑬ 풍흉 ⑭ 풍수지리
		재생성 되는 땅 이름	① 음운변화 ② 형태변화 ③ 맞옮김 관계
이환곤 (1986, 7~45)	接頭語에 의한 분류		① 空間 관계 ② 氣候 관계 ③ 先後 관계 ④ 規模 관계
	接尾語에 의한 분류		① 自然條件 관계 ② 人文條件 관계 ③ 民俗·宗教 관계 ④ 身體構造 관계 ⑤ 方向 관계
강길부 (1997, 65 ~66)	땅의 생김새와 쓰임새		① 지형 지명 ② 이용 지명 ③ 포괄 지명
	형성 요인		① 자연 지명 ② 문화 지명
남영우 (2004, 139~144)			① 산지와 평야 관련 지명 ② 물·하천 관련 지명 ③ 풍토·얼 관련 지명
도수희 (2003, 263~292)	지명어 형태론		① 接頭 지명소 ② 接尾 지명소
김진식 (2005,	지명의 명명 유연성		① 前部 요소(내부 준거, 외부 준거)

분류자	분류 기준		유 형
21~66)	지명의 지시 대상		② 後部 요소
성희제 (2006, 129~156)	실질+ 문법 형태소	일반적 대상을 구체화하고 특성화 하는 기능	① 前部 지명소
	실질 형태소	지명어가 지칭하는 대상의 일반적 범주 표현	② 後部 지명소
조창선 (2002, 70~253)	지명 표식부와 단위부	지명 표식부	① 품사론 ② 어휘론 ③ 의미론 ④ 어음론
		지명 단위부	① 고을이름 단위부 ② 산천 지명
	지명 명명 계기와 수법	지명 명명 계기	① 사회 력사적 계기 ② 자연 지리적 계기
		지명 명명 수법	① 직관적·추상적 표식법 ② 옛·새 표식법 ③ 옛식 합침법·분리법 ④ 환원 표식법·폐기 표식법 ⑤ 겹침 표식법·숨김 표식법

이상에서 살펴 본 지명 분류는 공주목 진관 지명의 일반적 유형과 문화정치적 성격을 조명하기 위해서 국어학계와 지리학계 등에서 이루어진 선행 연구들의 지명어 분류 기준을 참고하여 재분류하였다. <표 3-2>에서 확인할 수 있듯이 기존에 이루어진 지명어의 유형 분류는 우선 지명어를 구성하는 형태소의 체계 및 구성에 따라 전부 지명소(실질+문법형태소) / 후부 지명소(실질 형태소)(성희제, 2006), 지명 표식부 / 단위부(조창선, 2002) 등으로 구분될 수 있다. 특히 전부 지명소는 지명의 명명 유연성에 따라 행정구역명, 자연지명, 인공지명, 지형지명, 문화지명, 공간 관계 지명, 산업 경제 지명, 동식물 지명 등의 유형으로 나눌 수 있으며, 후부 지명소는 道市郡區面里 등의 행정 단위 지명, 고을 이름 단위부, 자연 및 인문 조건 관계 지명, 산천 지명 등의 유형으로 분류될 수 있다.

본 연구는 이상의 선행 연구들을 참고하고 문화정치적 지명 연구라는

본 연구의 목적을 감안하여 '언어적 변천', '命名 有緣性', '경합'이라는
세 가지 지명어 유형 분류의 기준을 설정하였다. 먼저, 공주목 진관 지명
의 언어적 변천에 따른 유형(언어 – 사회적 유형)을 분류하였다. 공주목
진관 지명의 언어적 특성에 주목하여 분류한 이 유형은 다시 표기 변화
지명, 음운 변화 지명, 이두식 지명으로 구분된다. 표기 변화 지명은 표
기자의 형태 변화를 수반한 지명 유형으로 시간의 흐름과 함께 표기가
변천된 지명들을 망라하여 구분하였다. 음운 변화 지명은 지명어의 음운
변화에 주목하여 지명어의 음운이 변화된 것과 이러한 음운 변화로 인해
표기가 바뀐 지명까지 포함하여 분류하였다. 史讀式 지명은 고유한 지명
을 한자를 빌어 音借, 訓借, 訓音借, 받쳐적기법(訓主音從法) 등으로 차
자 표기한 지명들 중 특수한 지명들을 선별적으로 분류하였다. 이들 세
지명 분류는 언어적 현상의 복합적인 작용과 차자 표기법의 특징으로 인
해 상호 중복되는 지명도 있다.

다음으로, 명명 유연성에 따른 지명 유형(지리 – 사회적 유형)을 분류
하였다. 명명 유연성에 따른 유형은 대체로 전부 지명소를 기준으로 분
류한 것으로 지명을 생성시킨 명명 기반의 자연 지리적, 사회적, 문화적
특성에 따라 구분하였다. 이 유형은 다시 자연 지리적 명명 기반을 지닌
자연적 지명(지형 지명, 방위 및 숫자 지명), 사회적 소속과 이념을 담은
사회·이념적 지명(성씨 지명, 군현명 표기 지명, 유교 지명, 불교 지명,
풍수 지명, 근대 및 자본주의적 지명), 역사적 사실 및 사건과 관련된
역사적 지명(역사 및 전설 지명, 일본식 지명), 생산 및 서비스와 관련된
경제적 지명(산업 지명, 상업 지명)으로 지명소, 특히 전부 지명소가 지
닌 명명 유연성의 특징에 따라 구별 하였다.

끝으로, 경합에 따른 지명 유형(정치 – 사회적 유형)으로 이는 다시 지
명소의 경합과 통일, 후부 지명소의 영역 변화에 따라 경합 지명, 표기
방식 통일 지명, 영역 확대 지명, 영역 축소 지명으로 하위분류된다. 지명

소의 경합과 통일에 따른 유형은 전부 지명소와 후부 지명소를 포괄하여
지명어를 구성하는 형태소, 즉 지명소를 둘러싼 경합과 표기 방식 통일의
특성에 따라 설정하였다. 이에 따라 동일한 장소를 두 가지 이상의 지명
이 지칭하는 경합 지명과 지명 표기자의 형태와 의미를 동일한 방식으로
통일시키려는 표기 방식 통일 지명으로 구분된다. 후부 지명소의 영역 변
화에 따른 유형 분류는 주로 道市郡區邑洞面里 같은 행정 단위를 지칭하
는 후부 지명소가 영역 경합의 과정에서 끊임없이 변동된다는 측면에 착
안하여 그 행정 단위, 즉 지명 영역의 확대와 축소를 경험하는 지명들로
분류하였다. 이 분류에는 영역 확대 지명과 영역 축소 지명이 해당된다.

2. 언어적 변천에 따른 지명 유형과 문화정치적 의의
: 언어 - 사회적 유형

　지명은 그 생성과 변천에 있어 언어적 현상과 특성을 자생적으로 간
직하고 있다. 이러한 지명은 일상생활에서 지명 언중들에 의해 끊임없이
사용되면서 다양한 언어적 변천과 의미 변화를 동반한다. 지명 자체가
지닌 순수한 언어적 요소로서의 특징은 부지불식중에 발생하는 지명 변
천 양상을 함축하고 있다. 그런데 언중들의 일반적인 언어생활에서 나타
나는 비의도적인 지명 변천은 특정한 사회적 주체들에 의해 의도적으로
인용되거나 혹은 특정한 의미가 부여되면서 문화정치적 지명 변천 과정
에 흡수되기도 한다.

　이와 관련하여 공주목 진관 구역에 분포하는 지명의 순수한 언어적
변천에 따른 유형을 살펴보고, 이러한 언어적 변천 양상이 특정한 사회
적 주체들의 권력관계에 의해 활용되거나 변용되는 언어 - 사회적 과정
을 포착하고자 하였다. 이를 위해 언중들에 의해 일상 언어생활에서 비

의도적으로 발생하는 지명의 표기 변화와 음운 변화, 그리고 음차, 훈차, 훈음차 등의 표기가 복합적으로 나타나는 이두식 표기의 지명들로 분류하여 분석하였다. 이로써 공주목 진관 지명이 지닌 순수한 언어적 변천 유형과 함께 문화정치적 변용과 해석의 가능성을 가늠해 보았다.

1) 표기 변화 지명

'표기 변화 지명'은 표기 한자의 형태 변화를 수반한 지명들을 말하며, 고유 지명이나 한자 지명을 다른 한자로 取音, 取義, 取形거나 혹은 표기자가 탈락, 치환되어 변천된 지명들이 이에 해당된다. 지명 표기의 비의도적인 변화는 특정한 지명 언중들에 의해 변화된 표기자 그대로 지명을 해석하거나 인식하게 하여 제3의 지명 의미를 파생시키기도 한다. <표 3-3>에서 제시된 지명 중 '公州', '鳥致院', '儒城', '쇠방골(棲鳳)'(연기 전동면 봉대리), '너분들(光里)'(논산시 광석면 광리)' 등은 음차 표기로 변화된 전부 지명소의 한자('公', '儒', '光 등)를 훈차 표기로 착각하여 뜻풀이하면서 새로운 지명 인식이 발생하게 된 사례들이다. 이는 지명 표기의 변화에 있어 단순히 음차 표기(취음)된 방식을 이해하지 못하고 표기된 글자를 訓(뜻)으로 해석하면 지명 의미가 엉뚱하게 바뀌게 된 것이다.

<표 3-3> 표기 변화 지명

지명	현 행정구역	표기 변화와 지명 인식
公州	공주시	*熊川州〉熊州(757년)〉公州(940년) *동물 곰으로 인식(지명전설)하거나 공주 주변의 山川이 '公'자와 유사하다는 인식 발생
鳥致院	연기군 조치원읍 조치원역	*鳥川院〉鳥致院(1914년 이전) *최치원 관련 전설 및 지명 인식 발생

지명	현 행정구역	표기 변화와 지명 인식
儒城	대전시 유성구 (유성현)(현내면)	*奴斯只〉儒城(757년) *선비 고을이라는 인식 발생
미리미(美林, 龍山)	대전시 서구(하남면) 용촌동	*미르〉美林〉龍山 *龍[미르 룡(『訓蒙字會』), 룡 룡(『新增類合』), 미르 룡(『光州千字文』), 미르 룡(『石峰千字文』, 『註解千字文』)]
마내(馬川, 薯川)	부여군 부여읍(대방면) 왕포리	*馬~ : 마의 음차 표기 *薯~ : 마의 훈차 *서동왕자와 선화공주 전설
금강이(金剛, 琴江)	부여군 은산면(공동면) 금공리	*金剛寺가 있던 곳 *金剛〉琴江: 取音(불교 인식의 쇠퇴 반영)
破鎭山, 袴山	부여군 부여읍(현북면) 현북리	*파진〉바지〉袴: 음이 변한 후에 유사음으 로 훈음차
時南, 臣仰	부여군 충화면(가화면) 청남리	*時南〉臣仰: 음이 변한 후 유사음의 훈음차 *풍수 지명화(上帝峯 아래로 신하가 上帝 를 우러러 보는 형국)
河波洞, 閤下	부여군 장암면 (북조지면) 합곡리	*河波·閤下: 하파의 유사 음차 표기
거문들, 거믄돌 (黑石, 琴坪)	대전시 서구(상남면) 흑석동	*琴坪: 훈음차(琴의 훈음: 거문고)+훈차 (坪) *黑石: 훈음차
갈거리 [葛巨里, 蘆長(汀)里]	연기군 전동면 노장리, 심중리	*蘆長(汀)里: 갈거리의 훈차+훈음차(長)+ 음차(里) *葛巨里: 음차
다락골(達田) 다락골(多樂洞)	연기군 전의면(소서면) 달전리 연기군 전의면(소서면) 다방리	*다락골(달밭골)이라는 동일한 어원을 가진 지명이 達田(달밭의 음차+훈차)과 多樂 (달밭〉달밝〉달알〉다랑〉다랄〉골〉다락골〉 多樂洞: 다락의 음차)으로 달리 변천됨
거리실(蘆谷, 老谷)	연기군 전의면(북면) 노곡리	*蘆: 거리~갈의 훈음차 *蘆〉老: 유사 음차 표기
노루미(獐山, 老山)	연기군 동면(동이면) 노송리	*獐: 훈차 *뫼〉미(山): 훈차 *老: 노루의 음차
갈고지, 갈구지 (蘆花, 路下)	부여군 규암면 (송원당면) 노화리	*蘆: 갈의 훈차 *花: 고지~구지의 훈차 혹은 훈음차 *蘆〉路: 유사 음차 표기
갯골(介洞,霽洞)	연기군 남면 월산리	*霽: 훈음차
쇠방골 (西方洞, 棲鳳洞)	연기군 전동면(동면) 봉대리	*쇠방〉西方〉棲鳳: 서방·서봉의 음차 표기 *棲鳳: 풍수 형국에 대한 인식 발생

지명	현 행정구역	표기 변화와 지명 인식
새말, 봉촌 (窠城, 巢城, 新里)	연기군 서면(북이면) 성제리	*窠(과)의 訓: 새, 보금자리 *新: 새(말)의 훈차 혹은 훈음차
무낫골 (水出, 文學洞)	서천군 기산면(서상면) 화산리	*水出: 훈차 *文學: 무낫의 유사 음차 *물날골>물낫골>무낫골
못골(木洞, 池谷)	청양군 목면 지곡리	*못골>木洞(음차+훈차)(면 지명으로 승계) *못골>池谷(훈차)(본래의 촌락 지명)
대추울(大棗, 大召)	청양군 청남면(장면) 대홍리	*대추울>大棗(음차)>大召(음차)
으미, 어미 (漁山, 牙山)	청양군 청남면(장면) 아산리	*漁: 으~어의 음차 *牙: 으~어의 훈차 혹은 훈음차
가지내, 까치내 (之川, 鵲川)	청양군 장평면(피아면) 지천리, 대치면 작천리	*之: 갈의 훈음차 *鵲: 가지~까치의 훈음차
바닥골, 바둑골 (碁谷, 碁谷)	청양군 정산면(대면) 남천리	*碁: 훈음차 *碁: 훈차
새울 (草谷, 鳥谷, 鳳谷)	청양군 정산면(잉면) 내초리	*草·鳥·鳳: 훈차 혹은 훈음차
오구미 (鰲龜山, 五丘山, 五口 山, 梧山, 龜山)	논산시 연산면(백석면) 오산리	*五丘·五口·鰲龜: 오구의 음차 *梧: 오의 음차 *五丘·五口山>鰲龜山>龜山 *뫼>미(山): 훈차 *노성 五丘山과 연산 五口山이 별도로 존재
너분들, 더분들 (廣石面, 光石面, 光里)	논산시 광석면 광리	*너분들>廣石面 廣里>光石面 光里 *廣: 넓은>널븐>너븐의 훈차 *石: 돌>돌의 훈음차 *마을에 서당이 생기고 선비들이 많이 모여 들어 마을을 빛냈다 하여 光里라 함(새로운 인식 발생)
너븐돌, 너븐들 (廣石, 光石)	계룡시 엄사면(식한면) 광석리	*너분돌>廣石里>光石里 *廣: 넓은>널븐>너븐의 훈차 *石: 돌>돌의 훈음차
갈재, 가재 (蘆峙, 佳峙)	논산시 노성면(화곡면) 노치리	*갈재(蘆峙)>가재>佳峙 *蘆: 갈의 훈음차
가재골, 개절 (介寺, 柯士)	논산시 양촌면(모촌면) 남산리	*개절>介寺>柯士: 개/가의 음차
잣디, 잣뒤 (城北, 尺峙)	논산시 강경읍(채운면) 채산리	*잣뒤(성북)>尺峙(자치) *城: 잣의 훈차 *尺: 훈음차 *北: 뒤의 훈차

지명	현 행정구역	표기 변화와 지명 인식
제밭, 지밭 (祭田, 桂田)	논산시 부적면 (부인처면) 부인리	*제밭(祭田)〉지밭〉桂田
사실고개 (沙峙, 沙峴, 沙乙峙)	논산시 연산면(백석면) 어은리	*沙·沙乙: 사~살의 음차
살포재 (沙浦, 沙浦洞, 沙乙浦, 沙溪)	논산시 연산면(백석면) 사포리	*沙·沙乙: 사~살의 음차 *沙溪: 金長生의 號
한샛, 한새실 (閑鳥谷, 大鳥谷, 閑谷)	논산시 은진면 (대조곡면) 방축리	*閑鳥: 한새의 음차+훈차 혹은 훈음차 *大鳥: 한새의 훈차 혹은 훈음차 *한새실〉閑鳥谷〉閑谷
거북매, 거북미 (龜山, 九山)	논산시 연산면(외성면) 임리	*龜: 거북의 훈차 *龜〉九 *뫼〉미(山): 훈차
거북바우, 거북정이 (龜亭里, 九井里)	논산시 부적면 (부인처면) 반송리	*龜: 거북의 훈차 *龜〉九 *亭〉井
돌못 (猪池, 豚池, 錢塘)	논산시 부적면 (부인처면) 아호리	*錢·猪: 훈음차 *豚: 음차 *돌못(猪池)〉돈못(豚池~錢塘)
諸非울, 燕洞	논산시 양촌면 (양량소면)반암리	*諸非: 제비의 음차 *燕: 훈차
삼박골 (蔘田里, 三白洞)	논산시 가야곡면 (하두면) 삼전리	*蔘田: 삼밭의 훈차 *三白: 삼박의 음차 *삼밭골〉삼박골(三白洞)
비안말, 피안말(稷村)	논산시 채운면(도곡면) 삼거리	*碑안(漢橋碑 안쪽)〉피안〉稷
鳶尾山, 余美山, 餘尾山	공주시 쌍신동－월미동	*鳶尾·余美·餘尾: 음차 *余美〉餘尾〉鳶尾
각흘재, 가클고개 (角屹峙, 加文峴)	공주시 유구읍 문금리	*角屹: 음차 *加文: 음차+훈음차 *가클〉가글
거문거리 (檢川, 琴川)	공주시 반포면 봉곡리	*檢·琴: 거문의 음차
날마루, 빈마루(飛宗)	논산시 가야곡면(상두면) 강청리	*飛宗: 날마루의 훈음차+훈차 *날마루〉飛宗〉빈마루 (cf.표기자의 변화로 인한 말의 변화)
*주1 : '현 행정구역' 항목의 괄호는 1914년 이전의 면(面) 지명임. *주2 : '표기변화와 지명인식' 항목의 'a〉b'는 'a에서 b로의 지명 및 지명 영역 변화'를 의미함.		

예를 들어 앞서 제시한 '儒城'이란 지명은 통일신라 경덕왕 16년 (757)에 '奴斯只'가 음차(奴斯>儒) + 훈차(只>城)로 표기 변화된 지명이다. 그런데 조선 후기에 이르러 옛 유성현의 영역에 거주하던 지명 언중들, 특히 유교적 소양을 지닌 재지 사족들은 '奴斯'를 2字 지명으로 개정하기 위하여 유사음인 '儒(뉴)'자로 단순히 음차 표기한 사실을 인식하지 못하고, '儒'자의 뜻(訓)인 '선비'를 강하게 동일시하면서 '선비 고을'이라는 새로운 지명 인식을 발생시켰다.

'儒城'이란 지명에 대한 사족들의 새로운 인식은 당시 조선 사회에서 차지하는 그들의 우월한 아이덴티티, 즉 '선비' 혹은 '양반'으로서의 자기 의식을 공간적 영역을 가진 지명에 반영함으로서, 구체적인 형상으로서의 장소 아이덴티티와 영역적 아이덴티티를 강화시키는 기제로 활용하게 된다<그림 3-1>.

이와 함께 과거 지명 표기 방식의 시대적 변화와 사회적 주체들의 신분에 따른 언어생활의 이중성과 괴리는 이와 같은 지명 인식의 우연성을 증가시키게 된다.[2] 일례로 지명을 표기한 사회적 주체(특히 인명과 지명의 고유명사를 이두식으로 표기한 향리 계층)의 지명 표기 방식과 그 지명을 이해하고 인식하는 언중들의 해석 방식이 어긋나면서 지명의 표기 변화에 의한 새로운 지명 인식이 발생되기도 한다.[3]

---

2) 구전의 고유 지명에 대한 차자 표기는 초기에 음차 표기가 주를 이루었으나, 후대로 내려오면서 훈차 표기가 추가로 발생한 것으로 알려져 있으며, 이는 음차 표기가 안고 있는 불완전한 의미 전달 기능을 보완하기 위하여 고안된 것이다. 그런데 음차 표기된 지명은 표기 당시의 한자음으로 읽으면 고유어가 실현되는데, 조선 후기 이래 표기 한자의 의미 중시와 한자의 훈(뜻)을 단순히 풀이하려는 경향이 강화되면서 지명 의미의 왜곡과 새로운 지명 인식을 발생시키게 되었다.

3) 지명의 명명과 생성, 그리고 지명의 인식과 해석 사이에 발생하는 이러한 불일치는 자크 데리다(Jacques Derrida)의 텍스트(text) 논의를 연상시킨다. 그는 해체적 독해와 지배 담론에 대한 저항 논의에서 저자와 단절되어 있거나 독자의 해석에 의해 다양하게 이해되는 텍스트, 항상 새롭고 다양한 의미를 산출하는 유동적 실체로서의 텍스트, 다양한 대립적 독해가 존재하는 가능성으로서의 텍스트를 상정

權公諱惟之墓碑銘(1737)   贈議政府左贊成靈恩君朴公墓碣銘(1749)
(대전시 중구 무수동 유회당뜸   (대전시 유성구 복룡동 박산)

〈그림 3-1〉 재지사족들에 의한 "儒城"의 동일시

*주 : 18세기 중반 당시 공주목 관할 구역에 거주했던 안동 권씨 유회당공파(왼쪽)와 고령 박씨
교관공파(오른쪽) 소유의 비문들에는 각각 "儒城之无愁洞"과 "公州古儒城縣"이 기록되어
있다. 조선 초기까지 공주목의 속현이었던 유성현은 이후 폐현이 되었으나, 조선 후기 유성
에 거주하던 재지 사족들은 여전히 그들의 각종 기록과 기억 속에 '儒城', 즉 '선비 고을'에
대한 강한 동일시와 영역적 아이덴티티를 실천하였다.

이러한 표기 변화의 비의도적인 발생과는 달리 특정한 사회적 주체에
의한 의도적인 표기 변경의 사례도 발견된다. 이들 지명을 '美化 지명'
으로 분류하여 <표 3-4>에 제시하였다. 연구 지역에 분포하는 미화 지
명들은 특정한 표기 한자를 거부하거나 부정적으로 인식하여 긍정적인
한자로 미화하거나 雅化한 '獄>玉', '介>霽', '도둑>道德', '피천>碑

하였다. 이러한 견해는 텍스트로서의 지명 경관이 지명을 생성한 저자로서의 사
회적 주체가 본래 의도했던 지명의 원 의미가 독자로서의 다른 사회적 주체나 언
중들에 의해 다른 의미로 인식되고 해석될 수 있음을 지적하는 것이다. 그 결과
저자가 만든 특정한 지명 의미나 의도가 전복되거나 혹은 제3의 의미가 발생되기
도 한다.

선' 등의 지명들(獄거리>玉巨里, 獄北里>玉北里, 獄터>玉田里, 介
洞>霽洞, 도둑골>道德洞, 피숫골>水口洞, 피천말>碑선말 등)이 해당
된다. 이와 같은 지명 표기자에 대한 미화 및 아화 현상은 현재까지도
일반 언중이나 특정 권력에 의해 지속되고 있다.[4]

〈표 3-4〉 미화 지명

지명	현 행정구역	지명의 유연성 및 사회적 관계
옥거리, 玉巨里	청양군 정산면(읍내면) 서정리 옥거리, 獄터	
獄北里, 玉北里	부여군 임천면(읍내면) 군사리 獄터	
獄터, 玉田里, 上玉前里	논산시 연산면(현내면) 연산리	
獄거리, 玉溪丁(亭), 玉溪里	논산시 연산면(현내면) 연산리	
갯골 (介洞, 霽洞)	연기군 남면 월산리	*우암 송시열이 霽洞으로 바꿈

---

4) 특정 지명을 미화하거나 아화한 지명 변경 사례는 현대의 관보에서도 확인할 수
있다. "경기도 시흥시 무지동(茂芝洞)>무지내동"[관보 제13838호, 법정동 및 면
명칭 변경 승인(내무부 공고 제 1995-29호, 1995.9.1] ; "전남 보성군 벌교읍 천
치>옥전, 몰하>신정"[관보 제12976호, 국립지리원고시 제 1995-51호, 1995.3.30]
등. 최근에도 언중들에 의해 해당 지명의 어감이나 이미지가 부정적으로 평가되는
(비동일시) 경우 기존 지명을 미화 혹은 아화하여 변경하는 사례가 이어지고 있다.
일례로 최근 서울시 광진구는 지역 주민들의 설문조사와 동의 과정을 거쳐 어감이
좋지 않은 '毛陳洞'을 '華陽洞'에 편입시켜 2009년 상반기 중 지명을 바꾸기로 결정
하였다. 성북구와 강북구는 '미아리 텍사스', '한 많은 고개'로 비동일시 되어온 '미
아리', '미아리고개', '미아사거리' 등을 변경하기 위해 지명 공모 계획을 수립하거
나, '미아 1동~9동'을 '삼양동', '송중동', '송천동', '삼각산동' 등으로 변경하기도
하였다(東亞日報, 2008년 11월 27일 기사 ; 한겨레신문, 2008년 12월 4일 기사).
이밖에도 지하철 역명이나 신도시의 지명 명명과 같이 지명의 의미와 선정을 둘러
싼 사회적 주체 간의 이견과 갈등, 조정과 타협의 문화정치적 과정이 현재도 지속
되고 있다. 특히 2012년 1월 1일부터 전면 시행되는 '도로명 새주소'를 둘러싸고
지명도 높은 특정 아파트 이름과 도로명을 새주소에 포함시키고자 하는 사회적 주
체들 사이의 갈등과 경합 양상이 표출되고 있어 지명 표기를 부동산 가격의 등락과
연결시켜 인식하는 사례도 발생하고 있다[朝鮮日報, 2011년 5월 3일자].

지명	현 행정구역	지명의 유연성 및 사회적 관계
독뱅이 (獨方, 讀房)	논산시 벌곡면 만목리	
도덕골, 도둑골, 도독골 (道德洞)	대전시 유성구(현내면) 덕명동	
도덕골(道德洞)	공주시 반포면 마암리	*淸州 楊氏 종족촌
도방골, 됫방골(道谷里)	계룡시 엄사면(식한면) 도곡리	
도가니(獨安洞)	공주시 우성면(성두면) 안양리	*仙人讀書形 명당과 연관
걸산(杰山)	부여군 규암면(천을면) 반산리	*乞〉傑〉杰
수구동, 피숫골(水口洞)	연기군 전동면(동면) 미곡리	*임진왜란 때 이곳에 피난하던 수백 명의 양민이 왜적에게 피살되어 그 피가 내를 이루었으므로 '피숫골, 피수동'이라 불리어 오다가 그 이름이 '흉하다' 하여 水口洞(무숙골)으로 고쳐 부름(조치원문화원, 2007, 401~402) *水口洞(諺文: 무슉골)(『朝鮮』, 1911년)
피촌말, 피천말, 碑선말(抷村)	청양군 정산면(읍내면) 서정리	*30년 전 3~4대에 걸쳐 백정 일을 보던 1호가 살았으며, 이들은 돌다리에 소가죽을 널어 말리며 생활하다가 타지로 이주함 *이후 고학력의 지명 기록 주체에 의해 이 마을에 많이 있던 송덕비에서 유래한 碑선말로 지명이 변경됨
赤谷面 (절골, 적골)	청양군 장평면 적곡리	*절골〉적골(赤谷) *유사한 사례: 한절골〉한적골(대전시 중구 大寺洞) *적곡면〉적면(1895년)〉적곡면(1914년)〉장평면(1987년)('빨갱이굴'을 연상시킨다는 이유)(長水坪〉長坪)
소전골, 양반골, 큰골 (上所田, 下所田)	대전시 동구(산내면) 상소동, 하소동	*恩津 宋氏 종족촌(下所田〉上所田) * 上所里(諺文:상쇼련)·下所田里(하쇼련)[『朝鮮』, 1911년)

*주1 : '현 행정구역' 항목의 괄호는 1914년 이전의 면 지명임.
*주2 : '지명의 유연성 및 사회적 관계' 항목의 'a〉b'는 'a에서 b로의 지명 및 지명 영역 변화'를 의미함.

공주목 진관 지명에서 발견되는 특정 지명의 표기 한자에 대한 부정적인 평가와 고의적인 변경 현상은 앞서 논의한 미셸 페쇠(1975)의 비동일시(disidentification)와 관련시켜 이해할 수 있다. 즉 비동일시 지명은 사회적 주체 외부에 선험적으로 존재하는 지명에 대해 불편해 하거나 꺼려하는 역동일시(counter-identification) 단계를 벗어나 그 지명을 타자화하고 정면으로 거부하거나 의미를 변경시켜 대체하려 할 때 명명되는 새로운 지명을 말한다.

이러한 지명 변경과 대체는 폭력적으로 행사되기 보다는 피지배자 혹은 열등한 자가 지명 변경 과정을 당연한(natural) 질서로 받아들여 자발적으로 동의(consent)하는 과정을 통해 실행된다는 점에서 헤게모니적인 지명 변경으로 상정할 수 있다. 특히 이와 관련하여 남북 분단의 대치 상황에서 반공 이데올로기에 의해 특정 표기 한자가 거부되어 개정된 '赤谷面>長坪面' 사례와 촌락 내 지배적인 사회적 주체(班村)가 기존 지명(下所田)을 거부하고 비동일시하여 피지배자 집단(民村)의 이름(上所田)을 빼앗아 헤게모니적으로 지명을 변경한 '下所田>上所田' 사례가 주목된다.

지금까지 공주목 진관 지명들의 비의도적인 표기 변화와 새로운 지명 인식 발생, 그리고 특정한 사회적 주체의 이데올로기와 아이덴티티에 의해 지명 표기자가 비동일시되어 변경된 사례들을 살펴보았다. 특히 이러한 표기 변화의 사례들 중 공주목 진관 지명의 문화정치적 속성을 반영하고 있는 '적곡면(赤谷面)'의 지명 변경 사례를 구체적으로 살펴보았다.

현재 청양군 長坪面의 원래 면 지명은 赤谷面이었다. 그러나 1987년 '赤谷'이란 지명은 '빨갱이 굴'을 연상시킨다는 이유로 적곡면 남부 지천(금강천) 변에 있는 '長水坪'에서 유래한 '長坪'이란 이름으로 지명이 변경되었다(임동권 외 編, 2005, 141). 이러한 지명 변경의 내부를 들여다보면 남북분단 상황과 좌우익 이데올로기의 대립이라는 한국 사회의 정치적 환경에서 그 이유를 찾을 수 있다. 원래 '赤谷面'이란 지명은 『興地』의 기록 이래로 큰 변화 없이 존속되어온 오랜 역사를 지니고 있다. '赤谷'이란 지명은 면 지명뿐만 아니라 촌락 지명으로도 존재하여 『戶口』기록부터는 '赤谷里'로 등재된 후 현재까지 존속되고 있다. 적곡이란 지명은 道林寺라는 사찰이 있던 '절골'에서 유래한 것으로 현재의 장평면 적곡리 북실과 도림 부근을 지칭하는 지명이다.

그런데 해방 이후 증폭된 좌우익 이데올로기의 갈등과 반공주의(반공이데올로기)의 영향으로 '절골'의 음차+훈차표기 지명인 '赤谷'의 '赤'을 訓借字로 잘못 해석하거나 이를 의도적으로 비동일시하는 경향이 발생하게 되어 지명 변경의 실마리가 되었다. 즉 음차 표기된 지명인 '赤谷'을 한자의 뜻(훈)으로 풀이할 경우 '붉은 골짜기'가 되며, 이러한 해석은 반공 이데올로기의 통제가 개입될 여지를 제공하고 있는 것이다. 지명이 변경된 1987년은 전두환 정권의 말기로 6.29선언으로 대변되는 민주화의 분위기가 확산되던 시기였다. 그러나 이러한 정치·사회적인 변화에도 불구하고 지방의 작은 면 지명은 '빨갱이 굴'을 연상시킨다는 반공 이데올로기에 의한 비동일시로 강제 퇴출당하였다.

한 제보자에 의하면 1986년 경 중앙의 내무부 행정과에서 각 지방 관청에 공문을 보내 글자가 어렵거나 어감이 좋지 않은 지명을 변경하라는 지시를 받았다고 한다. 실제 당시 적곡면 사람들은 주변 사람들과의 일상 대화에서 "빨갱이 굴에 사는 ○○○", 혹은 "야, 빨갱이 빨리 와!"라는 농담 섞인 말을 자주 사용하였다고 한다. 이후 이러한 문제의 지명들은 각 면의 이장들이 진정서를 내어 군지명위원회가 소집되면서 6개월이 지난 1987년 1월에 변경되었다고 한다.[5]

---

5) 赤谷面의 長坪面으로의 지명 변경 과정과 결과는 분명 관보 형태로 공시되었을 것으로 보이나, 지금까지의 자료 검색과 조사 결과로선 지명 변경 사항이 확인·포착되지 않고 있다. 다만 "청양군 적곡면 화산리 남부동"[官報 제10670호(지명 제정 및 변경: 건설부 고시 제 275호), 1987.6.24]이라는 관보 기록이 남아 있는데, '장평면'

그런데 여기에서 주목되는 점은 "누구에 의해 어느 지명이 좋지 않은 지명으로 지목 되었는가"이다. 그런데 칠갑산 남록에 위치한 적곡면 지역에는 일제 강점기에 설립된 광산이 당시까지 분포하고 있었으며 여기에 근무하는 탄광 노동자들도 다수 거주하고 있었다.[6] 이 지역에서는 이들에 의한 파업이나 노동쟁의가 빈번하게 발생하였으며 지역 사회의 지배자들은 이러한 사회문제에 대해 비판적이고 부정적으로 접근하고 있었을 것으로 예상된다. 이러한 지역 사회의 분위기와 중앙 정부의 반공이데올로기가 맞물려 수백 년의 역사를 지닌 순수한 赤谷面이란 지명이 강제 변경되기에 이른 것이다.

그러나 적곡면의 원 지명인 赤谷里(절골)는 언중들에 의해 순수한 형태로 존속되고 있으며, 많은 이 지역 사람들은 아직까지도 長坪과 赤谷을 혼용하고 있다.[7] 언중들에 의해 일상생활에서 친숙하게 인식되고 사용되는 지명은 지명 외부에 있는 사회적 주체나 중앙 행정 권력의 비동일시에 의해 쉽사리 사라지지 않는 속성을 지니고 있는 것이다. 이와 동시에 새롭게 개정된 '장평면'이란 면 지명으로부터 촌락 지명인 '長坪里'가 2009년 8월 13일 기존의 중추1리 1반과 분향2리 6반을 통합하여

으로의 공식적인 지명 개정이 있던 1987년 1월 이후의 같은 해 6월의 기록임에도 아직 '적곡면'으로 기록되고 있어 일정한 오류를 안고 있는 것으로 판단된다. 한편 1987년 1월에는 적곡면과 함께 인근에 위치한 청양군 '사양면'이 좋지 않은 어감으로 인해 '남양면'으로 개정되었다[청양군청 홈페이지(http://cheongyang.go.kr)]. 또한 촌락 지명으로 존속하던 장평면 적곡리 중 赤谷里 2구는 1991년에 道林里로 변경되었다(청양군지편찬위원회, 2005). 면담: 尹弘洙(남, 78세)(청양군 정산면 서정리)(2008.9.5), 尹鍾김(남, 66세)(청양군 목면 본의리)(2008.9.4) 등.

6) 칠갑산 산지에 위치한 赤谷面 일대에는 일제 강점기 이래로 金鑛(구봉광산)과 重石鑛(적곡면 화산리) 등의 광산들이 위치하고 있었다.

7) 일례로 청양군 장평면 중추리에 있는 長坪 初等學校는 원래 명칭이 赤谷 國民學校였다. 이 학교 졸업생들은 온라인 상에 동문회 개최를 공지할 경우 반드시 현 명칭인 '長坪' 옆에 괄호로 처리하여 '赤谷'이란 명칭을 병기['장평(적곡)동문 카페'(http://cafe.naver.com/limwon/1)]하여 기록한다.

신설된 사실이 있어 행정 권력에 의한 특정 지명의 재생산 과정도 확인
할 수 있다.

2) 음운 변화 지명

표기 변화라는 분류 변수에 음운 변화를 포함하면 음운 변화가 표기
에 반영된 지명, 즉 '음운 변화 지명'이 분류된다. 공주목 진관 구역의
지명들 중 음운 변화를 경험한 지명들은 <표 3-5>와 같다. 지명의 음운
변화는 전술한 표기 변화와 마찬가지로 지명 인식의 다양성을 발생시키
게 된다.

<표 3-5> 음운 변화 지명

지명	현 행정구역	음운 변화와 지명 인식
치섬 (致城, 箕島)	청양군 정산면(읍내면) 역촌리	*키〉치(구개음화) *키섬(箕島)〉 치섬(致城) *箕島: 키섬의 훈차 표기 *致城: 치섬의 음차
유래, 이으래, 有禮 (伊火川, 伊華村, 院村)	청양군 청남면(장촌면) 아산리	*伊火: 이블(이벌)의 음차+훈음차 *이블내(伊火川)〉이볼래〉이을 래〉이으래〉유래〉有禮 *東山 趙晟漢의 伊山祠(1939년 건립)가 있음
곧은골(高登이)	연기군 소정면(북면) 고등리	*곧은골〉고등골〉高登里
산안, 사라니 (山內, 沙寒里)	대전시 동구(산내면) 이사동	*산안(山內)〉사라니(沙寒)
마루골, 말골 (尤洞)	부여군 양화면(홍화면) 수원리	*마루골〉말골〉尤洞 *尤[맛당 윤(『新增類合』)]
言고개, 蓮고개	부여군 세도면(인의면) 가회리	*言〉蓮: 유사 음차 표기(取音)
둥이 (土興里, 東里)	연기군 조치원읍(북일면) 봉산리	*토흥리〉토웅리〉퉁리〉둥리 *土興里(戶口)〉東里(舊韓)〉鳳山 町(1939년)〉鳳山洞(1947년) *東里·桐里: 江華 崔氏 崔進源 (1606~1676)의 號

지명	현 행정구역	음운 변화와 지명 인식
加乙우물, 葛井	연기군 전의면(북면) 신정리	*가을(加乙)〉갈(葛)
마느실, 말위실 (馬上谷, 晩谷, 萬老谷)	연기군 전의면(소서면) 영당리	*말위실(馬上谷)〉마느실(萬老谷,晩谷)
츩미, 치구재 (葛山)	충북 청원군 부용면(동일면) 갈산리	*츩미(葛山)〉칠구재〉치구새
平川, 屛村	논산시 부적면(부인처면) 반송리	*평천(平川)〉병촌(屛村)
乾川, 江靑이	논산시 가야곡면(하두면) 강청리	*건천(乾川)〉강청이(江靑)
갱골(柯洞)	논산시 가야곡면(하두면) 야촌리	*가양(柯陽)〉갱〉柯
城劫들, 城德里	논산시 은진면(가야곡면) 성덕리	*성겁(城劫)〉성덕(城德)
음절(奄寺)	계룡시 엄사면(두마면) 엄사리	*엄절(奄寺)(嚴寺)〉음절(陰節)
九岩안」 (九蘭이, 君安里)	공주시 이인면(반탄면) 구암리	*구암안(九岩안)〉군안(君安)〉구란이(九蘭이)
돌내(石溪, 束溪)	공주시 정안면(요당면) 북계리	*돌내〉석계(石溪)(훈차)〉속계(束溪)(유사 음차)
무루실 (水村, 武陵谷)	공주시 신풍면(신하면) 대룡리	*水: 무루의 훈차 혹은 훈음차 *武陵: 무루의 음차 *물〉무루
굴말, 仇乙村, 谷村, 轉月里, 바깥세거리	연기군 남면(삼기면) 양화리	*구을달(轉月)〉굴달〉굴말(仇乙村)〉곡촌(谷村)
소호골 (所好里, 松谷)	공주시 반포면 송곡리	*소호골(所好里)〉송곡(松谷)
곱여울, 고비울 (高飛乙, 富谷)	공주시 사곡면 부곡리	*곱여울〉고비울(高飛乙)〉부곡(富谷)
봇골, 복골 (洑洞, 卜洞, 福洞)	공주시 신풍면(신하면) 영정리	*봇골(洑洞)〉복골(福洞·卜洞) *유구천(銅川) 가의 봇들에 물을 대는 洑에서 지명 유래함 *洑: ① 石崇洑[『朝鮮』(공주군 堤堰洑名 新下面 福洞, 里洞村名 新下面 卜洞)], ② 銅川洑(통천포)[『한국지명총람』(충남편, 55)]

*주1 : '현 행정구역' 항목의 괄호는 1914년 이전의 면 지명임.
*주2 : '음운변화와 지명인식' 항목의 'a〉b'는 'a에서 b로의 지명 및 지명 영역 변화'를 의미함.

시대에 따른 지명의 음운 변화 결과는 다시 지명 표기에 반영되어 새로운 지명 해석과 인식을 수반하게 되며, 음운 변화 지명의 일부는 특정한 사회적 주체들에 의해 활용되어 그들의 이데올로기를 반영하는 한자로 표기하는 결과를 낳기도 한다. 예를 들어 충남 청양군 청남면 아산리의 '有禮'라는 지명은 그곳에 거주하는 유교적 소양을 지닌 사족들인 漢陽 趙氏와 潭陽 田氏 종족들에 의해 '이블내(伊火川)〉이블래〉이을래〉이으래〉유래'의 음운 변화 결과를 그들의 이데올로기를 재현해 주는 '유례(有禮)'로서 표기한 결과이다. '有禮' 지명과 관련된 구체적인 내용은 뒤에 소개되는 경합 지명 부분에서 상세히 언급될 것이다.

이와 같은 음운 변화 지명을 연기군 조치원읍 봉산리의 '土興里'라는 지명을 표본으로 삼아 구체적으로 살펴보았다. '토흥리'는 원래 연기현의 土興部曲이 있던 곳으로 『輿地』와 『戶口』 기록까지 '土興里'로 등재되다가 『舊韓』(1912) 기록에는 '東里'로 등재되었다. 120여년 사이에 나타난 이 같은 변화는 '토흥리〉토웅리〉퉁리〉동리〉둥이'로 예상되는 음운 변화와 음운 변화 결과의 표기 반영 과정에서 발생한 것으로 보인다. 그런데 토흥리로 등재되었던 18세기 중반의 『輿地』 기록과는 달리 이미 17세기 중후반에 '桐里'와 '桐里村'이라는 이표기가 사용되고 있었다. 이는 토흥리(현 봉산리)에 종족촌을 형성하고 있는 江華 崔氏 燕岐派(六逸堂公派)의 한 종족 구성원의 기록에서 그 반증 자료를 찾을 수 있다.

〈표 3-6〉 음운 변화 지명(土興里)의 변천

지 명	新增 (1530)	輿地 (1757~1765)	戶口 (1789)	舊韓 (1912)	新舊 (1917)	燕岐 (1988)	비고
둥이 (토흥)	土興部曲-古跡條	土興里 土興部曲-古跡條	土興里	東里	東里	둥이, 東里, 둥이산, 吐興山 (조치원읍 봉산리)	(土興〉東) (土〉吐) *東里〉조치원읍 鳳山町(1939년)〉鳳山洞(1947년)

강화 최씨의 토흥리 始居는 조선 中宗(在位 기간: 1506~1544) 때 발생한 사화[己卯士禍(1519년)로 추정됨]를 피해 서울 종로구 효재동에서 현 연기군 조치원읍 봉산리 향나무 근처로 입향한 성균관 생원 崔浣의 입향에서 비롯되었다.[8) 그런데 그의 증손인 崔進源(1606~1676)은 연기 북쪽 '桐里村'에 머물면서 '六逸堂'이라 自號하고 士友들이 그를 '桐里 先生'이라 칭했다는 기록이 있다.[9) 바로 최진원을 지칭하던 '桐里 先生'과 '桐里村' 기록은 그가 만년에 거주하던 '土興里(>동리)' 지명에서 음차 표기한 것이며 그가 활동하던 17세기 중후반에 이미 토흥리의 이표기인 '桐里'가 등장하여 사용되고 있었던 것이다. 그 후 土興里>桐里의 음운 변화 결과는 '東里'로 변경되면서 지명 언중들, 특히 강화 최씨 종족들에 의해 동일시되었고, 이러한 결과가 곧 『舊韓』(1912) 기록에 등재된 것이다<표 3-6>.

그런데 '東里'는 지명 변경의 정확한 이유와 변경 주체를 알 수는 없으나 일제 강점기인 1939년 鳥致院이 읍으로 승격되면서 '五峯山'의 이름에서 유래한 '鳳山町'으로 변경되었고, 1947년에는 일본식 지명의 정리 결과 '鳳山洞'으로 바뀌어 현재 '鳳山里'(1988년)가 되어 통용되고 있다. 봉산리로 지명이 바뀌었으나 봉산리 주민들, 특히 연장자들과 봉산리에 오래 거주한 주민들은 봉산리와 함께 '東里', '둥이(둥이 고개)'라는 지명을 일상생활에서 자주 사용하고 있다.[10)

---

8) 최완이 연기현 토흥리로 입향한 동기를 후손들도 정확하게 알지 못하고 있다. 단지 그의 조부가 인근 아산현에서 현감을 지내면서 이곳에 전장을 마련한 것이 아닌 가 추측할 뿐이다. 면담: 최병규(남, 82세)(연기군 조치원읍 봉산리)(2008.8.15) 등.

9) 최진원의 家狀에는 그가 만년에 연기 북쪽 桐里村에 작은 집을 마련하여 扁額을 六逸로 하고 自號를 六逸堂이라 하였는데 士友들이 그를 桐里先生이라 칭하였다는 기록도 있어 17세기 경 土興里를 桐里村이라 별칭 했음을 확인할 수 있다["晩年構小堂於燕北桐里村以爲棲遲之所扁以六逸自號曰六逸堂士友稱之以桐里先生"[『六逸堂集』(崔進源, 江華 崔氏 松菴宗中書室 간행, 2005)].

10) 鳳山里에서 이루어진 면담에는 최봉락(남, 75세)(연기군 조치원읍 봉산리)(2008.8.12)

3) 이두식 지명

표기 변화와 음운 변화 지명을 심화시켜 접근하면 한국적인 독특한 지명 표기 방식인 '이두식 지명'을 직면하게 된다. 본 연구는 이두식 지명을 한자의 音(音借)과 訓(訓借), 訓音(訓音借)을 빌어 차자 표기한 지명으로 규정하여 사용하였다. 공주목 진관 구역에 분포하는 주요 이두식 지명들은 <표 3-7>과 같으며, 이 중 받쳐적기법(訓主音從法)으로 표기된 지명들이 주목된다. 받쳐적기법은 '訓+音'의 순서로 표기하는 방법이 보편적으로 사용되는데 그 첫째 자는 뜻을, 둘째 자는 음을 나타내어 발음하면 첫째 자의 訓讀音이 실현되도록 하는 표기 방식으로, 달리 말하면 첫째 자의 훈독어형(고유어형) 말음절을 표기하는 방식이다. 받쳐적기법의 특수성에서 알 수 있는 것처럼 공주목 진관 구역에서도 이 같은 표기 방식의 지명이 그리 많지 않은 편이다. 그 대표적인 것으로는 '버드내(柳等川)', '바리고개(鉢里峙)', '바랏(鉢里田里)', '흘림골(流林洞)' 등이 있으며, 후대로 오면서 지명소의 탈락과 변형 등이 심하여 그 원형이 지속되는 경우는 희박하다.

〈표 3-7〉 이두식 지명

지명	현 행정구역	차자 표기 방식
버드내(柳等川)	대전시(공주목) 유등천, 유등천면	*柳等: 벌들의 받쳐적기법
바리고개(鉢里峙)	대전시 서구(하남면) 원정동	*鉢里: 바리의 받쳐적기법
바랏, 鉢田, 鉢山 (鉢里田里)	부여군 임천면(서변면) 발산리	*鉢里: 바리의 받쳐적기법
흘림골(流林洞)	계룡시 남선면(서면) 남선리	*流林: 흘림의 받쳐적기법 *流音(흘님,흘림),流伊(흘니,흘리) [『儒胥必知(吏頭彙編), 2006, 300-302』 와 비교

외 봉산리 노인정의 여러 분들이 참여해 주었다.

지명	현 행정구역	차자 표기 방식
여울(淺乙)	부여군 규암면(천을면) 내리	*淺乙: 여울(얕을)의 받쳐적기법
바매, 바미, 배매 (蘇尼山, 所泥山)	부여군 세도면(초동면) 동사리	*所泥: 바매~바미의 받쳐적기법 ? *蘇: 所의 同音異字 표기(取音)
회여치 (白峙, 白也峴)	부여군 부여읍(현북면) 현북리	*白也: 회여의 받쳐적기법
까치말(鵲旨)	논산시 강경읍(채운면) 채산리	*鵲旨: 까치의 받쳐적기법
너븐달(仍火達面, 仍火達, 金頭里)	청양군 정산면(잉화달면) 덕성리	*仍: 너~내의 음차 표기 (연기의 백제시대 지명인 豆仍只와 비교) *仍은 乃와 터쓰임
芿不里	부여군 규암면(천을면) 부여두리	*芿不: 내벌/너벌의 표기 ? *정산 仍火達과 비교
유래(伊火川)	청양군 청남면(장촌면) 아산리	*伊火: 이블(이벌)의 음차+훈음차 *이블내(伊火川)〉이볼래〉이을래〉이으래〉유래〉有禮(셔블〉셔볼〉서울과 유사) *伊火川〉伊華村 *고대 신라어에서 불·벌(弗,伐,火)은 城이나 벌판을 뜻함
거름개(岐浦)	서천군 화양면(남하면) 완포리	*岐: 거름의 훈차 또는 훈음차 *가림〉거림〉거름 ?
빛고개(光峴)	서천군 기산면(남하면) 광암리	*光: 빛의 훈차 혹은 훈음차
눈드리(雪月)	서천군 마산면(상북면) 삼월리	*雪月: 눈드리의 훈차 혹은 훈음차 *눈달이〉눈다리〉눈드리
가그메, 가그말(烏谷)	서천군 한산면(동상면) 송곡리	*烏: 가그의 훈차 혹은 훈음차 *가마귀〉가그 ?
쪽개, 조캐(藍浦)	연기군 전동면(남면) 청람리	*藍浦: 쪽개의 훈차 및 훈음차
돌말, 돌리, 석촌 (乭毛五里)	부여군 규암면(천을면) 외리	*乭毛五里: 고유지명의 음차
돌머리, 石隅 (石毛 老里)	부여군 장암면(북조지면) 석동리	*~毛老里: 고유지명의 음차 *~隅: 훈차
돌모루, 石隅 (乭毛 隅里)	부여군 규암면(송원당면) 석우리	
돌모리, 돌모루 (石隅, 石梧)	공주시 이인면(목동면) 산의리	*石隅: 돌모루의 훈차 *~梧: 돌모리의 음차
닥밭실, 닭바실(楮田)	부여군 은산면(공동면) 거전리	*楮: 닥~닭의 훈차 혹은 훈음차

지명	현 행정구역	차자 표기 방식
말머루, 萬隅 (萬毛 老里)	부여군 임천면(서변면) 만사리	
무란바대 (水多海里)	부여군 세도면(신리면)	*물한바다〉물안바다〉무란바대 *물(水)+한(多)*바대(海)
미꾸지(美湖)	연기군 동면(동이면) 예양리	*대전시 대덕구의 黃湖洞(누르꾸지)와 비교 *湖(물 호): 꾸지와 별개의 지명소임
누루꾸지, 느릅고지, 황곶(黃湖)	대전시 대덕구(일도면) 황호동	*黃: 누르의 훈차 혹은 훈음차
가늠바위, 가남바위 (看法岩)	서천군 한산면(동상면) 원산리	*看: 가늠~가남의 음차 표기 *法[법 법(『訓蒙字會』), 법뎐 법(『新增類合』), 법홀 법(『光州千字文』), 법 법(『石峰千字文』), 본버들 법(『註解千字文』)]
팥거리, 팟거리(豆磨)	계룡시 두마면 두계리	*豆磨: 팥거리의 훈음차 *豆溪: 팥거리의 훈음차+음차
붉절골, 거절터 (赤寺谷面)	논산시 부적면(적사곡면) 고정리	*赤寺: 붉절의 훈차 혹은 훈음차
누르기, 느르뫼? (黃山里)	논산시 연산면(모촌면) 신량리	*黃: 누르~느르~누리의 훈음차
누르기, 누리기 (黃嶺里)	논산시 연산면(모촌면) 신암리	*黃: 누르~느르~누리의 훈음차
놀미, 논미(論山)	논산시(은진현 화지산면 논산리)	*論: 놀~논의 음차
돌고개 (石峴, 石乙峴橋)	논산시 채운면 야화리	*石乙: 돌의 받쳐적기법
곰재, 곰치, 뒷목, 골막(熊峙,谷幕)	논산시 양촌면(모촌면) 산직리	*熊: 곰(뒤,後)의 훈음차 *중심 촌락인 모촌면 모촌리(띠울)의 뒤(북서쪽)에 있는 고개
곰밭(熊田)	논산시 은진면(도곡면) 토량리	*熊: 곰(큰,大)의 훈음차 ? *곰밭 앞쪽(남쪽)에 있는 양지뜸보다 오래된 촌락(큰밭의 의미일 가능성이 높음)
곰내(熊川)	논산시 양촌면(모촌면) 모촌리	*熊: 곰(뒤,後)의 훈음차 *중심 촌락인 모촌면 모촌리(띠울)의 뒤(북쪽)에 있는 냇물
고마나루, 곰나루 (熊津)	공주시(남부면) 웅진동 공주시 우성면(우정면) 신웅리	*공주군 남부면 加ケ津里(『舊韓』): 고마나루의 별칭(고마·가마의 음차표기)

지명	현 행정구역	차자 표기 방식
여수울, 여술(六谷里)	논산시 가야곡면(두상면) 육곡리	*六: 여수~여섯의 훈차 혹은 훈음차 *六谷: 조선 인조 때 병조판서 徐必遠의 號
花枝面	논산시 화지동	*花枝: 꼬지의 받쳐적기법
서근배미 (西斤夜洞, 西斤夜昧里)	논산시 벌곡면 어곡리	*夜昧: 배미의 받쳐적기법 *썩은배미〉서근배미
수리산? (車伊山, 鷲山)	공주시	*車伊: 수리의 받쳐적기법
수리산(鷲山,丑山)	연기군 금남면(양야리면) 축산리	*鷲: 수리의 훈음차 *鷲山〉丑山(음운 변화)
푸새울(草鳳)	공주시 이인면(목동면) 초봉리	*草鳳: 푸새의 훈차 혹은 훈음차 *풀새〉푸새 *풀성귀〉푸성귀
느랏(楡田,於田)	공주시 이인면(목동면) 만수리	*楡·於: 느랏의 훈차 혹은 훈음차 *늘밭〉늘밭〉늘앝〉느랏
구불내?(曲火川)	공주시 탄천면(곡화천면)	*曲火: 구불의 받쳐적기법
휘여울(蟹越里)	공주시 사곡면 해월리	*해월: 휘여울의 음차
보리실, 버리실, 벌실(牟谷)	공주시 유구읍(신상면) 입석리	*牟(모)의 訓: 빼앗을, 탐낼
굴말, 仇乙村, 轉月里	연기군 남면(삼기면) 양화리	*轉月: 구울~굴 달의 훈차 및 훈음차
새오개, 초개(草烏浦)	연기군 금남면(명탄면) 부용리	*草: 새의 훈차 혹은 훈음차 *대전시 유성구(탄동면) 草五介里와 비교 *백제시대 赤烏縣〉새오개(浦)
느린목이, 느진모기 (晚項里)	공주시 정안면 평정리	*晚項: 느진모기의 훈차 혹은 훈음차
항갓골(大枝洞)	연기군 금남면(명탄면) 황룡리	*大枝: 항갓의 훈차 혹은 훈음차 표기 *한가지(大枝)〉한갓〉항갓

*주1 : '현 행정구역' 항목의 괄호는 1914년 이전의 面 지명임.
*주2 : '차자표기방식' 항목의 'a>b'는 'a에서 b로의 지명 및 지명 영역 변화'를 의미함.

이두식 지명은 앞서 살펴본 표기 변화와 음운 변화 지명과 같이 사회적 주체들에 의해 자신들의 아이덴티티와 이데올로기를 재현하고 권력관계를 작동시키면서 문화정치적으로 활용되거나 변용될 가능성이 있다. 그러나 현재까지 공주목 진관 구역에 소재하는 이두식 지명들 중 특정한 사회적 주체에 의해 이두식 차자표기를 그들의 문화정치적 목적에 맞게 활용하거나 이를 이용해 의도적으로 지명을 변경한 사례는 발견되지 않았다.

이두식 차자표기와 관련된 지명을 청양군 정산면(옛 잉화달면) 덕성리에 있는 '너븐달(仍火達)' 지명을 사례로 구체적으로 살펴보면 다음과 같다. 먼저 '너븐달'은 '仍火達'로 표기된다.[11] '仍'은 '너~내'의 음차 표기로 과거 차자 표기의 방식에서 보통 '乃'와 터쓰이기도 하며,[12] '火'는 '블'의 훈음차 표기이다. '仍火'는 '너블~내블~너벌'의 음차+훈음차 표기인데 현대어로 '넓은'을 의미하는 것으로 추정된다. '達'은 전기 백제 지명인 '達乙城:高峰', '達忽:高城'과 '息達:土山', '烏斯含達:兎山', '夫斯達:松山'에서 대응되는 바와 같이 '高, 山'의 의미를 지니는 것으로 보인다(도수희, 2003, 295). 그런데 仍火達의 경우에는 '達'이 접미 지명소(후부 지명소)로 사용되었기 때문에 '山'의 의미를 지니고 있는 것으로 보인다.

---

11) '너븐달(仍火達)'의 사례는 표기의 차이는 보이나 논산시 光石面 光里의 '너분들(廣石)'[너분들>廣石面·廣里(≪東輿≫)>光石面·光里(『舊韓』)]과 계룡시 엄사면(식한면) 광석리의 '너븐돌(너분들)(廣石, 光石)'[너분돌>廣石里(『戶口』)>光石里(『舊韓』)]의 사례와 유사한 지명 유연성을 가지고 있는 것으로 판단된다. 그러나 너븐달의 '達'(山과 高의 의미)과 너분들·너분돌의 '石'[돌(石)·들(坪)·達(山)의 훈음차 표기]이 동일한 의미를 한자로 달리 표기한 것인가에 대해서는 추가적인 조사가 필요하다. 이들 지명의 생성 연대는 차자 표기의 역사를 볼 때 '너븐달(仍火達)'이 '너분들'과 '너분돌(廣石, 光石)' 보다 먼저 생성되어 차자 표기된 것으로 보인다. 너븐달과 유사한 또 하나의 차자 표기 사례가 서울시 한강의 하중도인 '汝矣島'이다. 여의도는 과거 '仍火島'로 표기되었으며, 그 의미는 '너블~너벌섬(넓은 섬)'으로 '仍火島'와 '汝矣島'로 차자 표기된 경우이다.
12) 仍火達의 접두 지명소(전부 지명소) '仍'은 공주목 진관 구역에 위치한 연기현의 백제 시대 지명인 '豆仍只'에도 나타난다. 필자는 '豆仍只'가 '팟내기'의 훈음차+음차+음차 표기인 것으로 추정한다.

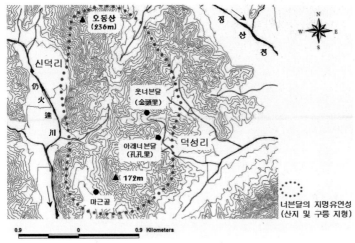

〈그림 3-2〉 너븐달의 지명 유연성과 주변 지형

그렇다면 너븐달(仍火達)은 '넓은 산'이란 의미로 판단되며 너븐달 지명이 위치하고 있는 지역의 산지 지형을 반영하는 것으로 보여 진다. 실제 너븐달이 위치하고 있는 청양군 정산면 덕성리 금두실 일대는 인접한 학암리 마근골 뒷산(172m)과 신덕리 오동산(236m)의 해발고도에서 확인할 수 있는 것처럼 대체로 해발고도가 높은 지대가 넓은 범위에 걸쳐 펼쳐져 있다<그림 3-2와 3-3>.

仍火達이란 지명은 ≪海東地圖≫(18세기 중반)에서부터 등재되기 시작하여 '仍火達面', '仍面', '金頭里(너분달)' 등으로 기록되어 있으며 표기의 큰 변화 없이 존속되고 있다<표 3-8>. 다만 면 지명이었던 '仍火達面', '仍面'은 1914년 행정구역 개편 과정에서 소멸되었다. 그런데 정산면 馬峙里에서 발원하여 청남면 동강리에서 금강과 합류하는 하천의 이름으로 '仍火達川'이 사용되고 있어 '仍火達'이라는 차자 표기 지명은 계속해서 존속하고 있다.

〈그림 3-3〉 웃너븐달 전경(좌)과 "너븐달들길" 표지판(우)

*주 : 왼쪽은 해발고도 100m 고도에 위치한 웃너븐달 마을의 전경이다. 왼쪽에 보이는 "너븐달들길"이란 표지판은 2012년 4월 현재 "덕성길"이라는 행정리의 명칭에서 유래한 지명으로 바뀌었다. 3년 사이에 지명의 표준화 내지는 소지명들의 소멸 과정을 확인할 수 있다

〈표 3-8〉 이두식 지명(너븐달)의 지명 변천

지명	興地 (1757~1765)	戶口 (1789)	東興·大圖·大志 (1800년대 중엽)	朝鮮 (1911)	舊韓 (1912)	靑陽 (2005)	비고
너븐달	*仍火達面 [《海東》 (18세기중반)] *所火面 [《朝鮮地圖》 (18세기후반)]	仍火 達面	仍火達 *仍火達面, 孔孔堤堰 (堤堰條)[『忠淸』 (1835~1849)]	仍面 金頭里 (너분달) 孔ㅈ리 (아릭너분달)	仍面 孔孔里	너븐달, 금두실, 웃너븐달 (정산면 덕성리) 仍火達川 (정산면, 청남면)	(仍火: 내블, 너블의 음차+훈음차 표기) *아래너븐달(孔孔里)
너분들	廣石面	廣里 廣石面	廣石面	光里 光石面	光里 光石面	너분들, 더분들, 光里, 光石面 (논산시)	(廣〉光)
너분돌	·	廣石里	·	光石洞	光石里	너분돌, 너분들, 光石, 光石里 (계룡시 두마면)	(廣〉光)

한편 고유 지명이자 촌락 지명으로서의 너븐달은 현재의 정산면 덕성리 2구의 '金頭실(金頭里)(웃너븐달)'을 지칭하면서 존속하고 있다. 이곳은 남쪽으로 100m 정도 아래에 자리하고 있는 '아래너븐달(孔孔里)'과 함께 結城 張氏의 종족촌이다. 이곳 주민들은 너븐달(웃너븐달, 아래너븐달)이란 지명을 일상생활에서 자주 사용하고 있으며 이 지명의 의미를 대체로 '넓은 곳'으로 이해하고 있다.[13] 또한 마을 주민들 중 일부 남성들은

어렸을 때 한자 표기인 '仍火達'을 본 적이 있다고 제보해 주었다. 그런데 너븐달이란 지명이 발생한 이후 조선 후기의 어느 시기에 '금두실(金頭里)'이라는 지명이 새롭게 생성되면서 『朝鮮』(1911)에 기록되게 된다.[14] 그러나 이 지명은 1914년 덕성리와 合洞되는 과정에서 새로운 동리 명칭으로 德城里가 선정되면서 언중들의 인식에서 점차 쇠퇴하게 되었고 현재는 일부 주민들만이 이 지명을 기억하고 있다. 이두식 지명으로서의 너븐달은 지명이 생성되고 차자 표기된 시기가 오래 지났음에도 불구하고 언중들에 의해 명명 유연성의 의미와 본래의 표기가 존속되고 있는 사례이다.

3. 명명 유연성에 따른 지명 유형과 문화정치적 의의
   : 지리 – 사회적 유형

공주목 진관 지명들은 지명소, 특히 전부 지명소의 명명 유연성에 따라 자연적 지명, 사회·이념적 지명, 역사적 지명, 경제적 지명과 같은 지리 – 사회적인 유형으로 분류된다. 이러한 유형 분류와 특성 분석을 통해 연구 지역에 소재하는 지명들의 일반적인 특징을 확인하고 그 특징들에 내재하는 사회적 주체의 장소 아이덴티티와 이데올로기, 그리고 이들 사이의 문화정치적 속성을 밝힐 수 있다.

---

13) 웃너븐달에서 면담한 한 할머니는 이곳에 시집을 때 마을 이름이 '너븐달'이라 해서 아주 넓은 들이 있을 거라 생각했는데 막상 시집을 와보니 좁은 산골짜기이라 실망했다고 말해 주었다("얼매나 넓은 곳이길래 '너분달'이라 했나 했더니 시집 와보니 이렇게 좁더라구…"). 면담: 김씨 할머니(76세)(청양군 정산면 덕성리 웃너븐달), 張桂鳳(남, 68세)(덕성리 웃너븐달), 장완식(남, 65세)(덕성리 웃너븐달, 덕성리 2구 이장)(2008.9.14) 등.

14) "金頭里(諺文: 너분달)"(定山郡 仍面 洞里村名 항목)(『朝鮮』, 1911년).

1) 자연적 지명

'자연적 지명'은 공주목 진관 구역에 분포하는 지명들 중 전부 지명소의 명명 유연성이 자연 지리적 특성과 관련된 지명들을 말한다. 본 연구는 위치, 지형, 기후, 토양 등으로 구성된 자연 지리적 요소들 중 지명이 생성된 장소의 지형을 반영하는 지형 지명과 장소의 동서남북 방위, 前後 등의 위치와 그 순서를 표현하는 방위 및 숫자 지명을 중심으로 자연적 지명을 분류하여 유형별 특징과 문화정치적 특성을 살펴보았다.

(1) 지형 지명

공주목 진관 구역에 분포하는 자연적 지명 중 본 연구는 전부 지명소의 명명 유연성이 지형과 관련된 지명들을 분류하여 하나의 유형으로 구분하였다. 지형을 유연성으로 하는 지형 지명들은 다른 자연적 지명들의 유연성에 비해 그 유래가 정확하며 가시적인 형태 확인이 가능하고 쉽게 변하지 않는 특성을 지니고 있다. 지형 지명은 지명이 지칭하는 장소의 지형적 특성과 관련시켜 각각 산지와 하천의 분기 지형과 합류 지형, 곡지 지형, 평지로 돌출한 선상 구릉 지형, 하천 곡류 지형으로 분류되며 이들 지형을 유연성으로 하는 지명들을 살펴보면 다음과 같다.

〈표 3-9〉 지형 지명

분류	해당 지명	현 행정구역	지명의 유연성
분기 지형	가래울(楸洞)	청양군 장평면(적곡면) 중추리	*'가르'계 지명: 산지 및 하천의 분기 지형 반영
		서천군 화양면(남하면) 추동리	
		대전시 동구(동면) 추동리	
	가래울(楸木里)	대전시 유성구(탄동면) 추목리	
	갈내(蘆川, 蘆川村, 蘆村)	논산시 가야곡면(상두면) 양촌리	

분류	해당 지명	현 행정구역	지명의 유연성
합류 지형	은골(隱谷)	청양군 장평면(적곡면) 은곡리	*'얼'계 지명: 하천의 합류 지형 반영
		공주시 의당면(의랑면) 송학리	
	은골(隱洞)	연기군 서면(북삼면) 기룡리	
	은골, 수믄골 (隱洞, 漁隱洞)	계룡시 두마면 왕대리	
	은골(漁隱洞, 漁隱)	논산시 연산면(백석면) 어은리	
	은골(魚隱洞)	공주시 우성면(성두면) 죽당리	
	은골(魚隱里, 於隱洞)	공주시 장기면(장척동면) 은룡리	
	魚隱洞	공주시(남부면) 웅진동	
	漁隱洞	청양군 화양면(남하면)	
		공주시 유구읍(신상면)	
	은골(漁隱洞)	부여군 충화면(팔충면) 복금리	
	언골, 은골(魚隱洞)	대전시 유성구(천내면) 어은동	
곡지 지형	마근골(麻斤洞)	청양군 목면(목동면) 안심리	*폐쇄적 곡지 지형 반영
		청양군 정산면(잉화달면) 학암리	
	麻斤洞里	대전시 유성구(읍북면)	
	麻根(斤)洞里, 麻斤里	공주시 장기면(동부면) 송선리	
	馬斤(莫隱)古介里	계룡시 두마면	
	莫隱洞	계룡시 두마면	
	막은골, 망골(杜谷里)	공주시 장기면(삼기면) 당암리	
	杜毛谷里	공주시 우성면(성두면)	*소규모 분지 및 곡지 지형 반영
	두메안, 두마니(斗萬)	공주시 의당면(요당면) 두만리	
		연기군 금남면(명탄면) 두만리	
	음지편(陰地里)	서천군 한산면(북부면) 지현리	*곡지 및 산지 북사면 지형 반영

분류	해당 지명	현 행정구역	지명의 유연성
	山陰里	연기군 전의면(대서면) 서정리	(적은 일조량)
		서천군 한산면(북부면) 지현리	
		공주시 신풍면(신하면) 산정리	
	어두니(魚得雲里, 於得里)	대전시 유성구(반포면) 안산동	
	어두니, 여드니(八十里, 八溪)	공주시 유구읍(신상면) 신영리	
	가느실(細谷)	연기군 전의면(소서면) 양곡리	*구조선상의 곡지 지형 반영
	가는골, 개눈골(細谷)	대전시 동구(외남면) 세천동	
	가는골(細洞)	대전시 유성구(서면) 세동	
		부여군 임천면(동변면) 구교리	
		논산시 가야곡면(갈마면) 산노리	
		공주시 유구읍(사곡면) 세동리	
		공주시 우성면(성두면) 대성리	
		공주시 유구읍(신상면) 녹천리	
	가능골(細洞)	대전시 중구(산내면) 석교동	
	가늉골(細洞)	부여군 초촌면 세탑리	
	가느니(細洞)	공주시 우성면(우정면) 상서리	
	새실(細洞)	공주시 유구읍(신상면) 문금리	
	세줄(細洞)	공주시 탄천면(곡화천면) 덕지리	
	細洞	공주시 장기면(장척동면) 은룡리	
	긴골(耆隱洞, 耋隱洞)	대전시 유성구(현내면) 복룡동	
	긴골(長洞)	대전시 대덕구(일도면) 장동	
	고듬티(直峙, 直峴)	청양군 청남면(청소면) 내직리	
	고든골(直洞)	공주시 계룡면(익구곡면) 내홍리	
	곧은골(高登이, 高登峴)	연기군 소정면(북면) 고등리	
	고도실(古道谷里)	공주시 신풍면(신하면) 산정리	
선상 구릉 지형	돌곽골(石花洞)	청양군 목면(목동면) 안심리	*평지 돌출의 선상 구릉 지형 반영
	돌고지(乭串之里)	공주시 우성면(성두면) 대성리	

분류	해당 지명	현 행정구역	지명의 유연성
	亦古之里	부여군 부여읍(현내면)	
	꽃뫼(花山)	서천군 화양면(동하면) 용산리	
	곳뫼(花山)	청양군 장평면(피아면) 화산리	
	꽃미,매꽃미(花山,梅花山)	논산시 채운면(화산면) 화산리	
	고지밀(花村)	서천군 화양면(동하면) 화촌리	
	花村	공주시 정안면 화봉리	
	花枝面	논산시 화지동	
	꽃밭(花田洞)	공주시 사곡면 운암리	*채운들의 五花之
	배꽃(梨花里)	논산시 채운면(도곡면) 우기리	地: 花山, 花亭,
	꽃정이(花亭)	논산시 채운면(도곡면) 화정리	龍花, 野花, 莘花
	용꽃(龍花)	논산시 채운면(화산면) 용화리	(萬人可活之地로
	들꽃미(野花)	논산시 채운면(화산면) 야화리	인식됨)
	매꽃미(山花)	논산시 채운면(화산면) 화산리	
	매곳이(山花)	논산시 연무읍(전북 여산군 피제면) 신화리	
	신화(莘花)	논산시 연무읍(전북 여산군 피제면) 신화리	
	두화(杜花)	논산시 연무읍(전북 여산군 공촌면) 봉동리	
	장급(長串)	논산시 채운면(김포면) 장화리	
하천 곡류 지형	무드리, 몰도리(水回里)	연기군 전동면(남면) 송성리	*하천 곡류 지형 반영
	무도리, 무드리 (水回洞, 水回里)	공주시 의당면(의랑면) 용암리	*回里(도리): 回를
		공주시 정안면 문천리	받쳐 적은 사례
	무도리(水圖里, 水回里)	대전시 서구(하남면) 원정동	*圖里·島里: 도리
	水島里	부여군 임천면(동변면)	의 음차 표기
	구불내(曲火川)	공주시 탄천면(곡화천면 곡화천리) 광명리 일대	

*주 : '현 행정구역' 항목에 里名이 없는 지명은 해당 지명이 현재 소멸된 경우이며, 괄호는 1914
년 이전의 면 지명임.

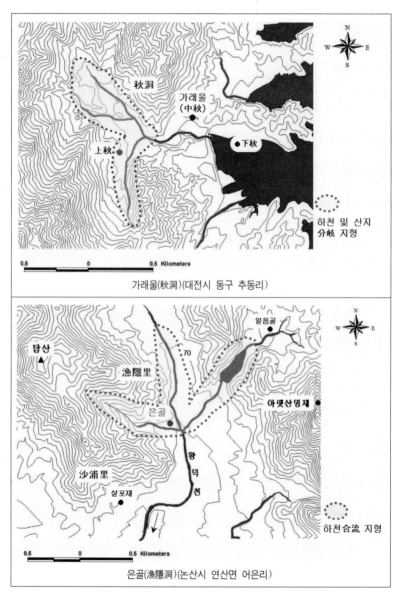

가래울(秋洞)(대전시 동구 추동리)

은골(漁隱洞)(논산시 연산면 어은리)

〈그림 3-4〉 하천의 분기 및 합류 지형을 유연성으로 하는 지형 지명

공주목 진관 구역에 분포하는 산지와 하천의 분기 지형과 합류 지형을 반영한 지명들은 각각 '가르' 계 지명과 '얼' 계 지명으로 대별될 수 있다.15) <표 3-9>에서 보는 바와 같이 공주목 진관 구역에는 '가래울(楸洞, 楸木里)'과 '갈내'(蘆川, 蘆川村, 蘆村) 등과 같은 '가르' 계 지명이 분포하며, '은골', '언골', '수믄골', '어은골'(隱谷, 隱洞, 漁隱洞, 魚隱洞, 於隱洞)과 같이 하천이 합류하는 지형에 나타나는 '얼' 계 지명도 다수 분포하고 있다<그림 3-4>.

곡지 지형으로는 '마근골', '막은골', '망골', '두메안'(麻斤洞, 麻根洞里, 麻斤里, 莫隱洞, 馬斤古介里, 杜谷里, 杜毛谷里)과 같이 산지 내의 폐쇄적인 곡지 지형 내지는 소규모 분지 지형을 반영하는 자연 지명들과 '가느실', '가는골', '가능골', '가농골', '가느니', '새실', '긴골', '고듬티', '곧은골', '고도실'(細谷, 細洞, 耆隱洞, 長洞, 直峙, 直洞, 高登峴, 古道谷里) 등과 같이 구조선상의 곡지 지형을 반영하는 지명들이 분포한다.16) 또한 '음지편', '山陰里', '어두니'(魚得雲里, 八十里) 같이 곡지 및 산지의 북사면 지형을 반영하거나 적은 일조량을 유연성으로 하는 지명들도 나타난다.

또한 공주목 진관 구역 내에는 평지로 돌출한 線狀 구릉을 유연성으로 하는 지명들이 산지와 저기복 구릉지, 저습지 지형에 다수 나타나고 있다. 예를 들어 '돌고지(乭串之里)', '꽃뫼', '곳뫼', '꽃미(花山)', '고지말(花村)', '꽃밭(花田洞)', '배꽃(梨花里)', '용꽃(龍花)', '들꽃미(野花)',

---

15) '가르(kVrV)' 계 지명과 '얼' 계 지명은 조강봉(2002)에 의해 분류된 용어로, 그는 하천 지형의 합류처와 분기처를 유연성으로 하는 자연 지명을 몇 가지로 유형화하여 분석하였다. 그는 하천의 합류 지역에는 합류 지명인 '아울'계, '얼'계, '올'계 지명이 나타나며, 분기처에는 분기 지명인 '가르'계, '가지(枝)'계, '날(nVrV)'계 지명이 분포함을 제시하여 하천 지형과 관련된 지명의 어원을 계열화하였다.

16) '두모'계 지명에 대한 지리학적인 연구로는 국어학적인 연구 성과를 적극적으로 수용하여 '두모'의 어원과 음운 체계를 분석하고 이들의 공간적 분포 패턴을 연구한 남영우(1996)의 연구가 주목된다.

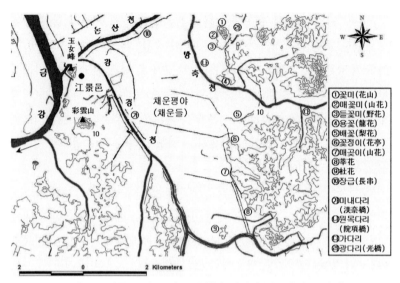

<그림 3-5> '곶~고지~꼬지~꽃(花)'계 지명의 분포(충남 논산시)

'매꽃미(山花)', '장급(長串)' 등과 같은 '곶~고지~꼬지~꽃(花·華)' 지
명소를 가지는 지명들은 일부 산지 지형에서도 분포하나, 논산시 채운
면·은진면·강경읍 일대, 서천군 화양면 일대와 같이 저습지 지형과 저기
복 구릉 지형이 만나는 지점에서 대부분 발견되고 있다.[17]

이들 지명을 간략히 살펴보면, 채운들(채운평야) 가장 북쪽에 위치한
논산시 채운면 화산리에 있는 '꽃미(花山)'는 山 地名으로 '梅花山'으로
도 불리며 그 산 아래에는 촌락인 '매꽃미', '매꼴미'(山花)가 위치한다

---

17) 그런데 '곶~고지~꼬지~꽃(花)' 계 지명은 대부분 '花', '華'로 표기될 경우 본뜻
을 버리고 그 훈음만을 빌려 동일음인 '곶'(串)을 표기한 것이나 그 유연성 분석
에는 유의할 점이 있다(최범훈, 1987, 24 ; 도수희, 2003, 308-310). 평야나 해안
에서 지명소를 '곶', '고지', '꼬지', '꽃', '花'로 하는 지명들은 평야나 해안으로
돌출한 선상 구릉을 반영하는 지명으로 해석할 수 있으나, 산지에서 나타나는 '꼬
지', '꽃', '花' 관련 지명들은 산지의 모양(꽃 모양)을 명명한 훈차 지명일 가능성
이 있음에 유의해야 한다.

<그림 3-5>. 그러나 현재 대부분의 주민들은 '매꽃미', '매꼴미'보다는 행정 지명인 '화산리'로 촌락 이름을 사용하고 있으며, 이곳은 채운면사무소가 자리 잡고 있다. '매꽃미'의 남서쪽에는 채운면 야화리의 '들꽃미(野花)' 마을이 있으며, '들꽃미' 인근에는 '돌꽃(돌고개, 돌꼬지)'이 있는데 '돌꽃>들꽃'으로 음운 변화가 되고 이것이 '野花'로 표기된 것으로 보인다. '들꽃미' 남동쪽으로 채운면 용화리의 '용꽃(龍花)'이 자리 잡고 있다. '용꽃'을 원거리에서 조망하면 동쪽의 은진면 방축리에서 연결된 능선이 '용꽃' 마을 뒤로 연결되어 마을 앞의 방축천까지 뻗어 있음을 관찰할 수 있다. 특히 방축천 앞에서 멈춘 능선 끝부분을 이곳 주민들은 '용머리'라 부르는데 이로서 방축리에서 '용꽃'으로 이어지는 능선을 '龍'의 형상으로 인식하였으며, '龍 같이 평지로 길게 뻗은 꼬지'라는 의미에서 '용꽃(龍花)'이라 명명한 것으로 보인다<그림 3-6>.

〈그림 3-6〉 용꽃과 용머리 (충남 논산시 채운면 龍花里)

*주 : 평야 멀리 동서 방향(좌우)으로 뻗어 있는 능선과 사진 왼쪽 가운데 부분에 마을 주민들이 용머리로 인식하는 능선 끄트머리가 보인다.

'용꽃'에서 남쪽으로 방축천을 건너면 채운면 우기리 1구인 '배꽃(梨花)' 마을이 있다. 배꽃 마을 입구에는 두 기의 紀蹟碑가 세워져 있는데 비의 주인은 梨村 金炯日과 梨隱 金益權으로 이들의 號(梨村, 梨隱)는 촌락 이름인 '梨花'에서 유래한 것이다. 여기에서 촌락 구성원들에 의해 배꽃의 '梨'가 동일시되어 긍정적으로 인식되고 있음을 알 수 있다. 배꽃의 남쪽에는 채운면 화정리의 '꽃정이(花亭)'가 있으며, 현재 언중들은 '꽃정이' 보다는 '화장말'이라는 변형된 한자지명을 사용하고 있다. 꽃정이 남쪽으로는 연무읍 신화리의 '매곳이(山花)'와 '신화(莘花)'가 있으며, 이들 지명들은 촌락 주민들에 의해 '채운들 五花之地'의 하나로 梅花落地形의 길지로 인식되고 있었다. 마지막으로 신화 남서쪽 강경천 가에 위치한 연무읍 봉동리 '두화(杜花)'가 채운들 가장 남쪽에 '곳~고지~꼬지~꽃(花)' 지명으로 분포하고 있다.

평지로 돌출한 선상 구릉 지형을 반영하는 이와 같은 '곳~고지~꼬지~꽃(花)' 지명 주변에는 채운들(채운평야)이 자리한 논산시 채운면·은진면·강경읍 일대의 저습지 지형을 반영하는 교량 관련 지명들도 분포하고 있다. 대표적인 것으로는 과거 호남지방에서 경기도 한양으로 가는 주요 길목에 위치했던 '미내다리'(渼柰橋, 1731년 건립)(채운면 삼거리 541)가 있으며, '미내다리'에서 북동쪽으로 2.5km 떨어진 방축천 가에 '원목다리'(院項橋, 1990년 改建)(院項橋改建碑)(채운면 야화리)가 있다. 이 두 다리는 조선 시대 전라도와 강경에서 은진~노성~경기도로 연결되는 주요 육상 교통로 상에 위치하고 있었으며, '강경·沙浦~미내다리~짚은 삼거리~원목다리~들꽃미(野花里)'로 상호 연결되었다. 이 밖에도 은진면 토량리의 '가다리'와 채운면 화산 3리 매꽃미 인근에 있는 '광다리'(光橋, '광따리'로 불림)가 있다.

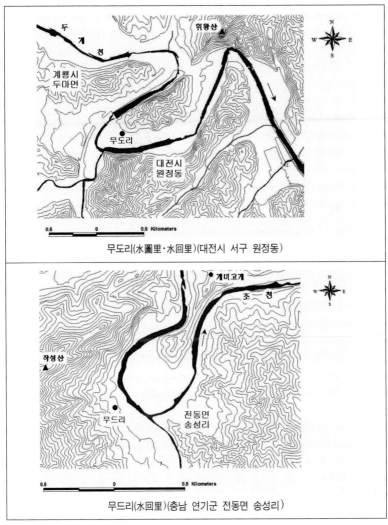

무도리(水圖里·水回里)(대전시 서구 원정동)

무드리(水回里)(충남 연기군 전동면 송성리)

〈그림 3-7〉 하천 곡류 지형을 유연성으로 하는 지형 지명

이와 함께 공주목 진관 구역에는 하천의 곡류 지형과 관련된 지명도 발견된다. '무드리', '몰도리', '무도리', '무드리'(水回里, 水回洞, 水圖里, 水島里), '구불내'(曲火川) 등의 지명들은 산지 또는 저기복의 구릉

지형에서 하천이 곡류하는 공격 및 보호 사면에 해당 지명들이 위치하고
있다. 이들 지명들은 곡류하는 하천 지형이 촌락 지명의 유연성을 제공
한 경우이다<그림 3-7>.

　이상과 같이 공주목 진관 구역의 다양한 자연 환경을 지칭하는 지형
지명들에는 촌락이 위치한 주변 지형을 유연성으로 하여 명명된 경우가
다수 발견되며, 촌락의 지형적 특징을 전부 지명소로 채택하여 다른 촌
락과 변별되는 자연 지리적 특수성 내지는 수적인 개별성과 다름
(otherness)을 재현하고 있다. 그런데 이들 지명들의 지형적 특성들은 일
반적으로 언중들의 지명 인식에 깊이 각인되어 있는 경우가 대부분이며
이로 인해 <표 3-10>에서 제시된 바와 같이 지명 변천에 있어서도 강
한 존속성을 보이고 있다. 지형 지명에 대한 언중들의 정확한 유연성 인
식은 문화정치적 접근을 쉽게 허락하지 않는 경향이 있다. 다만 앞서 살
펴본 '은골(隱洞)' 등의 '얼'계 지명은 대부분 전부 지명소에 '隱'자를
포함하고 있어 隱逸者를 동경하는 특정한 사회적 주체들에 의해 은둔
사상을 재현하는 지명들로 인식되기도 한다.

〈표 3-10〉 지형 지명의 변천

지명	輿地 (1757~1765)	戶口 (1789)	舊韓 (1912)	新舊 (1917)	현재	비고
가래울	楸洞里	上楸洞里 下楸洞里	愁洞上里 愁洞中里 愁洞下里	秋洞里 秋上里 秋中里 秋下里	가래울, 秋洞 (대전시 동구)	(楸: 가래의 훈차) (楸〉愁〉秋)
	楸洞里	秋山里 秋下里	秋山里 秋下里	楸洞里	가래울, 楸洞, 楸洞里(서천군 화양면)	(楸〉秋〉楸) (楸: 가래의 훈차 혹은 훈음차)
	·	楸洞里	上楸里 中楸里 下楸里	中楸里	가래울, 楸洞 (청양군 장평면 중추리)	
은골	漁隱洞里	漁隱洞里	隱洞	漁隱里	은골, 漁隱, 漁隱里 (논산시 연산면)	

지명	輿地 (1757~1765)	戶口 (1789)	舊韓 (1912)	新舊 (1917)	현재	비고
마근골	麻根洞里 莫斤洞堤 －堤堰條	麻根洞里	麻斤里	·	마근골, 麻斤洞 (공주시 장기면 송선리)	(麻根·莫斤>麻斤)
음지편	隱地里	陰地里	山陰里	·	음지편, 山陰 (서천군 한산면 지현리)	(隱>陰>山陰)
여드니 (어두니)	八十里	八十里	八十里	·	여드니, 어두니, 八十里, 팔계 (공주시 유구읍 신영리)	(어두니>여드니> 八十里·八溪)
가느실	·	·	上細谷里 下細谷里	·	가느실, 細谷, 細洞, 上細谷, 下細谷, 봉두미 (연기군 전의면 양곡리)	
꽃미 (매꽃미)	花山－山川條 花山下橋－ 橋梁條 花山－古跡條 花山面	花山面	山花里 花山面	中里 (채운면)	꽃미, 매꽃미, 梅花山, 花山, 花山里(논산시 채운면)	*花山面 (≪東輿≫) *채운면　中里> 花山里 (1935년)
들꽃미	下里	·	野花里	下里	들꽃미, 하리, 野花, 野花里 (채운면)	
용꽃	上里	上里	龍花里	上里	용꽃, 龍花, 상리, 龍花里 (채운면)	
배꽃	梨花里	梨花里	梨花里		배꽃, 梨花 (채운면 우기리)	
꽃정이	·	·	花亭里	花亭里	꽃정이, 花亭, 花亭里(채운면)	
장굽	·	·	長串里	·	장급, 장곶, 長 花里(채운면)	
긴굽이 (장굽)	長串里	長串里	小長里 大長里	·	긴굽이, 장굽, 장급, 大長(논 산시 성동면 三 湖里)	*인접한 채운면 에도 동일지명 분포함 (논산천 直江化)
무도리	·	水回里	·	·	무도리, 水圖里 (대전시 서구 원정동)	(回>圖) (回: 돌의 훈차) (圖: 도의 음차)

지명	興地 (1757~1765)	戶口 (1789)	舊韓 (1912)	新舊 (1917)	현재	비고
무드리	水回里 -道路條	·	上水回里 下水回里	·	무드리, 무도리, 水回(연기군 전동면 송성리)	

*주 : '비고' 항목의 'a〉b'는 'a에서 b로의 지명 및 지명 영역 변화'를 의미함.

(2) 방위 및 숫자 지명

지형 지명과 함께 자연적 지명에 포함된 지명으로 방위 지명과 숫자 지명이 있다. 행정 관청이 위치한 읍치소(邑基)를 중심으로 명명된 방위 지명은 조선 전기의 方位面 지명에 다수 나타나며, 촌락 단위에서는 『興地』와 『戶口』 기록에 '上里', '中里', '下里'가 석성현 비당면 등과 은진현 화산면 일대에 분포하고 있으며, 촌락이나 산천 위치의 앞뒤(前後)를 표현하는 '뒷골', '뒷내' 등의 지명들도 존재한다<표 3-11과 그림 3-8>.

<표 3-11> 방위 및 숫자 지명

분류	지명	현 행정구역	비고
방위 지명	東上面	서천군 한산면 동남쪽	*연구 지역 내에 면 및 촌락 단위의 방위 및 숫자 지명 다수 분포함 *타 지명과의 구별을 통해 수적 개별성과 다름을 지시함 *지방 행정 권력에 의해 획일적으로 명명되어 지명의 유연성이 부재함 *후대로 오면서 대체로 지명 소멸됨
	西部里	연기군 전의면(읍내면) 읍내리	
	上里, 中里, 下里	부여군 석성면(석성현 비당면), 논산시 성동면(석성현 원북면, 정지면, 삼산면, 병촌면), 채운면 (은진현 화산면) 일대	
	뒷골(後洞)	청양군 정산면(대박곡면) 용두리	*정산 읍내의 뒤
		부여군 은산면(방생면) 홍산리	*금공리 공동의 뒤
	띠울(後洞)	논산시 상월면(상도면) 대명리	*대촌리 궁골과 달미의 뒤
	뒷골(後谷)	대전시 대덕구(현내면) 읍내동	*읍내동 잿들의 뒤
	뒷골(後谷)	대전시 동구(산내면) 상소동	*상소동 큰골(大洞)의 뒤

분류	지명	현 행정구역	비고
	뒷텃골, 두텟골 (厚洞, 後洞)	논산시 채운면(도곡면) 심암리	*심암리 원심암의 뒤
	뒷말, 뒷골, 인저원, 두미	공주시 정안면 인풍리	*태성리 너분배의 뒤
	뒷개(北浦)	부여군 부여읍(현내면) 쌍북리	*부여 읍내의 뒤
	뒷내(後溪)	공주시 의당면(요당면) 청룡리	*청룡리 와룡골의 뒤
	곰내(熊川)	논산시 양촌면(모촌면) 모촌리	*모촌리 띠울(茅村)의 뒤 *곰: 北, 後, 大의 의미
	곰재, 곰티, 곰티 재, 웅티, 웅재	논산시 양촌면(모촌면) 산직리	*산직리 장골의 뒤
	뒷내(後川)	공주시 이인면(진두면) 복룡리	*복룡리 복룡의 뒤
	앞실(前谷)	논산시 은진면(성본면) 남산리	*강산리 황고개의 앞
숫자 지명	一里, 二里, 三里	논산시 강경읍(은진현 김포면) 일대	*지방 행정 권력에 의해 획일적 으로 명명되어 지명의 유연성이 부재하며, 후대로 오면서 대체로 지명 소멸됨

  관치 행정의 효율성을 위해 타 지명과의 변별성만을 강조하는 숫자 지명은 일정한 면 지역을 행정 편의상 '東一面', '東二面' 혹은 '一里', '二里', '三里'[은진현 김포면(『輿地』・『戶口』)]와 같이 단순 구분하여 명명 척도(nominal scale)처럼 표현한 지명을 말한다. 이들 방위 지명과 숫자 지명은 다른 촌락과의 다름과 개별성을 지시하는 기능을 지니고 있다. 그러나 언중들에 의해 자생적으로 명명된 지명이 아니라 지방 행정 권력에 의해 외부적으로 강제되거나, 특정한 사회적 주체가 거주하는 특정 지점을 기준으로 전후가 차별적으로 부여된 지명들이라는 공통점을 지닌다. 이로 인해 방위 및 숫자 지명들은 『舊韓』, 『新舊』 기록을 거쳐 현대로 오면서 대체로 소멸되는 경향이 강하게 나타나며, 다만 전후를 나타내는 지명들 중 '뒷~' 지명들은 해당 언중들에 의한 비동일시의 가능성을 잠재한 채 현재까지 지속되고 있다.

〈그림 3-8〉 뒷골(後谷)과 큰골(大洞) (대전시 동구 상소동)

*주 : 사진 중앙의 능선을 사이로 왼쪽 마을이 뒷골이고 오른쪽이 중심 마을인 큰골이다. 큰골은
이 일대의 주요 사족이었던 은진 송씨의 종족촌이었으며 큰골의 '뒤'(동쪽)에 뒷골이 있다.

이상에서 살펴본 자연적 지명들은 한편 문화정치적 분석을 위해 기초
적으로 논의된 아이덴티티의 분류와 연관시켜 설명할 수 있다. 앞서 제
시한 안게른(1985, 235)의 아이덴티티 구분(수적 – 질적 – 자아 아이덴티
티) 중, 수적 아이덴티티와 관련된 지명 명명은 하나의 장소를 다른 장
소와 구별하여 지칭하는 기본적인 기능을 말한다. 사회적 주체에 의해
명명된 수적 아이덴티티를 재현하는 지명은 사회적 주체가 자신이 거주
하는 장소의 수적 개별성과 자연 지리적 특수성 및 다름을 강조하면서
명명한 지명들을 말한다. 공주목 진관 구역에 분포하는 수적 아이덴티티
를 재현하는 지명으로 바로 지형 지명과 방위 및 숫자 지명을 포함하는
자연적 지명을 상정할 수 있다.

2) 사회·이념적 지명

지명의 명명 유연성이 사회적 주체의 사회적 소속을 표현하거나 혹은
특정 사회의 주요 이념과 사상을 반영하는 경우, '사회·이념적 지명'으

로 분류된다. 공주목 진관 구역에 분포하는 사회·이념적 지명들에는 특정한 종족 촌락임을 나타내는 종족촌 및 산소 관련 성씨 지명과 군현 경계 지역에서 소속 군현을 전부 지명소로 표기한 군현명 표기 지명이 있다. 또한 사회의 특정 이념을 반영하고 있는 유교 지명, 불교 지명, 풍수 지명, 근대 및 자본주의적 지명이 해당된다.

　대체로 사회·이념적 지명들은 문화정치적 속성이 강하게 반영되어 있어 지명 의미를 둘러싼 사회적 주체 간의 경합과 갈등 양상에 주목하는 문화정치적 지명 연구와 깊이 관련되어 있다. 특히 사회·이념적 지명들은 수적 아이덴티티를 재현하는 자연적 지명과는 달리 내부적 동일성이나 같음에 주목하여 형성되는 질적 아이덴티티를 재현하는 경우가 많다. 질적 아이덴티티를 재현하는 사회·이념적 지명들은 개인이나 집단이 지향하고 소속되는 가치 체계와 공동체의 특성을 대변하며, 사회적 주체의 소속과 이들이 속해 있는 집단적인 특성을 표상하고자 할 때 명명된다. 질적 아이덴티티를 재현하는 사회·이념적 지명들은 장소와 사회적 주체의 소속감이 연계될 때 자연스럽게 장소 아이덴티티와 영역적 아이덴티티로 발전하게 된다. 특히 사회적 주체가 속한 소속 집단의 특성과 가치 체계, 주체의 아이덴티티와 이데올로기를 반영하고 있는 사회·이념적 지명들은 대체로 사회적으로 지배적인 위치에 있던 상층민들에 의해 두드러지게 생성되고 재현되었다.

(1) 성씨 지명

　공주목 진관 구역에는 사회적 주체들의 사회적 소속을 지칭하는 다수의 성씨 지명이 분포하고 있다. 이들 성씨 지명들은 대부분 조선 후기 향촌 사회의 지배적 계층이었던 지방의 土族들과 일정하게 관련을 맺고 있다. 조선 후기 사족으로 대표되는 이들 지배층들은 양란의 혼란기를 수습하는 17세기 중반 경을 거치면서 사회적 안정과 질서 유지를 위해 대외적으로는 예학 보급과 충효열의 현창, 대내적으로는 자신이 속한 종족 내부의 혈연적 결속과 종족 의식(父系 嫡長子 중심의 宗法사상)을 강조하게 되었다. 이러한 사회적 변화는 종족 촌락의 형성을 가속화시켰고 이러한 특정 종족 중심의 촌락 공동체를 대내외적으로 지칭하고 과시하기 위해 종족의 성이나 본관(貫鄕) 명칭을 종족촌의 이름으로 사용하게 되었다<그림 3-9>. 또한 祖先 墳墓의 수호와 종족의 영역성 재현을 위해 산소 이름 앞에 전부 지명소로 姓貫 명칭을 표기하기도 하였다.

　이러한 지명들을 본 연구는 성씨 지명이라 규정하여 사용하였으며 <표 3-12>에 제시된 것처럼 공주목 진관 구역 내에 약 54개의 성씨 지명이 분포하고 있다. 공주목 진관 구역에 분포하는 54개의 성씨 지명들 중 9개는 종족촌 관련 지명이고 나머지 45개 지명은 특정 종족의 산

〈그림 3-9〉 "宋村"과 유교이데올로기의 재현
(대전시 대덕구 송촌동)

*주 : "三綱閭 崖刻"은 19세기 중엽 恩津 宋明老가 송촌에서 중리로 가는 숯거리(수박재) 바위에 새긴 것을 현재의 터로 옮긴 것이다. '宋村'이라는 장소에 재현된 忠孝烈 三綱이라는 유교이데올로기와 종족 집단의 아이덴티티가 연상된다.

소와 관련된 것이다. 현재 이들 지명 중 14개(25.9%) 만이 소멸되고 나머지는 존속되고 있어 대체로 강한 존속성을 보이고 있다.

<표 3-12> 성씨 지명

성씨 지명	현 행정구역	지명의 유연성 및 사회적 관계
宋村	대전시 대덕구(내남면) 송촌동	*恩津 宋氏 종족촌
姜村, 閔村, 李村	대전시 대덕구(일도면) 삼정동	*晋州 姜氏, 驪興 閔氏, 慶州 李氏 종족촌
박독골, 손독골 (道洞)	대전시 서구(유등천면) 도마동	*忠州 朴氏와 密陽 孫氏의 종족촌
洪哥洞(홍가골)	부여군 세도면(인의면) 가회리	*洪佳洞(홍기굴)(『朝鮮』, 1911년)
柳哥洞, 柳洞	부여군 세도면(인의면) 귀덕리	*楡哥洞(유가울지)(『朝鮮』, 1911년)
成街洞 (성가작골, 신성)	공주시 정안면 산성리	*成氏 종족촌
新林	연기군 서면(북삼면) 기룡리	*平澤 林氏들이 새로 만든 마을
銀洞, 尹洞	논산시 광석면 갈산리	*坡平 尹氏 종족촌
尹里, 得尹里	논산시 광석면(득윤면) 득윤리	*파평 윤씨 종족촌
徐川내, 徐畓洑	논산시 가야곡면(상두면) 육곡리	*扶餘 徐氏와 관련
金山所, 金山	연기군 금남면(양야리면) 장재리	
宋山里	대전시 서구(유등천면) 도마동	
	대전시 유성구(천내면) 구성동	
	공주시(우정면) 월미동	
宋山所里 (송산소, 송산)	공주시(남부면) 금성동	*은진 송씨의 산소가 있음
老山所里, 老谷	연기군 동면(동이면) 응암리	*盧山소골
崔山里	계룡시 남선면(식한면)	
韓山所里 (한산소, 한산수)	공주시(남부면) 웅진동	*청주 한씨의 산소가 있음
郭山所	대전시 중구(산내면)	
閔山所	공주시 반포면	
大柳山洞	연기군 금남면(명탄면) 대박리	*晋州 柳氏의 산소가 있음
柳山所	연기군 금남면(반포면) 영곡리	

성씨 지명	현 행정구역	지명의 유연성 및 사회적 관계
	공주시 장기면(장척동면) 대교리	*진주 류씨의 산소가 있음
柳山里	공주시 의당면(의랑면) 송학리	
	공주시 계룡면(익구곡면) 중장리	*文化 柳氏 柳兵使의 묘소가 있음
	연기군 금남면(명탄면)	
南山所,南山里	공주시 반포면 성강리	*조선 인조 때 좌의정 南以雄의 산소가 있음
李山所里	공주시 (목동면) 주미동	
	대전시 유성구(구즉면)	
李山所	공주시 반포면	
李山所, 李山洞	연기군 남면(삼기면) 종촌리	*草廬 慶州 李惟泰의 산소가 있음
尹山所	연기군 금남면(반포면) 영곡리	
	공주시 의당면(요당면)	
尹山所, 尹山里, 尹山	공주시 탄천면(반탄면) 성리	*파평 윤씨의 산소가 있음
權山所	공주시 장기면(삼기면)	
池山所	공주시 우성면(우정면)	
成山所	공주시 장기면(장척동면)	
	연기군 금남면(명탄면) 달전리	*매죽헌 成三問의 사당이 있음
朴山所	공주시 이인면(목동면)	
	연기군 금남면(양야리면)	
朴山里, 朴山	연기군 금남면(명탄면) 박산리	*高靈 朴氏의 산소가 있음
朴山所里 (박산소, 박산수)	공주시 (남부면) 웅진동	*고령 박씨의 산소가 있음
申山里	공주시 의당면(의랑면) 용암리	
申山里, 申山	연기군 금남면(명탄면) 대박리	
申山里, 申山所골	공주시 이인면(반탄면) 달산리	*조선 효종 때 예조참판 竹堂 申濡의 산소가 있음
鄭山里, 鄭山所, 鄭山	공주시 이인면(반탄면) 달산리	*延日 鄭氏가 세거함
吳山里	공주시 의당면(의랑면) 용암리	
具山里(군졸)	공주시 의당면(의랑면) 가산리	

성씨 지명	현 행정구역	지명의 유연성 및 사회적 관계
兪山里	공주시 정안면	
沈山里, 沈山	공주시 정안면	
	공주시 우성면(우정면) 귀산리	*靑松 沈氏의 산소가 있음
趙山里	공주시 정안면 월산리	
趙山所里, 趙山所, 山所里	공주시 유구읍(신성면) 명곡리	
姜山里	공주시 정안면 인풍리	
姜山洞, 姜山所, 姜山	공주시 장기면(장척동면) 봉안리	*晉州 姜氏의 산소가 있음

*주 : '현 행정구역' 항목에 里名이 없는 지명은 해당 지명이 현재 소멸된 경우임[전체 54개 (종족촌 관련 지명 9개+산소 관련 지명 45개) 중 14개 지명이 소멸됨]

　사회적 주체의 소속을 지칭하면서 대체로 강한 존속성을 보이고 있는 성씨 지명은 타 종족과 경합하는 장소 아이덴티티 및 영역성과 관련된 문화정치적인 속성도 내재하고 있다. 성씨 지명은 특정한 사회적 주체의 장소 아이덴티티를 재현하여 일정한 영역과 영역성을 지시하고 강화해 주는 영역적 아이덴티티를 구성한다. 이와 관련하여 조선 후기 京鄕의 주요 사족들은 자신들의 성씨 명칭을 거주지, 선산, 연고지 명칭 앞에 전부 지명소로 결합하여 사용하면서 자신들의 장소 아이덴티티를 재현 하였던 것이다. 이러한 지명을 통해 지명만 보고도 그곳에 누가 살고 있 는지, 누구와 관련이 있는지를 알 수 있다. 그런데 이러한 성씨 관련 지 명들은 사회적 주체의 자발적인 의도로 자신들의 지명을 생성하는 경우 도 있으나, 주변에 거주하는 타자가 그곳을 타자의 장소와 구별하기 위 해 생산했을 가능성도 있다.

　이러한 성씨 지명들의 생성과 변천의 과정을 구체적으로 살펴보고 이 과정에 작용하고 있는 종족들 간의 사회적 관계를 고찰하는 사례 분석을 통해 지명이 바로 사회적 주체의 장소 아이덴티티 재현과 영역성 형성에 일정한 인자로 기능하고 있음을 확인할 수 있다. 본 연구는 이러한 문제의식을 토대로 공주목 진관 구역에 분포하는 성씨 지명 중 장소 아이덴 티티 재현과 영역성 강화와 관련된 문화정치적 속성을 확인할 수 있는 몇 가지 사례를 종족촌 명칭과 종족 관련 산소 지명으로 구분하여 살펴 보았다.

먼저 종족촌 관련 성씨 지명인 '新林'(연기군 서면 기룡리)은 '平澤 林氏들이 이룩한 마을'이란 지명 유연성을 지니고 있다<표 3-13>.[18] 신림의 평택 임씨는 17세기 초 공주시 의당면 도신리에 거주하던 四而 堂 林舜宇[조선 인조 23년 乙酉卒(1645)]가 좋은 터를 찾아 입향하면 서 세거하게 된 곳이다.[19] 그가 생존했던 당시는 임진·병자의 양란으로 사회가 불안정했던 시기로 이러한 사회적 급변과 피난 등이 동기가 되어 이곳에 이주한 것으로 보이나 정확한 입향 동기는 알려지지 않고 있다. 그러나 현재 신림에는 임씨가 거주하고 있지 않아, 이 지명을 생성시킨 사회적 주체는 사라지고 이름만 남게 되었다. 제보자들에 의하면 시기는 알 수 없으나 신림을 '陰한 터'로 평가하면서 동쪽으로 500m 부근에 있 는 '東山'(사기정골)으로 평택 임씨들이 대부분 이주하였다고 한다.[20] 현재 신림에는 慶州 金氏들이 다수 거주하고 있으며, 동산은 전체 25호 중 16호가 평택 임씨로 구성되어 있다.

평택 임씨의 연기 입향이 신림에서 시작된 이후, 평택 임씨들은 인근

---

18) 조치원문화원(2007, 126~127)에는 '新林'이란 지명에 대해 다음과 같이 기술하고 있다. "예전 平澤 林氏의 一家로 工曹參議를 지낸 林舜宇란 사람이 公州에서 이 곳으로 이사 와서 정착하면서부터 林氏들이 이룩한 마을인데 그 당시 새로 林氏 들이 이룩하는 마을이란 뜻에서 新林이라 부르게 되었다."

19) 『平澤林氏參判(府使) 吉陽公派譜』(辛酉譜, 1982).

20) 신림 동쪽에 있는 마을인 東山은 원 동명이 沙器店(사기정골)이며, 동산(청년층 선호 지명)과 사기정골(노년층 선호 지명)이 경합하면서 함께 사용되고 있다. 평 택 임씨들이 신림에서 동쪽인 이곳으로 이주하여 생긴 마을이라 하여 '東山'이라 부른다(조치원문화원, 2007, 126). 면담: 임낙길(남, 75세)(연기군 서면 기룡리 동 산), 林炳錫(남, 1931년생, 77세)(서면 기룡리 동산)(2008.8.14) 등.

의 '東山', '한터', '東幕골', '요화리', '은골(隱洞)', '坪田' 등으로 거주
지를 확장해 갔다. 신림이란 지명은 17세기 초반 평택 임씨들이 새로운
거주지를 찾아 이곳에 정착할 당시 자신들의 장소 아이덴티티를 대외에
홍보하고 내적인 결속을 강화하기 위해 탄생시킨 지명으로 보인다. 그러
나 종족 구성원의 확대와 재지적 기반이 점차 확보되면서 평택 임씨는
그들이 연기에 처음 입향한 신림을 떠나 다른 곳으로 거주지를 확장해
갈 만큼 지역 사회에서 차지하는 영역성이 견고해져 간 것으로 보인다.

〈표 3-13〉 성씨 지명과 군현명 표기 지명의 변천

지명	興地 (1757~1765)	戶口 (1789)	舊韓 (1912)	新舊 (1917)	현재	비고
신림	新林里	新林	新林里	·	新林(충남 연기군 서면 기룡리)	*평택 임씨 관련 지명
삼정골	三亭洞 [《海東》 (18세기중반)]	三岐里	三政上里 三政中里 三政下里	三政里	삼정골, 姜村, 閔村, 李村, 三政洞 (대전시 대덕구)	(亭〉岐〉政)(岐: 政의 誤記) *三政上里(강촌,민촌) *三政下里(이촌) *진주 강씨, 여흥 민씨, 경주 이씨 관련 지명
박산	·	朴山所	朴山里	朴山里	박산, 朴山里 (연기군 금남면)	*고령 박씨 관련 지명
대유산동 (웃말)	·	柳山所	大柳山洞	·	웃말, 상촌 (금남면 대박리)	*지명 소멸됨 *진주 류씨 관련 지명
송산소	宋山所里	宋山所里	宋山里	·	宋山所, 宋山 (공주시 금성동)	*은진 송씨 관련 지명
한산소	韓山所里	韓山所里	韓山里	·	韓山所, 한산수, 韓山 (공주시 웅진동)	*청주 한씨 관련 지명
박산소	朴山所里	朴山所里	朴山里	·	朴山所, 박산수 (웅진동)	*고령 박씨 관련 지명
오구미 (노오리)	五丘山里	五岳山里	魯五里	·	오구미, 鰲龜山, 梧山, 龜山(논산시 연산면오산리)	*魯城縣 下道面 소속 (五丘〉五岳〉魯五〉鰲龜·梧)
오구미	五口山里	五丘山里	上梧山洞	梧山里	오구미, 鰲龜山, 梧山, 龜山, 梧山里 (연산면)	*連山縣 白石面 소속 (五口〉五丘〉梧山·鰲龜)

한편 대전시 대덕구 삼정동에는 서로 인접하여 각기 상이한 종족들의

장소 아이덴티티와 영역성을 재현하고 있는 '姜村'(晋州 姜氏), '閔村' (驪興 閔氏), '李村'(慶州 李氏 菊堂公派)이란 성씨 지명들이 있다<그림 3-12>. 이들 지명들은 해당 촌락에 거주하는 지배적 종족의 성씨 명칭을 붙여 지명이 생성된 것으로 지명의 유연성을 제공한 종족촌이 형성되어 있다. 세 촌락은 서로 인접해 위치하고 있으며 1980년 완공된 대청댐 건설로 인해 전통적 촌락경관이 일부 변형되어 존속하고 있다. 세 촌락 모두 마을 앞 가까이까지 대청댐 호수로 잠겨 있어 경지 확보가 매우 어려운 여건이며, 새로운 호수 경관이 생기면서 외지인들의 출입이 잦아지고 이에 따라 음식점 등의 상업적 토지이용이 점차 증가하고 있다.

　세 촌락이 위치한 '三政洞'의 지명 유래에는 두 가지 전설이 전해오고 있다. 하나는 이곳 주민들의 생업이 주로 산전을 일구어 살았기 때문에 마을 이름을 '山田골'이라 불러 오다가 그 표기가 '三政洞'으로 변해 오늘에 이르렀다는 것이다. 다른 하나는 촌락의 풍수와 관련하여 이 마을의 지세가 세 정승이 나올 명당이 있는 곳이기 때문에 '三政谷', '三政洞'이라 명명 했다는 설이다.21) 그런데 지명 변천의 일반적인 특성으로 볼 때 본래의 고유 지명은 '산전골'이며 이를 음차 표기한 지명으로 '三亭洞>三政洞'이 파생됐을 것으로 보인다. 이후 주요 사족들의 이거와 함께 조상 분묘의 조성 과정에 풍수설이 개입되면서 후자의 지명 전설이 표기자

---

21) 『大田地名誌』(대전시사편찬위원회, 1994, 1210)에는 풍수적으로 해석된 三政洞의 지명 유래가 실려 있다. 그 내용을 옮기면 다음과 같다. "어느 노승이 이 지역의 지세를 보고 '앞으로 이 땅에는 세 政丞이 나올 명당이 있다'고 예언한 땅이라 하여 '삼정골(三政谷)'로 바뀌어 불려졌다고 한다. 이 세 혈은 天穴, 地穴, 人穴인데 그 뒤 전하는 바에 의하면 이미 천혈에는 恩津 宋氏가 묘를 썼고 지혈에는 驪興 閔氏가, 그리고 인혈에는 忠州 朴氏가 각각 묘를 써서 모두 가문이 현창하게 되었다고 한다." 이러한 풍수적 지명 해석에 과거 회덕현의 지배적 사족이었던 종족들의 이름이 거론됐음에 주목하게 된다. 실제 삼정동에는 세 종족의 묘소[은진 송씨: 宋鍾濂(1840~1889) 묘소, 여흥 민씨: 閔粹(15세기 인물)의 묘소, 충주 박씨: 朴孝諴(1387~1454) 묘소]가 실존하고 있다.

를 풍수적으로 해석하는 과정에서 생겨났을 것으로 보인다. 삼정동은 ≪海東地圖≫(18세기 중반)의 기록('三亭洞')부터 등장하기 시작하여 『舊韓』(1912) 기록에는 '三政上里'(강촌, 민촌), '三政中里', '三政下里'(이촌)로 등재되어 촌락이 분동된 사실을 확인할 수 있다<표 3-13>.

산전골과 삼정동 지명의 생성 순서에 대한 선후 논의는 아직 확정된 것이 아니며 추가 조사와 분석이 필요하다. 그러나 앞서 설명한 삼정동 지명의 생성 과정에서 주목되는 점은 순수한 자연 환경으로서의 지명 유연성(산전골)을 대체하거나 변경시키려는 외부의 의도나 권력이 작용하고 있다는 것이다. 즉 산전골이란 지명이 풍수적으로 해석되는 순간 여기에는 주요 사족들의 명당과 영역을 둘러싼 권력관계가 개입됐을 것으로 보인다.

이와 유사한 종족 집단 간 권력관계를 추론할 수 있는 지명들이 바로 삼정동 내부에 위치하고 있는 세 개의 성씨 지명, 즉 '강촌', '민촌', '이촌'이다. 우선 신탄진에서 넘어오는 장바구니 고개의 북쪽, 즉 李村의 남서쪽에 위치한 '姜村'은 400여 년 전부터 晉州 姜氏가 세거해 온 곳으로 전체 20여 호 중 약 15호가 진주 강씨이다. 강촌은 李村이나 閔村보다 높은 곳에 있어 '윗말(웃말)'이라고도 불리며 조선 말기에는 행정구역상 '三政上里'에 속해 있었다. 강촌 마을의 중심에는 '雲谷齋'라는 재실이 있으며, 강촌으로 넘어가는 장바구니 고개 옆으로는 「雲谷姜先生行狀碑」와 「晋州姜公熙文頌德碑」가 있다. 진주 강씨의 회덕 입향조는 1500년대 초반에 입향한 것으로 알려진 강문한(1464~1547)으로 강문한의 妻가 光山 金氏인 것으로 보아 처향을 연고로 회덕에 이거한 것으로 보인다. 당시 광산 김씨는 현재의 유성구(옛 懷德縣 西面) 田民洞 일원에 沙溪 金長生의 3子이자 愼獨齋 金集의 아우인 虛舟公 金槃의 후손들이 거주하고 있었다. 진주 강씨의 주요 거주지는 현재의 대덕구 신탄진동과 석봉동, 용호동, 삼정동 등 회덕 북부에 위치하고 있다<그림 3-10>.

특히 삼정동 강촌을 비롯한 회덕 북부에 세거하고 있는 진주 강씨는

〈그림 3-10〉 삼정동 姜村 입구의 표지석과 진주 강씨 비석군

조선시대 회덕현의 주요 사족으로 조선 전기에는 '南宋北姜'이라 회자될 만큼 회덕 남쪽의 은진 송씨를 능가하면서 향권을 주도하다가 조선 후기를 지나면서 은진 송씨나 다른 사족들에 비해 그 족세가 축소된 종족이다.[22] 조선 시대 色目에 있어서 진주 강씨는 남인 계열에 속하고 있었기 때문에 서인계의 주요 종족인 은진 송씨와 향촌 지배 및 향권 장악에 있어 대립적으로 존속해 왔다. 이와 관련하여 향촌 사회에서의 강촌의 지위는 예전보다 상승되지는 않았으나, 삼정동 일대에 자신들의 장소 아이덴티티를 재현하는 성씨 지명을 생성해 대외적으로 부각시킬 만큼 일정한 영역성을 소유하고 있다.

---

22) "一鄕之中又有南宋北姜之稱故姜氏爲次多焉矣"[『懷德鄕案(序)』(宋時烈, 1672)]. 남인에 속한 회덕현의 진주 강씨는 삼정동 인근의 龍湖洞에 1694년 龍湖書院(姜學年, 姜世龜 배향)을 건립하였다. 진주 강씨 문중서원인 용호서원의 건립은 당시 서인 세력이었던 은진 송씨와의 향촌 지배를 둘러싼 경합 속에서 이루어진 것으로 종족 내부적으로는 문중의 결속을 강화시키는 계기로 작용하였다(이정우, 1995, 22-23). 이후 용호서원(龍湖祠)은 대원군의 서원훼철령으로 己巳年(1869년)에 철폐되었다["龍湖祠: 在一道面 … 姜鶴年姜世龜幷享己巳依朝令毀破"(『1872년 지방지도』<懷德縣地圖>].

강촌에서 남동쪽으로 600m 부근에 있는 '閔村'은 200년 전부터 驪興 閔氏가 세거해 온 것으로 알려져 있다. 민촌이란 지명 외에 선비가 공부 하던 재실이 있다 하여 '재실말'이란 경합 지명도 존재하고 있다. 그런 데 민촌은 1980년 대청댐 건설로 수몰 되면서 1979년 마을 전체가 '소 골(牛谷)'로 이주하였다. 소골에는 약 25호 정도가 살고 있으며 그 중 민씨는 6호이며 나머지는 타성과 최근에 이주한 외지인들이다. 여흥 민 씨와 관련된 종족 경관으로는 산소골에 있는 여흥 민씨 선조 묘소와 강 촌 입구로 이전한 재실이 남아 있다. '산소골'의 여흥 민씨 산소에는 여 흥 민씨 회덕 입향조인 閔沖源(15세기 인물, 묘소: 유성구 도룡동 虎洞) 의 아들 閔粹(15세기 인물)와 손자 閔龜孫(1464~1522) 등의 묘소가 있 다<그림 3-11>. 삼정동 민촌의 여흥 민씨는 회덕 입향지인 현 유성구 도룡동의 虎洞과 긴밀한 관계를 현재까지 유지하고 있다. 虎洞(부엉골) 에는 민충원 내외의 묘소와 함께 민충원의 모친이면서 여흥 민씨가 회덕 에 입향할 수 있는 계기를 만들어준 礪山 宋氏의 묘소가 있다.[23]

〈그림 3-11〉 산소골의 여흥 민씨 선조 묘역과 재실
*주 : 산소골의 여흥 민씨 묘역에서 바라본 대청호에 수몰된 閔村이 잠겨 있다.

23) 『老峯集(九代祖妣 贈貞夫人 礪山宋氏 閔審言妻 墓表)』(閔鼎重, 1628~1692).

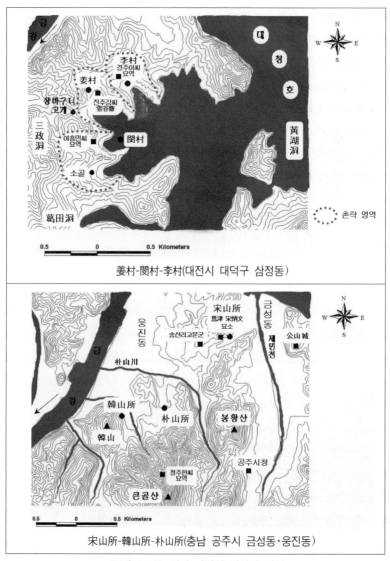

姜村-閔村-李村(대전시 대덕구 삼정동)

宋山所-韓山所-朴山所(충남 공주시 금성동·웅진동)

〈그림 3-12〉 성씨 지명의 위치와 영역

여홍 민씨가 삼정동 민촌에 거주하게 된 직접적인 동기를 본 연구는
여홍 민씨 선대 묘소의 위치에서 찾았다. 회덕에 입향한 여홍 민씨는 그

본거지를 현 유성구 도룡동에 두고 있었으며, 그들의 선대 묘소를 명당으로 알려진 이곳 삼정동에 정하면서 여흥 민씨의 일부 支派가 민촌으로 이거해 정착한 것으로 보인다. 조선 후기 인접한 강촌의 진주 강씨가 남인 계열의 당색을 보인데 반해 민촌의 여흥 민씨는 은진 송씨와 혈연적, 정치적으로 밀접하게 관련된 서인 노론계 집안이었다. 이러한 색목의 차이는 촌락 형성 초기 강촌과 일정한 갈등적 사회관계를 발생시켰을 것으로 짐작되며, 강촌과 구분되는 장소 아이덴티티와 영역성을 나타내기 위해 '閔村'이란 성씨 지명을 생산했을 것으로 보인다.

마지막으로 강촌의 북동쪽에 위치하고 있는 '李村'은 강촌을 기준으로 고개 너머에 있다 하여 '넘말', 또는 강촌보다 지대가 낮은 곳에 있다 하여 '아랫말'로 불린다. 이촌은 慶州 李氏 菊堂公派의 종족촌이었으며 현재는 10여 호 중 경주 이씨가 약 3호 정도 거주하고 있다. 마을의 북쪽 산사면에는 선조 묘역이 조성되어 있으며 이를 제외한 종족촌의 상징 경관은 찾아볼 수 없다. 다만 이촌은 강촌과 민촌에 비해 조선 후기 향촌에서의 사회적 지위가 상대적으로 낮았던 것으로 추정되며, 이러한 사정은 강촌보다 지대가 낮아 아랫말로도 불리었다는 사실에서 당시 강촌보다 낮은 사회적 지위를 연상시키기도 한다.[24]

그러나 경주 이씨 국당공파는 姜村, 閔村과 대등하게 그들과 구별되는 성씨지명인 李村을 생성하고 통용시킴으로서 삼정동 일대에서의 일정한 사회적 지위와 장소 아이덴티티, 나아가 영역성 강화를 도모하였다. 이상에서 살펴본 인접한 세 성씨 지명은 현재까지 각 종족의 장소

---

24) '아랫말'과 '웃말'의 구분은 마을이 위치한 해발고도에 의해 결정되는 경우가 보편적이지만 해당 촌락 간의 사회적, 경제적, 정치적 지위의 차이에 따라 명명된 경우도 배제할 수 없다. 일례로 해발고도나 위도와는 별개로 '지방에서 서울로 上京(올라가다)한다'고 하거나 '서울에서 지방으로 내려간다'고 표현하는 경우는 해당 지역 간의 정치적이고 경제적인 우열과 차이가 반영된 경우이다. 실제로 앞서 제시한 대전시 동구 上所洞과 下所洞의 지명 변경 사례가 대표적인 경우이다.

〈그림 3-13〉 李村 입구 표지판과 마을 전경

아이덴티티와 영역적 아이덴티티를 재현하고 있으며, 이들 사이에 일정한 경계와 영역을 구별하고 영역성을 강화시키면서 병렬적으로 존재하고 있다<그림 3-13>.

　종족촌을 반영하는 성씨 지명과 함께 특정한 종족 집단의 성관을 지명에 결합시킨 산소 관련 성씨 지명들이 있다. 보통 산소 이름 앞에 전부 지명소로 특정 종족의 성을 표기한 이러한 지명들은 조선 후기 사족 가문들의 종중 활동과 깊은 연관을 맺고 있다. 조선 후기 지방의 유력 사족들은 선조의 墓田 건립, 墓誌銘 작성, 墓表 건립, 재실 건립 등의 奉先 사업과 宗中規約, 宗契 제정을 통해 종족 집단 내의 혈연 결속과 향촌 지배를 강화해 나갔다(이정우, 1997). 이러한 사족들의 종중 활동은 <표 3-13>에 제시된 바와 같이 공주목 진관 구역 곳곳에 많은 산소 관련 지명들을 낳았다. 이들 지명들은 대체로 일부 표기 변화를 동반하면서 존속되는 경우가 있으며, 일부는 종족촌의 쇠퇴와 묘소의 이전 등으로 인해 지명이 아예 소멸되거나 지명만이 존속하고 유연성을 제공하던 산소와 종족 구성원들은 사라진 경우도 있어 그 존재 양상은 다양하였다.

　일례로 연기군 금남면(명탄면) 대박리 '웃말'은 한때 '大柳山洞'이란 지명으로 불리었다. 대유산동이란 지명은『戶口』에 '柳山所',『舊韓』에는 '柳山里와 大柳山洞'으로 등재되어 있다. 현재의 대박리 웃말인 대유

산동에는 일제 강점기까지 晉州 柳氏들이 거주했으며, 이들은 많은 재
산과 함께 문중서당도 운영했던 종족이었다. 그들이 거주하던 지명(大柳
山洞)에 '大' 자를 표기한 것에 대해 본 연구는 주변에 거주하는 타 종
족보다 상대적으로 우세한 그들의 사회적·경제적 지위를 재현한 결과로
추정한다. 이들의 묘소는 이곳 대박리 일대의 꾀꼬리봉과 함박산 산록에
많은 수가 분포했으나, 5년 전 대박리 함박금 마을의 북쪽 골짜기에 위
치한 광덕사 아래 절골에 연기군에 흩어져 있던 선조 묘소들을 한 곳으
로 이장하였다.25) 이들 산소는 함박금에 거주하는 타성 사람에게 산직
논 5마지기를 주어 관리하고 있다. 함박금에 거주하는 고령의 주민들은
일제 강점기에 진주 류씨들이 큰 재산가였으며 그 유세가 대단했다고 기
억하고 있다.26) 현재 대박리에는 대유산동과 관련된 진주 류씨가 단 한
집도 살고 있지 않다. 대유산동이란 지명에 대해서도 현지 주민들은 전
혀 모르고 있으며 대신 대유산동이 위치했던 마을 이름을 '웃말'로 통칭
하고 있을 뿐이다.

한편 공주시 금성동과 웅진동에는 특정 종족의 선조 묘역이 있는 곳
임을 지칭하면서 그들의 영역성을 나타내 주는 '宋山所', '韓山所', '朴
山所'라는 세 곳의 성씨 지명들이 있다<그림 3-12>. 이들 지명들은 '산
소'라는 후부 지명소 앞에 묘소를 조성한 특정 종족의 성씨를 전부 지명
소로 결합하여 명명한 사례이다. 그런데 이들 송산소, 한산소, 박산소에
는 현재 묘소를 조성한 종족의 종족촌이 형성되어 있지 않으며, 더욱이

---

25) 광덕사 입구에서 10m 아래에 있는 이곳 '절골'에는 연기군 일대에 흩어져 있던
    진주 류씨 23세~33세까지의 묘소들이 한 곳에 이장되어 있다. 묘소가 원래 위치
    했던 곳은 '연기군 남면 송담리, 大朴 后 寺谷(절골), 大朴 삭바위비알, 대박 후
    砂峯, 대박 후 採蘭谷, 대박 큰골, 대박 후 家后(집 뒤)' 등이다(『晉州柳氏世葬地
    碑』, 柳寬熙 외 立, 1990).
26) 大朴里에서의 면담에는 많은 주민들이 참여해 주셨다. 면담: 박헌규(남, 62세)(연
    기군 금남면 대박리 함박금), 홍순정(남, 68세)(대박리 웃말), 김월희(여, 92세)
    (대박리 함박금)(2008.8.26) 등.

박산소는 지명의 명명 유연성을 제공한 '박씨 산소'가 다른 곳으로 이장
된 상태이다.

우선 공주시 금성동에 있는 '宋山所'(宋山, 宋山里)는 恩津 宋氏의
산소가 조성된 후 생성된 지명이다. 현재 행정 지명으로서의 '宋山里'는
'금성동'으로 대체된 상태이며 '송산소', '송산'이란 지명은 마을 주민들
의 사적인 일상 대화와 기억 속에서만 존재하고 있다. 공주 중학교의 남
서쪽에 위치한 송산소는 현재 공주시의 도시화 확장으로 과거보다 호수
가 증가된 상황으로 외지인의 이주가 증가하고 촌락 경관이 도시의 주택
경관으로 변형되고 있는 중이다.

전체 약 30여 호로 구성된 송산소는 각성바지 마을로 은진 송씨의 묘
소가 조성된 이후에도 은진 송씨의 거주는 제한적으로 이루어졌고 종족
촌 형성의 흔적은 찾아볼 수 없다. 산소의 주인공은 서인 노론계 은진
송씨 同春堂 宋浚吉(1606~1672)의 손자인 贈 吏曹參判 宋炳文(17세기
인물)과 配 牛峰 李氏이다. 송병문의 묘소 아래로는 아직까지 재실인
柳田齋가 있으며 유전재 아래로 산소와 유전재를 관리하는 산직집이 있
다<그림 3-14>.27)

---

27) 은진 송씨의 재실인 '柳田齋'는 현재 외손인 安東 金氏의 소유가 되었다. 안동 김
　　씨의 소유가 된 것은 志山 金福漢(1860~1924)의 장남인 김은동이 처가(은진 송
　　씨)의 소유였던 이 재실을 보수하며 살면서 비롯되었다. 묘소와 관련된 은진 송씨
　　는 이후 집안이 쇠락하여 그 소유가 김은동의 처인 은진 송씨에게 분재되어 전해
　　진 것으로 보인다. 현재 송병문의 묘소와 주변의 은진 송씨 묘소들은 묵은 묘가
　　되어 가고 있으며, 다만 공주시에서 벌초 등의 관리를 대행해 주고 있다. 면담:
　　鄭正雄(남, 71세)(공주시 금성동 송산소)(2008.9.3.).

〈그림 3-14〉 宋山所의 유전재와 송병문의 묘소

*주 : 왼쪽 사진의 산 바로 아래에 柳田齋가 보이고 그 왼쪽 능선에 오른쪽 사진에 보이는 송병문
의 묘소가 위치하고 있다. 이 산소가 바로 '은진 송씨 산소가 있는 마을'이라는 의미를 지닌
'宋山所'의 명명 유연성을 제공하였다.

현재 마을 주민들 중 이곳에서 생장한 사람들은 송산소와 송산의 마을
유래에 대해 정확하게 알고 있으나, 앞으로 외지인들의 증가와 산소 관리
의 허술로 송산소(송산, 송산리)란 지명의 내력이 사라질 가능성이 높다.
단 일제 강점기와 1971년에 송산소(송산리) 부근에서 무녕왕릉과 백제
고분들이 발견되었고 그 유적의 명칭으로 '公州 宋山里 古墳群(금성동
산5-1)'이 사용되면서 행정적인 지명 사용은 지속될 것으로 보인다.

한편 송산소에서 송산리고개를 넘어 남서쪽으로 1km를 가면 웅진동의
봉황산(큰골산) 북서 사면으로 '韓山所와 朴山所'가 있다. '韓山所'(한산
소리, 한산수)란 지명은 淸州 韓氏의 산소가 주미산과 우금치와 연결된 큰
골산(봉황산) 북서 산록 중턱에 조성되면서 명명된 것이다<그림 3-15>.

'한씨네 산소'라는 지명 유연성을 제공한 이 산소의 주인공은 청주 한씨
공주 입향조로 알려진 韓祉(1675~1720)의 부친 是窩 韓泰東(1646~1687)
의 묘소로 17세기 후반 서인 소론계 인물이다.[28] 그 자손들은 산소 아래

---

28) 시와 한태동의 묘소는 큰골산(봉황산)의 북서쪽 능선의 金鳳抱卵形 형국에 자리
잡은 명당으로 보인다. 현재 산소에는 문인석 2기, 망주석 2기, 상석, 향로석, 혼
유석, 계체석 등의 석물이 갖추어져 있으나 관리 소홀로 보존 상태가 불량한 모습

의 한산소 마을에 3~4호 거주하다 현재는 산소를 제외한 그 외의 종산과 종토 모두를 처분하고 30년 전에 마을을 모두 떠났다.

그러나 한산소 마을의 뒷산의 명칭이 '두리봉'과 함께 '韓山'으로 현재도 불리고 있으며, 마을 어귀에 있는 장승(동자 장승 1기, 바위 1기)으로 인해 '장승배기'로도 지칭되기는 하나 '한산소'(한산수)란 이름을 자주 사용하고 있다. 청주 한씨가 거주하지 않는 韓山所라는 지명이 지금까지 존속되고 있는 이유는 공주시의 도시 확장이 현재 웅진동 박산소 부근까지만 진행되어 아직 촌락경관이 남아 있고 촌락 구성원의 변동이 적기 때문인 것으로 보인다.

마지막으로 한산소에서 북동쪽 능선 너머에 위치한 '朴山所'는 현재 경일 아파트 남쪽 산 능선에 高靈 朴氏 敎官公派의 묘소 3기가 조성되면서 명명된 지명이다. 조선 후기 공주의 유력 성씨로 알려진 고령 박씨

〈그림 3-15〉 韓泰東의 산소 전경과 '韓山' 지명의 존속

*주 : 왼쪽 사진은 '한산소'라는 지명의 명명 유연성을 제공한 17세기 서인 소론계 인물 한태동의 산소 모습이다. 산소 너머 산 아래에 한산소 마을이 보인다. 오른쪽 사진의 '한산그린아파트'는 '한산소'의 '韓山'에서 파생된 이름이다. 아파트 뒤로 한태동의 산소가 있는 큰골산 (봉황산)이 보인다.

이다. 상석 둘레에는 "朝鮮壯元及第御史中丞是窩韓公泰東之墓"라고 각자되어 있다. 산소의 朝案(전면)을 살펴보면 산 바로 아래로 한산소 마을이 보이고, 그 너머로 금강이 북동~남서 방향으로 흐르고 있다〈그림 3-15 왼쪽 사진〉.

교관공파는 조선 현종 때 이조판서를 역임한 朴長遠(1612~1671)의 후손
들로 공주시 무릉동 중말에 세거해 오면서 '무른들 박씨'로 통칭되고 있
다. 고령 박씨의 산소들 중 박장원의 아들 朴銑(1639~1696)과 그의 손자
이자 조선 영조 때 암행어사로 유명한 서인 소론계 인물 朴文秀(1691
~1756)의 부친인 朴恒漢(1666~1698)의 묘소 등이 무릉동과 대전시
유성구 복룡동 박산 등지에 분포하고 있다.

현재 박산소는 도시화의 진행으로 40번 국도의 4차선 확장, 아파트,
빌라 등의 주택과 상업 시설, 보육시설(웅진어린이집) 등이 혼재해 있다
<그림 3-15>. 이로 인해 2001년 6월 18일 무릉동 중말에 '靈安堂'이라
는 납골당을 조성하면서 박산소의 지명 유연성을 제공한 고령 박씨의 산
소 3기가 이장되었고,[29] 2007년도에는 주변에 분포하던 종산도 모두 분
할 매각된 것으로 알려져 있다. 그러나 박산소란 지명은 일부 지명 언중
들에 의해 사용되고 있으며, 이곳을 지나는 하천 명칭도 공주시에 의해
'朴山川'으로 지정되어 통용되고 있다.[30]

이상에서 살펴본 송산소, 한산소, 박산소는 1km 반경에 서로 인접하
여 위치하면서 특정 종족의 장소 아이덴티티 재현과 영역성을 강화해주
던 지명들이다. 지명의 전부 지명소로 사용된 성씨 명칭(宋, 韓, 朴)과
후부 지명소로서의 '山所'가 결합된 지명을 통용시키면서 이곳에 '누구
의 산소가 있는가'를 지칭해주는 동시에, 주변 타자들에게 특정한 '山所'

---

29) 그림 3-16의 오른쪽 사진에 보이는 공주시 무릉동 중말에는 박산소에서 이장하여
    세운 '영안당'이라는 납골묘가 2층 건물인 박재건씨댁 뒤쪽 산능선에 자리 잡고
    있다. 납골당 앞의 묘비에는 "高靈朴氏 教官公派 納骨奉安墓 辛巳 西紀 2001年
    6月 18日"이라는 기록이 각자되어 있다.
30) 면담: 마을 주민 내외(남·여, 70대 후반)(공주시 웅진동 한산소)(2008.9.3), 마을 주민
    (남, 70대 초반)(웅진동 한산소), 鄭大南(남, 70세)(웅진동 2통 박산소)(2008.9.4.), 김형
    례(여, 80세)(웅진동 2통 박산소), 朴在建(남, 50대)(공주시 무릉동 중말)(2012.4.4.) 등.

〈그림 3-16〉 박산소의 원위치와 이장한 현위치의 모습

*주 : 왼쪽 사진에서 흰색 건물(경일 아파트) 오른쪽 언덕 위의 키 큰 소나무 부근이 고령 박씨
교관공파의 고분 3기가 있었던 원위치이다. 현재는 공주시 무릉동 중말에 있는 박재건씨댁
뒤쪽 산능선에 영안당이라는 납골당을 조성하여 이장한 상태이다(오른쪽 사진). 그러나 명
명 유연성이 사라진 '박산소'라는 지명은 현재 일부 주민들에 의해 계속 사용되고 있다.

영역에 대한 대외적인 표시로 이용했을 것으로 보인다. 이러한 사정은
조선 후기 지방 관아에서 처리한 소송의 대부분이 사족 간 벌어진 '山
訟'인 점을 감안하면 그 지명의 기능과 종족에 의한 장소 아이덴티티 재
현임이 분명해진다. 그러나 현재 이들 지명에는 지명을 생성시킨 사회적
주체가 거주하고 있지 않으며, 심지어는 명명 유연성을 제공하던 산소마
저 사라지고 없어 지명 존속에 불리한 조건으로 작용하고 있다.31)

31) 이 외에 연기군 금남면(옛 공주목 명탄면)의 '朴山里', 공주시 계룡면(옛 익구곡면)
중장리의 '柳山里(柳山, 松亭)', 공주시 장기면(옛 장척동면) 봉안리의 '姜山所(강
상수)'는 현재 지명의 유연성을 제공한 산소, 즉 高靈 朴氏 朴參判의 묘소, 文化
柳氏 柳兵使의 묘소, 晋州 姜氏 姜致璜(1574~1650?)의 묘소가 각각 박산리 박산,
중장리 류산(송정), 봉안리 강상수에 남아 있으며 지명으로도 존속하고 있다. 연
기군 금남면의 박산리 '朴山'은 원래 함박꽃이 많아 '작약골'(박산과 고래뜸 사이)
로 불리던 곳으로, 고령 박씨 박참판의 묘소가 생긴 후 생성된 지명이다. 현재 고
령 박씨는 종토를 모두 처분하고 박산을 떠났으며, 박참판의 묘소도 다른 곳으로
이장하여 박씨 묘소 1기만이 남아 있다. 그러나 마을 주민들은 아직도 이곳을 '박
어사네 산소'가 있는 '박산'으로 지명을 인식하고 있으며, '작약골'이란 지명도
경합 지명으로 존속하고 있다. 한편 중장리 '柳山'의 문화 류씨의 경우 시기는 정
확하지 않으나 종산과 종답을 모두 처분하고 공주시 이인면으로 모두 이주했으
며, 봉안리 '강상수'에는 산직집으로 진주 강씨 1호 만이 묘 근처에 거주하고 있

(2) 군현명 표기 지명

성씨 지명과 함께 사회적 주체나 집단의 사회적 소속을 지칭하는 군현명 표기 지명이 있다. 연구 지역 내에 존재했던 조선시대 13개 군현의 경계에는 인근 군현과의 소속을 분명히 하기 위해 촌락 지명의 전부 지명소로 군현의 명칭을 표기하던 지명이 분포하고 있다. 이러한 지명은 촌락이 소속된 군현을 타자에게 구체적으로 지시해 주어 해당 촌락의 사회적·행정적 소속을 재현해 준다. <표 3-14>에 제시된 군현명 표기 지명들은 대체로 군현 간 경계에 위치하거나 인클레이브(enclave) 형태로 타 군현의 영역 내에 고립되어 위치한다. 특히 '공주말(公州洞)'과 '淸州벌말'의 지명은 각각 공주목의 犬牙相入地였던 山內面과 인근 회덕현과의 경계, 청주목의 월경지였던 德坪面과 천안군, 전의현과의 경계에 있으면서 읍치소와 원거리에 있는 해당 군현 촌락의 소속을 분명히 하고 효율적으로 행정 관리(戶口, 田結, 賦稅 확보)하기 위한 하나의 방편으로 소속 군현명이 표기됐을 것으로 추정된다.

〈표 3-14〉 군현명 표기 지명

지명	현 행정구역	지명의 유연성 및 사회적 관계
公州말(公州洞)	대전시 동구(산내면) 삼괴동	*공주목 – 회덕현 경계
扶餘頭里, 扶頭里	부여군 규암면(천을면) 부여두리	*부여현 – 홍산현 경계
連山뜸(성겁들, 상성)	논산시 은진면(적사곡면) 성평리	*연산현 – 은진현 경계
恩津뜸(하성겁)	논산시 은진면(송산면) 성평리	*은진현 – 연산현 경계
魯城편(魯五里)	논산시 연산면(하도면) 오산리	*노성현 – 연산현 경계

다. 반면 공주시 장기면(장척동면) 대교리의 '柳山所(도골, 獨洞)'의 경우 '류산소'란 지명은 소멸되었으나 지명의 유연성을 제공했던 晉州 柳氏 柳珩(1566~1615)의 산소('유대장묘'로 통칭함)와 그의 재실인 錦湖齋는 남아있다. 면담: 강한진씨 부인(공주시 장기면 봉안리 강상수)(2008.9.2), 柳善浩(남, 87세)(공주시 장기면 대교리 정계)(2008.9.2), 朴魯洙(남, 73세)(공주시 계룡면 중장리 류산)(2008.9.21) 등.

지명	현 행정구역	지명의 유연성 및 사회적 관계
石城말(石城村)	부여군 부여읍(북면) 현북리	*석성현 - 부여현 경계
定山한치(大峙)	청양군 정산면(잉면) 마차리	*정산현 - 청양현 경계
公州長善이	공주시 탄천면(곡화천면) 장선리	*공주목 - 노성현 경계
魯城長善이	논산시 노성면(화곡면) 호암리	*노성현 - 공주목 경계
公州甲坡	공주시 신풍면(신하면) 봉갑리	*공주목 - 청양현 경계
靑陽甲坡	청양군 대치면 상갑리	*청양현 - 공주목 경계
청주벌말(坪里)	연기군 소정면(청주군 덕평면) 소정리	*청주목 덕평향(청주목 덕평면) 소속 越境地(청주목 - 천안군 - 전의현 경계)

*주 : '현 행정구역' 항목의 괄호는 1914년 이전의 면 지명임.

　　이들 군현명 표기 지명의 일반적 특징과 문화정치적 속성을 '魯城편' 사례를 통해 구체적으로 살펴보았다<그림 3-17>. 현재 논산시 연산면 梧山里 오구미에 있는 '魯城편'이란 지명은 한때 '노성의 오구미'란 의미의 '魯五里'로 표기되기도 했으며,[32] 과거 노성현과 연산현의 경계에 위치하여 그들의 군현 소속을 지칭하는 질적 및 장소 아이덴티티를 재현해 주고 있다. 조선시대 오구미는 노성현과 연산현에 걸쳐 분포하던 마을로『輿地』(1700년대 중반) 기록에 노성 오구미는 '五丘山'으로, 連山 오구미는 '五口山'으로 등재되어 있었다<표 3-13>.[33]

---

32) 이와 관련된 기록을『朝鮮』(1911년)에서도 확인할 수 있다. "魯五里(諺文: 오그미)"(魯城郡 下道面 洞里村名 항목).

33) 노성과 연산의 경계에 동시에 분포했던 오구미는 노성의 오구미 표기자인 '五丘山'이 三南大路(海南路)와 인접하여 위치하고 있어 타지 사람들에게 연산의 五口山 보다 널리 알려져 있었던 것으로 보인다("尼山酒幕…五丘山")[『戒逸軒日記(己卯 十二月 十三日)』(李命龍, 1708~1789)]. 면담: 김용례(여, 88세)(논산시 연산면 오산리 안말), 강명식(남, 76세)(오산리 안말)(2008.10.31) 등.

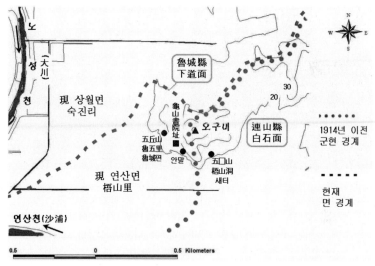

〈그림 3-17〉 노성편의 위치와 행정 경계의 변화(현 논산시 상월면-연산면)

이곳은 단순한 행정구역 경계라는 의미를 넘어 조선 후기 서인 老少論 분당과 대립의 경계(boundary)이기도 했다. 노성편 동쪽 마을인 안말에는 소론인 노성 坡平 尹氏에 의해 1702년에 건립된 龜山書院(尹烇, 尹元擧, 尹舜擧 배향)의 遺址가 있는 곳으로 당시 노소론 간의 치열한 대립의 최전선이기도 하였다. '龜山'이란 명칭은 오구미가 표기 변화되어 파생된 것으로 노성현 쪽에서 통용되던 한자 지명이며, 이와는 달리 같은 오구미에서 유래한 '梧山'이란 지명은 연산현에서 통용되던 지명이었다. 이후 노성편과 안말 또한 1914년 행정구역 개편으로 노성군 하도면 魯五里에서 논산시 연산면 梧山里로 통폐합되어[<魯城郡面廢合地圖>(1914년)] 마을의 공식적인 행정리 명칭으로 '梧山里'가 사용되고 있으며, 마을 회관도 과거 연산현 영역인 오구미 새터에 있다<그림 3-18>. 현재 노성편의 연산면 오산리 편입이라는 결과는 조선 후기 노소론 간의 문화정치적인 영역 경합에서 노론이 우세 속에 승리했음을 의미하는 것이기도 하다. 현재 오산리는 전체적으로 光山 金氏가 다수 거주

〈그림 3-18〉 오산리(오구미) 표지석과 노성편 전경

*주 : 왼쪽 사진의 표지석이 있는 마을이 '새터'이며, 그 왼쪽(서쪽)으로 노성편이 연
결된다. 이곳이 바로 과거 연산현 백석면 '연산 오구미' 영역이었고, 오른쪽 사
진에 보이는 곳이 과거 구산서원(비닐하우스 뒤편)이 있었던 노성현 하도면의
'노성 오구미', 즉 '노성편' 혹은 '魯五里' 영역이었다.

하고 있으며 구산서원이 있었던 안말에는 파평 윤씨가 2호 거주하다 현
재는 빈집이 되었다.

(3) 儒教 地名

공주목 진관 구역에는 시대별·지역별로 다양한 이념 관련 지명들이
분포하고 있다. 본 연구는 이들 사회·이념적 지명들을 유교 지명, 불교
지명, 풍수 지명, 근대 및 자본주의적 지명으로 유형 분류하여 그 일반적
특징과 문화정치적 속성을 살펴보았다. 특히 유교 지명의 분류에는 유교
와 관련된 표기를 기준으로 나누었기 때문에 향후 그러한 유교 관련 특
정 표기가 단순 음차 표기된 것인지 혹은 특정한 사회적 주체에 의해
그들이 선호하는 표기자를 사용한 것인가에 대한 반증 자료가 제시되어
야 분류 기준의 신뢰도를 높일 수 있을 것이다. 이는 유교지명의 유연성
이 구체적인 물질이나 형상에 있기 보다는 추상적이고 관념적인 이데올
로기인 경우가 많기 때문에 더욱 주의를 요한다.

한편 사회·이념적 지명은 사회의 지배적인 이념이나 특정한 사회적 주체가 동일시하는 관념 또는 종교적 믿음을 재현한다는 측면에서 문화정치적 특성을 내재하고 있다. 특히 한국의 지명은 시기별로 다양한 이데올로기를 재현하면서 그 의미의 누층(layers of meaning)을 지명소 안에 담고 있다. 이러한 역사적 경험은 공주목 진관 지명에도 반영되어 지배 이데올로기를 주변과 지방에 강요하는 중앙 권력이나 상이한 사회적 주체들에 의한 이데올로기의 동일시, 역동일시, 비동일시가 펼쳐지는 경합(contestation)의 전장(battle field)을 발생시켰다.

공주목 진관 구역에 분포하는 사회·이념적 지명들을 이념의 유형에 따라 살펴보았다. 우선 연구 지역에 분포하는 유교 지명을 三綱 및 五常 관련 지명, 유교적 관념 관련 지명, 유교적 신분 및 시설 관련 지명, 중국의 고사·경전·유적을 인용한 지명으로 하위분류하여 분석하였다.

(4) 三綱 및 五常 관련 지명

〈표 3-15〉 삼강 및 오상 관련 지명

지명	현 행정구역	지명의 유연성 및 사회적 관계
忠谷里	논산시 부적면(적사곡면) 충곡리	*계백장군 묘소와 충곡서원이 있음
八忠面, 八忠里	부여군 충화면(팔충면) 팔충리	*백제의 八忠臣이 탄생한 곳
孝橋(망골, 막은골, 馬龍洞)	연기군 서면(북삼면) 기룡리	*孝子 洪延慶 외 五世八孝에 대한 孝橋碑가 있으며 영조 때(1773) 孝橋로 개명함
孝芳洞	연기군 서면(북삼면) 와촌리	
孝竹(솟대배기, 효대배기, 효태백이)	논산시 노성면(곡화천면) 효죽리	
孝家里(孝浦, 孝溪)	공주시(동부면) 신기동	*통일신라 경덕왕 14년(755)에 효자 向德의 효성을 기록한 孝子向德碑가 있음
孝洞里	논산시 연산면(백석면)	
孝里, 孝友里	공주시 계룡면(진두면) 죽곡리	
連孝里	대전시 동구(내남면) 성남동	

지명	현 행정구역	지명의 유연성 및 사회적 관계
孝洞, 孝悌洞, 세줄	공주시 탄천면(곡화천면) 덕지리	
孝齋洞, 孝悌洞 (효제암)	공주시 장기면(장척동면) 산학리	*林自儀, 林太儀 형제가 살면서 효성과 우애가 특출했던 곳
孝坪(효들, 소들)	대전시 동구(일도면) 효평동	*'효'쇼>소∶'ᄒ'구개음화
孝子洞(소잣골)	대전시 대덕구(내남면) 읍내동	*회덕향교가 있음(향교말, 校洞)
山所洞里	연기군 남면	
山所里	대전시 유성구(현내면) 상대동	
	대전시 유성구(현내면)	
	논산시 부적면(부인처면)	
	논산시 연산면(적사곡면)	
	논산시 부적면(부인처면) 외성리	*노루재에 金氏의 산소가 있음
	공주시(동부면)	
	공주시 장기면(삼기면)	
	공주시 탄천면(곡화천면) 광명리	
山所里 (산소말, 재실말, 제 각촌)	계룡시 두마면 왕대리	*조선 성종 때 좌의정 光山 金 國光의 墓가 있음
山所洞里(산소골)	대전시 동구(외남면) 판암2동	*雙淸堂 宋愉의 묘가 있음
山所洞	대전시 유성구(서면) 전민동	*虛舟公 光山 金槃의 묘가 있음
山所洞(산소말)	논산시 연산면(백석면) 어은리	
山所洞, 山水洞 (산소말)	공주시 정안면 대산리	
山所里(산소말)	논산시 상월면(월오면) 월오리	
	공주시 사곡면 계실리	*金監司[충청도 관찰사 安東 金盛 迪(1643~1699)의 묘가 있음] *안동 김씨 종족촌
新山所	대전시 유성구(현내면) 갑동	
溫山所里, 溫山里	논산시 연산면(적사곡면) 청동리	
下山所	공주시 의당면(요당면)	
山直里	공주시 우성면(우정면)	
	공주시(목동면) 태봉동	*산지기 집이 있음
山直里, 山直村 (산직말)	대전시 유성구(탄동면)	
	부여군 은산면(방생면)	
	논산시 양촌면(모촌면) 산직리	
	논산시 연산면(식한면)	
	부여군 초촌면(소사면) 산직리	
	논산시 상월면(하도면)	

지명	현 행정구역	지명의 유연성 및 사회적 관계
	논산시 상월면(상도면) 지경리 (산정말)	
	논산시 노성면(장구동면) 병사리	
	논산시 연산면(군내면)	
	논산시 은진면(송산면) 용산리	*全州 李氏의 산소와 산직집이 있었음
	공주시 사곡면 해월리	
	공주시 우성면(성두면) 보흥리	
山直里, 山直村 (산직말, 산정말, 大山)	논산시 노성면(두사면) 두사리	*明齋 尹拯의 부인 權氏의 묘소가 있음(대전 탄방동 炭翁 權諰의 딸, 무수동 有懷堂 權以鎭의 고모)
侍墓里(시묘골)	논산시 은진면(죽본면) 시묘리	*池孝子가 3년 侍墓를 한 곳
侍墓골	공주시(동부면) 신기동	
五倫里(오륜가리)	부여군 은산면(공동면) 금공리	
養仁洞(양골)	연기군 동면(동이면) 예양리	*結城 張氏 종족촌
仁洞	연기군 동면(동이면) 예양리	
仁義面	부여군 세도면(인의면)	
本義谷(본의실)	청양군 목면(목동면) 본의리	*漆原 尹氏 종족촌
立義(이비)	대전시 서구(천내면) 월평동	
義信洞, 義承里 (의승골)	논산시 은진면(성본면) 교촌리	
九禮(구렛골)	서천군 마산면(상북면) 관포리	
有禮(유래, 이으래)	청양군 청남면(장촌면) 아산리	*東山 趙晟漢의 伊山祠가 있음 (1939년 건립된 漢陽 趙氏 문중서원) *이블내(伊火川)>이볼래>이을래>이으래>有禮

*주 : '현 행정구역' 항목의 괄호는 1914년 이전의 면 지명을 의미하며, 里名이 없는 지명은 해당 지명이 현재 소멸된 경우임.

삼강 및 오상 관련 지명은 조선 시대의 지배 이념이었던 유교의 三綱 (忠孝烈)과 五常(仁義禮智信) 덕목과 관련된 표기를 지명소로 하는 지 명을 말한다. 공주목 진관 구역에는 <표 3-15>에서 제시된 바와 같이 전부 지명소로 忠, 孝나 仁, 義, 禮, 信의 한자를 가지고 있는 경우가 다 수 분포하고 있다<그림 3-19>.

〈그림 3-19〉 충렬공 송상현과 여산 송씨의 삼강 오상이 깃든 綱常村
(충북 청주시 흥덕구 수의동)

*주 : '綱常村'에는 임진왜란 당시 東萊城에서 순절한 동래부사 忠烈公 宋象賢(1551~1592)의
忠烈祠와 그의 후손들인 礪山 宋氏 종족촌의 상징 경관들이 남아 있으며, 마을 동쪽 능선
너머로 그의 묘소와 신도비가 위치한다(오른쪽 사진). '강상촌'은 이름 그대로 忠孝烈의
三綱과 五常(五倫)의 유교적 질서가 충전되어 있다. '강상촌'이 소속된 '守儀洞'이라는 법
정동 이름 또한 '禮儀를 수호하는 마을'이라는 의미를 지니며, 유교 이데올로기적 기호화
가 만든 유교 지명이다.

　　일례로 논산시 부적면(옛 적사곡면) 忠谷里는 『輿地』(1700년대 중반)
기록에 '忠谷里'로 등재된 이후 현재까지 표기 변화 없이 존속하고 있는
지명이다. 이곳에는 '忠'이라는 지명 표기가 지니는 유교 이데올로기적
의미가 확대 재생산되어 현재 '계백장군 묘소'와 '忠谷書院(1679년 건립)',
'百濟軍事博物館(계백장군 유적지)' 등이 입지하게 되었다<표 3-16>.[34]
또한 조선 시대 효 관념의 발로로 이해되는 선조 묘소에 대한 관심과
수호가 반영된 '山所' 관련 지명들(산소말, 山所里, 산소골, 山所洞, 산직
말, 山直里, 시묘골, 侍墓里 등)이 다수 나타나고 있다<그림 3-20>.

―――――――――

34) 『朝鮮』(1911년) 에는 "汗良村(諺文: 한양말), 汗北里(한북촌)"과 함께 "忠谷村(충
곡)"(連山郡 赤寺谷面 洞里村名 항목)이 기록되어 있다.

〈표 3-16〉 삼강 관련 지명(忠谷)의 변천

지명	興地 (1757~1765)	戶口 (1789)	舊韓 (1912)	新舊 (1917)	論山a (1994)	비고
충곡	忠谷里	忠谷里	忠谷村	忠谷里	忠谷, 忠谷里(논산시 부적면)	

〈그림 3-20〉 충곡리(충남 논산시 부적면)와 산소동(대전시 유성구 전민동)

*주 : 忠谷里에는 忠谷書院과 계백장군 묘소, 백제군사박물관 등이 위치하고 있으며, 오른쪽의
전민동에는 盧舟 金槃의 묘 등 光山 金氏의 산소에서 유래한 '山所洞'이 위치한다.

(5) 유교적 관념 관련 지명

유교 지명 중 유교적 관념 관련 지명은 지명 표기를 敬, 德, 性, 道,
文, 學(司馬, 九到) 등으로 하는 지명이나, 또는 유교의 근본이념인 仁에
대한 끊임없는 실천을 통해 자아를 완성하려는 '修己'의 의미[『論語(憲
問 篇)』]를 포괄적으로 담고 있는 지명들(無愁洞, 渼湖 등)이 해당된다.
특히 <표 3-17>에서 제시된 '崇文洞'(수문골, 隱洞)과 '文學洞'(무낫
골, 水出)은 고유 지명에 대한 한자 표기가 두 가지로 상이하게 이루어
지고 있어 문화정치적 속성을 감지해 낼 수 있다. 수문골>崇文洞·隱洞,
무낫골>文學洞·水出의 사례는 동일한 고유 지명을 사회적 주체들이 소
유한 다양한 이념들에 의해 각각 상이한 이념이 담긴 별개의 지명 표기
로 발전된 경우이다.

이 사례는 앞서 살펴보았던 바흐쩐(1973)의 이데올로기적 기호(ideological

sign)와 관련된 것으로 언어적 기호로서의 지명은 이데올로기적이고 사회적인 맥락에서 이해되어야 지명의 생성과 변천에 숨겨진 사회적 관계를 포착해 낼 수 있음을 말해 준다. 특정한 지명을 둘러싼 상이한 사회적 주체들의 이데올로기적 기호 만들기는 사회적 주체들에 의한 기호의 다액센트성(multiaccentuality)을 동반하고 이는 결국 하나의 지명이 각 사회적 주체들이 조장하는 이데올로기의 매개로 기능할 수 있음을 파악케 한다. 이와 관련하여 특정한 사회적 주체가 지니고 있는 유교 이데올로기에 의해 지명이 생산되는 사례를 '무낫골(文學洞)·수문골(崇文洞)'을 통해 구체적으로 살펴보았다.

〈표 3-17〉 유교적 관념 관련 지명

지명	현 행정구역	지명의 유연성 및 사회적 관계
敬天里	공주시 계룡면(익구면) 경천리	
性齋洞(성재, 성작골)	연기군 서면(북이면) 성제리	
世道面	부여군 세도면	
道谷面	논산시 은진면(도곡면)	
道山	논산시 벌곡면 도산리	
道山, 道理山 (통미, 도리미)	공주시 의당면(의랑면) 도신리	
道山, 道林(도리미)	연기군 남면(삼기면) 종촌리	*경주 이씨 草廬 李惟泰를 제향하던 갈산서원[조선 숙종 20년 (1694) 건립]이 있던 곳으로 서원의 건립과 훼철과정에 지역 사족 간 권력관계가 경합함
道山洞(도고머리)	공주시 우성면(우정면) 도천리	
道德洞(도덕골)	공주시 반포면(익구곡면) 마암리	
道安洞	대전시 서구(동면) 도안동	
四德洞(사덕골, 사닥골)	공주시 장기면 금암리	
三省堂	연기군 전의면(대서면) 원성리	
	대전시 서구(천내면)	
	공주시 계룡면(익구곡면) 금대리	

지명	현 행정구역	지명의 유연성 및 사회적 관계
崇文洞, 隱洞, 活洞 (수문골, 은골)	서천군 화양면(남하면) 활동리	*活: 사를 활[『新增類合』(1567년)]
文學洞, 水出(무낫골)	서천군 기산면(서상면) 화산리	
觀學洞(관학골)	논산시 부적면(외성면) 덕평리	*마을 지형을 황새 모양이라고 인식하는데 반해 지명 표기는 '學'자를 씀
司馬洞(고래재)	대전시 서구(유등천면) 도마2동	*과거 시험인 司馬試와 관련
司馬山	공주시 우성면 죽당리-오동리	
九到門里(구도문이)	대전시 동구(산내면) 구도동	*과거 시험 급제와 관련
九曲里, 九曲谷 (구골미)	공주시 의당면(요당면) 유계리	
無愁洞(무쇠골)	대전시 중구(산내면) 무수동	*안동 권씨 유회당공파 종족촌 *無愁翁 權惈
無愁洞(무술)	양군 목면(목동면) 본의리	
無愁洞里	부여군 초촌면(소사면)	
渼湖(벌말)	대전시 대덕구(동면) 미호동	*제월당 송규렴 유적(미호서원지, 취백정) *은진 송씨 종족촌

*주 : '현 행정구역' 항목에 있는 괄호는 1914년 이전의 면 지명이며, 里名이 없는 지명은 해당
지명이 현재 소멸된 경우임.

먼저 특정한 지명이 유교 이데올로기를 담는 그릇(container)으로 변화한 사례를 서천군 기산면(옛 서상면) 화산리에 있는 '무낫골'(水出 / 文學洞)에서 찾아볼 수 있다. 무낫골은 <표 3-18>와 같이 『輿地』기록부터 '水出里'로 등재되어 현재에 이르고 있으며, 『朝鮮』(1911년) 기록에는 '水出里'와 함께 諺文으로 '문압골'이 등재되어 있어 당시의 지명 발음을 고찰할 수 있다. '水出里'의 지명 有緣性은 "물이 좋은 곳", 혹은 "7년 大旱에도 물이 마르지 않아 다른 동리에서도 가져다 쓸 정도로 물이 잘 나는 곳"이란 마을 주민들의 지명 인식에서 알 수 있듯이 촌락의 풍부한 수자원과 관련된 것이다<그림 3-21>.35)

---

35) 면담: 마을 할머니 2인(60대, 90대)(서천군 기산면 화산리 무낫골), 송광현(남, 85

무낫골(수출 마을) 전경

"문압골"(충남 한산군 서상면)
[『朝鮮地誌資料』(1911)]

〈그림 3-21〉 무낫골(수출 마을) 전경과 '문압골' 표기 자료

그런데 마을의 자연 환경에서 유래한 '水出里'란 지명 외에 무낫골의 차자표기로 '文學洞'이 존재한다. 표기 변화에서 짐작할 수 있듯이 문학 동이란 지명은 유교적인 이데올로기를 담고 있는 표기(文學)로 구성되어 있다. 무낫골을 단순 음차 표기한 것이지만 하필이면 전부 지명소를 왜 '文學'으로 음차 표기 했는지가 이데올로기적 기호로서의 文學洞을 이 해하는 실마리가 될 수 있다. 이에 대한 이해를 위해서는 무낫골이라는 지명을 생산한 촌락 내부의 사회적 관계를 들여다보아야 한다.

무낫골은 현재 15호 정도가 거주하고 있으며 그 중 6호가 礪山 宋氏 이다. 이곳은 조선 시대 피란지로도 유명하여 한 때 70호 정도의 촌락 규모에 여산 송씨가 60호를 구성하는 종족촌이었다고 한다. 여산 송씨의 韓山 입향조는 면담한 송광현(남, 85세)씨의 13대 조부인 宋希敏으로 한 성부좌윤을 역임하면서 서울에서 거주하다 17세기 초반 한산으로 이거 하였다.

_____

세)(화산리 무낫골)(2008.8.21) 등.

〈표 3-18〉 유교적 관념 관련 지명(文學洞·崇文洞)의 변천

지명	輿地 (1757 ~1765)	戶口 (1789)	舊韓 (1912)	新舊 (1917)	舒川 (1988)	비고
무낫골	水出里	水出里	水出里	水出里	무낫골, 문학골, 文學洞, 水出(충남 서천군 기산면 화산리)	(水出: 무낫~물낫의 훈차) (文學: 무낫의 음차) *물낫골〉뭇낫골〉문낙골
활동 (수문골) (은굴)	漁隱洞里	活洞里	活洞里	活洞里	은굴, 隱洞, 수문골, 崇文洞, 活洞, 活洞里 (서천군 화양면)	(漁隱·隱: 은~언의 음차) (隱洞: 숨은골의 훈차) (崇文: 숨은~수문의 음차) *活: 사를 활[『新增類合』(1567년)]

그런데 당시 무낫골에는 송희민과 친분이 있는 坡平 尹氏 尹末貞이 임진왜란을 피하여 이곳에 낙향해 있었다. 그는 이곳에서 인근 자제들에게 한학을 가르쳤으며 出天之孝로 조정에 알려지면서 1655년에 효자 정려를 받았다.36) 그의 정려는 현재 화산리에 위치해 있다. 당시 파평 윤씨가 선주민으로서 거주하던 무낫골이 현재 여산 송씨의 종족촌으로 바뀌어간 계기는 송희민의 증손인 宋鎭世가 무낫골에 거주하던 윤말정의 손녀와 통혼하면서 이루어진다.37) 이후 처가인 무낫골로 입향한 송진세는 파평 윤씨의 재산을 분재 받으면서 족세를 확장해 갔으며 현재는 무낫골의 지배 종족으로 자리 잡고 있다.38) 현재 무낫골에는 파평 윤씨가 거주하고 있지 않으며, 다만 윤말정이 살았다는 집터는 여산 송씨의 소유가

---

36) 尹末貞은 본관이 坡平으로 임진왜란에 부모가 변을 당하여 서울로부터 韓山郡 '水出洞'으로 이거한 인물이다. 그는 효성이 지극하여 1655년에 정려를 받았다 ("坡平人同知壬辰亂卒父母自京流落本郡水出洞仍居焉⋯崇禎後乙未命㫌")[『韓山郡誌』(李濟益 ?, 1843~1858)].

37) 현재 여산 송씨는 송태길의 차자인 송진세와 그의 세 형제들이 각기 입향한 곳으로 支派를 구성하고 있다. 위에서 거론한 수출파와 그 외 화촌파, 은굴파(활동파), 쌍암파(광암파)가 그것으로, 현재 이곳에는 각각 여산 송씨의 종족촌이 형성되어 있다.

38) 여산 송씨의 무낫골 입향에 대한 입증 자료는 10여년 전 여산 송씨 家傳 고문헌이 화재로 모두 소실되어 현재 여산 송씨 종족 구성원들의 면담과 족보에 근거하여 제한적으로 확보될 수밖에 없는 실정이다.

되어 채전밭으로 이용되고 있다.

본 연구는 파평 윤씨 윤말정과 그 이후 무낫골에 입향한 사족으로서의 여산 송씨에 의해 '무낫골'이라는 고유 지명이 '文學洞'으로 이데올로기적인 의미를 담은 기호로 표기 변형되어 사용되었을 것으로 본다. 제보자들이 전한 "글 읽는 분들은 文學洞을 썼다"는 사실은 조선 후기 무낫골에서 한학을 가르쳤다는 파평 윤씨와 여산 송씨의 일부 유교적 소양을 지닌 구성원들에 의해 水出보다는 文學洞이 그들의 존립에 정신적인 토대와 조건이 되어 줌으로써 유교적 이데올로기를 담은 기호로서 생산되었을 것이다.

한편 무낫골에서 남동쪽으로 2km 떨어진 곳에 있는 '수문골'(隱洞 / 崇文洞) 또한 유사한 유교적 이데올로기의 기호로 생산되어 표기되었다 <그림 3-22>. 서천군 화양면(옛 남하면) 活洞里에 있는 수문골은 『輿地』(18세기 중반)에 '漁隱洞里'로 표기되어 있다가 『戶口』(1789년) 기록부터 현재까지 '活洞里'로 바뀌어 통용되고 있다.[39] 그런데 현재 마을 주민들은 수문골을 活洞里와 함께 수문골, 은굴, 隱洞, 崇文洞을 경합지명으로 사용하거나 기억하고 있다. 이때 수문골을 유교적인 표기자로 음차 표기한 崇文洞은 마을 주민의 기억과 문헌 기록에만 존재할 뿐 언중들에 의해 통용되지 못하고 있다.

---

39) 『朝鮮』(1911년)에는 "活洞里(諺文: 어은골), 活洞店(활동쥬막)"(韓山郡 南下面 酒幕名, 洞里村名 항목)이 기록되어 있어, 100여 년 전 언중들은 '活洞里'로 지명을 표기하였으나, 일상생활에서는 '어은골'을 주로 사용했음을 확인할 수 있다. 한편 이곳 수문골과 유사하게 '은골(隱洞) - 漁隱洞 - 수문골' 지명이 분포하는 곳으로 계룡시 두마면 왕대리의 '은골'(隱洞, 수문골)이 있다. 왕대리의 '은골'은 '隱洞'으로 한자 표기되며 고유 지명으로 '수문골'이 공존하고 있다. 18세기 후반의 『輿地』에는 '漁隱洞'으로 기재되어 있어 이곳 화양면 활동리의 '수문골', '은굴'과 비슷한 지명 변천을 경험하였으나, '崇文洞'처럼 유교 지명의 생성으로까지는 진행되지 않았다.

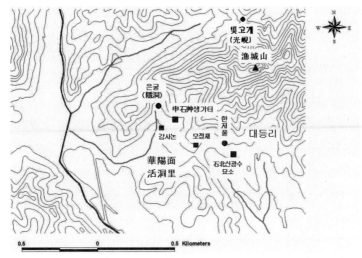

〈그림 3-22〉 수문골(崇文洞)의 주변 지형(충남 서천군 화양면 활동리)

수문골의 경합지명들 중 은굴(隱洞)은 『興地』에 등장했었던 '漁隱洞
里'가 음절 축약되어 은굴(隱洞)로 변형된 것으로 보인다. 그 후 은굴의
음차 표기자로 '隱'이 사용되면서 '은'의 훈음인 '숨은'을 새겨 읽어 '수
문골'이 되었고, 이어 '수문골'을 음차 표기한 '崇文洞'이란 지명이 등장
하였다.40) 무낫골과 마찬가지로 수문골의 '崇文洞' 지명은 수문골에 세
거하던 유교적 소양을 지닌 사회적 주체에 의해 이데올로기적인 기호로
생산되었을 것으로 보인다.

현재 활동리 수문골은 '활동'으로 주로 불리며 '은굴'도 사용되고 있다.

---

40) 그런데 『戶口』(1789년) 기록부터 '漁隱洞里'를 대신하여 등재된 '活洞里'은 아직
　　그 유래가 명확히 밝혀져 있지 않다. '어은동리'를 '언굴'이나 '은굴'로 발음하고
　　'活洞里'가 언굴이나 은굴에서 유래한 표기라면, 그리고 '活洞'의 전부 지명소인
　　'活'의 훈음이 18세기에 '언~'이나 '은~'이었다면 그 유래와 지명 변천 과정이
　　해명될 수 있을 것이다. 그러나 '활'의 훈음은 '사롤 활'[『新增類合』(1567)]로 되
　　어 있어 '언'이나 '은'과 확연히 달라 '活洞'이란 지명의 유래나 유연성을 규명하
　　기가 어려운 상황이다.

〈그림 3-23〉 석북 신광수의 묘소(한저울)와 석초 신응식의 생가터 표석(은굴)

은굴(隱洞)에는 현재 앞서 살펴봤던 무낫골과 동일한 여산 송씨 '은굴파'
가 28호 중 25호를 구성하고 있다. 그런데 수문골, 즉 은굴에는 현재의
'崇文洞' 지명을 생성시켰을 것으로 보이는 高靈 申氏 종족이 1950년대
까지 거주했었다. 이들은 현재 일부 종산과 종답이 은굴에 남아 있으며,
특히 시인으로 유명한 石艸 申應植(1909~1975)의 생가터와 묘소가 남
아 있다.[41] 한산의 고령 신씨는 安東 權氏, 德水 李氏와 함께 '韓山 士
夫'로 평가되는 사족으로 은굴에서 한저울로 넘어가는 고개인 '모정재'

---

41) 은굴(隱洞)에 거주했던 고령 신씨 淳昌公派는 현재 옆 마을인 한저울(한절, 大寺
洞)에 1호가 살고 있을 뿐이다. 그러나 인근에 많은 종산을 소유하고 있으며, 은
굴 안에 '감사논'이라 불리는 종답도 소유하고 있다. '감사논'은 충청도 감사를
지낸 조선 중기의 인물 申湛과 관련된 종답이다. 또한 시인으로 유명한 申石艸의
생가터가 은굴에 있는데 서림문학동호회에서 2005년도에 건립한 '신석초 시인
생가터 표석'에서 북쪽으로 약 50m 부근에 500평 규모의 ㅁ자형 전통 한옥이 있
었다고 전한다. 은굴의 고령 신씨는 조선후기 "關山戎馬", 『石北集』의 저자이자
詩歌의 準則이 된 石北 申光洙(1722년 한산 숭곡동 生, 묘소: 화양면 대등리 한저
울 마을 앞) 등과 같이 조선 시대 국문학사에 전하는 유명한 문학 작품을 남긴
종족이기도 했다[『韓山郡誌』 人物條(1843~1858)]. 그러나 이들 고령 신씨는 해
방 후에 단행된 토지개혁으로 대부분 서울로 이거했다고 전한다. 면담: 申瑞雨
(남, 76세)(서천군 화양면 대등리 한저울)(2008.8.21) 등.

에는 과거 글을 읽던 정자가 있었으며, 다수의 文章家와 文學家를 배출하였다<그림 3-23>.

이때 '은굴, 崇文洞' 지명과 관련하여 주목되는 고령 신씨 인물로 조선 중기 때 한산 출신의 남인계 인물인 漁城 申湛(1519~1595)이 있다. 신담은 당시 退溪 李滉(1501~1570)의 문인으로 蘇齋 盧守愼(1515~1590)과 鶴峰 金誠一(1538~1593) 등과 교유했던 인물로 관직에서 밀려나서는 산수에서 노닐며 문장을 성취하는 것을 스스로 기뻐하였다고 한다. 그는 이 곳 수문골에 거주하면서 자신의 호를 은굴 뒷산인 漁城山에서 취해 '漁城'이라 하였다.42) 그런데 본 연구는 이 '漁城'이란 표기가 『輿地』(18세기 중반)의 '漁隱洞里'에서 파생된 것으로 판단한다. 즉 그가 거주했던 촌락 이름인 '漁隱洞里'(은굴, 언골)에서 유래한 '漁城山'에서 그의 호를 취했을 것으로 보는 것이다. 또한 정확한 년대나 종족 구성원의 실체는 파악되지 않았으나, 隱洞으로 표기되던 수문골을 이들 고령 신씨 특정 종족 구성원에 의해 '崇文洞'으로 음차 표기했을 가능성을 배제할 수 없다. 현재 서울에 있는 고령 신씨 순창공파 종중 모임의 명칭이 '崇文會'인 점을 감안하면 이러한 가능성은 더욱 높아진다. 고령 신씨 숭문회는 현재 서천문화원이 주최하는 "청소년 문예 백일장"과 "석초 백일장 대회"에 대한 후원 활동을 적극적으로 하고 있다.

여산 송씨가 무낫골에서 유교적인 이데올로기 기호로서 文學洞을 생산한 것처럼, 고령 신씨는 수문골에서 '崇文洞'을 생성하였다. 崇文洞이란 지명은 다수의 문장가와 문학가를 배출한 고령 신씨 순창공파의 장소 아이덴티티를 재현하는 데에도 더 없이 좋은 유교적인 표기였으리라 본다.43)

---

42) 『紀年便攷』(1897년);『韓山郡誌』人物條(1843~1858). 신담이 그의 호를 취한 '漁城山'은 한산 사족들의 여러 문학 작품에도 자주 등장하고 있다(『韓山郡誌』題詠條). 특히 '鄕居八詠'에서는 李稔, 姜籤, 姜信, 鄭奉中 등에 의해 '漁城宿霧'라는 시구 제목으로 기록되어 있다.

43) 무낫골(文學洞), 수문골(崇文洞)과 유사하게 조선 시대 사회적 주체, 특히 유교적

(6) 유교적 신분 및 시설 관련 지명

유교 지명 중 유교적 신분 및 시설과 관련된 지명들은 <표 3-19>에서 제시된 바와 같이 大夫, 士, 侍郎, 翰林學士 등과 같이 조선시대 관료와 관직의 '階', '司', '職'과 관련된 지명들을 말한다. 유교 사회에서 중시되던 관료로의 진출(出仕)과 입신양명의 분위기가 지명에 반영되어 유교 이념의 재현을 보여 주고 있다. 또한 유교 관련 시설과 관련된 書院里, 祠宇村(사우말), 旌門村里, 講堂, 永慕里(墳菴 및 齋室 명칭) 등도 유교 이념을 재현하는 지명들이다<그림 3-24>.

<표 3-19> 유교적 신분 및 시설 관련 지명

지명	현 행정구역	지명의 유연성 및 사회적 관계
打愚, 大夫 (태우, 대부)	연기군 전의면(북면) 관정리	*朴彭年 세거지 *打愚 李翔(牛峰 李氏)의 거주지
居士	논산시 양촌면(모촌면) 거사리	*옛날 선비들이 많이 살던 곳이라는 지명 인식 *백제시대 居士勿〉居士 *居斯川(잇내)〉仁川(인내)(논산시 양촌면 仁川里)

소양을 지닌 사족에 의해 유교적 이데올로기 기호로 생성된 지명 사례로 부여군 은산면(공동면) 가곡리의 '고부실(曲阜)'이 있다. '고부실'이란 지명의 유연성은 마을에 '굽은 언덕'이 있어 유래한 것으로, 현재 마을 주민들은 고부실과 曲阜를 함께 사용하고 있다. 마을의 지형에서 유래한 '고부실'이라는 지명은 고부실에 세거하던 咸陽 朴氏에 의해 어느 시기인가 공자의 고향인 중국 산동성 '曲阜'와 동일시되어 유교적 이데올로기를 담은 기호, 즉 고부실의 음차표기인 '曲阜'로 바뀌게 된다. 고부실의 유교 이데올로기적 기호는 이후 마을 주민들에 의해 '공자의 출생지와 관련되어 훌륭한 인물이 많이 나올 거'라 인식되고 있으며, 한때 '曲阜書堂'으로 지칭된 교육시설도 있었다(『扶餘郡誌(1卷)』, 부여의 마을유래, 401). 공식적인 관찬 지리지나 읍지류에는 '曲阜里'가 등재되어 있지 않다. 다만 1908년 6월 6일의 「국가보훈처 공훈전자사료관」 기록에는 '부여군 공동면 곡부리'가 기록되어 사용되었고, 1908년 12월 1일자의 「서북학회월보」(제7호)의 '회원소식'에는 '忠南 扶餘郡 曲阜居 朴東翼氏 寄付公函'이라는 기사로 등장하고 있다.

지명	현 행정구역	지명의 유연성 및 사회적 관계
居士院里	공주시 계룡면(목동면) 화은리	*선비가 배출되는 곳이란 지명 인식 *인근 기산리의 거사막과의 관련
大侍郎 (한시랑이)	공주시 사곡면 대중리	*조선 숙종 때 侍郎 벼슬을 지낸 韓氏 가 살았음
翰林亭	연기군 금남면(반포면) 영곡리	*조선 중종 때 翰林學士 申遵美와 관련
	논산시 연산면(식하면) 송정리	*翰林學士 南氏가 정자를 짓고 기주함
	공주시 계룡면(진두면) 유평리	*翰林學士가 심은 정자가 있었음
書院里	*연구 지역 내 다수 분포함	
祠宇村, 祠宇里(사우말)	공주시 의당면(의랑면) 태산리	*조선 定宗의 十子 德泉君 李厚生의 사당이 있음
要洞, 蓼塘 (욧골)	공주시 의당면(요당면) 요룡리	*蓼塘書社(황보인,김종서,정분,김문기 등 배향)가 있던 곳
講堂말, 古老里	공주시 사곡면 호계리	*晋州 鄭氏 세거지 *忠孝祠(古老書院)(정분,정지산 배향) 가 있음
旌門村里	연기군 남면	
旌門里, 旌門洞 (정문거리)	공주시 탄천면(반탄면) 송학리	*조선 仁祖 때 효종의 師傅였던 윤빈 의 효자 정문이 있음
永慕庵, 永慕里 (영밤)	서천군 기산면(서하면) 영모리	*韓山 李氏 종족촌 *牧隱 李穡의 화상을 모신 永慕庵이 있음
丙舍里	논산시 노성면(장구동면) 병사리	*파평 윤씨 魯宗五房派의 墓幕이자 齋室인 丙舍가 있음
高井里	논산시 연산면(적사곡면) 고정리	*광산 김씨의 墳菴인 永思菴(高井菴) 이 있음

이러한 유교적 신분 및 시설 관련 지명들 중 '사우말' 사례를 통해 특정 종족의 효 관념과 계보 의식이 지명을 통해 재현되고 재생산되는 과정을 살펴보았다<그림 3-25>. 공주시 의당면 태산리에 있는 '사우말'(祠宇村, 祠宇洞)은 全州 李氏 德泉君派의 종족촌으로 13호 가량이 거주하고 있다. 공식적인 관찬 기록으로는 『朝鮮』(1911년)에 '祠宇洞'(公州郡 儀朗面 台山里 里洞村名 항목)과 『舊韓』(1912년)에 '祠宇里'가 등재되어 있다<표 3-20>. 사우말은 조선의 2대 임금인 定宗의 10子

講堂말(충남 공주시 사곡면 호계리)　　　사우말(祠宇村)(공주시 의당면 태산리)

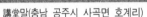

〈그림 3-24〉 강당말과 사우말 경관

*주 : 왼쪽 사진의 강당말은 晉州 鄭氏의 忠孝祠(古老書院)와 선조 묘역이 위치하고 있어 '강당
　　말'이라 불리게 되었으며, 진주 정씨의 공주 입향과 관련해서는 역사 및 전설 지명에서 자
　　세히 언급되었다.

德泉君 李厚生(1397~1465)의 祠宇에서 유래한 지명으로 선조에 대한
유교적인 의례를 행하던 사우 명칭이 촌락 지명이 된 특수한 사례이다.
사우말에는 德泉君祠宇(태산리 101번지)와 함께 덕천군의 묘소가 위치
해 있으며, 1974년 서울 송파구 거여동에 있던 묘소를 이장한 것으로 10
세손 圓嶠 李匡師(1705~1777)가 1808년에 세운 신도비가 있다.

　덕천군사우는 원래 防築里(防築洞)(현 연기군 남면)에 있던 것을 조
선 영조 15년(1739)에 현 위치로 이전한 것으로 사우말이란 지명도
1739년 이후에 생성된 지명으로 추정된다. 현재 덕천군사우 아래 재실
에는 덕천군파 20세손 대종손인 李鎔玖(44세)씨가 거주하고 있으며 마
을 주민들은 덕천군의 손자인 李末孫에서 분파한 常山君派가 대부분을
구성하고 있다. 이곳 태산리 외에 인근의 용암리, 용현리, 가산리 일대는
'상산군 포기'로 일컬을 정도로 상산군파가 전 주민의 90% 이상을 차지
하고 있으며, 그 구심점에 그들의 선조인 덕천군의 사우와 묘소가 자리
잡아 그들의 종족 결속과 왕손으로서의 긍지를 대외적으로 과시하는 상
징 경관이 되고 있다.

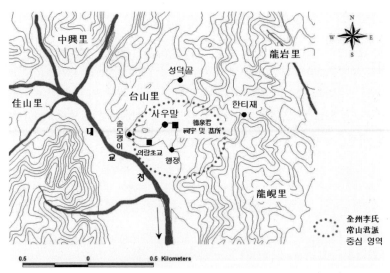

〈그림 3-25〉 사우말(祠宇村)의 주변 지형(공주시 의당면 태산리)

그런데 사우말이라는 지명이 1739년 생기기 전 이곳의 지명은 '새터
(新垈)'였다고 한다.[44] 전주 이씨 상산군파의 공주 儀郞面 台山 입향조
는 常山君 이말손의 손자인 牧使公 李夢慶(1546~?, 묘소: 태산리 관불
산 龜頂)이다. 그의 부친은 平壤令 李堯年(묘소: 경기 양주 주내면)이고
모친은 公山 李氏로 임진왜란 당시 외가인 이곳으로 낙향했다고 전한다.
그러나 현재 의랑면(현 의당면) 일대에는 공산 이씨가 거주하지 않으며
이몽경이 입향할 당시의 지명이 새터(新垈)였다는 사실은 16세기 후반
의랑면 태산리에 거주하던 공산 이씨의 실체와 내력이 확인된다면 지명
자료를 확보할 수 있을 것으로 보인다.

　사우말은 전주 이씨 덕천군파의 시조를 현창하고 대종손의 宗系를 보
호하기 위해 그 지파인 상산군파의 봉선 활동으로 생성된 지명이다.[45]

---

44) 면담: 이은서(남, 85세)(공주시 의당면 태산리 행정), 李鎔玖(남, 44세)(태산리 사우
　　말)(2008.9.2) 등.
45) "重修祠宇하고 益置祭田하여 以盡其尊祖重宗之義하니"[『全州李氏德泉君派譜(5

그들은 쇠락해 가던 덕천군사우와 몰락한 종손을 상산군파의 세거지인 당시 의랑면 태산리 새터 마을로 이건하였고, 이를 통해 종족의 계보 의식을 명확히 하고 타 종족에게 자신들의 영역을 부각시키기 위해 사우말이라는 지명을 생성하였다.[46] 나아가 이 지명은 전주 이씨 상산군파 종족 구성원들의 효 관념과 긴밀한 종족 의식을 재현하고 재생산하는 유교적 이데올로기 지명으로 기능하고 있다.

〈표 3-20〉 사우·재실 명칭 표기 지명의 변천

지명	輿地 (1757~ 1765)	戶口 (1789)	東輿·大圖·大志 (1800년대 중엽)	舊韓 (1912)	新舊 (1917)	현재	비 고
사우말	·	·	·	祠宇里		사우말, 祠宇村 (공주시 의당면 태산리)	*德泉君祠宇 에서 유래
영모암 (영밤)	·	·	·	永慕里	永慕里	영모암, 永慕 영밤, 永慕里 (서천군 기산면)	*한산 이씨의 墳菴인 永慕 庵(목은영당) 에서 유래
거정터 (붉절골)	居正垈里 赤寺谷面	居正里 赤寺谷面	赤寺谷面	居正里 高井里 赤寺谷面 內赤面	高井里	거정터, 居正터, 거정치, 居正垈, 붉절골, 赤寺谷 (논산시 연산면 고정리)	(垈 탈락) (居正)居正· 高井)

이외에 종족의 사우와 재실 명칭을 지명에 결합시켜 조상 숭배의 유교적 이데올로기를 재현하는 지명으로 다음과 같은 사례들이 있다. 서천군 기산면(옛 한산군 서하면)의 '永慕里'는 韓山 李氏 牧隱 李穡(1328~1396)의

卷)(知先錄)』「始祖德泉君祠宇重建記」(癸未譜, 2003)].

46) 『全州李氏德泉君派譜(5卷)(知先錄)』(癸未譜, 2003)의 「始祖德泉君祠宇重建記」에는 조선 영조 때 전주 이씨 상산군파 李光彦(1681~?)이 당시 연기현 南面 防築里에 쇠락해 있던 덕천군 사우를 확인하고 1737년 겨울(丁巳冬)에 그곳에 거주하던 어린 종손을 데리고 서울 종친들에게 보인 후, 1739년에 마침내 이곳 공주목 의랑면 태산리로 이건한 사실이 기록되어 있다.

永慕庵(牧隱 影堂)　　　　　　丙舍　　　　　　永思菴(高井菴)
(충남 서천군 기산면 영모리)　(논산시 노성면 병사리)　(논산시 부적면 신풍리)

〈그림 3-26〉 지명 생산을 유도한 墳菴 및 齋室

畫像을 모신 '永慕影堂'에서 유래한 지명이다. 현재 영모리에는 文獻書院과 永慕影堂, 永慕齋閣, 藏板閣, 牧隱 李穡 墓所 등이 위치하고 있어 한산 이씨 주요 종족경관의 전시장과 같은 곳이다. 이 중 한산 이씨의 현조인 목은 이색의 화상을 모신 영당 이름을 촌락 지명으로 사용함으로서 종족의 결속과 함께 한산 이씨의 장소 아이덴티티를 구축하고 있다<그림 3-26>.

논산시 노성면(옛 노성현 장구동면)에 있는 '丙舍里'는 坡平 尹氏 魯宗五房派의 墓幕이자 재실 기능을 하는 '丙舍'에서 유래한 지명이다. 병사는 尹昌世(1519~1577)가 先考인 尹暾(1519~1577)의 묘소를 관리하기 위해 1574년(선조 7)에 지은 것으로 전한다. 현재 병사에는 1630년대에 尹宣擧(1596~1668)가 선조의 묘소를 지키기 위해 지은 守護舍와 德浦公 尹摺의 재실을 포함하여 구한말에 세운 永思堂, 誠敬齋, 관리사 등이 있다. 병사는 노성 파평 윤씨의 가장 중요한 상징 경관이자 종약과 종계 등의 종중활동이 매개되는 장소로 활용되고 있으며, 봉선을 위한 유교적 이데올로기를 재현하고 있는 지명이기도 하다.

마지막으로 논산시 연산면(옛 연산군 적사곡면)에 있는 '高井里'는 光山 金氏의 墳菴인 '永思菴'(현 논산시 부적면 신풍리 산11-1)과 관련된 지명이다.[47] 영사암은 1475년(성종 6)에 옛 사찰의 터에 건립되었으며 건립 당시의 명칭은 '高菴寺'였다.[48] 그 후 고암사는 '高井寺'(1705년),

'高井菴'(1758년), '高井永思菴(高井山永思菴)'(1758년)이란 이름으로
변경되어 촌락 지명인 '高井里' 생성에 일정한 영향을 미친 것으로 보인
다.[49] 그런데 고정리의 지명 생성에는 또 하나의 다른 유연성이 작용하
고 있다. <표 3-20>에 제시된 바와 같이 고정리에 있던 廢寺에서 유래
한 '거절터>居正垈里>居正里>高井里(거정터)'와 '붉절골>赤寺谷'이
촌락 지명 高井里와 면 지명으로서의 赤寺谷面 생성에 또 다른 유연성
으로 영향을 미친 것으로 보인다. 현재 고정리에는 광산 김씨 입향 始祖
母로 알려진 陽川 許氏의 정려, 묘소, 재실(永慕齋)이 있고, 김철산과 김
장생의 묘소와 김국광의 사당, 김호와 김계휘를 제향하는 모선재, 김장
생의 별묘 등이 있어 연산 광산 김씨(連山 光金)의 성지로 여겨지는 곳
이다. 선조의 묘소 관리와 묘제를 위해 건립된 분암의 명칭에서 유래한
'高井里'는 광산 김씨 종족 구성원들의 효 관념과 긴밀한 종족 의식을
재현하고 재생산하는 유교 이데올로기적 지명이다.

(7) 중국의 고사·경전·유적을 인용한 지명

공주목 진관 구역에는 儒敎(儒家, 儒學)의 근원지인 중국의 유명 고
사나 유교 경전, 유적과 연관되거나 이를 전부 지명소의 표기에 인용한

---

47) 墳菴은 조상의 묘소를 수호하기 위해 마련한 소규모 암자로서 조선 초기에 주로
설립되어 승려가 주재하고 불교적인 시설이 부속되어 있는 경우가 많았다. 분암
은 고려 시대의 願堂(願刹)이 조선 후기의 재실로 변형해 가는 과도기적 형태를
보이며 조선의 유교적 묘제사와 재실 제도가 정착되기 이전의 모습을 확인할 수
있다(이해준, 2004, 24~25).

48) 현재에도 옛 사찰 터임을 가늠케 하는 '논산 신풍리 磨崖佛'(고려시대, 신풍리 산
11-1)이 영사암 바로 뒤의 암반에 새겨져 있다. 마애불 동쪽 옆 샘 옆으로 나있는
오솔길을 따라 넘어가면 바로 고정리에 위치한 광산 김씨 시조모인 陽川 許氏의
묘역이 있다. 면담: 金永燾(남, 62세)(논산시 부적면 신풍리 풍덕말)(2008.10.31) 등.

49) "癸巳春(1473년) 塋外古寺舊基 請輿山人智禪明月等 鳩財營建 二十六間 明年 功
訖 名曰 高菴寺 仍造觀音妙像 以爲堂主"[『先祖創立高菴誌鐵券後錄』(光山金氏
門中, 1475~1800)].

지명들이 분포하고 있다<표 3-21>. 공자의 탄생지[魯國 昌平鄕 鄒邑 (山東省 曲阜)]와 지명이 부합되었던 闕里村, 尼丘山(尼山), 魯城 지명 이 있고, 중국 문명을 상징하는 中華를 인용하여 지명소에 '華'를 표기 한 지명들도 있다.[50] 혹은 중국 명나라의 마지막 황제인 毅宗의 연호(崇 禎)를 지명 표기로 사용하여 대명의리론과 소중화의 이데올로기를 재현 하는 지명들이 있는가 하면 유교 경전의 글귀나 시구에서 지명 표기자를 따온 지명들도 있다(關雎洞, 問童洞 등). 또한 중국의 유명 고사나 유적 을 인용한 지명(叩馬里, 錢塘, 高丹坪 소재 지명 등) 등도 존재한다.

이들 유교 지명들은 대부분 조선 후기의 성리학과 예학의 발달, 그리 고 양란 이후 조선 지식인 계층에 팽배했던 소중화 사상에 편승하여 명

---

50) 淸州 華陽洞(현 충북 괴산군 靑川面 華陽里)은 조선 후기 서인 노론의 영수였던 尤庵 宋時烈(1607~1689)의 小中華 사상이 여지없이 재현(representation)된 장소 이다. 화양동은 원래 '黃楊木(회양목)이 많은 곳'이라는 자연적인 유연성에서 유 래한 지명이었으나, 우암 송시열에 의해 중국을 뜻하는 중화의 '華'와 '一陽來復 [『易經』(復卦)]'의 '陽'을 취해 華陽洞이라 고쳤다고 전한다. 그와 그의 제자들 (閔鎭遠 등)은 이곳에 朱子의 武夷九曲을 재현하는 九曲(擎天壁, 雲影潭, 泣弓岩, 金沙潭, 瞻星臺, 淸雲臺, 臥龍臺, 鶴巢臺, 巴串)을 이름 지어(naming) 그가 이상하 는 중화의 성리학적 세계를 형상화하였고, 나아가 모든 일상생활의 행위 준거를 주자에게서 찾았다[華陽誌(宋周相 編, 1744년)]. 이곳에서 우암은 중국의 생활방 식을 따르며 명나라 태조 때의 복식인 襴衫과 平頂巾을 애용했으며, 그의 內子에 게도 명나라 여자처럼 쪽을 찌게하고 아이들에게는 머리를 雙角으로 따서 드리우 게 했다 한다. 또한 청나라에 망한 명나라 마지막 황제 毅宗의 친필인 '非禮不動' 을 얻어 화양동 석벽에 새기고 그 글은 인근 煥章庵이라는 절에 보관하여 명나라 가 망한 날 제사를 지내게 했다. 여기에서 유래한 것이 그의 遺命으로 수제자(嫡 傳)인 遂菴 權尙夏(1641~1721)가 조선 숙종 30년(1704)에 건립한 萬東廟이다. 만동묘는 명나라의 神宗과 毅宗의 위패를 모시고 제사 지내던 곳으로 萬東廟庭 碑가 남아 있다. 수암 권상하는 "…(우암)선생이 이에 지팡이를 끌고 시를 읊으니 그 소리가 마치 金石이 울리는 듯이 맑았다…주자가 武夷山(武夷精舍)의 초가에 서 누리던 맑은 흥취와 비교하면 어느 것이 낫겠는가?(先生乃曳杖嘯詠 響如金 石…其視武夷茅棟 淸興孰優也)"[『寒水齋集』卷22 記(嚴棲齋重修記)(1721년)]라 며 중화와 주자에 대한 흠모와 동경을 표현했고, 이를 통해 주자학적 이데올로기 의 재현을 계승하였다.

명된 지명들이다. 이 지명들은 당시 조선 사회의 지배 이데올로기를 재
현하고 특정한 사회적 주체의 장소 아이덴티티와 영역성을 강화해 주고
있다.

〈표 3-21〉 중국의 고사·경전·유적을 인용한 지명

지명	현 행정구역	지명의 유연성 및 사회적 관계
尼山, 魯山, 尼城, 魯城	논산시 노성면	*孔子의 고향인 魯나라 昌平鄕 鄹邑(山東省 曲阜) 魯城·闕里村·尼丘山(尼山) 등의 동일시 *孔子(名: 丘, 字: 仲尼)
魯溪	논산시 노성면(장구동면) 가곡리	
魯洞	계룡시 두마면	
曲阜(고부실)	부여군 은산면(공동면) 가곡리	*공자의 출생지와 관련시켜 훌륭한 성현이 태어날 거라 인식함(『扶餘郡誌』, 2003, 401) *曲阜書堂이 있었음
東華洞(동화울)	대전시 유성구(구즉면) 관평동	*小中華 사상의 표현 *延安 金氏 종족촌
華陽里	청양군 목면(목동면) 화양리	
	공주시 우성면(우정면)	
華陽面	서천군 화양면	*新生 지명(1914년)(華陽山의 이름에서 유래)
皇華山	논산시 등화동	
華山	대전시 유성구(현내면) 덕명동	*廣州 李氏 종족촌
華山里	서천군 기산면 화산리	*신생 지명(1914년)
	연기군 조치원읍(북일면)	
崇禎山, 崇禎里	서천군 기산면(서하면) 영모리	*명나라 마지막 황제 毅宗의 연호를 인용
河洛里(사랑말)	논산시 연산면(내적면) 청동리	*河圖와 洛書(周易) 관련 지명

지명	현 행정구역	지명의 유연성 및 사회적 관계
關雎洞(관절골)	대전시 서구(동면) 관저동	*서승지란 인물이 詩傳의 '關關雎鳩'의 문구를 인용해 關雎里라 함 *關雎洞(諺文: 관격골)(『朝鮮』, 1911년)
問童洞, 文洞	공주시 우성면(우정면) 방문리	*唐나라 시인 賈島(777~841년)의 詩(〈尋隱者不遇〉)(松下問童子 言師採藥去 只在此山中 雲深不知處)에서 유래 *마을 인근에 藥山이 있음
蘇堤洞	대전시 동구(외남면) 소제동	*중국 北宋의 東坡 蘇軾(1036~1101)이 杭州의 西湖를 준설하면서 쌓은 제방으로 후세 사람들이 蘇堤라 함
錢塘골	연기군 서면(북이면) 쌍전리	*중국 浙江省 杭州의 옛 이름인 錢塘에서 유래
博約齋(연정)	공주시 반포면 공암리	*博文約禮라는 문구에서 인용함
叩馬里	서천군 화양면(남상면) 고마리	*백이숙제 고사(伯夷叔齊 叩馬以諫)와 관련
富春山, 子陵臺, 七里灘(高 丹坪)	공주시 사곡면 고당리	*중국 漢나라 武帝 때의 隱人 嚴子陵이 은거하던 浙江城 桐廬縣의 지명들(富春山, 子陵臺, 七里灘)을 인용함

중국의 고사·경전·유적을 인용한 유교 지명을 '魯城'과 '闕里祠', 그리고 고단평의 '富春山·七里灘·子陵臺' 사례를 통해 구체적으로 살펴보았다. 현재 충남 논산시 魯城面은 조선시대 충청도 魯城縣의 핵심 지역으로 그 표기는 유교의 창시자인 공자와 그의 고향을 연상케 한다. 그런데 '魯城' 지명의 전신인 '尼山'이란 지명은 삼국 시대 백제의 군현이었던 '熱也山縣'의 '熱也~'가 통일신라 경덕왕 16년(757)에 '尼~'로 표기 변화되어 생성된 지명이다<표 3-22>. 이때 '熱也>尼'의 변화 과정에 작용한 정확한 차자표기 유형이 규명되지는 않았다. 그러나 본 연구는 이 변화 과정에서 발생한 '尼'라는 전부 지명소가 공자의 탄생지인 중국 山東省 曲阜 闕里村 인근에 있다는 '尼丘山(尼山)'의 '尼丘~'나 '尼~'와는 본래 전혀 상관이 없는 다른 의미를 지닌 표기였을 것으로 판단한

다. 그러나 후대에 유교적인 지명 인식이 강화되면서 '尼山>魯城'의 변화와 함께 '尼山'과 '魯城'에 대한 해석에 유교 및 공자와 관련된 견강부회가 이루어졌을 것으로 본다.[51] 이와 관련된 구체적인 지명의 변천 과정을 살펴보면 다음과 같다.

〈표 3-22〉 魯城 지명의 변천(삼국 시대~현재)

시기 군현	三國 (백제)	統一新 羅 경덕왕16 (757)	高麗 태조23 (940)	朝鮮 태종13 (1413)	朝鮮 고종32/33 (1895/1896)	日帝 대정3 (1914)	현재	비고
노성	熱也山縣	尼山縣	尼山縣	尼山縣 *尼城縣	*魯城郡	魯城面	魯城面	*尼城(尼山+石城) (太宗14년, 1414) *尼山>尼城(正祖 즉위년, 1776) *尼城>魯城(純祖 즉위년, 1800)

먼저 757년에 '熱也山'이 표기 변화되어 생성된 '尼山'이란 지명은 조선 초기까지 큰 변화 없이 지속되다가 조선 태종 14년(1414)에 인접한 石城縣과 병합하여 混成 地名(合成지명, blending place name)인 '尼城'(尼山+石城)이 생겼다가 2년 후에 다시 두 현으로 분할되면서 원 지명인 '尼山'을 회복하여 18세기 후반인 정조 대까지 존속된다.[52] 그 후 경덕왕(757년)에 의해 개정되어 1000년 넘게 사용되어 오던 '尼山'이란 지명은 조선 정조 즉위년(1776)에 '尼城'으로 후부 지명소가 변화되기에

---

51) '尼山'과 '魯城'에 대한 해석에 유교 및 공자와 관련된 지명 인식이 작용한 사실은 뒤에 살펴 볼 '闕里祠' 창건 과정에 적나라하게 나타나고 있다. 그러나 '尼山>魯城'의 변화 과정에는 유교적인 지명 해석과 함께 조선 시대 유행한 특정 인물의 '名字'와 '名字와 유사한 음을 가진 글자'를 부르거나 사용하지 않으려는 '避諱' 사상과 깊이 관련되어 있음을 조사 결과 확인하였다. 특히 임금의 이름은 재위 시에는 '御名', 사후에는 '御諱'로 불리어 특별히 대우하였다.
52) "太宗十四年合石城號尼城縣十六年復析置縣監"[『新增』(尼山縣 建置沿革條)(李荇, 1530년)].

이른다. '尼城(니성)'으로 지명을 개정한 이유는 다름 아닌 정조가 즉위하면서 정조의 본명인 '李祘(이산)'과 '尼山(니산)'의 발음이 동일하여 이를 피휘했기 때문이었다.[53]

그리고 24년이 지난 1800년에는 다시 '尼城'을 현재 사용하고 있는 '魯城'으로 개명하게 되는데, 이때에 작용한 지명 개정 사유 또한 죽은 정조의 이름을 피휘하기 위해서였다.[54] 그런데 1800년의 지명 개정 과정과 사유에는 의문스런 부분이 있다. 정조가 즉위하면서 현직 임금의 이름자를 피휘하는 것은 이해가 되나, 1800년 순조가 즉위하는데 선대 왕인 정조의 바뀐 御諱를 다시 거론하면서 다름 아닌 魯城, 즉 공자의 출신 국가를 떠오르게 하는 지명으로 개명한 것은 쉽게 납득되지 않는다.[55] 그리고 해당『朝鮮王朝實錄』의 기사 구성에 있어서도 魯城의 지명 개정 사실을 다른 것보다 먼저 기록한 것은 특정한 사회적 주체에 의한 은폐된 지명 개정 의도가 있는 것은 아닌지 의심하게 한다.

---

53) "호조의 算學算員을 籌學計士로, 理山은 楚山으로, 尼山은 尼城으로 고쳤으니, 발음이 어명과 같았기 때문이었다(改戶曹算學算員爲籌學計士, 改理山爲楚山, 改尼山爲尼城, 以御名音同也)"[『朝鮮王朝實錄』, 正祖 1권 즉위년(1776년 丙申) 5월 22일(壬辰) 5번째 기사].

54) "尼城의 邑號를 魯城으로, 利城을 利原으로 고쳤다. 선조의 御諱와 글자 음이 비슷하기 때문이었다(改尼城邑號爲魯城, 利城爲利原, 避先祖御諱字音相似也)"[『朝鮮王朝實錄』, 純祖 1권 즉위년(1800년 庚申) 8월 20일(庚午) 4번째 기사].

55) 이와 관련하여 안대회(2010)는 정조의 명에 의해 편찬된 우리나라 한자음을 정리한 韻書『奎章全韻』(1796.8.11)의 반포와 함께 '祘'의 발음이 '산>성'으로 공식 변경되었으며, 그 시기를 기준으로 정조의 어명 또한 '이산>이셩(이성)'으로 바뀌었음을 제시하였다. 그러나 바뀐 어명의 발음과 유사한 지명 및 인명 등의 개정 과 같은 후속 조치는 정조 사후이자 순조의 즉위년인 1800년 8월 이후에야 시작됐음을 언급하였다. 한편 그는 자손이 번성했던 '徐滄(서성)' 이름자의 자리를 차지하려는 목적을 제외하고 어명을 개정한 다른 명확한 근거와 동기가 아직 밝혀지지 않았으며, 또 다른 정치적 요인이 작용했을 가능성도 배제하지 않았다.

〈표 3-23〉 魯城 지명의 변천(조선 시대)

지명	新增 (1530)	東國 (1656~1 673)	興地 (1757 ~1765)	戶口 (1789)	東輿·大圖·大志 (1800년 대 중엽)	舊韓 (1912)	新舊 (1917)	현재	비고
노성 (니산)	尼山縣, 魯山, 尼城-郡 名條 魯山-山 川條	尼山縣- 郡名條 魯山- 山川條	尼山縣,魯 山, 尼城, 恩山- 郡名條 魯山- 山川條 魯城山烽 燧-燧燧 條	尼城縣	魯城縣 魯城倉 (恩津縣 內)	魯城郡	魯城面	魯城面, 魯城山, 魯山, 尼城山, 魯城烽燧, 봉우재, 성재 (충남 논산시)	*지명 영역 축소됨 (尼山· 魯山〉尼 城〉魯城)

특히 1800년의 지명 개정 이전에 尼山이나 尼城을 孔子의 고향인 '魯國 昌平鄕 鄒邑(山東省 曲阜) 闕里村'과 연관시켜 동일시(identification) 하려는 '지명 담론(discourse of place name)'이 이미 형성되어 정상화되 었을 가능성도 배제할 수 없다. 실제 『新增』(1530)과 『東國』(1600년대 중반), 『輿地』(1700년대 중반)의 尼山縣 山川條 기록에는 '魯山'이 등재 되어 있으며, 『輿地』의 燧燧條 기록에는 '魯城'이란 지명이 직접 표기된 '魯城山烽燧'가 등재되어 있기 때문이다〈표 3-23〉.56) 현재에도 노성면 읍내리와 교촌리 북쪽에 있는 노성의 진산을 '魯山', '尼城山', '魯城山', '魯城烽燧'(봉우재, 성재) 등으로 부르고 있는 사실에서도 이러한 가능성을

---

56) '魯城'이란 지명이 공식적으로 등장한 1800년(純祖 즉위년) 이전[1791년(正祖 15)~1798]에도 '魯城'이란 지명이 사용된 기록들이 발견된다. "호서의 살인사 건 죄수 김계손 형제를 특별히 방면하다 … 계손과 그 아우 김성손은…그 뒤를 추적하여 魯城 땅에서 찔러 죽였다(…刺殺於魯城也…)"[『朝鮮王朝實錄』, 正祖 33권 15년(1791년 辛亥) 9월 20일(壬辰) 4번째 기사]; "호서, 관서에 설진하였는 데 정월부터 시작해서 이제야 진휼을 마치다. 호서의 公賑은 공주, 魯城, 석성(… 湖西公賑 公州 魯城…)"[『朝鮮王朝實錄』, 正祖 35권 16년(1792년 壬子) 5월 28 일(乙丑) 1번째 기사]; "…魯城…"(『朝鮮王朝實錄』, 正祖 42권 19년(1795년 乙 卯) 5월 21일(辛未) 2번째 기사]; "…魯城…"(『朝鮮王朝實錄』, 正祖 48권 22년 (1798년 戊午) 5월 12일(乙亥) 6번째 기사].

확인할 수 있다.

1800년 '魯城'이란 지명이 생성되기 이전, 이미 일반화되어 언중들에 의해 통칭되던 尼城 고을의 별칭 '魯城'이 1800년 새로운 왕의 즉위를 계기로 공식적인 지위를 얻기 위해 지명 개명을 시도한 것으로 보인다. 이때 개정 이유로 거론된 "선대왕(정조)의 어휘와 음이 비슷하다"는 논리는 일상화된 '지명 담론'을 '공식적인 지명 개정'으로 성취하려는 우연한 계기에 불과했던 건 아닌지 의심스럽다. 이때 공식 지명으로서의 '魯城'에는 유교의 정신적 구심점인 공자와 그의 고향을 동일시하려는 의미 부여가 투영되어 있다. 나아가 특정한 사회적 주체의 유교 이데올로기를 재현하고 그들이 거주하는 장소를 공자가 태어난 '신성한 魯나라'와 연관시킴으로서 자신들의 장소 아이덴티티와 영역성을 강화하려는 의도가 엿보인다.

여기에서 언급된 '특정한 사회적 주체'란 중앙 정계에서 지명 개정을 성취할 수 있는 일정한 권력을 지닌 실체이어야 하며, 필자는 그들을 1700년대 후반 魯城에 세거하던 서인 소론 계열의 '坡平 尹氏 魯宗五房派'일 것으로 조심스럽게 추정한다. 그러나 구체적인 입증 자료가 확인되지 않아 단정할 순 없는 상황이나, 노성현 궐리촌에 공자의 영당인 '闕里祠'가 1716년(숙종 42)에 건립되는 과정에서 당시 '尼山'을 공자의 고향과 관련시켜 인식하거나 동일시하는 기록들을 찾을 수 있다. 이는 '尼山'과 '尼城'을 '魯城'으로 개정하는데 결정적인 추진력이 되었던 재지 사족들의 공감대가 이미 형성되어 있었음을 짐작케 한다.

魯城 闕里祠(논산시 노성면 교촌리 294)는 공자 사당으로서 향교의 文廟를 벗어나 다른 곳에 건립되었던 특별한 의례 공간이다<그림 3-27과 3-28>.[57] 노성 궐리사는 공자에 대한 지명의 동일시 과정에서 건립

---

[57] 공자를 배향한 사당으로 향교의 문묘 이외 장소에 건립된 최초의 서원은 1556년(명종 11) 강원도 강릉에 세워진 五峯書院이다. 이후 함경도 함흥의 文會書院

〈그림 3-27〉 魯城山(좌)과 闕里祠(우) 전경

*주 : 노성산 아래로 노성 향교와 명재 윤증의 고택이 있다. 명재 고택에서 동쪽으로 100m 부근
에 있는 '넘말'에 현재의 궐리사가 위치한다. 궐리사 서편으로는 孔子의 石像과 함께 '闕
里'라는 각자가 새겨진 石柱가 있다.

된 공자 사당으로 이러한 동일시 과정은 중국 선현을 배향한 서원이나
사우에서 어렵지 않게 발견할 수 있다.[58] 노성에 궐리사가 입지한 결정
적인 원인은 공자 출신지 지명과의 '地名 符合' 때문이었다. 당시 尼山
(魯城)에는 진산인 '魯城山'이 있고, 산의 정상에는 '尼丘峰'이 있으며
그 아래로 '闕里村'이란 마을이 있었다. 이 지명들은 모두 공교롭게도
공자가 생장한 '魯나라 曲阜'의 지명들과 일치하였다.[59] 이러한 지명 부

(1575년), 福川書院(1641년), 華城 闕里祠(경기도 오산시 궐 1동 147) 등이 건립되
었으며, 현재는 이곳 魯城 闕里祠와 華城 闕里祠만이 남아 있다(이욱, 2007, 4).
58) 魯城 闕里祠의 창건 과정에서 작용한 지명 동일시(공자 탄생지 지명과의 부합)는
다른 서원과 사우 건립에서도 쉽게 찾아볼 수 있다. 조선 숙종 때 진사 李興靑는
강원도 횡성현 동편에 '仲尼峯과 孔朱川'이란 지명이 있다는 사실을 알고 그곳
유림들과 함께 공자 화상을 봉안할 사당을 건립하였으며, 공자를 처음으로 배향
한 강원도 강릉의 五峯書院 역시 서원 가까이에 소재한 '尼山'의 지명에 의해 세
워졌다. 또한 노성 궐리사와 비슷한 시기에 지어진 전라도 함열현 孔夫子 影堂도
인근에 있던 '孔谷, 丘山' 등의 지명 부합을 통해 건립의 정당성을 찾고자 한 사
례이다(이희덕, 2004, 69; 이욱, 2007, 6-7).
59) "我東雖僻在海隅 禮樂文物慕倣中華 自昔已有小中華之稱…地名之符…卽欲寓其
百世不忘本之意者"[『丈巖先生文集(24卷)』(孔夫子眞像祠宇記)(鄭澔,

합은 궐리사의 건립과 존치 과정에서 근본적인 정당성으로 작용하여 왔으며, 1800년 尼城을 魯城으로 지명을 개정하게 한 본질적이고 합법적인 '지명 담론'으로 역할하게 된다.60)

한편 궐리사는 서인 노론 세력에 의해 주도되어 건립되었으며, 정작 궐리사가 건립된 尼山(魯城)은 당시 노소론 분당의 대립 축을 형성하던 서인 소론의 핵심 근거지로 소론의 영수였던 明齋 尹拯(1629~1714)의 가택과 매우 가까운 위치였다. 1805년(순조 5)에는 원 위치에서 현재의 '넘말'로 이전하게 되어 명재 윤증 고택과는 동편으로 100m의 지척에 세워져 오늘에 이르게 된다. 건립 당시부터 재지적 기반을 갖추지 못한 궐리사는 이후 존속 과정에서 '懷尼是非'에서 촉발된 노소론 대립의 치열한 격전장(battle field)이 되었다.

1648~1736)]; "(領議政)在魯曰 尼山謂之魯岡 似以此而設影堂也 (兵曹參知)榮國曰 有地名闕里 故設影堂 而孔姓人所主掌云"[『承政院日記』, 英祖 17년(1741) 8월 1일(癸巳)]; "忠淸道尼城縣 有所謂魯城山 山下有闕里村"[『承政院日記』(李濟臣 等 上書), 英祖 34년(1758) 9월 29일(壬子)]; "忠淸道尼城縣 有魯城山 山之下 有闕里村 山名村號 偶同於孔夫子生長之鄕"『承政院日記』(金履恭 등 疏), 정조 즉위년(1776) 11월 29일(丁酉)].

60) 이와 관련하여 특히 1774년 鄭弘臣의 상소가 주목된다. 그는 尼山에 孔子祠堂이 있는데 읍의 뒷산이 魯城山이고 읍명이 尼山이며 사당 터가 옛 闕寺라고 지적하면서 魯城은 魯國과 상응하고 尼山은 尼丘山과, 闕寺는 闕里와 상응하여 이곳에 공자의 화상을 모시는 사우를 건립하게 되었다고 설명하였다. 尼山 주변에 분포하는 지명들을 공자가 생장한 곳의 지명과 적극적으로 대응시키려는 이러한 동일시의 지명 인식이 이후 1800년 尼城을 '魯城'으로 개정하게 하는 근본적인 원인이 되었음을 짐작케 한다["是乃文宣王孔子祠堂也 是邑後山名魯城 邑名尼山 基名古闕寺 故孔氏之子孫在我國者及當時道學君子以爲 魯城應魯國 尼山應尼丘山 闕寺應闕里 於是立夫子畵像祠宇矣"(『承政院日記』(鄭弘臣 疏), 英祖 50년(1774) 8월 7일(戊子)].

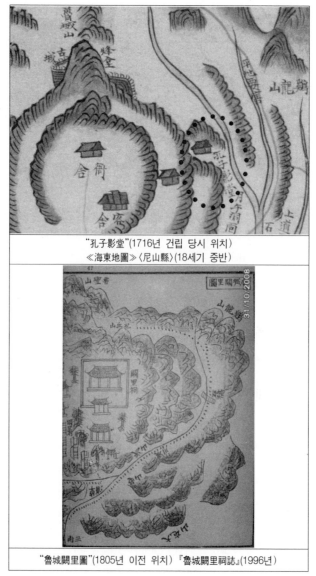

"孔子影堂"(1716년 건립 당시 위치)
≪海東地圖≫〈尼山縣〉(18세기 중반)

"魯城闕里圖"(1805년 이전 위치)『魯城闕里祠誌』(1996년)

〈그림 3-28〉 공자영당(궐리사)과 노성 궐리도가 표현된 지도

이상에서 살펴본 尼山(魯城) 지명의 변천과 궐리사 건립 과정에서 작

용했던 지명 부합과 지명 동일시 과정은 유교 이데올로기를 尼山(魯城)
이라는 장소에 재현하여 장소 아이덴티티와 영역성을 확보하려한 당시
재지 사족들의 생생한 흔적을 살필 수 있는 사례를 제공하고 있다.

魯城과 闕里祠 사례와 함께 중국 고사의 인용을 통해 특정한 사회적
주체의 장소 아이덴티티를 재현하는 사례로 古丹坪의 '富春山·七里灘·
子陵臺' 사례가 있다<그림 3-29>. 사회적 주체가 장소에 대한 경험과
느낌(sense of place)을 토대로 특정한 아이덴티티를 발전시키면 이는 장
소-근거의 아이덴티티(place-bound identity), 즉 장소 아이덴티티가 된
다. 장소 아이덴티티는 달리말해 장소에 기반한 질적 아이덴티티로도 표
현할 수 있다. 특히 장소 아이덴티티는 사회적 주체가 장소와 맺고 있는
관계들을 근거로 형성되므로 어떤 사람이 어디에 살고 있는가를 통해 그
는 누구인가를 재현해주기도 한다.

이와 관련하여 공주시 사곡면 고당리에 있는 古丹坪은 중국의 은자로
유명한 嚴子陵 관련 지명들을 그대로 촌락 공간 곳곳에 명명한 곳이다.
엄자릉은 중국 漢나라 武帝 때의 隱人으로 무제와의 사적인 인연이 계
기가 되어 무제가 그를 벼슬에 등용하려 하자 이를 피해 浙江城 桐廬縣
으로 숨어 들어가 仕宦의 영광 대신 은둔의 고요를 따른 사람이다. 절강
성 동려현에는 엄자릉과 관련된 지명들인 '富春山', '子陵臺', '七里灘'
이 있으며, 이러한 엄자릉의 고사를 동일시(identification)한 똑같은 표기
의 동일 지명이 이곳 고단평에도 존재하고 있다.

이는 엄자릉이 취한 은자의 유유자적함이 고단평에 거주하는 특정한
사회적 주체에 의해 동일시되면서 촌락 공간에 그대로 투영된 것이다.
그곳에 살고 있지 않는 외부자는 고단평에 존재하는 '富春山', '子陵臺',
'七里灘'의 지명만을 들어도 여기에 어느 성향의 사람들이 살고 있는지
를 짐작할 수 있게 된다. 내부적으로는 이 같은 지명을 통해 사회적 주
체의 장소 아이덴티티가 성공적으로 재현되고 주체가 지향하는 이상향을

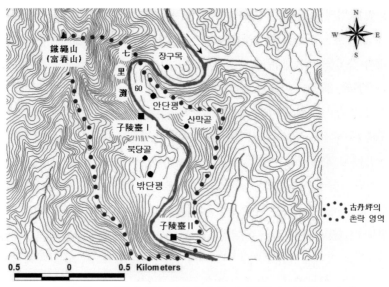

〈그림 3-29〉 고단평의 주변 지형과 촌락 영역(공주시 사곡면 고당리)

촌락의 구성원들과도 공유하게 되면서 일정한 소속감과 같음(동일성), 나아가 집단의 결속을 꾀할 수 있었을 것이다.

중국의 유명 고사를 지명에 인용하여 사회적 주체의 장소 아이덴티티를 재현하고 있는 고단평에 대해 자세히 살펴보았다. 고단평은 현재 공주시 사곡면 고당리 2구의 안단평과 밖(바깥)단평을 말하며, 조선 시대에는 공주목 사곡면의 直村으로 존재했었다. 고단평은 공주 감영(錦營)에서 사곡면 마곡사를 경유해 온양으로 가는 길목에 위치해 있으며, 사곡면 부곡리 태화산에서 발원한 麻谷川이 촌락을 경유해 호계리 維鳩川(銅川, 구리내)으로 합류하고 있다. 마곡천은 고단평을 관통하면서 구조선을 따라 심하게 곡류하고 있으며 하천 주변으로는 鐵繩山(쇠파리산, 富春山)(410m) 등 400m 이상의 가파른 산지가 감싸고 있다. 산지와 마곡천이 접하는 경계 부근에 고단평의 촌락인 안단평과 밖단평이 자리 잡고 있다. 안단평과 밖단평은 공주 금영에서 호계리를 지나 접근할 경우

남쪽 가까이에 있는 마을을 밖단평이라 부르고 마곡천을 조금 거슬러 올라가 밖단평 북쪽에 있는 마을을 안단평이라 구분한다. 촌락 주변의 경관은 마을을 에워싼 높은 산지와 소규모의 경지가 마을 앞 경사지를 따라 분포하고 있으며, 특별한 유교적인 상징 경관은 찾아볼 수 없다.

2005년 현재 43호 104명(남 56명, 여 48명) 가량이 거주하고 있는 고단평은 가장 오래된 마을인 안단평에 약 10여 호가 살고 있고 나머지는 밖단평에 살고 있어 마을의 주요한 시설들이 대부분 밖단평에 위치해 있다. 주요 성씨로는 金海 金氏 4호(15명), 原州 李氏 6호(12명), 醴泉 林氏 3호(7명), 平山 申氏 2호(6명), 坡平 尹氏 2호(6명) 등이 거주하고 있다(사곡면지편찬위원회, 2005, 387-393).

〈표 3-24〉 중국 고사 인용 지명(古丹坪)의 지명 변천

지명	新增 (1530)	東國 (1656 ~1673)	輿地 (1757 ~1765)	戶口 (1789)	舊韓 (1912)	新舊 (1917)	현재	비고
고단평	丹平驛- 驛院條	丹平驛 -郵驛條	丹平里 (우정면) 丹坪驛 -驛院條	古丹坪 (사곡면) 丹坪里 (우정면)	古舟坪洞 (사곡면) 丹坪里 (우정면)	.	안단평, 밖단 평, 古丹坪 (공주시 사곡 면 고당리) 丹坪골, 역말 (공주시 우성 면 단지리)	(旦〉丹)(『世宗』 (충청도 공주목 조)(避諱)(平〉 坪) *丹平驛 (≪大圖≫)

구체적으로 고단평에 존재하는 엄자릉 고사 관련 지명들에 대해 살펴보았다. 우선 고단평에는 조선 초기 日新道 속역이었던 '丹平驛'이 있던 곳이다<표 3-24>.[61] 단평역은 이후 조선 중기 사곡면 호계리로 옮겼다가 다시 현재의 공주시 우성면(옛 우정면) 단지리 丹坪골로 이전하였으

---

61) 본래 '丹平'은 '旦平'이었으나 조선 태조(李成桂, 1335~1408)의 등극 후의 이름인 '旦'과 동일하여 '丹'으로 피휘했다는 사실이 『世宗實錄地理志』(충청도 공주목 조)에 기록되어 있다.

며 이로 인해 '옛날 단평역이 있던 곳'이라는 쇠미의 '古丹坪'이라는 지
명이 생성되었다.[62] 고단평 내에 존재하는 소 지명으로서의 엄자릉 관
련 지명들은 이곳에 거주하는 은둔적 성향의 사회적 주체에 의해 생성된
것으로 보인다.[63] 특히 고단평이 위치한 사곡면 일대는 조선 시대 도참
서인『鄭鑑錄』(南師古)의 '十勝地' 논의에서 거론된 "維麻兩水之間 可
活萬人之地"에 해당하는 곳으로, 예로부터 피란지로 유명한 곳이었다.

현재 고단평에 거주하는 주민들의 대부분은 이곳에 거주한지 오래되
지 않는다. 고단평에서 가장 오랫동안 세거해 오고 있는 김해 김씨는
300년 전인 17세기 경에 경상도 김해에서 이곳 고단평의 잠구먹으로 입
향한 戶長 김윤승의 후손들이다.[64] 이들은 이후 300가구에 달하는 대촌
을 이루어 살다가 지금으로부터 150여 년 전에 '장질부사'라는 돌림병이
돌아 마을을 불태우고 많은 사람이 떠났다는 전설이 있다(사곡면지편찬
위원회, 2005, 390). 김해 김씨 이후로 고단평에 정착한 성씨로는 원주
이씨가 있다. 원주 이씨의 고단평 입향조는 李正淵[조선 헌종 9년(1843)
癸卯生]으로 한일합방이 되던 1910년 직전에 부여군 양화면에서 십승
지를 찾아 이곳으로 이거하였다.[65] 경주 최씨는 150여 년 전 공주목 정

---

62) 조선 시대 단평역이 이전해 간 현재의 우성면 단지리에도 현재 '丹坪골'이라는
지명이 남아 있어 단평역을 유연성으로 하는 지명이 6km를 사이에 두고 동시에
존재하고 있다.

63) 본 연구는 엄자릉 고사와 관련된 지명들을 생성시키거나 혹은 확대 재생산한 사
회적 주체로 과거 이곳 고단평에 거주했던 일부 지식인들을 주목하였다. 필자는
이제형(남, 84세)씨로부터 옛날 고단평에 한학에 밝으신 분들이 거주했음을 제보
받았다. 이들은 南萬雄, 尹讚(일제 시대 사망), 김종락(한국전쟁 후 사망) 등으로
당시 고단평에 있던 서당에서 인근 자제들에게 한학을 가르쳤다고 한다.

64) 현재 김해 김씨의 종손은 천안으로 이사한 김상룡씨이다. 마을 주민들 또한 김상
룡의 11대조인 김윤승이 고단평에 처음 정착한 인물로 평가하고 있으며, 김해 김
씨의 종산 3~4정보가 아직도 고단평 주변에 남아 있다(사곡면지편찬위원회,
2005, 389~390).

65) 원주이씨 李正淵은 현재 안단평에 살고 있는 이제형(譜名 李奎鎭)씨의 중조부이
다. 그러나 이정연의 묘소는 부여군 충화면 호치(狐峙)에 있으며 고단평 인근에

안면 유룡리에서 이곳으로 이거해 왔다고 한다.

이후 십승지와 피란지로서의 고단평의 유명세는 해방 전후를 기해 최고조에 달한다. 1944년에는 촌락 인구가 68호 400여명으로 증가했으며, 한국전쟁 당시에는 한산 이씨 등 15호 가량의 피난민들이 정착하였고 충북 단양에서 피난 온 40여 명도 잠시 이곳에 피난했다 마을을 떠났다고 한다. 필자가 면담한 마을 주민들 대부분도 고단평에 정착한 연대가 일제 강점기 이후로 나타났으며,[66] 고단평으로의 이거 동기도 십승지나 피란지를 찾아 이곳으로 온 경우가 많았다.

은둔과 피란을 위해 고단평을 찾은 사람들은 엄자릉의 고사를 동일시하여 촌락 공간에 엄자릉과 관련된 지명을 옮겨 놓았다. '富春山'은 현재 안단평에서 북서쪽으로 바라보이는 '鐵繩山'을 말하며, '七里灘'은 안단평 북서쪽에 위치한 수담박골 앞의 마곡천 여울을 지칭한다. 마지막으로 엄자릉이 한가로이 낚시를 즐겼다는 '子陵臺'는 정확히 고증할 순 없으나 안단평으로 진입하는 다리에서 북쪽으로 20m 부근의 마곡천 가에 있는 일명 '말바위'(큰 말바위, 작은 말바위)이거나, 혹은 고당리 1구에서 밖단평으로 진입하다 지나치는 현재의 '솔밭가든' 옆의 '너븐배'(넓은 배)일 것으로 추정된다<그림 3-30>.

묘소가 나타나기는 이제형의 조부인 李秉英(戊子生, 묘소: 사곡면 가교리 烏谷)부터이다[『原州李氏大同譜(4卷)』(李秉勳 編, 1986, 46-48)].

66) 고단평의 마을 회관에서 면담한 마을 주민들 대부분은 고단평 거주 기간이 100여년을 넘지 않았다. 예를 들어 남양 홍씨인 洪鍾大(남, 70대)씨는 祖父 代인 己卯年(소화 14년, 1939) 큰 가뭄 때 청양군 적곡면(현 장평면) 장구맥이에서 밖단평으로 이거했으며, 용인 이씨인 이영희(남, 70대)씨는 한국전쟁 때인 1951년에 충남 온양에 살다가 외가(원주 이씨)가 있던 고단평으로 이사했다고 한다(면담일: 2008.8.28).

〈그림 3-30〉 부춘산, 칠리탄, 자릉대(충남 공주시 사곡면 고당리 안단평)

*주 : 사진 위쪽으로 富春山(철승산)이 솟아 있고 산 앞으로 마곡천, 즉 七里灘이 곡류하고 있다. 하천 곳곳에 흩어진 큰 너럭 바위들이 子陵臺일 것으로 추정되며, 사진 왼쪽에 있는 마을이 안단평이다.

그러나 현재 엄자릉 고사와 관련된 지명들의 존재에 대해 마을 주민들은 알지 못하고 있다.[67] 현재 문헌에만 존재할 뿐 현지 지명언중들에게는 잊혀 진 엄자릉 관련 지명들에 대해 본 연구는 마을 구성원들의 빈번한 교체, 지명 인식과 사용의 제한에서 그 이유를 찾았다. 앞서 설명한 바와 같이 피란지로서의 고단평은 촌락구성원의 유입과 유출이 빈번했던 곳으로 특정한 사회적 주체에 의해 명명된 '별난' 지명이 안정적이고 지속적으로 통용되기가 어려웠을 것으로 보인다. 또한 은둔적 이상향을 동일시했던 특정 사회적 주체의 '고상하고 부르기 어려운' 한자 지명

---

67) 엄자릉의 고사와 관련된 지명들은 『한국지명총람 4(충남편 상)』(한글학회, 1973), 『공주지명지』(공주대지역개발연구소·공주시 편, 1997), 『寺谷面誌』(사곡면지편찬위원회, 2005) 등에 소개되어 있다.

에 대해 일반 촌락 구성원들(부녀자층 혹은 비지식인층)이 쉽게 인식하
여 사용하기가 제한적이었을 것으로 보인다.

한때 중국의 엄자릉 고사를 인용해 자신들의 장소 아이덴티티를 구축
하려 했던 사회적 주체는 찾아볼 길 없다. 그러나 현재 문헌에만 존재하
고 있는 '부춘산', '칠리탄', '자릉대'라는 지명들은 은둔의 삶을 찾아 언
젠가 이곳을 찾을 뒷사람을 기다리고 있다.

(8) 불교 지명

사회·이념적 지명 중 불교 관련 지명은 대체로 불교를 국교로 숭상한
고려 시대에 로컬(local) 스케일에서 국가적인 스케일에 이르는 전국 곳
곳에서 풍부하게 명명되어 사용되었을 것으로 판단된다. 그러나 숭유억
불 정책을 고수했던 조선 시대에 들어서면서 불교 관련 지명들이 일부
소멸되거나 변형 및 변질되어 존속했을 것으로 보여 진다. 공주목 진관
구역 내에는 불교를 유연성으로 하는 다양한 지명들이 존속하고 있으며,
불교 이데올로기의 쇠퇴와 관련된 지명 변천의 특수성도 발견된다.

불교 관련 지명은 <표 3-25>에서 제시된 바와 같이 사찰의 명칭이
촌락(寺下村)의 명칭으로 사용된 경우도 있으며, 일반 명사로서의 절
(寺)과 절의 외형적 특징(大寺, 黃寺 등), 그리고 사찰 부속물(塔) 등이
지명소로 표기된 지명도 발견된다. 이러한 불교 지명에는 '彌勒院'(청양
군 장평면 미당리)과 '彌勒堂'(연기군 전동면 미곡리), '金剛院'(부여군
은산면 금공리)과 같이 조선 시대 불교의 쇠퇴와 더불어 지명 표기가
전혀 다른 한자로 바뀐 사례도 발견된다.

〈표 3-25〉 불교 지명

불교 지명	현 행정구역	지명의 유연성
彌勒院(彌堂院, 彌勒堂, 美堂)	청양군 장평면(청소면) 미당리	*彌勒堂〉美堂
彌力堂里, 美堂 (미륵당이, 미력당이)	연기군 전동면(동면) 미곡리	*彌力堂里〉美堂
藥師峰	대전시 유성구 방동 – 성북동 부근	
金剛川	청양군 장평면 – 부여군 경계의 금강천	
金剛院, 金剛里	부여군 은산면(공동면) 금공리	*金剛寺가 있던 곳 *金剛里〉琴江里
般若院	논산시(연산현)	*在縣西二里
	공주시 탄천면 분강리 ?	
般若山(성재)	논산시 관촉동	*灌燭寺가 있는 곳
摩耶山	논산시 연무읍 양지리 매화산, 증토산	
觀音浦	부여군 석성면 석성리	
兜率山	논산시(연산현)	
佛岩山 (부처바위)	논산시 성동면(병촌면) 신촌리	
佛明山	논산시 양촌면 중산리	
寺谷, 赤谷(절골)	청양군 장평면(적곡면) 적곡리	
寺洞(절골)	부여군 세도면(초동면) 동사리	*聖林寺가 있던 곳
	부여군 임천면(두모곡면) 두곡리	
	대전시 동구(동면) 신하동	
新寺洞 (새절골)	대전시 동구(외남면) 세천동	
山寺里	부여군 세도면(백암면) 사산리	
花寺 (꽃절골, 고초절)	연기군 금남면(양야리면) 신촌리	*花岩寺가 있음
大寺洞 (한저울)	서천군 화양면(남하면) 대등리	

불교 지명	현 행정구역	지명의 유연성
大寺洞 (한절골)	대전시 중구(산내면) 대사동	
	연기군 소정면(천안군 소동면) 대곡리	*석탑이 있음
黃寺(누른절)	서천군 기산면(서하면) 황사리	
官寺洞(관창골, 관청골, 관동)	논산시 연산면(식한면) 관동리	*官寺洞里>官洞里(寺 탈락됨)
介寺洞 (가재골, 개절)	논산시 양촌면(모촌면) 남산리	*介寺洞里>柯士洞(寺 탈락, 유교 적 표기자로 대체됨)
甘寺谷(감절)	논산시 부적면(적사곡면) 감곡리	*甘寺谷里>甘谷里(寺 탈락됨)
聖堂寺 (성당자리)	연기군 서면(북삼면) 쌍류리	*聖堂寺가 있던 곳
長琴寺洞 (장금절)	청양군 목면(목동면) 송암리	*長琴寺가 있던 곳
南泉寺里 (절골, 탑골, 塔 洞)	청양군 정산면(대면) 남천리	*南泉寺가 있던 곳
正覺里(절골)	부여군 석성면(현내면) 정각리	*正覺寺가 있음
開泰里	논산시 연산면(식한면) 천호리	*開泰寺가 있음
灌燭洞	논산시 관촉동(화지산면)	*灌燭寺가 있음
麻谷里 (寺內里)	공주시 사곡면 운암리	*麻谷寺가 있음
東學洞	공주시 반포면 학봉리	*東鶴寺가 있음(學>鶴)
水源里 (수원골)	공주시 옥룡동(동부면)	*水源寺가 있던 곳
聖(善)根里	공주시 이인면(목동면) 초봉리	*聖根寺가 있던 곳
舊孤雲里 (구곤)	논산시 벌곡면 양산리	*孤雲寺가 있던 곳
新孤雲村	논산시 벌곡면 수락리	*孤雲寺가 있음
靈隱寺村	논산시 벌곡면 덕곡리	*靈隱寺가 있음
道德洞 (도덕골)	청양군 정산면(잉면) 광생리	*道德寺가 있던 곳
塔里	부여군 장암면(남산면) 장하리	*寒山寺가 있던 곳

미륵 사상과 관련된 불교 지명의 일반적 특징과 지명 변천에 나타난 문화정치적 성격들을 청양군 장평면의 美堂里와 연기군 전동면의 미곡리의 사례를 통해 살펴보았다. 먼저 청양군 장평면(옛 정산현 청소면) 미당리의 '미륵당'(미륵댕이, 미당)이란 지명은 미당리에 있는 '石造 彌勒佛像'에서 유래한 지명이다. 현재에도 이 미륵불상이 존재하고 있으며 고려 시대와 조선 초기에는 이 미륵불을 유연성으로 한 역원 지명인 '彌勒院'이 『新增』(1530년)의 驛院條에 기록되어 있었다.

<표 3-26>에서 확인할 수 있는 바와 같이 미륵원은 '彌勒院>彌堂里>彌堂院>美堂里>美堂里'로 지명 표기가 바뀌어 현재 청양군 장평면 美堂里라는 행정 지명으로 통용되고 있다. 특히 『忠清道邑誌』(1835~1849)에서 『舊韓』(1912년) 사이의 70여 년 동안에 표기자가 '彌>美'로 변경되면서 불교 이데올로기를 담고 있는 미륵불상의 유연성이 점차 행정 지명 내에서 쇠퇴하거나 불교 의식이 퇴색해 가는 단면을 발견할 수 있다.68)

〈표 3-26〉 불교 지명의 변천

지명	新增 (1530)	東國 (1656~ 1673)	輿地 (1757~ 1765)	戶口 (1789)	東輿·大圖·大志 (1800년대 중엽)	舊韓 (1912)	新舊 (1917)	현재	비고
미륵당 (미당)	彌勒院 -驛院 條	彌勒院-郵 驛條	·	彌堂里	*彌堂院(驛院 條), 彌勒堂場 (場市條)[『忠清』 (1835~1849)]	美堂里 (적면)	美堂里 (적곡면)	미륵당, 미륵댕이, 미당, 美堂里 (청양군 장평면)	(彌勒〉 彌>美)
미륵당이	·	·	彌力堂 里-道路 條	·	·	美堂里	·	彌勒堂이, 미력당 이, 美堂(연기군 전동면 미곡리)	(彌勒堂〉 彌力堂〉 美堂)

---

68) '彌>美'로의 행정 지명의 표기자 변화는 일제 시대 당시 청양군 적곡면 미당리에 있던 '彌堂場'(매월 3·8일 開市)이 1928년 조사 과정에서 '美堂場'으로 오기되어 변경되는 결과를 야기하였다[『한국데이타베이스(한국사연표)(場市연표)』].

지명	新增 (1530)	東國 (1656~ 1673)	興地 (1757~ 1765)	戶口 (1789)	東興·大圖·大志 (1800년대 중엽)	舊韓 (1912)	新舊 (1917)	현재	비고
금강이	金剛院- 驛院條 金剛川 橋 金剛川- 山川條	金剛院- 郵驛條 金剛橋- 關梁條 金剛川- 山川條	金剛里 金剛川- 山川條 金剛院 (今皆廢)	琴江里	金剛川	琴江里	·	금강이, 琴江 (부여군 은산면 금공리)	(金剛) 琴江)

청양군 장평면의 미당리와 유사한 사례가 연기군 전동면(옛 전의현 동면)의 美谷里에서 발견된다. 전동면 미곡리에는 '미륵당이(미륵댕이, 미륵당)'라는 지명이 있으며 이 지명의 유연성은 바로 장평면 미당리와 마찬가지로 마을 서편에 있는 '미륵부처'에서 유래한 것이다. 전동면 미곡리의 미륵부처는 부처상의 할머니 부처와 돌 모양의 할아버지 부처로 구성되어 있으며, 현재에도 매년 음력 정월 열사흘 오후에 마을 주민들의 추렴으로 제수 음식을 준비하여 고사를 지내고 있다<그림 3-31>. 그런데 미륵당은『興地』(18세기 중반)의 道路條에 '彌力堂里'로 등재되기 시작하여『舊韓』(1912년)에 '美堂里', 1914년 행정구역 개편으로 '美堂＋紙谷'의 1자씩을 취하여 '美谷里'가 되었다<표 3-26>.

1700년대 중반에서 1912년 사이에 미력당리가 미당리로 표기 변화를 경험했으며 이 과정은 장평면 미당리의 경우와 마찬가지로 불교 이데올로기의 쇠퇴와 맥을 같이 하는 것으로 해석된다. 또한 장평면 미당리가 원 지명인 美堂里를 유지한 것과는 달리 1914년 혼성지명인 美谷里가 되면서 행정 지명에서 미륵부처의 존재를 찾기란 쉽지 않게 되었다. 그러나 행정용의 '美谷里'란 지명이 겪은 혼란스런 변화와는 달리 미륵부처와 함께 살고 있는 마을 주민들은 일상생활에서 미륵부처의 유연성을 경험으로 확인하고 있으며, 이로 인해 '彌勒堂'이라는 지명을 널리 통용하고 있다.[69]

〈그림 3-31〉 미륵당이 마을 원경과 미륵부처(충남 연기군 전동면 미곡리)
*주 : 왼쪽 사진 중앙에 보이는 철탑 아래가 '미륵당이' 마을이며, 마을이 기댄 능선의 남서쪽 끝
에 미륵부처가 있는 당집이 위치한다.

불교의 미륵사상과 관련된 미륵당 사례와 함께 부여군 은산면(옛 공
동면) 금공리에는 백제 시대 사찰의 명칭에서 유래한 지명인 '금강이'가
있다. '금강이'라는 지명의 공식적인 등재는 <표 3-26>에 제시된 바와
같이 고려 말 조선 초에 존재했던 역원지명인 '金剛院'에서 비롯되며,
『新增』(1530) 기록에는 '金剛川橋', '金剛川'이 동시에 등재되어 있다.
전부 지명소를 '金剛~'으로 하는 지명의 유연성은 백제 시대 이곳에 실
존한 金剛寺에서 찾을 수 있다.[70] 그러나 백제 시대 사찰인 금강사에서
유래하여 불교적인 의미가 뚜렷했던 '金剛'이란 지명은 조선 후기에 표
기가 변경되기에 이른다. 즉 『戶口』(1789)의 기록에 『輿地』의 '金剛里'
를 대신하는 '琴江里' 라는 지명이 등재되면서 그 표기 변형의 단초가

---

69) 면담: 최삼례(여, 85세)(연기군 전동면 미곡리 미륵당이)(2008.8.19) 등.
70) '金剛'이란 말은 불교와 깊이 관련된 용어로 大日 如來의 智德이 견고하여 일체
   의 번뇌를 깨뜨릴 수 있음을 표현한 말이다. 불교계에서의 금강이란 말의 용례는
   '金剛經', '金剛般若經', '金剛經三家解', '金剛經五家解', '金剛經諺解', '金剛經
   五家解說誼', '金剛經六祖諺解', '金剛戒', '金剛界', '金剛界法', '金剛繼', '金剛
   神', '金剛力士' 등과 같이 다양하게 나타난다. 한편 금강사에서 발굴된 古瓦와
   螺髮형식 土塔의 연구가 공주대 부설 백제문화연구소에서 간행한 『百濟文化』 6
   집(1973년)과 12집(1979)에 소개되어 있다.

시작되었다. 그 후 금강리의 표기에는 '金剛'이 사라지고 불교적 이데올
로기의 흔적을 찾을 수 없는 '琴江'이란 표기로 통용되기에 이른다.[71]
琴江里는 이후 1914년의 행정 구역 개편과 통폐합으로 '琴江＋公同'에
서 파생된 '琴公里'가 되어 행정리의 명칭으로 사용되고 있으며, 금공리
의 표기에서는 더 이상 '金剛'의 불교적 의미를 엿볼 수 없게 되었다.

(9) 풍수 지명

과거 한국인의 일상생활에서 풍수가 차지하는 상당한 비중을 가늠할
수 있을 정도로 풍수 관련 지명은 공주목 진관 구역에 다수가 분포하고
있다. 이들 풍수 지명들은 언중들의 일상생활에서 풍수 형국과 관련된
내용들이 쉽게 인식되고 통용되는 특징이 발견된다. 특히 사회적 주체들
이 거주하는 촌락의 지형을 구체적인 풍수 형국과 연관시켜 해석하고 인
식하는 사례가 <표 3-27>에서와 같이 존재하고 있다.

또한 풍수 이데올로기와는 전혀 다른 명명 유연성을 보이는 지명이
풍수 이념의 보편화와 함께 풍수 지명으로 변형되고 인식되는 사
례들[불뭇골(鳳舞洞), 서풍골(棲鳳), 쇠방골(棲鳳洞) 등]도 발견
되고 있다. 이를 통해 특정한 이데올로기를 재현하는 지명이 생
산되고 다른 상이한 이데올로기와 경합 또는 갈등하는 문화정치
적 성격들이 포착되기도 한다.

---

71) '金剛' 지명이 거의 소멸되고 '琴江' 지명이 통용되는 정황을 『朝鮮』(1911년) 기
록에서도 확인할 수 있다. "琴江川, 金剛院, 琴江洑, 琴江里"(부여군 公洞面 江川
名, 院名, 洑名, 洞里村名 항목); "琴江川"(定山郡 冠面 관현리 江川溪澗名 항목).

<표 3-27> 풍수 지명

풍수 지명	현 행정구역	지명의 유연성 및 풍수 형국
명당골 (明堂洞)	공주시 사곡면 화월리	*臥牛形, 長蛇逐蛙形, 鼈頭形, 金烏啄屍形의 여러 明堂이 있음
麒麟山	서천군 한산면 – 기산면 경계	
수구동, 피숫골 (水口洞)	연기군 전동면(동면) 미곡리	
鳳舞洞 (불무골)	충북 청원군 부용면 (동일면) 갈산리	*1901년 風水家 朴氏가 鳳舞洞으로 개명함 *鳳舞: 불무의 유사 음차 표기
棲鳳(서풍골)	서천군 마산면(하북면) 신봉리	*마을 뒷산이 鳳이 깃든 형국임
棲鳳洞(쇠방골)	연기군 전동면(동면) 봉대리	*옛날 鳳이 날아와서 집을 짓고 살았다함(土形이 鳳이 알을 품고 있는 형국)
鳳舞洞	공주시(동부면) 금흥동	*마을 지형이 鳳凰이 춤을 추는 모양임
太祖峰	부여군 석성면(현내면) 정각리	
酉峯里	논산시 노성면(장구동면) 병사리	*八松 尹煌의 묘소를 기준으로 서쪽 酉方에 위치함
艮里	부여군 세도면(초동면) 간대리	*間>艮 (마을의 위치가 艮方을 향함)
춤다리 (舞橋里)	공주시 사곡면 가교리	*춤달: 춤다리 뒷산(신라 선덕여왕 때 자장율사가 이 산에 올라 북쪽에 큰 절터가 있음을 보고 크게 기뻐하여 춤을 춤)
보갑골(寶角골)	부여군 초촌면 신암리	*寶劍藏匣形 명당
연지뜸, 연방죽 (蓮亭里)	부여군 석성면(현내면) 석성리	*蓮花浮水形 명당
金鳳里	부여군 규암면(천을면) 외리	*金鳳抱卵形 명당
蓮花洞	계룡시 엄사면(두마면) 엄사리	*蓮花浮水形 명당
오룡이(五龍)	대전시 유성구(구즉면) 용산동	*五龍爭珠形 명당

풍수 지명	현 행정구역	지명의 유연성 및 풍수 형국
五龍洞	공주시 이인면(목동면) 오룡리	*五龍爭珠形 명당
구렁말, 큉말 (九龍里)	연기군 금남면(양야리면) 축산리	*九龍弄珠形 명당
소골(小谷, 牛谷)	대전시 대덕구(일도면) 삼정동	*臥牛形 명당
연방죽(連꾸골)	대전시 대덕구(현내면) 연축동	*蓮花浮水形 명당
가마골 (渴馬洞, 葛麻洞)	대전시 유성구(현내면) 갈마동	*渴馬飮水形 명당
맷들, 맷돌(梅坪)	대전시 유성구(현내면) 갑동	*梅花落地形 명당
梅五里	논산시 가야곡면(갈마면) 병암리	*梅花落地形 명당
매당이(梅堂里)	공주시 우성면(성두면) 방홍리	*梅花落地形 명당
배재기, 배울(舟城)	대전시 유성구(구즉면) 관평동	*行舟形 명당
今古, 金古	대전시 유성구(구즉면) 금고동	*金龜沒泥形 명당
부엉골(鳳谷)	대전시 서구(상남면) 봉곡동	*飛鳳歸巢形 명당
새여울, 사려울 (鳳起)	연기군 금남면(명탄면) 봉기리	*飛鳳歸巢形 명당
天雅수골 (天牙洞, 天鵝洞)	논산시 노성면(읍내면) 교촌리	*天鵝啄屍形 명당
오릿골(五柳洞)	논산시 광석면(두사면) 항월리	*鶯巢柳枝形 명당
버들골, 버드골 (柳谷, 柳下里)	공주시 탄천면(반탄면) 유하리	*鶯巢柳枝形 명당
자고모, 자고목 (尺古木)	논산시 벌곡면 사정리	*稚犢顧母形 명당
무수골, 水落 (舞袖峙)	논산시 벌곡면 수락리	*仙人舞袖形 명당
仙舞洞	공주시 월미동(우정면)	*仙人舞袖形 명당
仙仁洞	공주시 이인면(진두면) 반송리	*仙人讀書形 명당
仙遊洞(오지울)	공주시 정안면 대산리	*五仙圍碁 명당
워란동, 울안이 (月隱里)	공주시 사곡면 화월리	*雲中半月形 명당

풍수 지명	현 행정구역	지명의 유연성 및 풍수 형국
艇止山	공주시 금성동	*公州의 지형을 行舟形局과 관련시킴
舟尾山	공주시 주미동	*行舟形局과 관련 *山 아래에 沙工巖이 있음
合川, 鶴川	공주시 탄천면(반탄면) 대학리	*駕鶴朝天形 명당
盤谷里	연기군 금남면(명탄면) 반곡리	*班鳳抱卵形 명당

이와 관련하여 한국 지명은 조선 시대 유행했던 풍수 이데올로기의 영향으로 기존의 자연 지명이나 순수한 민속 관련 지명이 풍수 이데올로기적 기호로 생산되는 경우가 있다. 풍수 지명 및 풍수 이데올로기적 지명 생산과 관련된 사례를 청원군 부용면 갈산리 2구의 '불무골(鳳舞洞)' 과 서천군 마산면 신봉리의 '서풍골(棲鳳)', 그리고 연기군 전동면 봉대리의 '서봉동', '쇠방골'(棲鳳)을 중심으로 살펴보았다.

청원군 부용면(옛 연기현 동일면) 갈산리 2구에 있는 불무골(鳳舞洞)은 1995년에 연기군 동면에서 청원군으로 편입된 곳이다<그림 3-32>. 현재 불무골(鳳舞洞)은 密陽 朴氏 淸齋公派 종족촌으로 전체 52호 중

〈그림 3-32〉 불무골(鳳舞洞)의 주변 지형과 마을 입구 전경
*주 : 오른쪽 사진 중앙에 보이는 마을이 '불무골'이고 멀리 보이는 산이 '성재'이다.

45호가 밀양 박씨이다. 불무골의 명명 유연성은 과거 마을 뒷산인 성재 남사면의 '가재굴멍'에 있었던 대장간(풀뭇간)에서 유래하였다.

민간 생활의 수공업에서 유래한 불무골이란 지명은 어느 시기인가 "불무라는 지명으로 인해 마을에 불이 자주 나고 재산이 불리지 않는다"라는 인식이 확대되면서 '鳳舞洞'으로 바뀌었다. 이로 인해 한 제보자는 1970년대까지 '불무골'보다는 '鳳舞洞'을 더 많이 사용했던 것으로 기억하고 있었으며, 1980년대 다시 '불무골'로 변경되면서 현재 공식적인 마을 지명으로 통용되고 있다.72) 그런데 한 문헌에는 불무골이 鳳舞洞으로 변경되는 상황을 다음과 같이 기록하고 있다.

> "불뭇골(鳳舞洞)[마을]: 하갈 아래 쪽에 있는 마을, 불무바위가 있음, 1901년 風水 朴氏가 鳳舞洞으로 고쳤다 함."[『한국지명총람4(충남편 상)』(한글학회, 1974, 213)].

이 기록에는 구체적인 지명 변경 시기와 변경 주체가 드러나 있다. 1901년에 風水家(地官)인 박씨가 '불뭇골'을 '鳳舞洞'으로 변경했다는 내용인데, 필자는 이 박씨를 현재 불무골에 거주하고 있는 밀양 박씨 청재공파의 한 구성원일 것으로 본다. 그러나 마을 주민들에 대한 면담과 『密陽朴氏派譜(上下卷)』(朴學均 序, 丙申譜, 1956년)를 조사했으나 위 기록에 등장하는 '박씨'가 어느 인물인지를 알아 낼 수 없었다.

다만 1901년 보다 후대에 활동한 朴學均(1905~1982)이 마을 사람들의 기억이나 정황으로 보아 변경된 '鳳舞洞'이란 지명을 확대 재생산하는데 크게 기여한 인물일 것으로 판단하였다. 그는 불무골 내의 밀양 박씨 구성원 중에서 학식이 높았고 주변의 긍정적인 평가를 받고 있던 인물이었으며, 전술한 『密陽朴氏派譜(上下卷)』의 서문을 쓰고 족보 기록

---

72) 면담: 朴振均(남, 45세)(충북 청원군 부용면 갈산리 불무골)(2008.8.26) 등.

에 鳳舞洞이란 지명을 몇 차례 사용하기도 하였다. 앞에서 제시한 『한국
지명총람4(충남편 상)』이 1974년에 발간이 되었고 지명 조사는 그 이전
에 수행됐을 것으로 보이는데, 당시 이 지명 자료가 조사되는 과정에서
朴學均의 결정적인 역할이나 제보가 있었을 것으로 본다. 현재로서는
'박씨'의 존재에 대한 구체적인 물적 증거 자료는 없는 상황이다.

불무골에서 변경된 鳳舞洞이란 지명은 관찬 지리지와 지도 자료에는
『舊韓』(1912년) 기록의 '鳳舞洞里'와 1914년 행정구역 통폐합의 준비
과정에서 작성된 <燕岐郡面 廢合豫定圖>의 '鳳舞洞'이 등재되었고,
앞서 제시한 『密陽朴氏派譜』(1956년)의 간행 임원을 기록한 '譜任錄'
(都有司와 掌財의 주소란)에 '鳳舞洞'이란 지명이 등장하고 있을 뿐이
다. 그러나 마을 주민들의 풍수적인 마을 형국에 대한 인식과 해석이 남
아 있어 '불무골>鳳舞洞'으로의 풍수 이데올로기적 기호화를 단편적으
로나마 감지할 수 있다.

마을 주민들은 마을 남쪽의 동-서 방향으로 뻗어있는 구릉과 그 곳을
넘는 고개 이름을 '오룡개'라고 부른다. 오룡개에는 "옛날 五龍이 이곳에
갇혀 승천치 못해 부근에 있던 鳳凰이 울었다"는 풍수 전설이 남아 있다.
또한 마을의 전체적인 지형을 "봉황이 춤추는 형국"으로 인식하고 있어
'불무~'를 '鳳舞~'로 음차 표기하는 과정에 풍수 이데올로기적 기호화
가 작용했음을 확인할 수 있다. 현재 마을 주민들은 '불무골'이라는 지명
과 함께 '鳳舞洞'의 풍수 전설을 일상적으로 인식하고 통용하고 있다.[73]

풍수 이데올로기적 기호화와 풍수 이념의 재현과 관련하여 서천군 마
산면(옛 한산군 하북면) 신봉리의 서풍골(棲鳳)과 연기군 전동면(옛 전의
현 동면) 봉대리의 서봉동·쇠방골(棲鳳)을 비교하여 살펴보았다. 서천군

---

73) 지금까지 살펴본 '불무골(鳳舞洞)' 지명과는 달리 불무골과 동일한 지명소로 구성
   된 '불무실'[대전시 서구 봉곡동]과 '불뭇골'[공주시 탄천면 대학리]은 각각 '冶
   室, 野室里'와 '冶谷'으로 표기되고 있다. 이는 불무실과 불뭇골의 지명 유연성을
   제공했던 '대장간(풀무간)'을 지명 표기에 그대로 유지하고 있는 사례이다.

마산면 신봉리에 있는 서풍골(棲鳳)은 <표 3-28>에서 확인할 수 있듯이
『舊韓』(1912년) 기록에 '西峯里'로 표기되었다가 1970년대와 현재에는
'棲鳳'으로 음차 표기되어 통용되고 있다. 마을 주민들 또한 '서쪽 봉우
리'라는 지명 의미보다는 풍수적으로 이해한 "마을 뒷산이 봉이 깃든 형
국"으로 인식하면서 풍수 이데올로기적 기호로 변경되었음을 알 수 있다.

<표 3-28> 풍수 지명의 변천

지명	新增 (1530)	東國 (1656 ~1673)	興地 (1757 ~1765)	戶口 (1789)	舊韓 (1912)	新舊 (1917)	현재	비고
불무골	·	·	·	·	鳳舞 洞里	·	불무골, 鳳舞洞 (충북 청원군 부용면 갈산리)	
서봉동 (쇠방골)	西房里 -土産 條 (鐵)	西房里 -土産 條 (鐵)	西方洞 里	西芳 洞里	西方 洞	·	棲鳳洞, 쇠방골, 西方골(충남 연기군 전동면 봉대리)	(西〉西・棲 (房 〉方 〉芳 〉 方〉鳳)
서풍골	·	·	·	·	西峯 里	·	서풍골, 棲鳳(서 천군 마산면 신 봉리)	(西峯〉棲鳳)
금봉리	·	·	儉卜里	檢卜里	檢卜 里	·	金鳳里 (부여군 규암면 외리)	(儉卜〉檢卜〉 金鳳) * 金鳳抱卵形 명당이 있음

　　이와 유사한 사례로 연기군 전동면 봉대리의 '서봉동·쇠방골'(棲鳳)
이 있다. 서봉동은 현재 '웃말'과 '아랫말' 각각 5호씩 10호가 살고 있으
며 과거 '피난고지'로 유명한 곳이었다. 이를 반영하듯 마을은 해발고도
120~140m의 비교적 높은 산지에 위치하고 있다. 서봉동(쇠방골)은 지
명 표기의 역사가 오래되어 『新增』(1530년)과 『東國』(1600년대 중반)의
土産條에 '西房里'로 기록되어 있다. 예로부터 鐵 산지로 유명한 곳이었

으며, 당시 '西房'이란 지명은 '쇠를 생산하는 房'이란 의미였을 것으로 추정된다. 이후 쇠방골은 <표 3-28>에서 제시된 바와 같이 '房'자의 표기자가 '方', '芳'으로 取音되어 표기 변화를 경험하게 된다.[74] 현재는 "예전에 봉이 날아와서 집을 짓고 살았다"는 의미의 '棲鳳洞'으로 표기되어 인식되고 있다<그림 3-33>.

특히 이러한 표기 변화 과정에는 쇠 생산지로서의 쇠방골이 쇠퇴하고 동시에 풍수적인 이데올로기가 작용하면서 일어난 것으로 보인다. 현재

<그림 3-33> 서봉동(쇠방골) 원경
*주 : 사진 중앙의 산록 남사면으로 '棲鳳洞(쇠방골)'이 보인다. '쇠방골'과 '서봉동'이라는
경합 지명에는 철 산지와 봉이 깃든 곳이라는 두 가지의 시간을 달리하는 의미의
층위가 쌓여 있다.

---

74)『朝鮮』(1911년)에는 "西方洞(諺文: 서방골)"(全義郡 東面 洞里名 항목)으로 기록되어 있어 당시 언중들은 '서방골'로 호칭했을 뿐 풍수적인 '棲鳳洞'으로 인식하지 않았음을 간접적으로 추정할 수 있다.

다른 마을 주민들은 '서봉골, 쇠방골, 서방동'으로 부르기도 하나, 마을 주민들은 자신들의 거주지를 풍수 길지로 인식하여 '棲鳳洞'의 한자 지명으로 통용하고 있다. 이러한 지명 인식은 풍수 이념을 적용해 정신적인 안정과 거주지의 긍정적인 의미를 부여하려 했던 특정한 지명 언중들의 풍수 이데올로기적 기호화가 만든 결과로 해석된다.[75]

(10) 근대 및 자본주의적 지명

근대 및 자본주의적 지명은 모더니즘(近代主義, modernism)의 중심적, 통일적, 효율적, 발전적 특성을 재현하거나 자본주의적 시장 경제 체제에서 유래한 개발 이데올로기를 재현하는 지명들이 해당된다. 이들 지명들은 모더니즘과 자본주의(capitalism)가 유사한 시기에 긴밀한 관계 속에서 성장한 점을 고려하여 동일한 유형으로 분류하였다. 특히 근대적 지명에는 조선 시대 이후 강력한 이데올로기로서 영향을 미친 유교의 합리성과 위계성이 맞물리면서 1945년 해방 이후 일본식 지명의 정리와 함께 새롭게 탄생한 지명들이 포함되어 있다.

현재까지 존속하고 있는 근대적 지명들은 주로 일제 강점기 일본인들의 거주 비율이 높았던 도시화 지역, 즉 일본식 지명이 사용되었던 곳에서 해방 이후 발생하였다. <표 3-29>에 제시된 바와 같이 해방 이후 鳥致院邑, 大田市, 論山邑, 江景邑, 公州邑에는 일본식 지명을 정리하면서 등장한 새로운 근대적 지명들이 명명되었다. 이때 등장한 지명들의 전부 지명소에는 '元', '中', '中央', '上', '明', '貞', '孝' 등이 빈도 높게

---

75) 면담: 청주 한씨 댁 할머니(74세)(연기군 전동면 봉대리 서봉동 윗말)(2008.11.1) 등. 이밖에 풍수적인 이데올로기 기호로 지명이 변천한 사례로 부여군 규암면(천을면) 외리의 금봉리가 있다. 금봉리는 원래 '倹卜里'(『輿地』)와 '檢卜里'(『輿地』, 『輿地』)로 표기되어 오다가 현재에는 '金鳳里'로 표기되어 통용되는 곳으로, 지명 표기자의 변천과 함께 일부 지명 언중들의 풍수 이데올로기가 개입되어 '金鳳抱卵形' 명당이 있는 곳으로 인식되고 있다.

사용되면서 당시 유행하던 모더니즘과 유교적 이데올로기가 결합된 양상을 보여준다.

<표 3-29> 근대 및 자본주의적 지명

분류	해당 행정구역	해당 지명	지명의 유연성 및 사회적 관계
근대 및 자본주의적 지명	조치원읍(1947년)	校理, 南里, 明里, 上里, 元里, 貞里	*1945년 해방 후 일본식 지명을 개정하면서 신설된 지명들
	대전시(1946년)	元洞, 仁洞, 中洞, 貞洞, 孝洞, 新興洞, 新安洞, 文昌洞	
	강경읍(1947년)	大興里, 太平里, 中央里, 東興里	
	공주읍(1947년)	中洞, 中學洞	
	새도시 건설 및 택지개발 사업과 지명 부여	세종시, 개나리로, 행복로, 번영로 등	
	새로운 도로명 주소 체계	*지번 주소: 서울 강남구 삼성동 58-1 *도로명 주소: 서울 강남구 학동로 2[삼성동], 터미널로 등	*주소의 기준을 기존 '지번'에서 '도로명과 건물번호'로 변경 *「도로명 주소 등 표기에 관한 법률」 및 시행령 시행 (2007.4.5) *2011년까지 도로명 주소 사용을 원칙으로 하되 현행 지번 주소와 병행 사용함

또한 남한의 자본주의적 시장 경제 체제에서 유래한 자본주의 이념은 대규모 새도시 건설과 택지 개발 사업을 추동시켰고, 개발 후 지명 명명에 있어 자본주의적 개발 이데올로기를 재현하는 지명들을 생성시켰다. 이 과정에서 기존의 지명들이 변질되거나 새로운 지리적 객체에 대한 명명을 둘러싸고 지방자치단체 간, 혹은 지역 주민들 사이의 지명 분쟁 사례들이 발생하기도 하였다(예경희, 1998).

한편 2012년부터 전국적인 시행을 목표로 하고 있는 국가 권력에 의한 새로운 도로명 주소체계는 주소 관리의 편의성이 강조되면서 관 주도의 획일적인 지명 부여 방식이 포착되고 있다. 이로 인해 지명 관리의 통일성과 효율성을 중시하는 근대 및 자본주의적 이데올로기가 과도하게 재현되면서 언중들의 일상생활과 친근한 지명 인식과는 괴리된 '겉도는' 도로명들이 다수 양산될 것으로 우려된다.

이와 같이 20세기 초반 이후 서양의 계몽주의적 합리주의에 기초하는 모더니즘과 자본주의적 개발 이데올로기가 재현된 최근의 지명들은 기존의 상이한 이데올로기들과의 갈등 속에서 경합하면서 다양한 양상의 문화정치적 지명 변천을 일으키고 있다. 이러한 양상들은 현대 지명의 생성과 변천을 문화정치적으로 접근할 수 있는 풍부한 사례와 실증적 자료들을 제공해 주고 있다.

3) 역사적 지명

지명의 명명 유연성에 따라 분류된 세 번째 유형은 '역사적 지명'으로 여기에는 역사 및 전설 지명과 일본식 지명이 해당된다. 역사적 지명은 시간적 측면에 주목하여 분류한 지명 유형으로 지명 생성 과정에 있어 일정한 역사적 사실과 사건, 전설 등이 개입되어 명명된 지명들이다.

〈표 3-30〉 역사 및 전설 지명

역사 및 전설 지명	현 행정구역	지명의 유연성 및 사회적 관계
왕밭(王田, 旺田)	논산시 광석면(천동면) 왕전리	*고려 태조 왕건과 관련된 지명
왕우물 (王井, 王又來)	논산시 상월면(상도면) 지경리	*백제 22대 文周王 4년(477) 9월에 이곳으로 사냥을 나왔다가 좌평 解仇에 의해 살해당함
天護山, 天護里	논산시 연산면(식한면) 천호리	*고려 태조 왕건에게 후백제가 투항한 승전지로 하늘이 도왔다하여 黃山(누르기)을 天護山으로 개정함(開泰寺가 있음)
조왕골(助王洞)	공주시 우성면(우정면) 동곡리	*李适의 난 때 이 마을의 觀流堂 盧璘이 인조를 도와준 곳

역사 및 전설 지명	현 행정구역	지명의 유연성 및 사회적 관계
石松亭, 石松里	공주시 정안면 석송리	*조선 인조가 이괄의 난으로 공주로 파천할 때 이곳에서 쉬어감(石松洞天 암각)
대궐터, 신도안 (大闕坪, 新都內, 新內洞)	계룡시 남선면(식한면) 부남리	*조선 초기 계룡산 천도 논의
胎封里	공주시(목동면) 태봉동	*조선 현종 2년(1661)에 숙종의 태를 묻었다가 고종 6년(1869)에 태실을 경기도 양주로 옮기고 비만 남음(肅宗大王胎室碑)
胎封(壯子)	부여군 충화면(가화면) 오덕리	*조선 선조 대왕 태실비가 있음
관창골(官洞)	논산시 연산면(식한면) 관동리	*北山城(일명 黃山城) 아래에 있는 마을로 백제의 계백 장군이 신라의 화랑 관창의 목을 벤 곳이라 '官昌골〉官洞'이라 전함
범내미, 범나미(凡南里)	논산시 연산면(적사곡면) 임리, 한전리	*광산 김씨 시조모인 陽川 許氏와 관련된 지명 전설이 존재함
범재(虎峴)	공주시 사곡면 호계리	*진주 정씨 시조모인 礪山 宋氏와 관련된 지명 전설이 존재함
관동, 관골, 은골, 은동(寬洞, 棺洞)	대전시 동구(동면) 마산동	*은진 송씨 시조모인 高興 柳氏의 묘소가 있음 *棺洞〉寬洞: 송명의의 子婦 柳氏 부인의 관을 모심

(1) 歷史 및 傳說 地名

역사 및 전설 지명이란 <표 3-30>에서 확인할 수 있듯이 과거 특정한 역사적 사실이나 사건과 관련된 지명(역사 지명)이나 특정 전설을 동반하고 있는 지명(전설 지명)을 말한다. 역사 및 전설 지명에는 특정한 촌락 구성원들이 국가적 스케일의 역사적 사건과 로컬 스케일의 혈연적인 종족 관련 전설을 동일시하는 사례가 존재한다. 특정한 사회적 주체가 자신이 거주하는 장소를 국가적인 유명한 역사적 사실이나, 특정 종족의 전설과 연관시켜 동일시(identification)함으로서 거주 장소에 특별한 의미(meaning)를 부여하여 일정한 장소감(sense of place)이나 장소 아이덴티티를 생성하는 경우이다.

역사 및 전설 지명을 '범내미·범재·관골' 사례를 통해 일반적 지명 성격과 문화정치적인 의미를 살펴보았다. 공주목 진관 구역 내에 거주하고 있는 주요 종족들 중에는 공주목 진관 구역으로의 입향과 관련된 始祖母 혹은 先祖妣에 대한 현창과 상징화를 통해 종족의 내부적 결속과 외부적 과시를 수행한 사례가 존재한다. 이러한 선조비 현창과 상징화의 과정에 지명 전설이 활용되면서 지명을 통한 특정한 사족의 장소 아이덴티티 재현의 면모를 살필 수 있다. 이와 관련된 대표적인 사례를 과거 논산시 연산면 임리·한전리의 '범내미'(凡南, 虎踰村)(광산 김씨의 선조비 陽川 許氏), 대전시 동구 마산동의 '관골'(寬洞)(은진 송씨의 선조비 高興 柳氏), 공주시 사곡면 호계리의 '범재'(虎峴)(진주 정씨의 선조비 礪山 宋氏)를 통해 살펴보았다<그림 3-34>.

논산시 연산면(옛 적사곡면) 임리·한전리에 위치한 범내미(凡南)는 현재 안범나미(연산면 임리)와 범내미, 범나미, 범너미, 아래범나미, 下凡, 밖범내미, 外虎(한전리), 새범나미 新凡, 新虎(표정리)로 촌락 분동되어 다양한 이표기를 지니고 있는 지명이다. 『輿地』기록에 '凡南里'(赤寺谷面)로 등재된 이후 上·中·下·新 범남리로 분동되어 현재까지 존속되고 있다<표 3-31>. 한전리 2구에 있는 범내미는 현재 15호 정도가 거주하고 있으며 加平 李氏와 光山 金氏 등이 거주하는 각성바지 마을이다.

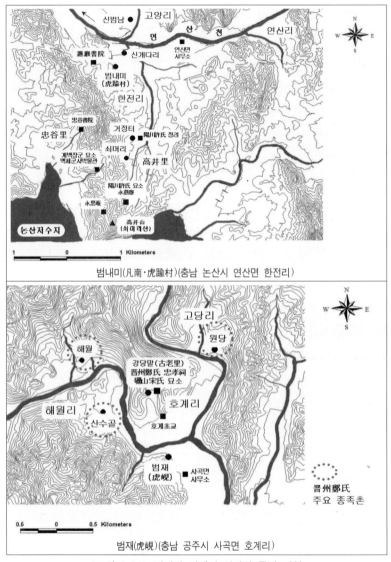

〈그림 3-34〉 범내미·범재의 위치와 주변 지형

마을 주민들은 범내미의 지명 유연성을 '범이 지나간 곳'이나 '許氏와 관련된 곳' 정도로 인식하고 있으며, 일부 주민들은 인근 고정리의 광산 김씨 시조모인 '陽川 許氏에 얽힌 범 전설'을 口演할 수 있다<그림 3-35>.76) 이와 같이 범내미 인근에는 양천 허씨와 관련된 '호랑이·범(범나미)'과 '신개다리(白狗橋)'(한전리 신개자리, 9호 거주)와 관련된 전설이 문헌에 전해 오는데 본 연구는 이를 특정 종족에 의해 의도적으로 생산된 지명 전설로 판단한다.

---

76) 면담: 월성 최씨 할머니(75세)(논산시 연산면 한전리 2구 범내미), 이종님(여, 74세)(한전리 2구 범내미)(2008.10.30) 등. 범내미 전설과 관련된 문헌 기록은 다음과 같다. A. "先祖考 諱間께서 妙年에 科擧에 及第하시어 翰林院에 들어가셨으나 얼마 아니 되어 돌아가셨으니 일찍 男便喪을 당하신 할머니의 나이 겨우 十七歲이셨다. 친정 父母께서 불쌍히 여겨 수절하려는 뜻을 앗고자 혼처를 정하였음을 先祖妣께서 비로소 아시고 유복자를 업고 開城에서 五百餘里나 되는 連山 시댁에로 도보로 오실 제 도중에서 범이 나타나 따라오다가 連山地境에 이르러 居正村이 바라보이는 곳에 와서야 범이 없어졌으니 그 촌명을 虎蹤村이라 하더라… 할머니 돌아가신지 五百餘年을 지나는 동안 數를 헤아리기 어려울 만큼 子孫이 번성함도 大賢名卿이 선후 배출함도 우리나라에서 大家를 말할 제 반드시 우리 金門을 지칭함도 모두 이 할머니의 卓越하신 節行의 蔭德으로 생각하노라(引考文獻碣文 및 順菴記聞錄)." [「贈貞敬夫人陽川許氏事實記」(光山金氏 門中)]; B. "연산면 한전리와 청동리 사이에 '신개다리'가 있다. 옛날 許氏 부인은 17세 때 연산 관찰사를 지낸 김약채의 아들 김문과 결혼하였다. 그런데 남편 김문이 갑작스럽게 세상을 떠나고 말았다. 어린 나이에 청상 과부가 된 허씨 부인은 개가하라는 친정식구들의 권유를 뿌리치고 몸종 하나만을 데리고 말만 듣던 연산땅을 찾아 나섰다. 그러던 어느 날 산중에서 길을 잃고 헤매고 있는데 호랑이 한 마리가 나타나더니 길을 인도하는 것이었다. 연산 이곳 다리까지 온 호랑이는 잠시 어디를 가더니 개 한 마리를 물고 이 다리에서 먹고 난 후 관찰사가 사는 동네까지 와서 호랑이는 어디로인지 사라졌다. 다행히 허씨 부인에게는 태기가 있어 유복자를 훌륭히 키워 자손이 번성하여 훌륭한 인재가 헤아릴 수 없을 만큼 배출되었다. 허씨 부인이 죽은 후 정려를 내렸고 정경부인의 시호를 제수하였다. 그래서 호랑이가 개를 잡아먹은 다리라 하여 '신개다리'라 부른다고 한다." [『論山地域의 地名由來』(논산문화원, 1994, 362)]

〈그림 3-35〉 범내미(虎踰村) 마을과 양천 허씨 묘소

*주 : 왼쪽 사진 중앙에 보이는 범내미 마을의 낮은 능선 너머로 광산 김씨 종족촌과 양천 허씨의 묘소가 있는 고정리가 위치하고 있다.

이 전설들은 조선 시대 이래 연산의 지배적 사족이었던 광산 김씨의 입향 시조모(선조비)인 陽川 許氏(1377~1455)와 관련된 것이다.77) 광산 김씨에게 있어 양천 허씨는 종족의 존립을 가능케 하고 종족을 비롯하게 한 시조모로 칭송되고 있으며, 이를 반영하듯 광산 김씨 종족의 상징 경관이 밀집된 고정리 거정터의 입구에 정려를 건립[조선 세종 2년(1420)]하고 여성으로서는 이례적으로 그녀를 위한 별도의 재실인 永慕齋(충남 문화재자료 제367호, 1646년 건립)가 후손들에 의해 건립되었다.

양천 허씨와 관련된 전설들은 광산 김씨 후손들에 의해 그 진실이 왜곡되고 미화된 측면이 없지 않음을 예상케 한다. 이러한 전설들은 조선 시대 연산의 광산 김씨, 일명 連山 光金을 존립케 한 역사적 사실의 중심에 양천 허씨가 있음을 부각하고 이를 현창하려는 광산 김씨의 종족 활동에서 파생된 것임을 알 수 있다. 연산 광산 김씨의 시조모 현창을

77) 양천 허씨는 고려 말 광산 김씨 연산 입향조인 金若采(1404년 충청도 관찰사 역임)의 子婦로 남편인 金問이 20세의 젊은 나이에 졸하자 아들 金鐵山(1393~1450)을 데리고 媤家인 연산 高井里(조선 후기의 居正垈里 혹은 居正里)로 낙향한 사실이 『三綱行實錄』과 『輿地勝覽』에 실려 있으며, 조선 초기인 1420년에 국가로부터 정려를 받았다(전종한, 2002, 208~211).

위한 활동은 자연스럽게 지명 전설의 생성에도 일정하게 영향을 미쳤을 것으로 보이며, 이러한 결과가 고정리 谷地의 입구에 위치하고 있는 '범내미와 신개다리 전설'로 나타난 것이다. 양천 허씨와 관련된 지명 전설을 통해 연산 高井里 일대에서 광산 김씨의 장소 아이덴티티 재현과 영역성 강화가 전개되고 있는 것이다.

<표 3-31> 전설 지명의 변천

지명	輿地 (1757~ 1765)	戶口 (1789)	舊韓 (1912)	新舊 (1917)	현재	비고
범내미	凡南里 (적사곡면)	上凡南里 下凡南里 新凡南里	上凡里, 下凡里 (내적면) 新凡里 (백석면)	·	범내미, 안뱀나미(충남 논산시 연산면 임리) 아래범나미, 下凡, 外虎 (연산면 한전리) 새범나미, 新凡, 新虎 (연산면 표정리)	(凡〉凡·虎) (凡南: 범내 미의 음차) (虎: 범의 훈 차)
호계 (범재)	·	虎溪里	虎溪洞	虎溪里	虎溪里(공주시사곡면)	

선조비와 관련된 지명 전설을 생산하여 특정 종족의 장소 아이덴티티를 재현하는 또 하나의 사례로 공주시 사곡면(옛 공주목 사곡면) 호계리 2구의 '범재(虎峴)'가 있다<표 3-31>. 이 지명은 호계리 1구 講堂말(古老里)에 있는 忠孝祠와 함께 공주시 사곡면의 주요 종족인 晋州 鄭氏의 장소 아이덴티티를 재현하는 지명이자 종족 경관이다. 특히 범재는 진주 정씨가 공주 寺谷面에 정착할 수 있는 직접적인 계기를 제공한 礪山 宋氏와 관련된 지명으로 범재에 얽힌 전설이 존재한다.[78]

---

78) 진주 정씨의 선조비인 여산 송씨와 관련된 범재 전설은 다음과 같다. "범재는 사화[編註; 계유정난(1453년)과 단종복위 사건(조선 세조 2년, 1456년)]을 피해 愛日堂 鄭苯의 손자며느리인 礪山 宋氏(?~1529)가 (編註: 1486년경) 홀로 아들 鄭潤琛(編註; 16세기 인물)을 대동하고 경기도 안성 땅에서 이곳으로 화를 피해 오

범재의 전설 또한 위에서 살펴보았던 연산 광산 김씨의 시조모인 양천 허씨 관련 범내미 전설과 유사한 서사 구조를 보인다. 특히 호랑이라는 영물을 등장시켜 시조모의 입향 과정을 미화하고 신성화시키는 구도를 지니고 있는 것이다. 이를 통해 공주 사곡면 일대에서 주요 사족으로 재지 기반을 확보해간 진주 정씨의 장소아이덴티티를 재현하고 종족의 영역성을 견고히 하는데 활용하고 있다.

이에 대한 구체적인 정황은 공주 사곡면에서의 진주 정씨 사족 활동에서 찾아볼 수 있다. 진주 정씨의 공주 사곡 입향은 여산 송씨(?~1529)[79]에게서 비롯되었다. 여산 송씨는 조선 초기의 문신인 愛日堂 鄭苯(?~1454)의 孫婦이다. 정분은 단종 즉위년인 1452년 김종서의 천거로 우의정에 오른 인물로 이듬해 수양대군이 주도한 癸酉靖難으로 인해 단종을 보필하던 황보인, 김종서 등이 주살되자 그도 전라도 낙안에 안치되었다가 1454년 사사되었다. 그 후 조선 영조 22년(1746)에 복관되어 '忠莊'이란 시호를 받고, 정조 10년(1786)에는 전라도 장흥의 忠烈祠에 배향되었다. 1791년에는 장릉 충신단에의 배식, 조선 순조 4년(1804)에는 충신의 정려가 내려져 현재 호계리 강당말에 있는 충효사 앞에 세워져 있다. 조선 순조 8년(1808)에는 국가로부터 不祧之典이 내려져 이를 계기로 후손들은 사곡면 虎溪 古老里(현 호계리 講堂)에 사우를 건립하게 된다<그림 3-36>.

던 중 호랑이가 나타나 등에 태우고 고개에 내려놓고 사라졌는데, 그래서 이곳을 범재라고 부르게 되었다." [『寺谷面誌』(사곡면지편찬위원회, 2005, 331)]

79) 그녀의 정확한 출생 년대는 파악되지 않았으며, 다만 사곡면 호계리 강당에 있는 그녀의 묘비는 '嘉靖 9년(1530)'에 건립된 것이다. 한편 여산 송씨가 경기도 안성에서 이곳 古老里(현 호계리 강당말)에 정착한 것을 진주 정씨 종족 구성원들은 대체로 1486년경으로 이해하고 있다.

〈그림 3-36〉 강당말 여산 송씨 묘소에서 바라본 강당말과 범재(虎峴),
그리고 그녀의 묘비

*주 : 왼쪽 사진의 중앙에 묘소 하단의 강당말이 보이고 사진 중앙 위쪽 산 아래 도로가 지나는
부분이 범재(虎峴)이다. 오른쪽 사진은 "宜人礪山宋氏之墓"라고 각자된 臺座荷葉 형태의
그녀의 묘비이다.

　이상과 같은 진주 정씨의 祖先에 대한 현창 사업은 광산 김씨나 은진
송씨에 비해 시기적으로 매우 늦었으나 그 실천은 짧은 시간 내에 신속
하고 압축적으로 진행되었다. 이와 같은 진주 정씨의 족세 확장은 주로
정분에 대한 복권 및 명예회복과 그에 대한 국가적인 지원이 있었던 18
세기 중반 이후에 시작되었다. 이 과정을 통해 진주 정씨는 19세기에 이
르러 향촌에서의 지위를 상승시켰다. 이에 대한 최종적인 확인이 1982
년 공주시의 지원으로 이루어진 정분의 정려 중건이었다.

　진주 정씨의 祖先에 대한 일련의 현창 활동은 현재의 진주 정씨가 있
게 된 여산 송씨의 현창과 신격화에도 영향을 미쳤을 것으로 보이며, 범
재 지명과 지명 전설의 형성과도 일정하게 맞닿아 있음을 상정케 한다.
그러나 진주 정씨 종족 구성원들은 양천 허씨나 고흥 류씨의 사례와는
달리 그들의 시조모인 여산 송씨에 대한 국가적인 정려 건립 사업에까지
는 그 관심과 여력이 미치지 못하였다. 한편 여산 송씨의 사곡 입향 이

후 그녀의 후손들인 진주 정씨는 현재 사곡면에 약 200여 호 거주하고 있으며 주요 종족촌으로는 해월리 1구[입향조: 鄭晨(1667~1730)], 해월리 2구 산수골[입향조: 鄭國僑(?~1665), 호계리 강당에서 分家], 고당리 1구[입향조: 鄭仁喜(1865~?), 19세기 중반 우성면 동대리에서 신영리 안양골을 거쳐 입향], 신영리 3구[입향조: 정원필] 등이 있다(사곡면지편찬위원회, 2005, 64).

　　종족 선조비의 현창과 관련된 지명을 통해 장소 아이덴티티를 재현한 마지막 사례로 은진 송씨 선조비인 高興 柳氏와 관련된 '관골(寬洞)'이 있다<그림 3-37>. 관골은 현재 대전시 동구(옛 회덕현 동면) 마산동 아래말미의 동쪽, 원골의 남동쪽에 위치하고 있다. 이 마을은 1980년 완공된 대청댐 건설로 대부분 수몰되고 은진 송씨 재실인 寬洞墓廬와 「懷德東寬洞里恩津宋氏先山碑」, 관동묘려 동쪽 능선에 있는 고흥 류씨 묘소, 그리고 당시 신하리에서 이전된 「執端宋公明誼遺墟碑」만이 남아 있다. 관골 지명은 조선 후기의 관찬 지리지나 읍지류에 기록되지 않다가『朝鮮』(1911년)의 懷德郡 東面 '里洞名'條에 '寬洞(諺文: 관동)'으로 등재되어 있다. 그런데 관골(寬洞)에는 두 개의 경합 지명과 관련된 지명 유래가 전해 오고 있다.

　　A. "고려 말에 (恩津 宋氏) 宋明誼가 朝鮮(건국)에 불복하고 이곳에 은거하였다 하여 은골(隱洞)이라 한다."
　　B. "송명의의 子婦인 高興 柳氏 부인의 棺을 모시었으므로 관골이라 하던 것이 변하여 寬洞이 되었다 한다." [『大田地名誌』(대전시사편찬위원회, 1994, 327)]

관골(寬洞)(대전시 동구 마산동)

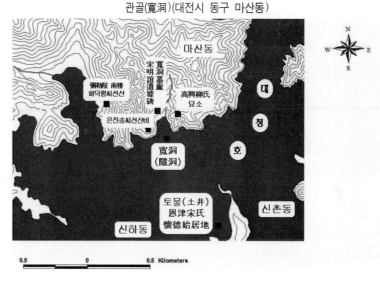

〈그림 3-37〉 관골의 위치와 주변 지형

위의 두 경합 지명의 유래에서 짐작할 수 있듯이 관골에는 관골 이전에 생성됐을 것으로 판단되는 고흥 류씨 媤父인 宋明誼(1300년대 후반)[80]와 관련된 은골(隱洞)이란 지명과 고흥 류씨와 관련된 관골(寬洞)이란 지명이 상호 경합하고 있다. 그러나 현재 은골보다는 寬洞(관골)이 지名 언중, 특히 은진 송씨 종족 구성원들에 의해 일반적으로 인식되고 통용되면서 경합의 우세를 점하고 있다. 이러한 은골(隱洞)을 능가하는 寬洞(관골) 지명의 우세는 은진 송씨 후손들에 의한 고흥 류씨의 현창 활동과 관련이 있다. 이러한 현창 활동은 고흥 류씨를 회덕의 은진 송씨,

---

80) 은진 송씨는 중국 唐나라에서 戶部尙書를 지낸 宋柱殷의 후예로 고려 때 判院事를 지내고 恩津君에 봉해진 宋大源을 시조로 하여 본관을 恩津으로 世系를 이어오고 있다(『宋氏上系世譜』). 그 후 송대원의 증손 明誼가 경상도 안렴사를 거쳐 사헌부 집단에 이르렀으나 고려가 망하자 처가인 懷德 黃氏의 세거지가 있던 현재의 대전시 동구 신촌동(조선 초 淸州牧 周岸鄕) 토물(토우물, 土井, 土亭)로 낙향하여 은거하고 있었다.

〈그림 3-38〉 寬洞墓廬 편액(대전시 동구 마산동)과 고흥 류씨 旌閭 (대덕구 중리동)

즉 懷德恩宋을 존재케 한 절대적인 인물로 평가하면서 가능한 것이었으며, 17세기 중반 고흥 류씨 정려라는 종족 경관이 宋村에 건립된 시점 (1653년)에 증폭되어 상징화되어 왔다. 은진 송씨 종족 구성원의 고흥 류씨에 대한 절대적인 평가는 마산동 고흥 류씨의 묘소가 있는 寬洞(관골) 입구의 「恩津宋氏先山碑」(懷德東寬洞里恩津宋氏先山)에서 간접적인 분위기를 감지할 수 있으며, 관동묘려 옆 은진 송씨 대종중에 의해 건립된 「烈婦安人高興柳氏行錄碑」(1993년)에서 그 내용을 파악할 수 있다<그림 3-38>.81)

---

81) "이곳은 高麗 執端公 宋明誼 先生이 사시던 곳이며 執端公 遺墟碑와 進士公 宋克己 神壇, 烈婦 安人 高興 柳氏 墓所와 齋室이 있는 지역이다. 열부 안인 고흥 류씨는 고려 공민왕 10년(1371)에 胡安公 濬의 따님으로 태어사 진사공 송극기에게 출가하였다. 그러나 22세 때 남편을 여의자 친정 부모가 이를 가엾게 여겨 고려 풍습대로 재혼을 시키려 하였다. 그러나 열부 류씨부인은 服을 마친 후 深夜를 타서 홀로 어린 아기를 업고 험난한 머나 먼 길을 3주야 걸어서 500여리나 되는 회덕땅에 당도하여 시가를 찾았거늘 시부모(집단공 내외)가 처음에는 받아들이지 않으며 '여자가 부모님 말씀을 따르지 않으면 三從之義를 모르는 것'이라 하셨다. 열부 류씨부인은 울며 대답하기를 '삼종지의가 등에 업힌 아이에게 있지 않습니까?'하자 시부모가 크게 감동하여 맞아드렸다. 이렇게 하여 열부 류씨부인은 시부모에 효도하며 아기를 잘 길렀다. 그 때의 아기 이름이 雙淸堂 宋惟 先生 이시다. 이후 정절을 지키며 시부모를 극진히 섬겼기에 그 효행과 정절을 높이 인정받아 나라로부터(조선 효종 4년, 1653년) 旌閭를 받으신 분이다…열부 안인

이 기록은 앞서 살펴보았던 양천 허씨의 지명 전설과 매우 유사한 내
용으로 구성되어 있어 조선 후기 광산 김씨와 은진 송씨의 긴밀했던 사
회적 관계망을 상기시키면서 동시에 광산 김씨 사례를 모범으로 한 은진
송씨의 지명 전설 생산을 예상케 한다. 이 기록에는 은진 송씨 후손들이
당시 고흥 류씨가 고려 말 풍습대로 재가를 할 수 있음에도 불구하고
홀로 아들을 업고 먼 길의 시댁으로 찾아와 자식과 시부모를 봉양하고
헌신했다는 점에서 효열의 전범을 고흥 류씨에게 찾고 자신들의 뿌리가
그녀에게서 계승되었음을 확인하고 있다.

이러한 고흥 류씨에 대한 후손들의 절대적인 평가와 현창 활동은 17
세기 중반 은진 송씨의 전성기였던 尤庵 宋時烈(1607~1689)과 同春堂
宋浚吉(1606~1672) 대에 표면적으로 드러나게 된다. 즉 회덕의 은진
송씨는 조선 인조 22년(1644)에 선조비인 고흥 류씨 부인의 정려 건립
과 묘전 확보를 위한 상소를 올리고,82) 이후 조선 효종 4년(1653) 2월에
는 宋希命이 정려를 청하는 상소를, 같은 해 4월에는 다시 종중 사람이
회덕 현감에게 고흥 류씨의 정려를 청하였다. 정려를 청하는 은진 송씨
내외손과 중앙의 정치적 활동으로 조선 효종 4년인 1653년 봄에 비로소
고흥 류씨 부인의 정려가 하사되었다. 또한 고흥 류씨 사망 후 300년
만에 정려를 하사받게 되자 이를 자축하여 동춘당 송준길은 비를 세워
「陰記」를 남기게 된다.83)

고흥 류씨 歲一祀는 매년 음력 3월 10일에 봉행하고 있으며 묘소는 재실 동쪽
산중턱에 모셔 있다." [「烈婦安人高興柳氏行錄碑」, 1993년]
82) "柳氏의 행실이 이와 같이 탁월하니 旌表의 은전이 있어야 합당하거늘 지금까지 거
행하지 못한 것은 실로 알지 못하겠습니다…이런 사정을 일일이 전달하시어 바로
품계하여 旌閭해 주시고 류씨의 墓田도 또한 예에 따라 給復하여 주시어…"[『同春
集(諸子孫以先祖妣柳氏旌烈又是地主文)』(宋浚吉, 1606~1672)]; 이정우(1997, 72).
83) "여기는 우리 선조 할머니 柳氏가 살던 곳으로 나라에서 旌閭를 내리신 곳이다…
오직 우리 후손들은 선조 할머니의 남기신 旌烈의 행적을 저버림이 없게 하고…"
[『同春集(先祖妣柳氏旌門碑陰記)』(宋浚吉, 1606~1672)]; 이정우(1997, 81)에서

이러한 고흥 류씨의 현창과 관련된 봉선 사업은 은골(隱洞)의 지명 유연성을 제공한 집단공 송명의에 버금가는 종족의 인물로 여성인 고흥 류씨를 평가하게 하였고 이는 은골을 능가하는 관골(寬洞)(고흥 류씨의 관을 모신 곳)을 생성시키는 원동력으로 작용하였을 것으로 보인다. 寬洞(관골)이란 지명은 현재 은진 송씨 대종중에서 규정한 38개파 모든 후손들에게 선조비의 효열을 전수하고 타 종족에게 은진 송씨의 우수한 유교적 내력과 영역성을 과시하는 장소 아이덴티티를 재현하고 있다.

(2) 일본식 지명

역사적 지명에는 지난 일제 강점기 일시적으로 존재했던 일본식 지명이 포함된다<표 3-32>. 일본식 지명들은 일제 강점기에 일본인 거류민들이 대거 거주하던 指定面, 邑, 府의 중심지에 대부분 분포하고 있었다. 이 지명들은 당시 일본인들의 질적 및 장소 아이덴티티를 재현하던 지명들로서 당시 일본 내지에서 사용되던 지명 표기 방식, 즉 '~町~丁目'을 그대로 이식한 것이 대부분이었다. 특히 大和町, 大正町, 昭和町, 本町, 旭町, 榮町 등은 여러 지역에서 빈도 높게 사용되었다.[84] 그러나 일제 시대 일본인들에 의해 생성된 일본식 지명들은 대부분 해방 후인 1946~1947년 사이 '왜식 동명 변경'에 의해 정리·소멸되었으며, '本町通' 같은 일부 지명들은 지금도 일부 지명 언중들에 의해 무의식적으로

재인용.

84) 조선총독부는 한일합방이 되자마자 각도 장관과의 公文照覆의 형식을 취하여 "토지조사의 진행에 맞추어 토지조사관리 및 府尹과 협의하여 日本名, 朝鮮名 어느 쪽이든 간에 상관없으니 보통 사용되는 이름을 따서 地區를 정리하고 그 명칭지구의 결정은 貴官이 告示하라"는 지시를 내린다(1910년 12월 地收 제401호 市街地의 町名에 관한 件 등). 그런데 일본인인 府尹이 일본인 토지조사관리와 협의하였으므로 전래의 촌락 지명이 채택될 리가 없었다. 특히 일본식 지명으로의 개명에는 일본인이 떠나온 모국의 거리 이름을 그대로 명명한 경우가 많았다(손정목, 1983, 85~86에서 재인용).

사용되고 있다.85)

〈그림 3-39〉 민족주의에 의한 일본식 지명의 배제
(서울시 종로구 옥인동 인왕산 동록)
*주 : 서울시 옥인동에 있는 인왕산 동쪽 산록의 '仁旺泉 약수터'에는
본래 '仁旺泉'이라는 각자가 바위에 새겨져 있었다. 그러나 누
군가가 '旺'자에 있던 '日'자를 시멘트를 발라 지워버렸다. 그러
나 '仁旺山'이라는 표기는 조선 시대 고문헌에도 등재되어 있
다. 자세한 설명이 각주 85번에 제시되어 있다.

---

85) 일례로 대한민국의 중심에 위치하면서 일본식 지명이라는 혐의를 받아온 서울의
'仁旺山'이란 지명은 1995년에 '仁王山'으로 공식 변경되었다["서울특별시 종로
구 사직동·청운동·효자동·무학동 仁旺山>仁王山"[官報 제13086호, 국립지리원
고시 제 1995-132호, 1995.8.11]. 그러나 조선시대 '仁旺山'으로 표기되던 지명이
일제 강점기를 거치면서 일본인들에 의해 일본을 상징하는 '日'자가 포함된 '旺'자
로 변경되었다는 일부 주장들은 합리적인 근거가 없는 과도한 민족주의적 '愛國'
이 낳은 일종의 곡해라고 필자는 판단한다<그림 3-39>. 실제 조선시대 고문헌
의 기록들, 예를 들어 『承政院日記』[英祖 36년(1760) 9월 26일(丁卯) 기사; 正
祖 5년(1781) 4월 9일(壬子) 기사 등]와 『日省錄』[高宗 5년(1868) 9월 20일(甲
午) 기사 등], 『萬機要覽』(1808년) 軍政篇 2冊 訓練都監의 斥堠伏兵 항목, 그리
고 철종 연간(1850~1863)에 필사된 박윤묵(1771~1849)의 문집인 『存齋集』의
詩("仁旺山詩五十韻") 등에도 이미 "仁旺山"이 기록되고 있어 본래 한국 지명이
지녔던 자유로운 음차 표기 전통을 확인할 수 있다.

〈표 3-32〉 일본식 지명

일제 강점기 지정면 및 읍 지역	일본식 지명	지명의 유연성 및 사회적 관계
*조치원면(1917년) *조치원읍(1940년)	吉野町, 赤松町, 旭町, 本町, 榮町, 宮下町, 昭和町	*1947년 지명 변경에 의해 지명 소멸됨
*대전면(1914년) *대전읍(1931년) *대전부(1935년)	本町一丁目, 春日町, 榮町, 旭町, 壽町	*1946년 왜식 동名 변경에 의해 지명 소멸됨
*논산면(1914년) *논산읍(1938년)	本町, 旭町, 榮町, 錦町, 大和町, 淸水町	*1947년 지명 소멸됨
*강경면(1914년) *강경읍(1931년)	本町, 大正町, 大和町, 榮町, 西町, 南町, 北町, 黃金町, 中町, 鹽町, 東町, 錦町	*1947년 지명 소멸됨
*공주면(1914년) *공주읍(1938년)	本町, 大和町, 常盤町, 旭町, 錦町	*1947년 지명 소멸됨

4) 경제적 지명

명명 유연성에 따른 지명 분류의 마지막 유형으로 '경제적 지명'이 포함되어 있다. 경제적 지명은 산업 지명과 상업 지명으로 하위분류되며, 전산업 시대에 특정한 하층민들이 거주하던 각종 생산과 서비스와 관련된 지명들이다.

(1) 산업 지명

공주목 진관 구역에는 과거 일용품을 생산하던 곳이 지명 형태로 다수 분포하고 있다〈표 3-33〉. 과거 士, 農, 工, 商의 철저한 신분제 사회에서 하층민을 구성하던 工匠人들은 일정한 촌락을 형성하여 특정 상품을 생산하였다. 공주목 진관 구역에는 이들이 생산하던 상품의 명칭이 전부 지명소로 표기되거나 혹은 지명소에 '~店', '店~'이라는 표기자가 부가된 형태로 잔존하는 산업 지명들이 분포하고 있다. 예를 들어, 갓점

(笠店, 冠洞), 점골, 점굴(店洞), 점말(店村), 갖점(皮里, 皮村), 피촌말, 皮匠里, 白丁村, 南山白丁, 匠人村, 甲破店, 鍮店里, 鍮器店里, 鍮匠里, 쇠점(鐵店, 水鐵店), 무수점, 불무실(冶室, 冶室), 불뭇골(冶谷), 지장골 (紙匠里), 외약골, 왯골(瓦洞, 五也洞), 沙器店里, 사구시(沙器所), 질울 (陶谷), 재장골(自店洞), 瓮店 등은 장인들이 생산하던 상품 명칭이나 그러한 생산지를 지칭하는 '店'이라는 지명소로 구성되어 있다.

〈표 3-33〉 산업 지명

산업 지명	현 행정구역	지명의 유연성 및 사회적 관계
갓점(笠店)	청양군 청남면(장촌면) 대흥리	*조선 후기 하층의 특수 장인 신분이 거주함
	대전시 동구(일도면) 효평동	
갓고개(冠峴)	청양군 장평면(관면) 관현리	
갓점(冠洞)	서천군 기산면(서하면) 황사리	
즁골(笠店,店洞)	논산시 가야곡면(하두면) 삼전리	
笠店里	부여군 부여읍(북면)	
점골(店洞)	청양군 목면(목동면) 대평리	
	논산시 벌곡면 덕목리	
店村	대전시 유성구(현내면) 구암동	
	논산시 채운면(화산면) 화산리	
	공주시 사곡면	
점골, 점굴 (店洞, 店里)	부여군 임천면(신리면) 점리	
점말(店里)	부여군 장암면(박곡면) 점상리	
점말(店村)	공주시 계룡면(익구곡면) 하대리	
	공주시 계룡면(진두면) 상성리	
	연기군 금남면(양야리면) 발산리	
	공주시 탄천면(곡화천면) 덕지리	

산업 지명	현 행정구역	지명의 유연성 및 사회적 관계
皮里	청양군 장평면(피아면＝관면)	
	논산시 성동면(삼산면)	
갖점(皮里)	부여군 석성면(현내면) 정각리	
皮村	대전시 유성구(현내면)	
피촌말, 피천말, 碑선말(披村)	청양군 정산면(읍내면) 서정리	*30년 전 白丁이 살던 마을로 현재는 모두 타지로 이주함 *이후 碑선말로 지명이 변경됨
皮匠里	논산시 성동면(정지면)	
	논산시 성동면(삼산면)	
白丁村	연기군 동면(동일면)	*하층의 특수 신분인 백정이 거주하던 곳
白丁村里	연기군 남면	
南山白丁	연기군 금남면(명탄면) 남곡리	*200년 전에 백정 3~4호가 거주하여 남산백정이라 하였으며, 백정의 墓碑가 있었음
匠人村	대전시 대덕구(근북면)	
	논산시 채운면(도곡면)	
갑파니, 갑파(甲破店, 甲破里)	공주시 신풍면(신하면) 봉갑리	*갖바치 마을
鑰店里	연기군 전의면(대서면)	
柳器店里	공주시 정안면	
鑰匠里	부여군 부여읍(대방면)	
쇠점, 쇠골(鐵店)	대전시 서구(상남면) 봉곡동	
쇠점(鐵店, 水鐵店)	논산시 상월면(상도면) 상도리	
鐵店里	공주시 정안면	
무수점, 무시점	서천군 마산면(하북면) 시선리	*무쇠점이 있던 곳
水鐵店	대전시 유성구(현내면)	
	공주시 이인면(진두면)	
水鐵店里	공주시 정안면	

산업 지명	현 행정구역	지명의 유연성 및 사회적 관계
水鐵里, 水鐵里	부여군 은산면(방생동면)	
불무실(冶室, 野室里)	대전시 서구(상남면) 봉곡동	
불뭇골(冶谷)	공주시 탄천면(반탄면) 대학리	
冶谷里	공주시 계룡면(진두면) 월곡리	
지장골(紙匠里)	부여군 장암면(신리면) 지토리	
외약골, 왯골 (五也洞, 瓦洞)	공주시(남부면) 웅진동	*기와점이 있던 곳
사점(沙器店村)	청양군 정산면(잉화달면) 마치리	
沙器所里	연기군 전의면(소서면) 금사리	*고려시대 이래로 사기소를 두고 그릇을 만들던 곳(현재 농촌테마마을 연기금사가마골 이 운영됨) *위사기소와 아래사기소로 分洞됨
	논산시 양촌면(양량소면) 신기리	*위사기소(上沙里)와 아래사기소(下沙里)
	공주시 반포면 온천리	*지명 존속
沙器店里	논산시 벌곡면	
사구시 (沙器所, 沙器店)	공주시 유구읍(신상면) 입석리	*지명 존속
사기정골 (沙器店골, 沙川)	공주시 장기면(장척동면) 금암리	
질울(陶谷)	공주시 정안면 고성리	*질그릇점이 있던 곳
재장골(自店洞)	청양군 정산면(잉화달면) 마치리	*甕器店이 있던 곳
甕店	공주시 우성면(성두면)	
甕店里	부여군 초촌면	
	부여군 부여읍(북면)	
	부여군 은산면(공동면)	
	부여군 규암면(송원당면)	
	계룡시 엄사면(두마면)	
	계룡시 남선면(식한면)	
역말(驛村)	청양군 정산면(읍내면) 역촌리	*楡楊驛이 있던 곳
	서천군 기산면(서하면) 화산리	*新谷驛이 있던 곳

산업 지명	현 행정구역	지명의 유연성 및 사회적 관계
	공주시 정안면 광정리	*廣程驛이 있던 곳
역벌(驛村里)	대전시 유성구(서면) 전민동	*貞民驛이 있던 곳
역말(驛里, 驛村)	공주시 유구면(신상면) 유구리	*維鳩驛이 있던 곳
驛里	공주시 계룡면(익구곡면) 경천리	*敬天驛이 있던 곳
農所(사랑골)	공주시 신풍면(신하면) 평소리	
農所里	계룡시 두마면(식한면) 농소리	
農所 (春府, 忠勳府)	서천군 화양면(남상면) 봉명리	*조선 시대 특정 기관 소속의 토지 분포(宮房田·屯田 등)
農基	공주시 유규읍(신상면) 유구리	
船所(戰船所)	서천군 화양면(남상면) 망월리	

*주 : '현 행정구역' 항목에 있는 괄호는 1914년 이전의 면 지명을 의미하며, 里名이 없는
    지명은 해당 지명이 현재 소멸된 경우임.

또는 白丁村(白丁: 도살업자), 甲破店[갖바치·靴鞋匠: 조선 시대에
목이 있는 가죽 신발인 화(靴)와 목이 없는 가죽 신발인 혜(鞋)를 제작
하는 장인인 화장과 혜장을 통칭하는 용어] 등과 같이 특정 상품을 생산
하던 장인의 사회적 명칭을 표기하여 구성하기도 한다. 그런데 조선 시
대 수공업에 종사하는 집단들은 하층민(천민)으로 취급되어 사회적 차
별과 규제를 받던 열등한 신분적 위치에 있었다. 이러한 사회적 열세와
천대로 인해 이들이 거주하던 곳을 지칭하는 산업 지명들도 후대로 오면서
대체로 소멸되거나 변형(피천말·피촌말>碑선말)되는 경향이 나타난다.

이러한 경향을 몇 가지 사례를 중심으로 살펴보았다. 앞서 제시한 南
山白丁(연기군 금남면 남곡리)은 조선시대 문헌에는 공식적으로 등장하
지 않는다. 다만 한글학회(1974, 203)에 실린 내용이 이 지명에 대한 공
식적 기록의 전부이다. 이 기록에는 200년 전에 백정 3~4호가 이곳에

살아 이들을 '南山白丁'이라 불렀으며 남곡리 남쪽 골짜기에 백정의 묘
비가 있다고 설명하였다.

　남산백정이 살았던 南谷里(남골)는 『戶口』(1789년)의 기록부터 등재
되기 시작하여 현재까지 표기 변화 없이 존속하고 있는 지명이다. 현재
남곡리는 30여호가 거주하고 있으며 이중 10여호가 扶安 林氏이다. 남
곡리에는 '꽃밭재, 乭堂재(돌땅이), 佛堂재(부처댕이), 道德골(아래뜸),
양아리, 양지뜸' 등의 소지명이 있으나 마을 주민들과의 면담 결과 '남
골, 南山'이란 지명과 '남산백정'에 대한 정확한 인식은 확인할 수 없었
다.86) 다만 한 제보자로부터 우연히 남산백정에 대한 사실을 제보 받을
수 있었다<그림 3-40>.

〈그림 3-40〉 남곡리 아래뜸에서 바라본 남산백정의 묘소 부근
*주 : 사진 중앙에 있는 산 아래 파란색 지붕의 왼쪽 편에 남산백정의 묘가 있으
　　나, 수풀에 묻혀 지명 언중들의 기억과 기록 속에서 점차 잊혀져 가고 있다.

---

86) 남곡리에서의 면담은 임장수(남, 77세)(연기군 금남면 남곡리)(2008.8.26)와 임헌
　　택(남, 87세)(남곡리)(2008.8.12) 등이 협조해 주었다.

남산백정은 과거 양아리의 맞은편 골짜기인 양지뜸에 적은 호수가 살았으며 성씨가 무엇인지는 알 수 없다. 그들은 소를 잡아 생계를 유지했으며 일제 시대 이전에 마을을 떠났다고 한다. 그런데 한글학회(1974, 203)에서 언급한 백정의 묘비는 발견할 수 없었으나, 다만 제보자의 안내로 당시 남산백정의 것으로 전하는 묘소 1기를 확인할 수 있었다. 현재 백정의 묘소는 양지뜸에 단 한 채밖에 없는 파란 지붕집에서 남서쪽으로 약 10m 거리의 야산에 있으며, 그 형태를 정확하게 확인할 수 없을 정도로 수풀에 묻혀 있다.

본 연구는 남산백정을 포함하여 특정 하층민들이 거주하던 산업 지명들이 소멸하게 된 주된 이유를 사회 제도의 변화, 즉 1894년에 시행된 갑오개혁에서 찾았다. 갑오개혁으로 인해 반상차별 등의 제도적인 신분제가 철폐되었고, 이후 일상생활에 잔존하던 신분적 속박과 차별을 벗어나기 위해 이곳에 거주하던 장인들과 그 후손들이 자발적으로 타지로 이거하면서 자연스럽게 지명이 소멸되어 갔던 것으로 보인다.

남산백정과 함께 조선 후기 열등한 하층 신분의 질적 아이덴티티를 반영하는 산업지명으로 '갑파점'(공주시 신풍면 봉갑리 갑파니)이 있다. 갑파점(상갑파, 상갑패)은 『輿地』에 甲破里, 『戶口』에 上甲破, 甲破店, 『舊韓』에 甲破里로 등재되어 있다<표 3-34>. 특히 1789년 『戶口』에 기록된 甲破店은 가죽신을 만드는 갓바치가 거주하던 곳으로 보여 진다. 현재 마을 주민들은 갓바치에 대한 인식이 전무하며, 다만 상갑파 인근의 밭에서 옹기 파편을 자주 발견했다는 사실만을 제공해 주었다. 현재는 과거 이곳이 갓바치가 살던 마을임을 증명할 자료가 없는 상황이다.

이곳 갑파점의 명명 기반이 되었던 유연성은 소멸된 상태이며, 대신 임진왜란 이후인 16세기 후반에 서울에서 청양군 비봉면[입향조 兪善曾(1583~1658)]을 거쳐 공주목 신하면 上甲破[입향조: 兪遠重(1673~1753)]로 이거한 杞溪 兪氏 丹城公派의 종족촌 경관이 남아 있다.[87] 그리고 상갑파에서 국사봉으로 이어진 갑파천 상류 골짜기에 1990년 들어선 천주교 수리치골 성지가 자리 잡으면서, 상갑파의 장소성(placeness)은 과거 甲破店을 대체하는 상이한 경관들의 누층에 의해 중첩되어 존재하고 있다.

이밖에 산업 지명의 하나로 조선 시대 역참 제도 하에서 존속했던 驛道와 驛村의 존재가 연구 지역의 지명에도 발견되고 있다. 특히 경계·점이 지대로서의 공주목 진관 구역에는 과거 京城과 近畿에서 영남과 호남으로 연결되는 역도들이 경유하였으며, 여러 역도에 소속되었던 역과 그 驛舍가 있던 역촌들이 다수 분포하였다. <표 3-33>에서 보는 바와 같이 '역말, 역벌(驛村, 驛里)' 등이 분포하고 있으며, 일부 역 지명은 역의 명칭이었던 전부 지명소가 현재의 동리 명칭(田民洞, 敬天里, 維鳩里 등)으로 존속하고 있다.

당시 역촌에 거주하던 驛民(驛人, 驛屬, 驛戶, 驛奴婢)들은 특수한 직역을 담당하는 하층민들로 구성되어 있었으며, 조선 후기에 이르러 이들은 소속 역에서 流移하거나 도피하는 경우가 많아지게 된다(조병로, 1990, 87-130). 조선 고종 32년(1895)에는 비로소 우체사가 설치되면서 전국의 역이 완전히 폐지되게 되었고 역 관련 지명들의 변형과 변천을 야기하게 되었다. 한편 공주목 진관 구역에는 역 관련 지명과 함께 과거 중앙 관청에 소속된 田土(宮房田, 屯田, 位田)가 분포했던 '農所' 관련 지명들과 선박을 제조하던 '(戰)船所'라는 지명도 존재하고 있다<그림 3-41>.

---

87) 『杞溪兪氏族譜(第三卷)』(杞溪兪氏族譜所, 1991); 「世系帖」(兪熙大 編, 1979). 면담: 兪炳基(남, 68세)(공주시 신풍면 봉갑리 봉곡), 兪熙大(남, 84세)(봉갑리 상갑패)(2008.9.4) 등

〈그림 3-41〉 船所 마을(충남 서천군 화양면 망월리)과
춘부(農所) 마을(화양면 봉명리) 원경

　특히 서천군 화양면(남상면) 봉명리 春府에 위치한 '農所'는 조선 시
대 忠勳府 소유의 전토인 충훈부 位田이 있던 곳으로 판단된다.[88] 현재
'農所'라는 지명은 『興地』부터 『戶口』, 『舊韓』에 이르기까지 農所里로
표기 변화 없이 존속되어 오다가 일제 강점기와 현대를 거치면서 '春府
(춘부)'라는 지명으로 변경되었다<표 3-34>.

　본 연구는 '春府'라는 지명을 충훈부의 음운이 음절 축약되어 파생된
것(충훈부>춘부)으로 본다. 현재 春府는 약 30호가 거주하는 각성바지
마을이다. 금강 하류의 넓은 평야 지형에 마을이 위치하고 있어 겨울에
는 거센 북서풍으로 몹시 추우며, 15년 전에는 수해로 인해 물이 들마루
까지 잠겼던 곳으로 자연 환경이 열악한 곳이다.

---

88) 충훈부는 나라에 공을 세운 功臣이나 그 자손을 대우하기 위해 설치했던 조선 시
　대 관청으로 1894년 記功局으로 개편되었다. 현재 충훈부라는 지명은 경기도 안
　양시 석수3동(충훈부)에 비공식 지명으로 존속하고 있다. 이곳 春府가 과거 충훈
　부 소유의 位田이었다는 관련 기록은 아직 발견되지 않았다. 다만 『慶尙道固城縣
　忠勳屯田畓量案』(서울대 규장각 소장, 奎 16419)이 현존하고 있어, 1792년(정조
　16) 10월에 고성현에서 작성한 同縣 소재 見月員, 二召所員, 長坪員, 松峴員의 충
　훈부 소속 田畓에 대한 양안임과 함께 충훈부 소유 토지와 관련 지명이 전국적으
　로 분포했음을 확인할 수 있을 뿐이다.

〈표 3-34〉 경제적 지명의 변천

지명	輿地 (1757 ~1765)	戶口 (1789)	舊韓 (1912)	新舊 (1917)	현재	비고
갑파니	甲破里	上甲破 甲破店	甲坡里	·	갑파니, 갑파, 甲坡里(충 남 공주시 신풍면 봉갑리)	
춘부 (농소)	農所里	農所里	農所里	·	春府, 충훈부(서천군 화양 면 봉명리)	*지명 소멸됨 (농소) (農所>春府)
숯골 (술골)	住幕里 住谷里	酒幕里 酒谷里	酒幕里 東酒谷里 西酒谷里	酒谷里	숯골, 술골, 동주막거리, 서주막거리, 酒谷, 酒谷里 (논산시 상월면)	(住>酒)

　이곳에 거주하는 주민들 중 일부는 과거 마을 이름이 '農所'였음을
기억하고 있었으며 '농사만 짓는 곳'이란 말이 듣기 싫어 마을 이름을
주로 '春府'라 부른다고 제보해 주었다.[89] 그러나 마을 주민들의 대부분
은 현재 사용하고 있는 '春府'라는 지명이 과거 이곳을 관리하고 지배하
던 '忠勳府'에서 유래한 것임을 인식하지 못하고 있다. 분명 조선 시대
農所에 거주하던 주민들은 소속 관청과 궁방으로부터 수많은 수탈과 핍
박을 감내하며 살아왔을 것이다. 이러한 부정적인 역사적 사실에도 불구
하고 춘부 주민들은 자신들이 비동일시 했던 지명인 '農所'를 만들었고
자신들을 지배해 왔던 사회적 주체의 명칭('忠勳府>春府')을 오히려 자
신들의 촌락 이름으로 동일시하는 역설적인 상황이 발생하게 되었다.

---

89) 면담: 이의달(남, 83세)(서천군 화양면 봉명리 춘부, 1945년 해방 후 부여군 내산
면 금지리에서 이주), 김동규(남, 82세)(화양면 봉명리 춘부)(2008.8.21.) 등. '農
所>春府'로의 지명 변경과 같이 산업화 시대에 농업과 농촌에 대한 부정적인 인
식과 비동일시 현상은 최근의 관보 기록에서도 확인할 수 있다["경기도 안성군
금광면 농촌리>發花洞"(면명칭 변경 및 법정도 설치 승인, 관보 제13838호, 내무
부 공고 제 1998-10호, 1998.2.24].

(2) 상업 지명

공주목 진관 구역은 전술한 바와 같이 경기에서 영남과 호남으로 가는 주요 길목이었다. 특히 '공주~판치~노성~초포~황화정'으로 이어지는 구간은 조선 시대 주요 간선 도로망이었던 濟州路(海南路)가 경유하던 지역으로 '주막거리, 주막촌' 등과 같은 상업 지명이 다수 분포하고 있다<표 3-35>.[90]

<표 3-35> 상업 지명

상업 지명	현 행정구역	지명의 유연성 및 사회적 관계
앞술막(앞酒幕)	논산시 노성면(읍내면) 교촌리	*三南大路(濟州路·海南路) 상의 酒幕里
술골, 동주막거리 (酒谷, 東酒幕, 三巨里)	논산시 상월면(하도면) 주곡리	*작은 스케일의 도로(小路, 支線)에 위치 *노성–연산–신도안으로 가는 삼거리
술골, 서주막거리 (酒谷, 西酒幕, 四巨里)	논산시 상월면(하도면) 주곡리	*큰 스케일의 도로(大路, 幹線)에 위치 *공주–노성–연산–은진으로 가는 사거리 *술골>숯골(술의 부정적 의미로 인한 변경)

90) 강헌규(2001, 5~82)는 한명희(1972)의 연구를 토대로 현존하는 春香傳의 여러 板本과 唱本을 비교하여 춘향전에 나타난 이몽룡의 남원행 경유 지명을 고찰하였다. 그의 조사에는 공주목 진관 구역에 포함된 조선 시대 제주로(해남로)의 여러 지명이 포함되어 있다. 청주목 덕평면 덕평과 공주목 정안면 차령에서 은진현 부근의 여산군 합선면 황화정까지의 경유 지명을 제시하면 다음과 같다. "~德坪·德亭~원터(院基)~車嶺~팽나무정~흔 뱀지~고시을~인주인(인지원)~八風亭~광정(廣程·廣亭)~활원(弓院)~모란(毛老院)~수춘~日新~새숫막(시술막)~公州~錦江~공쥬산셩(公州山城)~錦營~장거듸, 장기때~높은행길~소기·효개·소새~기사원~널터·널틔·늘틔~문어미·무내미·무너미 고개~버들며~부채당이~경천·정천(敬天)~기틔·개틔~노성·뇌성·앞술막·노승역(魯城)~평창역~풋개·풋기(草浦)~마구평(馬九坪)~사다리·새다리·시다리·스다리·은진 사다리(沙橋)~은진·은진읍(恩津)~간치당리·까치막·가치말·간치(鵲旨)당이~오목삼거리~굴먹이~닥다리~황화정·황화정이·황ᄒᆞ졍니·황우정이(皇華亭)~."

상업 지명	현 행정구역	지명의 유연성 및 사회적 관계
주막촌(酒幕里)	*연구 지역 내 다수 분포함	
새장터(新場里), 가루전골(粉廛里), 대전골(竹廛里), 환전터(換坐里)	논산시 강경읍(은진현 김포면) 홍교리, 중앙리, 남교리 일대	*『輿地』, 『戶口』 기록에는 은진현 김포면에 一里, 二里, 三里의 숫자지명 만이 등재되다가 『舊韓』 기록에서부터 많은 상업 지명과 구체적인 촌락명이 등재되기 시작함

특히 <표 3-35>에 제시된 논산시 상월면(옛 노성현 하도면) 酒谷里 (술골, 숯골)에는 '東酒幕거리', '西酒幕거리', 노성면 교촌리에는 삼남 대로(제주로·해남로) 상에 있었던 '앞술막(앞주막, 酒幕里)' 등의 사설 주막 관련 지명이 다수 분포하며 이와 관련된 전설도 전해오고 있다.[91]

주곡리에 위치한 '동주막거리'와 '서주막거리'는 문헌상에 존재할 뿐 현재 마을 주민들의 기억에서 사라진 소멸된 지명이다. '동주막거리'는 현재 주곡리 마을회관 앞의 삼거리로 추정되며 이 길은 서주막거리를 거 쳐 노성으로, 용적골과 사실고개(沙峴재)를 넘어 연산으로, 주곡리 윗말 과 설무니 고개를 넘어 신도안으로 가는 삼거리이다. 즉 동주막거리는 노성, 연산, 신도안을 연결하는 삼거리에 위치한 주막촌으로 서주막거리 의 간선 도로에서 이어지는 소로 내지는 지선 교통로에 해당되는 곳으로 추정된다<그림 3-42>.

'서주막거리'는 현재 691번 지방도 옆의 주곡리 마을 입구 부근으로 공 주, 노성, 연산, 은진을 연결하는 사거리, 즉 대로(간선 도로)가 있던 곳이 다.[92] 이곳에는 일제 강점기까지 6~7호의 가옥이 있던 곳으로 현재는

---

91) 조선 시대 주요 대로 상에 위치한 앞술막(尼山酒幕)과 酒谷이란 지명은 조선 후 기 개인문집에도 등장하고 있으며["尼山酒幕…板峙酒幕"(『戒逸軒日記(己卯 十 二月 十三日)』, 李命龍, 1708~1789); "酒谷何無酒…酒谷在尼山近尹明齋宅"(『西 坡集(5卷)(詩)』, 吳道一, 1645~1703)], 논산문화원(1994, 217)에는 앞술막(주막 거리)과 관련된 전설도 소개되어 있다.
92) 현재 '숯골'로 통용되는 주곡리 '술골'은 淸州 楊氏의 종족촌인 윗말(30여 호)과

앞술막 전경   서주막터와 사거리   동주막터와 삼거리

〈그림 3-42〉 앞술막, 서주막거리, 동주막거리 경관

주곡리 마을 입구 좌측 산 아래에 1호 만이 있을 뿐이며, 차돌모랭이를
지나 경천, 공주, 한양으로 가던 사거리였다<그림 3-43>.

　그런데 주곡리의 고유지명인 '술골'은 조선 시대 새로운 근대 교통수
단의 등장과 기존 도보 육상 교통망의 쇠퇴와 함께 '술(酒)'의 부정적
의미가 마을 주민들에 의해 비동일시 되면서 현재는 '숯골'로 인식하고
통용하고 있다. 이로 인해 '술골(酒谷里)'이 지녔던 본래의 지명 유연성
이 변질된 상태이다. 이밖에도 주막촌(酒幕里) 관련 지명들은 공주목 진
관 구역 곳곳에 다수 분포하고 있다.

　이상에서 살펴본 경제적 지명들은 대체로 조선 시대 경제 활동에 대
한 유교적 소양을 지닌 상류층의 비동일시에 의해 거부되거나 부정적으
로 인식되어 강제 변경되었을 가능성도 있다. 즉 경제적 지명이 자리 잡
고 있는 장소에 유교적 소양을 지닌 사족들이 이거할 경우 이러한 문화
정치적 지명 변경이 발생할 수 있을 것이다. 한편 조선 시대 산업 및 상
업 활동에 대한 사회의 부정적이고 차별적인 평가로 인해 그곳에 거주하

咸平 李氏의 종족촌인 아랫말(20여 호), 그리고 남쪽 양산(양삼) 아래의 용적골로
이루어져 있다. 주곡리의 동주막과 서주막에 대한 존재는 이방헌씨(83세)의 제보
로 위치 비정이 가능하였다. 다만 『朝鮮』(1911년)의 魯城郡 下道面 '洞里村名條'
기록에는 '東酒谷(諺文: 윗숙골), 西酒谷(아릿숙골)', '酒幕名條' 기록에 '前酒幕
(압술막)'이 등재되어 있다. 면담: 楊東稷(남, 68세)(논산시 상월면 주곡리 숯골
윗말), 이방헌(남, 83세)(주곡리 숯골 아랫말)(2008.10.31) 등.

는 하층의 사회적 주체들이 자발적으로 산업 및 상업 지명들을 변경했을
가능성도 배제할 수 없다.

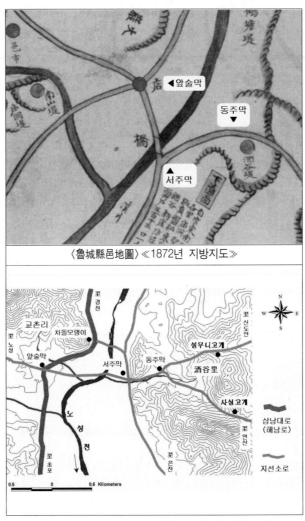

〈그림 3-43〉 앞술막과 동·서주막의 위치와 주변 지형

4. 경합에 따른 지명 유형과 문화정치적 의의
: 정치-사회적 유형

경합에 따른 지명 유형 분류는 대체로 지명 경합과 이로 인한 영역 변동을 경험한 지명들로 구성되어 있다. 지명 경합과 영역 변동의 과정에 특정한 권력관계가 작용되는 경우가 발견되며, 따라서 정치－사회적인 지명 유형의 성격을 띤다. 이 유형은 경합 지명, 표기 방식 통일 지명, 영역 확대 지명, 영역 축소 지명으로 하위분류된다.

1) 경합 지명

공주목 진관 지명의 유형은 전부 및 후부 지명소를 포괄하는 지명소의 경합과 통일 양상에 의해 분류될 수 있다. 이러한 유형에는 지명어를 구성하는 지명소가 두 가지 이상으로 지칭되는 경합 지명과 지명소를 특정한 형태와 방식을 지닌 표기로 통일시키려는 지명이 해당된다. 경합 지명과 표기 방식 통일 지명의 생성에는 특정한 사회적 주체의 권력관계가 개입되기도 하며 지배적인 아이덴티티나 이데올로기의 교체에 의해 경합의 우열과 표기 방식의 특성이 변형되기도 하여 문화정치적 접근의 가능성을 내재하고 있다.

우선 競合 地名(contested place names)이란 하나의 지리적 대상이나 장소가 두 가지 이상의 지명으로 지칭될 때, 그 지리적 대상이나 장소의 이름으로 전용되기 위해 서로 경합하는 지명들을 가리키는 용어이다. 공주목 진관 구역에는 다수의 경합 지명들이 분포하고 있으며, 상호 경합하는 양태는 각기 다른 수준으로 전개되고 있어 경합 양상에 대한 일률적인 해석을 어렵게 한다.

나아가 <표 3-36>에서 제시한 공주목 진관 구역의 경합 지명들은 경합의 정도에 따라 다양한 지명 영역의 경합을 야기하므로 경합 지명 내부에서 전개되는 문화정치적인 사회적 주체들 사이의 권력관계를 주의 깊게 분석해야 한다. 특히 경합하는 지명들의 배후에 각각의 지명을 선호하고 후원하는 상이한 사회적 주체가 지명 언중으로 포진해 있을 경우 이러한 지명들 간의 경합 양상은 문화정치적인 관점에 의한 관찰과 분석이 가능해 지는 것이다.

<표 3-36> 경합 지명

지명	현 행정구역	지명	현 행정구역
벌말/渼湖	대전시 대덕구(일도면) 미호동	松鶴/飛鶴/美鶴	공주시 장기면(장척동면) 산학리
밤골/不老洞	대전시 유성구(구즉면) 금고동	가느니, 細洞/上堂山	공주시 우성면(우정면) 상서리
下宋村/上中里	대전시 대덕구(내남면) 중리동	도램말/鶴林洞	공주시 탄천면(반탄면) 송학리
鄉校말/孝子촌	대전시 대덕구(현내면) 읍내동	다리께, 溪/道場谷	공주시 의당면(요당면) 월곡리
寬洞/隱洞	대전시 동구(동면) 마산동	냇께, 川邊/물안, 毛蘭	공주시 장기면(요당면) 오인리
소골/小谷/牛谷/山村	대전시 대덕구(일도면) 삼정동	花山/닭머리, 鷄頭	공주시 계룡면(진두면) 향지리
한절골/大寺洞/砲谷/寒溪	대전시 중구(산내면) 대사동	쇠실, 金谷/杏亭	공주시 신풍면(신하면) 산정리
희여치/白峙/白也峴	부여군 부여읍(현북면) 현북리	돌고지/孟城/晩城/脫城	공주시 우성면(성두면) 대성리
古多只/頒詔院	부여군 세도면(백암면) 반조원리	銀杏亭/東幕골/萬壽洞	공주시 정안면 평정리
普光山/武帝山	부여군 양화면(적량면) 초왕리	太平里/사직골, 사잣골	공주시 정안면 평정리
버드랭이/內柳村	부여군 부여읍(몽도면) 유촌리	갱경굴/江景/講經	공주시(동부면) 중동
중뜸/洪哥洞	부여군 세도면(인의면) 가회리	어두니/여드니/八十里	공주시 유구읍(신상면) 신영리

지명	현 행정구역	지명	현 행정구역
마루골 /말골/允洞	부여군 양화면(홍화면) 수원리	무루실/水村 /武陵谷	공주시 신풍면(신하면) 대룡리
벌말/少年洞	부여군 충화면(박곡면) 만지리	새미/우미/雨傘峰 /三侍郎峰	공주시 반포면 송곡리- 대전 안산동
금학/주막골 /漁隱洞	부여군 충화면(팔충면) 복금리	東穴山/天台山	공주시 의당면 월곡리
돌머리/石隅 孔道	부여군 장암면(북조지면) 석동리	陰巖津/山城津 /錦江津	공주시(남부면) 금성동
중뜸/天燈골 /中天/越村	부여군 충화면(팔충면) 중천리	홍길동성 /茂城山城	공주시 사곡면 대중리
壯子/胎封	부여군 충화면(가화면) 오덕리	가시라/小丙舍	논산시 노성면(장구면) 병사리
배일/梨谷 /梨逸/排一	연기군 전동면(동면) 청송리	飛雁洞/乾坪	부여군 초촌면(소사면) 진호리
쇠방골 /西方洞 /棲鳳洞	연기군 전동면(동면) 봉대리	雪門/反谷	논산시 상월면(상도면) 대촌리
打愚/大夫	연기군 전의면(북면) 관정리	高浪이/舞亭골	논산시 노성면(읍내면) 읍내리
둔더기 /國士里	연기군 남면 수산리	가다리/草峴	논산시 은진면(도곡면) 토량리
불당골/友德	연기군 서면(북삼면) 신대리	乾川/江靑이	논산시 가야곡면(하두면) 강청리
불당골, 부처뒷골 /書堂洞	청양군 청남면(장촌면) 아산리	보름치/望峙	논산시 벌곡면 만목리
衙司터/新村	연기군 남면(군내면) 연기리	웃골/漆洞/樂洞	논산시 상월면(월오동면) 신충리
개발터/上村	연기군 남면 갈운리	新里/通山	논산시 상월면(월오동면) 신충리
불뭇골 /鳳舞洞	충북 청원군 부용면(동일면) 갈산리	고논/崑崙/東村	계룡시 남선면(식한면) 석계리
거문들/新村 /南村	연기군 동면(동일면) 명학리	龍岩/五相室	논산시 벌곡면 대덕리
도맥/성재/성 작골/性齋洞	연기군 서면(북이면) 성제리	가재울/산직말/香亭	논산시 상월면(상도면) 석종리
미꾸지/美湖 /養仁	연기군 동면(동이면) 예양리	蘇湖山/馬山 /馬耶山	논산시 연무읍 마산리

지명	현 행정구역	지명	현 행정구역
부처골/富谷	연기군 서면(북이면) 월하리	구리산/銅山	논산시 (성본면) 강산동
불당골/富谷	연기군 소정면(덕평면) 운당리	구리내/銅川	공주시 우성면(우정면) 동대리
佛岩/富南/夫南	계룡시 남선면(식한면) 부남리	黃城/北山城/馬城/성재	논산시 연산면 관동리
새터말/작은창고개/典洞	연기군 서면(북이면) 월하리	布川/漂津江/論山川	논산시 부적면 신교리
農所/春府/忠動府	서천군 화양면(남상면) 봉명리	곰재/熊峙/뒷목	논산시 양촌면(모초면) 산직리
무낫골/水出/文學洞	서천군 기산면(서상면) 화산리	平川/屛村	논산시 부적면(부인처면) 반송리
무수점/塔洞	서천군 마산면(하북면) 시선리	가을내성/葛羅城/皇華山城	논산시 등화동 황화산
수문골/은굴/活洞/崇文洞/隱洞	서천군 화양면(남하면) 활동리	아래말/加知奈/薪浦/市津	논산시 등화동
유래/伊火川/有禮/院村	청양군 청남면(장촌면) 아산리	누르기/黃山/天護山	논산시 연산면 천호리
흰마루/白羽洞/白隅洞/回洞	청양군 청남면(청소면) 동강리	치섬/致城/箕島	청양군 정산면(읍내면) 역촌리
너븐달/仍火達/금두실	청양군 정산면(잉면) 덕성리	새울/草谷/鳥谷/鳳谷	청양군 정산면(잉면) 내초리
벌초막/문자실/文城里	청양군 정산면(잉면) 덕성리	德洞/곡들,구억들/菊坪	청양군 정산면(잉면) 신덕리
魯山/魯城山/尼城/城山/봉우재/성재	논산시 노성면 송당리	평리/鐵馬場	청양군 목면 안심리
오구미/繁龜山/梧山/龜山	논산시 연산면 (백석면,노성현 하도면) 오산리	바닥골/바둑골/基谷/碁谷	청양군 정산면(대면) 남천리
붉절골/赤寺谷/거절터/居正垈	논산시 연산면(적사곡면) 고정리	삼천낭구/栗亭	청양군 장평면(적면) 미당리
점골/增谷/魯溪	논산시 노성면(장구동면) 가곡리	으미/어미/漁山/牙山	청양군 청남면(장면) 아산리

지명	현 행정구역	지명	현 행정구역
큰뜸/漢陽말/韓村	논산시 부적면(적사곡면) 충곡리	上場谷/막바짓골, 막골	청양군 청남면(장면) 상장리
돌못/猪池/豚池/錢塘	논산시 부적면(부인처면) 아호리	대추울/大棗/大召	청양군 청남면(장면) 대홍리
사랑말/河洛里	논산시 연산면(내적면) 청동리	外洞/노루목/獐項	청양군 청남면(청소면) 동강리
가락골/蘆洞/蘭洞/蘹洞	공주시 정안면 대산리	바다터/海垈/仁良	청양군 청남면(장촌면) 인양리
인저원/뒷말/두미	공주시 정안면 인풍리	귀률/完吉	서천군 화양면(남하면) 완포리
國師堂말/書堂촌/舞鳳里	공주시 이인면(반탄면) 복룡리	丹亭/丹山/대섭안/竹林	서천군 한산면(동상면) 단상리
宗安/方丑洞	공주시 탄천면(곡화천면) 덕지리	鷺峯山/日光山/冠頭峰	서천군 한산면 구동리
세줄/孝洞, 孝悌洞	공주시 탄천면(곡화천면) 덕지리	이울/枯村	서천군 한산면(북부면) 죽촌리
合川/鶴川	공주시 탄천면(반탄면) 대학리	鍾聲洞/新垈	연기군 전의면(북면) 신정리
山直말/陽地말, 陽村	공주시 우성면(성두면) 보흥리	아래사기소/주막촌	연기군 전의면(소서면) 금사리
무라니/醉興里	공주시 신풍면(신하면) 화흥리	소야/巢鶴洞	연기군 남면 고정리
錦壁亭/濯錦亭	공주시 장기면(장척동면) 금암리	도램말/根谷	연기군 남면 방축리
무너미/文岩/水踰嶺/板峙/月岩	공주시 계룡면(진두면) 월암리	가라기/駕鶴/아래말/鶴川	연기군 남면 양화리
金山所/金山/질재, 길재	연기군 금남면(양야리면) 장재리	사기점골/東山	연기군 서면(북삼면) 기룡리
成街洞, 성가작골/新城/문달안	공주시 정안면 산성리	새말/봉촌/窠城/巢城/新里	연기군 서면(북이면) 성제리
오지울/仙遊洞	공주시 정안면 대산리	마느실/말위실/馬上谷/晩谷	연기군 전의면(소서면) 영당리

지명	현 행정구역	지명	현 행정구역
五里洞/長田 /장밭탱이	대전시 서구(하남면) 오리동	獻垈/망북/음진터	연기군 서면(북삼면) 청라리
泥洞/雲坪	대전시 대덕구(근북면) 덕암동	가마골/釜洞/山水	연기군 동면(동일면) 응암리
안말/耆隱洞	대전시 유성구(현내면) 복룡동	城山/唐山	연기군 남면(읍내면) 연기리
비래암고개 /용·자암고개	대전시 대덕구(내남면) 비래동	言고개/蓮고개 /주막골	부여군 세도면(인의면) 가회리
새재밭골 /석고개	대전시 서구(상남면) 매노동	德林峙/猫峙 /고이치	부여군 충화면(팔충면) 팔충리
시름개/浦村 /下村	부여군 양화면(상지면) 시음리	蝦谷/火藥谷	부여군 장암면(남산면) 하곡리

*주 : '현 행정구역' 항목의 괄호는 1914년 이전의 면 지명임

　지명의 일반적인 경합 양상과 문화정치적인 의미를 몇 가지 사례를 통해 살펴보았다. 경합 지명의 배후에는 그 지명을 지지하고 애용하는 사회적 주체나 시대 정신(Zeitgeist)이 자리 잡고 있다. 특히 시대의 변화에 따라 해당 시대를 지배하는 유력한 이데올로기가 존재하며 이들에 의한 배타적인 지명 명명도 활발하게 이루어진 것으로 보인다. 한국은 고려 시대의 불교와 조선 시대의 유교라는 시간적 단면을 달리하는 지배 이데올로기가 순차적으로 존재했었다. 주지하는 바와 같이 고려를 극복하여 건설된 조선은 고려의 불교에 대해서도 배불과 억불이라는 국가적 정책과 함께 불교가 밀려난 자리에 숭유의 이데올로기를 채워 나갔다. 이러한 시대적 변화는 공주목 진관 구역에 존재하는 많은 지명들에 투영되어 유교와 불교 사이의 다양한 경합 지명을 생산하였다.

　일례로 연기군 서면 신대리에는 불교적인 '佛堂골'과 유교적인 '友德'이란 지명이, 청양군 청남면 아산리에는 '불당골·부처뒷골'과 '서당골(書堂洞)'이 경합하고 있다. 이들 지명들은 전술한 바와 같이 조선 시대 들어 열세에 놓인 불교 지명과 우세한 유교 지명으로 존재하였다.

이러한 사실을 연기군 서면(옛 북삼면) 신대리에 있는 '불당골(友德)'에서 확인할 수 있다. 불당골(友德)에는 현재 4호가 살고 있으며 과거 7호 정도 거주하다가 徐氏, 朴氏, 成氏가 떠나고 남은 4호가 모두 南陽洪氏이다. 과거 이곳에는 큰 佛堂(절)이 있었으며 불당골 서쪽에 있는 처마골은 스님들이 거처하던 곳이었다고 전한다.

그러나 현재 불당은 사라졌으며 조선 중기 이후 이곳에 이거한 연기현의 유력한 사족 집단이었던 남양 홍씨에 의해 종족촌이 형성되었다. 이곳에 세거하고 있는 남양 홍씨는 불당골을 대신하는 '洪氏와 金氏가 우애롭게 사는 마을'이란 의미를 지닌 '友德'이란 지명을 생성했을 것으로 보인다. 현재 주민들은 불당골이라는 지명보다 友德이란 지명을 긍정적으로 인식하고 있으며 이를 우세하게 사용하고 있다.[93]

이와 함께 청양군 청남면(옛 정산현 장촌면) 아산리에는 불교 지명인 '불당골·부처뒷골'과 유교 지명인 '서당골(書堂洞)'이 경합하고 있다. 이곳은 현재 17호 정도가 거주하고 있으며, 安東 張氏, 淸道 金氏, 漆原 尹氏의 유력 성씨들이 일정한 사회적 관계를 맺으며 거주하고 있다. 이 마을에는 한때 사찰인 불당이 있다 사라졌으며 그러한 역사적 사실이 지명인 '불당골'과 '부처뒷골'로 남아 있으나, 마을 주민들의 기억에서 점차 사라져 가고 있는 상황이다.

이후 이곳에는 앞서 제시한 안동 장씨와 청도 김씨 등에 의해 운영된 서당이 건립되어 기존의 불교적인 장소성이 유교적으로 변형되어 가는 실마리가 되었다. 이곳의 서당은 '공주 襄선생'이란 분이 와서 글을 가르쳤으며, 주변에 있던 4개 면 사람들이 이곳에 와서 글을 배울 정도로 유명했다고 전한다.

---

93) 면담: 徐氏(여, 70대)(연기군 서면 신대리)(2008.8.14), 홍성욱(남, 50대)(서면 신대리)(2008.8.15), 조병무(남, 71세)(연기군 서면 월하리 전동) 등.

〈그림 3-44〉 서당골 표지석과 마을 전경

*주 : 오른쪽 사진에 보이는 서당골은 불교 지명으로서의 불당골이라는 또 다른 경합 지명을 가
지고 있다. 한편 과거 사회적 신분의 높고 낮음에 따라 각 계층의 거주지 분포가 해발고도
를 달리하며 나타나기도 하였다.

한편 서당골 내부에는 해발고도에 따라 사회적 신분과 관련된 공간적
위계가 형성되어 있어 주목된다〈그림 3-44〉. 즉 서당이 있던 높은 지
대에는 양반이, 낮은 지대에는 하층의 서민들이 살았다는 것이다. 이러
한 정황은 한때 지대가 높은 서당골을 '선비 마을', 혹은 '선인 마을'이
라고 별칭한 사실에서 확인할 수 있다(임동권 외 編, 2005, 220). 이상에
서 살펴본 바와 같이 조선 시대 불교 관련 지명들의 쇠퇴 경향은 불교
관련 표기자가 다른 글자로 취음되어 대체되거나 불교 관련 유연성에 대
한 변질로 나타나게 된다.

불교 지명과 유교 지명 간의 경합과는 달리 자연 환경을 유연성으로
하는 고유 지명과 유교 지명 간의 경합 양상도 존재한다. 청양군 청남면
(청소면) 아산리의 '유래(伊火川)'는 '有禮, 院村'과 경합하는 지명이다.
'유래(이으래)'는 '이블(벌)내'가 'ㅂ'이 탈락하는 음운변화를 거치면서
변천된 지명(이블내>이볼래>이을래>이으래>유래)으로 보인다. 이 같
은 사실은 '유래'의 한자 지명인 '伊火川'에서 그 변화의 단서를 추적한

것으로 '伊'94)는 음차, '火'95)는 '블~벌'의 훈음차 표기로 보여 지는 생성 역사가 오래된 지명이다.

아직 '이블내'에 대한 정확한 의미는 밝힐 수 없으나 차자 표기의 역사에서 블·벌(火, 伐, 弗)이 '城' 혹은 '벌'(넓고 평평하게 생긴 땅: 原)을 뜻하는 표기임을 감안한다면 이블내는 아산리의 으미(牙山), 서당골(書堂洞), 유래(院村, 有禮) 마을에 걸쳐 있는 곡지 내 저평한 지형을 반영하는 것으로 보여 진다. 이블내에서 유래한 伊火川이란 지명은 전술한 아산리의 저평한 곡지를 관류하는 하천 지명(현 아산천)으로도 사용되고 있으며, 청남면의 상장리와 아산리에서 발원하여 대흥리를 거쳐 분향리 소못도랑 부근에서 지천(금강천)과 합류한다.

<표 3-37> 경합 지명의 변천

지명	輿地 (1757~1765)	戶口 (1789)	舊韓 (1912)	新舊 (1917)	현재	비고
우덕	·	友德里	友德里	·	友德, 불당골 (연기군 서면 신대리)	
불당골	·	·	富谷里	·	불당골, 佛堂谷, 富谷里 (연기군 소정면 운당리)	

---

94) 도수희(2003, 278-304)는 '~伊' 지명소(/ki/→[i])에 대해 삼국 시대 지명인 豆+伊>杜城, 古尸+伊>岬城, 率+伊>六城, 買珍+伊>珍城 등에서 '伊:城'의 대응을 찾아 '伊=城'일 가능성을 조심스럽게 제시하였다. 그러나 이 '伊'가 본래의 원형을 그대로 지니고 있는 것인지, 아니면 음성 변화에 의한 어떤 변형인지를 알아보아야 한다고 지적하였다. 이와는 별개로 그는 '伊伐(ipəl):隣豐'의 사례를 제시하면서 '伊伐'의 뜻이 '隣'임을 제시하였다. 특히 사례 지명인 伊火川의 '伊~'는 앞에서 설명한 접미 지명소(후부 지명소)가 아닌 접두 지명소(전부 지명소)인 점을 감안하면 신중한 의미 해석이 요구된다.

95) 伊火川에 표기된 '火'는 차자 표기의 자료에서 '~卑離>~夫里', '伐', '忽' 등과 대응된다. 도수희(2003, 275-276)는 이 표기자들의 의미를 '城'으로 비정하였으나 현대어에서 사용되는 '~벌', '벌판' 등을 고려할 때 '넓고 평평한 땅'을 의미할 가능성도 배제할 수 없다.

지명	輿地 (1757~1765)	戶口 (1789)	舊韓 (1912)	新舊 (1917)	현재	비고
서당골	·	·	書堂洞	·	서당골, 불당골, 부처뒷골, 선비마을, 선인마을 (청양군 청남면 아산리)	
유래 (이화천)	*伊火川堤堰(堤堰條)[『忠淸』(1835~1849)]	·	伊火川里	·	유래, 이으래, 伊華村, 伊火川, 院村, 有禮(청남면 아산리)	[이블내(伊火川)〉이블래〉이을래〉이으래〉유래〉有禮]

　그런데 '伊火川'과는 다른 '유래'의 또 다른 한자 이표기가 존재한다 <표 3-37>. 그것은 '유래'를 음차 표기한 '有禮'로서 아산리 '유래'에 세거하고 있는 漢陽 趙氏, 潭陽 田氏 등의 사족들에 의해 강하게 동일시되어 애용되는 지명이다. 또한 '유래'의 또 다른 경합 지명으로 '院村'이 존재한다. '院村'은 '유래'에 안정적인 재지 기반을 가지고 있는 한양 조씨와 관련된 지명으로 그들의 현조인 東山 趙晟漢(1628~1686)을 배향하는 伊山祠(1939년 건립)라는 서원에서 유래한 것이다. 그러나 '院村'이란 지명은 한양 조씨 구성원들이 주도가 되어 종족 내적으로 생성된 지명으로 마을 내 다른 구성원들과의 상의와 동의가 없이 만들어져 타종족들에 의해 현재 거부되고 있는 지명이다.96)

　'有禮와 院村'은 바로 정산현의 유력한 사족들인 한양 조씨, 담양 전

---

96) 同春堂 宋浚吉의 문인인 漢陽 趙晟漢(1628~1686)은 호가 東山, 雙槐堂으로 (홍주목) 德山 大冶谷에서 출생하여 관료 진출 후 낙향하여 그곳에서 후학을 양성했던 인물이다. 그의 사후 100여년 즈음에 홍주목 諸儒들이 '雙槐堂別廳稧'를 조직하여 제향 드리려다 뜻을 이루지 못하고, 이후 1939년 己卯에 定山縣 士人 鄭龍澤과 후손 9대손 趙炳憲이 '東山稧別廳稧'를 復設하여 伊山祠를 현 아산리 '유래(뱅재)'에 건립하고, 그의 묘소도 이곳(아산리 院村 38번지)으로 移葬하였다[『東山趙先生伊山祠由來碑』(2007년)]. 2005년과 2007년에는 11대손 趙成文(당시 아산리 里長 역임) 등에 의해 伊山祠 보수와 유래비 건립이 추진되었으며, 이 과정에서 '院村'이란 지명을 둘러싼 마을 주민들 사이의 갈등과 마찰이 발생했던 것으로 보인다.

씨, 안동 장씨 등의 종족 구성원들에 의해 생성된 유교 지명이며, 이들은 '유래'에 대한 한자 표기로서 이미 '伊火川'이 존재하고 있음에도 불구하고 유교적인 한자를 이용해 '있을 有 자', '예도 禮 자'를 강조하는 '有禮'라는 이표기를 생산한 것이다. 나아가 이들은 '伊火川'이라는 지명의 음과 표기를 유교적으로 변형시켜 생성한 '伊華村'이란 지명을 통용시키기도 하였다<그림 3-45>.[97]

〈그림 3-45〉 원촌의 이산사와 이화촌 문패

*주 : 충남 청양군 청남면 아산리 院村에는 한양 조씨의 伊山祠가 있으며, 유래 마을의 담양 전씨 어느 농가의 정문에는 '伊華村'이라는 문패가 달려 있다. '이산사'와 '이화촌'이라는 이름은 모두 '유래', '有禮'와 마찬가지로 마을 앞으로 흐르는 하천 이름인 '이블내(伊火川)'에서 파생된 것이다.

---

97) 현재 아산리 '유래'는 『忠淸道邑誌』의 伊火川堤堰이 있는 이화천 상류의 '웃말'로부터 그 아래로 '중뜸', '샴골', '뱅골'(伊山祠 위치), '지장골', '아랫말'로 구성되어 있다. 전체 약 24호 정도가 거주하고 있는 '유래'의 주요 성씨로는 담양 전씨 4호, 한양 조씨 3호, 안동 장씨 5호 등이 있다. 645번 지방도와 연결된 아산리 입구에는 '서당골, 으미, 유래'가 기록된 표지석이 있으며, '유래' 마을 내부에는 청양군에서 설치한 '원촌길', '한다리길', '유래길' 등의 표지판이 있다. 과거 '유래'에 거주하던 사족들이 伊火川의 음과 표기를 유교적으로 변형시켜 생성한 '伊華村'이란 지명이 현재에도 일부 지명 언중들에 의해 인식되고 있으며, 한 면담자의 가옥 출입문에는 성명과 함께 '伊華村'을 새긴 문패가 나란히 걸려 있다. 면담: 田孝秦(남, 88세)(청양군 청남면 아산리 유래 웃말)(2008.12.25) 등.

재지 사족들이 유교적 의례를 강조하면서 생성한 '有禮'라는 지명과 한양 조씨 문중서원인 伊山祠에서 유래한 '院村'이란 지명은 이 일대의 자연 환경을 반영하고 있는 고유 지명으로서의 '유래(이으래)'를 현재까지 견제 혹은 비동일시하면서 경합하고 있다. '有禮와 院村'은 이 일대에 세거하고 있는 유력한 종족 구성원들이 추구하는 유교적 이데올로기를 재현하고 외부에 과시하는 상승 작용을 일으키고 있다. 이 영향으로 현재 '유래(이으래)'는 지명 경합에서 열세에 놓여 있고, 후대에 생성된 '有禮와 院村'이 우세하게 인식되어 사용되고 있다.

2) 표기 방식 통일 지명

공주목 진관 구역에 분포하는 표기 방식 통일 지명들은 통일적인 표기 방식이 작동되는 지리적 스케일(geographical scale)에 따라 세분할 수 있다. 이때 '통일적인 표기 방식을 작동시키거나 이에 저항하는 힘'은 앞서 바흐찐(1975)이 언급한 언어의 '구심력과 원심력'이란 용어로 대체하여 사용할 수 있다. 첫째 국가적 스케일(national scale)로 작동한 표기 방식 통일 지명의 대표적인 사례로는 통일신라 경덕왕 16년(757)에 행해졌던 2자식 한자 지명으로의 변화와 일제 강점기인 1914년 전국적으로 시행된 행정구역 통폐합과 이로 인한 지명 개정의 결과들이 해당된다.[98] 이를 포함하여 국가적 스케일에서 작용한 지명의 구심력(centripetal force of place name) 사례는 한국의 지명 변천사에서 크게 일곱 차례가 발견된다.[99] 국가적 스케일에서 명명된 구심적인 표기 방식 통일 지명

---

[98] 일제 강점기인 1914년 전국 단위의 행정구역 개편 및 통폐합의 결과 촌락 지명의 자수(2>3자, 4>3자)와 후부 지명소(~洞·~村·~溪>~里)의 통일 경향이 강화되었다.

[99] 국가적 스케일로 단행되어 지명 표기 방식을 통일시킨 구심적 지명 개정 사례로 크게 일곱 차례가 주목된다. 먼저 부분적인 초기 개정의 사례로 통일신라 경덕왕 16년(757) 이전의 개정이 있었다. 경덕왕 이전의 지명 개정은 『三國史記』, 『三國

은 중앙 정치 권력의 효율적인 국가 통치와 통제를 위한 목적으로 생성되었으며, 대체로 고유 지명의 발음과 의미를 보존하려 했던 초기의 지명 개정과는 달리 한자 본연의 의미에 집중된 제한적이고 통일적인 한자 지명으로의 개정이었다.

이로 인해 과거 한국의 다양했던 고유 지명을 획일적이고 일률적인 형태로 변형시키게 된다. 아울러 국가적 스케일에서 행해진 표기 방식 통일 지명으로 '나라에서 하사(特賜)한 이름들'(孝橋, 典洞, 仁良 등)도 해당된다. 이 지명들은 조선 시대 지배적 이데올로기를 포교하고 이로서 피지배자를 교화하고 지명을 순화(purification)하려는 국가 중앙 권력의 의도를 재현하고 대행하는 도구로 이용되었던 것이다.

遺事』에서 그 최초의 예[신라 유리니사금 9년(A.D. 32) 六部(六村)를 개정한 楊山部>梁部, 古墟部>沙梁部 등의 지명 개정 사례]를 찾아볼 수 있는데, 이것이 우리나라 지명 개정에 관한 최초의 기록이라 할 수 있다. 이후 첫 번째 지명 개정은 고구려 安臧王(519~529)이 점령지역의 고유 지명(백제 지명)[『삼국사기』(권 37, 지리지4)]을 한역 개정한 것이며, 두 번째는 당나라 고종(總章 2년, 669년)이 李勣으로 하여금 熊津都督府와 安東都護府의 지명을 개정한 것이었다. 세 번째 지명 개정은 삼국 통일 이후 중앙 집권적 행정 체제를 강화시키려는 목적의 일환으로 경덕왕 16년(757)에 단행된 지명 개정 작업이다. 경덕왕은 전국적으로 행정 구역을 재조정하고 현 단위 이상의 대지명을 '한자식 2자 지명'으로 개정하였으며, 개정에 대한 구체적인 기록은 고려 시대 김부식에 의해 편찬된 『삼국사기』(권 34~37)에 실려 있다. 네 번째 지명 개정은 고려 태조 23년(940)에 후삼국을 통일하고 전국을 새롭게 분정하면서 대대적인 지명 개정을 단행한 것이다. 특히 이 시기에는 『삼국사기』[고려 인종 23(1145)]가 편찬되어 경덕왕 대의 지명 개정 내용과 『삼국사기』 저술 당시인 고려 초기의 해당 지명을 기록하였다. 다섯 번째 지명 개정은 조선 시대 개국과 함께 전국을 팔도로 재조정하고 전래 지명을 대폭적으로 개정한 것으로, 특히 조선 태종 13년(1413)에는 전국에 걸쳐 단행된 대규모의 지명 개정이 있었다. 여섯 번째의 지명 개정은 조선 고종 32년(1895)과 그 이듬해에 실시된 23府制와 13道制에 의한 개정이 있었다. 일곱 번째의 지명 개정은 1914년 일제 식민지하에서 이루어진 전국 규모의 행정구역 개편 및 통폐합과 함께 이루어졌다. 1914년의 대규모 행정 구역 개편으로 공식적인 행정 지명의 개편이 수반되었으며 면 단위 이하의 행정 구역명은 이른바 '혼성 지명(blending place name)'이 대거 발생하였다(도수희, 1991; 2008a).

둘째 지역적 스케일(regional scale)에서 작동한 표기 방식 통일 지명으로 하천 지명의 경합 사례를 살펴볼 수 있다. 이러한 사례는 하천에 분포하는 다양한 유역명이 특정 유역의 이름으로 대체되어 획일화되는 경우가 해당된다. 공주목 진관 구역을 관통하고 있는 금강과 그 유역의 하천 지명들이 행정 권력 등에 의해 특정한 유역의 하천 지명(錦江, 甲川, 論山川 등)으로 대체되어 표기가 통일되거나 그 지명 영역이 확대된 경우를 찾아볼 수 있다.

셋째 국지적 스케일(local scale)에서 작동한 표기 방식 통일 지명의 사례로는 분동된 촌락의 새로운 이름으로 기존 母村落에 쓰인 특정 표기자를 첨부하여 통일시키려는 경우가 이에 해당된다. 이는 해당 촌락에 거주하는 지배적인 사회적 주체의 의도에 의해 母村과 모촌에서 분동된 子村의 지명 표기를 통일시키고 동일한 표기를 공유시켜 국지적 스케일에서의 지명 구심력을 행사한 경우로 공주목 진관 구역의 분동된 촌락의 지명에서 다수 발견된다.

한편 지명을 특정한 기준과 방식으로 통일시키고 획일화시키려는 경우와는 반대로 그러한 구심적 힘에 저항하고 표기 방식 통일 지명의 명명 방식과는 다른 형태로 지명 표기를 다양화시키려는 탈중심적인 원심적 지명이 존재한다. 공주목 진관 구역에 분포하는 원심적 지명으로는 '음란하고, 외설적이고, 상스러운' 것들[연기군 남면 갈운리 자지텃골(紫芝洞) 등]이나, 혹은 국가적 스케일의 구심적 지명이 추구하고자 했던 2자식 한자 지명의 표기 방식과는 달리 4자 이상의 표기를 고수하고 있는 고유 지명(부여군 세도면 '頒詔院里' 등) 등이 해당될 수 있다.100)

---

100) '조치원, 신례원, 가수원, 광혜원, 장호원, 사리원' 등과 같이 행정 단위를 지칭하는 후부 지명소를 제외하고 전부 지명소가 3자인 지명은 한국 지명에서 흔하지 않다. 특히 촌락 단위에서 나타나는 '頒詔院里'는 지명의 생성 년대가 삼국 시대에까지 거슬러 올라가는 오래된 지명으로 『朝鮮』(1911년)에는 "頒詔院津(諺文: 반죠원진), 頒詔院里(반조원이)"(임천군 백암면 渡津名, 洞里村名 항목)로 기록

3) 영역 확대 지명

공주목 진관 구역에 분포하는 지명들은 후부 지명소가 지칭하는 행정 단위, 즉 道市郡區邑洞面里 등과 같은 지명 영역의 변화에 따라 영역 확대 지명과 영역 축소 지명으로 분류할 수 있다<표 3-38>. 그런데 후부 지명소의 영역 변화는 단순한 지명 표기의 변천만을 의미하는 것이 아니라 영역 변화에 작용한 사회적 주체의 권력관계가 작용하고 있어 주의 깊게 분석되어야 한다. 일종의 언어 현상인 지명은 언어 변화의 일반적인 규칙에 구속을 받으면서도 동시에 지명을 명명하고 인식하는 사회적 주체와 주체들 사이의 권력관계의 망(nexus) 속에서 생존하는 존재이다. 이러한 의미에서 지명은 상이한 사회적 주체들이 지명의 의미를 둘러싸고 벌이는 문화전쟁의 대상이자 전쟁터가 될 수 있는 것이다.

그런데 지명은 그 자체 내에 해당 지명이 배타적으로 지칭되거나 통용되는 공간적 범위, 즉 지명 영역을 반드시 소유하고 있으며 대체로 후부 지명소에 그 지리적 규모가 행정 단위(~郡, ~面, ~里)로 표기된다. 이로 인해 후부 지명소의 영역 변화에는 지명을 둘러싼 사회적 주체들의 문화전쟁이 과정과 결과로서 투영되어 있으며, 일정한 영역을 자기의 것으로 서로 차지하기 위한 영역 싸움에 주목하는 문화정치적 속성을 담고 있는 것이다.

<표 3-38> 영역 확대 및 축소 지명

분류	영역 변화	해당 지명	행정구역 개편 및 통폐합
영역 확대 지명	*촌락·폐군현〉시군구 단위	대전시	*大田里(한밭)〉大田廣域市
		대전시 유성구	*儒城廢縣〉儒城里〉儒城區
		논산시	*論山里(놀뫼)〉論山市
	*촌락〉면 단위	부여군 규암면(천을면) 규암리	*규암리〉규암면(1914년)

되어 행정리로서 현재까지 존속되고 있다.

분류	영역 변화	해당 지명	행정구역 개편 및 통폐합
영역축소지명		부여군 은산면(방생면) 은산리	*은산리>은산면(1914년)
		부여군 장암면(내동면) 정암리 (장암리) 맛바위	*장암리>장암면(1914년) *장암리>정암면(1914년)
		부여군 이인면(목동면) 이인리	*이인리(利仁驛)>이인면(1942년)
	*국호>군현 단위	남부여: 부여군 부여읍	*南扶餘>부여군 부여읍
	*군현>면동 단위	회덕현, 진잠현, 은진현, 연산현, 노성현, 전의현, 임천군, 석성현, 정산현, 한산군, 황산군(연산현의 경덕왕 16년 개정지명)	*회덕현>회덕동, 진잠현>진잠동, 은진현>은진면, 연산현>연산면, 노성현>노성면, 전의현>전의면, 임천군>임천면, 석성현>석성면, 정산현>정산면, 한산군>한산면, 황산군>황산
	*군현>동리 단위	嘉林里: 부여군 임천면(읍내) 구교리	*嘉林>嘉林里 *경덕왕 16년(757) 개정지명의 존속
		石城里	*석성현>석성리(1914년)
		비럭골(比來洞): 대전시 대덕구(현내면) 비래동	*雨述·比豊>비래동 *懷德의 고지명인 雨述·比豊의 존속
		더운댕이(德恩堂): 논산시 가야곡면(하두면) 삼전리	*德恩>德恩堂
		黃山: 논산시 연산면(모촌면) 신량리	*黃山郡>黃山 *경덕왕 16년(757) 개정지명의 존속
		所夫里: 부여군 부여읍(현내면)	*所夫里州>소부리
	*폐군현>면동 단위	신풍현: 공주시 新豊面 산정리 新豊山城, 산성미	*신풍폐현>신풍면
		덕진현: 대전 유성구(탄동면) 덕진동	*덕진폐현>덕진동
	*면>촌락 단위	석성현 증산면, 비당면, 원북면, 정지면, 삼산면, 병촌면, 우곤면, 현내면	*증산면>증산리, 비당면>비당리 등
		노성현 상도면, 두사면, 장구면, 화곡면, 천동면, 득윤면	*두사면>두사리, 장구면>장구리 등

분류	영역 변화	해당 지명	행정구역 개편 및 통폐합
		연산현 백석면, 부인처면, 외성면, 모촌면, 식한면	*부인처면〉부인리, 식한면〉향한리 등
		은진현 죽본면	*죽본면〉죽본리
		임천군 두모곡면(두곡면), 가화면, 팔충면, 내동면	*두곡면〉두곡리, 가화면〉가화리, 팔충면〉팔충리, 내동면〉정암리 내동

후부 지명소의 영역 변화는 일반적으로 행정 구역 개편과 통폐합의 결과로 발생되며, 이 과정에서 군현, 면, 동리 간 세력의 우열로 인해 스케일 상승(scaling up)과 하강(scaling down), 즉 영역의 확대와 축소가 좌우되는 경우가 대부분이다. 공주목 진관 구역에 존재하는 영역 확대 지명은 〈표 3-38〉에서 제시된 바와 같이 '村落·廢郡縣〉市郡區 단위', '村落〉面 단위'의 사례로 대별할 수 있다.

촌락이나 조선 초기에 폐군현으로 존재하던 소규모 지명들이 시군구 단위의 행정 구역으로 지명 영역이 확장된 사례가 있다. 대표적인 사례로는 공주목 산내면 '大田里 한밭'과 은진현 화지산면(노성현 광석면)의 '論山里(놀뫼)'가 현재는 각각 '大田廣域市'와 '論山市'로 지명 영역이 확장된 사례가 있으며, 조선 초기 폐군현이었던 공주목 소속 '儒城廢縣'이 현재는 '儒城區'로 영역이 확장된 사례가 있다. 한편 촌락 지명으로 존재하던 부여현의 '窺岩里, 恩山里, 場岩里'가 각각 1914년 행정구역 개편 이후 '窺岩面, 恩山面, 場岩面'으로 기존 면 지명을 밀어내고 새로운 면 지명으로 지명 영역이 확장된 경우도 있다.

이와 같이 지명 영역이 확장된 이면에는 내부적으로 그곳에 거주하던 사회적 주체들의 권력관계가 해당 지역의 산업 경제 및 사회 문화의 급속한 성장과 상승작용을 일으키면서 발생한 경우가 많다. 영역 확장 지명들은 행정구역 개편과 통폐합을 계기로 타 지명보다 지명 영역의 중심성이 강하고 우세한 상황에서 발생한다. 이 과정에서 해당 지명에 거주하거나 연고를 가진 사회적 주체들이 중앙 및 지방 행정 기관에 진정과 로비 등의 권력관계를 행사하면서 지명 영역이 확대되었다. 특정한 지명의 중심성 확대와 그곳에 거주하는 사회적 주체가 행사한 권력관계는 지명 영역의 확장을 초래하였고, 동시에 그러한 중심성과 권력에 밀려 지명 영역이 축소된 스케일 하강 지명도 양산하게 되었다.

4) 영역 축소 지명

특정 지명의 영역 확대로 인해 그와 동시에 발생하는 영역 축소 지명은 크게 '國號>郡縣 단위, 郡縣>面洞 단위, 郡縣>洞里 단위, 廢郡縣>面洞 단위, 面>村落 단위'로 구분할 수 있다. 먼저 한 나라의 국호로 존재하다가 군현 단위로 지명 영역이 축소된 경우를 '南扶餘'에서 찾을 수 있다. 백제 聖王 16년(538) 熊州(공주)에서 泗沘(부여)로 천도한 후 사용된 백제국 국호 '南扶餘'는 백제 멸망(660년) 이후 지명 영역이 축소되어 현재 '扶餘郡 扶餘邑'으로 존재하고 있다. 조선 시대 군현 지명이 현재 面洞 단위의 지명으로 지명 영역이 축소된 사례로는 '대전시의 회덕현>회덕동, 진잠현>진잠동, 논산시의 은진현>은진면, 연산현>연산면, 노성현>노성면, 연기군의 전의현>전의면, 부여군의 임천군>임천면, 석성현>석성면, 청양군의 정산현>정산면, 서천군의 한산군>한산면' 등이 있다.

또한 통일신라 경덕왕 16년(757) 林川郡의 옛 지명이었던 '加林>嘉林'은 현재 부여군 임천면 구교리 내의 소 지명으로 지명 영역이 축소된 채 존속하고 있다. 이러한 사례는 군현 지명이 동리 단위의 지명으로 영역이 축소된 경우로 공주목 진관 구역에는 懷德縣의 古名인 雨述(>比豊)에서 유래한 것으로 보이는 '比來洞'이란 지명이 대전시 대덕구에 동명으로 남아 있는 사례, 恩津縣의 통합 전 군현 지명이었던 '德恩'이 현재 논산시 가야곡면 삼전리 '德恩堂(더운뎅이)'으로 존속하는 경우,

扶餘縣의 옛 이름이었던 '所夫里州'가 부여군 부여읍 내의 소 지명인 '소부리'로 남아 있는 사례가 있다.

한편 조선 시대 초기 '新豊廢縣, 德津廢縣'이었던 지명이 현재 面洞 단위인 공주시 '新豊面', 대전시 유성구 '德津洞'으로 각각 지명 영역이 축소되어 존재하는 경우가 있다. 마지막으로 공주목 진관 지명 중 면 지명이 촌락 지명으로 스케일 하강하여 지명 영역이 축소된 사례들은 대부분 현재 논산시 일원에 분포하고 있어 그 원인에 대한 충분한 후속 연구가 요구된다.

해당 사례로는 조선 시대 石城縣의 면 지명이었던 '증산면, 비당면, 원북면, 정지면, 삼산면, 병촌면, 우곤면'이 현재 부여군 석성면 '증산리·비당리', 논산시 성동면 '원북리·정지리·삼산리·병촌리·우곤리'로 각각 지명 영역이 축소되었다. 또한 魯城縣 '상도면, 두사면, 장구면, 화곡면, 천동면, 득윤면'이 현재 논산시 상월면 '상도리', 논산시 노성면 '두사리·장구리·화곡리', 논산시 광석면 '천동리·득윤리'로 각각 축소되었다. 조선 시대 連山縣에 분포하던 '백석면, 부인처면, 외성면, 모촌면, 식한면'은 현재 논산시 연산면 '백석리', 부적면 '부인리', 부적면 '외성리', 양촌면 '모촌리', 계룡시 두마면 '향한리'로 지명 영역이 축소된 채 존속되고 있고, 恩津縣 '죽본면'은 현재 논산시 연무읍 '죽본리'로 스케일 하강하여 지명 영역이 축소되어 남아 있다.

이상에서 살펴본 지명 영역의 확대와 축소 과정은 지명 영역들의 상호 경계(행정 구역 경계)가 연접하고 있어 보통 동시적으로 발생하는 경우가 대부분이며, 각 지명들이 지니고 있는 행정적, 경제적, 사회적 우열 차이에 의해 동반되는 경우가 많다. 이와 같이 사회적 주체가 소유한 권력관계를 매개로 지명 영역이 쟁탈되고 상실되는 문화전쟁의 양상들은 필연적으로 지명 영역의 확대와 축소를 발생시켰으며, 이로 인해 지명 변천에 대한 문화정치적인 접근을 요구하고 있다.

제4장
지명 영역의 경합과 변동
-공주목 진관 지명의 문화정치적 변천-

1. 지명 영역의 형성과 경합

지명은 배타적으로 통용되거나 지칭되는 일정한 공간적 범위, 즉 영역(territory)을 반드시 지니고 있다는 짐에서 지리직이고 문화징치직인 분석을 요한다. 이러한 의미에서 지명의 영역이 형성되어 분화되거나 타영역으로 이탈되어가는 다양한 경로를 살펴보고, 상이한 사회적 주체들의 영역적 아이덴티티가 구축되는 배경이 되는 지명 영역들과 이들 사이에 존재하는 경합 양상을 분석하였다.

〈표 4-1〉 못골·갈거리·미꾸지의 지명 변천

지명	興地 (1757~1765)	戶口 (1789)	東輿·大圖·大志 (1800년대 중엽)	舊韓 (1912)	新舊 (1917)	현재	비고
못골 목동면	*木洞面, 屯田池 [≪海東≫(18세기중반)]*木洞面[≪朝鮮地圖≫(18세기후반)]	木洞面	木洞面 *木洞面, 池洞堤堰(堤堰條)[『淸』(1835~1849)]	外池谷里 內池谷里 木面	池谷里 木面	못골, 밧못골, 안못골, 池谷里(목면) 木面(청양군)	*못(골)〉木(洞)(음차)(면 지명) *못(골)〉池(谷)(훈차)(촌락 지명)
나말 목동면	木洞面 *木洞面 [≪海東≫(18세기중반)]	木洞里 木洞面	木洞面	木洞面	木洞里 木洞面	나말, 木洞, 木洞里(공주시 이인면)	(木洞: 나말의 훈차 혹은 훈음차 +훈차) *공주군 木洞面〉利仁面(1942년)
갈거리 (노장)	上芦長里	蘆長里	·	上蘆長里 中蘆長里 下蘆長里 葛巨里	蘆長里	갈거리, 上蘆長(汀), 中蘆長, 下蘆長, 蘆長里(전동면) 葛巨里[청주군 강외면 심중리로 편입(1914)〉연기군 전동면 심중리로 편입(1995)]	(芦)蘆(長)〉長·汀 *갈기리〉갈거리·갈가리 [蘆長(汀)里: 갈거리의 훈차(蘆)+훈 음차(長)+음차(里)] (葛巨里: 갈거리의 음차)

지명	興地 (1757~ 1765)	戶口 (1789)	東興·大圖·大志 (1800년대 중엽)	舊韓 (1912)	新舊 (1917)	현재	비고
미꾸지 (미호)	·	·	弥串	·	·	미꾸지, 美湖, 美湖川, 美湖平野(동면 예양리)	*美串津 尾串 [≪1872년 지방지도≫] *美九里 [≪구한말한반도지형도≫ (1895년)]
양골 (예양리)	養仁洞里 *養仁洞[≪海東≫(18세기중반)]	養仁洞	養仁洞	養仁里 仁洞里	禮養里	양골, 養仁, 禮養(동면 예양리)	(養仁)禮養) *良仁里 [≪구한말한반도지형도≫ (1895년)]

*주 : '비고' 항목의 'a〉b'는 'a에서 b로의 지명 및 지명 영역 변화'를 의미함.

이를 위해 동일한 유연성에서 유래한 두 지명이 상이한 영역을 형성하여 분화해 간 '木洞面 / 池谷里' 사례, 특정한 사회적 주체의 장소 아이덴티티를 반영하는 한자 지명의 창출과 이에 따른 기존 고유 지명의 축출을 다룬 '葛巨里 / 蘆長里' 사례, 마지막으로 유교 지명과의 경합에서 밀려 쇠락해진 고유 지명의 저항과 변신, 월경(transgression) 사례를 조사한 '미꾸지 / 美湖 / 養仁' 사례로 나누어 살펴보았다.

1) 지명 영역의 차별적 형성과 분화

동일한 지명 유연성에서 유래한 지명이 차자 표기와 영역 형성의 차별적 전개로 인해 상이한 지명 영역을 형성하면서 분화해 간 사례(木洞面 / 池谷里)가 있다. 청양군 목면(옛 정산현 목동면) 지곡리에 있는 면 지명인 '木洞'과 촌락 지명인 '池谷'은 본래 동일한 지명 유연성, 즉 '못

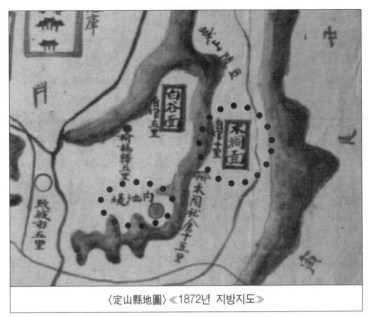

〈定山縣地圖〉≪1872년 지방지도≫

〈그림 4-1〉 고지도에 표현된 內池堤와 木洞面(충남 청양군 목면)

골'에서 유래한 것이다. 현재 청양군 목면 지곡리 1구 안못골에는 '池谷 저수지'가 있으며 이 저수지가 지명 명명의 유연성이 되어 '木洞'과 '池 谷'이 생성되었다.

　면 지명인 '木洞'의 '木'은 '못골>목골'로 변화한 뒤에 '목'을 단순 음차 표기한 것이고 '洞'은 '골'을 훈차 표기한 것이다. '木洞面'은 현재 두 번째 음절의 '洞'이 탈락된 채 6개의 행정리를 관할하는 '木面'으로 존속하고 있다. 이에 반해 촌락 지명인 '池谷'은 '못골'을 훈차 표기한 것으로 이후 안못골(內池谷)과 밖못골(外池谷)로 분동되어 '池谷里'라 는 행정리의 촌락 내에 자리 잡고 있다. 이들 '木洞과 池谷'은 동일한 명명 유연성에서 생성된 지명들이나 이후 서로 다른 차자 표기가 적용되 고 지명 영역이 차별적으로 형성, 분화되면서 면 지명과 촌락 지명으로 각기 달리 분포하고 있는 것이다<그림 4-1과 4-2>.[1]

그런데 <표 4-1>에 제시된 바와 같이 '木洞과 池谷'은 『忠淸道邑誌』 (1835~1849) 기록에 '木洞面'과 '池洞堤堰'으로 동시에 등재되어 있다. 이 때 촌락 지명인 '池洞'은 '池谷'의 谷이 洞과 터쓰인 경우로 보인다. 한편 ≪海東地圖≫(18세기중반)에는 '木洞面'과 '목동면' 기록 오른쪽에 '奄田 池'가 기재되어 있어, 이 '엄전지'가 바로 '지동제언'일 것으로 추정된다.

그러나 '지동제언'이란 분명한 명칭이 『忠淸道邑誌』에 기록된 것으로 보아 지곡 저수지는 늦어도 19세기 중반 이전에 축조된 역사를 지니고 있다. 또한 '木洞과 池洞(池谷)'이란 지명들도 저수지 축조의 시기와 비슷한 시기에 생성된 것으로 보인다. 이후 '木洞面'은 『舊韓』(1912년) 기록에 '木面'으로 등재되어 '洞'이 탈락된 상태로 현재에 이르고 있으며, '池谷'은 '外池谷里'와 '內池谷里'로 촌락이 분동되어 등재되어 있다.[2]

각 지명들의 영역을 살펴보면, '못골'이란 지명 유연성과 '못골'의 전부 지명소를 제공한 '池谷 저수지'가 가장 작은 지명 영역으로 '池谷里' 내에 분포하고 있으며 '지곡 저수지'의 지명 영역을 '안못골'이 둘러싸고 있다. 그리고 '안못골'에서 분동된 '밖못골'이 지명 영역을 달리하면서 '안 못골'의 남동쪽 능선 너머에 인접해 분포하고 있다. '안못골과 밖못골'은 다시 행정리로서의 '池谷里'란 지명 영역에 포함되어 있으며 현재는 지곡리 1구로 함께 편제되어 있다.

---

1) 동일한 명명 유연성에서 생성된 지명이 각기 면 지명과 촌락 지명으로 분화된 청양군 목면 池谷里의 사례와는 달리, 가까운 공주시 이인면 목동리의 경우는 면 지명은 소멸되고 촌락 지명만이 존속되고 있는 사례이다. 즉 공주시 이인면 木洞 里의 '木洞'이란 소 지명은 목동의 고유 지명인 '나말'의 훈차 또는 훈음차(木)와 훈차(洞) 표기로 생성된 지명이다. '나말'에서 유래한 '木洞'은 행정 리명인 '木洞 里'와 면 지명인 '木洞面'으로 지명 영역이 분화되어 존속되어 오다가 지난 1942년 木洞面이 利仁面으로 변경되어 현재는 '공주시 이인면 木洞里 나말, 木洞'으로 촌락 지명만이 남게 되었다.
2) 『朝鮮』(1911년)에는 "木面, 內池谷里(諺文: 안못골), 外池谷里(밖못골)"(定山郡 木面 洞里村名 항목)로 기록되어 있다. 면담: 趙炳完(남, 80세)(청양군 목면 지곡리 1구 안못골)(2012.4.4) 등.

〈그림 4-2〉 안못골의 저수지와 목면 사무소 전경

*주 : 왼쪽 사진에 안못골 마을 진입로 왼쪽으로 지명 유연성을 제공한 저수지가 보인다. 그런데
　　동일한 지명 유연성을 가진 '목(동)면'의 사무소는 안못골에서 북동쪽 4km에 위치한 안심리
　　에 자리잡고 있다(오른쪽).

　'지곡리'의 지명 영역은 '못골'에서 유래하여 가장 큰 지명 영역으로 스
케일 상승(scaling up)한 '木(洞)面' 지명의 지명 영역 안에 둘러싸여 분포하
는 형태를 띠고 있다<그림 4-3>. 이를 통해 공주목 진관 지명의 영역 형
성과 분화에 동일한 지명 유연성에서 유래한 지명들이 각기 다른 지명 영
역을 형성하면서 차별적으로 분화해간 영역 변동 양상을 확인할 수 있다.

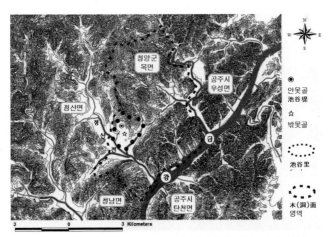

〈그림 4-3〉 못골·池谷里·木洞面의 차별적인 지명 영역 형성

2) 한자 지명의 창출과 고유 지명의 축출

특정한 사회적 주체의 이거와 그들의 장소 아이덴티티를 재현하는 한자 지名이 창출되면서 본래의 고유 지명이 영역이 축소되어 구석으로 축출된 사례를 '葛巨里 / 蘆長'에서 찾아 볼 수 있다. 연기군 전동면(옛 전의현 동면)에 있는 蘆長里는 1번 국도 부근의 下蘆長에서 蘆長川의 협곡을 따라 상류로 거슬러 올라가면서 中蘆長, 上蘆長으로 촌락이 분동되어 위치하고 있다. '蘆長里'란 지명은 고유 지명인 '갈거리(갈가리)'를 훈차(蘆)+훈음차(長)+음차(里) 표기한 것이다.

마을 주민들, 특히 상노장에 거주하는 安東 權氏 종족들은 마을에 갈대가 무성하여 '蘆長'이라 부르며, 임진왜란 때 안동 권씨 權柱(1500년대 활동)가 상노장의 원 촌락이 있던 '날근터(낡은터)' 부근에 갈대가 무성하여 전란을 무사히 넘기면서 그가 '蘆長'이라 명명 했다고 전한다. 그러나 상노장 주민들은 현재 이 蘆長의 원 지명이자 고유 지명인 '갈거리(갈가리)'를 정확하게 인식하지 못하고 있는 상황이다.

<표 4-1>에서 확인되는 바와 같이 '蘆長(葛巨里)'이란 지명은 『興地』(1700년대 중반)의 '上芦長里'로 등재되기 시작한다. 이때 표기자 '芦(호)'는 '蘆'자의 俗字로 '蘆'를 간략히 표기한 것에 불과하며 발음은 '노'로 했을 것으로 보인다. 이 표기자(芦)는 『安東權氏樞密公派大譜(天)』(辛丑譜, 1961년)에 權柱의 長子인 權英(1568~1614)의 기록에 '墓上芦長子坐'로 나타나고 있어 이른 시기부터 쓰인 표기자로 보인다. 이후 노장리는 『戶口』(1789년)에 '蘆長里', ≪1872년 지방지도≫<全義縣地圖>에 '蘆長店'으로 등재되다가 『朝鮮』(1911년)에 촌락이 분동된 '上芦長里(상노장), 中芦長里(노장), 下芦長里(ㅎ노장)'으로 기록되어 있다. 그 후 『舊韓』(1912년) 기록에는 '上蘆長里, 中蘆長里, 下蘆長里'로 등재되었으며, 동시에 '葛巨里'라는 '蘆長'의 원 지명이자 갈거리(갈가

리)의 음차 표기 지명도 함께 기록되어 있다.

그런데 '葛巨里'란 고유 지명은 1911년 자료인 『朝鮮』에 '葛巨里(諺文: 갈거리); 葛巨里酒幕(갈거리주막)'(충북 淸州郡 江外面 深中里의 洞里名과 酒幕名 항목)이 기록되어 있어, 1914년 전국 단위의 행정구역 개편이 있기 전에는 충남 전의군 동면과 충북 청주군 강내면의 경계에 걸쳐 있던 雙子村이었음을 알 수 있다.[3] 이러한 지명 변천의 상황으로 유추해 볼 때 노장리는 18세기 후반에서 20세기 초반의 약 200여년 사이에 촌락이 분동되었으며, 이 시기에는 '蘆長'이라는 지명과 함께 '葛巨里' 지명이 공존했음을 알 수 있다. 그런데 현재 '갈거리(葛巨里)'라는 지명은 蘆長里와 경계를 하고 있는 전동면 심중리 2구의 '갈거리'만을 지칭하며, 마을 주민들은 지금도 보통 음차 표기한 '葛巨里'로 표기하여 사용하고 있다.

본 연구는 '갈거리'라는 지명의 어원이 노장리와 심중리 일대의 자연환경을 지칭하는 고유어일 것으로 파악한다<그림 4-4>. 즉 노장리와 심중리의 북동쪽에 위치한 東林山(457m)과 望京山(385m) 산지는 노장리와 심중리 일대에 북서-남동과 북북서-남남동 방향의 구조선을 따라 線形의 곡지와 여러 방향으로 분기된 산 능선을 형성시켰다. 또한 곡지와 산 능선 사이로 분포하는 노장천과 그 외의 소규모 하천들은 여러 지점에서 합류하거나 하류에서 바라볼 경우 분기된 형태로 관찰된다.

이와 같은 산지와 하천의 분기 지형이 바로 '갈거리', '갈가리' 지명의 명명 유연성이 된 것으로 판단한다. 실제 노장리 3구의 상노장과 심중리 2구에 위치한 갈거리 마을은 공통적으로 망경산과 동림산에서 분기한 선상 구릉의 말단부에 위치하고 있어 마치 마을 뒷산을 사이로 곡지가

---

3) 행정 구역이 개편된 1914년 이전 충북 청주군 西江外一下面과 충남 전의군 동면에 동시에 분포하던 雙子村 葛巨里는 1914년 개편 결과가 수록된 『新舊』(1917년)에는 충북 청주군 강외면 심중리와 충남 연기군 전동면 노장리에 각각 통합되었음이 기록되어 있다.

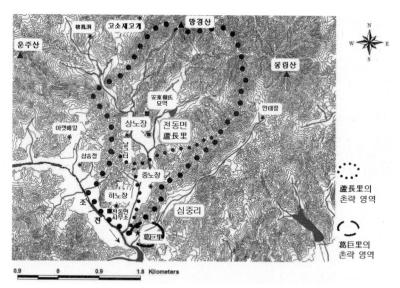

〈그림 4-4〉 蘆長里·葛巨里의 주변 지형과 지명 영역(충남 연기군 전동면 노장리)

갈라지는 형태를 보이고 있다. 즉 '갈거리, 갈가리' 지명은 산지와 하천
의 갈라진 모습을 표현하는 '가르' 계, '가지' 계 지명인 것으로 보인다
(조강봉, 2002, 75~158).

산지와 하천의 분기 지형에서 유래한 '갈거리', '갈가리'는 바로 노장
천 주변의 자연 환경을 지칭하는 과거 이 일대의 일반적인 지명이었을
것이다. 그런데 '갈거리', '蘆長' 지명에서 주목되는 사실은 동일한 유연
성을 가진 이들 지명이 각기 다른 위치와 영역 크기를 점하면서 병립하
고 있으며, 한자 지명인 蘆長里의 우세와 고유 지명인 葛巨里의 열세 속
에 존재하고 있다는 사실이다.

원래 이 일대 전체를 지칭하던 '갈거리'란 고유 지명은 이후 안동 권씨
들에 의해 새롭게 생성된 한자 지명인 '蘆長里'의 창출과 압박, 영역 확장
에 밀려 현재는 심중리 2구의 작은 각성바지 촌락 이름으로 노장리 남동쪽
의 구석에 작은 영역을 유지한 채 존속하고 있다. 안동 권씨의 후원으로

〈그림 4-5〉上蘆長과 葛巨里의 경관

성장해온 '蘆長里'란 한자 지명은 현재 '상노장, 중노장, 하노장'으로 영역이 분화되어 분포하고 있으며, 고유 지명 '葛巨里'는 심중리 남서쪽의 노장천 하류로 축출되어 지명 영역이 크게 축소된 채 존재하고 있는 것이다.

이러한 현상에 대해 본 연구는 지명 영역의 형성과 경합, 촌락 분동과 영역 변동을 가능케 한 주요 원인이 촌락 내부의 차별적인 사회적 관계에 기인하고 있음을 확인하였으며, 이를 구체적으로 살펴보면 다음과 같다. '蘆長'의 원 지명이자 고유 지명인 심중리 2구의 '갈거리'는 북동-남서 방향으로 뻗어 있는 좁은 곡지의 최하류에 위치한다. 동림산 부근의 상류로부터 피난고지로 유명했다던 '민태절'이 있고 그 하류로 '사기소', '덕룡골', '조광골'이, 그리고 곡지에서 흘러오는 하천이 鳥川과 합류하는 최하류 부근에 '갈거리' 마을이 위치한다.

현재 갈거리는 6호가 거주하는 작은 각성바지 마을이며, 조선 후기에는 서울로 통하는 주요 도로 상에 위치하여 '蘆長店', '葛巨里酒幕' 같은 사설 주막들이 들어서 있던 하층민들의 거주지였던 것으로 보인다. 이러한 상황은 현재에도 계속되어 마을 앞으로 경유하는 1번 국도와 경부선으로 인해 10여 년 전부터 외지인들이 유입해 식당과 식품업 제조 공장을 운영하고 있으며, 이와 함께 촌락 구성원들의 교체가 빈번한 편이다

<그림 4-5>. 이로 인해 현재 마을 주민들은 '심중 2구'라는 행정 지명 과 함께 '갈거리'라는 지명을 청년층도 인식하고 사용하고 있으나, 그 지명 유래나 유연성에 대해 인식하고 있는 주민은 없었다.[4)]

갈거리와는 달리 蘆長里 3구인 '上蘆長'은 안동 권씨 樞密公派(齊簡 公派)의 종족촌으로 약 50여 호가 사는 큰 촌락이다<그림 4-5>. 그 중 안동 권씨는 약 50%를 차지하고 있으며 각성바지인 下蘆長, 中蘆長과 달리 촌락 구성원들의 혈연적 관계가 긴밀하며 종족촌의 상징 경관도 나 타난다. 안동 권씨의 上蘆長 입향조는 임진왜란 전에 입향한 것으로 알 려진 안동 권씨 시조 權幸의 24세손인 權柱라는 인물이다.[5)] 권주의 증 손인 權檢(27세손)이 상노장으로부터 인근 청송리의 三松亭으로 이주했 으며, 권검의 次子인 權惺(28세손, 乙巳 1665년생)이 삼송정 옆 마을인 배일(排一)로 이거하여 현재 그 후손들이 전동면 노장리와 청송리 일대 에 거주하고 있다.

현재 안동 권씨 추밀공파(제간공파)는 노장리와 청송리 일대에 일정 한 재지적 기반을 확보하여 세거해 오고 있으며, 아직도 부근에 많은 종 산을 소유하고 있다. 또한 전동면의 안동 권씨는 일제 강점기에는 전동

---

4) 충북 청원군 강외면 심중리 2구였던 갈거리는 생활권이 북서쪽에 인접한 충남 연 기군 전동면 노장리 3구의 '하노장(전동)'에 속해 있어 1995년 충남 연기군 전동 면 심중리로 편입됐다. 면담: 청주 한씨 아주머니(50대)(충남 연기군 전동면 심중 리 2구 갈거리)(2008.11.1) 등.

5) 齊間公 權柱는 호가 養默齋이고 蔭參奉으로 折衝將軍行僉知中樞府事를 역임한 인물로 연기군 전동면 노장리와 청송리 일대에 거주하는 안동 권씨의 입향조이다. 그의 정확한 생몰 년대는 기록되어 있지 않으나 임진란 때의 일화가 족보와 『輿 地勝覽』, 『全義邑誌』에 전해지고 있어 1500년대 활동한 인물로 추정된다("壬亂 以白米八白斛運于餉所泣謂子曰吾世憂國思汝當奮義効武俾率家僮三百人赴戰逾死 於敵公聞而哭…湖中人士至今稱美載邑誌本道輿地勝覽"). 또한 그의 장자인 權英 의 생몰 년대가 1568~1614년인 것으로 보아 1500년대 초반 경에 출생한 것으로 추정되며, 현재 그의 묘소는 上蘆長 마을 뒷산 정상에 위치하고 있다[『安東權氏 樞密公派大譜(天)』(辛丑譜, 1961년)].

면 초대 면장을 배출하였으며, 최근까지도 이 일대에서 일정한 영향력을 유지하고 있다.

특히 이들은 앞서 설명한 입향조 권주와 관련된 임진왜란 당시에 형성된 갈대 전설을 그들의 장소 아이덴티티를 재현하는 긍정적인 대상으로 동일시하고 있다. 또한 이러한 갈대 전설과 관련된 '蘆長'과 위쪽의 좋은 터에 입지했음을 암시하는 '上蘆長'이란 한자 지명을 조선 시대 전의현의 유력한 지배적 사족이었던 자신들의 권위와 연결시켜 인식하고 있다.[6] 안동 권씨 추밀공파의 '蘆長'이란 한자 지명에 대한 애착과 동일시는 바로 뚜렷한 사회적 지지 기반이자 주체가 없던 '갈거리'란 고유 지명을 구석으로 축출하고 대신 그 영역을 쟁탈하게 한 원동력이 되었던 것이다.

이러한 蘆長里는 원래 上蘆長, 中蘆長, 下蘆長을 관할하는 하나의 행정리였으나 이후 하노장이 노장리 1구, 상노장과 중노장이 노장리 2구로 분동되었으며, 현재는 하노장, 중노장, 상노장이 각각 1, 2, 3구로 분리되어 관할되고 있다. 그런데 일제 강점기 전까지 안동 권씨 종족촌인 상노장의 세력에 밀려 있던 각성바지 마을 중노장과 하노장(노장리 2구와 3구)에는 현재 '연기 노장산업단지'가 입지하고 있다. 특히 '全東'으로 불리는 하노장에는 전동면사무소, 전동우체국, 조치원농협 전동지점, 전동역 등 전동면의 주요 기관과 시설들이 밀집하면서 촌락 중심성의 우열이 역전된 상황이다.[7]

여기서 주목되는 점은 과거 1970년대 까지 蘆長里의 중심지였던 안동 권씨 종족촌 '上蘆長'이 쇠퇴하는 대신 1번국도와 경부선 등이 경유하는 낮은 지대의 '下蘆長'이 노장리의 새로운 중심지로 부상하면서 촌

---

6) 『安東權氏樞密公派大譜(天)』(辛丑譜, 1961년). 면담: 권순백(남, 67세)(연기군 전동면 노장리 3구 상노장), 목순경(여, 74세)(노장리 3구 상노장)(2008.11.1), 權處殷(남, 68세)(전동면 청송리 배일), 權處上(남, 75세)(청송리 삼송정)(2008.8.19) 등.

7) 면담: 尹錫萬(남, 70세)(연기군 전동면 노장리 2구 양지말), 마을 주민(여, 85세) (전동면 노장리 3구 하노장)(2008.11.1) 등.

락 分區의 순서도 하노장을 1구로 했다는 점이다. 그러나 현재 하노장과 중노장에는 상노장에서 이거한 안동 권씨가 1호만 거주하고 있을 뿐이며, 이러한 거주 분포의 구별은 여전히 과거 상노장과 하노장·중노장·葛巨里 사이에 놓여 있던 차별적인 사회적 관계를 짐작케 한다.

3) 쇠락한 고유 지명의 저항과 월경

연기군 동면(옛 연기현 동이면) 禮養里에 있는 '미꾸지 / 美湖 / 養仁'에는 유교 지명과 고유 지명 사이에 벌어진 경합과 함께 고유 지명의 저항과 월경(transgression)의 사례가 발견된다. 현재 예양리 1구는 미꾸지(미구지), 산속골(산소골, 山所洞), 양골(골, 예양골, 養仁洞)의 세 촌락으로 구성되어 있다. '미꾸지'는 연기군 동면 노송리 뒷산인 峨眉山(139m)의 한 능선이 북서쪽의 미호천 방향으로 뻗어 있는 평지 돌출의 선상 구릉 지형을 반영하고 있는 지명이다.

'미꾸지'는 ≪大圖≫(1800년대 중반)에 미꾸지의 음차＋훈차 표기인 '弥串'으로 등재되어 있으며, ≪1872년 지방지도≫<燕岐縣地圖>에 '美串津', <淸州牧地圖>에는 역시 미꾸지의 음차＋훈차 표기인 '尾串'으로 표기되어 있다. 또한 ≪舊韓末 韓半島 地形圖(1:50,000)≫<淸州>(일본육군참모본부, 1895년)에는 미꾸지의 음차표기인 '美九里'로 기록되어 있다<그림 4-6>.

그런데 미꾸지는 한자로 '美湖'로 표기되기도 한다.『朝鮮』(1911년)의 충북 淸州郡 江外面 西坪里 '渡津名'에는 '美湖津(諺文: 미구지나루)'가 기록되어 있다<그림 4-7>. 美湖는 미꾸지의 '미~'를 '美'로 음차 표기하고 '~꾸지'를 '湖'로 표기한 것으로 유사한 표기 방식을 '누루꾸지'를 '黃湖'로 차자 표기한 사례(대전시 대덕구 황호동)에서 찾을 수 있다.

현재 '미꾸지'에는 전체 12호 중 4호가 密陽 朴氏 楸亭公派의 종족으

 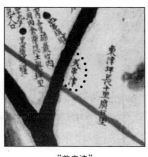 

"弥串"
≪大東輿地圖≫(1861년)

"美串津"
≪1872년 지방지도≫
〈燕岐縣地圖〉

"美九里" ≪구한말한반도지형도≫
〈淸州〉(1895년)

〈그림 4-6〉 미꾸지의 다양한 표기

로 구성되어 있으며 마을 입구에는 1920년 연기군 서면 월하리 두옥동에서 이건한 樛亭公 朴天鵬(1544~1592)과 그 아들들의 五忠旌閭가 세워져 있다. 마을 주민들은 '미꾸지'와 '미구지'로 지명을 인식하고 있으며, 현재는 '예양 1구'라는 행정 지명을 주로 사용하고 있을 뿐, '美湖'라는 지명은 사용하고 있지 않다.8)

한편 美湖의 원 지명인 고유 지명으로서의 '미꾸지'는 인근의 양골(養仁洞)에서 유래하여 1914년 새롭게 생성된 '禮養里'라는 행정 지명이자 경합 지명에 밀려 그 사용 빈도가 축소 및 위축되어 있는 상황이다. 특히 예양리의 '양골(養仁洞)'은 <표 4-1>에서 확인할 수 있듯이 관찬 지리지와 읍지류에 등재된 역사가 길고 표기의 큰 변동 없이 지속되고 있는 유교 지명이다. 현재 예양리 '양골(養仁洞)'은 예양리에서 가장 큰 마을로 16세기 후반 입향한 結城 張氏의 종족촌이 형성되어 있다.9)

---

8) 면담: 朴聖圭(남, 78세)(연기군 동면 예양리 미꾸지), 張一德(남, 65세)(예양리 강촌)(2008.8.27) 등.

9) 연기군 동면 일대에 재지적 기반을 가지고 있는 결성 장씨는 조선 시대 향촌에서의 신분적 권위를 상징하는 자료, 즉 연기현의 재지사족(향족) 명단인 『燕岐鄕案』(조선 仁祖 23년, 1645)에 남면의 扶安 林氏와 서면의 南陽 洪氏 다음으로 많은

"美湖津(미구지나루)"
(충북 청주군 강외면 서평리)
"美湖川"(청주군 강외면 궁평리)
"美湖川上流"(충북 구문의군 가덕면)
[『朝鮮地誌資料』(1911년)]

미꾸지(연기군 동면 예양리 1구)

〈그림 4-7〉 美湖津·美湖川 기록과 미꾸지 경관

　본 연구는 '養仁洞과 禮養里'라는 지명들이 모두 이곳의 지배적 사족인 결성 장씨에 의해 생성되고 유지된 유교 이데올로기적인 지명인 것으로 판단한다. 촌락 내부적으로, '미꾸지'라는 고유 지명은 결성 장씨라는 지배적인 사회적 주체가 생성하고 후원하는 '禮養里', '養仁洞' 지명과의 경합에서 밀려 현재는 '미꾸지' 마을의 일부 구성원들에게 제한적으로 인식될 정도로 그 지명의 영향력과 영역이 축소된 상황이다.

　그러나 촌락 외부적으로 '미꾸지'는 '美湖'라는 지명으로 표기가 변화되어 현재 '美湖平野', '美湖川'으로 지명 영역이 크게 확대되어 통용되고 있다.

인물이 入錄되어 있다. 또한 『鄕約座目』(1878~1880년)에도 縣 鄕約의 도약정, 집례, 面 鄕約의 면약장, 유사 등에 대거 포진해 있었으며, 司馬試 합격자도 다수 배출한 이 지역의 주요한 사족이다. 『結城張氏族譜』에 의하면 결성 장씨의 예양리 입향은 결성 장씨 燕岐派祖로서 현 연기군 전동면 노곡리에 조선 성종 대에 입향한 張孝忠(結城君 夏의 7세손)의 증손인 張談(이후 익위공파로 分派)이 임진왜란 이후인 16세기 후반 경에 이거한 것으로 알려져 있다. 당시 장담의 종형제들인 訓(송룡리 입향, 직장공파), 說(내판 연지동 입향 후 서면 고복리 이거, 참봉공파), 詮(노송리 입향, 판윤공파)도 인근에 입향하여 현재에 이르고 있다(충남대마을연구단, 2006, 31-34).

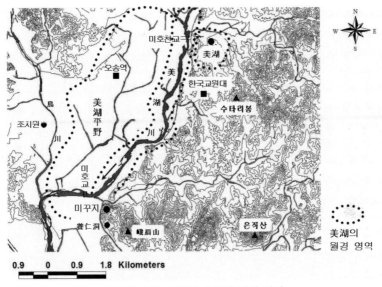

〈그림 4-8〉 미꾸지·美湖의 지명 영역

즉 현재 충북 진천군과 증평군, 청원군에서 충남 연기군에 걸쳐 분포하
고 있는 중부 내륙 평야대의 일부를 지칭하는 '美湖平野'와 그곳을 관류
하는 하천 명칭인 '美湖川'의 전부 지명소로 언중들에 의해 활발히 통용
되면서 그 지명 영역이 크게 확대되어 있다. 특히 미꾸지에서 6km 북서
쪽에 위치한 충북 청원군 강내면 탑연리 2구의 주민들은 자신들의 거주
지 명칭을 '탑연리 2구'와 함께 '美湖'를 사용하고 있어 '미꾸지'가 타
지명 영역으로 월경(transgression)한 현상이 나타나고 있다〈그림 4-8〉.
본 연구는 '미꾸지(美湖)'라는 지명이 원 영역에서 이탈하여 타 영역으
로 월경된 과정을 다음과 같이 분석하였다.
    우선 조선 후기 '弥串', '美串', '美九里' 등으로 다양하게 차자 표기
되어 오던 '미꾸지'가 구한말 경 '美湖川', '美湖津'이라는 이표기로 미
꾸지 부근의 하천 지명으로 사용된다. 이후 구한말과 일제 시대 초기에
언중들의 하천 상·하류 유역에 대한 전체적인 조망 및 인식 확대와 행정

권력에 의한 하천 관리의 통일성과 효율성이 작용하면서 '美湖川'이란 하천 지명이 원 미꾸지의 상·하류로 확대되어 명명되어 갔다. 이러한 상황은 '美湖川'이란 지명이 1911년 기록인 『朝鮮』에 이미 미꾸지의 원 지명 영역이었던 연기군 동면 예양리의 영역을 벗어나 인근의 청주군 강내면과 강외면, 멀리는 현재의 청원군 가덕면(舊文義郡 加德面)에까지 '美湖川上流'라는 기록이 나타나고 있는 것으로 확인할 수 있다.[10]

한편 1906년에는 조치원 - 청주 간 신작로(현 36번 국도)가 개설되면서 현재 충북 청원군 강내면 탑연리 2구의 미호천을 경유하는 교량 명칭으로 '美湖川橋'가 명명된 것으로 보인다.[11] 조치원-청주 간 신작로가 개설되고 1985년에는 강내면 다락리에 한국교원대학교가 설립되면서 현재의 탑연리 2구에는 소규모의 시가지가 조성되기 시작하였다. 이 과정에서 탑연리 2구라는 행정 지명과는 별개의 '美湖'라는 경합 지명이 인근 美湖川과 美湖川橋를 일상생활에서 자주 사용하던 언중들에 의해 새롭게 생성되었으며, 그 결과 '미꾸지'에서 유래한 '美湖' 지명의 월경을 가능케 했을 것으로 본다.[12]

조선 시대 연기현의 주요 사족이었던 결성 장씨에 의해 생성되고 지

---

10) 『朝鮮』(1911년)에 등재된 '美湖川' 관련 기록은 다음과 같다. "美湖川(미호천)" (충북 淸州郡 江內面 黃灘里·石花里·丁峰里·新村里와 江外面 宮坪里의 河川名 항목) ; "美湖川上流(미호천상류·테일천·번마루천)"(충북 舊文義郡 加德面 杏亭里·上垈里·古芝洞의 河川名 항목).

11) 『鳥致院發展誌』(酒井俊三郎 編, 1915, 74)에는 일본인에 의한 조치원-청주 간 신작로 건설과정이 소개되어 있으며, ≪近世韓國五萬分之一地形圖(1:50,000)≫(淸州)(조선총독부, 1923)에서는 '美湖川橋' 표기를 확인할 수 있다. 한편 미꾸지 나루(美湖津)가 있던 곳에는 1970년대 '美湖橋'가 건설되었으며, 미꾸지 주민들은 이 다리를 '미호다리'로 부른다.

12) 현재 충북 청원군 강내면 탑연리 2구 주민들은 '미호 중학교', '미호 삼거리', '미호 주유소', '미호 파크', '미호 철물 수도사', '미호 방앗간', '미호 가구점', '美湖 가든' 등과 같이 다른 곳에서 월경한 '美湖'라는 지명을 일상생활에서 자주 친숙하게 사용하고 있다.

지된 유교 지명 '養仁洞'과 '禮養里', 그리고 이들 경합 지명에 밀려 위축된 영역으로 쇠락해 있던 고유 지명 '미꾸지'는 현재에도 예양리 1구 내의 촌락인 '미꾸지', '미구지'와 '미꾸지 나루', '美湖橋'라는 지명을 존속시키면서 경합 상대인 '養仁洞'과 '禮養里' 지명에 저항해 오고 있다.

다른 한편으로 '미꾸지'는 이표기인 '美湖'로 변신하여 유교 지명에 대한 저항과 함께 나름의 생존을 위한 출구를 찾게 된다. 미꾸지는 '美湖' 지명을 통해 원 영역인 연기군 동면 예양리 미꾸지를 이탈해 넓게는 '美湖平野'와 '美湖川'으로 지명 영역을 확대시켰고, 충북 청원군 강내면 탑연리 2구 '美湖'라는 다른 지명 영역으로 월경함으로써 지명 영역의 飛地的 확대를 발생시켰던 것이다.

2. 아이덴티티 재현 지명과 영역성 구축

특정한 영역 내에서 지배적인 위치를 차지하는 사회적 주체는 자신들의 아이덴티티를 관리하고 확장하려는 능력, 곧 영역성(territoriality)을 가지고 있다. 이들은 지명에 대한 권력의 실천을 통해 자신들이 동일시하는 지명으로 영역을 정화하고 강화해 간다. 이때 사회적 주체는 자신의 장소 아이덴티티와 이데올로기를 재현하는 지명들을 생산하거나 동일시하는 지명으로 변경시키면서 그들의 영역성을 구축해 간다.

지명을 매개로한 영역성 구축의 과정은 특정한 사회적 주체의 영역에 대한 통제를 주장하고 행사함으로서 영역 내에서 이루어지는 행동이나 상호 작용에 영향을 주어 그들에 의한 영역 통제를 강화하고 유지하게 한다. 이러한 과정은 달리 말해 사회적 주체들이 행사하는 지명의 구심력 혹은 구심적 지명의 생산과 그 맥을 같이하며 동일한 표기 방식을 이용해 타자의 지명을 개명하거나 수정하려는 시도라는 점에서 동일성에 의한 지배와 억압을 뜻하기도 한다.

본 연구는 이러한 관점을 토대로 특정한 사회적 주체들이 수행하는 이데올로기적 지명 부여와 영역성 구축 사례(孝橋洞, 典洞, 仁良里), 사족들에 의한 장소 아이덴티티 재현 지명의 생산과 영역성 구축 사례(파평 윤씨 魯宗五房派와 남양 홍씨 燕岐派), 마지막으로 분동된 촌락에 모촌과 동일한 표기자를 부여하면서 종족촌의 영역성을 구축한 사례(林里와 靑林)를 분석하였다. 그리고 이상의 세 사례는 각각 지명 구심력이 작동되는 지리적 규모에 따라 각각 국가적(national), 지역적(regional), 국지적(local) 스케일에서 발생하고 있다.

〈표 4-2〉 孝橋洞·典洞·仁良의 지명 변천

지 명	輿地 (1757~ 1765)	戶口 (1789)	舊韓 (1912)	新舊 (1917)	현재	비 고
효교동 (망골)	·	孝橋	孝橋里	·	孝橋, 망골, 막은골 (충남 연기군 서면 기룡리)	
마룡	馬龍里 下馬龍里	馬龍里	·	·	효교, 망골, 막은골 부근(서면 기룡리)	*馬龍洞〉孝橋 (영조 49년, 1773)
전동	·	·	典洞里	·	典洞, 새터말, 작은창고개(서면 월하리)	*典洞 지명 생성(인조 2년, 1624년 이후)
인양 (바다터)	·	仁良里	仁良里	仁良里	仁良, 바다터, 바라터, 海垈, 仁良里(청양군 청남면)	*바다터〉仁良里·바다터 (정조 11년, 1787)

1) 이데올로기적 지명 부여와 영역성 구축

공주목 진관 구역에는 조선 시대 통치 이데올로기를 전파하고 교화하는 수단으로 지명을 활용하거나, 이를 통해 특정한 사회적 주체의 영역성을 강화한 지명들이 존재한다. 이러한 사례는 조선 시대 중앙 권력에 의해 국가적 스케일(national scale)에서 시행됐던 "국가적인 지명 特賜"의 경우로 대부분 촌락 단위에서 소규모의 산발적인 형태로 진행된 것들이다.[13] 이를 연기군 서면 기룡리의 '孝橋', 연기군 서면 월하리의 '典洞', 청양군 청남면 인양리의 '仁良'을 중심으로 살펴보았다.

'孝橋'라는 지명은 현재 연기군 서면(옛 연기현 북삼면) 기룡리의 '孝橋洞(망골, 정골, 원신대)'을 말한다. '효교'라는 지명은 조선 영조 49년(癸巳年, 1773)에 이 일대에 거주하는 南陽 洪氏 종족의 五世八孝를 표창하기 위해 국가에서 '特賜'한 지명이다.[14] 이를 기념하여 남양 홍씨 후손들이 세운 '孝橋碑'(충남 유형문화재 108호)가 서면 기룡리와 신대리 경계의 627번 지방도 옆에 세워져 있다<그림 4-9>.

---

13) 이른 시기인 통일 신라 시대에도 국가 권력에 의한 지명 특사의 사례가 발견된다. 즉 『삼국사기(권 48 열전)』(孝女知恩條)와 『삼국유사(권 5 효선 제9)』(貧女養母 條)에는 정강왕(886년)이 효녀 지은의 효행을 표창하기 위해 그녀가 살던 마을 이름을 "孝養坊" 혹은 "孝養里"라 했다는 기록이 있다.

14) '망골' 입구에 있는 '孝橋碑'는 원래 현 위치의 뒷산에 있던 것을 이전한 것이다. 이 비에는 남양 홍씨 五世八孝, 즉 洪延慶(1579~1647), 연경의 아들 廷卨(1615 ~1671), 손자 禹績(1634~1701), 禹平(1640~1699), 禹九(1646~1698), 증손 鉉, 鑢(만)(1665~1719), 현손 得一(1687~1736)의 효행이 나라에 알려져 마을 이름으로 '孝橋'를 특사해 주었다는 내용이 기록되어 있다("南陽洪氏世以孝傳故 英廟四十九年壬辰特 賜改洞名"). 효교비의 존재는 조선시대 국가의 통치 이데올로기, 특히 유교를 사회에 보급하고 이를 통해 백성을 교화하려는 방편의 하나로 '유교적 改洞名'의 방법이 존재했음을 말해주고 있다. 그런데 효교비에는 '英廟49年 壬辰'으로 기록되어 있으나, 영조 49년은 壬辰年이 아니라 癸巳年(1773)으로 착오가 있는 듯하다.

〈그림 4-9〉 孝橋碑閣·孝橋亭·孝橋碑(충남 연기군 서면 기룡리)

'孝橋洞'의 원래 지명은 '馬龍洞'으로 본 연구는 '마룡동'이란 지명이 현재 '효교동'의 경합 지명인 '망골(막은골)'의 음차 표기 지명인 것으로 추정한다. '馬龍洞(馬龍里)'이란 지명의 기록은 <표 4-2>에서 보는 바와 같이 『輿地』(1700년대 중반)와 『戶口』(1789년)에 등재된 후 사라졌는데 현재 '효교동'의 경합 지명이자 고유 지명인 '망골(막은골)'로 존속되고 있는 것으로 보인다. 특히 『戶口』의 기록에 '馬龍里'와 '孝橋'가 함께 등재되고 있는 사실은 당시 국가에서 '孝橋'라는 지명이 내려지긴 했으나 아직 그 일대의 언중들에게는 '馬龍里'가 일반적이고 친숙한 지명으로 사용되었음을 반증한다.15)

그런데 국가에서 하사된 이름인 '孝橋'라는 지명은 『戶口』(1789년)에 '馬龍里'와 함께 등재되기 시작하여 이후 '馬龍洞(馬龍里)'를 대체하여 이 일대를 지칭하는 보편적인 지명으로 사용되어 왔다. 특히 '孝橋(孝橋里)'라는 지명의 동일시와 활발한 통용의 과정에는 남양 홍씨 燕岐派 종족 구성원들의 '孝橋' 지명에 대한 애용과 후원이 작용했을 것으로

---

15) 면담: 洪千植(남, 40대)(연기군 서면 기룡리 망골)(2008.8.12), 홍성욱(남, 50대)
    (서면 신대리 살구정이), 홍순열(남, 68세)(서면 신대리 살구정이)(2008.8.14) 등.

보인다. 그들은 '孝橋'라는 지명을 통해 조선 시대의 지배 및 통치 이데 올로기였던 유교 사상을 적극적으로 체화하고 전파하는 지방 재지사족 으로서의 자신들의 위치와 권위를 확인했을 것이다.

나아가 국가의 중앙 권력에 의해 공인되고 장려된 자신들의 효행 사 실과 '孝橋'라는 지명의 특사, 그리고 이를 기념하기 위해 자체적으로 건립한 '孝橋碑'의 존재는 남양 홍씨 연기파의 유교 이데올로기를 대외 에 과시하고 孝橋洞이라는 지명 영역을 통해 생성된 장소 아이덴티티와 차별적인 영역성을 강화하는 수단으로 활용되었다.

이데올로기적 지명 부여와 관련된 사례로 연기군 서면(옛 연기현 북 이면) 월하리에 '典洞'이라는 지명이 있다. '典洞'은 관찬 문헌인 『舊韓』 (1912) 기록에 '典洞里'로 등재되어 있어 그 역사는 길지 않다<표 4-2>. 그런데 '典洞'에는 조선 인조 2년 李适의 난(1624년)으로 인조가 공주로 파천할 당시에 본 지명이 생성되었다는 이야기가 전해온다.[16]

> "조선 인조 때 仁祖가 이괄의 난을 피하여 공주로 피난할 때에 난을 피해 피난 온다는 말을 듣고 마을 사람들이 公州 錦江까지 가서 왕을 영접하였다. 여기 사람들이 자기를 환대하여 주는 것에 놀란 인조는 여기 사는 사람들이 禮典에 바른 사람들이라 하여 그들의 마을을 '典洞'이라 부를 수 있게 하사하 셨다."[『연기군의 지명유래』(조치원문화원, 2007, 89)]

그런데 국가에 의한 '典洞' 지명의 하사와 관련된 역사적 사실을 아 직까지 관찬 기록에서는 찾을 수가 없다. 다만 '典洞'에 살고 있는 주요 종족인 廣州 李氏와 漢陽 趙氏 구성원들의 강력한 동일시를 통해 경합

---

16) 이괄의 난으로 인조가 공주로 파천할 당시, 인조와 관련되어 지명이 명명된 사례 가 공주시 정안면 석송리에도 남아 있다. 인조가 공주로 파천할 당시 이곳의 소나 무 아래 바위에서 잠시 쉬었다 갈 때 이 바위에 '石松洞天'의 글을 새기고 이 소 나무를 '大夫松'이라 한데서 이후 '石松亭'과 '石松里'라는 지명이 생성되었다(한 글학회, 1974, 98).

지명인 '새터말, 작은창고개'보다 현재 우세하게 사용되고 있다.[17] 앞서
살펴본 '孝橋洞'의 남양 홍씨 사례와 같이 '典洞'이란 지명은 이 마을의
주요 종족인 광주 이씨와 한양 조씨 구성원들에 의해 자신들의 이데올로
기적 성향이 국가의 지배 이데올로기와 공유되고, 자신들이 거주하는 촌
락명이 국가의 중앙 권력과 연관되어 국가적인 스케일에서 생성되었다
는 자부심을 자극하면서 '좋고 긍정적인 것'으로 동일시되고 있다.

국가의 통치 이데올로기를 실천하고 재현하는 지명 구심력이 촌락 단
위에 산발적으로 작용한 마지막 사례로 청양군 청남면(옛 정산현 장면)
인양리의 '仁良'이 있다. '인양(仁良)'이란 지명에는 조선 정조 때의 효
자 淸州 韓氏 參議公派 韓逵(1692~1748)와 韓箕宗(?~1792) 父子의 효
행이 나라에 알려져 국가가 '仁良'이란 이름을 내렸다는 이야기가 전해
온다.[18] 현재 仁良里는 '바다터, 바르터'와 이를 훈차 표기한 '海垈'라는
경합 지명이 공존하고 있다. 그러나 이와 같은 효행 관련 사실이 이 마
을의 주요 종족인 청주 한씨에 의해 강하게 동일시되면서 '仁良里', '仁
良'을 주로 통용하고 있다.

이와 같은 사실은 관찬 기록의 지명 등재에도 반영되어 있다. 즉 '仁
良'이란 이름을 국가로부터 하사받았다는 조선 정조 11년(1787)보다 2
년 후에 간행된 『戶口』(1789)에 '仁良里'란 촌락 지명이 등재되어 있다

---

17) 면담: 조병무(남, 71세)(연기군 서면 월하리 전동)(2008.8.14-15) 등. 『漢陽趙氏兵
參公派譜(乾)』(戊寅譜, 1998년).

18) 이들의 효행 사실은 암행어사 沈煥之(1730~1802)에 의해 조정에 알려져 정조
11년(1787) 왕명으로 이들이 사는 마을을 '仁良里'라 개칭하여 부르게 하였고,
아울러 復戶(특정한 대상자에게 조세나 그 밖의 국가적 부담을 면제 하여 주던
일)와 給復 50結 하였다는 기록이 있다[『朝鮮王朝實錄』(湖西暗行御史 沈煥之
復命), 正祖 11년(1787) 4월 8일(乙巳); 『承政院日記』, 正祖 11년(1787) 4월 8
일(乙巳)]. 『朝鮮寶輿勝覽』(李秉延, 1929)의 靑陽郡 薦褒孝子條에도 한기종의
효행 사실이 조정에 알려져 마을 이름을 '仁良'이라 하사했다는 내용이 기록되어
있다("韓箕宗: …賜改其村名曰仁良給復").

〈그림 4-10〉 한규와 한기종 부자의 효자 기적비와 해인정

<표 4-2>. 그 후 인양리는 표기의 변화 없이 경합 지명인 '바다터', '바라터', '海垈'를 능가하는 행정 지명으로서 우세하게 통용되고 있는 것이다<그림 4-10>.[19]

청주 한씨 참의공파 종족 구성원들의 '仁良'이란 지명에 대한 강한 동일시는 그 지명이 그들이 지닌 유교적 성향과 일치되고 중앙 권력과 연관된 '귀한' 지명으로 인식되면서 가능한 것이었다. 나아가 '仁良'이란 지명은 내부적으로 종족 구성원들의 행동을 유교적으로 규제하고 이를 통해 종족 결속을 강화시켜 주며, 외부적으로는 유교 이데올로기 담지체로서의 그들의 위치와 권위를 대외에 과시하여 자신들의 영역성을 표상해 주고 있는 것이다.

---

19) 1787년 국가에 의해 생성된 이후 '仁良'이란 지명은 조선 후기의 각종 생활 문서(土地 賣買 文書, 典當文記, 戶口單子)에 공식 지명으로 활발히 사용되어 현재에 이르고 있다[「1880年에 金生員宅 奴 貴金이 尹生員宅 奴 久以每에게 作成해 준 文書(定山 場面 仁良里村)」; 「1892年에 寡婦 陳氏가 作成한 典當文記(忠淸 定山 場面 仁良里)」; 「某年에 場面 仁良里에 사는 尹時煥이 作成한 戶口單子」]. 한편 인양 마을 입구에는 「淸州韓公兩世孝子諱逵諱箕宗紀續碑」(1996년)가 세워져 있으며, 그 옆으로 '海垈(바다터, 바르터)'와 '仁良'이란 두 경합 지명의 공존과 화합을 상징하는 듯한 '海仁亭'(海垈+仁良)이라는 이름의 정자가 있어 흥미롭다.

2) 장소 아이덴티티 재현 지명의 생산과 영역성 구축

지명은 사회적 주체의 장소 아이덴티티를 재현하여 그들이 점유하고 있는 장소의 영역성을 강화해 준다. 이를 통해 지명만을 보고도 거기에 누가 살고 있는지, 어떤 성향의 사람이 어떤 사회적 관계를 맺고 살고 있는지를 알 수 있다. 본 연구는 공주목 진관 구역에 존재하는 사회적 주체 중 향촌이란 지역적 스케일에서 일정한 사회적 지위와 권력을 소유 하고 있던 노성현의 坡平 尹氏와 연기현의 南陽 洪氏를 사례로 그들이 어떻게 지명을 통해 다른 종족으로부터 자신들의 영역을 구획하고 영역 성을 강화시켜 갔는지를 살펴보았다. 다양한 사회적 주체 중에서 특별히 향촌의 지배적 사족으로 사례를 한정한 이유는 지명 명명의 과정과 문자 언어로의 기록이 구체적인 텍스트 자료로서 쉽게 확보될 만큼 그들의 문 자 언어생활이 활발했기 때문이다.

먼저 조선 시대 노성현의 坡平 尹氏는 17세기에 이미 연산현의 光山 金氏, 회덕현의 恩津 宋氏와 더불어 湖西 지방의 3대 거족으로 성장해 있었으며, 중앙 정치와의 긴밀한 연동 속에서 노성현의 향촌 사회에 강 력한 재지 기반을 갖추고 있던 사족이었다.[20] 노성현의 파평 윤씨를 달 리 '魯宗五房派'라 칭하는데 이들은 파평 윤씨 시조 尹莘達의 21세손인 尹暾(1519~1577)의 입향으로 노성 일대에 세거하게 된 종족이다.

윤돈은 尹先智(1501~1568)(配 平山 申氏)의 次子로 당시 윤돈의 형 인 尹曦와 동생 尹暻은 세거지인 경기도 파주에 거주하고 있었으나, 윤 돈은 通政大夫 僉正 柳淵의 二女인 文化 柳氏와 혼인하여 1540~1550 년대 즈음에 처가인 尼山縣 得尹面 堂後村(현 논산시 광석면 득윤리)으 로 이거하게 된다.[21] 이후 윤돈은 처가로부터 상당한 재산을 분배받아

(田畓 174마지기, 奴婢 17구) 노성에서의 재지 기반을 갖추게 된다.[22]

이후 윤돈의 아들 尹昌世(1543~1593)는 윤돈이 입향한 득윤면 득윤리에서 현재 노성면(옛 노성현 장구면) 병사리 비봉산 아래로 이거하게 된다. 그가 丙舍里로 이거한 동기는 처가인 淸州 慶氏(副提學 慶渾의 女)의 전장이 이곳에 있었기 때문일 것으로 추정되며, 그는 이후 청주 경씨의 유산도 일부 상속받게 되어 병사리에 안정적인 재지 기반을 마련하게 된다.[23]

이후 尹昌世는 5형제를 두게 되는데 이들이 바로 현재의 魯宗五房派의 派祖가 된다. 이들 다섯 파는 바로 雪峰公(燧), 文正公(煌), 忠憲公(烇), 庶尹公(熻), 典簿公(熺)을 말하며 노성과 인근 지역에 거주하고 있다.[24] 당시 이들의 거주지를 정리하면 윤돈은 논산시 광석면 득윤리, 윤창세는 논산시 광석면과 서울, 尹煌(1571~1639)은 논산시 노성면 병사리, 尹烇(1575~1636)은 논산시 연산면, 윤황의 아들 尹文擧(1606~1672)는 부여군 석성면, 尹宣擧(1610~1669)는 금산군, 윤선거의 아들 尹拯(1629~1714)은 논산시 노성면에 거주하였다(전용우, 1994, 68).

노성현(당시 尼山縣)에 처음 입향한 시기를 1564년경으로 보고 있으나 정확한 시기를 고증할 자료는 확인되지 않았다.

22) 윤돈의 장인인 류연이 사망하자 조선 선조 7년(1573)에 자녀들이 모여 제작한 和會文書(分財記, 尹昌世 執筆)가 현재 전하고 있으며, 이후 류연의 3남인 류서봉이 絶孫되어 처가의 제사까지 잇게 되어 奉祀條(전답 8마지기, 노비 2구) 재산까지 물려받게 되었다[『同腹和會立義』(尹暾, 1573년)]. 이로 인해 현재 류연의 묘소는 노성면 병사리 병사 뒤의 파평 윤씨 선산에 있으며, 본래 공주목 曲火川面 青林(坪)에 있던 것을 윤돈의 아들 윤창세가 이곳으로 이장했다고 한다[“次尹暾生昌世 昌世恤其觀事 旣卜先垂於此 自青林遷厝焉”(「通政大夫柳公之墓碑文」).

23) 『宗學訓講 講義錄(4輯)』(坡平尹氏魯宗派丙舍大宗中, 1995, 209).

24) 1645년(인조 23) 尹舜擧에 의해 마련된 것으로 전해지는 魯宗五房派 『宗約』의 ‘義田’ 조목에는 “동내에는 자손된 사람은 입주하지 말 것(동민을 괴롭히기 쉬우므로)”이라는 내용이 있다(이해준, 2000, 348에서 재인용). 이는 노성에 거주하는 파평 윤씨들의 거주지 확장에 일정한 규약과 제약으로 작용하였을 것으로 보이며, 몇몇 제한된 파평 윤씨 종족촌으로의 거주를 강화시켰을 것으로 추정된다.

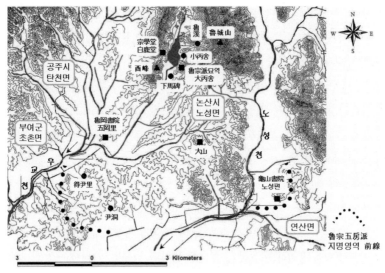

〈그림 4-11〉 노종오방파의 지명 분포와 영역

현재 丙舍里를 중심으로 노성면과 그 주변에 거주하고 있는 파평 윤
씨 노종오방파는 그들의 장소 아이덴티티를 재현하고 장소 점유권, 즉
영역성을 강화하는 다양한 지명들을 생산하였다〈그림 4-11〉. 이와 관
련된 지명으로는 우선 윤돈의 입향지이자 노성의 파평 윤씨와 관련된 다
양한 전설이 전해오고 있는 현 논산시 광석면(옛 노성현 득윤면) '得尹
里'가 있다.25) 또한 득윤리와 인접하여 파평 윤씨 종족촌인 광석면 갈산

---

25) 본래 조선 시대 得尹面은 『新增』(1530) 古跡條 기록에 등재된 바와 같이 과거
'登水所'(在縣南十三里今稱得尹村)가 있던 곳으로 고려 시대 이래로 중앙 정부의
통제가 미치지 않는 향소부곡이었으며, 이러한 입향 환경이 파평 윤씨라는 사족
을 이곳으로 이거하게 한 주요한 요인으로 작용했을 것으로 본다(이해준, 1996,
60~61). 그런데 得尹里에는 파평 윤씨와 관련된 일화가 전해오고 있어 주목된다.
그 내용은 "得尹村이란 지명은 오래된 지명으로 사람들이 왜 그렇게 부르는지도
모르면서 입에서 입으로 전해져 왔다. 그 후 윤돈이 옮겨와 산 이래로 자손이 대
대로 세거하면서 번창하게 되고 보니 '得尹'이라는 두 글자가 결코 우연히 이루
어진 것이 아니고 우리 파평 윤씨가 와서 터를 잡고 자손이 번창하게 살 곳이라

리 1구의 '尹洞(은동)'이 있고, 石湖 尹文擧의 묘소와 노종오방파 忠敬
公 宗中의 재실이 있는 광석면 갈산리 2구의 '산직말(산정말)' 등이 있
다. 득윤리의 북서쪽 2.5km 지점에는 魯岡書院(윤황·윤선거 배향, 1674
년 건립)이 위치한 광석면 '五岡里(魯岡)'가 있고, 인근에 파평 윤씨 종
족촌으로 유명한 사월리 새룰(沙洞)이 있다.[26]

　이상의 지명들은 대체로 파평 윤씨가 16세기 중반 경 이곳 노성에 처
음 정착하면서 생존을 위한 거주지를 확보하고 물리적으로 정착해간
'得尹里'와 인접해 있는 곳으로 노종오방파의 초기 생태적 정착 단계
(habitat stage)를 엿볼 수 있는 지명들이 분포해 있다.[27]

　다시 광석면 오강리의 북서쪽 4km 부근에는 윤창세가 득윤리로부터
이거하여 노성에서의 본격적인 정착을 시작한 노성면 丙舍里(큰병사, 작은

　는 것을 알게 되었을 뿐만 아니라, 천운지리가 이미 정해 놓은 곳임을 알게 되었
　다"라는 것으로, '得尹'과 관련된 지명 전설을 통해 파평 윤씨의 장소 아이덴티티
　를 재현하고 그들의 영역성을 강화해주는 하나의 사례이다. 이와 함께 득윤리에
　는 "덕을 쌓으며 살아간 득윤리의 윤씨", "득윤리의 맥무덤" 등과 같은 파평 윤씨
　노종오방파와 관련된 전설도 내려오고 있다(논산문화원, 1994, 166~167).

26)　≪1872년 지방지도≫<魯城縣邑地圖>에는 '五岡' 부근에 '魯岡下流'라는 기록이
　있는 것으로 보아 '五岡'과 '魯岡'이 터쓰이거나, 노강서원 건립 후 노종오방파라
　는 사회적 주체들에 의해 '五岡' 보다 '魯岡'이 선호되어 사용된 것으로 보인다.
　또한 오강리 동쪽 500m 지점에 있는 사월리 새룰(沙洞)은 한국 근현대 인물을 수
　록하고 있는 『朝鮮紳士寶鑑』(조선문우회, 1914년)에 한 마을 인물들인 尹相晋
　(1864년 생), 尹相箕(1866년 생), 尹喜炳(1881년 생), 尹茂炳(1888년 생), 尹甲重
　(1894년 생)이 등재되고 있을 정도로 파평 윤씨의 족세가 뚜렷한 촌락이다.

27)　조선 시대 호서지방에 세거해 오던 주요 종족 집단의 지역화 과정(regionalization)을
　연구한 전종한(2002, 197~296)은 종족 집단의 시·공간적 거주지 이동과 지역화 과
　정에 대한 유형화를 시도하였다. 그는 종족 집단이 권력 과시형 경관을 생산하면서
　생존을 위한 거주지 확보를 위해 물리적으로 정착해간 habitat stage(1300~1400),
　시혜 교화형 경관의 생산을 통해 사회적 관계망을 확장해 가면서 종족 집단의 장소
　아이덴티티를 생성하고 일반화해 간 landscape stage(1400~1650년대), 마지막으로
　상징 경관을 복원하고 종족의 초창기 인물의 행적 복원을 통해 사회적 관계망의
　시·공간 확장을 꾀하면서 영역의 내적 충진과 영역성의 상징적 확장을 기도한
　territoriality stage(1650~1800)로 구분하여 분석하였다.

〈그림 4-12〉 병사리에 있는 노종오방파 표지석과 큰병사(大丙)의 묘역 전경

병사; 大丙, 小丙)가 있다.[28] 현재 병사리에는 노종오방파의 가장 큰 선산이 위치하고 있다. '丙舍'(1630년대 尹宣擧 건립)란 지명은 이 선산의 묘소들을 관리하던 墓幕의 명칭에서 유래한 것이다. 병사 저수지를 사이에 두고 병사리 선산과 서쪽으로 마주하고 있는 곳에 노종오방파의 문중 서당인 '宗學堂'이 있다. 尹舜擧(1596~1668)에 의해 1645년 건립된 '종학당'에는 중국 주자의 白鹿書院을 연상케 하는 '白鹿堂'과 파평 윤씨의 墳菴 역할을 하던 '淨水菴' 등이 남아 있다<그림 4-12>.

그리고 노성의 읍내 방향에서 병사리로 들어오는 입구(왕새우탕집 식당과 수퍼마켓 자리)에는 '下馬碑'라는 지명이 있다. 노종오방파 성역의 입구임을 강조하는 이 지명은 과거 하마비가 있던 곳으로 이곳부터는 말에서 내려 걸어서 이동해야 하는 노종오방파 영역의 경계와 영역성을 대외에 지시하는 지명이기도 하다. 하마비의 서쪽 500m에는 팔송 윤황의 묘소에서 바라보았을 때 서쪽(酉方)에 위치했다하여 붙여진 '酉峯'이 있으며 그 아래에는 明齋 尹拯의 영당인 '酉峯影堂'이 있다. 또한 '작은 丙舍'(가시라)의 북서쪽에는 '노성의 계곡'을 연상케하는 가곡리의 '魯

---

28) 『朝鮮』(1911년)에는 "大丙里(諺文: 병ᄉᆞ), 小丙里(가시랏), 魯溪里(즘골)"(魯城郡 長久面 洞里村名 항목)로 기록되어 있어 병사리의 촌락 분동의 상황과 당시 언중들이 주로 부르던 지명을 언문(한글)으로 확인할 수 있다.

溪(중골)'가 있다.

이곳 丙舍里 일대는 현재 노종오방파의 핵심적인 상징 경관들이 집중해 있는 곳이자 노종오방파 종족의 상징적, 실천적 권력과 영역성이 파급되는 핵심 지역으로 경관의 생산을 통해 사회적 관계망이 생성되고 시공간적으로 확장되는 상징적 영역성 단계(landscape and territoriality stage)의 특징들이 포착되는 지명들이 주변에 포진해 있다<표 4-3>.

〈표 4-3〉 노종오방파 관련 지명의 변천

지명	輿地 (1757 ~1765)	戶口 (1789)	東輿·大圖 ·大志 (1800년대 중엽)	舊韓 (1912)	新舊 (1917)	현재	비고
득윤	得尹面 得尹里	得尹面 得尹里	得尹面	得尹面 尹里	得尹里	得尹, 得尹里, 登水所(충남 논산시 광석면)	*지명 영역 축소 됨 (得尹〉尹〉得尹)
오강	五岡里	五江里	·	五江里	五岡里	五岡, 五岡里 (광석면)	(五岡〉五江〉五岡) *魯岡書院이 있음(五岡〉魯岡)
유봉	酉峯里	酒峯里	·	酉峯里	·	酉峯(논산시 노성 면 병사리)	(酉〉酒〉酉)
병사	丙舍里	丙舍里	·	大丙里 小丙里	丙舍里	丙舍, 丙舍里 (노성면)	
노계	·	魯溪里	·	魯溪里	·	중골, 店골, 증곡, 魯溪里 (노성면 가곡리)	
오구미 (노오리)	五丘山里	五岳山里	·	魯五里	·	오구미, 鰲龜山, 梧山, 龜山(논산시 연산면 오산리)	(五丘〉五岳〉魯 五〉鰲龜·梧) *龜山書院이 있 던 곳

광석면 득윤리와 노성면 병사리 일대를 주요 영역으로 하는 노종오방파의 거주 영역은 이후 주변 지역인 '大山'과 '오구미'로 그 경계를 확장

해 갔다. 병사리에서 남동쪽의 연산 방향으로 3km 지점에 있는 노성면 두사리의 '大山'(山直里, 산직말, 산정말)은 현재 明齋 尹拯의 부인인 安東 權氏(대전시 중구 무수동 有懷堂 權以鎭의 고모)의 묘소와 함께 파평 윤씨가 거주하고 있는 곳이다. 이곳은 노종오방파의 거주지가 초기 정착지역인 득윤리와 핵심 지역인 병사리를 벗어나 남동쪽으로 확장되는 1차적인 교두보가 되는 곳이다.

  '大山'에서 다시 남동쪽으로 3.5km 부근에 위치한 '오구미'는 과거 연산현 白石面과 노성현 下道面이 접경하는 경계에 위치한 지명이다. '오구미'(龜山, 魯五里, 魯城편)' 는 앞서 군현명 표기 지명에서 살펴본 바와 같이 18세기 당시 중앙 정계에서 전개되던 노소론 분당과 당쟁을 물리적인 경계와 영역으로 확인할 수 있는 곳이다.[29] 이곳은 노성현 파평 윤씨와 소론들이 연산현의 광산 김씨와 노론들에 대응하기 위해 건립한 문중 서원인 龜山書院(윤전·윤순거·윤원거·윤문거 배향, 1702년 건립)이 있다가 훼철된 곳으로 지명을 통해 노종오방파의 거주 영역과 영역성이 확인되는 변경의 개척지이기도 하다.

〈표 4-4〉 남양 홍씨 연기파 관련 지명의 변천

지명	輿地 (1757 ~1765)	戶口 (1789)	舊韓 (1912)	新舊 (1917)	현재	비 고
효교동 (망골)	·	孝橋	孝橋里	·	孝橋, 망골, 막은골 (연기군 서면 기룡리)	
헌터 (망북)	憲垈里	·	望北里	·	헌터, 獻垈, 망북, 음진터(서면 청라리)	(憲垈〉望北) (憲〉獻)

---

29) 17~18세기 호서 지방의 재지 노소론의 분쟁과 서원 건립의 성격을 광산 김씨와 파평 윤씨를 중심으로 분석한 이정우(1999)에서 당시 중앙 및 지방에서 발생한 정쟁과 이로 인한 서원 건립 및 훼철의 과정, 그리고 구체적인 당색 간 영역 경합과 문화전쟁의 사례를 확인할 수 있다.

지명	興地 (1757 ~1765)	戶口 (1789)	舊韓 (1912)	新舊 (1917)	현재	비 고
우덕	·	友德里	友德里	·	友德, 불당골 (서면 신대리)	
슛골	和同里	和同里	禾洞里	·	슛골, 숯골, 禾洞 (서면 신대리)	(和)禾) *和[고콜 화](『新增類 合』;『光州千字文』)
새터말	·	·	新岱里	新岱里	새터말, 新岱里(서면)	
살구정이	杏亭里	·	杏花里	·	살구정이, 杏亭 (서면 신대리)	(亭)花)亭)
전당골	·	錢塘里	錢塘里	·	전당골, 錢塘 (서면 쌍전리)	*중국 절강성 杭州 의 옛 이름인 錢塘 에서 유래
성재 (성작골)	性齋 洞里	性齋里	·	性齊里	성재, 성작골, 도막, 性齊里(서면)	(齋)齊)

　노성현 파평 윤씨의 사례와 함께 재지사족이 자신들의 세거지 곳곳에
장소 아이덴티티를 재현하는 지명을 생산하여 영역성을 구축해 간 또 하
나의 사례로 연기현의 南陽 洪氏가 있다. 현재 연기군 서면(옛 연기현
북삼면)에 일정한 재지적 기반을 갖추고 있는 남양 홍씨, 즉 '남양 홍씨
燕岐派'는 향촌 사회에서 '千洪萬林'으로 일컬어질 정도로 남면의 扶安 林
氏와 더불어 이 지역의 향권을 주도해온 종족이다. 조선 仁祖 23년(1645)에
작성된 『燕岐鄕案』 座目에는 연기 입향조인 洪順孫의 현손 洪延慶(1579
~1647)과 그 외 현손들, 그리고 홍연경의 아들 廷禽(1615~1671) 등이
대거 입록되어 있으며, 이는 부안 임씨 다음으로 많은 수이다.
　남양 홍씨의 연기 입향 과정은 인근 서면의 국촌리 일대에 세거하고
있는 杞溪 兪氏와 깊은 관련을 맺고 있다. 입향조인 홍순손은 고려 말
인물인 南陽君 洪澍의 5세손이다. 그의 부친인 洪仲復(監察公)이 早卒
하자 모친인 杞溪 兪氏[연기 입향조 兪善(1423~1501)의 女]가 유복자
인 자신을 데리고 외가인 현 연기군 서면으로 이거하게 된 것이 직접적

〈그림 4-13〉 신대리 입구 남양 홍씨 송덕비 무리와 쌍전리 전당골 전경

인 입향 동기로 알려져 있다. 이후 홍순손은 서면 신대리 '숙골(禾洞)'에 정착하였고 그와 현손인 홍연경의 묘소가 현재 '숙골'에 위치해 있다.

　'숙골(禾洞)'에 처음 정착한 남양 홍씨는 현재 21개의 支派로 분파되어 연기군 서면 일대의 소 지명을 派名으로 하여 분포하고 있다<표 4-4>. 대표적인 파명으로는 '전당파(맏파)', '화동파', '망골파(용동파)', '송정파', '도장파', '서당파', '신리파' 등이 있다. 이들이 거주하는 곳에는 그들의 장소 아이덴티티를 재현하고 영역성을 강화하는 지명들이 자리 잡고 있다<그림 4-13>.

　그 대표적인 사례로 앞서 살펴보았던 서면 기룡리의 '孝橋洞'을 들수 있다. 그 외에 서면 청라리 '헌터'(憲垈, 獻垈, 음진터)는 '孝橋碑'에서 거론된 인물들인 洪禹績(1634~1701), 洪禹平(1640~1699), 洪禹九(1646~1698)가 살면서 '마을 풍속에 익숙하고 예의가 밝아 이웃사람들이 이곳을 배울만한 분이 거주하는 곳'이라 하여 '憲垈'라 명명했다 한다. 서면 기룡리 '망골(막은골)' 옆에 있는 '侍墓洞'은 앞서 설명한 홍우적, 우평, 우구가 '부모상을 당하여 이곳에서 시묘하는데 범이 와서 호위하고 우물이 솟아오르다가 시묘가 끝나자 호랑이도 사라지고 우물도 끊어졌다'는 전설이 있는 곳으로 남양 홍씨 종족의 효 관념이 만들어낸 지명으로 보인다. 또한 서면 기룡리 망골 북서쪽에 위치한 '鳳崗'(현 정골)

이란 지명은 '參議'를 지낸 홍연경의 3子인 洪廷亮이 정착하여 '마을의
형태가 聞慶 鳥嶺과 같다'하여 붙여진 이름이다.

　앞서 살펴보았던 서면 신대리 '友德'은 원 지명인 '불당골'을 밀어내
고 경합에서 우세하게 존속하고 있는 지명으로 '예전에 洪氏와 金氏가
의좋게 살아' 붙여진 이름이라 한다. 연기군 서면의 남양 홍씨, 즉 燕西
洪氏의 始居地인 '숯골'(숫골, 禾洞)은 원래 '숯을 굽던 곳이라 하여 숯
골'로 불리었으나, 1400년대 이후 '남양 홍씨가 살면서부터 禾洞이라고
많이 부르는' 지명이다. 서면 신대리[새터말(新垈)과 살구정이(杏亭)]는
'홍표라는 인물의 始占地로서 40여 호의 남양 홍씨들이 부유촌으로 새
롭게 이룩한 마을'이라 하여 생성된 지명이다.

　서면 쌍전리 '錢塘골'은 '1400년대부터 남양 홍씨가 정착한 곳으로
촌락의 주변 경관이 중국의 錢塘(중국 浙江省 杭州의 옛 지명)과 흡사하
다' 하여 붙여진 이름이다. 서면 '성제리'(性齋, 道脈)는 '洪履慶의 손자
洪禹가 자신의 堂號를 性齋라 하여' 명명된 지명이며, 성제리 '서당골'
은 '조선 효종 때 공조판서인 洪禹杓 부자와 歲文堂 洪禹采가 서당을
짓고 서생을 가르친 곳'이라 하여 붙여진 이름이다.[30]

　이상에서 살펴본 남양 홍씨 연기파에 의해 생성된 지명들은 그들의
장소 아이덴티티를 재현하여 영역성을 강화해 주는 역할을 하고 있다.
특히 이 지명들은 남양 홍씨 연기파의 주요 영역인 월하천 중·상류 곡지
를 에워싸면서 각기 고유한 세거 영역을 점유하고 있는 서면 청라리 나
발터 일대의 江陵 金氏, 서면 고복리 서고(동고) 일대의 結城 張氏, 조
치원읍 봉산리 일대의 江華 崔氏, 서면 국촌리 국말 일대의 杞溪 兪氏,
서면 와촌리 기와말 일대의 昌寧 成氏, 서면 기룡리 동산 일대의 平澤
林氏 등의 지명들과 일정한 경계를 유지하면서 남양 홍씨 연기파의 영

---

30) 『연기군 충효열 유적』(공주대박물관, 1998, 119-126) ; 『연기군의 지명유래』(조치
　　원문화원, 2007, 105~128).

역성을 재현하고 강화해 주고 있다<그림 4-14>.

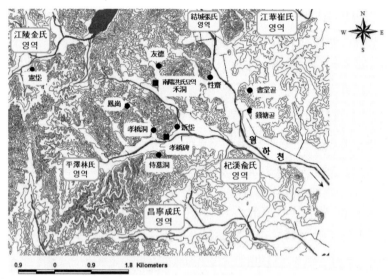

〈그림 4-14〉 남양 홍씨 연기파의 지명 분포와 영역(충남 연기군 서면)

3) 분동된 촌락의 지명 표기와 영역성 구축

조선 후기 향촌 사회에는 지배적 사족들에 의해 이루어진 분동된 촌
락에 대한 통일적인 지명 표기자 부여와 영역성 구축 사례가 존재한다.
이러한 사례를 논산시 연산면(옛 연산현 외성면) 장전리에 있는 '靑林'
마을을 중심으로 분석하였다. '靑林'은 조선 후기 인접한 '林里(숲말, 숨
말)'에서 분동되어 현재는 연산면 장전리 3구에 소속된 마을로서 連山
川(조선시대의 沙溪)을 사이에 두고 林里와 마주보고 있다. 현재 마을
주민들은 靑林을 "푸른 소나무가 우거져 숲을 이룬 마을"로 지명을 인식
하고 있으며, 이는 표기 한자의 뜻을 해석하면서 나온 지명 인식으로 보
인다.

그런데 본 연구가 靑林을 주목한 이유는 '靑林'이 母村인 '林里'와

'林'이라는 표기자를 공유하고 있기 때문이다. 더구나 연산천을 사이에 두고 임리와 격리되어 있음에도 불구하고 동일한 표기자를 공유하고 긴밀한 사회관계를 유지했음에 주목하였다. 조선 시대 靑林은 林里와 같은 연산현 外城面에 속해 있었으며, 이는 임리에서 분동된 다른 마을인 '上林, 中林, 下林, 興林, 新林'도 마찬가지이다.

〈표 4-5〉 숲말(林里)과 靑林의 지명 변천

지명	輿地 (1757 ~1765)	戶口 (1789)	舊韓 (1912)	新舊 (1917)	현재	비 고
숲말 (임리) 청림	林里	上林里 中林里 下林里 新林里	上林里, 中林里, 下林里, 新林里, 興林里, 靑林里 (外城面)	林里	숲말,林里,上林, 中林,下林,新林 (논산시 연산면 임리) 靑林(연산면 장전 리 3구)	*광산 김씨의 거주 영역 확대와 촌락 분동(靑林: 1700년 대 초반 경 분동)

<표 4-5>에서 보는 바와 같이 林里에서 분동된 '靑林'은 지명 기록의 역사에 있어서도 임리보다 150여 년 후인 『舊韓』(1912년)에 등재되어 있어 지명의 생성 년대가 오래되지 않음을 알 수 있다. 그런데 '靑林'의

〈그림 4-15〉 숲말과 靑林의 경관(충남 논산시 연산면)

모촌인 林里의 촌락 분동 역사는 흥미로운 점이 있다. 林里는 촌락의 지
배적 종족이었던 光山 金氏의 인구와 족세가 확대되면서 『戶口』(1789
년) 기록 당시에 벌써 '上林里, 中林里, 下林里, 新林里'로 분동되었다.
급기야 『舊韓』(1912년) 기록에는 촌락 분동이 더욱 심화되어 '興林里와
靑林里'로 재분동이 일어난다. 특히 '靑林'은 앞서 언급한 바와 같이 연
산천이라는 지형적 제약을 극복하고 '林里'와 동일한 표기자가 부여되
면서 분동되었다.[31] 이와 관련된 '숲말(林里)'과 '靑林' 사이의 구체적인
사회적 관계를 살펴보면 다음과 같다.

먼저 靑林의 모촌인 林里 '숲말(숨말)'은 연산 일대의 지배적 사족인
광산 김씨의 주요한 종족촌이다<그림 4-15>. 이곳은 沙溪 金長生
(1548~1631)의 유허지로 현재 광산 김씨 文敬公派 종가와 愼獨齋 金
集(1574~1656)의 사당이 있으며, 1634년(仁祖 12) 건립되어 金長生,
金集, 宋浚吉, 宋時烈을 배향한 遯巖書院과 養性堂이 있다가 연산천의
잦은 홍수로 1880년(高宗 17) 현재의 서원말(임리 74번지)로 이건된 遺
址가 남아 있는 곳이다.[32] 현재는 과거 양성당과 연못터가 논으로 변해
있으며 '도남바위'로 부리는 '돈암' 바위가 '遯巖'이란 글자가 암각되어
마을 북서쪽에 위치하고 있다.

현재 약 12호로 구성된 林里 1구 '숲말'은 마을이 북향하여 전체적으
로 응달에 위치하고 있으며 마을 앞 30m 부근에 연산천과 호남선 철로
가 지나가 대체적으로 하천 범람의 위험성과 심한 소음이 발생하여 쇠퇴

---

31) 林里의 촌락 분동 상황과 당시 언중들이 실제 사용하던 촌락 이름을 『朝鮮』(1911
년) 기록에서 확인할 수 있다. "新林里(실님), 興林里(흥님), 下林里(하님), 靑林里
(청님), 上林里(상님)"(連山郡 外城面 洞里村名 항목).

32) 林里는 현재 1구인 숲말, 남리, 신림, 경말과 2구인 거북뫼, 안범내미로 구성되어
있다. 특히 이중 가장 큰 마을인 新林에는 광산 김씨 水使公派, 牧使公派, 文敬公
派 등이 함께 거주하고 있으며 마을 회관도 이곳에 있다. 면담: 金連洙(남, 66세)
(논산시 연산면 임리 1구 신림), 김용국(남, 78세)(임리 1구 숲말) 등.

해 가는 분위기이다. 전체 12호 중 5호를 구성하는 광산 김씨는 많은 종족 구성원들이 마을을 떠나고 현재는 종가와 신독재 사당만이 위치해 쇠락한 분위기가 역력하다.

그러나 조선 후기 이곳 '숲말'은 서울(漢陽 皇華坊 貞陵洞)에서 출생한 사계 김장생과 신독재 김집이 寓居했던 유허지로 김장생의 호인 '沙溪'는 바로 숲말 앞을 흐르는 연산천의 옛 지명인 '모래내'에서 유래한 것이다.33) 그들 사후에는 돈암서원과 사당이 위치하면서 번성하다 현재는 한미한 촌락으로 변모하였다.

한편 임리 숲말에서 분동한 현재 논산시 연산면 장전리 3구에 속한 '靑林'은 현재 40여 호가 거주하고 있으며 그 중 12호가 광산 김씨이다 <그림 4-15>. 현재 마을 주민들은 '靑林'보다는 '장전 3구'를 더 많이 사용하고 있다. 청림의 광산 김씨는 2호(恭安公派)를 제외하고 모두 신독재 김집의 후손인 문경공파로 인근 임리 숲말과 동일한 지파가 거주하고 있다. 광산 김씨 문경공파의 靑林 입향은 김집(광산 김씨 시조 金興光의 28세손)의 증손인 金鎭寧(字 季汝, 乙巳 1665년생, 31세손)이 1700년대 초반 경에 이거하면서 시작된 것으로 보인다.34)

---

33) 『朝鮮』(1911년)에는 현재의 연산천과 沙溪의 이표기로서 "沙川(諺文: 모릭닉)"(連山郡 外城面 江川名 항목)이 기록되어 있어, 조선 시대 언중들은 고유어로서 '모래내'를 주로 사용했던 것으로 보인다.

34) 金鎭寧의 묘소는 藍孤雲에 있다가 2002년에 연산면 장전리 孤山尾로 이장하였다. 현재 정전리 3구 청림에 거주하는 문경공파는 김진녕의 次子인 興澤의 후손들로 대부분 구성되어 있다. 그런데 長子인 昌澤의 자손은 한국전쟁 무렵 갑자기 사라져 문중 사람들은 월북한 것으로 추정하고 있다[『光山金氏 文敬公派譜』(乙酉譜, 2005)]. 면담: 金言中(남, 73세)(논산시 연산면 장전리 3구 청림)(2008.10.31), 金祥中(남, 52세)(장전리 3구 청림)(2008.10.30) 등.

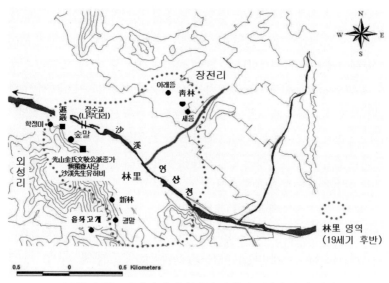

〈그림 4-16〉 19세기 후반 林里와 靑林의 위치와 촌락 영역

　이들은 현재 신독재 김집의 기제사(陰 5월 12일) 등에 참석하고 있어 과거보다는 소원해졌으나 일정한 사회적 관계를 숲말과 공유하고 있어 과거 숲말로부터의 분동을 예상케 한다.35) 또한 자동차 교통이 보편화되기 이전인 15년 전만 해도 청림에서 논산장을 보기 위해서는 청림 앞들과 숲말 앞에 있는 연산천 잠수교(나무다리)를 건너 임리 귕말 뒤의 올목고개 혹은 숲말 서쪽에 있는 학정미를 경유해 논산을 다녔다고 한다. 과거 숲말과 청림 사이를 연결하는 사회적 관계는 바로 광산 김씨 문경공파 종족 구성원이라는 혈연 관계였으며 이는 지리적 연계를 가능케 한 연산천(沙溪)의 다리가 있어 가능했던 것이다.

---

35) 현재 林里의 숲말·신림과 장전리 3구 청림 사이에 존재하는 일상적인 사회적 관계는 발견되지 않는다. 다만 新林에서는 자체적으로 班契만을 운영하고 있으며, 靑林은 같은 장전리 3구인 진동, 아래뜸, 새뜸의 일부 구성원들이 爲親契, 親睦契, 子孫契 등을 운영하고 있다.

靑林의 촌락 분동에서 알 수 있듯이 광산 김씨 문경공파 종족에 의해 확대 재생산된 林里(숲말)의 상징성은 활발한 촌락 분동과 함께 분동된 촌락의 지명 표기자로 '林'을 공유하면서 광산 김씨 종족의 장소 아이덴티티를 재현하게 하였다. 나아가 지명 표기자의 공유는 그들의 거주 영역과 일정한 영역성을 구축 및 강화하게 하는 추동력이 되어 주었다<그림 4-16>. 동시에 이를 통해 국지적 스케일에서 향촌의 지배적 사족이 거주하는 촌락이 분동되면서 분동된 마을에 동일한 지명 표기자로 표준화하고 통일하려는 특정한 사회적 주체의 지명 구심력을 관찰할 수 있다.

3. 권력을 동반한 지명의 영역화

권력관계의 동반과 함께 지명을 매개로 전개되는 지명 영역의 확장, 즉 지명의 영역화 사례를 행정 구역의 개편과 통폐합 과정에서 발생한 특정 지명의 행정 구역 확대를 중심으로 살펴보았다. 특정한 사회적 주체가 권력을 행사하여 지명 영역을 확장시킨 사례는 영역성이 강화되어 새로운 영역을 확장시키는 영역화(territorialization) 개념, 즉 영역 내부의 아이덴티티가 더욱 강화되어 영역 외부로도 확장되는 과정과 연관된다. 지명 영역의 확장과 관련된 영역화 양상을 구체적으로 살펴보기 위해 면 지명(부여군 窺岩面·恩山面·場岩面), 읍 지명(연기군 鳥致院邑), 군현 지명(論山市)으로의 영역화 사례와 하천 지명의 영역이 확대, 쟁탈, 변동되는 사례를 錦江 유역을 중심으로 분석하였다.

그런데 본 논의에서 제시된 지명의 영역화 사례들은 대부분 전국 단위의 행정구역 개편이 본격적으로 이루어진 1914년 이후 일제 시대의 중앙과 지방의 행정 및 정치적 상황들과 긴밀하게 관련되어 있다.[36] 당

시 행정구역 개편의 과정과 결과, 그리고 개편 과정에서 발생한 지역 간
의 다양한 갈등, 경합, 대립의 실증 자료들은 대부분 國家記錄院에 소장
된 朝鮮總督府記錄物(조선총독부 제작, 1911~1925년 생산 문서)과 일
제 강점기 신문 자료들에서 확인·수집되었다. 이로 인해 자료 확보에 있
어 일정한 제약과 제한이 있었음을 밝혀둔다.

전국 단위의 대규모 행정구역 개편 및 통폐합 과정과 관련하여 당시
일제 식민지 권력은 조선 강점 초기부터 郡面 廢合, 府制 실시, 朝鮮面
制 실시 등을 서둘러 시행하였다. 그 이유는 조선의 지방 사회가 총독부
권력과 식민지 민중이 격돌하던 주요한 정치투쟁의 현장이었기 때문이
며(국가기록원 조선총독부기록물 해제, 2008), 이를 관리·제어할 수 있
는 지방 통치 체제의 강화가 절실했기 때문이었다. 이로서 일제는 세부
담의 불균등 문제와 행정 구획의 지리적 불균등 문제를 해소하기 위해
府郡面의 통폐합(1910~1914년)을 준비하였고 그 결과 총독부의 인가

---

36) 1914년 4월 1일, 府·郡·面의 행정 구획에 대한 폐합 정리가 대규모로 실시되었
다. 당시 府·郡을 폐치 분합하여 12府로 만들고 郡은 317군 중에서 107개 군을
폐합하고 10개의 군이 신설되어 220군이 되었다. 面의 경우 4,322면 중에서
1,801면을 정리하여 2,521면으로 재조정되었다. 당시 군면 폐합의 기준은 군이
면적 40方里, 인구 남부 10만·북부 5만, 1군당 10개면 소속이었고, 면은 면적
4방리에 평균 호수 800호를 기준으로 진행되었다. 또한 면의 명칭, 면사무소의
위치가 크게 변경되었으며 같은 4월 1일자로 府·面 관내의 동리도 대폭으로 통
폐합하여 감축하였다(손정목, 1983, 62~63). 이 같은 행정구역 개편 결과 당시
의 전국 행정구역은 13道 12府 220郡 2,521面으로 정리되었다. 연구 지역인 공
주목 진관 구역도 당시 면 폐합의 결과 공주군(18개>13개), 연기군(16개>7개),
대전군(19개>12개), 논산군(40개>15개), 부여군(44개>16개), 서천군(26개>13
개), 청양군(21개>10개)으로 대폭 감축되었다. 이와 관련된 1914~1917년 행정
구역 개편의 과정과 결과는 『面廢合關係書類』(면의 폐합에 관한 건: 충청남도
장관)(面폐합 각 군별 일람: 충청남도)(面의 명칭 및 구역에 관한 건: 충청남도)
[조선총독부(1914년), 관리번호(CJA0002560)]와 『面洞里名稱變更書類』(面의
명칭 변경의 건: 충청남도)(里의 명칭 변경의 건 보고: 충청남도)[조선총독부(1917
년), 관리번호(CJA0002573)] 등에 기록되어 국가기록원 대전서고에 소장되어 있다.

를 받아 1914년 4월 1일 군면 폐합과 부제 실시, 1917년 조선 면제의 시행을 통해 지방 제도의 개편을 완료해 갔다. 이후 1920년에는 지방자치제 실시와 1931년의 邑制 및 道制 실시가 후속되었다<그림 4-17>.

이러한 일제 강점기 행정구역 개편 과정의 이면에는 행정 구역 및 명칭 변경, 道·郡·面 소재지 이전 및 입지 선정 문제 등을 둘러싼 지역 사회의 다양한 사회적 주체 간에 발생한 갈등과 민원이 끊이질 않았다.

특히 일제 시대 지방의 有志 집단에 의한 道評議會, 府會, 邑會 같은 공식적 기구와 상설 유지 단체인 市民會, 繁榮會, 期成會를 매개로한 진정과 로비의 '有志 政治'가 전개되면서(국가기록원 「행정구역변경 및 명칭변경관련 문서철」 해제, 2008), 권력관계를 동반한 지명 변경과 영역

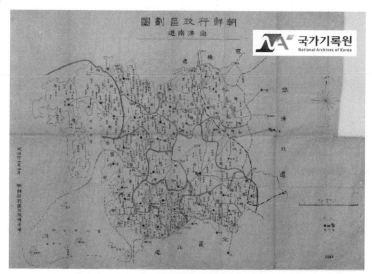

〈그림 4-17〉 조선행정구획도(충청남도)(1911년 4월)

*주: 국가기록원에 소장된 明治44年, 즉 1911년 4월 당시의 충청남도 군에 대한 통폐합 내용을 확인할 수 있는 지도이다. 지도에서 보이는 굵은 붉은색 실선은 이후 1914년에 이루어진 전국 규모의 행정 구역 개편 결과 구획된 군 경계와 유사하다. 주목되는 점은 누가, 어떤 의도로, 어떤 군들과 해당 영역들을 하나로 묶어 경계선을 긋는 것인가이다.

변화를 야기 시켰다. 이 같은 역사적 사실을 토대로 행정구역 개편과 이로 인해 발생한 행정 단위 승격과 지명 영역의 확장 사례를 중앙의 행정 권력과 지방의 사회적 주체들 간의 권력관계, 그리고 지명의 영역화가 진행된 장소의 사회·경제적 환경과 성장을 중심으로 살펴보았다.[37)]

1) 면 지명으로의 영역화

조선 시대의 면은 징세 기구로서의 기능을 제외하고 큰 역할을 담당하지 못하였다. 그러나 일제 시대 들어 식민지 재무 기구의 하급단위로 재편되고 치안 행정의 보조 기관으로 확대되어 가장 중요한 지방 행정 단위로 설정되었으며 한일합방 이후에는 식민지 행정 기구로 법제화되었다.[38)] 일제시대 면 구역 및 명칭 변경은 대체로 府나 邑面이 道에 변경 건을 稟申하면 이를 도지사가 심의하여 조선총독(내무국장)에게 인가 신청을 올리는 과정으로 진행되었다(국가기록원 「행정구역변경 및 명칭변경관련 문서철」 해제, 2008). 이 과정에서 면 명칭과 면사무소 위치를 둘러싼 지역 사회의 다양한 사회적 주체들 간의 갈등과 경합 양상

---

37) 본격적인 논의에 앞서 본 글과 관련된 기초적 개념인 스케일(scale)에 대한 확인이 필요하다. 보통 스케일은 지명을 매개로 전개되는 사회적 관계의 공간적 수준으로 파악되기도 하며, 동시에 공간적인 이해관계나 공간의 역학을 내포하고 있는 사회적 관계를 뜻하기도 한다. 그런데 권력을 동반한 지명 영역의 확장 내용은 앞서 지명의 스케일 정치(politics of scale)에서 제시된 스케일 상승(scaling up)과 스케일 하강(scaling down)이라는 지명 영역의 스케일 변화와 호응시켜 분석될 수 있다. 이에 본 연구는 지명 영역의 확장과 축소 용어를 지명 영역의 스케일 상승과 하강 용어와 호환하여 사용하였다.

38) 일제 시대 행정기구로서의 면의 법제화 과정은 다음과 같이 진행되었다. 조선총독부는 지방관 관제를 발표하여 면을 府郡 아래의 행정구획으로 확정(1910.9.30)하고, '면에 관한 규정'을 발표하여 기존의 면장을 判任官에 임명해 관료 기구로 편입(1910.10.1)하였다. 같은 해 12월에는 면사무소의 표찰 게시를 의무화 하여 '朝鮮 面制' 수립을 위한 작업에 착수하였다(국가기록원 「면폐합관련 문서철」 해제, 2008).

이 발생하였다. 일제 시대 면 지명의 명칭 변경과 지명의 영역화 사례를 부여군에 있는 세 개의 면 지명을 중심으로 살펴보았다.

부여군에는 일제 시대인 1914년 전국 단위의 행정구역 개편 과정에서 촌락 지명이 새롭게 면 지명으로 성장한 스케일 상승 지명들이 있다. 부여군 窺岩面, 恩山面, 場巖面이 그것으로 이들 면 지명은 1914년 행정구역 개편 이전에는 각각 淺乙面 窺岩里, 方生面 恩山里, 內洞面 場岩里였다. 이들 세 촌락은 당시 교통의 결절지(node)에 위치하고 있었으며, 이러한 입지의 영향으로 교통과 상공업 발달의 수혜를 입고 있었다.

〈표 4-6〉 窺岩·恩山·場岩의 지명 변천

지명	新增 (1530)	東國 (1656 ~1673)	興地 (1757 ~1765)	戶口 (1789)	東輿·大 圖·大志 (1800년 대 중엽)	舊韓 (1912)	新舊 (1917)	현재	비고
엿바위 (규암)	·	·	倉里	倉里	·	窺岩里	窺岩里	엿바위, 窺岩, 窺岩里(부여 군 규암면)	*지명 영역 확 대됨
은산	恩山驛- 驛院條	恩山驛- 郵驛條	恩山里 恩山驛- 驛院條	恩山里	恩山驛	思山里	恩大里	恩山, 恩山驛 말, 恩山里 (은산면)	(恩〉思〉恩) (山〉大〉山)
맛바위 (장암)	場巖江- 山川條	·	長巖里 場巖江- 山川條 場巖-古 跡條	長巖里	場岩津	場巖里	岩亭里	맛바위, 場岩, 場岩里(장암 면 정암리)	(場岩〉場巖〉 長巖〉場巖〉場 岩) *場岩里[『世 宗』공주목 임 천군 條)]

먼저 세 촌락 지명의 명명 유연성과 그 변화를 살펴보면 '窺岩(엿바위)'은 自溫臺가 위치한 암반 명칭에서 유래한 지명으로 '窺~'는 '엿~'의 훈차 혹은 훈음차 표기로 발생한 표기이다. <표 4-6>에서 보는 바와 같이 '규암리'는 본래 관찬 기록에 '倉里'로 등재되어 있었다. 『興地』(1700년대 중반)에 '倉里'로 등재되어 오다가 『舊韓』(1912년) 기록에서 비로소 '窺岩里'로 등재되어 현재에 이르고 있다. ≪1872년 지방지도≫

<扶餘縣地圖>를 보면 규암리에는 '窺岩津'과 함께 인근 홍산현과 本邑(부여현)의 稅倉이 기록되어 있는데 이 세창이 『戶口』(1789년)까지 기록된 '倉里'라는 지명의 유연성이 된 것으로 보인다.

그런데 『朝鮮』(1911년) 기록에는 '窺岩里酒幕(엿바위쥬막)'이 등재되어 있다. 사설 숙박시설이었던 주막이 이 당시에 있었던 점으로 보아 규암리는 상업이 성장하던 교통의 결절지이자 渡津 촌락이었을 것으로 보인다. 실제 『朝鮮』(1911년) '渡津名'에 기록된 '窺岩津(엿바위나루)'은 과거 금강 하운의 중간 기착지로 유명한 나루였으며, 홍산현 등의 서해안 지역에서 충청도 내륙을 경유하는 주요 육로 상에 위치한 곳이었다.39)

이러한 주요 교통로의 결절 상에 위치한 '窺岩里'는 조선 후기에서 일제 시대에 이르는 동안 성장하여 1914년의 행정구역 통폐합을 계기로 과거 조선 시대 면 지명이었던 '淺乙面'을 밀어내고 새로운 면 지명으로 영역이 확장하게 되었다<그림 4-18>.40) 1914년 새롭게 등장한 '窺岩面'은 淺乙面을 비롯한 道城面, 松堂面을 통폐합하여 신설되었으며 이 때 기존 각 면의 면사무소(천을면: 茅里, 도성면: 合井里, 송당면: 芦花里)는 폐쇄되고 대신 窺岩里에 새로운 면사무소가 들어서게 된다[<扶餘郡面廢合地圖>(1914년)]. 당시 새로운 면사무소를 유치하는 과정에 당시 규암리에 거주하면서 상업에 종사하던 일본인들과 일부 조선인들의 권력관계가 일정하게 영향을 미쳤을 것으로 추정된다.

그러나 '窺岩里'는 금강 하운의 쇠퇴와 1968년 부여읍으로 통하는 백

---

39) "窺岩津(諺文: 엿바위나루), 窺岩里酒幕(엿바위쥬막), 窺岩里(엿바위)(郡西半里 一名 倉里)"(扶餘郡 淺乙面 渡津名, 酒幕名, 洞里村名 항목)(『朝鮮』, 1911년).

40) 조선 후기에서 일제 시대에 이르는 기간 동안 성장한 窺岩里에는 '窺岩場'(3·8일 開市: 월 6회)이 개설되었다. 일제 시대 한 신문에는 '窺岩面 渡船場'의 관리권을 두고 조선인과 일본인 간의 경쟁을 다룬 기사(東亞日報, 1931년 4월 6일)가 보도 될 만큼 窺岩津의 이용은 성황을 이루었던 것으로 보인다. 또한 규암리의 중심지 기능이 확대되어 가는 한 단면으로 규암리 公立尋常學校의 인가 관련 내용이 관보에 실려 있다(조선총독부관보 제 198호).

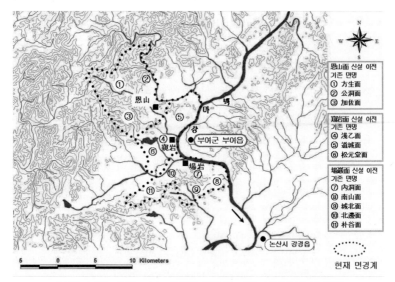

〈그림 4-18〉 窺岩·恩山·場岩의 위치와 지명 영역(충남 부여군)

제교가 건설되면서 여느 농촌의 면 소재지처럼 쇠락의 길을 걷게 된다. 1968년 백제교 개통 이후 현재는 窺岩場이 폐쇄되었으며 규암리 공립심상학교의 후신인 窺岩初等學校가 반산리로 이전되었다. 과거 성황을 이루던 규암나루 자리는 현재 부여읍 부소산 고란사를 왕복하는 관광용 유람선의 선착장으로 이용되고 있을 뿐이다.

촌락 지명이 면 지명으로 영역화된 또 하나의 사례인 '恩山'은 조선시대 利仁道 察訪의 속역이었던 '恩山驛'이 있던 촌락이다. '恩山'이란 지명의 유연성은 구체적으로 밝혀지지 않았으며 다만 역명의 전부 지명소에서 촌락 지명인 恩山里가 유래한 것으로 보인다. '恩山'은 표기자의 큰 변화 없이 『新增』(1530년) 驛院條의 '恩山驛' 기록 이후 현재까지 지속되고 있다<표 4-6>. 恩山驛이 자리한 恩山里는 충남 동부와 전라도에서 충남 내륙인 청양과 충남 북부, 그리고 서쪽으로 부여군 외산면을 경유해 서해안으로 가는 중요 길목에 위치하고 있다. 이러한 입지적

이점으로 인해 조선 시대 恩山驛을 경유해 타지로 여행하던 사족들의 기행문이 개인 문집류에 다수 실려 있다.[41]

이와 함께 조선 후기에는 恩山場(1·6일 開市: 월 6회)의 개설과 恩山 公立尋常小學校가 인가·설립(朝鮮總督府官報, 1916.10.20)되어 촌락의 중심성이 확대된다.[42] 이러한 '恩山里'의 중심성 확대는 일본인의 거주를 유인하였고(東亞日報, 1933년 12월 2일 기사), 부여읍에서 은산리로 가는 백마강의 나루 명칭을 과거의 '古省津'에서 '恩山渡船場'으로 변경시켰다(東亞日報, 1934년 4월 5일 기사). 특히 일제 시대 이래 인접한 청양군 장평면 화산리에 있던 중석광산의 성황으로 恩山場의 시장 거래 규모와 시장권이 크게 확대되었다.

이러한 일련의 변화 속에서 '恩山里'는 1914년 행정구역 통폐합과 함께 기존의 方生面을 대신하는 새로운 면 지명으로 스케일이 상승되어 그 지명 영역이 확장되었다<그림 4-18>. 1914년 새롭게 등장한 '恩山面'은 方生面을 비롯한 公洞面, 加佐面을 통폐합하여 신설되었으며 이때 기존 각 면의 면사무소(방생면: 大陽里, 공동면: 琴江里, 가좌면: 內中里)는 폐쇄되고 대신 恩山里에 새로운 면사무소가 들어서게 된다[<扶餘郡面廢合地圖>(1914년)].

---

41) "重過扶餘恩山驛: 恩山路上意茫然…"[『梅溪先生文集(2卷)』(七言律詩)(曺偉, 1454~1503)],
　　"贈恩山倅: 公山驛路入恩山…"[『白軒先生集(11卷)』(詩稿 南征錄)(李景奭, 1595~1671)],
　　"曉發恩山驛向藍浦…"[『浣巖集(3卷)』(詩)(鄭來僑, 1681~1757)] 등.

42) <그림 4-19>의 고지도에는 "銀山驛"[≪朝鮮地圖≫(扶餘)(奎16030)(18세기중반)]이라는 '銀'으로 취음된 이표기가 기록되어 있으며, 이와 함께 恩山驛과 恩山場의 존재는 『朝鮮』(1911년) 기록에서도 확인할 수 있다: "恩山驛(諺文: 은슨역), 恩山場(은슨장), 恩山里(은슨)"(扶餘郡 方生面 驛名, 市場名, 洞里村名 항목).

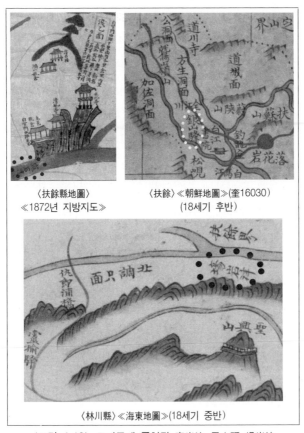

〈扶餘縣地圖〉   〈扶餘〉≪朝鮮地圖≫〈奎16030〉
≪1872년 지방지도≫   (18세기 후반)

〈林川縣〉≪海東地圖≫(18세기 중반)

〈그림 4-19〉 고지도에 표현된 窺岩津·恩山驛·場岩津

　　규암면의 신설 과정에서 제시된 바와 같이 당시 새로운 면사무소를 유치하는 과정에 은산리에 거주하면서 상업에 종사하던 일본인들과 일부 조선인들의 권력관계가 일정하게 영향을 미쳤을 것으로 추정된다. 그러나 '恩山里' 또한 주변 광산의 폐광과 산업화의 과정 속에서 현재는 한적한 지방 면 소재지로 쇠퇴한 상황이다.

　　면 지명으로 영역화된 마지막 사례로 부여군 장암면 정암리에 있는 '場岩'이 있다. '場岩(마당바위, 맛바위)'은 場岩面 지명의 명명 유연성을 제공한 자연물로 '場~'은 '마당(>맛)~'의 훈차 표기이며, 『新增』
(1530년) 山川條에 '場巖江'이 등재된 이후 표기 변화 없이 현재에 이르
고 있다<표 4-6>. '場巖江'에는 오래 전부터 임천에서 부여로 통하는
나루인 場岩津(맛바위나루)이 존재했으며, 장암진의 존재는 ≪海東≫
(1750년대 초), ≪大圖≫(19세기 중반), 『朝鮮』(1911년) 등에 기록되어
있다<그림 4-19>.[43] 조선 후기 이래 도진 촌락인 장암진의 상업적 성장
은 場岩場(2·7일 開市: 월 6회)의 개설과 함께 인근에 광산(금광)이 개
발되면서 상업에 종사하는 조선인과 일본인의 거주를 가속화시켰다.[44]

장암의 성장은 1914년 행정구역 통폐합을 계기로 기존 면 지명이던
內洞面(정암리 亭子洞 안골에서 유래)을 대신하여 새로운 면 지명으로
등장하면서 지명 영역이 확장된다<그림 4-18>. 1914년 새롭게 등장한
'場岩面'은 內洞面을 비롯한 南山面, 北邊面, 城北面 일부, 朴谷面 일부
를 통폐합하여 신설되었으며 이때 기존 각 면의 면사무소(내동면: 北皐
里, 성북면: 土山里, 박곡면: 晩智洞 등)는 폐쇄되고 대신 亭岩里 場岩에 새
로운 면사무소가 들어서게 된다[<忠淸南道林川郡面廢合圖面>(1914년)].

당시 새로운 면사무소를 유치하는 과정에 당시 장암에 거주하면서 상
업에 종사하던 일본인들과 일부 조선인들의 권력관계가 일정하게 영향
을 미쳤을 것으로 추정된다. 그러나 장암면의 정암리 장암은 앞서 살펴
보았던 은산리와 규암리의 사례와 같이 1970년대 본격화된 산업화 이후
급속하게 쇠퇴하여 오늘에 이르고 있다.[45]

---

43) "場岩津"(≪海東≫, 1750년대 초); 場岩津(諺文: 맛바위나루), 場岩里(맛바위), 亭
子洞(안골)"(林川郡 內洞面 渡津名, 洞里村名 항목)(『朝鮮』, 1911년).

44) 한일합방 이전인 1904년에는 일본인 丁商이 당시 林川郡 內洞面 場巖里의 민가를
매입하여 거주하고(買取居生) 있다는 문서가 있을 정도로 장암리의 교통과 상업의
중요성은 이른 시기에 일본인에게도 인식된 것으로 보인다[『규장각한국학연구원
개항기 문서』(발신자: 충청남도관찰사 李恒儀)(1904.5.18, 1904.6.13 문서)]. 아울
러 장암면 소재의 금광을 각각 일본인과 조선인에게 광업을 허가한다는 문서가
존재한다(朝鮮總督府官報, 1915.11.25, 1931.4.2).

2) 읍 지명으로의 영역화

촌락 지명에서 읍 지명으로 지명 영역이 확장된 스케일 상승 지명으로 '鳥致院'이 있다. 현재 연기군 鳥致院邑이면서 鳥致院驛이 위치하고 있는 조치원은 연기군의 행정, 경제, 사회, 문화의 중심지이자 연기군청을 비롯한 연기군의 주요 시설들과 중심지 기능들이 밀집해 있다. 득히 鳥致院邑은 우리나라 행정 지명 중 몇 안 되는 3자식 지명이며,『頤齋亂藁』(7책 380쪽)(1786.7.15)에 청주목 관할의 "朝雄院市"로 등재되기 시작하여『戶口』(淸州牧 西江外一面)가 간행된 1789년에는 "鳥致院里"로 기록되어 있다. 이후 1905년에 공식적인 경부선의 역명으로, 1914년에는 공식적인 행정 지명인 '鳥致院里'로 등재되어 현재에 이르고 있다.46)

---

45) 더욱이 亭岩里에 있던 면사무소가 1916년 石東里로 이전되면서 면 행정의 중심지 기능이 약화되어 갔다[朝鮮總督府官報 제1126호(扶餘郡場岩面事務所位置變更ノ件)(1916.5.8)].

46) 『新舊』(1917) 기록에 의하면 '鳥致院里'는 1914년 당시 기존 北一面의 砧山里, 新垈里, 百官里, 內倉里(일부)와 淸州郡 西江外一下面의 場垈里, 平里를 통폐합하여 신설된 것이다. 한편 현재까지 조사된 '조치원리'의 전부 지명소인 '조치원'이란 명칭이 문헌 자료로 등재된 최초의 시기는 頤齋 黃胤錫의 일기인 『頤齋亂藁』(1786년)와『戶口』(1789년)에 기록된 18세기 후반 경이다. 『이재난고』에는 1786년 연기현과 접한 전의현의 현감으로 부임한 황윤석이 전의에서 생산된 비단이 비싸 30리 떨어진 청주의 "朝雄院市"에서 구하는 것만 못하다고 평한 기록이 남아 있다["聞 此地産紬 而貴不如求之於淸州朝雄院市也(市距三十里)"]. 이 "朝雄院市"는 현재까지 발굴된 조치원이란 지명의 最古 기록으로 '조치원'을 다양한 표기자로 음차 표기한 사례이기도 하다. 이후 '조치원'이란 지명은 문헌에 등재되지 않다가 1906년부터 본격적으로 등재되기 시작하였다: "鳥致院"[大韓每日申報(1906년 11월 22일자)]; "鳥致院"[『梅泉野錄(5卷)』(黃玹, 1906년)]. 그런데 1909년(隆熙 3년) 관보(제4339호)에 실린 칙령 제43호와 『朝鮮』(1911년)(연기군 北一面 洞里村名: 砧山里·東里·平里, 堤堰洑名: 砧山堤堰, 場市名: 砧山市)에는 '鳥致院'이 언급되지 않고 다만 연기군 北一面 '砧山'만이 기록되어 있어 당시 경부선 조치원역이 생긴 이후에도 '鳥致院'이란 지명이 언중들에게는 공식 지명으로 보편화되지 않았던 것으로 보인다("勅令 第四十三號: 隆熙 三年 法律 第二號 家屋稅法 第一條 第三項에 依ᄒᆞ야 市街地를 左갓치 指定홈…忠淸南道 燕

〈표 4-7〉 鳥致院 소재 지명의 변천

지명	輿地 (1757~ 1765)	頤齋 (1786)	戶口 (1789)	舊韓 (1912)	新舊 (1917)	燕岐 (1988)	비 고
방아미	砧山里 砧山堤堰 -堤堰條	·	砧松里	砧山里	鳥致院里	방아미, 砧山, 砧山里 (충남 연기군 조치원읍)	*砧山里〉鳥致院里 (1914년)〉宮下町 (1940년)〉砧山洞 (1947년)
백관	·	·	百峴里	百官里	鳥致院里	百官(조치원읍 신흥리)	
새터				新垈里	鳥致院里	새터,新垈 (조치원읍 신흥리)	*新垈里〉鳥致院里(1914년)〉조치원읍 新興町(1940)〉新興洞(1947년)
조치원	坪里 (淸州牧 西江外一面)	朝雉院市(청주목)	鳥致院里 (청주목 서강외일면)	砧山里(북일면), 新垈里, 百官里, 內倉里, 場垈里(청주군 西江外一下面), 平里	鳥致院里 (연기군 북면)	鳥致院邑 (연기군)	*朝雉院市〉鳥致院里〉鳥致院驛 개설 (1905.1.1)〉조치원里(1914년)〉조치원面 신설(1917년)〉조치원읍 승격(1931년) *朝雉院市: 조치원의 音借 표기, 鳥川院〉朝雉院〉鳥致院(?)
길야정	·	·	·	·	鳥致院里	校里 (조치원읍)	*鳥致院里(1914년)〉조치원읍 吉野町(1940년)〉교동(학교 밀집지역)(1947년)〉교리(1988년)
적송정	·	·	·	·	鳥致院里	南里 (조치원읍)	*鳥致院里(1914년)〉조치원읍 赤松町(1940년)〉남동(조치원의 남쪽)(1947년)〉남리(1988년)

岐郡 邑內, 北一面 砧山"). 이후 1914년 행정구역 통폐합의 준비 과정에서 작성된 <燕岐郡面 廢合豫定圖>에는 충북 청주군 서강외일하면의 場垈里와 平里는 기록되어 있지 않고 다만 砧山里와 新垈里, 그리고 장대리와 침산리의 중간 부근, 즉 조치원역 앞의 시가지 부근에 '鳥致院'이 기록되어 있다. 이를 통해 1914년에 통폐합될 연기군 북일면과 청주군 서강외일하면의 일부 지역을 통칭하여 점차 '鳥致院'으로 불렸음을 추정할 수 있다.

지명	興地 (1757~ 1765)	顧齋 (1786)	戶口 (1789)	舊韓 (1912)	新舊 (1917)	燕岐 (1988)	비 고
욱정	·	·	·	·	鳥致院里	明里 (조치원읍)	*鳥致院里(1914년)> 조치원읍 旭町(1940 년)>명동(발전소 위 치)(1947년)>명리 (1988년)
본정 일정목	·	·	·	·	鳥致院里	上里(조치원읍)	*鳥致院里(1914년)> 조치원읍 町一丁目 (1940년)>상동(1947 년)>상리(1988년)
본정 이정목	·	·	·	·	鳥致院里	元里(조치원읍)	*鳥致院里(1914년)> 조치원읍 本町二丁目 (1940년)>원동(1947 년)>원리(1988년)
신흥정	·	·	·	新垈里 (북일면) 百官里	鳥致院里	新興里 (조치원읍)	*鳥致院里(1914년)> 조치원읍 新興町(새롭 게 일어나는 곳)(1940 년)>신흥동(1947 년)>신흥리(1988년)
영정	·	·	·	·	鳥致院里	貞里(조치원읍)	*鳥致院里(1914년)> 조치원읍 榮町(1940 년)>정동(1947년)> 정리(1988년)
궁하정	·	·	·	砧山里	鳥致院里	砧山里 (조치원읍)	*砧山里>鳥致院里 (1914년)>조치원읍 下町(1940년)>砧山 洞(1947년)>砧山里 (1988년)
소화정	·	·	·	場垈里 (청주군 西 江外一下 面) 平里	鳥致院里	平里(조치원읍)	*西江外一下面 場垈里· 平里>조치원리(1914 년)>조치원읍 昭和町 (일본 年號)(1940년)> 평동(1947년)>평리 (1988년)

일제 강점기 초기 조치원은 철도 교통을 이용해 서울에서 공주로 진
입하는 관문 역할과 함께 호남과 충북·강원 지역을 연결하는 도로 교통
이 발달하였으며, 미호평야 일대의 미곡 및 농산물 집산지이자 상공업

제품의 공급지로 성장하였다. 당시 조치원의 급성장으로 1911년에는 연기군 郡內面 校村里에 있던 연기군청이 이후 鳥致院里가 되는 北一面 砧山里로 이전된다. 조치원의 급속한 성장은 鳥致院面 鳥致院里(1917년)와 鳥致院邑 鳥致院里(1931년)로 행정 단위와 지명 영역이 승격·확대되어 현재에 이르고 있다<표 4-7>.[47)]

조치원의 급성장 이면에는 대전의 사례에서와 같이 경부선 조치원역의 설립과 일본인 거류민이 자리 잡고 있다. 1900년대 초반 淸州郡 西江外一下面 場垈里 부근에 작은 시장만이 있었고 넓은 들 가운데 농가가 드문드문 있는 작은 벽촌에 불과했던 조치원에 일본인의 거주가 시작된 것은 1901년(明治 34) 9월 초 경부선 철도 측량대 일행이 도착한 때로 거슬러 올라간다(酒井俊三郞 編, 1915, 29). 1905년 1월 1일 경부선 조치원역이 개통된 후 채 1년이 지나지 않은 1906년(明治 39) 9월 20일에는 당시 연기군 북면 침산리 일대에 일본인 거류민회가 창설될 정도로 일본인들의 이주가 급증하였고, 이외에 중국인과 타지의 조선인들이 대거 이주하면서 인구가 증가하였다.

---

47) 1917년 指定面制의 실시와 함께 부분적으로 단행된 행정 구역 개편으로 '鳥致院面'이란 면 지명이 등장하게 된다. 당시 충청남도 장관은 연기군 北面을 鳥致院面으로 변경 신청한 이유로 조치원이 현 군청의 소재지이자 미곡 수출입의 요지라는 행정, 교통, 경제의 현실적인 이점을 제시하였다. 한편 1914년 이전 연기군의 군청 소재지였던 郡內面(1914년 이후 남면)의 校村里는 당시 세간에서 오히려 옛날 군명인 '燕岐'로 지칭하였다고 한다. 이를 고려하여 교촌리 일대는 현 군청 소재지로 오인을 불러일으킬 수 있는 면 지명(연기면)으로 변경되지 않고 다만 리명인 '燕岐里'(보령군 保寧里, 아산군 牙山里도 동일한 사례)로 1917년에 변경 고시되었다[「面洞里名稱變更書類」(面의 명칭 변경 건 인가 신청; 里의 명칭 변경의 건 보고), 조선총독부(1917.9.14; 9.20), 관리번호(CJA0002573)].

〈표 4-8〉 조치원(북면 침산리)의 호수와 인구(1915년)

종별	호수	인구		계	비고
		남	여		
內地人 (일본인)	276	577	448	1,025	*外國人은 모두 支那人(중국인)임
朝鮮人	420	1,051	1,041	2,092	
外國人 (중국인)	14	47	2	49	
計	710	1,675	1,491	3,166	

*주 : 『鳥致院發展誌』(酒井俊三郎 編, 1915, 140)(1915년 6월 말 조사)에서 수정 인용함.

<표 4-8>과 같이 1915년 당시 조치원(북면 침산리 일대)의 호수와 인구 구성은 조선인이 420호, 2,092명으로 가장 많았고, 일본인이 276호, 1,025명, 중국인이 14호, 49명으로 구성되어 있었다. 호수와 인구 구성은 조선인이 과반 이상을 차지하고 있었으나, 실제 조치원 일대의 토지와 재산 소유는 일본인들에게 집중되어 있었다. 1934년에 간행된『燕岐誌』(兪致成 외, 43)의 '土地所有者數' 鳥致院邑 항목에는 조선인 소유 토지 574筆地(地價 38,292圓), 일본인 소유 토지 949筆地(地價 139,141圓)로 등재되어 있어 일본인 소유 토지가 조선인 소유 토지 지가의 3배 이상을 차지하고 있었다.

경부선 조치원역 설립 이후 일본인 거류민들에 의해 장악되고 주도된 조치원의 성장은 1913년(大正 2)에 제작된 ≪忠淸南道 燕岐郡 北面 鳥致院里 原圖≫에서 초기 성장의 단면을 구체적인 영역으로 확인할 수 있다<그림 4-20>. 이 지적원도를 보면 1914년 행정 구역 개편이 실시되기 1년 전의 조치원은 기존의 연기군 북일면 砧山里와 新垈里, 百官里가 조치원역 서쪽에 위치하였고 정기시(場市)가 열리던 청주군 서강외일하면의 場垈里와 平里가 鳥川의 옛 유로 동편, 즉 조치원역 동쪽의 현 조천교 서안에 자리 잡고 있었다. 일본인들이 주로 거주하던 조치원은

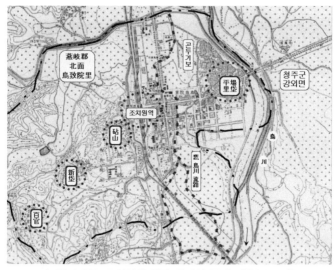

〈그림 4-20〉 조치원의 행정 경계와 주변 지형(1914년)

*주1 : <鳥致院 地圖>(昭和 2년, 1927)를 기본도로 하여 1914년 당시의 행정 정보를 추기함.
*주2 : 점선(옛 鳥川 지류의 유로), 일점쇄선(북면 조치원리의 행정 경계), 곤두기보(글자 오른쪽
       에 위치한 ㄱ 모양의 제방).

조치원역을 서쪽 기점으로 하여 침산리와 장대리 사이의 평지에 바둑판
식 신시가지가 조성된 부근이었다.[48] 조치원역 앞에 있던 격자망 형태
의 시가지에 바로 조치원 지명의 생성과 변천, 지명 영역 확장을 주도했
던 일본인 거류민들이 공무원, 농업, 그리고 다양한 상공업에 종사하면
서 거주하고 있었던 것이다.[49]

---

[48] 1913년에 제작된 조치원의 지적원도에는 조치원 지명 유래에 자주 등장하는 고운
     득보(보은덕보, 곤두기보)(조선 초기 許萬石 현감과 관련)로 추정되는 제방이 표
     현되어 있다. 그 제방은 <그림 4-20>에 제시된 '곤두기보' 글자 바로 위쪽과 오
     른쪽, 즉 평리 북서쪽에 위치해 있으며, 굽은 線狀(ㄱ 형태) 모양으로 나타나 있다.
[49] 1915년 당시 조치원에 거주하던 일본인 거류민들은 공무원(35명), 농업(28명), 인
     력거마차업(10명), 금융업(6명), 과자제조(5명), 여관, 신문기자, 두부상, 국수공
     장, 광산업, 도자기업, 인쇄업, 신문지국 등 당시 새로운 직종의 다양한 직업에
     종사하고 있었다(酒井俊三郞 編, 1915, 32).

한편 '조치원' 지명의 스케일 상승을 분석하기에 앞서 '조치원' 지명이 생성하게된 명명 유연성을 살펴보았다. 조치원 지명의 읍 지명으로의 영역화 과정에는 '鳥致院'의 명명 유연성을 둘러싼 지명 언중 사이의 갈등과 경합이 상존하고 있다. 현재 조치원 지명에 대한 명명 유연성, 그리고 지명의 생성·변천과 관련된 통일되고 논리적인 분석과 정리가 수행되지 않아 언중들 사이에도 다양하고 상반된 지명 전설들과 대립되는 견해가 복잡하게 얽혀 있는 상황이다. 이에 본 연구에서는 현재 유통되고 있는 조치원 지명의 유래들을 정리·제시하고 나아가 조치원 지명의 유래를 둘러싼 상이한 견해를 포괄·조정하는 유연성 분석을 시도하였다.

'鳥致院'이라는 지명의 유래와 명명 유연성에 대해 현재 유통되고 있는 설은 크게 두 가지로 정리된다. 본 연구는 이를 ① 崔致遠 관련 인명 유래설과 ② 새내(鳥川) 관련 지명 변천설로 구분하였으며, 관련 내용을 구체적으로 제시하면 다음과 같다.

① 崔致遠 관련 인명 유래설

이 설은 과거 조치원 지명의 유래로 일반화되어오던 설로서 현재는 행정 기관이 후원하는 ②의 새내(鳥川) 관련 설에 의해 비동일시되어 거부되고 있다. 현재까지 통용되고 있는 崔致遠이라는 실존 인물과 관련된 이 설은 아래와 같이 크게 5곳의 문헌들에 기록되어 유통되고 있다.

A. "대체로 조치원의 기원을 묻는다면 신라 말엽부터 고려 초기에 걸쳐 文名으로 一世를 풍미했던 대유학자 崔致遠이 개척한 곳이라 한다. 이로 인하여 세상 사람들은 그의 성명을 따서 지명을 삼았다 하니, 해를 거듭함에 音과 사투리가 바뀌어 鳥致院이 되었다." [『鳥致院發展誌』(酒井俊三郎 編, 1915, 29)]

B. "鳥致院市場 在鳥致院里 俗傳新羅崔致遠先生이 建市獎商하고 築

洑勸農하엿슴으로 同市는 崔致遠市場이라 稱하고 同洑는 孤雲洑(在鳥川東畔)라 하야오다가 市場은 鳥致院市場이라 誤傳되고 洑는 依舊稱號함 開市日이 陰曆 四九兩日인대 一個年賣買高가 十七萬乃至二十六萬餘圓에 達함." [『燕岐誌』(市場條)(兪致成·林憲斌·孟義燮, 1934, 53)]

C. "본 邑은 新羅時代에 崔孤雲 致遠 선생이 砧山洞 현 동사무소 후인 166번지 내에 崔達植이 거주하고 있는 기지를 중심으로 하여 거주하면서 開市勸商한 까닭에 市場名을 崔致遠 市場이라고 하였고, 里名도 崔致遠里라고 하다가 선현의 名字를 그대로 쓸 수 없어 遠자를 院자로 쓰고 '崔'자를 '鳥'자로 不知 중에 와전되었으나 선생이 쌓은 洑는 선생의 號를 인용하여 '孤雲得洑'라 불러왔다. 선생께서 開市築洑하여 주신 기념으로 不忘碑를 건립하였든 것이 未詳年의 홍수에 유실되었으니 이 碑가 지상으로 출현되면 조치원은 대발전된다고 (하여) 과거 미호천 사방 개수공사를 비롯하여 조천개수공사며 여러 가지 공사 시에 불망비가 출현되지 않을까 기대하고 있다." [『燕岐誌』(林憲斌·孟義燮, 1967, 30)]

D. "崔致遠 선생이 建設하시였다는 鳥致院 市場도 孤雲得洑도 口傳의 文獻이다. 내가(編註: 맹의섭, 1891~1975) 단기 4246년(1913) 癸丑春에 조치원으로 이사 와서 살고 있는 노인께 들은 바에 의하면 조치원의 전설은 최치원 선생이 건설한 시장인 까닭에 최치원 시장이라던 것을 先賢의 諱字를 그대로 쓸 수가 없어서 遠자를 院자로 쓰다가 崔자를 鳥자로 변형시켜 써왔고 선생이 築洑勸農 하시든 洑만은 선생께서 얻은 洑라고 선생의 號를 인용하여 孤雲得洑라 한 것이 癸丑春으로부터 또다시 반세기가 지난 금일에도 孤雲得洑라고 하는데 이 洑의 소재지는 충북선 철도 아래와 鳥川橋 상의 지점이라 전한다. 그때에 나는 연대가 深遠한 시장 이름인 만큼 호기심을 가지고 신문지상이나 잡지에 내가 집필하고 쓸 때는 반드시 전기한 사실을 전설이 아닌 진실처럼 선전하였고 단기 4265년(1932) 壬申春부터 시작된 연기지 편찬 시에도 이를 역설하

여 두었으므로 최근에 와서는 각 방면에서 조치원이 최치원 선생에 의해
이루어졌다는 것은 내 붓끝의 힘이 컸었다고 자각심도 없지 아니하
나…" [『鄒雲實記』(孟義燮, 1972)]

E. "박천순 옹(1928년생, 충북 청원군 강외면)에 의하면 1901년 경부
선 철로 건설 작업이 시작되고 이곳에 노역자로 일하러 나간 조선인은
일본인과 마찰이 심했다. 특히 조선 노역자들은 일터에 나갈 때 높은 임
금 보다는 새참과 막걸리를 요구했다. 일본인은 벤또(도시락)를 싸가지
고 와서 일을 했으며 일하는 도중 새참과 막걸리를 마신다는 것은 용납
하지 않았지만 조선인이 노역에 참여하지 않아 대책을 세웠다. 그래서
조치한 것이 작업장 근처에 주막을 개설하는 것이었다…공교롭게도 작
업장 부근에 설치된 주막집 주인의 이름이 최치원으로 신라학자 최치원
선생과 동명인이었다. 일하다가 또는 일이 끝나고 인부들은 '우리 최치
원네 가서 막걸리 한 잔 하자' 혹은 '최고운 선생집으로 막걸리 먹으러
가자'라는 농담 섞인 말을 하곤 했다…경부선 철로 공사에 쓰기 위해
지급됐던 석유(일명 시기지름)를 등잔에 넣고 불을 켜자 밝기가 두 배로
오래 갔다. 이것을 주막집 주인 최치원이 구해서 팔기 시작했는데 많은
돈을 번 것은 물론 조치원에 최초로 시장을 개설하게 된 것이다…일인
들이 조치원을 신설하여 중심권을 빼앗기 위해 청거리 시장을 폐쇄하고
조치원 시장을 개설하였는데 조치원 시장은 시초가 崔致遠에 의해 상권
이 형성되어 있었다. 주막집 주인 최치원은…돈을 많이 벌게 되자 이웃
큰 도시인 청주로 이사했다고 한다. 그래서 조치원의 속설에는 조치원에
서 큰돈을 벌면 새처럼 다른 곳으로 날아간다는 말이 전해져 내려오고
있다." [「조치원의 지명유래 연구」(『鳥致院發展誌』부록)(임영수, 2004,
297~298)]

〈그림 4-21〉 조치원 읍내 전경과 조천

② 새내(鳥川) 관련 지명 변천설

'새내', 즉 '鳥川'이 조치원 지명의 직접적인 명명 유연성이라 주장하는 이 설은 현재 연기군청과 조치원 문화원 등의 행정 기관들에 의해 ①설을 거부하면서 새롭게 정상화되고 있는 설이다. 구체적인 내용을 『燕岐郡誌』에 수록된 기록으로 살펴보면 다음과 같다.

    "口傳에 의하면 조치원은 신라시대의 대학자인 崔致遠이 이곳에 살면서 시장을 개설하고 농사를 장려하여 생긴 곳이라 하나 이것은 잘못된 내용이다…조치원을 '새내'라 불렀는데 갈대, 억새풀과 새들이 많은 냇가라는 뜻이다. 일제시대 경부선 철로가 놓여지고 역을 만든 다음 역의 이름을 짓기 위하여 지명을 한자로 고쳐 불렀는데, 처음에 부른 것이 鳥川院이었다. 그러나 조선총독부(編註: 統監府)에서는 조천원이 조선인의 일본어 발음과 같다하여[50]

────────────

50) 『연기군지』(2007)에 실려 있는 이 내용은 「조치원의 지명유래 연구」(『鳥致院發展誌』 부록)(임영수, 2004, 298~299)]에 있는 기록을 정리하여 인용한 것으로 보인

이름을 개명하기에 이르렀고 그 개명된 이름이 오늘날 우리가 쓰고 있는 조치원이다. 그러니 구전으로 전해오는 최치원과는 아무 연관이 없다. 다만 최치원이란 이름이 나오게 된 동기는 일본인이 조천원을 조치원으로 개명할 때 이곳에 살고 있는 조선 사람들이 반대할 것을 두려워하여 조선 사람이 존경하고 좋아하는 신라학자 최치원 선생을 끌어들여 전설을 만들어 퍼트린 후 조치원이라 개명한 것이다."[『燕岐郡誌』(연기군지편찬위원회, 2007, 104)]

① 崔致遠 관련 인명 유래설은 조치원 지명의 유래를 신라시대 인물 崔致遠과 관련시켜 해석하고 있다. 특히 B, C, D에는 '崔致遠 市場'이 언급되고 있으며 이를 誤傳(A, B) 혹은 避諱(C, D)하여 '鳥致院 市場'이 됐음을 설명하고 있어 조치원 지명이 신라 시대 '崔致遠'이라는 실존 인물에 그 유연성이 있음을 강조하였다. 그런데 E에는 신라 시대의 최치원이 아닌 당시 구한말(1900년대 초반) 조치원에 실존했던 인물로서의 '崔致遠'을 거론하고 있어 주목을 끈다. 상인이었던 그가 조치원 최초의 시장을 개설했다는 설명으로 그가 실존 인물이었는지에 대한 추가적인 조사가 필요하다.

이와는 달리 ② 새내(鳥川) 관련 지명 변천설은 ① 崔致遠 관련 인명 유래설을 정면으로 반박하면서 ①의 최치원 관련 유래가 단지 '구전'에 의한 허구라고 주장하고 있다. 이 주장은 경부선 조치원역이 개통하는 1905년 1월 1일 이전의 지명 변천 과정을 설명하고 있는데 당시 역을 신설하고 역명을 명명하는 과정에 '새내>鳥川>鳥川院>鳥致院'과 같은 지명 변천이 있었음을 제시하고 있다<그림 4-21>.

이를 구체적으로 살펴보면 새내의 '훈차(鳥類) 혹은 훈음차(억새풀)＋훈차 표기(내>川)'로 '鳥川'이란 한자 지명이 만들어지고, 그 후

___

다. 임영수(2004, 298)에는 이 자료가 정흥석(72세, 조치원읍 서창리)의 구술에 기초한 것이라고 주석으로 설명하였고, 그 주석의 하나에 '鳥川'과 '朝鮮'의 일본어 발음이 같음을 다음과 같이 제시하였다. "鳥川院(ちようせんいん), 朝鮮人(ちようせんじん), 鳥致院(ちようちいいん)."

'鳥川'이 '朝鮮'과 일본어 발음이 유사하여 지명을 변경했다는 언급은
일본인에 의한 '鳥川' 지명의 비동일시(disidentification)로 만들어진 것
으로 추정된다.[51] ②의 후반 설명에는 '鳥川院>鳥致院'의 지명 변경을
조선인들에게 설득시키고, 변경에 대한 저항을 무마하기 위해 ①의 崔
致遠 관련 전설을 일본인들이 의도적으로 퍼뜨렸다는 내용으로 구성되
어 있다. 그런데 조선 후기에서 구한말 당시 '鳥川'이란 지명은 실제 존
재했던 지명으로 여러 문헌과 지도에 등재되어 있다.[52]

그러나 ①설과 ②설의 주장들은 최근 필자가 조사한 『頤齋亂藁』
(1786년 7월 15일)의 '朝雉院市'와 『戶口』(청주목 서강외일면)(1789
년)의 '鳥致院里' 기록, ≪舊韓末 韓半島 地形圖≫(1895년)의 <淸州>
도폭에 등재된 '崔致院' 등의 자료 발굴로 인해 정밀한 연구가 새롭게
진행되어야 할 국면에 접어들었다<그림 4-22>.[53] 이들 자료들은 경부
선 조치원역을 건설하기 위해 측량대가 도착하여 새로운 역명을 선정 및
논의하기 시작한 1901년 보다 시기가 훨씬 앞선 기록들이다.

---

51) 이는 '鳥川'의 일본어 발음이 '朝鮮'과 같아 역명을 '鳥川驛'으로 할 경우 외부인
들이 표기를 보지 않고 발음만을 들으면 '朝鮮驛'을 건설하는 것으로 오인할 수
있다. 이러한 이유로 조선의 식민지화를 준비 중이던 일본 고위 관료들은 '鳥川'
지명을 적절치 못한 것으로 인식했을 것이다.

52) "**鳥川**下流"[≪1872년 지방지도≫<燕岐縣地圖>]; "淸州 **鳥川** 松子峙 李進士家"[『한
국사료총서(동학난기록)』(雜記)(저자미상, 1959년)]; "吳剛杓 乙巳討賊 鄕校에서 殉
死함: 訪崔鍾和於錦洞書社 相向而哭 且曰吾將死於**鳥川**車站 鍾和曰此非士子成仁之地
剛杓曰然則吾可復往校宮乎"[『騎驢隨筆』(吳剛杓 三 庚戌合邦殉節, 1910년)(宋相燾,
1971년)]; "**鳥川**(諺文: 죠천)"(충북 淸州郡 江外面 正中里의 河川名 항목)(『朝鮮』,
1911년).

53) 이외에 '崔致院'이 기록된 지도로는 ≪朝鮮全岸≫[水路部(1906), 영남대 박물관
소장]과 ≪朝鮮地圖≫[三省堂 編(1914년 이전)]가 존재한다.

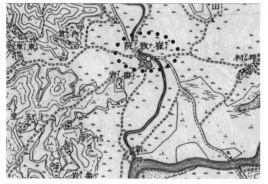

『頤齋亂藁』
(7책 380쪽)
(1786년 7월 15일)

〈淸州〉≪구한말 한반도 지형도≫(1895년)

〈그림 4-22〉 鳥致院의 이표기인 "朝雉院市"와 "崔致院" 기록

　특히 '崔致院' 지명이 기록된 지도들 중 주목되는 것은 1895년 일본
육군참모본부에서 제작한 ≪舊韓末 韓半島 地形圖≫의 <淸州> 도폭
이다. 이 지도에는 '崔致院'이라는 지명이 등재되어 있는데 지명이 위치
한 곳은 1914년 鳥致院里에 통폐합되기 이전 淸州郡 西江外一下面이었
던 平里와 場垈里 부근이다. 그리고 현재의 조치원역이 있는 砧山里(방
아미)에는 '番岩(번암)'이 기록되어 있는데 '番岩'은 砧山里의 고유 지
명인 '방아미'의 음차 표기인 것으로 보인다.

　한편 '崔致院'이란 지명이 장터가 있던 場垈里에 기록되어 있는 것으
로 보아 앞서 ①의 최치원 관련 인명설 중 E의 기록이 이러한 사실과
관련이 있을 것으로 추정한다. 즉 경부선 역을 건설하기 이전인 1895년

에 이미 '崔致院'이란 지명이 존재했다는 이 사실은 ②의 새내(鳥川) 관련설보다는 ①의 E, 즉 구한말 실존 인물로서의 崔致遠 관련설이 설득력 있게 이해되는 지점이기도 하다.

특히 조선 후기에 상품경제, 장시, 유통의 발달로 인해 조선 초기 및 중기의 문헌에 등재되지 않던 '院'이나 '私設 酒幕' 등이 새롭게 생성되어 등재되는 사실을 감안한다면,[54] 당시 전라도나 충청도에서 경기도로 통하는 주요 길목이자 忠淸右道인 연기·공주에서 忠淸左道인 청주·충주 등지로 향하는 길목인 연기군 조치원 일대에 사설 숙박시설인 '院'이나 '場市'가 설립되었을 가능성을 배제하기 어렵다. 이렇게 형성된 '崔致院'은 앞서 설명한 ①의 A, B, C, D에서 언급된 바와 같이 '誤傳'되거나 '崔致遠'의 성명을 '피휘'하기 위해 인근 하천 이름인 '鳥川'의 '鳥'을 취하여 '鳥致院'이 된 것일 수도 있다.[55] 이에 대한 분석은 추가적인 정밀한 조사가 뒷받침되어야 할 것으로 보인다.

이상에서 살펴본 조치원의 읍 지명으로의 영역화는 1900년대 초반부

---

54) 일례로 대전시 서구 '佳水院洞'은 조선 초기나 중기 문헌에는 등재되지 않다가 조선 후기인 『戶口』(1789년)에 '介水院里'로 등재되기 시작한다. '介'는 이후 '佳'로 취음되어 '佳水院'이 되는데 조선 후기 가수원은 전라도와 충청도 서부에서 경상도와 충청도 동부로 통하는 진잠현의 주요 도로상에 입지하여 사설 숙박시설이 군집한 원 지명으로 새롭게 명명된 것으로 보인다. 또한 일제 시대 초기 문헌인 『朝鮮』(1911년) 기록에는 각 지방에 많은 '酒幕名'들이 등재되어 있다.

55) '崔致遠'의 성명을 '피휘' 했다는 ①의 C, D와 같은 기록들은 연기현 북부(현 연기군 조치원읍 봉산리 일대)에 세거해 온 재지 사족인 '江華 崔氏'와 일정한 관련이 있는 것으로 보인다. 慶州 崔氏에서 분관한 강화 최씨는 崔益厚를 貫祖로 하며, 경주 최씨의 중시조 文昌侯 崔致遠의 후손이기도 하다. 강화 최씨는 16세기 초반 崔浣이 연기현 북일면 토홍리(현 조치원읍 봉산리)에 입향하여 세거해온 연기현의 주요 사족이다. 이들은 일제 시대 이후에도 연기군내의 주요 행정관직에 다수 진출하였고 조선 시대에는 조치원 일대에 많은 종산과 종토를 소유했던 종족이다. 재지 사족으로서 강화 최씨는 유교적인 '피휘' 관념에도 일정한 소양을 갖추고 있었을 것으로 보이며, 특히 자신들의 선조인 최치원의 성명과 유사한 '崔致院'에 대해 부정적인 지명 평가와 함께 개정 의도를 지녔을 가능성도 있다.

터 경부선 조치원역 앞에 거주하던 일본인 거류민들과 일부 상업에 종사
하던 조선인들의 권력관계에 의해 주도되었다. 아울러 현재까지 논란이
되어오고 있는 조치원 지명의 명명 유연性 및 지명 유래는 행정중심복
합도시 건설과 이로 인한 연기군의 행정 관할 구역 축소, 그리고 행정
구역 개편 논의와 맞물려 복잡하게 전개되고 있는 상황으로 추후 심도
있는 보완 조사가 요구된다.

3) 군현 지명으로의 영역화

촌락 지명에서 군현 단위 지명으로 그 지명 영역이 크게 확장되어 영
역화된 사례로서 '놀미·놀뫼(論山)'가 있다. '論山'은 大田, 釜山과 함께
일제 시대인 1914년 행정 구역 개편의 가장 큰 수혜 지명이다. '論山'은
조선시대 은진현 화지산면과 노성현 광석면 소속의 '論山里'였고, 대전
은 공주목 산내면 '大田里', 부산은 동래도호부의 '釜山浦'였다가 당시
근대적인 교통과 상업의 중심지로 부상하면서 1914년 府郡 단위 행정
지명으로의 스케일 상승과 함께 지명 영역이 크게 확대되었다.

논산이란 지명의 명명 유연성은 현재 논산시 반월동, 화지동, 부창동,
취암동 일대에 펼쳐진 20m 내외의 낮은 구릉에서 유래된 것이다. 고유
지명인 '놀뫼(놀미)'는 인근에 있는 連山의 고유 지명 '느르뫼'(黃山)와
동일한 전부 지명소에서 변형된 것으로 보이며 '느르뫼>놀뫼>놀미'로
음운 변화된 후 이를 음차+훈차 표기한 것이 바로 '論山'이다. 논산의
지명 유연성을 제공한 이 구릉들은 논산시 남동쪽에 위치한 노령산지의
한 지맥이 대둔산~장재봉~까치봉~옥녀봉~중토산~담배산~배매산~
반야산~생매~황화산·구리산(銅山)으로 이어지고 다시 구리산의 한 능
선이 현재 논산시 부창동 대림아파트 북쪽의 觀音寺 뒷산으로 연결되면
서 논산천과 만나는 일대에 형성된 지형들이다<그림 4-23>.

〈그림 4-23〉 論山(놀뫼) 일대의 군현 경계와 주변 지형

<표 4-9>에서 보는 바와 같이 '論山'은 『輿地』(1700년대 중반) 기록에 '論山里'(은진현 화지산면), '論山'(山川條), '論山路'(道路條)로 등재되어 있어 지명의 생성 역사는 250년 이상 된 것으로 보인다.56) 특히 『東輿』(1800년대 중반)와 ≪1872년 지방지도≫<魯城縣邑地圖>의 기록에 '論山浦'로 등재되고 있어 당시 포구로서의 기능이 강화된 것으로 보인다<그림 4-24>.57)

---

56) 본 연구의 기초 자료인 관찬 읍지와 지리지를 제외하고 조선 시대에 '論山'이 등재된 문헌을 정리하면 다음과 같다. "論山石橋重修謄善文"[白谷集(處能, 1683년)], "忠淸道 恩津郡 花枝山面 論山里"[辛未年에 宋光益이 官에 올린 侤音(1811년 ?)]; "命 龍洞宮 所屬 恩津 江景 論山 兩浦 收稅依前施行"[『日省錄』(憲宗 1835년 8월 1일 乙未); "恩津 論山里 民家失火"[『朝鮮王朝實錄』(高宗 4년 1867년 丁卯, 3월 16일 두 번째 기사)]; "論山草浦의 進討"[『東學亂記錄』(先鋒陳日記)(1894년)]; "論山浦店止宿", "論山浦送別金孫煉培"[『叢瑣錄』(吳宖默, 1898년).

57) 실제 18세기 후반 경에 큰 홍수가 발생하여 論山浦의 수심과 하폭이 江景浦에 비교될 만큼 확대됐으며, 이러한 지형 변화로 인해 논산 상인들이 강경을 출입하던 선박을 유인했다는 기록이 있다["江景與尼城論山同浦異岐 江景則浦深而便於

〈표 4-9〉 論山 지명의 변천

지명	新增 (1530)	東國 (1656 ~1673)	興地 (1757~ 1765)	戶口 (1789)	東輿·大圖 ·大志 (1800년대 중엽)	舊韓 (1912)	新舊 (1917)	현재	비고
놀미 (논산)	·	·	論山里 (은진현 화지산면) 論山 - 山川 條 論 山 路 - 道 路條	論山里 (은진현 화지면) 論山里 (니성현 광석면)	論山浦 (《東輿》)	論山里 (노성군 광석면) [논미]	論山郡 論山面	놀미, 놀뫼, 論山市, 論山川 (충남 논산시)	* 論 山 郡 論山面(論 山里 지명 은 소멸) (1914년)〉 論山郡 論 山邑(1938 년)〉 論山市 (1996년)

*주 : '舊韓(1912)' 항목의 큰 괄호[ ]는 『朝鮮』(1911년)에 기록된 언문(한글) 자료임.

  그런데 『戶口』(1789년) 기록에는 은진현 화지면과 니성현(노성현) 광
석면에 각각 '論山里'가 등재되어 있어 흥미롭다. 이는 論山浦의 발달로
인해 論山川(漂津江) 양안으로 니성현과 은진현에 동일한 지명이 발생
된 것으로 보인다.[58] 이후 『舊韓』(1912년) 기록에는 노성군 광석면에만

    泊船 論山則淺灘而碍於行舟 故大小船隻並湊於江景 而獨全其利…近年以來 水勢
    直衝 而論山浦之深闊無異於江景 而論山之民或要於船路大小船隻之往來者 間多
    誘引執泊於其浦 而江景之利漸不如前 兩浦居民互相起訟於營邑…"(日省錄, 正祖
    23년 5월 9일 條; 홍금수, 2007, 122].

58) 하천을 경계로 두 개의 군현에 동일한 지명이 존재하는 '論山里'는 이러한 지리적
    인 근접성으로 인해 조선 후기 이곳에서 발생한 각종 사건 및 현안들의 처리에
    있어 노성군수와 은진군수가 공동으로 참여하는 경우가 많았다. 예를 들어 1899
    년(光武 3) 5월 『魯城郡 光石面 論山里 致死 女人 朴召史 屍體 文案』(서울대 규
    장각 소장, 奎 21641)과 1906년(光武 10) 9월 『恩津郡 花枝面 論山里 致死 男人
    百泉 屍體 初檢 文案』(奎 21403)이란 제목의 문서들에는 박소사와 백록의 치사
    사건에 대해 각각 노성군수 任百淳의 初檢 보고서와 은진군수 金一鉉의 覆檢 보
    고서, 그리고 은진군수 李尙萬의 초검 보고서가 등장하고 있다. 이를 통해 당시
    논산리에서 발생한 사건에 대한 행정 처리가 인접한 두 군에 의해 공동으로 실시
    되었고, 論山川(漂津江)을 사이에 두고 노성군과 은진군에 동시에 분포하던 雙子

‘論山里’가 등재되어 있어 행정 구역이 노성군으로 편입되었다. 그러나
『朝鮮』(1911년) 기록에는 ‘魯城郡 光石面 (洞里村名) 論山里(諺文: 논
미)’와 함께 ‘恩津郡 花枝山面 <山谷名> 論山(半月里ニ在リ), <場市
名> 論山市(場垈里ニ在リ), <浦口名> 論山浦(場垈里ニ在リ)’로 기록
되어 있어 행정 지명은 노성군 광석면에 있으나, 論山浦口와 論山場, 論
山(산 지명) 등의 실질적인 중심지 기능과 명명 기반은 은진군에 있었음
을 알 수 있다.59)

　이후 소 지명으로서의 ‘論山里’, ‘論山’, ‘論山市(場)’, ‘論山浦’란 지
명은 1914년 행정구역 개편으로 논산면 本町(恩津郡 花枝山面 場垈里,
半月里 등 편입), 旭町(場垈里 등 편입), 榮町(장대리, 반월리, 魯城郡
光石面 論山里 등 편입)으로 분할 및 통폐합되어 점차 소멸되어 갔다.

　앞서 면 지명으로 영역이 확장된 사례에서 살펴본 바와 같이 조선 후
기 상품 경제의 발달과 내륙 수운의 증가는 일제 시대 이전에 이미 논산
이 새로운 신흥 취락으로 성장해 있었음을 짐작케 한다. 이후 1914년 1
월 11일 호남선 논산역의 신설과 이로 인한 급속한 성장은 1914년의 행
정구역 개편을 계기로 옛 連山郡, 恩津郡, 魯城郡, 石城郡 일부를 통폐
합하여 신설된 군 명칭으로 ‘論山郡’이 결정되는 직접적인 원인이었다.
또한 새로운 군청은 신설된 ‘論山面 旭町’에 입지하게 되었다.60)

村으로서의 ‘論山里’를 살펴볼 수 있다.

59) 論山場에 관한 기록은 1770년의 이른 시기에도 나타나고 있다[“論山場(매월 3·8
　　일, 월6회 개시), 충남 논산시 논산읍 화지동 소재”, 『東國文獻備考』(1770년)].
　　논산장의 발전은 일제 시대에도 이어져 다수의 신문기사에도 관련 내용이 등장하
　　고 있다[“論山의 市場 發展과 海陸貨物 逐日增加로 運送業盛況”(東亞日報, 1921
　　년 9월 5일 기사)].

60) 「道의 位置·管轄區域, 府郡의 名稱·位置·管轄區域 變更 決定」[總督府令 制111
　　號(1913.12.29)]과 「府郡面統廢合 施行」(1914.3)으로 1914년 전국 단위의 대규
　　모 행정구역 개편이 추진되었다. 「府郡廢合關係書類」[조선총독부(1912~1914
　　년), 관리번호 CJA0002545-2547, 173-183]에는 당시 논산군의 신설 과정을 엿볼
　　수 있는 자료가 포함되어 있다. 당시 1913년 9월 4일 충청남도는 중앙의 내무부

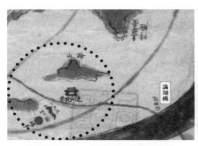
〈恩津地圖〉≪1872년 지방지도≫

논산(화지동·반월동·대교동 일대) 전경

〈論山〉≪구한말한반도지형도≫(1895년)

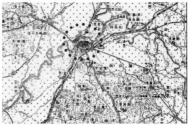
〈論山〉≪근세한국오만분지일지형도≫
(1915년)

〈그림 4-24〉論山이 등재된 지도와 논산 경관

특히 논산군의 신설 과정에는 군 명칭과 군청 소재지를 두고 논산과 대립·경합하던 강경에 거주하던 사회적 주체들의 존재가 주목된다. 이들은 군 명칭과 군청 소재지를 둘러싼 논산과의 경합에서 밀리게 되자

로 보내는 상신을 통해 은진군과 연산군 전체, 소사면을 제외한 노성군 전체, 북서쪽을 제외한 석성군 남동쪽의 원북, 정지, 삼산, 병촌, 우곤면 등을 통합하여 32.64方里의 면적에 17,854호의 가구와 89,073명의 주민으로 구성된 논산군을 설치하자는 의견을 중앙에 보냈다. 또한 군청소재지는 신설 군의 중앙에 위치하며 호남선 철도의 개통으로 물화의 집산지이자 생활의 중심지로 부상한 '論山'을 추천하여 결정하기에 이른다[『府郡廢合關係書類』(부군폐합에 관한 건: 418호, 충청남도)(군계 변경의 건: 273·274호, 충청남도)(군폐합에 관한 의견 건: 충청남도)(군폐합 조사의 건: 339호, 충청남도)(논산군 위치 및 명칭 변경에 관한 건: 147호, 충청남도)(논산 군청의 이전에 관한 건: 충청남도)(논산군의 명칭 및 위치 변경에 관한 건: 충청남도); 홍금수(2007, 115~116)에서 재인용].

강하게 반발하였다. 일본인 거류민과 상업에 종사하던 조선인들이 주축
이 된 강경 주민들은 1914년 1월 2일 강경시민대회를 열어 통합 군청의
위치를 강경으로, 군의 명칭을 '江景郡'으로 관철시킨다는 내용의 선언
서를 낭독하고 결의서를 채택하며 반발하였다. 그러나 강경에 있던 임시
논산군청이 1914년 3월 1일 논산으로 이전된 뒤에는 그 저항의 강도가
점차 낮아지게 되었다.[61]

　　구한말 당시 論山浦를 압도했던 江景浦의 중심성은 論山 警察署(논
산시 江景邑 남교리 78-2)와 대전지방법원 論山 支院(논산시 江景邑 대
흥리 46-1)의 위치가 아직까지 논산 시내가 아닌 江景邑에 있는 것으로
도 짐작할 수 있다. 더구나 '논산 경찰서'와 '논산 지원'의 원 명칭은 '江
景 경찰서', '江景 지원'이었으며 최근에서야 '論山'으로 변경되었다.

　　이후 소규모의 포구로 존재했던 '論山'이란 촌락 지명은 중앙의 행정
권력과 논산 거주 일본인 거류민, 그리고 일부 조선인 有志들에 의해
'論山郡 論山面'(1914년), '論山郡 論山邑'(1938년)으로 성장하였고, 해
방 후인 1996년에는 '論山市'로 스케일이 상승하여 시군 단위의 지명으
로 영역화되었다.[62]

　　반면 '論山'의 지명 영역 확장과는 달리 1914년의 행정구역 통폐합
결과 石城郡은 협소한 면적과 취약한 군세로 인해 당시 부여군과 논산

---

61) 신설될 군의 명칭과 군청 입지를 둘러싼 논산과 강경의 갈등과 경합 상황을 『府
　　郡廢合關係書類』(논산 군청 이전 후에 있어서 강경민의 정세에 관한 건: 충청남
　　도)(군폐합과 강경 시민의 의향에 관한 건: 충청남도)(강경 군청 이전 문제에 관
　　한 건: 진정의 건, 충청남도)(강경 시민의 군폐합에 관한 진정의 건: 충청남도)(강
　　경 시민 대회에 관한 건: 충청남도)(강경 시대 대회 선언서 등: 충청남도)(강경
　　시민 진정서 전달의 건: 충청남도)(강경 논산 비교 통계표: 충청남도) 등에서 자
　　세하게 확인할 수 있다.
62) 그런데 공주시 탄천면(옛 공주목 반탄면) 성리에는 論山(놀뫼, 논미)과 동일한 지
　　명소로 구성된 '古論山(고놀미, 고논미)'이 있어 주목된다. 그러나 논산시의 놀뫼
　　(놀미)와 달리 공주시의 고논미는 근대화와 산업화의 급격한 변화에 비켜나 있어
　　현재 행정 단위로서의 '里'에 소속된 최하위의 소 지명으로 존재하고 있다.

군으로 분할 양분되어 수백 년간 이어온 군현으로서의 지위가 해체되는 운명에 처하게 되었다[「府郡廢合關係書類」(조선총독부, 1912~1914년), 217~219)]. 그 결과 지명 영역의 축소로 인한 스케일 하강을 경험하였고, 현재 '石城'이란 지명은 지명 영역이 축소된 채 '부여군 石城面 石城里'라는 면 지명과 촌락 지명으로 존속하고 있다. 또한 과거 군현 지명으로 존재하던 魯城縣, 連山縣, 恩津縣은 각각 논산시 魯城面, 連山面, 恩津面으로 지명 영역이 크게 축소된 채 존속하고 있다.

4) 하천 지명의 영역화

한국의 하천 지명은 배타적인 지칭 및 통용 범위를 지니고 있다는 점에서 일정한 지명 영역을 가지고 있으며, 사회적 주체의 권력관계가 작용하면서 활발한 영역 변동과 함께 변천해 왔다. 특히 조선 시대 상류로부터 하류에 이르는 각 유역에 분포했던 다양한 津, 浦, 灘 등의 하천 지명은 후대로 오면서 특정 유역의 하천 지명으로 대체되어 통일되는 경향이 나타나고 있다. 이러한 경향은 특정한 하천 지명의 영역이 상·하류로 확대되어 다른 하천 지명의 영역과 경합하거나 이를 잠식 혹은 대체하는 쟁탈과 영역화 양상으로 구체화되고 있다.

특정한 하천 지명이 그 지칭 영역을 상·하류로 확대해간 사실을 공주목 진관 구역을 관류하는 錦江과 그 지류들에 분포하는 하천 지명을 사례로 살펴보았다. 이 작업은 과거 조선 시대 존재했던 본래의 하천 유역의 지명 자료를 『新增』, 『東國』, 『輿地』 등의 山川條에 등재된 지명에서 추출하고, 이들의 구체적인 위치를 지도화한 후 현재의 하천 지명과 비교하는 순서로 전개키로 한다.

〈표 4-10〉 금강 유역의 하천 지명과 경로

현재의 하천 지명	조선 시대 하천 지명과 경로	비고
錦江	*⇒ 赤登津(옥천군 동이면 적하리) ⇒ 利遠津(＝莉江, 莉角津)(대전시 대덕구 미호동) ⇒ 檢丹淵(충북 청원군 현도면 노산리 검단이) ⇒ 新灘津(대전시 대덕구 신탄진동 새여울) ⇒ 金灘(대전시 유성구 금탄동 쇠일) ⇒ 草烏浦(＝草五介)(연기군 금남면 부용리 새오개, 초개) ⇒ 芙江(청원군 부용면 부강리) ⇒ 三岐江(＝羅里津)(연기군 남면 나성리 나성진) ⇒ 紙洞津(연기군 금남면 성덕리 ?) ⇒ 錦江(공주시 금성동 공산성 북쪽) ⇒ 熊津渡(공주시 웅진동 고마나루) ⇒ 今尙津(＝檢詳津)(공주시 검상동 검상나루) ⇒ 半灘津(공주시 탄천면 대학리) ⇒ 王之津(＝汪津)(청양군 청남면 왕진리) ⇒ 石灘(부여군 부여읍 저석리 돌여울) ⇒ 光之浦(부여군 부여읍 가증리 가징개) ⇒ 白馬江(부여군 부여읍 구교리 부근) ⇒ 古省津(부여군 부여읍 구교리 구두래 나루) ⇒ 大王浦(부여군 부여읍 왕포리) ⇒ 場巖江(부여군 장암면 정암리 맛바위) ⇒ 古多津(부여군 석성면 봉정리 개사, 세도면 반조원리) ⇒ 江景津(논산시 강경읍 황산동) ⇒ 菁浦津(부여군 세도면 청포리 무개) ⇒ 南堂津(부여군 임천면 탑산리 남당) ⇒ 笠浦(부여군 양화면 입포리 갓개) ⇒ 上之浦津(부여군 양화면 시음리 시름개) ⇒ 朽浦(＝沙斤浦)서천군 한산면 용산리 후캐) ⇒ 竹山浦(서천군 화양면 죽산리) ⇒ 岐浦(서천군 화양면 완포리 거름개) ⇒ 瓦浦(＝鎭江)(서천군 화양면 와초리 지새울나루) ⇒ 芽浦(서천군 화양면 망월리 신아포) ⇒ 鎭浦(서천군 화양면~마서면~장항읍) ⇒ 黃海"	
甲川	*→鷄龍泉→豆磨川→鷄龍川(雞灘)(현 豆溪川)→, 大芚川→汗三川→甑山川(현 伐谷川)→車灘→省川→甲川→船巖川⇒新灘(錦江) *柳等川：→柳等川→艾川→甲川 *대전천：→大田川→甲川	
美湖川	*→浮灘→弥串津→東津江⇒三岐江 *鳥川：→生拙川(＝小西川)，→大部川→鳥川→東津江	
龍秀川	*金川(쇠내)⇒紙洞津	
正安川	*→日新川⇒錦江	
維鳩川	*→銅川(구리내)⇒熊津渡	
仍火達川	*仍火達川⇒旺津	
之川 (琴江川)	*→鵲川(까치내)→之川(가지내)，伊火川→金剛(琴江)川→浦川⇒光之浦	
恩山川	*→良丹浦⇒古省津	

현재의 하천 지명	조선 시대 하천 지명과 경로	비고
金川	*→九良浦⇒場巖江	
石城川 (牛橋川)	*甑山川→水湯川→猪浦川⇒古多津	
魯城川	*→大川(현 魯城川)→草浦(풋개)→論山浦 *連山川: →北川→芝浦(=沙浦, 沙溪, 沙川)→草浦	
論山川	*→仁川(인내)→居士里川→布川(=새다리, 新橋)→漂津江→論山浦→市津浦⇒江景津	
江景川	*→皇華川→甑山浦→沙浦⇒江景浦	

먼저 『新增』, 『東國』, 『輿地』 등의 산천조에 등재된 공주목 진관 구역 내 하천 지명을 상류로부터 본류와 지류로 구분하여 제시하면 <표 4-10과 그림 4-25>와 같다. 조선 시대 懷德縣을 경유하는 중류로부터 韓山郡의 하류에 이르는 금강 본류에는 각 유역별로 수많은 하천 지명들이 분포하고 있었다. 또한 금강으로 유입하는 지류들[갑천(유등천·대전천), 미호천(조천), 용수천, 정안천, 유구천(마곡천), 지천(이화천·금강천), 금천, 석성천, 노성천, 논산천, 강경천 등]의 각 유역에도 다양한 하천 지명이 존재하였다. 그런데 일제 강점기로부터 현대에 이르는 동안 특정한 유역의 하천 지명이 다른 하천 지명을 대체하면서 상·하류의 유역을 통칭하는 현상이 발생하였다.

일례로 '錦江'은 본래 충남 공주시의 '公山城' 북안 부근을 지칭하는 하천 지명이었으나, 현재는 하천이 관류하는 충남이나 그 상류의 발원지가 위치한 전북 일대의 본류에 대해서도 '錦江'으로 통칭하고 있다<그림 4-26>. 이러한 현상은 고문헌의 기록에서도 확인할 수 있다. 즉 조선 전기 『新增東國輿地勝覽』(1530)의 공주목 산천조에만 표기되어 있던 '錦江'이란 하천 지명이 150여년이 지난 『東國輿地志』(1600년대 중반)에는 그 상류와 하류에 있는 懷德縣, 定山縣, 扶餘縣, 林川郡, 石城縣,

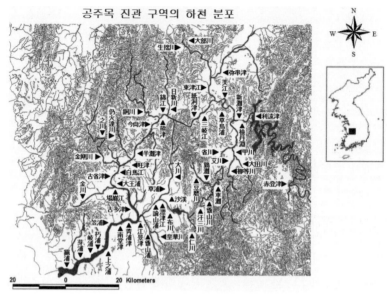

〈그림 4-25〉 금강 유역의 하천 지명 분포(조선 시대)

韓山郡의 산천조에도 나타나고 있는 것이다. 특히 임진왜란 이후 충청도 감영이 위치한 공주 부근의 하천 지명, 즉 '錦江'이 공주목의 행정력과 중심성, 그리고 일제 시대와 현대로 오면서 발달한 교통, 통신, 매스 미디어 등에 힘입어 지명 영역이 확장된 것으로 보인다.63)

이상의 '금강'과 같은 특정 하천 지명의 영역화와 유사한 사례를 서울시 일대를 경유하는 '漢江'에서 확인할 수 있다. 현재 '한강'으로 통칭하는 일반적인 상황과 다르게 조선 시대에는 한강의 각 유역별로 다양한 하천 지명이 20세기 중반까지 분포했었다.64)

---

63) 일제 시대의 신문 기사에는 공주군 이외의 유역에서 '錦江'이란 하천 지명이 일반적으로 사용되었다(群山日報, 1932년 7월 21일 기사). 일제 시대 초기 문헌인『朝鮮』(1911년)의 恩津郡 金浦面 江名 등에도 '錦江'이 나타나고 있어 조선 후기부터 영역이 확대된 '錦江'이란 하천 지명이 일제 강점기를 거치면서 상·하류에 일반적으로 통칭되었음을 확인할 수 있다.

64) 양보경(1994, 100)은 '漢江'이라는 하천 지명에 대하여 다음과 같이 주장하였다:

현재 남한강과 북한강이 합류하는 양평군 양서면 兩水里(두물머리)로부터 炭川이 유입하는 서울시 송파구 신천동 부근까지 '龍津' ~ '소내(牛川)' ~ '馬岾津' ~ '斗迷津' ~ '바뎅이나루(八堂津)' ~ '馬灘' ~ '미음나루(渼陰津)' ~ '石灘' ~ '楸灘' ~ '광나루(廣津)' ~ '洗姑灘' ~ '松坡津' ~ '三田渡' 등의 하천 지명이 분포하였으며, 그 하류로는 '斗尾浦' ~ '漢江(渡)' ~ '西氷庫津' ~ '銅雀津' ~ '露梁津' ~ '龍山江' ~ '西江' ~ '楊花渡' ~ '孔岩津' ~ '祖江' 등이 분포하였다 <그림 4-27>. 그러나 20세기 중반 이후 서울의 행정적 중심성과 지명 인식의 지리적 확대로 '한강'이라는 특정 유역의 하천 지명으로 통칭되면서 각 유역에 존재하던 소규모의 하천 지명들이 대부분 소멸되어 왔다 (김순배, 2011, 83-90).65)

"우리가 지금 통칭해서 한강이라 부르고 있는 지명이 조선시대에는 한성부의 동측으로부터 한강, 노량강, 용산강, 양화도, 공암진, 조강 등의 이름으로 유역별로 달리 명명되었다." 이러한 주장은 하천의 이름이 각 유역에 따라 주민들에 의해 다양하게 불리었다는 사실을 강조하는 것으로, 과거 한국의 하천 지명중에는 이와 유사한 경우가 적지 않았을 것이라는 예상을 가능하게 한다. 이러한 예상을 뒷받침 하듯 조선 초기 成俔(1439~1504)의 『慵齋叢話』에는 그 당시 한강의 유역별 명칭이 다양하게 언급되고 있는데, 이를 소개하면 다음과 같다: "그의 별장이 陽川과 金浦 사이에 있는데 정자를 강 위에 세워 달밤에는 배를 타고 위로는 漢江으로부터 아래로는 祖江에 까지 올라가고 혹은 내려올 때 노래 잘하는 기생과 여러 첩이 항상 따라 다녔다"(민족문화추진회 편, 1997, 280). 한편 조선 후기 洪敬謨(1846)의 『重訂南漢志』(山川條)에도 광주부 동북으로부터 서해에 이르기까지의 한강의 다양한 유역별 명칭을 언급하고 있다(渡迷津~廣津~松坡串津~三田渡~斗尾浦~漢江~西氷庫津~銅雀津~露梁津~龍山江~西江~楊花渡~孔岩津~祖江). 이러한 기록들은 하천의 이름이 각 유역에 따라 주민들에 의해 다양하게 불리었다는 사실을 강조하는 것이다.

65) '漢江'이란 지명은 삼국 시대 이래 '漢水' 등으로 지칭되었으며, 조선시대에는 漢城府 南部에 소속된 '漢江坊 漢江契'[『承政院日記』(1783년)]와 같이 촌락 지명으로도 사용되었다. '한강계'란 지명은 일제시대 지형도(1:50,000)의 독도(纛島) 도폭(1926년)에는 경기도 高陽郡 漢芝面의 '漢江里'(현 서울시 용산구 한남동 한남대교 북단)로 기재되고 있어, 촌락 지명으로서의 구체적인 지명 영역을 가진 '한강'이란 하천 지명은 서울과 가까운 지리적 근접성과 활발한 지명 인식으로 인

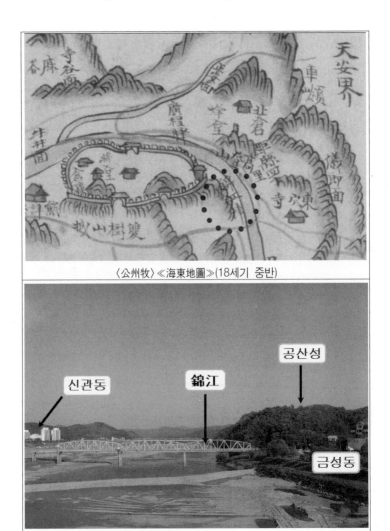

〈公州牧〉≪海東地圖≫(18세기 중반)

〈그림 4-26〉 조선 후기 錦江津 위치와 錦江의 경관

해 상·하류로 지명 영역이 크게 확장되어 주변에 분포하는 다른 소규모의 하천 지명을 대체하여 통용되고 있다.

〈그림 4-27〉 한강 유역의 하천 지명 분포 (조선 후기)
*주: 위 사진은 http://earth.google.com에서 제공하는 한강 일부 유역(경기도 하남시~
　서울시 송파구 구간)의 위성 사진에 산천 지명의 정보를 기입한 것이다. 일제 강
　점기만 해도 한강의 각 유역별로 다양한 하천 지명이 분포했던 것으로 보인다.

　본래 하천 지명은 하천 유역과 지류에 따라 유역 주민들에 의해 달리
명명되어 지칭되었으며, 주로 하천 유역에 존재하는 촌락 지명이 하천
지명의 전부 지명소로 겸용되는 경우가 많았다. 그러나 앞서 설명한 바
와 같이 교통, 통신, 매스 미디어의 발달과 함께 중앙 및 지방의 행정
권력에 의한 획일적인 하천 명칭 부여로 인하여 여러 유역의 하천 지명
중 행정적으로 중심성이 강한 촌락과 도시 부근의 하천 지명이 하천 상·
하류의 전 유역으로 그 지칭 범위가 확대·대체되었던 것이다.

　특정한 하천 지명으로의 영역화를 가능케 한 또 하나의 원인은 언중
들의 지리적 인식이 확대된 것과 관련된다. 교통, 통신, 매스 미디어의
발달은 한편으로 지역 주민 간 의사소통을 증대시켰고 이로 인해 언중들
의 하천 발원지로부터 바다로 유입되는 지점에 이르는 하천 유역에 대한
전체적인 조망 능력이 확대되었다.

　이 과정에서 전체 하천 유역을 대표하는 하천 이름으로 특정한 지점

의 하천 지명을 사용하면서 기존의 다양한 하천 지명들이 단일화되고 영역 쟁탈이 발생했을 것으로 보인다. 이러한 현상은 지명의 구심력으로 인하여 하천 지명의 다양성은 감소시키고 대신 효율성과 통일성을 증대시키는 방향으로 진행되었다<그림 4-28>.

특히 이러한 현상은 근대적인 교통·통신 기술과 강력한 행정력이 시행된 일제 강점기를 거치면서 뚜렷해진 것으로 추정된다. 일례로 충남 논산시를 관류하는 금강의 지류에는 "→大川(現 魯城川)→草浦(풋개), →北川→蛮浦(＝沙浦·沙溪·沙川)→草浦[현 노성천]"와 "→仁川(인내)→居士里川→布川(＝새다리·新橋)→漂津江→論山浦→市津浦[현 논산천]" 등과 같이 조선 시대 유역별로 다양하게 지칭되던 하천 지명들이 존재했었다.

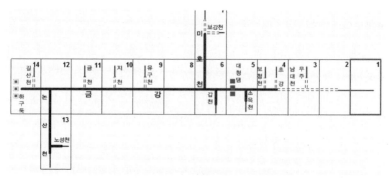

〈그림 4-28〉 금강 유역의 하천 지명 분포(현재)

*주 : 국토해양부 제공 하천관리정보시스템 한국하천일람 모식도(2008). 하천 관리의 효율성과 통일성을 위해 만들어진 이 모식도는 현실의 불규칙한 하천 유로 대신 기하학적인 격자망 형태로 추상화되어 있다. 하천 지명 또한 하천 관리 주체의 편의와 효율적 통용을 위해 여러 하천 유역의 '작은' 지명들을 삭제하고 특정 유역의 '주요' 하천 지명으로 통일시키고 획일화 시켰다.

그러나 일제 시대를 지나면서 '論山川'이란 하천 지명으로 여러 유역을 통칭하는 현상이 발견되고 있다. 특히 앞서 살펴본 바와 같이 '論山'

이란 촌락 지명은 1914년 기존의 연산군, 노성군, 은진군을 통폐합하여 신설한 군의 새로운 명칭으로 사용되면서 지명 영역이 크게 확대되었다.

이러한 지방의 행정 구역 개편은 1914년 3월 논산으로의 군청 이전을 수반하였고, 논산의 증대된 행정력과 중심성은 이곳을 경유하는 하천 유역명, 즉 論山川(論山浦)으로 상·하류의 다양한 하천지명들을 대체하여 소멸시켰던 것이다. 이러한 현상은 평야의 명칭에도 영향을 미쳐 현재 논산시 일대의 금강 유역에 분포하는 평야를 '論山平野'로 지칭하게 되었다<그림 4-29>.[66] 결과적으로 특정한 지점의 하천 지명으로 상·하류에 분포하던 다른 하천 지명을 대체하는 현상은 현대의 급속한 매스미디어 발달과 체계적이고 효율적인 행정력이 강화되면서 가능해진 것으로 보인다.[67]

그러나 특정한 하천 지명의 구심력이 작용하여 하천 지명이 통칭·통일되는 것과 동시에 여러 유역의 언중들은 아직도 자신들의 거주지 부근

---

[66] 일제 시대 각종 언론 매체들의 기록에는 '論山川', '論山江'(또는 '論山平野')이란 하천 지명이 다수 발견되고 있어(東亞日報, 1921년 4월 8일 기사; 1921년 7월 22일 기사; 湖南日報, 1932년 5월 7일 기사; 中鮮日報, 1935년 8월 10일 기사; 群山日報, 1937년 12월 22일 기사), 기존의 다른 하천 지명들을 대체하여 소멸시킨 주요한 원인으로 작용하였다.

[67] 현재 우리나라의 하천 관리를 통괄하는 중앙 행정 부서는 국토해양부이다. 국토해양부는 현재 우리나라의 하천을 국가하천(국토 보전상 또는 국민 경제상 중요한 하천, 지방하천과 함께 하천법을 적용하여 관리), 지방하천(지방의 공공 이해에 밀접한 관계가 있는 하천으로 시·도지사가 그 명칭과 구간을 지정하는 하천), 소하천(소하천정비법을 적용하여 관리)으로 분류하여 관리하고 있다. 2006년 현재 국가하천 61개, 지방1급하천 52개, 지방2급하천 3,762개, 소하천 약 25,000개가 분포하고 있으며, 공주목 진관 구역에 분포하는 하천들은 대체로 금강 권역에 포함되어 관리되고 있다(국토해양부 하천관리지리정보시스템, 2008). 이와 같이 중앙 행정 권력에 의한 하천 관리는 과거 다양하게 산포하던 하천 지명들을 정리하고 분류해 왔다. 이러한 관리 과정은 특정한 지점의 하천 지명을 상·하류 전체 유역의 하천 명칭으로 지정하거나 하천의 지명 영역을 경계짓고 구획하면서 특정 하천 지명의 영역화를 발생시킨 주요한 원인이 되어 왔다.

"論山平野"   "論山江"
(중선일보, 1935년 8월 10일)   (군산일보, 1937년 12월 22일)

〈그림 4-29〉'논산' 지명의 구심력 확대

*주 : '論山(놀미)'이라는 작은 촌락 지명의 스케일 상승에는 그 장소의 행정적 중심성의
      확대와 더불어 언론 매체에 의해 추동되고 확대된 지명의 표준화 경향도 큰 영향
      을 미쳤다.

의 하천을 지칭하는 비공식적인 다양한 소 지명('형강~삼베여울~조개
여울~오가리강': 대전시 대덕구 미호동 부근 금강의 별칭)들을 일상생
활에서 사용하는 사례가 발견된다.

또한 촌락 부근으로 흐르는 하천들에 대해 특정한 촌락 지명에서 유
래한 구심적인 하천 지명을 사용하지 않고 촌락과 하천과의 상대적인 방
위를 통해 '문앞강(대전시 대덕구 미호동을 경유하는 금강의 별칭), 뒷
내·앞내(논산시 은진면 성덕리 논산천에 대한 별칭)' 등으로 지칭하는
사례도 있어 구심력에 저항하면서 자신의 고유한 지명 영역을 고수하는
다양한 원심적 하천 지명들도 확인할 수 있다.[68]

---

68) 면담: 朴敎植(남, 52세)(대전시 대덕구 미호동 새터말)(2003.9.25), 金只純(남, 73
    세)(논산시 은진면 성평리 감남뜸), 은성수퍼 주인 할머니(67세)(논산시 은진면
    성덕리 은진뜸)(2008.9.11) 등.

제5장

결 론

1. 연구 결과의 요약

공간과 장소는 인간과 관련되어야 뛰어난 勝地가 되고 인간은 공간과 장소를 점유해야 이름을 얻게 된다. 이러한 사실은 장소와 인간이 서로 긴밀한 관계로 부합되어 있음을 뜻하는 것이다.[1] 인간은 구체적인 형상을 지닌 공간을 얻어야 이름나게 된다는 이 같은 경험적 사유는 공간의 구체적 형상을 드러내는 이름 짓기(place naming)로 인해 가능한 것이다. 이는 바로 언어적인 이름(name)이 있어야 모든 지리적·역사적 사실과 현상들에 가시적인 윤곽과 질서가 부여되는 된다는 의미이기도 하다. 이러한 맥락에서 땅이름인 지명(place name)은 공간의 내외와 그 사이에 자리한 무수한 존재들에 형상과 윤곽을 새기며 그것을 다른 존재와 구별하고 지시하게 된다.

지명의 지시와 구별 기능은 다양한 사회적 주체들의 아이덴티티(identity)와 이데올로기(ideology)를 재현하고 구성하는 수준으로 확대되어, 지명의 의미와 의미 생산을 둘러싼 상이한 주체들 간의 갈등과 경합에 주목하는 문화정치(cultural politics)로 연결되기도 한다. 이 때 지명과 사회적 주체 사이의 관계를 이해하기 위해서는 이 관계에 함축되어 있는 수평적 공간의 공시성과 수직적 시간의 통시성을 적절한 접점에서 통합해 분석하는 다학문적인(multidisciplinary) 시각과 방법이 요구된다. 이를 통해 한국 지명이 지니고 있는 역사적이고 지리적인 다양성과 다중성이 정밀하게 고찰될 수 있다.

---

1) 충남 부여의 낙화암 위에 자리한 百花亭의 편액에는 "地得人而勝 人得地而名 地與人相符(黃衣)"라는 글귀가 있다(부여문화원, 2000, 244). 인간과 장소 사이에 놓여있는 견고한 관계와 이에 대한 정밀한 관계 분석은 지리적 사실과 현상을 과정적이고 관계적으로 분석하려는 새로운 문화지리학이 귀결해야할 귀중한 명제이다.

한반도에서는 수천 년의 역사와 경계·점이 지대라는 지정학적 위치에 따라 정치·사회적 격변과 문화 변동이 끊임없이 발생하였다. 이 과정에서 상이한 사회적 주체들이 상호 갈등하고 경합하는 권력관계(power relations)가 양산되었다. 더욱이 사회적 신분의 차별에 따른 언어생활의 분열은 일정한 권력관계와 연결되어 복수 지명이 상호 대립하며 공존하는 이른바 경합 지명(contested place name)이 발달하는 배경이 되었다. 이와 같은 한국 지명의 경합적 성격은 문화전쟁(culture wars)에 초점을 맞추어 연구하는 문화정치의 연구 주제로 적합한 것이다.

한 가지 특성으로 단정 짓기 어려운 한국 지명의 다양성과 복잡성은 전통 문화지리학이 수행해 온 언어 내적인 형태적 지명 연구를 극복하는 새로운 연구 방법론을 요구하고 있다. 이에 부응하는 연구 방법론으로 1990년대 이후 본격적으로 전개되고 있는 신문화지리학의 문화정치 분야가 주목된다. 문화정치는 특정한 문화를 복합적인 과정, 관계, 구성의 산물로 가정하고, 다양한 사회적 권력관계가 경합, 지배, 저항하는 영역(realm), 통로(path), 매개(medium)로 문화를 규정한다. 문화정치는 사회적 주체들이 문화의 의미를 둘러싸고 벌이는 갈등과 경합의 권력관계를 연구하는 분야로 한국 지명을 둘러싼 사회적 주체들 간의 권력관계를 분석하는데 효과적인 방법론을 제공한다. 한국 지명을 문화정치적 관점과 방법으로 연구하기 위한 당위성은 이제 지리적이고 공간적인 실천 수준에서 입증되어야 한다.

이러한 인식을 기초로 하여 본 연구가 지향한 문화정치적 지명 연구는 한국 지명의 생성과 변천 과정을 통해 사회적 주체가 지니고 있는 아이덴티티와 이데올로기가 재현되고 구성되는 과정을 분석하려는데 목적이 있다. 그리고 공간 – 주체 – 권력 간의 상호 작용이 구체적인 장소와 영역 수준에서 경합되는 문화정치의 다양한 양상을 지명과 권력관계를 매개로 고찰하려는 목적을 지닌다. 결국 본 연구는 한국 지명이 지닌 문화정치적 변천의 특성과 지명 영역의 변동 양상을 규명하려 하였다.

한편 한국 지명에 대한 문화정치적인 연구를 수행하면서 필자는 한국 지명의 변천이 언중들의 지식 정도와 지명에 대한 인식의 차이에 의해 크게 영향을 받고 있음을 확인하였다. "지명 생산과 활용의 주체는 누구인가", "누가, 어떻게, 어떤 의도로 지명을 인식하고 사용하는가"라는 측면에서 그 '누구'와 '주체'를 '지식인'과 '비지식인'으로 구분하였다.

지식인들은 보통 관념의 생산자들로 한국적인 상황에서는 사족, 관료, 정치인, 종교인, 지관(풍수가) 등이 해당한다. 이들은 일부 지명을 문화화하고 지명의 의미를 끊임없이 부여하여 지명 기록을 생산하던 자들이다. 이 과정에서 그들은 사회적인 권력관계와 문화정치를 작동시켰고 그들의 지식 성향과 유사한 획일적이고 표준적인 구심적 지명(centripetal place name)을 생산해 왔다.

이와는 달리 비지식인은 농민, 어민, 산업 노동자들과 같은 물질 생산자들을 말한다. 그들은 문화화된 지명을 다시 자연화하고 지식인이 부여한 지명의 특정 의미를 해체하며, 그들의 일상생활과 연관된 다채로운 지명 기억들을 생산하여 무의식적으로 사용하였다. 이들은 지식인이 생산한 지명의 구심적인 통일성, 중심성, 표준성, 단일성을 분쇄하여 탈중심적인 다양성, 개방성을 추구하는 원심적 지명(centrifugal place name)을 생산하였다.

상반된 특성을 보이는 지식인과 비지식인은 상이한 종류의 지명들과 각각 관련된다. 지식인은 일반적으로 한자 지명, 종족 촌락(반촌)의 지명, 행정용 자연 지명, 공식적 행정 지명을 생산하고 이를 정형적으로 인식하며, 지명의 지리적 규모에 있어 대(중) 지명과 관념적 지명의 생산에 관련된다. 이에 비해 비지식인은 대체로 순수 우리말의 고유 지명, 각성 촌락(민촌)의 지명, 일상용 자연 지명, 비공식적 지명을 생산하고 이를 무의식적으로 인식하며, 소 지명과 물질적 지명을 생산하였다.

지식인과 비지식인들이 생산한 지명들을 분석하고 유형화하는 데 있어 전자의 지명에는 문화정치적 유형 분류가, 후자의 지명에는 언어적 유형 분류가 적용될 수 있다. 그런데 이러한 이분법적 구분은 지식인이 생산한 지명이 비지식인에 의해 새롭게 인식 및 기억되고, 비지식인들이 사용하는 일상적 지명이 지식인에 의해 변형되어 기록되는 과정이 순환·반복된다는 점을 감안한다면 결코 절대적인 분류가 될 수 없다. 이러한 점에서 한국 지명의 변천 연구는 이 두 유형이 절충된 통합적인 접근이 요구된다.

이와 같은 사회적 주체의 차이가 발생시키는 지명 생산과 인식의 상이한 경로를 확인하면서, 본 연구는 한국 지명의 문화정치적 연구를 위해 세 가지 논의가 필요함을 인식하였다. 먼저 한국 지명의 문화정치적 연구를 위한 지리적인 이론 구성의 논의가 필요하다. 그 다음으로 이로써 마련된 이론 논의가 사례 지역에 적용 가능한 가를 확인하는 공주목 진관 지명의 유형과 문화정치적 의의 분석이 요구된다. 끝으로, 지명을 둘러싼 문화정치가 가시적인 공간으로 표출되는 지명 영역의 경합과 변동 양상을 실증적으로 사례 분석하는 것이다. 이와 같은 세 가지 논의로 구성된 본론의 내용을 요약하면 아래와 같다.

1) 지명의 아이덴티티 재현과 영역 경합

한국의 지명은 자연과 사회적 주체를 지칭하고 재현하여 장소 아이덴티티의 재현과 구성에 개입한 역사적 내용을 풍부하게 지니고 있다. 또한 다양한 사회적 주체들이 자신들의 이데올로기적 가치 평가를 근거로 지명을 이데올로기적 기호(ideological sign)로 만들거나 지명의 구심력과 원심력을 이용하여 권력관계를 지명의 영역에 실천하여 왔다. 사회적 주체의 아이덴티티와 이데올로기가 지명에 투영되는 과정은 장소 아이덴티티가 구성되는 과정이기도 하며, 이러한 과정에는 반드시 포함과 배제라는 권력관계가 적극적으로 작용하고 있다. 이와 같은 복합적인 과정은 결과적으로 공간의 형상화를 동반하므로, 지명 영역의 형성과 경합은 물론 지명 스케일의 변동을 설명하고 해석하기 위한 이론 구축이 요구된다. 이러한 인식 위에서 본 연구는 장소 아이덴티티(place identity), 영역 경합(territorial contestation), 스케일 정치(politics of scale)라는 세 개념을 기초로 하여 한국 지명을 문화정치적으로 연구하기 위한 지리적인 이론 구성을 다음과 같이 시도하였다.

1) 지명은 장소 아이덴티티(place identity)를 재현하고 구성한다. 이와 관련하여 지명은 자연, 사회적 주체, 타자를 지칭할 뿐만 아니라 이들의 아이덴티티를 재현하여 장소 아이덴티티의 구축을 실현한다. 지명의 기능은 자연, 주체, 타자를 지칭하여 특정한 존재가 있음을 언어적, 시각적, 물리적으로 확증해 주는 것이다. 이러한 기능은 사회적 주체에 대한 공간적 정보를 타자에게 제공해 주는데 그치지 않고, 사회적 주체가 지닌 아이덴티티와 이데올로기를 대외적으로 표상하여 사회적 주체의 현존성을 확인해 준다.

한국의 지명이 사회적 주체의 아이덴티티를 재현하는 과정은 '지명 명명'과 '지명 인식'이라는 두 가지 과정으로 진행되어 왔다. 여기에서 지명 명명 과정은 내부적 아이덴티티(안게른의 수적 – 질적 – 자아 아이덴티티와 지명 명명)와 외부적 아이덴티티(카스텔의 정당화 – 저항 – 기획 아이덴티티와 지명 명명)를 재현하는 선택적인 과정을 거쳐 왔다. 사회적 주체가 자신의 아이덴티티를 근거로 외부에 존재하는 지명을 인식하는 과정을 분석할 때는 폐쇄의 동일시 이론(동일시 – 역동일시 – 비동일시)과 홀의 디코딩 이론(지배적 헤게모니적 – 타협적 – 대항적 위치)이 적용될 수 있다. 이들 이론은 특정한 사회적 주체가 지명을 대상 또는 수단으로 하여 일정한 아이덴티티를 포함하고 배제하는 과정을 이해하는데 도움이 된다. 또한 바흐찐의 이데올로기적 기호 이론은 특정한 이데올로기가 하나의 지명에 반영되는 과정, 즉 이데올로기적 기호화를 분석하는데 상대적으로 유용하다.

특정한 사회적 주체가 하나의 지명을 매개로 자기 자신의 아이덴티티와 이데올로기를 재현하는 과정은 곧 자기 고유의 장소 아이덴티티를 구성해 가는 과정이다. 장소 아이덴티티는 사회적 주체가 장소와 맺는 관계에 기초하고 있으며, 이러한 장소 아이덴티티를 재현하는 지명 사례들은 한반도 전역에서 풍부하게 발견된다. 그 대표적 사례로는 종족에 대한 소속감을 표상하는 성씨 지명, 군현에 대한 소속감을 표상하는 촌락 지명, 특정한 중국 고사를 재현하는 지명, 그리고 일제 강점기에 명명된 일본식 지명 등이 있다.

2) 권력관계를 통해 지명 영역은 경합(territorial contestation)되고 변동된다. 사회적 주체가 특정한 지명을 인식하는 과정은 곧 우리와 그들을 구별하는 포함과 배제의 과정이며, 여기에는 가치 평가를 실천하는 권력관계가 필연적으로 영향을 미친다. 특정한 사회적 주체가 하나의 지명을 권력을 실천하는 매개이자 수단으로 활용하면서, 그 지명은 일정한 스케일의 지명 영역을 형성하고 타자들이 생산한 지명 영역과 경합하게 된다. 상이한 지명 영역 간의 경합은 영역 내의 유력한 사회적 주체가 자신들의 아이덴티티를 관리하고 확장하려는 영역성을 강화시키고, 영역 내부의 아이덴티티가 강화되어 영역 외부로 확장되는 영역화 과정으로 진행되기도 한다. 이러한 일련의 과정에서 바흐찐이 언급한 지명을 통일시키고 표준화하려는 구심력과 획일적인 지명에 저항하고 다양화하려는 원심력이 사회적 주체들의 권력관계에 의해 작동될 수 있다.

3) 지명을 매개로 하는 영역 경합 과정에는 스케일 정치(politics of scale)가 작용하고 있다. 사회적 주체에 의해 재현되고 전유된 지명에는 일정한 스케일의 경계와 영역을 획득하고 자신의 영역을 더욱 확장해 나

가는 과정이 존재한다. 이 과정은 바로 스케일을 사회적이고 정치적으로 구축하는 과정이며 특정한 사회적 주체가 자신들의 의도와 목적을 실현하기 위해 기존의 스케일을 축소하고 확대하거나, 전혀 새로운 스케일을 창조하는 스케일 정치의 과정이다. 그러므로 사회적 주체가 권력관계를 통하여 지명의 영역을 인위적으로 축소하고 확장하는 과정은 스케일 하강(scaling down)과 스케일 상승(scaling up)이라는 스케일 전략이 담긴 스케일 정치의 관점에서 분석해야 한다.

2) 공주목 진관 지명의 유형과 문화정치적 의의

공주목 진관 구역의 위치와 영역이 지닌 경계적·점이적 성격은 다양한 사회적 주체들의 거주와 이동에 영향을 미치면서, 이들에 의한 다양한 지명 생성과 변천 유형을 양산하였다. 이러한 사실을 기초로 하여 본 연구는 공주목 진관 지명의 일반적 유형과 그 안에서 포착되는 문화정치적 의의를 언어적 변천(linguistic change), 명명 유연성(named source), 경합(contestation)이라는 세 가지 측면에서 분석하였다.

1) 공주목 진관 지명의 언어적 변천(linguistic change)에 따른 유형을 살펴보고, 이러한 언어적 변천 양상이 특정한 사회적 주체들의 권력관계에 의해 활용되거나 변용되는 언어-사회적인 과정을 포착하였다. 본 연구는 言衆들에 의해 일상 언어생활에서 부지불식중에 비의도적으로 발생하는 지명의 표기 변화와 음운 변화, 그리고 이를 포함한 음차, 훈차, 훈음차, 받쳐적기법 등의 표기가 복합적으로 나타나는 이두식 표기의 지명들을 분석하였다. 이로써 공주목 진관 지명들의 순수한 언어적 변천 유형과 함께 이들 유형 내에 문화정치적인 변용 및 해석의 가능성이 내재해 있음을 확인하였다.

표기 한자의 변화를 고려한 '표기 변화 지명'은 고유 지명이나 한자 지명을 다른 한자로 취음, 취의, 취형하거나 표기자가 탈락, 치환되어 변천된 지명들을 말한다. 일례로 '公州', '儒城', '너분들(光里)' 등은 음차 표기로 변화된 전부 지명소 '公', '儒', '光'을 표기자의 뜻(訓)을 중심으로 해석하거나 인식하면서 새로운 지명 인식이 발생하게 된 사례들이다. 이와 같은 표기 변화의 비의도적인 발생과는 달리 특정한 사회적 주체에 의해 표기 한자가 의도적으로 변경된 '미화 지명'도 같은 경우에 해당된다. 특정 지명의 표기 문자를 거부하거나 부정적으로 인식(비동일시)하여 다른 긍정적이고 좋다고 판단되는 한자로 미화하거나 아화한 '獄거리>玉巨里', '도둑골>道德洞', '피천말>碑선말' 등이 해당된다. 특히 남북 분단의 대치 상황에서 반공 이데올로기에 의해 특정한 표기 한자(赤 : 빨갱이)가 거부되어 변천된 '赤谷面>長坪面'의 사례와 촌락 내 지배적인 사회적 주체(반촌)가 기존 지명(下所田)을 거부하고 비동일시하여 피지배자 집단(민촌)의 이름(上所田)을 빼앗아 헤게모니적으로 지명을 변경한 '下所田>上所田' 사례가 주목된다.

음운 변화가 표기에 반영되어 변천된 '음운 변화 지명'은 지명 인식의 다양성을 발생시켰다. 시대에 따른 지명의 음운 변화 결과는 지명 표기에 반영되어 새로운 지명 해석과 인식을 초래하였다[토흥리(土興里)>통리>동리(桐里>東里)>등이]. 이들 중 일부는 특정한 사회적 주체들에 의해 활용 및 변용되어 그들의 이데올로기를 반영하는 한자로 음운 변화를 표기하는 결과를 낳기도 하였다. 예를 들면 '有禮'라는 지명은 그곳에 거주하는 유교적 소양을 지닌 사족들에 의해 '이블내(伊火川)>이볼래>이을래>이으래>유래'의 음운 변화 결과를 그들의 이데올로기를 재현해 주는 '유례(有禮)'로 표기한 것이다.

한자의 음(음차)과 훈(훈차), 훈음(훈음차)을 빌어 차자 표기한 '이두식 지명'은 한국적인 독특한 지명 표기 방식이다. 일례로 '넓은 산'이란 의미를 지닌 것으로 추정되는 '너븐달(仍火達)'이란 지명은 '仍火'가

'넓은'을 뜻하는 '너블~내블~너벌'의 음차+훈음차 표기이며, '達'은
후부 지명소로서 '山'의 의미를 지닌다. 한편 이두식 지명 중 받쳐적기
법(訓主音從法)에 의해 표기된 지명으로는 '버드내(柳等川)', '바리고개
(鉢里峙)', '흘림골(流林洞)' 등이 있다. 그런데 이두식 지명은 후대로
오면서 지명소의 탈락과 변형 등이 심하여 그 원형이 지속되는 경우가
희박하다. 이러한 이두식 표기 지명은 사회적 주체들에 의해 자신들의
아이덴티티와 이데올로기를 재현하거나 권력관계를 행사하는 수단으로
사용되면서 문화정치적으로 활용될 가능성을 내재하고 있다.

  2) 공주목 진관 지명들은 지명소, 특히 전부 지명소의 명명 유연성
(named source)에 따라 '자연적 지명', '사회·이념적 지명', '역사적 지
명', '경제적 지명' 등의 지리−사회적인 유형으로 분류된다. 이러한 유
형의 지명들은 다양한 사회적 주체의 장소 아이덴티티와 이데올로기를
재현하거나 이들의 권력관계로 인해 지명이 변천되는 지명들도 있기 때
문에 문화정치적인 적용 가능성을 지니고 있다.

  전부 지명소의 명명 유연성이 자연 지리적 특성과 관련된 '자연적 지
명'은 지명이 생성된 장소의 지형을 반영하는 '지형 지명'과 장소의 동
서남북 방위, 전후 등의 위치와 그 순서를 표현하는 '방위 및 숫자 지명'
이 있다. 지형을 유연성으로 하는 지형 지명들은 다른 자연적 지명들에
비해 그 유연성 내지는 유래가 정확하며 가시적인 형태 확인이 가능하
다. 지형 지명은 지명이 지칭하는 장소의 지형적 특성과 관련되어 각각
산지와 하천의 분기 지형[가래울(楸洞·楸木里) 등의 '가르'계 지명]과
합류 지형[은골·어은골(隱洞·魚隱洞) 등의 '얼'계 지명], 평지로 돌출
한 선상 구릉 지형[돌고지(乭串之里)·고지말(花村)·들꽃미(野花) 등],
하천 곡류 지형[무드리·몰도리(水回里·水圖里)] 등이 포함된다. 이들
지형 지명들은 일반적으로 언중들의 유연성 인식에 깊이 각인되어 있고
지명 변천에 있어서도 강한 존속성을 보이므로 문화정치적인 접근을 쉽

게 허락하지 않는 경향이 있다. 다만 '얼'계 지명인 '은골(隱洞)'은 표기
자인 '隱'자가 은일자를 동경하는 특정한 사회적 주체들에 의해 은둔 사
상을 재현하는 지명으로 인식되기도 한다. 한편 '東一面', '東二面' 혹은
'一里', '二里' 등과 같은 방위 및 숫자 지명은 언중들에 의해 자생적으
로 생성된 지명이 아니라, 지방 행정 권력에 의해 획일적으로 부여되었
기 때문에 현대로 오면서 대체로 소멸되는 경향이 나타난다.

　지명의 명명 유연성이 사회적 주체의 사회적 소속을 표현하거나 특정
사회의 주요 이념과 사상을 반영하는 '사회·이념적 지명'은 특정한 종족
촌락임을 나타내는 종족촌 및 산소 관련 성씨 지명[姜村(晋州 姜氏) -
閔村(驪興 閔氏) - 李村(慶州 李氏), 宋山所(恩津 宋氏) - 韓山所(淸州
韓氏) - 朴山所(高靈 朴氏) 등]과 군현의 경계 지역에서 소속 군현의 명
칭을 전부 지명소로 표기한 군현명 표기 지명[魯城편, 恩津뜸 등]이 있
다. 또한 사회의 특정 이념을 반영하고 있는 유교 지명[三綱 및 五常
관련 지명(忠谷里, 山所里 등), 유교적 관념 관련 지명(崇文洞, 文學洞
등), 유교적 신분 및 시설 관련 지명(祠宇村, 永慕里 등), 중국의 고사·
경전·유적을 인용한 지명(魯城, 闕里村, 子陵臺 등)]과 불교 지명(彌勒
院>美堂里, 金剛院>琴江里 등), 風水 地名[불뭇골(鳳舞洞), 쇠방골(棲
鳳洞) 등] 등이 포함된다. 대체로 사회·이념적 지명들은 문화정치적 속
성이 강하게 반영되어 있기 때문에 지명 의미를 둘러싼 사회적 주체 간
의 경합과 갈등 양상에 주목하는 문화정치적 지명 연구와 깊이 관련되어
있다. 특히 사회·이념적 지명들은 사회적으로 지배적인 위치에 있던 상
층민들에 의해 생성된 경우가 많다.

　역사 및 전설 지명[범내미(凡南), 관골(寬洞), 범재(虎峴) 등]과 일본
식 지명[大和町, 昭和町, 本町一丁目 등]이 포함된 '역사적 지명'은 지
명 생성의 시간적 측면에 주목하여 분류한 유형이다. 이들 지명은 생성
과정에 있어 일정한 역사적 사실과 사건, 지명 전설 등이 개입되어 명명

되었다. 특정한 사회적 주체들은 역사적 지명들을 매개로 자신들이 거주하는 장소의 의미를 국가적인 유명한 역사적 사실이나 특정한 종족의 전설과 연관시켜 동일시하였다. 이를 통해 거주 장소에 특별한 의미를 부여하면서 일정한 장소감이나 장소 아이덴티티를 생성하기도 하였다.

'경제적 지명'은 특정한 하층민이 거주하던 전산업시대의 생산 및 서비스 관련 지명들로써, 산업 지명[갓점(笠店), 白丁村, 農所 등]과 상업 지명[앞술막, 東酒幕, 가루전골(粉塵里) 등]이 포함된다. 경제적 지명들은 조선 시대 경제 활동에 대한 상류층의 멸시와 사회의 부정적인 평가로 인해 비동일시되었고, 후대로 오면서 대체로 소멸하는 경향이 나타났다.

3) 공주목 진관 지명의 경합(contestation)에 따른 유형 분류는 지명 경합과 영역 변동을 경험한 지명들로 구성되어 있다. 지명 경합과 영역 변동의 과정에는 권력관계가 작용하는 경우가 발견되기 때문에 정치 – 사회적인 성격을 띤다. 이 유형에는 지명소의 경합과 통일 양상에 따라 경합 지명과 표기 방식 통일 지명이 있으며, 후부 지명소의 영역 변화에 따라 영역이 확대되거나 축소되는 지명이 포함된다.

'경합 지명'이란 하나의 장소가 두 가지 이상의 지명으로 지칭될 경우, 그 장소의 이름으로 전용되기 위해 서로 경합하는 지명들을 가리킨다. 경합 지명에는 특히 불교 지명과 유교 지명 간의 경합[佛堂골 / 友德, 불당골 / 書堂洞 등]과 고유 지명과 유교 지명 간의 경합 사례(유래·伊火川 / 有禮·院村 등) 등을 확인할 수 있다. 경합 지명의 내부에는 사회적 주체들 사이에 갈등하는 권력관계가 작용하고 있는 경우가 있다. 특히 경합하는 지명들의 배후에 각각의 지명을 선호하고 후원하는 상이한 사회적 주체가 지명 언중으로 포진해 있을 경우 이러한 지명들 간의 경합 양상은 문화정치적인 관점에 의한 관찰과 분석이 필요하다. 한편 특정한 사회적 주체들이 지명을 대상으로 행사하는 구심력에 의해 동일한 표기자와 표기 방식으로 지명이 표준화되는 '표기 방식 통일 지명'이 있다. 표기 방식 통일 지명은 통일적인 표기 방식이 작동되는 지리적 스케일에 따라 국가적(중앙 권력에 의한 전국 단위의 지명 개정 사례), 지역적, 국지적 스케일로 구분된다. 경합 지명과 표기 방식 통일 지명의 생성과 변천에는 특정한 사회적 주체의 권력관계가 개입되기도 하며, 지배적인 아이덴티티나 이데올로기가 교체될 경우 경합의 우열과 표기 방식의 특성이 변형되기도 한다.

후부 지명소가 지칭하는 행정 단위(道市郡區邑洞面里), 즉 지명 영역의 변화에 따라 '영역 확대 지명'[論山里(놀뫼)>論山市, 窺岩里>부여군 窺岩面 등]과 '영역 축소 지명'[南扶餘(국호)>扶餘郡 扶餘邑, 韓山郡>서천군 韓山面, 德恩縣>논산시 가야곡면 삼전리 德恩堂, 노성현 豆寺面>노성면 豆寺里 등]이 분류된다. 그런데 후부 지명소의 영역 변화는 단순한 지명 표기의 변천만을 의미하는 것이 아니라 영역 변동에 작용한 사회적 주체의 권력관계가 바뀌었음을 뜻한다. 지명 영역의 변화에는 지명을 둘러싼 사회적 주체들 간의 문화전쟁과 일정한 영역을 자기의 것으로 차지하기 위한 영역 싸움을 반영한다는 측면에서 문화정치적인 속성이 담겨 있다.

3) 지명 영역의 경합과 변동

다양한 사회적 주체들이 공주목 진관 지명을 둘러싸고 벌이는 문화정치는 지명 영역이 형성, 경합, 분화되는 다양한 경로와 양상을 전개시켰다. 사회적 주체들은 특정한 이데올로기적인 지명을 부여하고 장소 아이덴티티를 재현하는 지명을 생산하면서 자신들의 영역성을 구축하거나 강화해 나갔다. 이러한 과정은 다른 사회적 주체와 지명 영역 사이에 작용하는 권력관계에 의해 지명 영역이 확장, 축소, 쟁탈되는 영역화 양상으로 확대되기도 하였다. 본 연구는 지명에 내재된 경계와 영역의 형성, 경

합, 분화에 영향을 미치는 주요 인자를 사회적 주체들에 의한 장소 아이덴
티티와 이데올로기 재현, 그리고 사회적 권력관계에서 찾았다. 이를 규명하
는 작업으로 영역(territory), 영역성(territoriality), 영역화(territorialization)
라는 세 개념을 중심으로 지명 영역의 형성과 경합, 아이덴티티 재현 지명과
영역성 구축, 마지막으로 권력을 동반한 지명의 영역화를 사례 분석하였다.

  1) 지명 영역(territory)의 형성과 경합 양상을 분석하였다. 이를 통해 지
명 영역이 형성되어 분화되거나 타 영역으로 이탈 혹은 월경(transgression)
하는 다양한 경로를 확인하였다. 이 과정에는 상이한 사회적 주체들이 지
명을 매개로 벌이는 지명 경합과 영역 경합의 다양한 양상이 자리 잡고
있다. 구체적인 사례로서 동일한 지명 유연성에서 유래한 두 지명, 즉 '못
골(池谷)'과 '木洞'이 차자 표기와 영역 형성의 차별적 전개로 인해 상이
한 지명 영역을 형성하여 분화해 간 '木洞面 / 池谷里' 사례를 분석하였다.
'葛巨里 / 蘆長里' 사례에서는 특정한 사회적 주체(安東 權氏)가 자신들
의 장소 아이덴티티를 반영하는 한자 지명(上蘆長)을 생성하면서 기존
의 고유 지명(갈거리)을 구석으로 축출하고 자신들의 지명 영역을 확대
해간 과정이 포착되었다. 마지막으로 유교 지명(禮養里 養仁洞)과의 경
합에서 밀려 쇠락해진 고유 지명(미꾸지)이 유교 지명에 저항하고 변신,
월경해간 '미꾸지 / 美湖 / 養仁' 사례를 살펴보았다.

  2) 사회적 주체가 아이덴티티를 재현하는 지명을 생산하여 영역성
(territoriality)을 구축해간 양상을 분석하였다. 특정한 영역 내에서 지배
적인 위치를 차지하는 사회적 주체는 자신들의 아이덴티티를 관리하고
확장하려는 능력, 즉 영역성을 가지고 있다. 이들은 자신의 장소 아이덴
티티와 이데올로기를 재현하는 지명들을 생산하거나 동일시하는 지명으
로 변경시키면서 그들의 영역성을 강화해 갔다. 본 연구는 우선 영역성
구축의 양상이 특정한 사회적 주체들이 수행하는 이데올로기적 지명 부
여로 인해 영역성이 구축된 사례를 분석하였다. 이러한 지명들은 특정한

사회적 주체의 유교 이데올로기를 대외에 과시하고 해당 지명 영역을 통해 생성된 장소 아이덴티티와 차별적인 영역성을 강화하는 지명들이다. 조선 시대 중앙 권력에 의해 시행된 '국가적인 지명 특사'의 경우(孝橋洞, 典洞, 仁良里)가 이에 해당된다.

다음으로 장소 아이덴티티를 재현하는 지명의 생산으로 인해 영역성이 구축된 사례가 있다. 이러한 사례 분석은 지명이 타자로부터 사회적 주체의 영역을 구획하고 자신들의 장소 아이덴티티를 재현하여 그들이 점유하고 있는 장소의 영역성을 강화한다는 사실에 기초한 것이다. 여기에는 鄕村이란 지역적 스케일에서 일정한 지위와 권력을 소유하고 있던 조선 시대 노성현의 坡平 尹氏 魯宗五房派와 연기현의 南陽 洪氏 燕岐派 사례가 해당된다. 마지막으로 종족촌에서 분동된 촌락 지명에 모촌락과 동일한 표기자가 부여되면서 종족촌의 영역성이 구축된 사례가 있다. 사례 지명인 靑林의 촌락 분동 과정에서 光山 金氏 文敬公派 종족에 의해 확대 재생산된 숲말(林里)의 상징성이 분동된 촌락(靑林)의 지명 표기자로 '林'을 공유하게 하였다. 이 과정을 통해 광산 김씨 종족의 장소 아이덴티티가 재현되고 그들의 거주 영역과 일정한 영역성이 강화·구축되었다.

3) 권력관계가 동반되면서 지명 영역이 확장되는 양상, 즉 영역화 (territorialization) 사례를 확인하였다. 특정한 사회적 주체들이 권력을 행사하여 지명 영역을 확장시킨 사례는 영역성이 강화되어 새로운 영역을 확장시키는 영역화 개념, 즉 영역 내부의 아이덴티티가 더욱 강화되어 영역 외부로도 확장되는 과정과 연관된다. 권력을 동반한 지명의 영역화 사례는 행정 구역의 개편과 통폐합 과정에서 발생한 특정 지명의 행정 구역 확대와 특정한 하천 지명의 확대에서 찾아볼 수 있다. 본 연구는 이러한 지명 영역의 확장 양상을 면 지명(窺岩面·恩山面·場岩面), 읍 지명(鳥致院邑), 군현 지명(論山市)으로의 영역화 사례와 하천 지명

의 영역이 확대, 쟁탈, 변동되는 사례를 금강 유역(錦江·論山川)을 중심으로 분석하였다. 이 지명들의 영역화 과정에는 해당 지명 영역에 거주하던 당시 일본인 거류민과 일부의 조선인, 그리고 행정 관청의 구심력과 중심성이 일정한 권력관계로 작용하였다.

2. 연구 과제와 제언

본 연구의 목적은 한국 지명의 문화정치적 변천과 지명 영역의 변동 양상을 분석하는 것이다. 복잡한 사회관계 속에서 생성되고 변천된 한국 지명을 과정적이고 관계적으로 분석하기 위해 본 연구는 사회적 맥락을 중시하는 문화정치적 접근을 주요 방법론으로 삼았다. 그런데 본 연구가 수행한 한국 지명의 문화정치적 접근은 몇 가지 한계와 과제를 안고 있다.

먼저 지명의 생성과 변천에 작용한 순수한 자연 지리적 특성을 밀도 있게 분석하지 못하였다. 지명의 생성과 변천은 지명을 둘러싼 다양한 사회적 주체들 사이의 권력관계를 통해 전개되는 경우도 있지만 이러한 인자들과는 별개로 지명이 놓인 생태 환경에서 기인하는 경우도 있어, 지명과 자연 환경의 관계를 분석하는 기초적인 작업이 차후의 과제로 남아 있다.

다음으로 지명의 생성과 변천에 개입된 구체적이고 가시적인 사회적 관계를 확보하고 검증해야 한다는 부담으로 인하여 지명 기록을 상대적으로 많이 보유한 지배자(지식인) 중심의 지명 구성에만 천착한 한계가 있다. 이로 인해 언중의 다수를 차지하는 피지배자(비지식인), 소수자, 타자들의 지명 인식과 지명 구성에 대한 분석이 적절한 수준에서 진행되지 못하였다.

그 결과 선험적으로 주어진 지명을 수동적이고 일상적으로 인식하여 무의식적으로 사용하는 대다수 일반 언중들의 존재가 지명의 생성과 변천에 미친 구체적인 영향과 정도를 드러내지 못하였다. 같은 장소에 거주하면서 동일한 지명을 일상적으로 인식하고 사용하는 사회적 주체들의 정치적·사회적 지위의 차이는 특정한 지명의 변천 과정에 일정한 차별적 전개를 유도하면서 다양한 지명을 생산하였다. 그런데 본 연구는 지명 변천 과정에 중요한 한 축으로 작용하고 있는 피지배자(비지식인)로서의 일반 언중들이 지닌 지명 인식과 사용의 성격이 분석되지 않아 지명 변천의 다채로운 과정을 포착해 내지 못하였다.

한편 본 연구가 설정한 연구 시기와 지역은 시간적이고 공간적인 제약을 안고 있어 연구 결과의 차별성과 일반화가 보완되어야 한다. 본 연구에서 제시된 사례들은 대체로 조선 시대로부터 현재 시점에 이르는 기간의 지명 변천을 대상으로 하고 있다. 특히 대부분의 사례 연구가 먼 과거에 발생했던 지명 변천의 사실과 현상을 대상으로 하고 있어 지명 변천의 통시적인 일반성과 시대별 차이를 구체적으로 밝혀내지 못하였다. 또한 자료 확보에 있어 과거의 문헌 기록과 면담자의 구술에 의존하게 되어 지명을 둘러싼 문화정치적인 갈등과 경합 양상을 역동적이고 세밀하게 관찰할 수 없었다. 이러한 한계를 고려하여 후속 연구에서는 연구 시기를 현대로 한정하여 지명을 둘러싼 갈등 과정을 정밀하게 고찰하고 그 연구 결과를 과거와 연결시켜 지명 변천에 대한 통시적인 분석을 이루어야 할 것이다.

아울러 본 연구는 공주목 진관 구역에 한정하여 한국 지명의 문화정치적 변천 양상을 연구하였다. 이로 인해 본 연구에서 도출된 지명 변천의 양상은 엄밀히 말해 공주목 진관 구역만의 특수한 현상일 수 있다. 앞으로 연구 지역의 확대를 통해 본 연구 결과의 차별성이 비교되고 보편성이 모색되어야 일반화된 한국 지명의 문화정치적 변천 양상이 확인될 수 있을 것이다.

자연적이고 사회적인 구성물로서의 지명 의미를 분석하고 종합적으로 이해하기 위해서는 다양한 시선과 이를 지원하는 적절한 방법론이 필요하다. 본 연구가 주요 방법론으로 동원한 문화정치적 접근은 지명 연구의 여러 방법 중 하나에 불과하며, 앞으로 전공 분야 내외의 다학문적이고 학제적인 관점과 방법이 추가적으로 고안되고 보완되어야 할 것이다. 또한 기존 문화지리학과 지명 연구들이 고집했던 현상 내적인 형태적 분석을 보완할 수 있는 하나의 대안으로서 문화(언어) 이론을 포괄하는 신문화지리학과 문화정치의 방법론이 꾸준한 사례 연구를 통해 비판적으로 점검되고 정교화되어야 할 것이다.

조선 후기 洪敬謨(1774~1851)는 『重訂南漢志』(1846)의 서문에서 우리나라 지리지가 군과 읍의 위치를 기록해 놓고도 어느 곳인지를 모르는 경우가 허다함을 지적하면서 "고금의 역사를 쓰는 사람들이 대대로 天文志와 五行傳 같은 것은 말하면서 왜 地理는 말하는 사람이 없는 것인가?"라고 비판한 바 있다.[2] 앞으로의 지명 연구는 지리적 방법론이 통합된 다학문적인 지명 연구가 절실하며, 고지명에 대한 정확한 위치 비정이야 말로 한국학의 요원한 과제인 시대별 역사 지도 작성에 필요한 기본적인 선행 작업이기도 하다.

---

2) "古今作史者世世爲天文志五行傳而地理則未之言者歟"[『重訂南漢志』(序)].

부 록
공주목 진관 지명의 변천

부록 1. 공주시(공주) 지명의 변천

※ 收錄 地名數
: 522개 (郡縣·鄕·所·部曲·面·驛院: 山川 지명 -87개, 村落 지명 -435개)
: 郡縣지명 -2개, 鄕·所, 部曲지명 -6개(所지명 -5개), 面지명 -20개(方位面지명 -4개, 새로운 村落面지명 -16개),
驛院지명 -17개(驛지명 -6개, 院지명 -11개), 山川지명 -42개(山·고개지명 -31개, 河川·津·浦 지명 -11개), 村落지명 -435개

※ 引用된 文獻의 略號
: 『新增東國輿地勝覽』=『新增』, 『東國輿地志』=『東國』, 『輿地圖書』=『輿地』, 『戶口總數』=『戶口』, 《東輿圖》=《東輿》, 《大東輿地圖》= 《大東輿地》, 『大東地志』=『大志』, 『舊韓國地方行政區域名稱一覽』=『舊韓』, 『新舊對照朝鮮全道府郡面里洞名稱一覽』=『新舊』, 『韓國地名總覽4 (忠南篇)』=『韓國』, 『公州地名誌』=『公州a』, 『公州市誌』=『公州b』, 『三國史記(地理志)』=『三國』, 『高麗史(地理志)』=『高麗』, 『世宗實錄(地理志)』=『世宗』, 『忠淸道邑誌』=『忠淸』, 『輿圖備志』=『輿圖』, 『湖西邑誌(1871)』=『湖西a』, 『湖西邑誌(1895)』=『湖西b』, 『朝鮮地誌資料』=『朝鮮』

※ (a>b): a에서 b로 지명이 변천됨. (a=b): a와 b가 같음. (a≒b): a와 b가 비슷함. (a≠b): a와 b가 다름
(?): 불확실한 기록 혹은 추정 자료. (▲——): 향목의 ▲는 면서무소 소재지, 읍줄은 行政里를 못함
[諺文]: 『舊韓』(1912년) 향목의 큰 글호[ ]는 『朝鮮』(1911년)에 기록된 諺文(한글) 자료임

분류	지명	新增(1530)	東國(1656~1673)	輿地(1757~1765)	戶口(1789)	東輿·大圖·大志(1800년대 중엽)	舊韓(1912)	新舊(1917)	公州a(1997)	비고
郡縣지명	공주	公州牧	公州牧	公州牧	公州牧	公州牧	公州郡	公州郡 公州面	公州市(충남)	*지명 영역 축소됨 *公州郡>公州市(1986년)
	웅진	熊津-郡名條 熊津院-驛院條 熊津渡-山川條	熊津-郡名條 熊津院-郵遞驛條 熊津渡-山川條	熊津都督府-古跡條	熊津里 (우정면)		熊津里 (남부면)	新熊里 (우성면)	熊津洞, 熊津 (우성면 신웅리)	*지명 영역 축소됨 *공주읍 龍堂町/熊津洞(1947년)
	신풍	新豊-姓氏條 新豊廢縣-古跡條	新豊廢縣-古跡條	新豊-姓氏條 新豊,新豊山城-古跡條 新上面 新下面	新上面 新下面	新上面 新下面 新豊	新上面 新下面	新上面 新下面	新豊面 (공주시)	*공주군 신하(면)·공주시 新豊面(1942년) *공주군 신상(면)·공주시 維鳩面(1942년) *지명 영역 축소됨
所지명	금단	今丹所		今丹所						*지명 소멸됨
部曲지명	이인	里仁部曲-古跡條 利仁驛-驛院條	里仁部曲-古跡條 利仁驛-郵遞驛條	利仁部曲-古跡條 利仁山城-古跡條 利仁驛-驛院條 利仁里 (반탄면)		利仁驛	利仁洞 (반탄면)	利仁里 (목동면)	利仁里, 利仁 (이인면)	(里)利 (途)仁(『世宗』(충청도 공주목 條)(遷諱) *木洞面>利仁面(1942년)
	양화	良化部曲-古跡條 良化-姓氏條	良化部曲-古跡條	良化部曲-古跡條 良化山城-古跡條 內三岐里 (연기현 남면)	陽仁洞 (연기현 남면)		陽化里 (연기군 남면)	陽化里 (연기군 남면)	陽化里, 인세거리, 內三洞 (연기군 남 (良)陽)	
	청류	清流部曲-古跡條	清流部曲-古跡條	清流部曲-古跡條 外三岐里 (연기현 남면)	外三岐里 (연기현 남면)				바깥세거리, 外三 궁말(연기군 남면 응 화리)	*지명 소멸됨

분류	지명	新增(1530)	東國(1656~1673)	輿地(1757~1765)	戶口(1789)	東輿·大圖·大志(1800년대 중엽)	舊韓(1912)	新舊(1917)	公州a(1997)	비고
部曲지명	완부	鬴鍅部谷-古跡條 / 鬴鍅-姓氏條	鬴鍅部谷-古跡條	鬴鍅部谷-古跡條 / 鬴鍅-姓氏條			蘭洞(정안면)		鬴洞, 가락골. 蘆洞, 蘭洞(정안면 대산리)	(釜 탄덕)
	귀지	貴智部曲-古跡條 / 貴知-姓氏條		貴知部曲-古跡條						*지명 소멸됨 / *智와 知가 터쓰임
面지명	남부			南部面	南部面	南部面	南部面			*州外面이 신설되면서 지명 소멸됨(1914년) / *주의면)공주읍(1938년)
	동부			東部面	東部面	東部面	東部面			*공주면이 신설되면서 지명 소멸됨(1914년)
	의양			儀郞面	儀郞面	儀郞面	儀郞面	儀堂	儀堂面(공주시)	*신설된 의당면에 편입됨(1914년)
	정안			定安面 中定安里	正安面	正安面	正安面 中正安里 下正安里	正安面 下正里	正安面, 中正安洞(정안면 광정리) 下正安, 부암벼우, 鳳岩(정안면 화봉리)	(定)正
	이귀곡(이구곡)			金貴谷面	金口合面	金貴合面	金口合面			(貴)口(貴)口
	반포			反浦面	反浦面	反浦面	反浦面	反浦	反浦面, 반개. 반개, 反浦(반포면 원봉리)	*계룡면이 신설되면서 지명 소멸됨(1914년)

분류	지명	新增(1530)	東國(1656~1673)	輿地(1757~1765)	戶口(1789)	東輿·大圖·大志(1800년대 중엽)	舊韓(1912)	新舊(1917)	公州a(1997)	비고
	사곡			寺谷面	寺谷面	寺谷面	寺谷面	寺谷面	寺谷面(공주시)	
	성두			城頭面 龍山里	城頭面 龍山里	城北面	城頭面 龍山里		성마리, 城頭, 龍山(우성면 우성리)	(頭>北)頭 *신설된 우성면에 편입됨(1914년)
	반탄			半灘面	半灘面 津頭里	半灘面 半灘	半灘面 津頭里		반여울, 半灘, 半灘津(탄천면 대학리)	*신설된 탄천면에 편입됨(1914년)
	신하·신상	新豊-姓氏條 新豊廢縣-古跡條	新豊廢縣-古跡條	新下面, 新上面 新豊-姓氏條 新豊. 新豊山城-古跡條	新下面 新上面	新下面 新上面 新豊	新下面 新上面	新下面 新上面	新豊面, 維鳩面(공주시)	*공주군 신하(면)·공주시 新豊面(1942년) *공주군 신상(면)·공주시 維鳩面(1942년)
面지명	삼기	三岐江·山川條		三岐面 內三岐里 外三岐里	三岐面 內三岐里 外三岐里	三岐面	三岐面		長岐面(공주시) 안세거리, 바깥세거리, 시거리(연기군 남면 양화리)	*신설된 장기면에 편입됨(1914년)
	우정			牛井面	牛井面	井井面	牛井面 牛泉里	牛井面 牛泉	소우물, 소울, 牛井, 牛泉(우성면 묵리)	(牛>井)牛 *신설된 우성면에 편입됨(1914년)
	장척동			長尺洞面	長尺洞面	長尺洞面	長尺洞面		長岐面(공주시)	*신설된 장기면에 편입됨(1914년)
	목동			木洞面	木洞面 木洞里	木洞	木洞面	木洞面 木洞里	木洞里 나말, 木洞(이인면)	*목동(면)>이인면(1942년)
	진두			辰頭面	辰頭面	辰頭面	辰頭面			*개룡면이 신설되면서 지명 소멸됨(1914년)

분류	지명	新增 (1530)	輿圖 (1656~1673)	輿地 (1757~1765)	戶口 (1789)	東輿·大圖·大志 (1800년대 중엽)	舊韓 (1912)	新舊 (1917)	公州a (1997)	비고
面지명	요당			要堂面	要堂面 要洞	要堂面	要堂面 要洞	要簡里	웃몰, 蓼塘, 要洞 (의당면 요룡리)	*신설됨 의당면에 편입됨(1914년) (要堂)蓼塘
	명탄			鳴灘面	鳴灘面 鳴村里	鳴灘面	鳴灘面 鳴村里		우러울, 鳴鶴, 鳴村 (연기군 금남면 영대리)	*신설됨 연기군 금남면에 편입됨(1914년)
	양야리			陽也里面	陽也里面	陽也里面	陽也里面			*연기군 금남면서 신설되면서 지명 소멸됨(1914년)
	곡화천			曲火川面	曲火川面	曲火川面	曲火川面 曲火川里			*신설됨 탄천면에 편입됨(1914년)
驛院 지명	일신	日新驛 日新北川-山川條 日新橋-關梁條	日新驛 日新川-山川條 日新橋-關梁條	日新驛 日新里(동부면)	館洞里 (동부면)	日新驛	日新洞 (동부면)	新官里	日新洞, 일신, 관골, 官洞(신관동)	
	광정	廣程驛	廣程驛	廣程驛 廣程里(정안면)	廣程里 (정안면) 驛新垈里 驛館洞里 廣酒幕里	廣程驛	廣程里 (정안면) 驛里	廣亭里 (정안면)	廣亭里, 역말, 驛村(정안면)	(程亭)
	경천	敬天驛	敬天驛	敬天驛 敬天路-道路條 敬天里(이구곡면)	驛里 (이구곡면)	敬天驛 敬天	敬天里 (이구곡면)	敬天里 (계룡면)	敬天里, 관터, 館基 里 用터(계룡면)	

분류	지명	新增(1530)	東國(1656~1673)	輿地(1757~1765)	戶口(1789)	東興·大圖·大志(1800년대 중엽)	舊韓(1912)	新舊(1917)	公州a(1997)	비고
驛院 지명	이인	利仁驛 里仁部曲·古跡條	利仁部曲·古跡條 里仁部曲·古跡條	利仁驛 利仁部曲·古跡條 利仁山城·古跡條 利仁里(반탄면)		利仁驛	利仁洞 (반탄면)	利仁里 (목동면)	利仁面, 利仁里 利仁(공주시)	(里)利 (途)仁이 「世宗」(충청도 공주목 驛條)(遷諱) *木洞面)利仁面(1942년)
	단평	丹平驛	丹平驛	丹坪里 (우정면) 丹坪驛	古丹坪 (사곡면) 丹坪里 (우정면)	丹平驛	古丹坪洞 (사곡면) 丹坪里 (우정면)		丹坪골, 역말 (우정면 단지리) 古丹坪 (사곡면 고당리)	(우)坪
	유구	維鳩驛	維鳩驛	維鳩驛 維鳩里(신상면)	驛里 (신상면)	維鳩驛	維鳩里 (신상면) 驛里	維鳩里 (신상면)	維鳩面, 維鳩里, 驛村, 역말, 驛村(공주시) 비득재(공주시)	*지명 영역 화대됨 *新上面)維鳩面(1942년)
	보통	普通院	普通院		南通洞里 (동부면)		甫通洞 (동부면)		보통골(옥룡동)	(普)甫
	금강	錦江院 錦江·山川條	錦江院 錦江渡·關梁條 錦江·山川條	錦江·山川條	錦江里 (동부면) ?錦里 (남부면)	錦江		錦町 (공주면)	錦江, 錦城洞 (공주시)	
	환희	歡喜院	歡喜院 歡喜院·關梁條							*지명 소멸됨
	요광	要光院	要光院							*지명 소멸됨
	모로	毛老院	毛老院	毛老院里 (우정면)		毛老院			원터, 院골 (정안면 상룡리)	*前部 지명소(毛老) 소멸됨

분류	지명	新增(1530)	東國(1656~1673)	輿地(1757~1765)	戶口(1789)	東興·大圖·大志(1800년대 중엽)	舊韓(1912)	新舊(1917)	公州市(1997)	비고
驛院 지명	궁원	弓院	弓院	弓院里(정안면)	古弓院里(정안면), 西弓院里, 弓酒幕里	弓院	弓院里(정안면), 古弓院洞, 西弓院里, 弓酒洞	雲弓里(정안면), 長院里	활원, 弓院(정안면 운궁리), 구활원, 高弓院(정안면)	(古>高)
	인제	仁濟院	仁濟院	人諸院里(정안면)		仁濟院	仁諸院里	仁豊里(정안면)	仁諸院, 인지원, 및 곰(정안면 인종리)	(仁濟>人諸>仁諸)仁諸
	웅진	熊津院, 熊津-部名條, 熊津渡-山川條	熊津院, 熊津-郡名條, 熊津渡-山川條	熊津都督府-古跡條	熊津里(우정면)		熊津里(남부면)	新熊里(우성면)	熊津洞, 熊津(우성면 신웅리)	*공주읍 龍堂洞>熊津洞(1947년)
	공서	公西院	公西院	公西院路-道路條	院里(성두면)	公西院			公須院, 公須院(우성면 옥룡리)	(西>須)
	반야	般若院	般若院						? 분장나루, 汾江津, 分浦(탄천면 분강리)	*지명 소멸됨
	고관	古館院		院洞里(신하면)	院洞(신하면)		院洞(신하면)	東院里(신하면)	원골, 院洞(신풍면 동원리)	*前部 지명소(古館) 소멸됨
	내창	內倉院					內倉洞(성두면), 院垈里		內倉院터, 원터, 院垈(우성면 방흘리)	
	효가리	孝家里院, 孝家里-古跡條	孝家里院-古跡條	孝家里-古跡條, 孝家里(동부면)	孝浦里(동부면), 孝酒幕里	孝家里店, 孝家里	向孝浦里, 孝酒洞		孝浦里, 孝浦(신기동), 孝溪	(孝家里>孝浦·孝溪)

분류	지명	新增(1530)	東國(1656~1673)	輿地(1757~1765)	戶口(1789)	東輿·大圖·大志(1800년대 중엽)	舊韓(1912)	新舊(1917)	公州市(1997)	비고
山地名	공산	公山	公山 公山一郡名條						公山, 公山城, 雙樹山城(금성동)	
	무성산	茂城山	茂城山	茂城山		茂城山			茂城山, 茂城山城 중일동성(사곡면 대중리·우성면 한천리)	
	정지산	艇止山				艇止山	正子方里(남부면)		艇止山, 정지방이, 정지방, 正子方(금성동)	(艇止)正子
	주미산	舟尾山	舟尾山	舟尾山 舟尾里(남부면)	舟尾里(남부면)	舟尾山	舟尾洞(남부면)	舟尾山(주외면)	舟尾山, 舟尾洞. 舟尾里(공주시)	
	월성산	月城山	月城山	月城山烽燧-蟾燧條		月城山			月城山, 월성산봉수, 봉화재, 봉좌제, 봉우재(옥룡동·신기동)	
	봉황산	鳳凰	鳳凰	鳳凰山里(남부면)	鳳凰山里(남부면)	鳳凰山	上鳳村里(남부면) 下鳳村里	常盤町(공주읍)	鳳凰山, 鳳凰洞(봉황동·반죽동·중동·금학동)	*공주읍 '常盤町' 공주읍 鳳凰洞(1947년)
	연미산	㺚美山	娟美山		余美山(우정면)				餘尾山, 鷰尾山, 두리봉, 鷰尾山(성신동-월미동 등)	(余)娟·餘·鷰
	유정산	油帖山	油帖山						油岾山, 감미봉(사곡면 유룡리-정안면 고성리)	(油)岾
	모악산	母岳山	母岳山						母岳山, 母岳山(의당면 청룡리·금흥동 등)	

분류	지명	新增(1530)	東國(1656~1673)	輿地(1757~1765)	戶口(1789)	東輿·大圖·大志(1800년대 중엽)	舊韓(1912)	新舊(1917)	公州(1997)	비고
山地名	모을매산	慈乙每山	思乙每山							*지명 소멸됨
	동혈산		東穴山						東穴山, 天台山(으당면 월곡리-가신리)	
	차이산		車伊山							*지명 소멸됨
	취리산	就利山-古跡條	就利山-古蹟條	就利山-古跡條	箕山里(동부면)				就利山, 치미, 箕山 (신관동)	
	고조산	古曹山-古跡條	古曹山-古蹟條	古曹山-古跡條						*지명 소멸됨
	고등산			高登山烽燧-烽燧條		高登山			高登山, 봉화제(정안면 북계리-의당면 두만리)	
	쌍령산			雙嶺山烽燧-烽燧條		双嶺			雙嶺山, 봉수산 (정안면 은종리)	
고개지명	탄현	炭峴	炭峴						숯고개, 炭峴 (단천면 가척리)	
	고화점	古火帖	古火帖							*지명 소멸됨
	차유현	車踰峴	? (車伊山)	車踰嶺路-道路條					車踰峴, 車洞, 車嶺(유구면 녹천리)	*지명 소멸됨
	가문현(각흘치)	加文峴	角屹峴	角屹路-道路條	角屹里(신상면)	角屹峙			加文峴, 각흘재, 角屹峙, 가릉고개(유구읍 문금리)	(加文>角屹)(加文 : 가릉의 음차+훈음차)
	적유현	狄踰峴	狄踰峴							*지명 소멸됨

분류	지명	新增(1530)	東國(1656~1673)	輿地(1757~1765)	戶口(1789)	東輿·大圖·人志(1800년대 중엽)	舊韓(1912)	新舊(1917)	公州(1997)	비고
고개지명	판현	板峴	板峴			板峴	板峴里(이부면역면)		널티, 늘티, 板峴, 무나미고개(계룡면 봉명리)	(峴)峙 *板積鄕(『三國』) 48 열전. 同德條
	차현	車峴	車峴 車峴堡-關梁條			車峿			車嶺, 차령고개, 원티고개(정안면 인종리)	(峴)領
	마현	馬峴-山川條, 土産條(銅鐵)	馬峴-山川條, 土産條(銅鐵)		馬峴里(반포면)		馬峴里(반포면)		말재고개, 마티고개, 馬峙(반포면 마암리)	(峴)峙
	화현	火峴	火峴	火峴堤-堤·堰條					불재, 불티, 火峙, 뙤나미(반포면 도남리)	(峴)峙
	능현	陵峴	陵峴						능고개, 陵峴, 陵峙(금하동)	
	사공암	沙工巖	沙工巖						사공바위, 沙工岩(주미동)	
	동월명대	東月明臺							? 東月明臺(중동)	
	서월명대	西月明臺							西月明大(교동)	
河川관련지명	금강	錦江 錦江院-驛院條 熊津院-驛院條	錦江 錦江院-郵驛條 錦江渡-關梁條	錦江	錦江里(동부면) ? 錦里(남부면)	錦江		錦町(공주면)	錦江, 錦城洞(공주시, 전부와 중남부 관류)	*지명 영역이 상·하류로 화대됨
	웅진도	熊津渡 熊津-郡名條 熊津院-驛院條	熊津渡 熊津-郡名條 熊津院-郵驛條	熊津都督府-古跡條	熊津里(우정면)		熊津里(남부면)	新熊里(우성면)	熊津洞, 고마나루(웅진동), 熊津(우성면 신웅리)	*공주읍 龍堂町)洞(1947년)

분류	지명	新增(1530)	東國(1656~1673)	輿地(1757~1765)	戶口(1789)	輿·大圖·大志(1800년대 중엽)	舊韓(1912)	新舊(1917)	公州a(1997)	비고
河川 관련 지명	음암진	陰巖津				陰岩津			음암나루, 陰巖津, 산성나루, 山城津, 금강나루, 錦江津 (금성동)	
	지등진	紙洞津				紙洞津				*지명 소멸됨
	금상진	今伺津		檢詳洞里 (목동면)	檢詳洞 (목동면)	今伺津	檢詳洞 (목동면)	檢詳里 (주외면)	檢詳나루, 今伺동 (검상동)	(今伺) 檢詳
	삼기강 (삼기강)	三岐江		三岐面 內三岐里 外三岐里	三岐面 內三岐里 外三岐里	三岐面	三岐面		三岐村. 독여경 부근(연기군 남면 나성리)인세거리, 바람세거리(남면 양화리)	*하천 지명은 소멸됨
	일신부진 (일신진)	日新北川 日新驛·驛院條	日新川 日新驛·勇驛驛條 日新橋·關梁條	日新驛·驛院條 日新里(동부면)		日新驛	日新洞 (동부면)		日新洞, 일신 (신관동)	*하천 지명은 소멸됨
	동진		銅川	銅川里(우정면)	銅川 (우정면)	銅川	銅川里 (우정면)	銅大里 (우성면)	구리내, 銅川 (우성면 동대리)	
	반탄			牛灘面	牛灘面 津頭里	牛灘 牛灘面	牛灘面 津頭里		반여울, 牛灘, 牛灘津 (단천면 대하리)	
	고상아			古上衙里	古上衙里		古上衙里		? 古上衙里 (봉황동~중동 등)	*지명 소멸됨
村落 지명 남부면	반죽	班竹里		班竹里	班竹里		班竹里	**旭町** (공주면)	班竹공, 班竹洞 (공주시)	*공주면 旭町(1914년)〉공주읍 욱정(1938년)〉공주읍 반죽동(1947년)〉공주시 반죽동(1986년)

분류	지명	新增(1530)	東國(1656~1673)	輿地(1757~1765)	戶口(1789)	東輿·大圖·大志(1800년대 중엽)	舊韓(1912)	新舊(1917)	公州a(1997)	비고
村落地名 / 남부면	봉산공	鳳凰山-山川條	鳳凰山-山川條	鳳凰山里	鳳凰山里	鳳凰山	上鳳村里 下鳳村里	**常盤町**(공주면)	봉산골, 鳳凰洞, 上鳳村, 鳳凰洞, 鳳凰山(봉황동)아래鳳山, 下鳳村(반죽동)	*공주읍 常盤町(1914년)>공주읍 鳳凰洞(1947년)
	향굣골(생갯골)			校村里	校村里		校村里	**錦町**(공주면)	향굣골, 생걋골, 校村, 校洞(공주시)	*공주면 錦町(1914년)>공주읍 금정(1938년)>공주읍 교동(1947년)(향굣:생갓: 구미골좌)
	주미꼴	舟尾山-山川條	舟尾山-山川條	舟尾里 舟尾山	舟尾里	舟尾山	舟尾洞	**舟尾里**(주미면)	舟尾洞, 주미꼴, 舟尾山(주미동)	
	한산소			韓山所里	韓山所里		韓山里		韓山所, 한산수, 韓山(웅진동)	*청주 한씨의 산소가 있는 곳
	박산소			朴山所里	朴山所里		朴山里		朴山所, 박산수(웅진동)	*고령 박씨의 산소가 있던 곳
	송산소			宋山所里	宋山所里		宋山里		宋山所, 宋山(금성동)	*은진 송씨의 산소가 있는 곳
	외야꼴				五也洞里 ?上瓦洞里 ?下瓦洞里		外若洞		외야꼴, 오야골, 왯골(웅진동)	(五也)外若 *기와집이 있던 곳
	새재				鳥嶺里		鳥嶺里		새재, 鳥嶺(봉정동)	(鳥嶺 : 새재의 준치 혹 음 훈음차+훈음 표기)

분류	지명	新增(1530)	東國(1656~1673)	輿地(1757~1765)	戶口(1789)	東輿·大圖·大志(1800년대 중엽)	舊韓(1912)	新舊(1917)	公州a(1997)	비고
村落地名 南部面	반선말				伴仙洞		伴仙洞		伴仙말(봉정동)	
	증지방이	縋止山-山川條				縋止山	正子方里		縋止山, 증지방이, 정지방, 正子方(금강동)	(縋止)正子
	마산	余美山-山川條	狷美山-山川條		余美山(우성면)		上尾洞 下尾洞		위마산, 上尾山, 아래마산, 下尾山(윗마을=鵬尾山, 두리봉=쌍신동=월미동)	*尾山=鵬尾山 (余)狷)余·餘·鵬
	물언주						勿汗里		물언주, 舞鶴州(금학동)	(勿汗)舞鶴
	우금고개						牛禁里		우금고개, 선황당이, 성황당이(금학동) 우금제, 牛禁峙 우금제(주미동)	*고개 사이로 동일한 촌락지명이 나타남
	고마나루	熊津-郡名條 熊津院-驛院條 熊津渡-山川條	熊津-郡名條 熊津院-驛院條 熊津渡-山川條	熊津都督府-古跡條	熊津里(우성면)		熊津里[고마나루(熊津)]	新熊里(우성면)	熊津洞, 熊津(우성면 소응리)	*곰주읍 龍堂町)熊津洞(1947년)
東部面	무릉골(무른골)			武陵里	上武陵洞里 中武陵洞里 下武陵洞里		上武里 下武里	武陵里(장기면)	무릉골, 무른들, 무릉, 武陵洞, 공주시)	
	마근골			麻根洞里 夷斤洞堤 -堤堰條	麻根洞里		麻斤里		마근골, 麻斤洞(장기면 송선리)	(麻根·夷斤)麻斤

분류	지명	新增(1530)	東國(1656~1673)	輿地(1757~1765)	戶口(1789)	東輿·大圖·大志(1800년대 중엽)	舊韓(1912)	新舊(1917)	公州a(1997)	비고
村落地名 洞部面	봉무동			鳳舞洞里			鳳舞洞		鳳舞洞(금흥동)	
	성안			城內里	城內里				성안, 城內(금성동)	*公山城(雙樹山城) 안에 있다가 서너집
	관현			官峴里	官峴里				官峴, 구고개(신성동)	
	달바우				月巖里		月岩里		달바우, 月岩(신기동)	
	석장				石壯里			**石壯里**	石壯(장기면 장암리)	*구석기 유적이 있음
	관골(일신)	日新驛-驛院條 日新北川-山川條	日新驛-郵驛條 日新川-山川條 日新橋-關梁條	日新驛-驛院條 日新里	館洞里	日新驛	日新洞	**新官里**	관골, 官洞, 日新洞, 일신(신관동)	(館)官 *日新驛의 官이 있던 곳
	오공동				上梧公洞里 下五公洞里		五公洞		五公洞, 웅골(월송동)	(梧)五
	치미	就利山-古跡條	就利山-古蹟條	就利山-古蹟條	箕山里				치미, 箕山, 就利山(신관동)	*就利山 고개이 있는 곳
	한적골				閑寂洞里		閑寂里		閑寂골(금흥동)	
	시행이				草旺里		草旺洞		시행이, 草旺(장기면 장암리)	(草: 시~세이 춘차 혹은 흐음으로 표기)
	금강	錦江-山川條 錦江院-驛院條	錦江-山川條 錦江院-郵驛條 錦江渡-關梁條	錦江-山川條	錦江里	錦江		錦町(공주면)	錦城洞, 錦江(공주시)	*하천 지명 錦江의 촌락 지명

분류	지명	新增(1530)	東國(1656~1673)	輿地(1757~1765)	戶口(1789)	東輿·大圖·大志(1800년대 중엽)	舊韓(1912)	新舊(1917)	公州a(1997)	비고
村落지명 동부면	장대터				將坮里	將坮里	將基臺里		將坮터, 장디터, 杖基臺(옥룡동)	(將坮>將基臺>杖基臺) / 臺
	보룡골	普通院-驛院條	普通院-郵驛條		南通洞里		南通洞		보룡골(옥룡동)	(普>甫)
	소학섬				巢鶴洞洞里		巢鶴洞	巢鶴里(주의면)	소학섬, 巢鶴島, 巢鶴洞(공주시)	
	남다리				納橋里		納橋里		납다리, 納橋, 申橋(소학동)	
	수원골				水源洞里		水源洞		수원골, 수원동, 水源洞(옥룡동)	*水源寺가 있던 곳
	사람				沙葛峙里		沙葛里		沙葛里(신기동)	(峙 달터)
	효포 (소개)	孝家里院-驛院條 孝家里-古蹟條	孝家里院-郵驛條 孝家里-古蹟條	孝家里 孝家里-古蹟條	孝家幕里 孝浦里	孝家里店 孝家里	孝酒洞 向孝浦里		소개, 소구지, 孝浦, 孝溪(신기동)	(孝家里>孝浦-孝溪) *孝家(「三國」→군48 열전. 向德條)
	생경골				江景		江景洞		講經골, 생경골, 江景洞(중동)	(江景<江景: 講經)
	중동골						中湖洞		중동골, 중동, 中湖(상왕동)	
	선유동						仙遊洞		仙遊洞(장기면 송선리)	
	검등골						錦洞		검등골, 검등골, 錦洞(장기면 송선리)	

분류		지명	新增(1530)	東國(1656~1673)	輿地(1757~1765)	戶口(1789)	東輿·大圖·大志(1800년대 중엽)	舊韓(1912)	新舊(1917)	소서a(1997)	비고
村落地名	동부면	자은						自隱里		방머리, 白隱 (장기면 송선리)	
	공주면	산성정		邑峴里,江景洞(동부면)+許門里(남부면) 각 일부					山城町(공주면)	山城洞(공주시)	*공주면 山城町(성수산성에서 유래)(1914년)>공주읍 산성정(1938년)>공주읍 산성동(1947년)>공주시 산성동(1986년)
		본정		邑峴里,古上衙洞(동부면)+古上衙里, 許門里(남부면) 각 일부					本町(공주면)	中洞(공주시)	*공주면 本町(1914년)>공주읍 본정(1938년)>공주읍 中洞(의 중심)(1947년)>공주시 중동(1986년)
		대화정			古上衙里(남부면) 일부				大和町(공주면)	中學洞(공주시)	*공주면 大和町(1914년)>공주읍 대화정(1938년)>공주읍 중학교에서 유래)(1947년)>공주시 중학동(1986년)
		상반정		古上衙里,上鳳村里등,班竹里(남부면) 각 일부					常盤町(공주면)	鳳凰洞(공주시)	*공주면 常盤町(1914년)>공주읍 상반정(1938년)>공주읍 鳳凰洞(鳳凰山에서 유래)(1947년)>공주시 봉황동(1986년)

분류	지명	新增(1530)	東國(1656~1673)	輿地(1757~1765)	戶口(1789)	東輿·大圖·大志(1800년대 중엽)	籌鑰(1912)	新舊(1917)	公州a(1997)	비고
공주면	옥정		下鳳村里,校村里,班竹里,上鳳村里(남부면) 각 일부					旭町(공주면)	班竹洞(공주시)	*공주면 旭町(1914년)>공주읍 옥정(1938년)>공주읍 반죽동(1947년)>공주시 반죽동(1986년)
공주면	금정		校村里(남부면) 일부					錦町(공주면)	校洞(공주시)	*공주면 錦町(1914년)>공주읍 금정(1938년)>공주읍 교동(1947년)>공주시 교동(1986년)
의당면	몸티			身峙里	身峙里				몸티, 身峙(의당면 송학리)	
의당면	방골			方洞里	方洞里		方洞		방골, 芳洞(의당면 도신리)	(方>芳)
의당면	도리미			道理山里			小方洞 道山洞	道新里(공주면)	동뫼, 도리미, 道山(의당면 도신리)	(道理山>道山)
의당면	대평골			太平洞里	太平里		太平洞		대평골, 大坪洞(의당면 중흥리)	(太坪>大坪)
의당면	옹머리			龍頭里	龍頭里		龍頭里		옹머리, 龍頭(의당면 율정리)	
의당면	거북바위				龜巖里		九岩里		거북바위, 龜岩(의당면 송학리)	(龜巖>九岩>龜岩)
의당면	은골				隱谷里		隱谷里		은골, 隱谷(의당면 송학리)	
의당면	천수동				千壽洞里		泉水洞		泉水洞(의당면 가산리)	(千壽>泉水)

村落地名

분류		지명	新增(1530)	東國(1656~1673)	輿地(1757~1765)	戶口(1789)	輿覽·大圖·大志(1800년대 중엽)	舊韓(1912)	新舊(1917)	소재지(1997)	비고
村落地名	의당면	가락골				歌樂洞里		佳樂洞	佳山里	가락골, 佳樂洞 (의당면 가산리)	(歌)佳)
		승덕골				聖德里		聖德洞		승덕골, 聖德洞 (의당면 태산리)	
		이라울						日羅洞		이라울, 日羅洞 (의당면 덕학리)	
		신산						申山里		申山 (의당면 용암리)	*申氏의 산소가 있음
		오산						吳山里		吳山 (의당면 용암리)	*吳氏의 산소가 있음
		신흥						新興里	中興里	新興, 黃沙尾, 황세미 (의당면 중흥리)	
		구산						具山里		具山, 군중 (의당면 가산리)	*具氏의 산소가 있음
		무드리						水回洞		무드리, 무드리, 水回里 (의당면 용암리)	*하천 曲流 地形 반영
		사우말						祠宇里		사우말, 祠宇村 (의당면 태산리)	
		냇계						川邊洞		냇계, 川邊 (의당면 용현리)	
		학미						鶴山洞	拓鶴里	학미, 鶴山 (의당면 승학리)	

분류		지명	新增(1530)	東國(1656~1673)	輿地(1757~1765)	戶口(1789)	東與·大圖·大志(1800년대 중엽)	舊韓(1912)	新舊(1917)	소재지(1997)	비고
村落地名	정 안 면	부엉바위			鳳嶺里	鳳嶺里		鳳岩里	花鳳里	부엉바위, 鳳岩 下正岩(정안면 화봉리)	(嚴)>岩
		섬틈			薪坪里			薪坪里		섬틈, 薪坪(정안면 석송리)	
		보물			甫勿里	甫勿里		甫勿里	甫勿里	甫物, 甫勿(정안면)	(勿)>勿·物
		광정	廣程驛·驛院條	廣程驛·郵驛條	廣程里 廣程驛·驛院條	廣程里 驛新垈里 驛館洞里 廣酒幕里	廣程驛	廣程里	▲廣程里	廣亭里, 역말, 驛村(정안면)	(程)>亭
		어무실			於勿谷里	於勿谷里		於勿谷里	於勿里	어무실, 오무실, 於勿(정안면), 勿, 於勿里(정안면)	(谷 탈락)
		창말			倉里	倉里	北倉	倉村里		창말, 倉洞, 倉里(정안면 광정리)	*공주목이 운영하던 社倉이 있던 곳
		소랭이			金郎里	大金郎里		大金朗里	大山里	소랭이, 大金洞(정안면 대산리)	(郎)朗 (金郎: 소랭이 준자 혹은 준음차+음차표기)
		절올			陶谷里	陶谷里		陶谷里		절올, 陶谷(정안면 고성리)	*절그릇점이 있던 곳
		정안읍			中定安里 定安面	正安面	正安面	中正安里 下正安里 正安面	正安面 不正里	中正安里, 正安洞(정안면 운정리) 下正安, 부엉바위, 鳳岩(정안면 화봉리)	(定)正
		운방동				雲防洞		雲方洞		雲方洞(정안면 나산리)	(防)>方

분류	지명	新增(1530)	東國(1656~1673)	輿地(1757~1765)	戶口(1789)	東輿·大圖·大志(1800년대 중엽)	舊韓(1912)	新舊(1917)	公州a(1997)	비고
정(인)면 村落地名	활원	弓院-驛院條	弓院-郵驛條	弓院里	古院里 西弓院里 弓酒幕里	弓院	弓院里 古弓院里 西弓里 弓酒洞	**篁弓里** **長院里**	활원, 弓院 (경안면 운궁리) 구왕이, 高院 (장원리)	(古)高
	되게				道峴里		道峴洞	沙峴里	되게, 道峴, 道峴 (경안면 사현리)	(道峴: 되게의 음차+훈차)
	병풍골				屏風洞里				병풍골, 屏風谷 (경안면 월산리)	(洞里)谷
	화촌				花村里		花村里	花鳳里	花村 (경안면 화봉리)	
	산정				山亭里		山亭里	大山里	山亭里, 天곡암, 會里 (경안면 대산리)	*조선 仁祖가 이괄의 난으로 공주로 파천할 때 이곳에서 쉬어감 (石松洞天 암각)
	석송정				石松亭里		石松里	石松里	石松亭, 石松里 (경안면)	
	노적골				露積里		老積里		老積골 (경안면 화봉리)	(露)老
	대평				太平里		太平洞		大平里, 太平里, 사격굴, 사大굴 (경안면 평정리)	
	은행정				銀杏亭里				銀杏亭, 東幕굴, 萬講洞 (경안면 평정리) 銀杏亭 (경안면)	*경안지명 (은행정/동막굴/만수 등)
	막방이				墨方里		墨方里	墨防里	막방이, 墨防里 (경안면 신양리)	(方)防

분류	지명	新增(1530)	東國(1656~1673)	輿地(1757~1765)	戶口(1789)	東輿·大圖·大志(1800년대 중엽)	舊韓(1912)	新舊(1917)	今州a.1997	비고
村落地名 / 정안면	삼밭말				新田里		新田里		삼밭말, 薪田(정안면 운천리)	
	산소말				山所里		山水洞		山所말, 山水洞, 山所里(정안면 대산리)	(所〉所·水)
	호도				胡道木里		胡桃里		胡桃里(정안면 실산리)	(胡道木〉胡桃)
	삼밭실				麻田里		麻田洞	田坪里	삼밭실, 廣田(정안면 전평리)	
	느진모기						晚頭里		느린목이, 느진모기, 느진목, 晚頭(정안면 평정리)	(晚頭: 느진모기의 차 혹은 훈음차)
	마루틀						宗坪里		마룻들, 宗坪(정안면 전평리)	
	새실						沙谷里	沙峴里	새실, 沙谷(정안면 사현리)	
	위라니						月隱洞	月山里	위라니, 月隱里(정안면 월산리)	*雲中半月形의 명당이 있음
	용은						龍雲洞		龍雲洞, 나본덕골, 高德洞(정안면 월산리)	
	선유동						仙遊洞		선유동, 도자울(정안면 대산리)	*甕器店이 있던 곳 *五仙圍碁의 명당이 있음
	무도리						水回洞		무도리, 무두리, 水回里(정안면 문천리)	(水回: 무도리의 훈차)

분류		지명	新增(1530)	輿國(1656~1673)	輿地(1757~1765)	戶口(1789)	東輿·大圖·大志(1800년대 중엽)	舊韓(1912)	新舊(1917)	公州a(1997)	비고
村落地名	이규곡면(이구곡면)	경천	敬天驛-驛院條	敬天驛-郵驛條	敬天里 敬天驛-驛院條 敬天驛-道路條	驛里	敬天 敬天驛	敬天里	▲敬天里 (계룡면)	敬天里, 관터, 館基 里門터(계룡면)	
		왕골			旺洞	上旺洞 下旺洞		上旺里 下旺里	上旺里 (주의면)	왕골, 旺洞, 旺村 (상왕동)	(旺:檣·壯) *甲午에 있는 잠매(첨매 당간)의 이름에서 유래
		대장골			大壯里	上壯儀里 下壯儀里 下大壯里		上壯里 中壯里 下大洞	中壯里 下大里	대장골, 大鵬鵬, 大檣, 檣 壯洞(계룡면 중장리)	
		검바우			玄巖里	上玄巖 下玄巖		下玄里		검바우, 검바우, 玄岩(계룡면 하대리)	
		가재울			加尺里	上加尺		加尺里		가재울, 山道멀, 홈術석 (논산시 상월면 석종리)	*논산군 상월면으로 편입됨(1914년)
		향포			香浦里	向孝浦				香浦 (계룡면 화은리)	(香)向孝(香)
		난뱅이				乃興蓮里		上乃洞 新乃洞	乃興里 (계룡면)	난뱅이, 乃興里 (계룡면)	(唐 텃터)
		거사막				居士院				居士幕 (계룡면 기산리)	
		소와				牛臥里		소와리, 牛臥里		소와리, 牛臥里 (계룡면 기산리)	
		청소				上靑所		下淸里		위淸沼 (계룡면 구왕리)	(靑所)淸沼
		부엉골				鳳合里		小鳳合里		부엉골, 鳳合 (계룡면 기산리)	(부엉골/鳳合: 공주목 진관 지명에 유사한 사례 없음)

분류	지명	新增(1530)	東國(1656~1673)	輿地(1757~1765)	戶口(1789)	東輿·大圖·大志(1800년대 중엽)	舊韓(1912)	新舊(1917)	公州(1997)	비고
村落地名 (의구곡면〔이구곡면〕)	시화산				柴花山		柴花里		柴花山 (계룡면 내흥리)	(花)(化)花
	도덕골						道德洞		도덕골, 道德洞 (반포면 마암리)	*반포면에 편입됨 (1914년)
	늘지	板峴-山川條	板峴-山川條			板峴	板峴里		널티, 늘티, 板峴, 무구미고개 (계룡면 봉명리)	(峴)峙 *板積鄕(「三國」·권48 열전. 同德條)
	류산						柳山里		柳山 (계룡면 중장리)	*文化 柳兵使의 산소가 있음
	고비골						高飛洞		고비골, 高飛洞 (계룡면 내흥리)	
	고든골						直洞		고든골, 直洞 (계룡면 내흥리)	
	구렁말						九旺里	九旺里	구렁말, 구룡말, 九龍村, 九旺, 九旺里 (계룡면)	
	황세울						大鳥里		大鳥里, 黃새울 (계룡면 금대리)	
	오은						午隱里 ?午山里		오미,午隱 (계룡면 중장리)	(山·隱)隱
	밤사골						碧沙洞		밤사골, 碧沙洞 (계룡면 하대리)	
	등경골						燈洞		등경골, 燈檠谷 (계룡면 경천리)	

분류	지명	新增(1530)	東國(1656~1673)	輿地(1757~1765)	戶口(1789)	東輿·大圖·大志(1800년대 중엽)	舊韓(1912)	新舊(1917)	公州Ha(1997)	비고
村落지명 · 반포면	반룡굴			盤龍里	盤龍洞		盤龍里		반룡굴, 盤龍(반포면 마암리)	
	서원			書院里	書院里		書院里		忠賢書院(반포면 공암리)	*忠賢書院(공암리 375번지)이 있음
	새울			鳳谷里	中鳳谷		鳳谷里	**鳳谷里**	새울, 鳳谷, 鳳鳴, 鳳谷里(반포면)	
	말어귀			馬於口里	馬於口				말어귀, 馬於口(반포면 마암리)	
	둥오				東五里		東五里		東五里, 東湖(연기군 금남면 성덕리)	(五)五·湖 *東湖(연기군 금남면에 편입됨(1973년)
	소호굴				松谷		松谷里	**松谷里**	소호굴, 所好里 松谷(반포면 송곡리)	(所好)松谷
	성강				城江		城江里	**聖岡里**	城江, 聖岡, 聖岡里(반포면)	(城江)聖岡
	둥학				東學洞				東鶴寺(반포면 학봉리)	*東鶴寺가 있음 (學)鶴
	행정				杏亭		杏亭里		杏亭, 隱溪(반포면 원봉리)	
	성재				城峙		城峙里		성재, 성강재, 城峙(반포면 도남리)	

분류	지명	新增(1530)	東國(1656~1673)	輿地(1757~1765)	戶口(1789)	東興·大圖·大志(1800년대 중엽)	舊韓(1912)	新舊(1917)	公州a(1997)	비고
村落地명 / 반포면	원터				院垈		院垈里		원터, 院垈 (반포면 마암리)	
	도남				道南里		道南里	道南里	道南, 道南里 (반포면)	
	신소골				上新所 下新所		上莘洞 下莘洞	上莘里 下莘里	上莘沉, 下莘里 上莘里, 下莘里(반포면)	(新所·莘沼)
	말재고개	馬峴-山川條土産條(銅鐵)	馬峴-山川條土産條(銅鐵)		馬峴里		말재[馬峴]		말재고개, 마티고개, 馬峙峴(반포면 마암리)	(峴)峙
	말바위				馬巖里		馬岩洞	馬岩里	말바위, 馬岩, 馬岩里(반포면)	(巖)岩
	연정				蓮亭		連亭洞		連亭, 博約齋(반포면 공암리)	*博文約禮에서 유래 *孤靑 徐起가 세운 博約齋(1577년)가 있음
	두리봉				元峯		元峯里	元峯里	두리봉, 圓峯, 圓峯里(반포면)	(元〉元·圓)
	사기소				沙器所		沙器所洞		沙器所 (반포면 은곡리)	
	류산소				柳山所		柳山里		柳山里(연기군 금남면 영곡리)	
	남산소				南山所		南山里		南山里, 남산리(반포면 상왕리)	*조선 인조 때 左議政 南以雄의 산소가 있음
	한림정				翰林亭		翰林亭里		翰林亭, 翰林津(연기군 금남면 영곡리)	*조선 중종 때 翰林學 土 申遼美의 유적

분류	지명	新增 (1530)	東國 (1656~1673)	輿地 (1757~1765)	戶口 (1789)	東輿·大圖·大志 (1800년대 중엽)	舊韓 (1912)	新舊 (1917)	소사라 (1997)	비고
반포면 村落地名	버드나물				柳川洞		柳川里		버드나물, 柳川里 (금남면 영곡리)	
	사봉				沙峯里		沙峰里		沙峯 (반포면 온천리)	
	온천				溫川里		溫泉里	溫泉里	溫泉, 溫泉里, 원전 (반포면)	
	나물				木洞里	木洞	木洞		南月, 나물, 木洞 (반포면 도남리)	(南月: 나물의 음차) (木: 나물의 훈차 옥은 훈음차)
	한삼				汗三洞		汗三洞		汗三里 (금남면 성덕리)	*안산원 별곡면 汗三川과 비교
	윤산소				尹山所		尹山里		尹山里 (금남면 영곡리)	
	원당이 (감동)				元堂		甲洞		願堂, 원당이, 甲洞 (반포면 봉곡리)	*경합지명 (원당/감동)
	올바우						鳴岩里		올바우, 鳴岩 (금남면 도남리)	
	공은						孔岩里	▲孔岩里	孔岩, 孔岩里 (반포면)	
	박정자						朴亭子洞		朴亭子 (반포면 온천리)	
	동출이						東屹里		동출이, 東月, 東屹里 (반포면 학봉리)	(屹·屹: 月) (東屹: 동출이 음차)

분류	지명	新增(1530)	東國(1656~1673)	輿地(1757~1765)	戶口(1789)	東輿·大圖·大志(1800년대 중엽)	舊韓(1912)	新舊(1917)	公州市(1997)	비고
사곡면 村落地名	명가을			明佳洞里	鳴柯洞	名家谷	鳴柯里	月珂里	땅가을, 明佳洞, 鳴珂里(사곡면 월가리)	(明佳)鳴珂(名家)明佳·鳴珂
	연미루			連宗里	連宗里	? 淵登里	連宗里	連宗里	연미루, 連宗, 連宗里(유구읍)	*유구읍에 편입됨(1973년)
	가느실			細洞里	細洞		細洞	細洞里	가느름, 細洞, 細洞里(유구읍)	*유구읍에 편입됨(1973년) *구조선상의 목지 형 반영
	마곡			麻谷里					麻谷寺, 麻谷川, 寺內里(사곡면 운암리)	*麻谷寺가 있음
	춤다리			舞橋里	舞橋		舞橋里	佳橋里	춤다리, 춤읍, 舞橋(사곡면 가교리)	
	취어울			蟹越里	蟹越里		蟹越里	海月里	취어울, 蟹越, 海月里(사곡면)	(蟹越)海月 (蟹越: 취어울의 음차 혹은 개나머의 훈차)
	산소말				山所里		山所洞		산소말, 山所里(사곡면 개실리)	*충청도 관찰사 安東 金盛迪(1643~1699)의 묘소가 있음
	기름제				油峙里		油峙里	油龍里	기름제, 油峙(사곡면 유룡리)	
	안양골				安永洞		? 外安洞	新永里	안양골, 安永里(사곡면 신영리)	
	오목고개				魚目里		魚目里		오목고개, 魚目里(사곡면 해월리)	

분류		지명	新增(1530)	東國(1656~1673)	輿地(1757~1765)	戶口(1789)	東輿·大圖·大志(1800년대 중엽)	舊韓(1912)	新舊(1917)	公州誌(1997)	비고
村落地名	사곡면	곰여울(부곡)				富谷里	高飛谷		**富谷里**	곰여울, 고비울, 高飛乙, 富谷(사곡면 부곡리)	*富의 의미는 ?
		약산				藥山里		藥山里		藥山洞, 藥山(사곡면 화월리)	
		한사랑이				大伴郎		大狩朗里	**大中里**	한사랑이, 大狩洞(사곡면 대중리)	(郞)朗)郞
		호계(범계)				虎溪里		虎溪洞 [범긔듬(虎溪坪)]	▲虎溪里	虎溪里(사곡면)	*범제(虎蹄) (진주 정씨 시조모 여산 송씨와 관련)
		고단평	丹平驛-驛院條	丹平驛 郵驛條	丹平里(우정면) 丹平驛-驛院條	古丹坪 丹坪里(우정면)	丹坪驛	古丹坪洞 丹坪里(우정면)		안단평, 밧단평, 古丹坪(사곡면 고당리) 丹坪里(우성면 단지리)	(日)丹)(世宗)(중정)도 공주목 條)(建諡) (우)坪)
		구수동				九水洞		九水洞	九水里	九水里(사곡면 화월리)	*渴馬飮水形의 명당이 있음
		동해동				東海洞	東海谷	東海洞	**東海里**	東海洞, 東海里(유구읍)	
		숯골				炭洞		숯골, 炭洞		숯골, 炭洞(사곡면 화월리)	
		명당골				明塘洞		明堂洞		明堂(사곡면 화월리)	(塘)堂) *臥牛形, 長蛇逐蛙形, 靈龜形, 金烏啄屍形의 여러 명당이 있음

분류	지명	新增(1530)	東國(1656~1673)	輿地(1757~1765)	戶口(1789)	東輿·大圖·大志(1800년대 중엽)	舊韓(1912)	新舊(1917)	公州(1997)	비고
村落地名 사곡면	능계						菱溪洞		菱溪(사곡면 호계리)	
	다복골						多卜洞		다복골, 다복동, 多福洞(사곡면 신영리)	(卜)福
	강당(고로리)						菁沙里		講堂 古老里, 菁沙里(사곡면 호계리)	
	꽃밭						花田洞		꽃밭, 花田(사곡면 운암리)	
	달앗골						月下洞	月珂里	매당골, 달앗골, 月下(사곡면 월가리)	
	거북바위						九岩里		거북바위, 九岩, 龜岩(사곡면 운암리)	(九)九·龜
우성면	매당이			梅堂里	梅堂里		梅堂里		매당이, 梅堂(우성면 방흥리)	*梅花落地形 명당이 있음
	사룡골			四龍洞里	四龍堂		四龍洞		사룡골, 四龍堂골, 四龍洞(우성면 봉현리)	
	고양골			高陽洞里	上高陽		高陽里	安陽里	고양골, 高陽里(우성면 단오리)	
	은골			魚隱洞里	魚隱洞里 下魚隱里		上魚里 下魚里	魚川里	은골(우성면 즉당리), 下魚里 바드여울(우성면 어천리)	*하천 合流 地形 반영

분류	지명	新增(1530)	東國(1656~1673)	輿地(1757~1765)	戶口(1789)	東輿·大圖·大志(1800년대 중엽)	舊韓(1912)	新舊(1917)	소재지a(1997)	비고
村落地名 (촌락지명) 성두면	수릉골			水王洞里	浦水王里		浦水王里 / 新興里	**玉城里**	수릉골, 水王洞, 新興(우성면 보중리) / 浦水王(우성면 옥성리)	
	용산			龍山里	龍山里		龍山里	**玉城里**	성마리, 玻頭, 龍山(우성면 옥성리)	
	개천			浦樓里			上城		開田, 上城(우성면 옥성리)	(浦樓: 개천의 훈차+음차)(開田: 개천의 음차)
	됫고지 (병성)				됫串之里		晩城	**大城里**	됫고지, 孟城, 晩城(우성면 대성리)	(됫串之:晩城)*명이 둘출의 線狀 丘陵 地形에 반영
	보적골				寶積洞		寶積洞	**寶興里**	보적골, 寶積洞(우성면 보중리)	
	건천				乾川里		乾川里	**魚川里**	여우내, 乾川(우성면 어천리)	
	가느골				細洞		細洞		가느골, 細洞(우성면 대성리)	*構造線上의 谷地 地形 반영
	작골				作洞里		作洞		作洞, 큰작골(우성면 옥성리) 작골, 作洞, 작은작골(우성면 대성리)	
	대문안				大門里		大門里	**大城里**	대문안, 大門(우성면 대성리)	

분류	지명	新增(1530)	東國(1656~1673)	輿地(1757~1765)	戶口(1789)	東輿·大圖·大志(1800년대 중엽)	舊城(1912)	新舊(1917)	公州a(1997)	비고
村落地名 (성두면)	나무골				木洞里 木浦里		木浦洞		나무골, 木浦 (우성면 보흥리)	
	원터	內贍院-驛院條					院垈里 內倉洞		원터, 院垈, 內倉洞 되 (우성면 방흥리)	
	대수풀						竹林洞	**竹堂里**	대수풀, 竹林 (우성면 죽당리)	
	강당						講堂洞		講堂洞 (우성면 죽당리)	
	새말						鳳村里	**鳳凰里**	새말, 鳳村 (우성면 봉현리)	
	도가니						獨安里		도가니, 獨安, 독안 등 (우성면 안양리)	*獨安: 도가니(此地地形)에 대한 美化지명 *仙人讀書形이 명당이 있음
	봉명동				鳳鳴洞里		鳳鳴洞		鳳鳴洞, 궁지, 郡時 (우성면 동현리)	*정신현 대박곡면에서 편입됨(1895년)
반탄면	이인	里仁部曲-古蹟條 利仁驛-驛院條	里仁部曲-古蹟條 利仁驛-郵驛條	利仁里 利仁部曲-古蹟條 利仁山城-古蹟條 利仁驛-驛院條		利仁驛	利仁洞	▲利仁里 (무릉면)	利仁面, 利仁里, 利仁(공주시)	(里)利 (遼)仁) (『世宗』(『地理志) 청도 공주목 조 *大洞面利二面(1942년)
	구암이			君安里	君隨里 龜巖里		九嚴里 九岩洞	九岩里	龜巖이, 九岩안, 安里(이인면 구암리)	(君安)君隨, 君 岩·九蘭·龜蘭

분류	지명	新增(1530)	輿國(1656~1673)	輿地(1757~1765)	戶口(1789)	東輿·大圖·大志(1800년대 중엽)	舊籍(1912)	新籍(1917)	公州a(1997)	비고
村落地名 / 반탄면	국사당멀			國士堂里	國土堂				사당마루, 사당골, 國師堂당, 畫堂村, 難鳳里[이인면 복룡리]	(士>師)
	견산			見山里	見山		見山	見山里	見山(단천면 건동리)	
	삼각이			三角里	三角里		三角里	▲三角里	삼각이, 三角, 三角里(단천면)	
	슬고개			鼎峙里 道路條		鼎峙		鼎峙里	슬고개, 鼎峙, 鼎峙里(단천면)	
	분포			粉浦里	汾江里		汾江里	汾江里	粉浦, 粉江, 汾江里(단천면)	(粉>汾)
	선디기			音德里	音德里		音德洞		선디기, 音德洞(단천면 송학리)	
	우룽골(명룡)				鳴龍洞		鳴龍洞		우룽골, 鳴龍(이인면 이인리)	
	삼배실(삼산)				三山里		三山洞		삼배실, 三山(단천면 운곡리)	
	합천				合川里				合川, 鶴川(단천면 대하리)	
	산의실				山儀谷		山儀里	山儀里	山儀실, 山儀里(이인면)	*鷲鶴朝天形의 명당이 있음
	나루께			半灘面	津頭里 半灘面	半灘 半灘面	津頭里 半灘面	山灘里	나루께, 반여울, 半灘, 半灘津(단천면 대하리)	

분류		지명	新增(1530)	東國(1656~1673)	輿地(1757~1765)	戶口(1789)	東輿·大圖·大志(1800년대 중엽)	舊韓(1912)	新舊(1917)	公州市(1997)	비고
村落地名	반탄면·이인면	서원말				書院里		書院里		書院말, 石難, 왕지 정터(부여郡 부여읍 저석리)	*濬江書院이 있음 *부여군에 편입됨(1914년)
		달밭				達田里		達田洞	達山里	달밭, 達田(이인면 달산리)	
		대학골				大鶴洞			大鶴里	대학골, 大鶴洞, 大鶴里(탄천면)	
		쭉다리						片橋里		쭉다리, 片橋(이인면 이인리)	(片:쪽의 훈차) *낭쪽으로 다리를 놓음
		신산소골						申山里		申山所골(이인면 달산리)	
		정산소						鄭山里	達山里	鄭山所, 鄭山(이인면 달산리)	
		가라기정						洪城洞		가라기정, 鴻城洞(탄천면 은곡리)	(洪:鴻)
		불웃골						冶谷里		불웃골, 冶谷(탄천면 냐하리)	
		성머리						城頭里		성머리, 城頭 돌머리(탄천면 국동리)	
		정문거리						旌門里		정문거리, 旌門, 橫門里(탄천면 송학리)	*조선 인조 때 효종의 調牌 윤씨의 효자 정문
		삼기						三岐洞		三岐里(탄천면 삼기리)	

분류		지명	新增(1530)	東國(1656~1673)	輿地(1757~1765)	戶口(1789)	東輿·大圖·大志(1800년대 중엽)	舊韓(1912)	新舊(1917)	소씨a(1997)	비고
村落地名	반탄면	운산소						尹山里		尹山所, 운산 (단천면 성리)	*坡平 尹氏의 산소가 있음
		버드골						柳下里		버드나뭇골, 버드골, 버드묵, 柳俗, 柳下里(단천면)	*柳山에 鷹巢柳枝形의 명당이 있음
		명막골						明幕洞		명막골, 鳴幕洞, 鳴馬洞(단천면 성리)	(明>鳴)
		창강						蒼江里		滄江나루(부어군 부여읍 저석리)	(蒼>滄)
	신흥면	원다리			白橋里	白橋里		白橋里	**白橋里**	원다리, 白橋, 白橋里(유구읍)	*공주군 新下面)新豊面(1942년)>維鳩邑(1973년)
		만년동			萬年洞里	萬年洞	萬年洞	萬年洞	**萬川里**	萬年洞(유구읍 만년리)	
		원골	古館院~驛院條		院洞里	院洞		院洞	**東院里**	원골, 院洞(신풍면 동원리)	*前部 지명소(古館) 소멸됨
		고도실			古道谷里	古道谷		古道谷里		고도실, 古道谷(신풍면 산정리)	
		말바위			斗巖里	斗巖里		斗岩里		말바위, 斗岩(신풍면 대룡리)	(巖>岩)(斗: 말의 훈차 혹은 훈음차)
		갬과니			甲破里	上甲破 甲破店	甲坡里	甲坡里		갬과니, 감과, 甲坡里(신풍면 봉갑리)	

분류	지명	新增 (1530)	東國 (1656~1673)	輿地 (1757~1765)	戶口 (1789)	東輿·大圖·大志 (1800년대 중엽)	舊韓 (1912)	新舊 (1917)	公州a(1997)	비고
신하면 村落地名	북대울			卜大洞里	卜大洞		卜大洞	**繁大里**	북대울, 卜大洞 (신풍면 쌍대리)	
	토기울			兎其洞里	兎其洞		兎洞		토기울, 兎洞 (신풍면 쌍대리)	(其 탁탁)
	무루실			水村里	水村 武陵洞		武陵里	**造亦里**	무루실, 武陵谷 (신풍면 다룡리)	(水: 무루의 훈차 혹은 훈음차) (물)무루의 (울) 음차 / 武陵: 무루의 음차)
	버리실 (평일)				平日里		平日里		버리실, 平日 (신풍면 조평리)	
	화장				花庄里		花庄里		花庄 (신풍면 동원리)	(庄>庄)
	배내				梨川里			**萬川里**	배내, 梨川 (유구읍 단천리)	(梨)
	행이				化陽里		花陽里	**花東里**	화양이, 꽃이, 花陽 (신풍면 화흥리)	(化>花)
	취중				醉興里		醉興里	**花東里**	무드나 (신풍면 화흥리)	(醉取)
	산음				山陰里		山城터(山城)[산성터(山城)]	**▲山岸里**	山城터, 山陰里 (신풍면 산정리)	*촌락 단위의 山陰 지명
	행정 (서실)				杏谷里		杏亭里	**山岸里**	杏亭, 쇠실, 金谷 (신풍면 산정리)	(谷>亭)
	심방울				尋方谷		尋芳谷		심방울, 尋芳谷 (신풍면 산정리)	(方>芳)

분류	지명	新增(1530)	東國(1656~1673)	輿地(1757~1765)	戶口(1789)	東輿·大圖·大志(1800년대 중엽)	舊韓(1912)	新舊(1917)	公州a(1997)	비고
신하면 村落地名	농소				農所		農所里	**平所里**	農所, 사랑골 (신풍면 평소리)	
	옥화대				玉花洞				玉花垈 王花洞 (유구읍 만천리)	
	줄바위				迬礛		注岩洞		줄바위, 注乙岩, 迬岩, 砝岩洞 (신풍면 봉갑리)	(迬礛)注乙岩 砝岩(堲: 줄의 음차)(砝: 줄의 훈차 혹은 훈음차)
	붓골						卜洞		붓골, 濮洞, 북골, 輻洞(신풍면 영정리)	
	벝골						卜村里	**卜所里**	벝말, 卜村 (신풍면 평소리)	
	반영						班永里	**永井里**	班永洞, 馬水, 마세 (신풍면 영정리)	
	황금동						黃金洞		黃金洞 (신풍면 백룡리)	
	자근골						小洞		자근골, 小洞 (신풍면 만천리)	
	부엉골						鳳含里		부엉골, 부엉굴, 뱅골, 鳳含(신풍면 봉갑리)	
	빵바위						鳳岩里	**鳳甲里**	빵바위, 부엉바위, 鳳岩(신풍면 봉갑리)	

분류	지명	新增 (1530)	東輿 (1656~1673)	輿地 (1757~1765)	戶口 (1789)	東輿·大圖·大志 (1800년대 중엽)	舊韓 (1912)	新舊 (1917)	公州誌 (1997)	비고
삼기면 / 村落地名	나리재			羅城里	羅城里		羅城里	**羅城里** (장기면)	나리재, 羅城, 羅城里 (연기군 남면)	*연기군 남면에 편입됨(1973년) *상기면 일대: 행정중심복합도시 건설 지역
	굼달(전월)			轉月里					轉月山, 시거리, 세거리, 바깥세거리, 外三, 줄덜 줄땅, 仇乙村, 合村 (남면 양화리)	(轉月: 구을달~굼달의 준자 및 훈음자)
	갈미			葛山里	葛山				갈미, 葛山 (남면 송담리)	
	화우동			禾王洞里 / 禾王洞堤-堤堰條	禾王洞		禾王里		禾王洞, 성골 (남면 종촌리)	
	진내				濟川里 內濟川 中濟川		濟川里	**濟川里** (장기면)	진내, 진해, 濟川, 濟川里 (장기면)	
	이산소				李山所		李山洞		李山洞 (남면 중촌리)	(所 탈락)
	진의울				小眞儀		眞儀洞	**眞儀里** (남면)	진의울, 진으울, 진터, 眞儀, 眞儀洞 (남면)	*慶州 李氏, 草廬 李惟泰의 묘소가 있음
	말마루				宗村里		宗村里	**宗村里** (남면)	말마루, 宗村, 장터, 場垈, 宗村里 (남면)	*연기군 남면에 편입됨(1914년)

분류		지명	新增 (1530)	東國 (1656~1673)	輿地 (1757~1765)	戶口 (1789)	東輿·大圖·大志 (1800년대 중엽)	舊韓 (1912)	新舊 (1917)	今州㕛 (1997)	비고
村落地名	삼기면	막은골				杜谷里		杜谷洞		막은골, 방죽, 杜谷 (장기면 당음리)	(杜: 막은의 훈자)
		도산						道山洞		도리미, 道林, 道山 (남면 종촌리)	
		창말						倉洞		창말, 倉洞, 모롱골 (남면 진의리)	
		기호						岐湖洞		岐湖書社터 (남면 나성리)	*按安 林氏 林氏家廟 가 있는 곳
		슬고개						松峴里		슬고개, 松峴 (남면 진의리)	
		노은						老隱里		老隱里 (남면 송담리)	*老隱(노): 대전 유성 구 노은동과 충청군 노은리와 비교
	우청면	구리내	銅川-山川條	銅川-山川條	銅川里	銅川	銅川	銅川里	▲銅大里 (우성면)	구리내, 銅川 (우성면 동대리)	
		단평 (역말)	丹平驛-驛院條	丹平驛-郵驛條	丹平里 丹平驛-驛院條	丹坪里 古丹坪 (사곡면)	丹平驛	丹坪里 古帥坪洞 (사곡면)	丹芝里	丹坪院, 역말(우성면 단지리) 古丹坪(사 곡면 고당리)	[平=동국>坪(여지)]
		방축골			坊築洞里	方築洞 上方築		方丑里	方文里	방축골, 防築涧, 方丑(우성면 방문리)	(防築)方丑·防築
		지계실			芝溪谷里	芝溪谷		芝谷里	丹芝里	지계실, 芝溪谷, 芝谷(우성면 단지리)	

분류	지명	新增 (1530)	東國 (1656~1673)	輿地 (1757~1765)	戶口 (1789)	東輿·大圖·大志 (1800년대 중엽)	舊韓 (1912)	新舊 (1917)	公州誌 (1997)	비고
우성면 村落 地名	분토끝			分土里	粉土洞		粉垈洞		粉土골, 가마골 (우성면 단지리)	(分土>粉土>粉垈>粉 土)
	별구루미			雲山里	別雲山		別雲里	雲山里	별구루미, 꾀雲山 (우성면 국천리)	
	조왕끝			助王洞里	助王洞 下助王		東助洞 下助洞 上東里	東谷里	조왕골, 助王洞 (우성면 주곡리)	*李适의 난 때 이 마을의 觀流堂 盧璫이 仁祖를 도와준 곳
	고마나루	熊津-郡名條	熊津-郡名條 熊津院-郵驛條 熊津渡-山川條	熊津都督府-古跡 條	熊津里		熊津里 (남부면)	新熊里	熊津 (우성면 신웅리) 熊津洞	*공주읍 龍堂町>熊津 洞 (1947년)
	도고머리			道古頭	道山洞			道川里	도고머리, 道山 (우성면 도천리)	(道古頭>道山)
	문동끝				問童洞		文洞里	方文里	文洞골, 文洞(藥山) 아래뜸 우지 (우성면 방문리)	(問童洞>文洞) *唐나라 시인 賈島(777 ~841년)의 詩(尋隱 者不遇)와 관련
	나룰				木洞		木洞	木桑里	나룰, 나무울, 木洞 (우성면 국천리)	
	절푸니				東釜豊		西豊里		절푸니, 김풍티, 下窒 (우성면 동천리)	
	동성				東城里		聖助洞		東城, 聖助洞 (우성면 내산리)	
	월명대				月明垈		月明洞	月尾里	月明垈, 교주개, 古舟里 (월미동)	

분류	지명	新增(1530)	東國(1656~1673)	輿地(1757~1765)	戶口(1789)	東輿·大圖·大志(1800년대 중엽)	舊韓(1912)	新舊(1917)	소州la(1997)	비고
우정면 村落地名	득목				坪目		坪目里	**坪目里**	득목, 坪目, 坪目里(우성면)	
	선무동				仙舞洞	仙舞洞	仙舞洞		仙舞洞, 안터 坪目里(윌미동)	*仙人舞袖形의 명당이 있음
	약산						藥山里	**內山里**	藥山里(우성면 내산리)	
	심산						沈山里		沈山(우성면 귀산리)	*靑松 沈氏의 산소가 있음
	거북바위						貴岩里	**貴山里**	거북바위, 貴岩(우성면 귀산리)	
	숭산						宋山里		宋山(윌미동)	*宋氏의 산소가 있음
	소물			牛井面	牛井面	井井面	牛泉里 牛井面	**木泉里**	소우물, 소물, 牛井, 牛泉(우성면 목천리)	*井과 泉이 뒤섞임
	한산						韓山里	**韓川里**	韓山(우성면 한천리)	
	밧골						外洞		밧골, 外洞(우성면 방문리)	
	윌구리						月屈里		윌구리, 月屈(우성면 단지리)	
	경사						京土里		京沙洞, 京土洞(우성면 내신리)	(土: 沙와 土의 訛記)

분류	지명	新增(1530)	輿國(1656~1673)	輿地(1757~1765)	戶口(1789)	東輿·大圖·大志(1800년대 중엽)	舊韓(1912)	新舊(1917)	公州a(1997)	비고
村落地名 / 장척면 등 면	나븐들			廣坪里	廣坪里				나븐들 (장기면 정안리)	
	금벼정(되금정)			錦碧亭里	濯錦亭				錦睦亭, 濯錦亭 (장기면 금암리)	
	만자골			滿子洞里	滿子洞 (삼기면)		滿子洞		만자골, 만자골, 滿子洞(연기군 남면 송원리)	*연기군 남면에 편입(1973년)
	한다리			大橋里 大橋路-道路條	大橋里		大橋里	**大橋里**	한다리, 大橋 (장기면 도래리) 大橋里(장기면)	
	효제동			孝齋洞里	孝悌洞		孝悌洞		孝悌洞, 효제임 (장기면 산학리)	(齋>粥) *林自儀, 林太儀 형제의 효성과 우애가 특출해던 곳
	은골			於隱洞里	漁隱洞		魚隱里	**隱橋里**	은골, 魚隱里 (장기면 은용리)	
	농골			老隱洞里	老陰洞		老隱里		농골, 老隱 (장기면 은용리)	(隱>陰)
	새티				新村里		新村里		새티, 신촌, 원터, 院村(남면 송원리)	
	풍덕골				豊德里		上豊里 中豊里		풍덕골, 豊德谷 (장기면 도계리)	
	다름고개				月峴里		新月峴洞		다름고개, 月峴 (장기면 둔군리)	*달(月): 高, 山의 이미

분류		지명	新增(1530)	東國(1656~1673)	輿地(1757~1765)	戶口(1789)	東輿·大圖·大志(1800년대 중엽)	舊韓(1912)	新舊(1917)	5萬分(1997)	비고
村落地名	자연촌락동명	백운 (바람굼)				白雲洞		白雲里		바람굼, 白雲 (장기면 은용리)	
		류산소				柳山所				柳山里 (장기면 대교리)	*晉州 柳氏의 산소가 있음
		사덕굼				四德洞		? 回德里		사덕굼, 사덕골, 四德谷(장기면 금암리)	
		소미				牛山里		牛山里		소미, 소뫼, 牛山 (장기면 봉안리)	
		진묵정						眞木亭里		眞木亭, 眞墨亭 (장기면 동현리)	(木)木·墨
		횟가름굼						回富洞		횟가름굼, 回富 (장기면 은용리)	*횟집 굼터 가까이가 있던 곳
		구래실 (누동)						勒洞		구래실, 勒洞 (장기면 은용리)	*마음 지형이 굼레와 같음
		사천 (사기점굼)						沙川里		砂川, 沙器店굼, 사기점굼(장기면 금암리)	(沙)砂
		동고개						東古介里	**東峴里**	동고개, 東峴, 東峴里 (장기면)	(古介)峴
		소진굼						牛津洞		소진굼, 牛津 (장기면 금암리)	*臥牛形 명당이 있음
		정말						靜洞		정말, 靜洞, 정말 (장기면 금암리)	*靜: 店의 雅化 *沙器店이 있던 곳

분류		지명	新增(1530)	東國(1656~1673)	輿地(1757~1765)	戶口(1789)	東輿·大圖·大志(1800년대 중엽)	舊韓(1912)	新舊(1917)	公州誌(1997)	비고
村落地名	정착동면	강산소						姜山洞		姜山所, 姜山(정기면 봉인리)	*晉州 姜氏의 산소가 있음
		송학굴						松鶴里	**山鶴里**	송학굴, 松鶴洞, 비학실, 飛鶴洞, 美鶴洞(정기면 산학리)	
		머레						遠湖洞		머레, 遠湖(남면 송연리)	(원: 머~뎔의 준자 죽음 춘음자)
	목동면	나말			木洞面	木洞里 木洞面	木洞面	木洞面	**木洞里** 木洞面	나말, 木洞, 木洞里(이인면)	(木洞: 나말의 준말 죽음 춘음실+춘자) *공주군 木洞(面)利仁面(1942년)
		태봉			胎封里	胎封里 上胎封 中胎封 下胎封 內胎封 外胎封	外胎封洞 下胎封洞	胎封洞 外胎封洞 下胎封洞	**胎封里** 木洞面	胎封, 胎封洞(공주시)	*공주군 木洞(面)利仁面(1942년)〉공주시 태봉동(1986년) *懿宗大王胎室碑가 있음
		태산				胎山里 下胎山		下台山洞		下胎山里, 店村(오곡동)	(胎>台>胎)
		바당이			發揚里	發揚里		發揚洞	**發楊里**	바당이, 發揚里(이인면)	(陽>揚·楊·場)
		벌문이			伐文里	鶴棲里		鶴棲里		閥門이, 鶴棲里(이인면 달성리)	(伐文>閥門)
		쇄기			巢鶴里	巢鶴里		巢鶴里		쇄기, 巢鶴里(이인면 주봉리)	*경합지명(별문이/학서리)

분류	지명	新增(1530)	東國(1656~1673)	輿地(1757~1765)	戶口(1789)	東輿·大圖·大志(1800년대 중엽)	舊韓(1912)	新舊(1917)	公州a(1997)	비고
村落地名	선근이			善根里	善根里		善根里		善根이, 선근리, 聖根里(이인면 조룡리)	*聖根寺가 있던 곳 (善과 聖이 터쓰임)
	푸세울			草鳳里	草鳳里		草鳳洞	草鳳里	푸세울, 草鳳, 草鳳里(이인면)	(草鳳: 푸세의 준자 혹은 준음자)
	조정굴			調桿里	調桿, 上調桿		內調里, 上調里		調桿굴 (이인면 오룡리)	*조선 인조의 이들 崇善君 李澂의 묘소가 있음 (桿)=(桿)?
목동면	오룡동			五龍洞里	五龍洞		五龍洞	五龍里	五龍洞, 五龍里 (이인면)	
	만수둥			萬壽洞里	上萬壽洞, 下萬壽洞		萬樹洞	萬樹里	萬樹洞, 萬樹里 (이인면)	
	검상굴	今尙津-山川條		檢詳洞里	檢詳洞	今尙津	檢詳洞	檢詳里(주의면)	檢詳十里, 今尙津 (검상동)	(今이)(檢詳)
	느랏			楡田里	楡田里				느랏, 於田 (이인면 만수리)	(楡)(於) (楡:於는 느의 준자 혹은 준음자)
	돌모루				石隅里				돌모루, 돌모루, 石梧里 (이인면 신이리)	(隅)(梧)(取音)
	군량골				軍糧里		軍糧里		軍糧골 (이인면 신영리)	
	산적굴				山直里				산적굴, 山積里 (태봉동)	(直)(積)

분류	지명	新增(1530)	東國(1656~1673)	輿地(1757~1765)	戶口(1789)	東輿·大圖·大志(1800년대 중엽)	舊韓(1912)	新舊(1917)	公州a(1997)	비고
목동면 村落地名	발티고개						發峙里		발티고개, 벌티고개(태봉동)	(發: 벌의 음차)
	모세굴						沙村里		모세굴, 沙村(태봉동)	
	구름내						雲川里		구름내, 雲川(이인면 신충리)	
	찬샘골						寒泉里		찬샘골, 참셈골, 寒泉里(이인면 발양리)	
	가서원						居士院里		居士院(계룡면 화은리)	*과거 이구역면에 포함되었으나 現 계룡면 화은리와 가산리의 洞里가 목동면에 포함되어 있음
	감나뭇골						柿木里		감나뭇골, 柿木里, 증무디미, 曾墳(계룡면 가신리)	
	부영골						鳳谷里		부영골, 鳳谷(계룡면 가산리)	
	향포						香浦里		香浦(계룡면 화은리), 香浦고개, 香浦里(으구동)	
진두면 村落地名	봉명골			鳳鳴洞里	上鳳鳴 中鳳鳴 下鳳鳴		上鳳里 中峰里 新峰里	鳳鳴里	鳳鳴골, 鳳鳴里(계룡면)	(鳳)峰>鳳)

분류	지명	新增(1530)	東國(1656~1673)	輿地(1757~1765)	戶口(1789)	東輿·大圖·大志(1800년대 중엽)	舊韓(1912)	新舊(1917)	公州a(1997)	비고
村落地名 / 진나면	신곡			莘谷里	上莘谷 下莘谷		莘谷里		莘谷 (계룡면 유평리)	
	향지			香芝里	內香芝		香芝洞	**香芝里**	향지, 元香芝, 香芝 里(계룡면)	
	엄정이			掩亭里	掩亭里		掩亭洞		掩亭이, 음정 (계룡면 월곡리)	(掩)屯
	신대				新垈		新垈洞		새터, 新垈 (계룡면 향지리)	
	들말				中坪里 下坪里		上坪洞 下坪洞		위들말, 上坪, 중들말, 中坪, 아래들말, 下坪(계룡면 정천리)	
	화산				上花岑 下花岑		花山里 上化里		花山, 닥머리, 鷄頭 (계룡면 향지리)	(岑>山)
	무니미 (월암)				文巖里 上文巖		文巖里 月岩洞 上文岩里	**月岩里**	月岩, 무니미, 文岩, 水踰嶺, 늘치, 板峙 (계룡면 월암리)	水岩, 文岩
	동천				上東川 下東川		上東川洞		上東川 (계룡면 월곡리)	
	버들맞들				柳坪里		柳坪里	**柳坪里**	버들말, 柳山, 버들맞들, 柳坪, 柳坪里(계룡면)	
	별바위				陽巖里				별바위, 陽岩 (계룡면 상성리)	(巖>岩)

분류		지명	新增(1530)	東國(1656~1673)	輿地(1757~1765)	戶口(1789)	東輿·大圖·大志(1800년대 중엽)	舊韓(1912)	新舊(1917)	公州a(1997)	비고
村落地名	진두면	효리				孝友里		孝里		孝里 (계룡면 죽곡리)	(友 탈락)
		안골				內洞里				안골, 內浦/계룡면 봉명리, 열곡리	
		용화대				龍花垈		龍化坐洞		龍化垈, 龍化臺(이인면 단옵리)	(化〉化)
		상성						上城里	上城里 (신상면)	上城, 上城里, 마드대미, 마드대미(계룡면)	
		점말						店村洞		점말, 店村(계룡면 상성리)	
	신상면	당골			唐洞里	唐洞		唐谷里	鶴谷里 (신상면)	당골, 唐谷(유구읍 덕곡리)	(洞〉谷) *공주군 新上面)維鳩面(1942년)〉維鳩邑(1995년)
		붉은바위			赤巖里	赤巖里		赤岩里		붉은바위, 赤岩(유구읍 문금리)	
		보리실			牟谷里	牟谷				보리실, 바리실, 별실, 牟谷(유구읍 입석리) ?	(보리·바리: 루의 촌)
		여드니			八十里	八十里		八十里		여드니, 야드니, 八十里(유구읍 신영리)	*일조량이 적은 곡지 지형 (야두니)여드니)八十里·八溪

분류		지명	新增(1530)	東國(1656~1673)	輿地(1757~1765)	戶口(1789)	東輿·大圖·大志(1800년대 중엽)	朝鮮(1912)	新舊(1917)	公州a(1997)	비고
村落地名	신상면	유구	維鳩驛-驛院條	維鳩驛-郵驛條	維鳩驛-驛院條	驛里	維鳩驛	維鳩里 驛里	維鳩面(신상면)	維鳩面, 維鳩里 역말, 驛村, 비득재(공주시)	*뒷산이 비둘기 모양 (신영리에 비득재, 구제, 鳩峙가 있음)
		돌담이			石潭里	石潭里				돌담이, 石潭 (유구읍 백교리)	
		새말				新里		新里	新垈里	새말, 新村, 新里 (유구읍 신영리)	
		명우				鳴牛里		鳴牛里	鳴谷里	明牛里, 동대말, 東大村(유구읍 명곡리)	(鳴)明
		가름고개	加文峴-山川條	角吃峴-山川條	角路-道路條	角吃峴	角吃峴			가름고개, 加文峴, 가름재, 角吃峠(유구읍 문금리)	(加文〉角吃) (가믄: 가믄의 음차+훈음차)
		소리점				蘇谷		小谷里		소리점, 소곳점 小谷里(유구읍 탑곡리)	(蘇)小)
		가는골				細洞		細洞		가는고개, 細洞(유구읍 녹천리)	*구조선상의 육지지형 반영
		계봉				雞鳳		雞峰里		鷄峯(유구읍 추계리)	(雞鳳)雞峰)鷄峯)
		창터				倉里	西倉	倉村里		사창터, 창터, 창말, 倉村(유구읍 유구리)	*공주목의 西倉이 있던 곳
		농기				農基		農基里		農基(유구읍 유구리)	

분류	지명	新增(1530)	東國(1656~1673)	輿地(1757~1765)	戶口(1789)	東輿·大圖·大志(1800년대 중엽)	蠻韓(1912)	新舊(1917)	公州는(1997)	비고
村落地名 (신상면)	사기소				沙器店				沙器所, 서구시(유구읍 김서리)	
	장이내						上長川里 下長川里	鹿川里	장이내, 長川, 上長川, 下長川(유구읍 녹천리)	
	조산소						趙山所里		趙山所, 산소리(유구읍 방국리)	
	탑시니						塔立洞	塔谷里	탑시니, 塔立里 塔山里 塔谷里(유구읍)	*숲과 山이 터있음 (塔立: 탑사니의 흔자)
村落地名 (요당면)	벌터			坪基里	坪基		坪基洞	坪基里(장기면)	벌터, 坪基, 坪基里(장기면)	
	문성			文城里	上文城		文城里		文城(장기면 송군리)	*이당면 松亭里(1914년)>장기면(1983년)
	밤나무정이(읍정)			栗亭里	栗亭		栗亭里	栗亭里	밤나무정이, 밤낫里 栗亭, 栗亭里, 栗洞(이당면)	
	비계실			飛溪谷里	飛溪谷		飛溪洞		비계실, 飛溪실(이당면 율국리)	*節齋 金宗瑞 芝峯 皇甫仁 愛日堂 鄭蜱 등 곳 세 정승이 살았던 곳
	동내			湅溪里	湅溪		湅溪里	北湅里(장기면)	동내, 石溪, 東溪(정안면 북계리)	湅溪里
	수촌			水村里			水村里	水村里	水村, 水村里(이당면)	

분류	지명	新增(1530)	東國(1656~1673)	輿地(1757~1765)	戶口(1789)	東輿・大圖・大志(1800년대 중엽)	舊韓(1912)	新舊(1917)	仝씨네(1997)	비고
村落지명 / 요당면	냇계				川邊		川邊里		냇계, 川邊, 룡인. 毛藪(의당면 오인리)	
	언개				於仁浦		於仁浦里	五仁里	언개, 於仁浦, 五仁浦.오인리(의당면)	(於〉五)(於仁·五仁: 인의 음)(於仁·五仁: 인의 음차)
	구픔미				九曲里				구픔미, 九曲谷, 九曲里(의당면 유례리)	
	두메안				斗滿		斗滿里	斗滿里	두메안, 두마니, 斗萬, 斗滿里(의당면)	*두모계 지명(소규모 분지 및 곡지지형) *여기던 금남면에도 斗滿里 존재(斗滿·萬) (斗滿: 두메안의 음차)
	웃곰			要堂面	要洞 要堂面	要堂面	要洞 要堂面	要糖里	웃곰, 蓼塘, 要洞 (의당면 요룡리)	(要洞)蓼塘·要洞
	다리메				月溪		月渓里	▲月谷里	다리메, 月溪, 도장곡, 道場谷 (의당면 월곡리)	
	쵯곰				檜洞		會洞	會洞	쵯곰, 會洞 (장기면 평기리)	(檜〉會)
	뒷내				後溪				뒷내, 後溪 (의당면 청룡리)	
	오릿곰						五柳洞	五仁里	오릿곰, 五仁洞 (의당면 오인리)	

분류	지명	新增(1530)	東國(1656~1673)	輿地(1757~1765)	戶口(1789)	東奧·大圖·大志(1800년대 중엽)	舊韓(1912)	新舊(1917)	公州a 1997	비고
	부강			芙江里	芙江里 下芙江		芙蓉里	芙蓉里(금남면)	芙蓉里, 芳芙蓉(연기군 금남면) 芙江里(청원군 부용면)	(江·蓉·江) *공주군 명탄면+양야리면〉신설된 연기군 리면에 금남면에 편입됨(1914년)
	새오개			草烏浦里	草烏浦		草五介洞		새오개, 초개(금남면 부용리)	(草烏浦〉草烏浦〉草五介)(草:새의 훈차 혹은 훈음차) *새오개(草烏浦):옛 진현의 백제시대 지명인 所比浦의 우리말 이름
촌락지명	반곡			盤谷里	盤谷里		盤谷里	盤石里(금남면)	盤谷, 盤石골(금남면)	*班鳳抱形 명당이 있음
면지명	새여울			鳳起洞里	鳳起洞		鳳起洞	鳳起里(금남면)	새여울, ㅅ여울, 鳳起里(금남면)	(鳳:새의 훈차 혹은 훈음차) *飛鳳歸巢形 명당이 있음
	우러울			鳴灘面	鳴村里 鳴灘面	鳴灘面	鳴村里 鳴灘面		우러울, 鳴村(연기군 금남면 영대리)	(鳴灘〉鳴灘 鳴村)
	대류산동(웃말)				柳山所		大柳山洞 柳山里		웃말, 상촌(금남면 디바리)	*지명 소멸됨
	시미				西台里		西臺里		西臺(금남면 영대리)	(台·臺) *西臺山 아래에 있음
	남골				南谷里		南谷里	南谷里	남골, 南谷, 南谷里(금남면)	*西臺山 아래에 있음

분류	지명	新增(1530)	東國(1656~1673)	輿地(1757~1765)	戶口(1789)	東輿·大圖·大志(1800년대 중엽)	舊韓(1912)	新舊(1917)	仝州la(1997)	비고
里면 / 村落 지명	박산소				朴山所		朴山里	**朴山里**	박산, 朴山里(금남면)	
	돌삼골				石三洞		石三洞	**石三里**	돌삼골, 석삼, 石三里(금남면)	
	한박금이				大朴		大朴洞	**大朴里**	한박금이, 大朴, 大朴里(금남면)	
	달밭				達田		達田里	**達田里**	달밭, 元達田, 月田, 達田里(금남면)	(達 : 달의 음차) (月 : 달의 훈음차) *회덕군 구즉면 신달전리 통합함(1914년)
	서북				西腹里		西卜里		西卜, 담미(금남면 황룡리)	(腹)卜
	밤절				栗寺里				밤절, 栗寺(금남면 영대리)	(栗寺 : 밤절의 영대리) 으 훈음차)
	검은바위(검배)				儉巖里				검은바위, 검바위, 검배, 黔岩(금남면 영대리)	(儉巖)黔岩
	향갓골						大枝洞		향갓골, 大枝洞(금남면 황룡리)	(大枝 : 항갓의 훈차 + 훈차 혹은 훈음차)
	제비집골						燕巢洞		제비집골, 燕巢洞(금남면 황룡리)	
응상리면	감성구지			甘城里			柑城里	**柑城里**	감성구지, 柑城, 柑城里(금남면)	
	바리미			鉢山里	上鉢山 中鉢山 下鉢山		中鉢里	**鉢山里**	바리미, 鉢山, 鉢山里(금남면)	

분류	지명	新增(1530)	東國(1656~1673)	輿地(1757~1765)	戶口(1789)	東奥·大圖·大志(1800년대 중엽)	舊韓(1912)	新舊(1917)	公州a:1997	비고
村落地名 上아리민	호러울			好理洞里	壺洞里 上好理洞 下好理洞		臺灘里	**壺灘里**	호러울, 壺灘里(금남면)	(好理)壺>壺灘>壺灘
	봉천			奉天里			下鳳川里		鳳川 (금남면 봉산리)	(奉天>鳳川)
	장절골				長在洞		長在里	**長在里**	장절골, 長在, 長在里, 文石塚(금남면)	(長在: 장절의 음사)
	잉어바위				鯉巖里		鯉岩里		잉어바위, 鯉岩 (금남면 용포리)	
	두메인				斗滿里		斗滿里	**斗滿里**	두메인, 斗滿, 斗滿里(금남면)	*두모개 지명(소규모 분지 및 곡지지형)
	수리산				鷲山		丑山里	**丑山里**	수리산, 鷲山, 丑山, 丑山里(금남면)	(수리산 鷲山>丑山)
	쇠미				金川		金川里	**金川里**	쇠내, 金川, 牛溪, 金川里(금남면)	(金·牛: 쇠의 훈차 혹은 훈음차)
	구렁말				九龍里		九龍里		구렁말, 광탄, 九龍(금남면 축산리)	*九龍系珠形이 명당이 있음
	수락(무중골)				水落洞		水落里		무중골, 水落里(금남면 남곡리)	
	김산소				金山所				金山, 절제, 김제(금남면 장게리)	
	고조절				花寺洞		花寺里		고조절, 꽃절골, 花寺(금남면 신촌리)	*花寺寺가 있음

분류	지명	新增(1530)	東國(1656~1673)	輿地(1757~1765)	戶口(1789)	東輿·大圖·大志(1800년대 중엽)	舊韓(1912)	新舊(1917)	公州牧(1997)	비고
村落地名 村落지명 — 自村리면	부쳐골						佛谷里		부쳐골, 佛谷(금남면 영치리)	
	팽나무정이						彭木亭里		팽나무정이, 彭木亭里(금남면 용포리)	
	사양골						沙陽里		사양골, 砂陽(금남면 영치리)	(沙〉砂)
谷化川面	장마루			長蕃里	長蕃里		長蕃里	**長蕃里**	장마루, 長蕃, 長蕃里(탄천면)	*군현 경계에 공주장선이와 노성장선이가 존재함
	종안이			宗安里	宗安里		方芷里		宗安이, 중안, 방죽안, 방죽댑, 方芷洞(탄천면 덕지리)	*정안지명(종안이/방죽댑)
	안영골			安永洞堤·堤護條 安永洞堤·堤護條	安永里		上安永里 下安永里	**安永里**	안영골, 安永洞, 安永里(탄천면)	
	효제동(세울)			孝悌洞里	孝悌洞 細洞		中孝洞 下孝洞		孝悌洞, 孝悌洞, 세울(탄천면 덕지리)	
	효대배이(효죽)			?竹田里	?竹田里		孝竹里	**孝竹里**	숫대배기, 효대배기, 孝竹, 孝竹里(논산시 노성면)	
	가재울			加尺里	加尺洞		內加尺里 外加尺里	**加尺里**	가재울, 가재울, 加尺, 加尺里(탄천면)	
	가절			佳節里	佳節里		佳節里		佳節, 花谷(탄천면 화정리)	

분류		지명	新增(1530)	東國(1656~1673)	輿地(1757~1765)	戶口(1789)	東輿·大圖·大志(1800년대 중엽)	舊韓(1912)	新舊(1917)	公州(1997)	비고
村落地名	곡화천면	홍성굴				鴻城洞		鴻城洞		홍성굴, 鴻城洞 (탄천면 남산리)	
		용수매기						龍興洞		용수매기, 龍興洞 (이인면 신영리)	*五龍爭珠形 있음 명당이
		용못						龍淵洞		용못, 龍沼 (노성면 효죽리)	
		신리						新里		북매기, 新里 (이인면 신영리)	
		점말						店村洞		점말, 店村洞 (탄천면 덕지리)	
		덕지미						德芝山里	德芝里	덕지미, 德芝山, 德芝里(탄천면)	
		월산						月山里		月山, 밤점, 栗峙 (탄천면 산안리)	
		돌샘굴						石井洞		돌샘이, 돌샘굴, 石井(탄천면 가척리)	

부록 2. 논산시(연산·은진·노성) 지명의 변천

※ 收錄 地名數
: 474개 (郡縣·鄕·所·部曲·面·驛院·山川 지명 - 94개, 村落 지명 - 380개)
: 郡縣지명 - 4개, 鄕·所·部曲지명 - 4개, 鄕지명 - 1개, 所지명 - 2개, 部曲지명 - 1개, 面지명 - 35개(方位面지명 - 2개, 새로운 村落面지명 - 33개)(양당소면 포함), 驛院지명 - 7개(驛지명 - 1개, 院지명 - 7개), 山川지명 - 44개(山·고개지명 - 20개, 河川·津·浦지명 - 6개), 村落지명 - 380개

※ 引用된 文獻의 略號
『新增東國輿地勝覽』=『新增』, 『東國輿地志』=『東國』, 『輿地圖書』=『輿地』, 《東輿》=《大東輿地圖》=《大東》, 『戶口總數』=『戶口』, 『新舊對照朝鮮全道府郡面里洞名稱一覽』=『新舊』, 『舊韓國地方行政區域名稱一覽』=『舊韓』, 『大東地志』=『大東』, 『論山 地域의 地名 由來』=『論山a』, 『論山市誌』=『論山b』, 『三國史記(地理志)』=『三國』, 『高麗史(地理志)』=『高麗』, 『世宗實錄(地理志)』=『世宗』, 『忠淸道邑誌』=『忠淸』, 『輿圖備志』=『輿圖』, 『湖西邑誌(1871)』=『湖西a』, 『湖西邑誌(1895)』=『湖西b』, 『朝鮮地誌資料』=『朝鮮』

※ (a>b): a에서 b로 지명이 변천됨. (a=b): a와 b가 같음. (a≒b): a와 b가 비슷함. (a≠b): a와 b가 다름
(?): 불확실한 기록 혹은 추정 자료. (▲___): 『新舊』(1917년) 항목의 ▲는 면사무소 소재지, 밑줄은 行政里를 뜻함
[諺文]: 향목의 큰 괄호[ ]는 『朝鮮』(1912년) 혹은 『舊韓』(1911년)에 기록된 諺文(한글) 자료임

분류	지명	新增(1530)	東國(1656~1673)	輿地(1757~1765)	戶口(1789)	東輿·大圖·大志(1800년대 중엽)	舊韓(1912)	新舊(1917)	論山a(1994)	비고
郡縣 지명	연산	連山縣	連山縣	連山縣	連山縣	連山縣 連山倉 (恩津縣 內)	連山郡	連山面 連山里 (논산군)	連山面 連山里(논산시)	*지명 영역 축소됨
	황산	黃山 黃山-山川條	黃山 黃山-山川條	黃山 黃山-山川條	黃山里 (모촌면) 黃嶺里	黃山岑 天護山	黃山里 (모촌면) 黃嶺里 天護里 (식한면)		黃山 (연산면 신량리) 누르기, 누르기제, 黃嶺, 황령제 (연산면 신암리) 天護山(연산면 천호리)	*지명 영역 축소됨
	은진	恩津縣	恩津縣	恩津縣	恩津縣	恩津縣	恩津郡	大鳥谷面 (논산군)	恩津面(논산시)	*대조곡면→은진면(1915년)
	(덕은)	德近.德殷.德恩 -郡名條 古德恩-古跡條 德恩-姓氏條	德近.德殷. 德恩-郡名條, 古德恩-古跡條	德近. 德殷. 德恩-郡名條 古德恩 德恩堂-古跡條		德恩			德恩곶(가야곡면 육곡리) 德恩堂제. 더운뱅이제. 덕으냉터(가야곡면 삼전리)	*지명 영역 축소됨
	(시진)	加知奈. 加乙乃, 新浦. 市津-郡名條 古市津-古跡條 市津-姓氏條 市津橋-橋梁條 市津浦-山川條	市津-郡名條 市津廢縣-古跡條 市津橋-關梁條 市津浦-山川條	加知奈.加乙乃, 新浦.市津-郡名條 古市津-古跡條 市津橋-橋梁條 市津浦-山川條		市津			아래말(등화동)	*지명 소멸됨 *지명 영역 축소됨

분류	지명	新增(1530)	東國(1656~1673)	輿地(1757~1765)	戶口(1789)	東輿·大圖·大志(1800년대 중엽)	舊韓(1912)	新舊(1917)	論山a(1994)	비고
郡縣지명	나산(노성)	尼山縣, 魯山, 尼城-郡名條 魯山-山川條	尼山縣-郡名條 魯山-山川條	尼山縣, 魯山·尼城, 恩津-郡名條 魯山-山川條 魯城山烽燧-烽燧條	尼城峴	魯城縣 魯城倉(恩津縣 內)	魯城郡	魯城面(논산군)	魯城面, 魯城山, 魯山, 魯城峴, 魯城梯峴, 봉우재, 성재(논산시)	*지명 영여 죽소념 (尼山·魯山)尼城〉魯城
鄕지명	은진 채운	彩雲鄕-古跡條 土産條(竹箭) 彩雲-姓氏條 彩雲-山川條	彩雲鄕-土産條(竹箭)	彩雲鄕-古跡條 彩雲面 彩雲-山川條·古跡條	彩雲面	彩雲面	彩雲面	彩雲面(논산군)	彩雲面(논산시) 彩雲里(강경읍) 彩雲山(강경읍 彩山里)	*강경읍 榮町〉彩雲里 (1947년)
所지명	노성 저정소	猪井所-古跡條		猪井所-古跡條						*지명 소멸념
	등수소	登水所-古跡條		登水所-古跡條					得井, 登水所 (광석면 득윤리)	*지명 소멸념
部曲지명	연산 광소	廣炤部曲-古跡條		廣炤部曲-古跡條	新廣召里(두마면) 外廣召里		內光里(두마면) 外光里 [광소부곡]		廣炤, 廣炤(계룡시 금동)	*지명 영여 죽소념 (廣〉光)(炤〉召·炤·召)
面지명	연산 현내			縣內面	縣內面	縣內面	郡內面			*연산면이 신설되면서 지명 소멸념(1914년)
	백석			白石面	白石面	白石面	白石面	白石里(연산면)	白石, 白石, 白石, 白石里(연산면)	*신설된 연산면에 편입념(1914년) *지명 영여 죽소념

분류	지명	新增(1530)	束國(1656~1673)	輿地(1757~1765)	戶口(1789)	東輿·大圖·大志(1800년대 중엽)	舊韓(1912)	新舊(1917)	論山a(1994)	비고
面지명	외성			外城面 外城-古跡條	外城面 上外城里 中外城里 下外城里	外城面 外城	外城面 上外里 中外里 下外里 新外里	外城里 (부적면)	외갓, 외개, 外城, 外城里 (부적면)	*신설된 부적면에 편입됨(1914년) *지명 영어 축소됨 *춘타 분동이 활발함
	부인처			夫人處面	夫人處面	夫人處面	夫人處面		夫人堂, 夫人里(부적면)	*신설된 부적면에 편입됨(1914년) *지명 영어 축소됨 (處 탈락)
	적시구(내적)			赤寺谷面 居正垈里	赤寺谷面 居正里	赤寺谷面	赤寺谷面 內赤里 居正垈 高井里	高井里 (연산면)	붉절골, 가정터, 居正垈, 가정치, 居正垈, 大赤面(연산면) 고정리	(赤寺: 붉절의 훈차 혹은 훈음차 표기) *신설된 연산면에 편입됨(1914년) *지명 영어 축소됨
	모촌			茅村面 茅村里	茅村面 上茅村里 下茅村里	茅村面	茅村面 上茅里 下茅里	茅村里 (양촌면)	띠울, 茅村, 茅村里(양촌면)	*신설된 양촌면에 편입됨(1914년) *지명 영어 축소됨
	벌곡			伐谷面	伐谷面 上伐谷里 中伐谷里	伐谷面	伐谷面 上伐谷村 中伐谷村	伐谷面	伐谷面(논산시)	
	두마			豆磨面 豆磨里 豆磨川-山川條 豆磨路-道路條	豆磨面 上豆村里 ?	豆磨川	豆磨面	豆磨面 豆溪里	豆磨川, 豆磨面, 팥거리, 豆溪川(계룡시)	(豆: 팥의 훈차 혹은 훈음차 표기) (磨: 거리의 훈음차) (溪: 거리의 음차) *계룡시 편입(2003년)

분류	지명	新增(1530)	東國(1656~1673)	輿地(1757~1765)	戶口(1789)	東與·大圖·大志(1800년대 중엽)	舊韓(1912)	新舊(1917)	論山a(1994)	비고
面지명	식한			食汗面	食汗面	食漢面	食汗面	香汗里(두마면)	향한이. 香汗里 (계룡시 엄사면)	*연산군과 두마면에 편입되면서 지명 소멸됨(1914년)
	은진 가야곡			可也谷面	可也谷面	可也谷面	可也谷面	可也谷面	可也谷面(논산시)	
	갈마동(갈마)			葛麻洞面	葛麻面	葛麻洞面	葛麻面			*가야곡면에 편입되면서 지명 소멸됨(1914년)
	두상(상두)			豆上面	豆上面	豆上面	上豆面			*가야곡면에 편입되면서 지명 소멸됨(1914년) *豆上이 上豆로 도치됨
	두하(하두)			豆下面	豆下面	豆下面	下豆面			*가야곡면에 편입되면서 지명 소멸됨(1914년)
	죽본			竹本面	竹本面	竹本面	竹本面	竹本里	대밭, 竹本, 竹本里(연무읍)	*구자곡면에 편입(1914년) *지명 영위 죽소됨 *구자곡면>鍊武邑 신설(1963년)
	구자곡			九子谷面	九子谷面	九子谷面	九子谷面	九子谷面		*鍊武邑이 신설되면서 지명 소멸됨(1963년)
	도곡			道合面 道合堤·堤堰條	道合面	道合面	道合面			*은진군과 채운면에 분할 편입되면서 지명 소멸됨(1914년)

분류	지명	新增(1530)	東國(1656~1673)	輿地(1757~1765)	戶口(1789)	東輿·大圖·大志(1800년대 중엽)	舊韓(1912)	新舊(1917)	論山(1994)	비고
面지명	채운	彩雲鄕-古跡條, 土産條-姓氏條, 彩雲-山川條	彩雲鄕-土産條(竹箭)	彩雲面, 彩雲鄕-古跡條, 彩雲山-山川條·古跡條	彩雲面	彩雲面	彩雲面	彩雲面	彩雲面(논산시), 彩雲里(강경읍)	*강경읍 彩町)彩雲里 (1947년)
	김포			金浦面	金浦面	金浦面	金浦			*강경면이 신설되면서 지명 소멸됨(1914년)
	화산			花山面 花山-山川條 花山下條-購柴條 花山-古跡條	花山面	花山面	花山面 山花里	中里 (채운면)	꽃미, 매꽃미, 梅花山, 花山, 花山里(채운면)	*채운면에 편입되면서 지명 소멸됨(1914년)
	성본 (성저)			城本面	城底面	城本面	城本面			*대조곡면에 편입되면서 지명 소멸됨(1914년) *대조곡면)은진면 (1915년)
	화지산 (화지)			花之山面 花枝島-山川條 花枝里	花枝面 花枝里	花之山面	花枝山面	? 場岱里	花枝洞(논산시)	*화지산면 花枝里)화지산면 場岱里(1912년))논산읍 本町(1914년))논산읍 花枝里(1946년)
	송산			松山面	松山面	松山面	松山面			*대조곡면에 편입되면서 지명 소멸됨(1914년)
	대조곡			大鳥谷面	大鳥谷面	大鳥谷面	大鳥谷面	大鳥合面	한씨, 한새실, 閑鳥谷, 大鳥谷, 閑谷(은진면 방축리)	*대조곡면)은진면(1915년) *지명 영역 축소됨

분류	지명	新增(1530)	東國(1656~1673)	輿地(1757~1765)	戶口(1789)	東奧·大圖·大志(1800년대 중엽)	舊韓(1912)	新舊(1917)	論山a(1994)	비고
面지명	노성 읍내			邑內面	邑內面	邑內面	邑內面	邑內里(노성면)	邑內里, 邑內(노성면)	*노성면이 신설되면서 지명 영역 축소됨(1914년)
	상도			上道面	上道面	上道面	上道面	上道里(상월면)	上道里(상월면)	*상월면이 신설되면서 지명 축소됨(1914년)
	하도			下道面	下道面	下道面	下道面	下道里(노성면)	下道里(노성면)	*노성면과 상월면이 신설되면서 지명 영역 축소됨(1914년)
	두사			豆寺面 豆寺堤-堤堰條	豆寺面	豆寺面	豆寺面	豆寺里(노성면)	팟절, 豆寺, 豆寺里(노성면)	*노성면이 신설되면서 지명 영역 축소됨(1914년)
	천동	泉洞-土産條(鐵)	泉洞-土産條(鐵)	泉洞面 泉洞堤-堤堰條	泉洞面	泉洞面	泉洞面	泉洞里(광석면)	샘골, 泉洞, 泉洞里(광석면)	*광석면에 편입되면서 지명 영역 축소됨(1914년)
	광석			廣石面	廣石面 廣里	廣石面	光石面 光里	光石面 光里	너분들, 다분들, 光里, 石面(논산시)	(廣>光)
	득윤			得尹面 得尹里	得尹面 得尹里	得尹面	得尹面 尹里	得尹里(광석면)	得尹, 得尹里(광석면)	*광석면에 편입되면서 지명 영역 축소됨(1914년) (得尹>尹)(得尹)
	소사			素沙面 素沙堤-堤堰條	素沙面	素沙面	素沙面	素沙里(부여군 초촌면)	소새, 素沙, 素沙里(부여군 초촌면)	*부여군 초촌면에 편입되면서 지명 영역 축소됨(1914년)
	장구동			長久洞面 長久洞里 長久洞堤-堤堰條	長久洞面 長久洞里	長久洞面	長久面 久洞	長久里(노성면)	長久洞, 長久里(노성면)	*노성면에 편입되면서 지명 영역 축소됨(1914년) (長久>>長久)

분류	지명	新增(1530)	東國(1656~1673)	輿地(1757~1765)	戶口(1789)	東輿·大圖·大志(1800년대 중엽)	舊韓(1912)	新舊(1917)	論山a(1994)	비고
面지명	화곡			禾谷面 禾谷里	禾谷面 禾谷里	禾谷面	禾谷面 禾谷里	禾谷里 (노성면)	수실, 禾谷, 禾谷里 (노성면)	*노성면에 편입되면서 지명 영역 축소됨(1914년)
	월오동 (월오)			月午洞面	月午洞面	月午洞面	月午面	月午里 (상월면)	다리실, 月午洞, 月午里 (상월면)	*상월면에 편입되면서 지명 영역 축소됨(1914년)
	연산 평천	平川驛	平川驛	平川堤~堤堰條 平川驛 (부인처면)	平川里 (부인처면)	平川驛	平川里 (부인처면) [평천역]		平川, 屛村 (부적면 반송리)	(平川)平村·屛村)
	반야	般若院	般若院	般若院~驛院條, 古蹟條						*지명 소멸됨
	초포	草浦院	草浦院 草浦~山川	草浦院~驛院條, 古蹟條 草浦~山川川條		草浦面			옷개, 草浦 (광석면 항월리)	*노성현에도 草浦가 있음
驛院지명	포천	布川院 布川~山川川條	布川院	布川院~驛院院條, 古蹟條 布川~山川川條 布川路~道路路條 新橋~橋梁條 布橋~橋梁條 新橋~橋梁條			新橋里 (적 사구면) 沙橋里 沙橋里	新橋里 (부적면)	사다리, 새다리, 沙梯村, 新僑(부적면 신교리)	*前部 지명소(布기) 소멸됨
	은진 남향	甥頂院	甥頂院	甥頂院路~道 路條 甥頂院堤~堤堰條						*지명 소멸됨

분류	지명	新增(1530)	東國(1656~1673)	輿地(1757~1765)	戶口(1789)	東輿·大圖·大志(1800년대 중엽)	舊韓(1912)	新舊(1917)	論山a(1994)	비고
驛院 지명	노성 오뒤	吾德院	吾德院							*지명 소멸됨
	궁정	弓井院	弓井院							*지명 소멸됨
山 지명	연산 계룡산	鷄龍山	鷄龍山				[계용산(鷄龍山)]		鷄龍山(논산시 상월권)	
	황산	黃山 黃山-郡名條	黃山 黃山-郡名條	黃山 黃山-郡名條	黃山里(모촌면) 黃鎭里	黃山岑 天護山	黃山里(모촌면) 黃鎭里[황산] [천호산]		天護山(연산면 천호리), 黃山(연산면 신량리), 누르기, 누르기재, 黃嶺, 黃嶺재(연산면 신량리)	(黃山天護山)
	도솔산	兜率山	兜率山	兜率山		兜率山	[두솔산(兜率山) (연산군 두마면)]		? 매봉, 鷹峰 (벌곡면 사정리)	*지명 소멸됨
	마고평	馬皐坪	馬皐坪	馬皐坪		馬皐坪	馬九坪里(부인처면) [마구평]	馬九坪里(부적면)	마굿들, 馬九坪(부적면 마구평리)	*3字式 前部 地名素 (들)九
	매둔산	大芚山	大芚山	大芚山		大芚山	[디둔산]		大芚山(논산시 벌곡면 수락리)	
	은진 건지산	乾止山	乾止山	乾止山		乾止山			乾止山(은진면 교촌리-내동)	
	마야산	摩耶山	摩耶山	摩耶山山古城-古跡條		摩耶山	[미와산]		梅花山, 梅花山城, 중로산 (연무읍 양지리-가야곡면 삼전리)	*前部 지명소(摩耶) 소멸됨

분류	지명	新增(1530)	東國(1656~1673)	輿地(1757~1765)	戶口(1789)	東輿·大圖·大志(1800년대 중엽)	舊韓(1912)	新舊(1917)	論山a(1994)	비고
산 지 명	황화산	皇華山	皇華山	皇華山		皇華山			皇華山, 皇華山城, 청화대, 봉화산, 가우내정, 김난성 (등화동)	
	강경산	江景山 江景浦	江景渡	江景山 江景浦		江景坮	江邊村 (김포면)	江景面 (논산군)	玉女峰, 江景山烽燧, 봉화대 (강경읍)	
	채운산	彩雲山 彩雲鄕-古跡條 土産條-(竹箭) 彩雲-姓氏條	彩雲鄕-土産條(竹箭)	彩雲山-山川條, 古跡條 彩雲鄕-古跡條 彩雲面	彩雲面	彩雲面	彩雲面	彩雲面	彩雲山(강경읍 채산리) 彩雲面(논산시)	
	반야산	般若山	般若山	般若山		般若山			般若山, 성재 (관촉동~내동)	
	불명산	佛明山	佛明山	佛明山		佛明山			佛明山, 鵲峰山 (양촌면 중산리)	
	소호산			蘇湖山-山川條, 古跡條		蘇湖山			蘇湖山, 馬山, 馬那山 (연무읍 마산리)	
	어상산			御床山		御床山			어상미, 어상메, 御床山 (등화동)	
	동산			銅山 兒里山里 (성본면)	兒里山里 (성본면)		銅山里 (성본면)		구리산, 구리뫼산, 구름산, 銅山(강산동)	(兒里 : 구리의 음차) (銅 : 구리의 훈차 혹은 음차)
	계룡산			契龍山						*지명 소멸됨

분류	지명	新增(1530)	東國(1656~1673)	輿地(1757~1765)	戶口(1789)	東輿·大圖·大志(1800년대 중엽)	舊韓(1912)	新舊(1917)	論山(1994)	비고
큰지명	화산			花山, 花山下橋-橋梁條, 花山-古跡條, 花山面	花山面	花山面	花山面, 山花里	中里(제운면)	꽃미, 매꽃미, 梅花山, 花山, 花山里(제운면)	(花: 꽃~꼬지의 훈음차) *땅지 뜻을의 線狀 丘陵 地形 반영
	논산			論山, 論山里, 論山路-道路條	論山里, 論山里(니성현 광석면)	論山浦(『東輿』)	論山里(노성군 광석면)[논미]	論山郡 論山面	놀미, 論山市, 論山川(중청남도)	*論山郡 論山面(1914년)〉論山郡 論山邑 論山市(1938년)〉論山市(1996년) *지명 영의 화산목
	노성 노산	魯山, 尼山,魯山,尼城-郡名條	魯山, 尼山-郡名條	魯山, 尼山, 魯城, 恩津-郡名條, 魯城山峰嶺-嶺榬條	? 魯溪里(장구동면)	魯城	? 魯溪里(장구면)	魯城面	魯城이, 魯山, 尼城山, 魯城峰嶺, 봉우재, 성재, 魯城面(논산시)	(尼山·魯山)魯城山)
	접지산	接枝山		接止山里, 接枝山-山川條, 接枝山堤-堤堰條	接枝山里		接支山里		접지미, 接枝山(노성면 병사리)	(枝X枝·止X支/枝)
	고해랑	高海浪	高浪原	高海浪					고랭이, 高浪이, 高海浪山, 무정골(노성면 읍내리)	
교개지명	연산신들포지			沙乙浦城路-道路條	沙浦里	옵浦峙	沙浦洞(백석면)[삽꾜동]	沙浦里(연산면)	옵浦峙, 살포산, 沙浦(연산면 사포리)	(沙乙)옵)沙)
	사현			沙乙峴(백석면), 沙乙峙路-道路條	沙峴里(백석면)	沙峴	沙峴洞(백석면)[사삼교리]		사실고개, 沙峴, 沙峴고개(연산면 어은리)	(沙乙)沙)

분류	지명	新增(1530)	東國(1656~1673)	興地(1757~1765)	戶口(1789)	東輿·大圖·大志(1800년대 중엽)	舊韓(1912)	新舊(1917)	論山a(1994)	비고
河川 관련지명	연산 포천	布川 / 布川院-驛院條		布川 / 布川院-驛院條 / 古跡條 / 布川路-道路條 / 布橋-橋梁條			[포틴] (布川)		새다리, 新橋 부근 논산천(부적면 신교리)	*前部 지명소(布川) 소멸
	거사리원	居士里川		居士里川(모촌면) / 居士里路-道路條	居士里(모촌면)	居士里川	居士里(모촌면) [거사리너 (居士川)]	居士里(양촌면)	居士里, 居士(양촌면)	
	인천 (仁澤)		仁川 / 仁川(은진현)			陽良所川		仁川里(양촌면)	인내, 仁川, 仁川里(양촌면)	
	사계		沙溪			沙溪	[모티너 (沙川-임니리)]		沙浦, 임리 앞 연산천 (연산면 사포리-임리)	*沙溪: 金長生의 號
	초포	草浦院	草浦院 / 草浦-山川條	草浦院-驛院條 / 古跡條 / 草浦-山川條 / 合亭里(두사면)	合井里(두사면)		合丁里(두사면)		못개, 草浦, 合亭里(강경면 창횡리)	*노성현과 연산현이 함께 등제됨 *노성천(大川)과 연산천(沙溪)이 합류하는 지점에 위치
	북천			北川			[뒤너 (北川)]		연산천(연산면 연산리)	*지명 소멸됨
	두마원			豆磨川-道路條 / 豆磨面 / 豆磨里	豆磨面 ? / 上豆村里	豆磨川	豆磨面 [두마너 (豆馬川)]	豆磨面 / 豆溪里	豆磨川, 豆磨面, 팥거리, 豆溪里(개물시)	(豆: 팥의 훈자 혹은 훈음자) (磨: 가리의 훈음자) (溪: 가리의 음자)

분류	지명	新增(1530)	東國(1656~1673)	輿地(1757~1765)	戶口(1789)	東輿·大圖·大志(1800년대 중엽)	舊韓(1912)	新舊(1917)	論山a(1994)	비고
河川 관련지명	한삼천			漢三川 汗三川里(벌곡면)	汗三川里(벌곡면)	汗三川 漢三川	汗三川里(벌곡면)[한산니]	汗三川里(벌곡면)	한삼내, 汗三川, 汗三川里(벌곡면)	(漢)汗
	은진증산포		甑山浦	甑山浦		甑山浦			황화천과 여산천 합류 지점의 강정천(연무읍)	
	강경포	江景浦 江景山	江景渡	江景浦 江景山		江景站	江邊村(김포면)	江景面(논산군)	江景邑(논산시)	*지명 영역 확대됨
	시진포	市市浦 古市津-古跡條 市津-姓氏條 市津橋-橋梁條 加知奈,加乙乃,薪浦,市津-郡-名條	市市浦 市津-郡名條 市津隈縣-古跡條 市津橋-關梁條	市市浦 古市津-古跡條 市津橋-橋梁條 加知奈,加乙乃,薪浦,市津-郡名條		市津			논산천 등화동 아래말 부근(등화동)	*지명 소멸됨
	논산포			論山 論山里 論山路-道路條	論山里 論山里(나성현 광석면)	論山浦(『東輿』)	論山里(노성군 광석면)	論山郡 論山面	論山川, 놀미, 論山市(충남 논산시)	*하천지명 영역 영역 확대됨
	사진	私津		私津					草浦와 帝川이 합류하는 가름내 부근(대교동)	*지명 소멸됨

분류	지명	新增(1530)	東國(1656~1673)	輿地(1757~1765)	戶口(1789)	東興·大圖·大志(1800년대 중엽)	舊韓(1912)	新舊(1917)	論山a(1994)	비고
河川	을냉천	栗嶺川		栗嶺川		栗岑川				*지명 소멸됨 (栗의 誤記)
	금강		錦江							*지명 영의 轉載됨
관련지명	화지도			花枝島 花之山面 花枝里	花枝面 花枝里	花之山面	花枝山面	? 場垈里	花枝洞(논산시)	*화지산면 花枝里(1912년)→화지산면 場垈里(1914년)→논산읍 木町(1914년)→논산읍 花枝里(1946년)
	대천	大川	大川	大川					魯城川(노성면 읍내리)	*지명 소멸됨
	장자지	長者池	長者池	長者池 長尺里(천동면)	長尺里(천동면) 小尺里	長者池	大尺里(천동면) 小尺里 [장지못] (長者池)		장자못, 長湖, 長者池 (광석면 왕전리)	(尺: 자의 훈차 혹은 훈음차)
	석교천		石橋川	石橋川		石橋川			? 병사리 병사 앞 하천(노성면)	*지명 소멸됨
村落지명	구어동			舊御洞里	舊御洞里				舊御洞, 連山衙門, 東軒터(연산면 연산리)	
연산현 내면	배에			白匪	上白匪里 下白匪里		白連村 [빅오기]		白匪(연산면 연산리)	(匪〉匪〉匪)
	월양대			月陽臺里	月良臺里				月陽臺(연산면 연산리)	(陽〉良〉陽)
	일양대			日陽臺里	日良臺里				日陽臺(연산면 연산리)	(陽〉良〉陽)
	옥티			上玉田里	上玉前里				옥티, 玉田里 (연산면 연산리)	(獄〉玉)(美化지명) (田〉前)田

분류	지명	新增(1530)	東國(1656~1673)	輿地(1757~1765)	戸口(1789)	東輿·大圖·大志(1800년대 중엽)	舊韓(1912)	新舊(1917)	論山a(1994)	비고
연산현 내면	옥거리			玉溪丁里	玉溪亭里				玉溪里(연산면 연산리)	(옥거리)玉溪里(마침지명)
	백림동			栢林洞里	栢林洞里		栢林村[박림]		栢林洞(연산면 연산리)	(洞과 村이 티쓰임)
	객사터				客舍前里				客舍터(연산면 연신리)	
	중리			中里	中里				중리(연산면 연산리)	
	신암						莘岩里[신암]	**莘岩里**	신암, 元莘岩, 莘岩里(연산면)	
백석면	사실고개(사치)			沙乙峙(백석면) 沙乙峙條-道路條	沙峴里(백석면)	沙峴	沙峴洞[사실고개]		사실고개, 沙峴, 沙峴고개(연산면 어은리)	(沙乙>沙)
	은골			漁隱洞里	漁隱洞里		隱洞[은골]	**漁隱里**	은골, 漁隱, 漁隱里(연산면)	
	오구미			五口山里	五丘山里		上梧山洞[상오산]	**梧山里**	오구미, 鰲龜山, 梧山, 龜山, 梧山里(연산면)	(五口>五丘>梧山·鰲龜)
	덕바우			德巖里	德巖里		德岩里[덕바우을]	**德岩里**	덕바우, 德隱, 德岩, 德岩里(연산면)	(巖>岩)
	도구머리			道邱里	道丘里		道口里[도구머리]		도구머리, 道口, 道龜, 陶丘里(연산면 덕암리)	(道邱>道丘>道口·道龜·陶丘)

村落地名

분류	지명	新增(1530)	東國(1656~1673)	輿地(1757~1765)	戶口(1789)	東輿·大圖·大志(1800년대 중엽)	舊韓(1912)	新舊(1917)	論山a(1994)	비고
村落地名 / 백석면	표정			瓢井里	上表井里 下表井里		上表里 [상표리] 中表里 下表里 新表里	**表井里**	표정, 表井里 (연산면)	(瓢〉表)
	솔미				上松山里 中松山里 下松山里		松山洞 [송산]	**松山里**	솔미, 松山里(연산면)	
	임음골				音洞里		音洞里 [임음동]		임음골, 日音洞 (연산면 어은리)	(音〉日音)
	구정골				貴井里		九井里 [구정]		구정골, 개우물, 蓋井, 九井(연산면 송산리)	(貴〉九·蓋)
	동미				獨山里		[딕산 (德山里)]		동미, 獨山, 德山 (연산면 백석리)	(獨〉獨·德)
	탄동				炭洞里		炭洞 [탄동]		炭洞里 (연산면 어은리)	
	삽포제(사포)			沙乙浦城路道 路條	沙浦里	엹浦峙	沙浦洞 [삽포동]	**沙浦里**	엹浦제, 삽포산, 沙浦(연산면 사포리)	(沙乙〉엹〉沙)
	여우내				如牛城里		新表里 [신표리]		여우내, 新表 (연산면 표정리)	(如牛 : 여우의 음차)
	꽹이다리						高陽橋里 [고양이 다리]	**高陽里**	꽹이다리, 高陽橋, 高陽里(연산면)	

분류	지명	新增 (1530)	東國 (1656~1673)	輿地 (1757~1765)	戶口 (1789)	東輿·大圖·大志 (1800년대 중엽)	舊韓 (1912)	新舊 (1917)	論山 (1994)	비고
백석면	거북바우				龜岩里		龜岩洞 [귀음동]		거북바우, 貴岩 (연산면 시포리)	(龜〉貴)
백석면	산소말						山所洞 [산소리]		산소말, 山所 (연산면 어은리)	
어은면	부엉이			夫皇里	夫皇里 上夫皇里		夫皇里 [부황리]	**夫皇里**	부엉이, 夫皇里, 부엉산, 鳳凰山(부적면)	(夫皇: 鳳凰: 부엉이 음차)
어은면	외잣			外城里 外城-古跡條 外城面	上外城里 中外城里 下外城里 外城面	外城面 外城	上外里 [상의리] 中外里 下外里 新外里 外城面	**外城里**	외잣, 외계, 外城, 外城里 (부적면)	*춘당 분동 활탄 *全義 李氏 종족촌
어은면	숲말 (임리)			林里	上林里 中林里 下林里 新林里		上林里 [상님] 中林里 下林里 新林里 [심님] 興林里 外城面	**林里**	숲말, 林里, 上林, 中林, 下林, 新林, 靑林(연산면)	*춘당 분동이 활발함 (光山 金氏 종족촌)
	청림						靑林里 [청님]		靑林 (연산면 장전리)	

분류	지명	新增(1530)	東國(1656~1673)	輿地(1757~1765)	戶口(1789)	東輿·大圖·大志(1800년대 중엽)	舊韓(1912)	新舊(1917)	論山a(1994)	비고
村落地名 (연산면)	다오개				多五介里		茶峴洞 [다오기]		다오개, 다고개, 茶峴 (부적면 부청리)	(多五介>茶峴) (五介: 고개의 음차)
	덕들				德坪里		[덕평] (德坪洞)	德坪里	덕들, 德坪, 德坪里 (부적면)	
	거북뫼						九山里 [거북뫼]		거북메, 거북미, 九山, 龜山 (연산면 임리)	(九>龜·九) (九: 龜의 取音)
	하정미						鶴頂里 [하정리] (鶴亭里)		하정미, 鶴頂山, 鶴亭 (연산면 임리)	[頂: 頂記(取形)] (亭>頂·亭)
	잔개울						殘浦洞 [잔오]		잔개울, 殘浦 (부적면 외성리)	
	서당골						書堂洞 [서당골]		서당골, 書堂洞 (부적면 부창리)	
	관하골						觀學洞 [관하동]		관하골, 觀學谷 (부적면 덕평리)	
	용구미						用九山里 [용구산]		용구미, 용구메, 龍九山, 用九山(부적면 덕평리)	(用>用·龍)
村落地名 (부인처면)	종종개			種浦里					종종개, 淙浦 (지산동)	(種>淙)
	제밭			祭田里 祭田石橋-橋梁條 祭田-古跡條	癸田里		桂田里 [계전촌]		제밭, 지밭, 祭田, 桂田 (부적면 부인리)	(祭>癸·祭·桂)

분류		지명	新增(1530)	東國(1656~1673)	輿地(1757~1765)	戶口(1789)	東輿·大圖·大志(1800년대 중엽)	舊韓(1912)	新舊(1917)	論山a(1994)	비고
村落地名	行人村面	애호닷			阿也里	阿也里		鶩湖里 [어호닷]	**阿湖里** (부적면)	애호닷, 阿湖, 阿湖里 (부적면)	(阿也=鶩湖) 阿湖
		돋못			猪池里	猪池里		豚池里 [돋못]		돋못, 錢塘 (부적면 아호리)	(猪池>豚池>錢塘) 혹은 (猪·錢: 돋의 준자 혹은 음자) (豚: 돋~돈의 음자)
		뙁쳔 (병쳔)	丙川驛-驛院條	丙川驛-郵驛條	丙川里 丙川驛-驛院條 丙川堤-堤堰條	丙川里	丙川驛	丙川里 [명쳔리]		뙁쳔, 屛村 (부적면 반송리)	
		챵리				倉里		倉里村 [챵리촌]		倉里, 가름내(내교동)	
		챰쳔				合川里		合川村 [합쳔]		合川, 合村 (부적면 덕지동)	(合川村>合村)
		섬바니				新田里		新田里 [섬반니]		섬바니, 섬뜰, 薪田 (부적면 부인리)	
		덕지못				德地里 舊德地里		德池村 [덕지촌]	**旺豋里** (부적면)	덕지못, 德池洞(논산시)	(池>地) *舊德地里: 논산천의 유로 변화 반영 *논산군 부적면 왕디리)>논산읍 錦町(1938년)>논산읍 덕지리(1947년)
		거북졍이				九井里		九井里 [구졍니]		거북바우, 거북졍이, 九井里, 龜亭里 (부적면 반송리)	(九井>九井·龜亭)

분류	지명	新增 (1530)	東國 (1656~1673)	輿地 (1757~1765)	戶口 (1789)	東輿·大圖·大志 (1800년대 중엽)	舊韓 (1912)	新舊 (1917)	論山Ia (1994)	비고
부인처면 (村落地名)	새삼거리						新三巨里 [신삼거리]		새삼거리, 新三巨里 (부적면 외성리)	
	왕덕이				旺德里		旺南村 [왕남촌] 旺北村 [왕북촌]	**旺德里** (부적면)	旺德里 (덕지동)	
	새터				新垈里 南新垈里		東新垈 [동신덕] 南新垈 [남신덕]		새터, 東新垈, 南新垈 (부적면 아호리)	
적사곡면 (내적면) (村落地名)	성덕뜸			城德里	上城德里 下城德里		上城洞 [엄듬] 中城洞 [성덕동] 下城洞 [하성]	**城德里** (부적면가 아곡면)	城德뜸, 城德里 (은진면 성덕리, 성명리)	*上城: 엄신뜸 *下城: 은신뜸 *은진현 가야곡면에도 존재(군현 경계 위치)
	안내			顔川里	顔川里		顔川里 [안천말]	**顔川里**	안내, 安川, 안천말 (부적면 신중리)	(顔>安·顔) *1931년과 1974년 논산지 수지 건설로 대부분 수몰됨
	풍덕말			豊德里	豊德里 新豊里		豊德里 [풍덕말] 新豊里 [신풍]	**新豊里**	풍덕말, 豊德里 (부적면 신중리)	

분류	지명	新增(1530)	東國(1656~1673)	輿地(1757~1765)	戶口(1789)	東輿·大圖·大志(1800년대 중엽)	舊韓(1912)	新舊(1917)	論山(1994)	비고
村落地名 (적사곡면 (내적면))	충곡			忠谷里	忠谷里		忠谷村 [충곡]	**忠谷里**	忠谷, 忠谷里 (부적면)	
	붉절골 (거정터)			居正등里 赤寺谷面	居正里 赤寺谷面	赤寺谷面	居正里 高井里 赤寺谷面 內赤洞 [거정터] [고정]	**高井里**	붉절골, 赤寺谷, 거정터, 거줏티, 거정터, 居正址, 居正垈(연산면 고정리)	(坌 덥다) (居正〉居正·高井)
	청동골			靑洞里 靑洞堤-堤塘堤條	靑洞里		靑洞里 [내적면] [청동골]	**靑銅里** (연산면)	청동골, 靑銅, 靑銅里 (연산면)	(洞)銅
	밤내미 (새미)			凡南里 (적사구머면)	上凡南里 下凡南里 新凡南里		上凡里 下凡里 [내적면] 新凡里 [백석면] [상범남이] [밧범남이]		밤내미, 밤너미, 밤남, 안밤나리(연산면 임리) 아래밤나미, 下凡, 外凡(연산면 한전리) 새범나미, 新凡, 新虎(연산면 신호·연산면 표정리)	(凡〉凡·虎) (凡南: 밤남이의 음자) (凡南: 밤남이의 음차) (虎: 범의 훈차) *광산 김씨 시조모 陽川許氏 관련 지명
	사다리 (새다리)			新橋路-道路條 (은진리) 新橋-橋梁條	沙橋里		新橋洞 [신교] 沙橋洞 [사다리]	**新橋里**	새다리, 사다리, 沙橋村, 新橋, 新橋里, 沙橋里 (부적면)	(新: 새의 훈차 혹은 음차) (沙: 사의 음차)
	탑정				塔丁里		塔亭里 [탑정이]	**塔亭里**	塔亭, 塔亭里 (부적면)	(丁〉亭)

분류	지명	新增(1530)	東國(1656~1673)	輿地(1757~1765)	戶口(1789)	東輿·大圖·大志(1800년대 중엽)	舊韓(1912)	新舊(1917)	蘆山1a(1994)	비고
村落地名 (적사국면(내적면))	성안	성안		城內里	城內里		城內洞 [성안]		성안, 城內里 (부적면 탑정리)	
	아개울	아개울			阿可里		阿可谷村 [아가울]		아개울, 아개골, 阿谷里 (부적면 신교리)	(阿可: 아개의 음자)(可 탑타)
	쇠머리	쇠머리			牛頭里		牛音里 (내적면) [쇠머리]		쇠머리, 牛頭村, 牛首 (연산면 고정리)	(頭)頭·首)
	흔황	흔황			欣皇里		欣皇里 (내적면) [흔앙이]		欣皇, 欣王 (연산면 한전리)	(皇〉王)
	불무무	불무무			浤隅里		浤隅里 [번무루]		불무루, 浤隅里 (부적면 신풍리)	
	수정(주정)	수정(주정)			水井里		水井里 [슈정니]		水井里, 休쭉里 (연산면 청동리)	(水井〉水井·休쭉)
	감정	감정			甘寺谷里		甘寺谷村 [감정]	**甘谷里**	감정, 甘谷, 甘谷里 (부적면)	(寺 탑타)
	온산	온산			溫山所里		溫山里 (내적면) [온산]		溫山里 (연산면 청동리)	

분류	지명	新增 (1530)	東國 (1656~1673)	輿地 (1757~1765)	戶口 (1789)	東輿·大圖·大志 (1800년대 중엽)	舊韓 (1912)	新舊 (1917)	論山 (1994)	비고
적실곡민(내적면)	한양말				漢陽里		汗良村[한양말] 汗新村[자생밀앨] 汗北村[한북촌]		漢陽말, 큰들, 韓村 (부적면 충곡리)	(漢)汗>漢·韓
	주래						注川洞[주티]		주래, 注川(지산동)	
	꽝리						平里洞[꽝니]		坪里(은진면 성평리)	(平)坪
모촌면	거사	居士里川-山川條		居士里 居士里川-山川條 居士里路-道路條	居士里	居士里川	居士里[거사리]	居士里	居士里, 居士(양촌면)	
	죽아니			竹內里	竹內里 新竹內里		竹內洞[죽안니]		죽아니, 竹內(양촌면 거사리)	
	따울			茅村里	上茅村里 下茅村里	茅村面	上茅里[위따을] 下茅里[아ㄹ따을]	茅村里(양촌면)	따울, 茅村, 茅村里(양촌면)	
	꽁제			熊峙里	熊峙里		上熊峙里[상웅치]		꽁제, 꽁티재, 熊峙, 및독(양촌면 산직리)	(熊: 꽁의 훈자 혹은 음자)

村落地땅

분류	지명	新增(1530)	東國(1656~1673)	輿地(1757~1765)	戶口(1789)	東輿·大圖·大志(1800년대 중엽)	舊韓(1912)	新舊(1917)	論山(1994)	비고
村落地名 모촌면	양동			陽村洞里	上陽村洞里 下陽村洞里 新陽村洞里		下良里[하양] 新良里[양자울]	新良里(양촌면)	良洞, 新良里(연산면)	(陽)良) (村 탈락) *양촌면에서 연산면으로 편입(1983년)
	반곡			盤谷里	盤谷里		盤谷里[서림이]	盤谷里	반곡, 盤谷里(양촌면)	
	올바우			鳴巖里	上鳴巖里 中鳴巖里 下鳴巖里		中鳴岩里 下鳴岩里[올바우]	鳴岩里	올바우, 鳴岩(양촌면 명암리)	(巖)岩)
	황산	黃山-郡名條 黃山-山川條	黃山-郡名條 黃山-山川條	黃山-郡名條 黃山-山川條	黃山里	黃山岑	黃山里[황산리]		黃山(연산면 신량리)	
	누르기	黃山-郡名條 黃山-山川條	黃山-郡名條 黃山-山川條	黃山-郡名條 黃山-山川條	黃嶺里	黃山岑	黃嶺里[황영]		누르기, 누르기계, 黃嶺, 황령제(연산면 신암리)	
	원디				院北里		上院里[상원] 下院里[하원]		원디, 院北(양촌면 반곡리)	(北: 뒤의 이미)
	고리실				古里谷里		古里洞[고리실]		고리실, 古里谷(양촌면 모촌리)	(谷:洞): 실의 훈차)
	금내				熊川里		熊川里[금닉]		금내, 熊川(양촌면 모촌리)	(熊: 곰의 훈차 혹은 훈음차)
	개절 (가사동)				介寺洞里		介寺里[기절리] 可士洞[가사동]		가세골, 개절, 柯士洞(양촌면 남산리)	(介寺)可士)柯士) *佛敎)儒敎的 表記字

분류	지명	新增(1530)	東國(1666~1673)	輿地(1757~1765)	戶口(1789)	東輿·大圖·大志(1800년대 중엽)	舊韓(1912)	新舊(1917)	論山a(1994)	비고
모촌면	침동				沉洞里		沈洞 [침울]		沈洞, 당곡 (양촌면 남산리)	(沉>沈) (沉: 沈의 俗字)
	가라티				葛田里		葛田里 [가티되]		가라티, 갈앗티, 葛田 (양촌면 가사리)	(갈밭티>갈앗티>가라티)
	산직말				山直里		山直里 [산직리]	山直里	山直말, 山直里 (양촌면)	
	저목				磴谷里		磴谷洞 [저목]		磴谷 (양촌면 거사리)	
	새멀						新坪洞 [신굑]		새굑, 新坪 (양촌면 거사리)	
별곡면	도산			道山里 道山里路-道路條	道山里		道山村 [도산리]	道山里	道山, 道山里 (별곡면)	(里>村)里
	덕실			德谷里	德谷里		德谷洞 [덕심]	德谷里	덕실, 덕골, 德谷, 壤山, 德谷里 (별곡면)	(里>洞)里
	용바위			龍巖里	龍巖里		龍巖洞 [용암]		용바위, 용암, 玉相室 (별곡면 매덕리)	
	느락골			於谷里	於谷里		內於谷村 [너의심] 外於谷村 [외의심]	於谷里	느락골, 於羅洞, 於谷, 於谷里 (별곡면)	(於羅: 느락의 준음사+음차)
	공시미			公須山里	公須山洞		公須山 [공심니]		공시미, 公須山 (별곡면 신양리)	
	찬삼내			汗三川里-山川條 漢三川~山川條	汗三川里	汗三川 漢三川	汗三川里 [한삼니]	▲汗三川里	찬삼내, 汗三川, 汗三川里 (별곡면)	(漢>汗)

분류	지명	新增 (1530)	東國 (1656~1673)	輿地 (1757~1765)	戶口 (1789)	東輿·大圖·大志 (1800년대 중엽)	舊韓 (1912)	新舊 (1917)	論山a (1994)	비고
별곡면 村落地名	자고묵			尺古目里	尺古目里		尺古木里 [적고목]		자고묵, 자고목, 尺古木 (별곡면 사정리)	(日>木) (尺: 자의 훈음차)
	장고티				長古峙里		長古峙里 [장고티]		장고티, 長古峙 (별곡면 도산리)	
	상보실				上伐谷里		上伐谷村 [상벌실]		상보실, 上伐谷 (별곡면 수랑리)	
	고달리				古月里		古月里 [고월리]		고달리, 고도리, 古月里 (별곡면 양산리)	
	샛골				鳥洞里		鳥洞 [식골]	**鳥洞里**	샛골, 鳥洞, 鳥洞里(별곡면)	(鳥: 새의 훈차 혹은 훈음차)
	가마바위				檢川里		錦川洞 [검천]	**檢川里**	가마바위, 檢川, 檢川里(별곡면)	(檢>錦, 檢)
	도리미				道理山里		道理山洞 [도리산]		도리미, 道理山 (별곡면 신앙리)	
	새재				鳥嶺里		鳥嶺洞 [식지]	**鳥嶺里**	새재, 鳥嶺, 鳥嶺里(별곡면)	
	모래밭				茅田里		茅田洞 [석밧]		모래밭, 茅田 (별곡면 조령리)	
	오자실				五作里		五作谷洞 [오작곡]		오자실, 五鵲谷 (별곡면 검천리)	(作>鵲)
	중버실				中伐谷里		中伐谷村 [중벌곡]		중보실, 중버실, 中伐谷 (별곡면 덕곡리)	

분류	지명	新增(1530)	東國(1656~1673)	輿地(1757~1765)	戶口(1789)	東輿·大圖·大志(1800년대 중엽)	舊韓(1912)	新舊(1917)	論山시(1994)	비고
村落地名 별곡면	덕목				德目里		德水里[덕목]	**德水里**	덕목, 德水里(별곡면)	(德>水)
	독뱅이				獨方里		讀房村[독방이]		독뱅이, 讀房里(별곡면 만독리)	(獨方>讀房)(미화지명)
	사삼암				鳥三巖里		思三岩洞[사삼바위]		思三岩洞, 바랑골(별곡면 어곡리)	(鳥: 새~사의 훈음차)(鳥>思)
	점골						店洞[점동]		점골, 店洞(별곡면 덕곡리)	
	구고운						舊孤雲里[구고운]		구곤, 舊孤雲(별곡면 양산리)	*孤雲寺가 있다가 수타리로 이전함
	양골						暘谷里[양골]	新陽里	양곡, 陽谷(별곡면 新陽里)	(暘>陽)
	배지						舟峰里[비티]		배지, 밧배지, 舟峰(별곡면 검천리)	(舟: 배의 훈차 혹은 훈음차)
	싸리골						杻洞[싸리골]		싸리골, 杻洞(별곡면 검천리)	(杻: 죽으로 발음함, 싸리의 훈차)
	만목골						晩木里[만목]	**晩木里**	만목골, 晩木, 晩木里(별곡면)	
	서근아뫼						西斤夜洞[서근바너]		西斤夜味里(별곡면 어곡리)	(西斤夜味: 썩은배미, 서근배미) ? (夜: 배~밤의 훈음차)
	상사암						相思岩村[상사암]		相思岩里(별곡면 덕곡리)	
	수타(무수골)						水落村[수락]	**水落里**	수타, 무수골, 舞袖峙(별곡면 수타리)	*무수골의 중구 지명화(대전 중구 무수동과 비교) *仙人舞袖形 명당

분류	지명	新增(1530)	東國(1656~1673)	輿地(1757~1765)	戸口(1789)	東輿·大圖·大志(1800년대 중엽)	舊韓(1912)	新舊(1917)	諭山(1994)	비고
별곡면	신고운						新孤雲村 [신고운]		新孤雲(별곡면 수랏리)	*양산리 구곡에서 이전한 孤雲寺가 있음
	영은사						靈隱寺村 [영은사] (英隱寺村?)		靈隱寺(별곡면 덕곡리)	*靈隱寺가 있음
村落 지명 / 두마면	팔거리			豆磨里 豆磨里 / 豆磨川-山川條 / 豆磨路-道路條	豆磨面 ? / 上豆村里	豆磨川	豆磨面 [두마면] (豆馬川)	豆磨面 ▲豆溪里	팔거리, 豆磨面, 豆溪里, 豆磨川(계룡시)	(豆: 팥의 훈차 혹은 훈음차) (磨: 거리의 음차) (溪: 거리의 음차) *계룡시 편입(2003년)
	금마위			金岩里	東金巖里 / 西金巖里		東金岩里 [동금암] / 西金岩里 [서금암]	金岩里 (두마면)	금마위, 金岩, 金岩洞(계룡시)	(岩〉巖〉岩)
	음절			菴寺里	嚴節里		陰節里 [음절]	菴寺里 (두마면)	음절, 菴寺, 菴寺里(계룡시 엄사면)	(菴寺〉嚴節〉陰節〉菴寺) (寺: 절의 훈차 혹은 훈음차)
	은굴			漁隱洞					은굴, 隱洞, 隱洞里(계룡시 두마면 왕대리)	*지명 영역 확장
	왕대			旺垈里	旺垈里			旺垈里	旺垈, 旺垈里(두마면)	*조선 성종 때 좌의정 光山 金國光의 묘소가 있음
	가지동				柯枝洞里		柯支洞 [가지동]		柯枝洞(두마면 엄암리)	(枝〉支)
	산소말				山所里		山所里 [산소리]		山所말, 계성말, 旺垈里(두마면 왕대리)	

분류	지명	新增(1530)	東國(1656~1673)	輿地(1757~1765)	戶口(1789)	東輿·大圖·大志(1800년대 중엽)	舊韓(1912)	新舊(1917)	論山(1994)	비고
村落地名 / 두마면	매실				上竹合里 下竹合里		下竹洞[승죽]		매실, 竹谷, 윗매실, 아래매실(두마면 농소리)	
	돌뽀리				石洑里		石洑里[돌뽀니]		돌보리, 돌뽄이, 安洑(엄사면 엄사리)	(洑: 돌의 음차)(石: 돌의 훈차)
	광소	廣紹部曲-古跡條		廣紹部曲-古跡條	新廣召里 外廣召里		內光里[닉광] 外光里[광수리]		廣紹, 廣召(계룡시 금암동)	(廣)光>廣 (紹)召>紹·끔
	구례실				九老合里		九老合里[구로실]		구례실, 九老谷(두마면 두계리)	
	연화동			蓮花洞里			蓮花洞[연화동]		연화동(엄사면 연사리)	*蓮花浮水形의 명당이 있음
	장터				場垈里		場垈里[장티]		장터, 발거리장터, 場垈(두마면 두계리)	
	희음골						會音洞[희음동]		희음골, 會音洞(두마면 농소리)	
	수북동						壽福洞[슈북동]		壽福洞(두마면 입암리)	
식한면	붐암(부남)			富南里	富南里		夫南里[부남리]	夫南里	佛岩, 夫南(계룡시 남선면 부남리)	(富)夫·(佛)
	향한이			香汗里	香汗里		香汗里[향안니]	香汗里	香汗, 향한이, 香汗里(엄사면)	
	소나실			松牙合里	內松里 外松里		內松里[닉숑니]		? 소나실, 內松里(엄사면 유동리)	(松牙: 소나의 훈차+음차)

분류	지명	新增(1530)	東國(1656~1673)	輿地(1757~1765)	戶口(1789)	東輿·大圖·大志(1800년대 중엽)	舊韓(1912)	新舊(1917)	論山(1994)	비고
식한면 村落地名	농소			農所里	農所里		外松里 [외송니] [농소 (農所里)]	**農所里**	外松, 밧가리(향한리) 農所, 農所里(두마면)	*農所이 있던 곳 *두마면에도 존재 (면 경계에 위치)
	배울			梨洞里	梨洞里		梨洞 [배울]		배울, 梨洞 (엄사면 도곡리)	(涧)洞)里
	화여골			花岳洞	花岳洞里		花岳里 [화악골]	**花岳里**	화악골, 花岳. 花岳里(연산면)	(菉)숌)里
	개태			開泰里	上開泰 開泰里		上開台洞 [상기티]		開泰(연산면 천호리)	*사홈뱅이 촌락지명이 된 사례
	관청골			官寺洞	上官寺洞里 中官寺洞里 下官寺洞里		上官寺洞 [상사] 下官寺洞	**官洞里**	관청굴, 관청골. 官洞(연산면)	(寺) 탑타
	향교골			校村里	校村里 下校		校村 下校村 [교촌]		향교촌, 校村 (연산면 관동리)	
	운천				云田		雲田里 [운전]		雲田 (엄사면 향한리)	(云)雲
	흰바위				白巖洞里		白岩里 [흰바골]		흰바위, 배앗돌, 白岩 (남선면 부남리)	(嚴)암
	무주티				水落里		水落里 [수락니]		무수티, 水落 (연산면 화악리)	
	장구산				長古山里		長古山里 [장고산]		장구산, 長古山 (남선면 석계리)	

분류	지명	新增(1530)	東國(1656~1673)	輿地(1757~1765)	戶口(1789)	東輿·大圖·大志(1800년대 중엽)	舊韓(1912)	新舊(1917)	論山(1994)	비고
村落地名 식한면	동촌				東村里		東村 [동촌]		東村, 崑崙, 고든 (남선면 석계리)	
	도방골				道谷里		道谷里 [도곡]	道谷里 (두마면)	도방골, 빗방골, 道谷. 道谷里(엄사면)	
	나룻돔				廣石里		光石洞 [나룻돔]	光石里	나룻돔, 나룻돔, 光石. 光 石里(계룡시 두마면)	(廣)光 *논산시 光石面 光里와 비교
	마룻돔				宗坪里		宗坪里 [마룻돔]		마룻돔, 宗坪 (엄사면 향한리)	
	봉룡정				伏龍亭里		伏龍亭里		鳳龍亭, 鳳舞亭 (연산면 회야리)	(伏龍亭>鳳龍亭·鳳舞亭)
	사봉				沙里		沙峰洞 [사봉동]		沙峰 (엄사면 광석리)	(峯>峰)
	장재울				壯子洞里		壯子洞 [장자동]		장재울, 壯才洞 (엄사면 도곡리)	(壯子>壯才)
	한림정						翰林亭里 [할임정이]		翰林亭(연산면 송정리)	*翰林學士 南氏가 정사를 짓고 거주했던 곳
	북계						北溪里 [북계]		北溪, 북계 (연산면 송정리)	
	천호					天護山	天護里 [천호리]	天護里	天護山 (연산면)	
	경운이						京雲里 [경운이]		경운이, 景雲里 (남선면 정장리)	(京)景

분류	지명	新增(1530)	東國(1656~1673)	輿地(1757~1765)	戶口(1789)	東輿·大圖·大志(1800년대 중엽)	舊韓(1912)	新舊(1917)	論山a(1994)	비고
식한면	덕방이						墨坊里 [덕방니]		덕방이, 墨坊이 (남선면 용동리)	
	신도안						新內洞 [신니]		新內里, 내궁터, 大闕坪, 신도안, 新都內 (남선면 부남리)	
	우적골						牛蹟洞 [우젹골]		우적골, 禹跡洞 (남선면 용동리)	(牛蹟)禹跡
	용동						龍洞 [용동]		용주골, 龍洞, 엉웅주(남선면 용동리)	
은진가상두면	두월			斗月里	斗月里		斗月里	斗月里	斗月, 斗月里(가야곡면)	
	조정			釣亭里	釣亭里		釣亭里	釣亭里	釣亭, 釣亭里(가야곡면)	
	소세			所鳥里	所鳥里		所鳥里		소새, 所沙, 所鳥(가야곡면 종연리)	(鳥: 새의 훈차 혹은 훈음차)(沙: 새의 음차)
	북소			鍾淵里	鍾淵里		鍾淵里	鍾淵里	북소, 鍾淵, 鍾淵里, 鍾北(가야곡면)	(鍾淵: 북소의 훈차 혹은 훈음차)(鍾=鐘鍾)
	등골			登洞里	登洞里		登里	登里	등골, 登里(가야곡면)	(洞 달리)
	성검골				城功里		城功里 [성검믈]	城德里(가야곡면)	城功里, 城功, 城德里(은진면)	(功)德
	왕성골						旺盛洞		왕성골, 旺盛洞(가야곡면 조경리)	*은진현 적사곡면에도 존재(군현경계에 위치)

村落地名

분류		지명	新增 (1530)	東國 (1656~1673)	輿地 (1757~1765)	戶口 (1789)	東輿·大圖·大志 (1800년대 중엽)	舊韓 (1912)	新舊 (1917)	論山a (1994)	비고
갈마동면(갈마면)	村落地名	나릇골			木谷里	木谷里		木谷里	**木谷里**	나릇골, 木谷 (가야곡면 목곡리)	
		산노			山老里	山老里		山老里	**山老里**	山老里 (가야곡면)	
		들네			石西里	石西里		石西里	**石西里** (가야곡면)	들네, 도리내, 石川 서쪽(양촌면 석서리)	*양촌면에 편입됨(1971년)
		장사래						長沙里		장사래, 長生洞, 長沙里 (가야곡면 함적리)	(生: 사의 훈차 혹은 훈음차) (沙: 사의 음차)
		금보						金伏里		금보, 보实, 金伏里 (가야곡면 산노리)	
		원촌						院村		院村, 書院말 (가야곡면 산노리)	*葛山祠(孝岩書院)가 있음
		매오						梅五里		梅五里 (가야곡면 병암리)	*梅花落地形의 명당이 있음
		가는골						細洞		가는골, 細洞 (가야곡면 산노리)	
		화천						華川里		華川 (가야곡면 병암리)	
		냉종바위						屛岩里	**屛岩里**	냉종바위, 屛岩 (가야곡면)	
		함적골						咸積洞	**咸積里**	함적골, 咸積洞, 咸積里 (가야곡면)	
		여수골 (육곡)			六谷里	六谷里		六谷里 [여술]	▲**六谷里** (가야곡면)	여수골, 여슬, 六谷, 六谷里 (가야곡면)	(六: 여수~여슬의 훈차 혹은 음차)
		서른골						西鳳谷里		서른골, 西鳳谷 (가야곡면 육곡리)	(楓/鳳)

분류	지명	新增(1530)	東國(1656~1673)	輿地(1757~1765)	戶口(1789)	東輿·大圖·大志(1800년대 중엽)	舊韓(1912)	新舊(1917)	論山Ⅱa(1994)	비고
두상면(상무면)	날마루						飛宗里		날마루, 반마루, 飛宗(가야곡면 강청리)	(飛: 날의 훈차 혹은 훈음차)[飛〉빈(마루)]
	쇠목						牛項里[쇠목]		쇠목, 牛項(양촌면 중산리)	(牛項: 쇠목의 훈차 혹은 훈음차) *가야곡면 중산리(1914년)〉양촌면(1983년)
	갈내						蘆川村		갈내, 蘆村(가야곡면 양촌리)	(蘆: 갈의 훈음 혹은 훈음차) (川과 村이 티쓰임)
	육현			六閑里	六閑里		六閑里		六閑里(가야곡면 삼전리)	
두하면(하무면)	갱골						柯陽洞		갱골, 柯洞(가야곡면 야촌리)	[가양(柯陽)〉갱(柯)]
	두강이						斗岡里		斗岡이, 새장터, 新市場(가야곡면 야촌리)	
	강청이						江淸里	江淸里	乾川, 江靑이, 江淸里(가야곡면)	(淸〉靑)(강청)진천
	삼밭골						三白洞	蔘田里(구자곡면)	삼배골, 三白里, 蔘田里(가야곡면)	(蔘田: 삼밭의 훈차 혹은 훈음차) *구자곡면 삼전리(1914년) 가야곡면(1962년)
	증골						笠店里		증골, 店洞(가야곡면 삼전리)	

村落地名

분류	지명	新增 (1530)	東國 (1656~1673)	輿地 (1757~1765)	戶口 (1789)	東輿·大圖·大志 (1800년대 중엽)	舊韓 (1912)	新舊 (1917)	論山a (1994)	비고
	매촐						磨矬里		매촐, 磨矬里 (가야곡면 삼전리)	
죽본리	시묘꼴			侍墓里	侍墓里		侍墓里	侍墓里 (구자곡면)	侍墓골, 侍墓里 (은진면)	*은진면에 편입됨(1963년)
	방죽말			防築里	防築里		新防里 舊防里		방죽말, 防築里, 舊防里 (연무읍 죽본리)	*연무읍에 편입됨(1963년)
	동산			東山里	東山里		東山里	東山里 (구자곡면)	東山, 東山里 (연무읍)	
	서제등			西齋里	書齋里		書齋里		書齋洞, 書齋里 (연무읍 죽본리)	(西)書
	독지꼴						獨角里		獨角골 (연무읍 동산리)	(獨)犢
구자곡면	마산			馬山里	馬山里		馬山里	馬山里	馬山, 馬山里 (연무읍)	
	금곡			金谷里	金谷里			金合里	金合洞, 壇所, 金合里 (연무읍)	
	댓들			竹坪里	竹坪里		竹坪里	竹坪里	댓들, 竹坪, 竹坪里 (연무읍)	
	양지편			陽地里	陽地里		陽地里	陽地里	陽地편, 陽地里 (연무읍)	*논산 육군 제2훈련소 (鍊武臺)가 있는 곳
	소룡꼴			巢龍里	巢龍里		巢龍里	巢龍里	巢龍골, 巢龍里 (연무읍)	
	화석						火石里		火石 (연무읍 금곡리)	
村落地名	진등						長登里		진등, 長登 (연무읍 마산리)	(長): 진의 훈차

분류	지명	新增(1530)	東國(1656~1673)	輿地(1757~1765)	戶口(1789)	東輿·大圖·大志(1800년대 중엽)	舊韓(1912)	新舊(1917)	論山(1994)	비고
村落地名	곰밭	熊田土產條(鐵)		熊田里 熊田堤-規揚條	熊田里		熊田里		곰밭 (은진면 토량리)	*정의 이서 종죽촌 (熊: 곰의 훈차 혹은 훈음차)
	우기			禹基里	禹基里		禹基里	禹基里 (채운면)	임금티, 馬基. 禹基里(채운면)	
	배꽃			梨花里	梨花里		梨花里		배꽃 (채운면 우기리)	*광지 틀음의 線狀 丘陵 地形에 반영
	음지말			除地里	除地里		除地里		除地말, 서낭당, 선왕당. 薔旺洞(채운면 심암리)	
	동성			東城里	東城里		上東		東城, 下東 (채운면 좌정리)	
	가다리						草峴里 [가다리]		가다리, 草峴 (은진면 토량리)	
	토양골						土良里	土良里 (대조곡면)	토양골, 土良里 (은진면)	*은진면에 편입됨(1915년)
	꽃정이						花亭洞	花亭里 (채운면)	꽃정이, 花亭. 花亭里(채운면)	*광지 틀음의 선상 구릉 지형 반영
	가지골						柯枝洞		가짓골, 柯枝洞. 柯洞(채운면 심암리)	
	피안말						稷村		피안말, 비안말, 稷村(채운면 삼거리)	[비안(湲橋碑 연측)>피안] 稷
제운면	주을지			注乙池	芝地里				파인뫼, 注乙池昧, 彩雲堤, 방죽("강경"읍 제운리)	(注乙池)注乙 *강경읍에 편입됨(1931년)

분류		지명	新增(1530)	東國(1656~1673)	輿地(1757~1765)	戶口(1789)	東輿·大圖·大志(1800년대 중엽)	舊韓(1912)	新舊(1917)	論山시a(1994)	비고
村落地名	채운면	잣디			城北里	城北里		城北里 城西里 [잣셕(城西)] [잣셔쥬막]		잣디, 잣딕, 城北, 尺峙 (강경읍 채산리)	(城北: 잣딕의 훈차) (尺: 잣의 훈음차)
		까치말						鵲村		까치말, 鵲岩 (강경읍 채산리)	(鵲岩: 까치의 반차적기법)
		양촌						陽村		良村 (강경읍 채산리)	(陽>良)
		노르목						長巷里 [바당마이] 獐東里 獐西里 獐中里		노르목, 獐項 (강경읍 산양리) 고대뜸, 獐東, 건너뜸, 獐西, 가운데뜸, 獐中 (강경읍 제산리)	(長巷: 獐項의 取音) (獐: 노루)
		새터						新垈里	**北町** (강경면)	새터, 鳥坐 (강경읍 제운리)	(鳥坐: 새터의 훈음차+훈차) (新垈: 새터의 훈차)
	강경면	북촌						北村		北村 (강경읍 북옥리)	
		원촌						上原村 下原村		上原村, 下原村 (강경읍 서창리)	
		창앞						倉前里		창앞, 倉前 (강경읍 북옥리)	

분류	지명	新增(1530)	東國(1656~1673)	輿地(1757~1765)	戶口(1789)	東輿·大圖·大志(1800년대 중엽)	舊韓(1912)	新舊(1917)	論山a(1994)	비고
	서촌						西村	▲西町(강경면)	西村(강경읍 서창리)	
	소금터						鹽村	鹽町(강경읍)	소금터, 鹽垈(강경읍 염천리)	
	논말						畓村		논말, 畓村(강경읍 서창리)	
	강변께						江邊村		강변께, 江邊村(강경읍 서창리)	
	월포						越浦里		越浦(강경읍 중교리)	
	돌다리						石橋里		돌다리, 石橋(강경읍 서창리)	
	새장터						新場里		새장터, 新場(강경읍 중교리)	*상업지명
	무지개다리						虹橋里		虹橋, 무지개다리(강경읍 남교리)	
	가루전골						粉廛里		가루전골, 粉廛里(강경읍 중앙리)	*상업지명
	대전골						竹廛里		대전골, 竹廛里(강경읍 중앙리)	*상업지명
	환전터						換佐里		換錢터, 換佐(강경읍 남교리)	*상업지명
	상강						上江里		上江里, 웃강경이(강경읍 남교리)	
	장곶						長串里		장금, 장곶, 長花里(채운면)	*묘지 돌출의 선상 구릉 지형 반영

분류: 김포면 / 村落地名

분류		지명	新增(1530)	東國(1656~1673)	輿地(1757~1765)	戶口(1789)	東輿·大圖·大志(1800년대 중엽)	舊韓(1912)	新舊(1917)	論山(1994)	비고
村落地名	강경면	대정정			城西里(은진군 제운면) 黃山里(은진군 김포면)				大正町 (강경면)	大興里(강경읍)	*강경면 大正町(1914년)〉강경읍 대정정(1931년)〉강경읍 대흥리(1947년)
		서정			並付里,山亭里,石橋里,江邊村,倉前里,上原村,西村 각 일부와 下原村, 畓村(은진군 김포면)				▲西町 (강경면)	西倉里(강경읍)	*강경면 西町(1914년)〉강경읍 서정(1931년)〉강경읍 서창리(西村+倉前)(1947년)
		남정		上江里, 換伐里, 虹橋里 각 일부와 畓里(은진군 김포면)					南町 (강경면)	南福里(강경읍)	*강경면 南町(1914년)〉강경읍 남정(1931년)〉강경읍 남교리·교동(校洞과 남음)(1947년)
		북정			倉前里,西村,北村 각 일부(은진군 김포면)				北町 (강경면)	北玉里(강경읍)	*강경면 北町(1914년)〉강경읍 북정(1931년)〉강경읍 대평정·北玉里(玉女峰에서 유래)(1947년)
		대화정			檣項里,鳥岱里(은진군 김포면)				大和町 (강경면)	太平里(강경읍)	*강경면 大和町(1914년)〉강경읍 대화정(1931년)〉강경읍 대평리(1947년)
		본정	虹橋里,越浦里,北村,上原村,並付里,中村 각 일부와 新場里(은진군 김포면)						本町 (강경면)	虹橋里(강경읍)	*강경면 本町(1914년)〉강경읍 본정(1931년)〉강경읍 홍교리(1947년)
		황금정	黃山里[전북 礪山郡 황산·黃山浦〉은진군 김포면에 편입(1895년)]			일부(은진군 김포면)			黃金町 (강경면)	黃山里(강경읍)	*강경면 黃金町(1914년)〉강경읍 황금정(1931년)〉강경읍 黃山里(1947년)
		중정	粉隍里,濟浦里,竹隍里,新岱里,院垈里 中村,江邊里,石橋里,山亭里 並付里 越浦里 각 일부(은진군 김포면)						中町 (강경면)	中央里(강경읍)	*강경면 中町(1914년)〉강경읍 중정(1931년)〉강경읍 중앙리(1947년)

분류		지명	新增 (1530)	東國 (1656~1673)	輿地 (1757~1765)	戶口 (1789)	東輿·大圖·大志 (1800년대 중엽)	舊韓 (1912)	新舊 (1917)	論山 (1994)	비고
村落地名	강경면	염정		鹽村, 鹽皂里, 江邊村 각 일부(은진군 김포면)					鹽町 (강경면)	鹽川里(강경읍)	*강경면 鹽町(1914년)> 강경읍 염정(1931년)> 강경읍 鹽川里(1947년)
		둥정			? 강경의 둥쪽				東町 (강경읍) (1931년)	東興里(강경읍)	*강경읍 東町(1931년)>강경읍 둥쪽(1931년)>강경읍 둥흥리(1947년)
		금정		鶴洞, 鵲昌里, 陽村里, 城北里 (논산군 채운면)					錦町 (강경읍) (1931년)	彩山里(강경읍)	*강경읍 錦町(1931년)>강경읍 채산리(彩雲山에서 유래)(1947년)
		영정			堤內里 (논산군 채운면)				榮町 (강경읍) (1931년)	彩雲里(강경읍)	*강경읍 榮町(1938년)>강경읍 채운리(彩雲山에서 유래)(1947년)
	화산면	용꽃 (상리)			上里	上里		龍花里		용꽃, 龍花, 상리, 龍花里(채운면)	*평지돋음 구릉지형 반영
		늘꽃미 (하리)			下里		花山面	野花里		늘꽃미, 하리, 野花里, 野, 花里(채운면)	*평지돋음 구릉지형 반영
		매꽃미			花山-山川條 花山下勝-橋 梁條 花山-古蹟條 花山面	花山面	花山面	山花里 花山里	▲中里 (채운면)	꽃미, 매꽃미, 梅花山, 花山, 花山里(채운면)	(花: 꽃~꼬지의 훈음차) *채운면 중리>花山里 (1935년)

분류	지명	新增(1530)	東國(1656~1673)	輿地(1757~1765)	戶口(1789)	東輿·大圖·大志(1800년대 중엽)	舊韓(1912)	新舊(1917)	論山a(1994)	비고
	광다리						光橋里	**中里**(제운면)	광다리, 光橋(제운면 화산리)	
	점촌						店村		店村(제운면 화산리)	
촌락지명(村落地名)	등말			登里	登里		登里	**登里**(대조곡면)	등말, 登말(등화동)	*대조곡면(1914년)>은진면(1917년)>논산읍 등화동(1938년)
	구리산			兒里山里 銅山~山川條	兒里山里		銅山里		구리산, 구리미산, 구름산, 銅山(강산동)	(兒里: 구리의 음차)(銅: 구리의 훈차 혹은 훈음차)(兒里山>銅)
	눈다리						雲橋里		눈다리, 雪橋(은진면 남산리)	[雲: 눈의 誤記(取形)] *광석면 신당리에도 눈다리(雪橋)리 존재
	이승골						義信洞		의승골, 義承里(은진면 교촌리)	(信>承)
	거름실						去音谷里		거름실, 巨音里(은진면 남산리)	(去)巨
	앞실						前谷里		앞실, 前谷(은진면 남산리)	
	샛매						臺山里	**臺山里**(대조곡면)	생매, 臺梅, 臺山, 臺山洞(강산동)	(梅: 뫼의 음차) *은진면 강산리(1915년)>논산읍(1987년)
	해창						海倉里	**海倉里**(대조곡면)	海倉(부창동)	*논산읍 대화정(1938년)>논산읍 부창동(1947년)
	마연						馬淵里		馬淵, 방죽(부창동)	

분류	지명	新增(1530)	東國(1656~1673)	輿地(1757~1765)	戶口(1789)	東輿·大東·大志(1800년대 중엽)	舊韓(1912)	新舊(1917)	論山a(1994)	비고
村落地名(화지산면(화지면))	내동			奈洞里	奈洞里			**奈洞里**(대조곡면)	奈洞(논산시)	*은진면 내동리(1915년)〉논산읍(1987년)
	관촉			觀燭里	觀燭里			**灌燭里**(논산면)	灌燭, 灌燭洞(논산시)	(觀〉灌) *은진면 관촉리(1938년)〉논산읍(1987년) *灌燭寺 사찰명에서 유래
	수바위			鷲巖里	鷲巖里		鷲巖里	**鷲岩里**(논산면)	수리바위, 소리개바위, 수금바위, 鷲岩, 鷲岩洞(논산시)	*논산읍 취암동(1938년〉취암리(1988년)〉논산시 취암동(1996년)
	늘미(논산)			論山里 論山-山川條 論山路-道路條	論山里 論山里(니성현 광석면)	論山浦(『東輿』)	論山里(노성군 광석면)[논미]	論山郡 論山面(논산면)	늘뫼, 놀뫼, 論山市, 論山川(충청남도)	*論山郡 論山面(1914년)〉 論山郡 論山邑(1938년) 論山市(1996년) *지명 영역 확대됨
	화지			花枝里 花之山面 花枝島-山川條	花枝里 花枝面	花之山面	花枝山面 場垈里	**本町**(논산면)	花枝洞(논산시)	*화지산면 花枝里〉화지산면 場垈里(1912년)〉논산읍 本町(1914년)〉논산읍 花枝里(1946년)
	장티						場垈里[논미]	**本町**(논산면)	장터, 論山場(화지동)	
	먹글						墨洞		먹골, 墨洞(내동)	
	반월						半月里[동초]	**旭町**(논산면)	半月, 半月洞, 東村(논산시)	*논산면 旭町(1914년) 논산읍 반월리(1947년)

분류	지명	新增 (1530)	東國 (1656~1673)	勇地 (1757~1765)	戸口 (1789)	東輿·大圖·大志 (1800년대 중엽)	舊韓 (1912)	新舊 (1917)	論山 (1994)	비고
논산면 村落지명	본정	場垈里,半月里(은진군 좌지산면)+海倉里(은진군 성본면)+屯田坪 부인처(면) 각 일부						▲本町 (논산면)	花枝洞 (논산시)	*논산면 本町(1914년)〉논산읍 화지리(1946년)
	욱정	場垈里,崇浦里,半月里,驚岩里(은진군 좌지산면)+馬淵里(은진군 성본면)+屯田坪(연산군 부인처면) 각 일부						旭町 (논산면)	半月洞 (논산시)	*논산면 旭町(1914년)〉논산읍 반월리(1947년)
	영정	場垈里,半月里(은진군 좌지산면)+論山里(노성군 광석면)+畓里(연산군 부인처면) 각 일부와 連新村						榮町 (논산면)	大橋洞 (논산시)	*논산면 榮町(1914년)〉논산읍 대교리(1946년)
	청수정		坪里,沽浦里(연산군 적사곡면)+屯田坪(연산군 부인처면)〉주천리(논산면)(1914년)					清水町 (논산읍) (1938년)	주래, 注川, 芝山洞 (논산시)	*논산읍 清水町(1938년)〉논산읍 芝山里(古芝山에서 유래)(1947년)
	금정		德池里(연산군 부인처면)旺德里(논산군 부적면)					錦町 (논산읍) (1938년)	德池못, 德池洞 (논산시)	*논산읍 錦町(1938년)〉논산읍 덕지리(1947년)
	대화정			海倉里(은진군 성본면)〉해창리(논산군 대조곡면)(1914년)				大和町 (논산읍) (1938년)	海倉, 富倉洞 (논산시)	*논산읍 大和町(1938년)〉논산읍 부창리(1947년)
송산면 村落지명	시푸굴			世祗里	世祗里		世祗里 (대조곡면)		시푸굴, 시푸굴, 세피굴 (은진면 용산리)	(世祗: 시푸의 음차)
	오얏굴			瓦也里	瓦也里		瓦也里	瓦也里 (대조곡면)	오얏굴, 瓦也里 (은진면)	*기와점이 있던 곳
	향교굴			校村里	校村里		校村	校村里 (대조곡면)	향교굴, 校村 (은진면 교촌리)	

분류	지명	新增(1530)	輿國(1656~1673)	輿地(1757~1765)	戶口(1789)	東輿·大圖·大志(1800년대 중엽)	舊韓(1912)	新舊(1917)	論山a(1994)	비고
송산면	산직말						山直村		산직말, 山直村 (은진면 용산리)	
	간지샘골			攀井里	攀井里		良之洞		간지샘골, 간지샘, 天支井(은진면 용산리)	(攀井〉良之〉天支井)
대조곡면	한세실			大鳥谷面	大鳥谷面	大鳥谷面	大鳥谷面	大鳥谷面	한실, 한세실, 閑鳥谷, 大鳥谷, 閑谷 (은진면 방축리)	*대조곡면〉은진면(1915년) *지명 영역 축소됨
	방주말						防築里 [한실]	防築里	방축말 (은진면 방축리)	
村落 지명	옥거리			獄巨里			[옥신] (連西里)		獄거리, 獄터 (은진면 연서리)	*獄을 美化지명으로 개명하지 않음
	홍문거리			弘門里	弘門里		弘門里		홍문거리, 紅門里 (은진면 연서리)	(弘〉紅) *은진현 客舍의 紅箭이 있던 곳
	토끼재			兎其里	兎峴里		兎峴里		토끼재, 兎峴 (은진면 방축리)	(兎其·兎峴) (兎其: 토끼의 음차) (兎峴: 토끼재의 훈차)
	장암			場巖里	場巖里		場岩里		場岩(은진면 방축리)	(巖〉岩)
	상리				上里				上里, 가운데고샅 (은진면 연서리)	*連寺 위쪽에 있음
	하리				下里				下里, 아랫말 (은진면 연서리)	*連寺 아래쪽에 있음
	북문						北門里		북문거리, 北門里 (은진면 연서리)	
	연서						連西里		連西 (은진면 연서리)	*連寺 서쪽에 있음

분류		지명	新增(1530)	輿圖(1656~1673)	輿地(1757~1765)	戶口(1789)	東輿·大圖·大志(1800년대 중엽)	舊韓(1912)	新舊(1917)	論山市(1994)	비고
村落地名	노성읍내면	반대			反大里	盤大里 下盤里		上下反里 [옥거리]		上盤, 下盤 (노성면 읍내리)	(反)盤
		왕슈골			旺林洞里	旺林洞里		旺林洞 [왕슉골]		왕슉골, 旺林 (노성면 읍내리)	
		월명골			月明洞里	月明洞里		月明洞里		월명골, 月明洞 (노성면 송당리)	
		송당			松塘里	松塘里		松堂里	松堂里	松堂, 松堂里 (노성면)	(塘>堂)
		소라실			松牙谷里 松牙谷堤·堤壤條	下松牙里		松牙里 [숄아실]		소라실, 松牙里 (노성면 송당리)	
		무정골	高海浪	高浪原	高海浪 無井洞里		武井洞里	武丁洞		무정골, 舞亭里, 고랭이, 高浪이, 蒲海浪山(노성면 읍내리)	(無井>武井>武丁)>舞亭
		천아동				天雅洞里		天牙洞		天牙洞, 天雅수골 (노성면 교촌리)	(鴉>牙)
		향교골				校村里		校村里	校村里	天雅洞, 校村, 校村里(노성면)	
		홍문인				紅門里		紅門洞		紅門안(노성면 읍내리)	
		남산 (등등골)			南山堤·堤壤條			南山里		南山, 등등골, 登登谷 (노성면 읍내리)	
	상도면	무등			無等里	無登里		無登洞 [잠방이]		舞童洞, 舞童山, 중뜸, 中里(상월면 지경리)	(無等>無登>無登·舞童)
		대명골			大明洞里	大明里		大明洞	大明里	대명골, 大明洞, 大明里(상월면)	(洞里>里)

분류	지명	新增 (1530)	東國 (1656~1673)	輿地 (1757~1765)	戶口 (1789)	東輿·大圖·大志 (1800년대 중엽)	舊韓 (1912)	新舊 (1917)	論山 (1994)	비고
村落地名 (상도면)	쇠점			水鐵店里					쇠점, 水鐵店, 鐵店 (상월면 상도리)	*쇠점이 잇던 곳
	따울			後洞里	後洞里		後洞 [뒤울]		따울, 後洞 (상월면 대명리)	
	소울			牛洞里	牛洞里		大牛洞 [큰소울] 小牛洞 [져근소울]	大牛里	소울, 牛谷, 大牛里 (상월면)	(洞)谷
	대촌			大村里	大村里		大村	大村里	大村, 大村里 (상월면)	
	산직말			加尺里	山直里	山直里	山直里 ? 杏丁里 [가취울]		山直洞, 가재울, 香亭里 (상월면 석종리)	(加尺)山直 (尺: 제이 혹은 혹은 츤음자) *조선 영조 때 병조판서 諴恩君 李森 묘소가 있음
	왜골						瓦也洞		왯골, 瓦也洞, 瓦洞 (상월면 상도리)	
	돌밭						石田里 [돌밧]		돌밭, 石田 (상월면 석종리)	
	돌마루						石宗里 [돌말은이]	石宗里	돌마루, 石宗, 石宗里 (상월면)	
	왕우물						旺井里 [왕오이]		왕우물, 王井, 王又米 (상월면 지경리)	(旺)王 *百濟 22대 文周王 4년 (477)과 관련된 역사적 사건이 존재함

분류	지명	新增(1530)	東國(1656~1673)	輿地(1757~1765)	戶口(1789)	東輿·大圖·大志(1800년대 중엽)	舊韓(1912)	新舊(1917)	論山a(1994)	비고
상도면	궁골						弓洞		궁골, 弓谷 (상월면 대촌리)	(洞)谷
	반곡						反谷里		反谷, 섬무니, 雪門 (상월면 대촌리)	
	신정골			新庄里	新庄里		新庄里		신정골, 新庄谷 (상월면 하당리)	(庄)庄
하도면 村落地名	바우내			巖川里 巖川橋-橋梁條 巖川-古蹟條	巖川里		岩川里 [바위니]		바우내, 岩川 (상월면 하당리)	(巖)岩
	숯골(술골)			住幕里 住合里	酒幕里 酒合里		酒幕里 東酒合里[윗숯골] 西酒合里[아래숯골]	**酒合里**	숯골, 술골, 동주막거리, 서주막거리, 酒店, 酒合里(상월면)	(住)酒 (酒幕 소멸됨)
	개성골			介城里	介城里				개성골, 介城谷 (상월면 한천리)	(里)谷
	듬말			坪里	坪里		坪里 [듬말]		듬말, 坪里 (상월면 한천리)	
	숙진골			淑眞洞里 淑眞是-堤堰條	淑眞洞里		淑眞洞	**淑眞里**	숙진골, 淑津谷, 淑眞里 (상월면)	(眞)眞·津
	반성골			盤松坪里	盤城里				盤松골, 반송 (상월면 한천리)	(松)松·城

분류	지명	新增 (1530)	東國 (1656~1673)	輿地 (1757~1765)	戶口 (1789)	東輿·大圖·大志 (1800년대 중엽)	舊韓 (1912)	新舊 (1917)	論山 (1994)	비고
村落地名 / 하도면	오구미 (노오리)			五丘山里	五岳山里		魯五里 [오그미]		오구미, 繁龜山, 梧山, 龜山(연산현 오산리)	(五丘>五岳>魯五)繁龜(梧) *노성현 五丘山과 연산현 五口山이 별도로 있었음 *노성 오구미(『朝鮮』)
	승자골			聖簪洞里	醒簪洞		聖才洞		승자골, 聖才洞 (노성면 하도리)	(聖簪>醒簪>聖才)
	웃골				蓼洞里		堯洞		웃골, 堯洞 (노성면 하도리)	(蓼>堯)
	와룡동						臥龍洞 [가룡울]		臥龍洞, 가래울, 犢大谷 (상월면 숙진리)	
	만화						萬化洞		대추머루, 萬化洞 (노성면 하도리)	
村落地名 / 두사면	산직말	대산		山直里	山直里		大山里 [산정말] 中山里 [몰니고기] 小山里		산직말, 山直村, 산정말, 大山(노성면 두사리)	*明齋 尹拯의 부인 安東 權氏의 묘소가 있음
	중산						中山里		中山(노성면 두사리)	
	소산						小山里		小山(노성면 두사리)	
	큰골			大洞里	大洞里		大洞 [큰골]		큰골, 大洞 (광석면 항월리)	

분류		지명	新增(1530)	東國(1656~1673)	輿地(1757~1765)	戶口(1789)	東輿·大圖·大志(1800년대 중엽)	舊韓(1912)	新舊(1917)	論山(1994)	비고
村落地名	두사면	서편말			西邊洞里	西邊里		西邊洞里		서편말, 西便, 西邊 (광석면 항월리)	(邊)·邊·(便)
		오릿골			五柳洞里	五柳洞里		五柳洞		오릿골, 오룟골, 五柳洞 (광석면 항월리)	*鷰巢柳枝形의 명당이 있음
		합정(못개)	草浦院	草浦院 草浦-山川條	合亭里 草浦院-驛院條 古跡條 草浦-山川條	合井里		合丁里		合亭里, 못개, 草浦 (광석면 항월리)	(亭·井·丁·亭) *노성천(大川)과 연산천 (沙溪)이 합류하는 지점에 위치
		향월						恒月里	**恒月里**	恒月, 恒月里 (광석면)	
	천동면	샘골	泉洞-土産條 (鐵)	泉洞-土産條(鐵)	泉洞面 泉洞堤-堤堰條	泉洞面	泉洞面	泉洞面	**泉洞里** (광석면)	샘골, 泉洞, 泉洞里 (광석면)	
		말머리	두사면		馬頭里	馬頭里		[말머리] (馬頭面)		말머리, 馬頭 (광석면 왕전리)	
		왕밭			王田里	旺田里		旺田里 [왕밧]	**旺田里**	旺田, 旺田里 (광석면)	(王·旺)
		중리			中里	大中里 小中里		中里 [여수율 (得尹面)]	**中里**	中里(광석면) 大中, 小中, 글말 (광석면 천동리)	
		장자못	長者池	長者池	長尺里 長者池	長尺里	長者池	大尺里		장자못, 長湖, 長者池 (광석면 왕전리)	(尺: 자의 훈차 혹은 음차) (長者·長尺>大尺>長者·長湖)
		소척				小尺里		小尺里		小尺 (광석면 천동리)	*長者池 長尺里에서 분동됨

분류		지명	新增(1530)	東國(1656~1673)	輿地(1757~1765)	戶口(1789)	東輿·大圖·大志(1800년대 중엽)	舊韓(1912)	新舊(1917)	論山a(1994)	비고
村落地名	광석면	배절			梨寺里	梨寺里		梨寺里 [빗절]	**梨寺里**	배절, 배절里, 梨寺, 梨寺里(광석면)	
		갈미			葛山里	葛山里		葛山里 [갈미]	**葛山里**	갈미, 葛山, 葛山里(광석면)	
		선돌			立石里	立石里		立石里 [선돌]		선돌, 立石(성동면 원봉리)	
		시렁굴			壽巷里	壽巷里		[水巷里]		시렁굴, 水巷里(광석면 이사리)	(壽>水)
		나분들			廣石面	廣里 廣石面	廣石面	光里 [너분들] 光石面	**光里** 光石面	나분들, 너분들, 光里, 光石面(논산시)	(廣>光) *계룡시 두마면 光石里와 비고
	두마면	은동(은둥)						銀洞		은동굴, 銀洞, 尹洞(광석면 갑산리)	*銀과 尹이 티쓰임
		지울			止洞里 止洞堤~堤灌漑條	止洞里		止洞 [집울]		지울, 止洞(광석면 득윤리)	
		득윤			得尹里 得尹面	得尹里 得尹面	得尹面	尹里 得尹面	**得尹里**	得尹, 得尹里, 登水所(광석면)	(得尹>尹>得尹) *과명 순서 魯宗派 尹職 임향 마을
		지잣			知本里 知本堤~堤灌漑條	知本里		[지잣] (上里)		지잣, 止本(광석면 중리)	(知>止本)
		당북			堂北里	大堂北里 新堂北里 小堂北里		大堂里 新堂里 小堂里	**新堂里**	大堂, 小堂, 新堂里(광석면)	*16세기 중반 坡平 尹職 임향 마을(婆家)(尼山 縣 得尹面 堂後村)

분류	지명	新增(1530)	東國(1656~1673)	輿地(1757~1765)	戶口(1789)	東輿·大圖·大志(1800년대 중엽)	舊韓(1912)	新舊(1917)	論山a(1994)	비고
노양면	새울			沙洞里	沙洞里		沙洞[사리올]	▲沙月里	새울, 沙洞, 沙月, 沙月里 (광석면)	*과평 읍치 중죽촌
소사면	덕포(눈다리)			德富里	德浦里(장구동면)		德浦里(장구동면)		德浦, 눈다리, 雪橋 (광석면 신당리)	(富>浦)
	덕상골			德相里	德相里		德相洞		德相洞 (부여군 초촌면 신정리)	
	관남			觀南里	觀南里 ?觀井里		上觀里 下觀里		上觀, 下觀 (초촌면 소사리)	
	장다리				長月里		長月里[장다리]		장다리, 長月 (초촌면 송정리)	(月: 다리의 훈차 혹은 훈촌 음차)
	소정이				松亭里		松丁里[정마루]	松丁里(부여군 초촌면)	소정이, 松亭, 松丁里, 정마루, 停馬路(초촌면)	(亭>丁)
	진물						眞湖里[진물]	眞湖里	진물, 眞湖, 眞湖里 (초촌면)	(眞湖: 진물의 음차+훈차)
	수랑골						水浪洞		수랑구렁, 암구렁이, 水浪洞(초촌면 소사리)	
	비안						飛鴈洞		飛雁洞, 乾坪 (초촌면 진호리)	(鴈>雁)

분류	지명	新增(1530)	東國(1656~1673)	輿地(1757~1765)	戶口(1789)	東輿·大圖·大志(1800년대 중엽)	舊韓(1912)	新舊(1917)	論山a(1994)	비고
村落地名 / 장구동면	오강			五岡里	五江里		五江里	**五岡里**	五岡, 五岡里(광석면)	(五岡)五江)五岡) *魯岡書院이 있음(五岡) 魯岡
	밤골			舊栗里				**栗里**	밤골, 栗里(광석면)	
	장구동			長久洞里 長久洞堤-堤堰條	長久洞里		久洞	**長久里** (노성면)	長久洞, 長久里 (노성면)	(長久)久)長久)
	유봉			西峯里	酒峯里		西峯里		酉峯(노성면 병사리)	(西)酒)酉
	접지미	接枝山-山川條		接止山里 接枝山堤-山川條 接枝山堤-堤堰條	接枝山里		接支山里		접지미, 接枝山 (노성면 병사리)	(枝)枝)止)支)枝)
	병사			丙舍里	丙舍里		大丙里 [병사] 小丙里 [가시닷]	**丙舍里**	丙舍, 丙舍里(노성면)	
	가곡			佳谷里	佳谷里		佳谷里	**佳谷里**	佳谷, 佳谷里(노성면)	
	삼다리				沙橋里		沙橋里 [삼다리]		삼다리, 삼다리, 沙橋 (노성면 장구리)	(沙: 사~섬의 음자)
	구중골				九中里		九中里		구중곡, 龜中谷 (노성면 가곡리)	(九)龜)
	노계				魯溪里		魯溪里 [놀뫼]		놀미, 店골, 증곡, 魯溪里(노성면 가곡리)	

분류	지명	新增(1530)	東國(1656~1673)	輿地(1757~1765)	戶口(1789)	東輿·大圖·大志(1800년대 중엽)	舊韓(1912)	新舊(1917)	論山a(1994)	비교
村落地名 / 화곡면	장선이			長善里	長善里		長善里		장선이, 長善, 魯城궁션이 (노성면 호암리)	*공주목과의 경계로 魯城 궁선이 장선이도 있음
	밤바우			虎巖里	虎巖里		虎岩里 [솔춘]	虎岩里	밤바우, 虎岩, 虎岩里 (노성면)	(巖>岩)
	성동			聖洞里	聖洞里		聖洞		聖洞, 僧洞 (노성면 노치리)	(聖·聖·僧)
	수실			禾谷面 禾谷里	禾谷面 禾谷里	禾谷面	禾谷面 禾谷里 [슈실]	禾谷里 (노성면)	수실, 禾谷, 禾谷里 (노성면)	
	가룩바우			龜巖里	龜巖里		龜岩里	龜岩里	가룩바우, 龜岩, 龜岩里 (노성면)	
	용정						龍井里		용정, 龍井 (노성면 호암리)	
	모기울						木洞 [목아을]		모기울, 木洞 (노성면 노치리)	(木: 모기의 음차)
	용수마이						龍幕里 [용수막이]		용수마이, 龍幕 (노성면 화곡리)	
	미동						美洞		美洞 (노성면 구암리)	
	갈재			蘆峙里			蘆峙里 [가키]	蘆峙里	蘆峙, 蘆峙里, 갓재, 달재, 가재, 佳峙(노성면)	(蘆: 갈의 훈차 혹은 훈음차)(佳: 갈~가의 음차)

분류	지명	新增(1530)	東國(1656~1673)	輿地(1757~1765)	戶口(1789)	東輿·大圖·大志(1800년대 중엽)	舊韓(1912)	新舊(1917)	畓山a(1994)	비고
村落地名 / 월어동면(월어면)	새터			新垈里	新垈里				새터, 新垈 (상월면 월오리)	
	대사마루			大沙里					대사마루, 竹軒 (상월면 월오리)	
	당미			堂山里	堂山里		堂山里		당미, 堂山 (상월면 월오리)	
	산성골			山城里	山城里		山城洞	**山城里**	山城골, 山城里 (상월면)	魯城山城 아래에 있음
	옷골				柒洞		樂洞		옷골, 柒洞, 樂洞 (상월면 신중리)	(柒)漆·(樂)樂
	원골				院洞里 院垈里		院洞		원골, 院洞, 원터, 院垈 (상월면 신성리)	
	윗말						上里		웃마을, 윗말, 上村 (상월면 신성리)	(里)村
	통미				新里		新里 通山里		新里, 통미, 通山 (상월면 신중리)	
	중보들						忠淺里		中淺들, 忠淺里 (상월면 신중리)	

부록 3. 대전시(공주·회덕·진잠) 지명의 변천

※ 收錄 地名數

: 305개 (郡縣·鄉·所·部曲·面·驛院·山川 지명 - 80개, 村落 지명 - 225개)

: 郡縣지명 - 5개, 鄉·所·部曲지명 - 11개 (鄉지명 - 1개, 所지명 - 7개, 部曲지명 - 3개) (주인창 포함), 面지명 - 18개 (方位面지명 - 12개, 面지명 - 6개), 새로운 村落 村落面지명 - 67개), 驛院面지명 - 11개 (驛지명 - 10개, 院지명 - 1개), 山川지명 - 35개 (山·고개지명 - 22개, 河川·津·浦지명 - 13개), 村落지명 - 225개

※ 引用된 文獻의 略號

: 『新增東國輿地勝覽』=『新增』, 『東國輿地志』=『東國』, 『輿地圖書』=『輿地』, 《東輿圖》=《東輿》, 《大東輿地圖》=《大東》, 『戶口總數』=『戶口』, 『舊韓國地方行政區域名稱一覽』=『舊韓』, 『新舊對照朝鮮全道府面里洞名一覽』=『新舊』, 『韓國地名總覽4(忠南篇)』=『韓國』, 『大東地志』=『大志』, 『大田地名誌』=『大田』, 『三國史記(地理志)』=『三國』, 『高麗史(地理志)』=『高麗』, 『世宗實錄(地理志)』=『世宗』, 『忠淸道邑誌』=『忠淸』, 『輿圖備志』=『輿圖』, 『湖西邑誌(1871)』=『湖西a』, 『湖西邑誌(1895)』=『湖西b』, 『朝鮮地誌資料』=『朝鮮』

※ (a>b): a에서 b로 지명이 변천됨, (a=b): a와 b가 같음, (a≒b): a와 b가 비슷함, (a≠b): a와 b가 다름, (〃): 인접 항목과 같음, (?): 불확실한 기록 혹은 추정 자료, (▲_____): 면사무소 소재지, 밑줄은 行政里를 뜻함 [諺文]: 괄호[」는 『朝鮮』(1911년)에 기록된 諺文(한글) 자료임

분류	지명	新增 (1530)	東國 (1656~1673)	輿地 (1757~1765)	戶口 (1789)	東輿·大圖·大志 (1800년대 중엽)	舊韓 (1912)	新舊 (1917)	大田 (1994)	비고
郡縣지명	유성	儒城縣(공주목 속현)-屬縣條 古儒城-古跡條	儒城廢縣(공주목)-古蹟條	儒城(") 儒城路(") 古儒城-古跡條		儒城(공주목)	儒城里(공주군 현내면)	儒城面(대전군) 儒城里	儒城區(대전시)	*지명 영역 확대됨
	덕진	德津廢縣(공주목)-姓氏條 德津廢縣-古跡條	德津廢縣(공주목)-古蹟條	德津里(공주목 단동면) 德津-古跡條	德津里(")	德津(공주목)	德津里(회덕군 단동면)	德津里(대전군 단동면)	德津洞(유성구)	*지명 영역 축소됨
	회덕	懷德縣	懷德縣	懷德縣	懷德縣	懷德縣	懷德郡		懷德洞(대덕구 행정동)	*지명 영역 축소됨
	진잠	鎭岑縣	鎭岑縣	鎭岑縣	鎭岑縣	鎭岑縣	鎭岑郡	鎭岑面(대전군)	鎭岑洞(유성구 행정동)	*지명 영역 축소됨
	기성	杞城(진잠의 일명)	杞城(")	杞城(")		杞城·邑號條		杞城面(대전군)	杞城洞(서구 행정동)	*지명 영역 축소됨
鄕지명	주안	周岸鄕(청주목)-屬縣條(越境地)	周岸鄕(")-古蹟條(古作朱崖…)	周岸面(")-坊里條 周岸倉(在州南越文義六十里六間)	周岸面(")	周岸面(")	周崖面(회덕군)	*대전군 동면에 동명에 딸림		(岸)崖 *지명 영역 소멸됨 *지명 소멸됨
所지명	공주 감촌	甲村(공주목), 甲村所-古跡條	甲村所-古跡條	甲村(공주목) 甲村所-古跡條			甲洞(공주군 현내면)	甲洞里(대전군 유성면)	甲洞(유성구 법정동)	(村)洞 *지명 영역 축소됨
	박산	撲山所(공주목), 撲山所-古跡條	撲山所-古跡條	撲山(공주목) 撲山所-古跡條				泊山里(구즉면 봉산리)	撲山里, 백운리, 뒷뫼 구니(유성구 봉산동)	撲山所(湖沿a) (撲·撲泊)撲 *지명 영역 축소됨 *지명 소멸됨

분류	지명	新增(1530)	東國(1656~1673)	輿地(1757~1765)	戶口(1789)	東輿·大圖·大志(1800년대 중엽)	舊韓(1912)	新舊(1917)	大田(1994)	비고
所志名	복수	福水(공주목), 福水所-古跡條		福壽里(공주목 유등천면), 福水, 福水所-古跡條	福壽里(〃)		伏水里(회덕군 유등천면)(誤記)	福守里(대전군 유천면)	福守洞(서구)	(水→壽)守) *지명 영의 축소됨
	순개	村介(공주목), 村介所-古跡條		村介(공주목), 村介所-古跡條					(서구 복수동)	*지명 소멸됨
	금생	金生(공주목), 金生所-古跡條		金生(공주목), 金生所-古跡條					금계, 금계 (유성구 용산동)	*지명 소멸됨
	명학	鳴鶴所(공주목)-古跡條	鳴鶴所(〃)-古跡條	鳴鶴所(〃)-古跡條						*지명 소멸됨
	회덕 침이	針伊所(회덕현)-古跡條		針伊所(회덕현)-古跡條						*지명 소멸됨
部曲지명	공주미화	美化部曲(공주목)-古跡條		美化部曲(공주목)-古跡條						無愁洞 서쪽에 美化面 가재(『靑邱圖』, 1834) *지명 영의 축소됨 *지명 소멸됨
	회덕 서봉	西峯部曲(회덕현)-古跡條		西峯部曲(회덕현)-古跡條						*지명 소멸됨
	흥인	興仁部曲(회덕현)-古跡條		興仁部曲(회덕현)-古跡條			[흥진이(東面新上里]		興津, 홍진이(동구 신상동)	지명 영의 축소됨

분류	지명		新增 (1530)	東國 (1656~1673)	輿地 (1757~1765)	戶口 (1789)	東奧·大圖·大志 (1800년대 중엽)	舊韓 (1912)	新舊 (1917)	大田 (1994)	비고
	현내	공주			縣內面 (공주목)	縣內面 (")	縣內面 (")	縣內面 (공주군)			*현 儒城區의 중심부 *지명 소멸됨 *유성면으로 改名되어 대전군에 편입됨 (1914년)
		회덕			縣內面 (회덕현)	縣內面 (")	縣內面 (")	縣內面 (회덕군)			*지명 소멸됨(1914년)
面지명	공주탄동				炭洞面 (공주목)	炭洞 (") 炭洞里	炭洞面 (")	炭洞面 (회덕군) 炭洞 (탄동면)	炭洞面 (대전군)	炭洞, 숯골 (유성구 죽동등·신성동)	(炭: 숯이 訓借) *유성구 탄동(행정동)은 온천2동에 통합됨(1998년)
	구즉				九則面 (공주목)	九則面 (")	九則面 (")	九則面 (회덕군)	九則面 (대전군)	九則洞 (유성구 행정동)	*행정 지명은 소멸됨
	천내				川內面 (공주목)	川內面 (")	川內面 (")	川內面 (회덕군)	? 柳川面 (대전군)		*지명 소멸됨 (1914년)
	유등천				柳等川面 (공주목)	柳等川面 (")	柳等浦面 (")	柳川面 (회덕군)? 柳川里 (유등천면)	? 柳川面 (유등천+천내) 柳川里 (유천면)	柳川洞, 버드내(중구) 柳川川(하천명)	*柳等川>柳等川·柳川川 (1914년)
	산내				山內面 (공주목)	山內面 (")	山內面 (")	山內面 (회덕군)	山內面 (대전군)	山內洞(동구 행정동 및 이사동)	*행정단위 변화 (산안·山內>사다니·사한리)
	동	회덕			東面 (회덕현)	東面 (")	東面 (")	東面 (회덕군)	東面 (대전군)	東區 (대전시)	
		진잠			東面 (진잠현)	東面 (")	東面 (")	東面 (진잠군)			*지명 소멸됨(1914년)

분류	지명		新增 (1530)	輿圖 (1656~1673)	輿地 (1757~1765)	戶口 (1789)	東輿·大圖·大志 (1800년대 중엽)	舊韓 (1912)	新舊 (1917)	大田 (1994)	비고
面지명	회덕 내남				內南面 (회덕현)	內南面 (〃)	內南面(〃)	內南面 (회덕군)	內南面 (대전군)		*지명 소멸됨 *內南面〉儆德面 (1935년)
	외남				外南面 (회덕현)	外南面 (〃)	外南面(〃)	外南面 (회덕군)	外南面 (대전군)		*지명 소멸됨 (1940년)
	서	회덕			西面 (회덕현)	西面(〃)	西面(〃)	西面 (회덕군)			*지명 소멸됨 (1914년)
		진잠			西面 (진잠현)	西面(〃)	西面(〃)	西面 (진잠군)			*지명 소멸됨 (1914년)
	북 (근북)	회덕			北面 (회덕현)	近北面 (〃)	北面(〃)	北面 (회덕군)	北面 (대전군) (감천동안의 구즉면 가국, 봉산.봉암 일부를 병합)		*지명 소멸됨 *北面〉新灘津邑 (1973년)
	북 (읍북)	진잠			邑北面 (진잠현)	邑北面 (〃)	北面(〃)	北面 (진잠군)			*지명 소멸됨 (1914년)
	일도				一道面 (회덕현)	一道面 (〃)	一道面(〃)	一道面 (회덕군)			*지명 소멸됨 (1914년)
	진잠상남				上南面 (진잠현)	上南面 (〃)	上南面(〃)	上南面 (진잠군)			*지명 소멸됨 (1914년)
	하남				下南面 (진잠현)	下南面 (〃)	下南面(〃)	下南面 (진잠군)			*지명 소멸됨 (1914년)

분류	지명	新增 (1530)	東國 (1656~1673)	輿地 (1757~1765)	戶口 (1789)	東輿·大圖·大志 (1800년대 중엽)	舊韓 (1912)	新舊 (1917)	大田 (1994)	비고
驛院지명	회덕정민	貞民驛(회덕현) -驛院條	貞民驛(") -郵驛條	貞民驛(")- 驛院條 貞民里 (서면)	貞村里 (서면)	貞民驛(회덕현)- 驛站條(大地)	田民里(회 덕군 서면)	田民里 (대전군 구즉면)	田民洞 (유성구)	*(貞民: 俗諡田民) [『世宗實錄地理志』 (懷德縣條, p.80)] *田民里(忠清,湖西a, 湖西b)(貞·田)田
	공주 광도	廣道院 (공주목)-驛院 條	廣道院 (공주목)-郵 驛條							*(忠憲), (輿圖)에도 등제되어 있지 않다가 (湖西a) 공주목 院 條에 등제되어 있음 *지명 소멸됨
	불현	佛峴院 (공주목)-驛院 條	佛峴院 (공주목)-郵 驛條							
	회덕 미륵	彌勒院(=屈坡 院)(회덕현)- 驛院條	彌勒院(")- 郵驛條	彌勒院(")- 驛院條					원골(동구 마산동) (彌勒院 南樓 현존)	*前部 지명소(彌勒)는 소멸됨 *대청댐 건설 (1975~1980)로 수 몰됨
	덕청	德昌院(회덕현) -驛院條	德昌院(")- 郵驛條	德昌院(")					(유성구 문지동)	*지명 소멸됨
	총술	寵述院 (회덕현)-驛院 條	寵述院(")- 郵驛條	寵述院(")					남월, 무동 (대덕구 와동)	*지명 소멸됨
	형지	荊止院(회덕현) -驛院條	荊止院(")- 郵驛條	荊止院(")	荊止院里 (회덕군 일도면)		荊止院里 (회덕군 일 도면) [형지원]	荊止院里 (대전군 북면) (일제지명도)	(대덕구 청호동 부근)	*대청댐 건설로 수몰 됨 *지명 소멸됨

분류	지명	新增 (1530)	東國 (1656~1673)	輿地 (1757~1765)	戶口 (1789)	東輿·大圖·大志 (1800년대 중엽)	舊韓 (1912)	新舊 (1917)	大田 (1994)	비고
驛院지명	여아	餘兒院(회덕현)-驛院條	餘兒院(")-郵驛條	餘兒院(")-○已上五院 今幷廢(미록, 딕챵·츙슐.형지, 여아)						*지명 소멸됨
	진잠오산	吾山院(진잠현)-院字條	吾山院(")-郵驛條						? 蓮岩(서구 용계동 王山.接所 부근)	*(湖西a)진잠현 驛院 條에는 '無'로 기록되어 있음 *지명 소멸됨
	지석	支石院(진잠현)-院字條	支石院(")-郵驛條						(서구 충정동)	
	개수			介水路(진잠현)	介水院里(진잠현 동면)	介水院(진잠현)	佳水院里(진잠군 동면)[가슈원니](佳水院니)	佳水院里(대전군 기성면)	佳水院洞(서구)	*介水院(湖西b)(介佳)
山지명	공주계룡산	雞龍山(공주목)	雞龍山(")	鷄龍山(")		雞龍山(공주목)			鷄龍山(공주시, 논산시)	
	보문산		寶文山(공주목)			寶文山(공주목)	[보문산]		寶文山(중구)	
	회덕계족산	鷄足山(회덕현)	雞足山(")	鷄足山(")		雞足山(회덕현)	[계족산]		鷄足山(대덕구)	
	식장산	食藏山(회덕현)	食藏山(")	食藏山(")		食藏山(회덕현)	[식장산]		食藏山(동구)	
	진잠금병산			錦繡山(진잠현)		錦繡山(진잠현)	[금수산]		錦繡山(유성구)	
	빈계산			分鷄山(진잠현)		分界山(分鷄山)(진잠현)	[분계산(分鷄山)]		?牝鷄山.빙계산(유성구)	(分〉牝)(鷄〉界〉鷄)

분류	지명	新增(1530)	東國(1656~1673)	輿地(1757~1765)	戶口(1789)	東輿·大圖·大志(1800년대 중엽)	舊韓(1912)	新舊(1917)	大田(1994)	비고
산지명	산장산	産長山(진잠현)	産長山(〃)	山長山(〃)		産長山(진잠현)	[산장산(産獐山)]		産長山, 산장이(유성구)	(産>山)産 (長>獐)長
	구봉산(소죽산)	所足山(진잠현)	九峰山(〃)	九鳳山(〃)		九峰山(진잠현)	[구봉산]		九峰山(서구)	(峰>鳳)峰 *경함지명(구봉산/소죽산)
	약사봉		藥師峰(진잠현)	藥師峰(진잠현)		藥師峰(진잠현)	[약사산]		藥師峰(유성구)	
	옥산			玉山(진잠현)		玉山(진잠현)	[오나봉(玉女峯)(關雎洞後)]		? 玉山	*『한국지역총람』(한글학회, p.307, 344) 참고
	안평산(압점산)	押帖山(一名安帖山)(진잠현)	押帖山(〃)	安平山(〃)		安平山(진잠현)	[안평산]		安平山(서구)	*경함지명(안평산/압점산)
	삼기산	三岐山(진잠현)	三岐山 -土産條			三岐山(진잠현)			? 三岐山(서구)	*지명 소멸됨『한국지명총람』(p.307, 344)
	밀암산	密岩山(진잠현)				密岩山(진잠현)			密岩山, 미림산성(서구)	(密岩: 미림) 음자
고개지명	공주닥치	德峙 공주목							?	*지명 소멸됨
	회덕질현(길치)	迭峴(회덕현)	迭峴(회덕현)	迭峴(〃)		質峴(회덕현)	[질티(迭峙)]		길티, 길치, 질티, 迭峴(대덕구)	(迭>質)迭 (峴>峙)峴
	동자암현(매닥티)	童子菴峴(회덕현)	童子菴峴	童子菴峙(〃)			[동닥티(童子菴峙)]		龍子菴고개, 龍子菴峴 비래암고개(대덕구)	(비래암=용자암)(童~龍=龍)(童~龍)(童~龍)(童~龍)
	원치			遠峙大路(회덕현)		遠峙(회덕현)			?	*지명 소멸됨

분류	지명	新增(1530)	東國(1656~1673)	輿地(1757~1765)	戶口(1789)	東輿·大圖·大志(1800년대 중엽)	舊韓(1912)	新舊(1917)	大田(1994)	비고
고개지명	동치					東峙(회덕현)			?	*지명 소멸됨
	계현					雞峴(회덕현)			鷄峴, 닭재(동구)	
	진잠삼치			赤峙路(진잠현)		揷峙(진잠현)			삽재(유성구)	
	적치								?	*지명 소멸됨
	신치					新峙(진잠현)			새고개(중구)	*순수 우리말로 존속함
河川 관련지명	공주금강	錦江(공주목)	錦江(熊津水)(〃)	錦江(〃)		錦江(공주목)			錦江(전북, 대전, 충남)	[錦: 곰(뉘·북쪽),검(크다)의 음借] *赤登津(옥천)→利遠津(〃)→新灘津浦(〃)→鈒里津(연기)→羅洞津(공주)→錦江(부여)→白馬江(〃)→黃海
	유등천(비드내)	柳浦川(공주목)	柳浦川(柳浦)(〃)	柳等川面(〃)	柳等川面(〃) 柳川里(유등천면)	柳等川(〃) 柳等浦面(〃)	柳等川面(회덕군) ?柳川里(유등천면) *숙느(艾川里)]	柳川面(대전군)(유등천+천내) 柳川里(유천면)	柳等川(금산, 중구, 서구) 柳川洞, 버드내(중구)	(柳浦川·柳等浦·柳等川>柳等浦川·柳川)(柳等: 벌들의 반차작기명) *유포천·유등포: 지명 소멸됨

분류	지명	新增 (1530)	東國 (1656~1673)	輿地 (1757~1765)	戶口 (1789)	東輿·大圖·大志 (1800년대 중엽)	舊韓 (1912)	新舊 (1917)	大田 (1994)	비고
河川 관련지명	대전천	大田川 (공주목)	大田川(〃)			大田川 (?官田川) (공주목)	大田里 (회덕군 산내면)	大田郡 大田面	大田川(동구, 중구) 大田廣域市	
	온천	溫泉(공주목)	溫泉(〃)			溫泉 (공주목)			溫泉洞(유성구 행정동)	
	회덕 이원진 (형각진)	利遠津(荊角津) (회덕현)	利遠渡(荊角 津)(〃)	利遠津 (荊江(〃)) 荊角津大路 (〃)		荊角津(利遠津) (회덕현)	[지명이나 루(?芝 茗 江)(或稱 荊江 古稱 利遠津)]	荊江 (대전의 북비) (일제지형도)	대덕구 미호동 부근	*利遠津＝利遠渡＝ 荊角津＝荊江(津, 渡,江,고이 티쓰임) *대청댐 건설로 수몰 됨 *이원진·형각진·형 강: 지명 소멸됨
	신탄 (세아울)			新灘津小路 (회덕현)		新灘(회덕현)	[시일나루] [시일당(新灘市)] [시일낭거당(新灘津停 車場)] [시일보 (乙灘次)]		新灘, 세아울(세일), 新灘津洞(대덕구)	*新灘市(忠淸,湖西a, 湖西b) (新: 세 의 訓借,訓音 借) (灘: 여울 의 訓借) (乙: 세 의 訓音借)
	두룽포					斗隆浦 (회덕현)				
	검단연					檢丹淵 (회덕현)			검단이 (청원군 현도면 노산리)	*지명 소멸됨

분류	지명	新增 (1530)	東國 (1656~1673)	輿地 (1757~1765)	戶口 (1789)	東輿·大圖·大志 (1800년대 중엽)	舊韓 (1912)	新舊 (1917)	大田 (1994)	비고
河川 관련지명	갑천 (차탄) (성천) (선암천)	省川(공주목) 甲川(회덕현) 車灘(진잠현)	甲川(공주목) 甲川(회덕현) 甲川(車灘)(진잠현)	甲川(船巖川)(회덕현) 甲川里(회덕현 서면)	甲川里(회덕현 서면)	甲川(省川)(공주목) 甲川(船岩川)회덕현 車灘(진잠현)	甲川里(회덕군 서면)		甲川(대전시)	*船巖川(湖西a.湖西 b 山川條 甲川 細註) *갑천 중·하류를 유역에 따라 달리 지칭함 *甲川=汗三川→大屯川→甲川→甑山川→車灘→省川→船巖川⇒新灘(鎭江) *차탄,성천,선암천: 지명 소멸됨
	진잠 계룡천 (계탄) (두마천) (두계천)			鷄龍川(自連山豆磨川來)(진잠현, 연산현)		鷄龍泉(잠천,계룡천 최상류 샘) 豆磨川(논산 두마면 부근 갑천) 雞灘(진잠 부근 계룡천)			豆溪川(갑천 상류)(유성구)	*갑천 상류를 유역에 따라 달리 지칭함 *鷄龍泉→豆磨川→鷄龍川(雞灘)→車灘 *계탄: 지명 소멸됨
	별곡천 (증산천) (대둔천) (한산천)	甑山川(진잠현, 연산현)		大屯川(汗三川)(진잠현, 연산현)		甑山川(진잠현, 연산현)	[다둔늬](大屯川)(진잠군 하남면)		伐谷川(유성구, 논산시)	*갑천 상류의 한 지류인 별곡천을 유역에 따라 달리 지칭함 *伐谷川=汗三川→大屯川=甑山川⇒車灘(甲川) *증산천: 지명소멸됨

분류	지명	新增 (1530)	東國 (1656~1673)	輿地 (1757~1765)	戶口 (1789)	東輿·大圖·大志 (1800년대 중엽)	舊韓 (1912)	新舊 (1917)	大田 (1994)	비고
河川 관련지명	신천 (신원천)			新院川 (진잠현) (新院이 있던 내)	新川里 (진잠현 서면)		新川里(진잠군 서면) [신운ᄉ (新川里,新院川)]		쉬골내, 新川, 새내, 새우내, 城北川(유성구)	[新院川)新川] (새내·새우내) (院 텅닥)
	용두천 (진잠천)	龍頭川 (진잠천)		龍頭里(진잠현 읍음북리)	龍頭里 (〃)	龍頭川 (진잠천)	龍頭里 (진잠군 북리)		鑛쑤川(유성구) 龍頭, 용머리 (유성구 대정동)	*용두천: 지명 소멸됨
村落지명 (유성면)	동자미			東子山里	東子山 下東子山		童子洞 東쑦里	童子洞 東쑦里	동자미, 童子村, 東쑦(유성구) 場돈洞	*童子山(湖西a) (東)東·童)
	덕미			德美嵊里	德美峙		德美洞	德美洞	덕미, 德山 (유성구 노은동)	(美: 믜 음차) (美)山) (嵊·峙 텅닥)
	창말			倉里	倉里		倉里	倉里	창말, 倉里 (유성구 구암동)	
	가둔이			加遯里	迦遯里		佳屯里	佳屯里	가둔이, 嘉遯里 (서구 도안동)	(加)迦)佳)嘉) (遯)屯)遷)
	긴골 (긴늑)			耆隱谷里	上耆隱 中耆隱		耆隱洞	耆隱洞	(유성구 복용동 안말)	*耆隱合里(점은곡리) (忠淸,湖西a) (耆隱·耆隱=긴·진의 음차) (耆,耋) *지명 소멸됨
	화산			花山里	花山里		花山里	花山里	華山, 간이저금 (유성구 덕명동)	(花)華)

분류	지명	新增(1530)	東國(1656~1673)	輿地(1757~1765)	戶口(1789)	東輿·大圖·大志(1800년대 중엽)	舊韓(1912)	新舊(1917)	大田(1994)	비고
現 내면 (야성면) / 村落地名	논골				老隱洞		老隱洞	老隱里	논골, 老隱洞(유성구)	(老隱: 논의 음차)
	대울				竹谷		竹洞	竹洞里	대울, 竹洞(유성구)	(竹: 대의 훈차)(谷>洞)
	신흥				新興里		新興里	新興里	元新興洞(유성구)	[신흥동>원신흥동(1989년)](元 추가)
	봉명				鳳鳴洞		鳳鳴洞	鳳鳴里	鳳鳴洞(유성구)	
	위티						上坐洞	▲上坐里	위티, 上坐洞(유성구)	(上坐: 위티의 훈차)
	구암							九岩里	구암, 九岩洞(유성구)	
	복룡						伏龍洞	伏龍里	伏龍洞(유성구)	
	독명골						德明洞	德明里	독명골, 德明洞(유성구)	(德明洞>독명골)
	구성(거북성)						九城里	九城里	구성, 九城洞(유성구)	
	활골							弓洞里	활골, 弓洞(유성구)	(弓: 활의 훈차)
	정터							場垈里	정터, 場垈洞(유성구)	
	감촌(감골)	甲村(공주목), 甲村所		甲村(공주목) 甲村所			甲洞 공주군 현내면	甲洞里 (대전군 유성면)	감골, 甲洞(유성구)	(村>洞)
	자죽실				其族谷		芝足洞	智足里 知足洞	자죽실, 智足洞(유성구)	(其族/芝足>智足)(芝>智)

분류		지명	新增 (1530)	東國 (1656~1673)	輿地 (1757~1765)	戶口 (1789)	東輿·大圖·大志 (1800년대 중엽)	舊韓 (1912)	新舊 (1917)	大田 (1994)	비고
村落地名	탄동면	전골			慈恩洞里	慈恩洞		自雲里 [느리리]	自雲里 自云里	白雲洞(유성구) 自恩洞	(慈恩·白雲: 전의 음차) (慈自)(恩雲·云.恩)
		갈마곡 (가마골)			葛馬洞里	葛馬洞		葛馬洞	葛馬洞	갈마곡, 가마골 (유성구 지족동)	
		거우니			慶雲里	景雲洞		景雲里 [경운이]	京雲里	거우니, 京雲 (유성구 도룡동)	*慶云里(忠淸) (慶)景)京)
		가정자			柯亭子里	? 柯山里		柯亭里 [가졍ᄌ]	柯亭里	柯亭洞(유성구)	(子 탄탁)
		꽃바우				花藪洞		花岩里 [꽃바위]	花岩里	꽃바우, 花岩洞(유성구)	(花岩: 꽃바위의 훈차) (巖)岩)
		반석				盤石里		盤石里 [양지말]	盤石里	盤石洞(유성구)	
		아래텃골				下基洞里		下基里 [아릭터골]	下基里	아래텃골, 下基洞 (유성구)	
		도룡				道龍里		道龍里 [도룡굴]	道龍里	도룡, 道龍洞(유성구)	
		장자울				長尺里		長子洞 [장자울] (壯洞)	長洞里	장자울, 長洞(유성구)	(尺: 자의 훈음차) (尺 탇탁)
		가래울				楸木里		秋木里 [쥬목]	秋木里	가래울, 秋木洞(유성구)	(楸木: 가래의 훈차) (楸)秋)
		탄동 (숯골)			炭洞面 (굿무목)	炭洞面 (") 炭洞里	炭洞 (")	炭洞面 (회덕군) 炭洞 (탄ᄃ면) [숯골]	炭洞面 (대전군)	炭洞, 숯골 (유성구 주목동·신상동)	(炭: 숯의 훈차) *유성구 단동(행정)은 은진ᄌ동에 통합됨(1998년) *행정 지명은 소멸됨

분류		지명	新增 (1530)	東國 (1656~1673)	輿地 (1757~1765)	戸口 (1789)	東輿·大圖·大志 (1800년대 중엽)	舊韓 (1912)	新舊 (1917)	大田 (1994)	비고
村落地名	탄동면	가느골				細洞里		細洞 [가느끌]	細洞	가느골 (유성구 추목동)	
		새울				新鳳里		新峰里 [식울]	新峰里	새울, 新峰洞 (유성구)	(鳳)峰
		신성이						新城里 [성식굴]	▲新城里	新城洞 (유성구)	
		안말 (방아고개)				方古介里		內洞里 [방고기]	內洞里	안말, 坊峴洞 (유성구)	(方)坊 (古介)峴
	구측면	두이울 (동좌울)			東花里	東花洞里		東華里 [동좌울]	東華里	두이울, 東華洞 (유성구 관동동)	(花)華
		바구니			白雲洞里	白雲洞里				바구니, 白雲里 (유성구 봉산동)	
		과교			破昆里	後破昆里		後坡里 [뒤바구니]	後坡里 (坡이 誤記)		(破)坡 (昆)탁 *지명 소멸됨
		두니실			屯谷里	屯谷里		屯谷里 [두노실]	屯谷里	두니실, 屯谷洞 (유성구)	
		청운동			靑雲里	靑雲洞里		靑雲里 [청운리]	靑雲洞	靑雲洞 (유성구 구룡동)	
		봉산				鳳山里		鳳山里 [봉산]	鳳山里	鳳山洞 (유성구)	
		용산				龍山里		龍山里 [용산]	龍山里	용산, 龍山洞 (유성구)	

분류	지명	新增 (1530)	東國 (1656~1673)	輿地 (1757~1765)	戶口 (1789)	東輿・大圖・大志 (1800년대 중엽)	舊韓 (1912)	新舊 (1917)	大田 (1994)	비고
村落지명 구즉면	구룡이				九龍里		九龍里 [다리골]	九龍里	구룡이, 九龍洞(유성구)	
	관틀				官坪里		官坪里 (音의 誤記) [관틀]	▲官坪里	관틀, 官坪洞(유성구)	(坪: 벌의 훈차)
	금구리						今古里 [금고]	今古里	금구리, 今古洞(유성구)	
	댓골						垈洞 [딕골]	垈洞	댓골, 垈洞(유성구)	(垈: 대의 음차)
	쇠여울						金灘里 [쇠여]	金灘里	쇠여울, 金灘洞(유성구)	(金: 쇠의 훈차 혹은 춘음차)
	신동						新東里 [윗누골]	新東里	新洞(유성구)	(東: 덛닥)
	송강						松江里 [성징이]	松江里	송강, 松江洞(유성구)	
	민마루						文旨里 [민마루]	文旨里	민마루, 文旨洞(유성구)	(文: 민의 음차) (旨: 마루의 훈차 혹은 춘음차) [旨: 므른 지(『新增類合(下)』(p.55)]

분류	지명	新增 (1530)	東國 (1656~1673)	黃地 (1757~1765)	戸口 (1789)	東輿・大圖・大志 (1800년대 중엽)	舊韓 (1912)	新舊 (1917)	大田 (1994)	비고
반포면(탄동면)	새미레			三美川里 (반포면)	三美川 (반동면)		外三里 [외삼] (外山里)	**外三里**	바깥세미레, 外三洞 (유성구)	*外三: 바깥세미레 *三美里(現 外三里) [일제 제작 지형도 (1911년)] (三美: 세미의 음자)
	무나미				水南里		水南里 (공주군 반포면)	**水南里**	무나미, 水南洞(유성구)	(水: 무·물의 음자, 南: 나미의 음자)
	안산				案山里		案山里 [안산]	**案山里**	안산, 案山洞(유성구)	
	산막 (산골)						山幕里 [산막]	山幕里	산막, 山幕 (유성구 외삼동)	
	어두니				魚得雲		魚得雲里 (공주군 반포면)	魚得雲里	어두니, 魚得雲里 (유성구 안산동)	(魚得雲: 어두운의 음자)
천내면・유등천면 (유천면)	샘마리			? 三井里	? 三井里		井頭里 [싱마리]	井頭里	? 서구 둔산동 부근	(井頭: 샘마리의 준자)
	숯방이			炭坊里	炭坊里 上炭坊 中炭坊		炭坊里 [숯방이]	**炭坊里**	숯방이, 炭坊洞(서구)	(炭: 숯의 준자, 坊: 음자)
	가장골			佳壯洞里	佳藏(?)洞		佳狀里 [벌가장골]	**佳狀里**	가장골, 佳狀洞(서구)	[壯藏(?)狀]
	이의			立義里	立義里		立義里 [입의]	三義里(立의 誤記 or 석三의 준음자)	이비, 立義 (서구 월평동)	*立義里(忠淸湖西a) (立>三立) (儀>義)

村落地名

분류	지명	新增 (1530)	東國 (1656~1673)	輿地 (1757~1765)	戶口 (1789)	東輿·大圖·大志 (1800년대 중엽)	舊韓 (1912)	新舊 (1917)	大田 (1994)	비고
회덕면·유등천면 (유천면) 　 村落地名	둔지미				屯山里 上屯山		屯山里 [둔엄이]	**屯山里**	둔지미, 屯山洞(서구)	
	연곳				魚隱洞		魚隱里 [연곳]	**魚隱里**	연곳, 魚隱洞(유성구)	(魚隱: 연의 음차)
	용머리			龍頭里	龍頭里		龍頭里 (유등천변)	**龍頭里**	용머리, 龍頭洞(중구)	
	과례			果禮里	果禮里		果禮里 [과례]	**果禮里**	果禮里 文化洞(중구)	
	언티			遠峙里	遠峙里		[엇티(陪峙村)]	遠峙里	언티, 遠峙 (중구 山城洞)	*院垈里(忠淸, 湖西) (遠峙: 언티의 훈차) (遠>院垈)
	복수	輸水(공주목), 輸水所		輸壽里(공주목 유등천변) 輸水, 輸水所	輸壽里 (〃)		伏水里 (회덕군 유등천변) [복수(伏水里)]	**輸守里** (대전군 유천면)	輸守洞(서구)	(水>壽)구
	도마			道馬橋里	道馬橋		道馬里 [도마다리]	桃馬里	원도마, 桃馬洞(서구)	(道>桃) (橋>달)
	유천 (버드내)			柳川里	柳川里		柳川里 [류천]	▲柳川里	버드내, 柳川洞(중구)	(柳: 벌들의 훈음차) (川: 내의 훈차)
	사장이				沙井里		沙亭里	沙亭里	원사정이, 沙亭洞(중구)	(非亭)

분류	지명	新增 (1530)	輿國 (1656~1673)	輿地 (1757~1765)	戶口 (1789)	東輿·大圖·大志 (1800년대 중엽)	舊韓 (1912)	新舊 (1917)	大田 (1994)	비고
천내면·유등천면 (유천면) 村落地名	별리				坪里		坪里 [평리] (平里里) 中坪里 下坪里 [금죽말]	**坪里** 中坪里 下坪里	별리, 坪里 (중구 太平洞)	*평리>太平町 (1940년) (坪: 별의 훈차) (坪)洑
	당대				唐垈里		唐垈里 [당디]	**唐垈里**	唐垈(중구 山城洞)	
	인골						內洞 [닉동]	**內洞里**	안골, 內洞(서구)	
	괴정						槐亭里 [가정골]	**槐亭里**	槐亭洞(서구)	
	월평						月坪村 [월평]	**月坪里**	원월평. 月坪洞(서구)	
	갈마울						葛馬洞 [갈마울]	**葛馬里**	갈마을, 葛馬洞(서구)	
	정림골						正林里 [뎡림]	**正林里**	정림골, 正林洞(서구)	
	안영						安永里 [안영]	**安永里**	원안영. 安永洞(중구)	
	갓골						邊洞里 [삼밧모롱이]	**邊洞里**	갓골, 邊洞(서구)	(邊: 갓의 훈차)
	삼천						? 三溪里 [삼천이]	三川里	三川洞(서구)	(溪>川)

분류	지명	新增 (1530)	東國 (1656~1673)	興地 (1757~1765)	戶口 (1789)	東輿·大圖·大志 (1800년대 중엽)	舊韓 (1912)	新舊 (1917)	大田 (1994)	비고
	대산			垈山里	垈山里		垈山里 [터뫼]	垈山里	垈山(중구 대사동)	
	사라니			沙寒里	沙寒里		二沙里 [사란리] 上沙里 下沙里 [윗사란이] [하사란이]	二沙里 上沙里 下沙里	사라니, 二沙洞(동구)	(산안·山內)사라니· 사란리 (二 추가)
	무시골			無愁洞里	舞愁洞	無愁洞	無愁洞 [무슈리]	無愁里	무쇠골, 無愁洞(중구)	(無愁: 무쇠의 음차) (無>舞>無)
산내면 村落지명	소전골			所田里	所田	所田里	上所田里 (상소뎐) (上所里) 下所田里 [하소뎐]	上所里 下所里	상소전, 上所洞(동구) 하소전, 下所洞(동구)	(田 댤탁)
	밤밭								밤밭, 所村 (동구 상소동)	(所: 밭의 훈차)
	목척			木尺里	木尺里		木尺里 (은응달이)	木尺里	木尺(중구 은행동)	
	완전				完田里		舊完田里 [구완뎐이] 新完田	舊完里 新完里	구완전, 舊完洞(중구)	(田 댤탁)
	대별				大別里 (산내면 외남면)		大別里 [디별]	大別里	대별, 大別洞(동구)	

분류	지명	新增 (1530)	東國 (1656~1673)	輿地 (1757~1765)	戶口 (1789)	東輿·大圖·大志 (1800년대 중엽)	舊韓 (1912)	新舊 (1917)	大田 (1994)	비고
村落地名 산내면	장터				場垈里			場垈里	동구 원동 근근	
	남달미				木達里		木達里 [남달뫼]	木達里	남달미, 木達洞(중구)	(木: 남~나무의 훈차 또는 훈음차)
	삼괴정				三槐亭		三槐亭里 [뱃-]	三槐里	三槐洞(동구)	(亭 달터)
	공주말							公州村 (1917년 지적도 기록)	공주말, 公州洞 (동구 삼괴동)	*과거 대전현을 경계로 동쪽은 공주목, 서쪽은 회덕현이었음
	송절 (송사)				宋寺里		松寺里 [송절]	松寺里	송절, 松寺 (중구 목달동)	(寺: 절의 훈차) (宋:松)
	한절골				大寺洞		大寺洞 [한덕굴]	大寺里	한절골, 大寺洞(중구)	(大: 한의 훈차) (寺: 절의 훈차 혹은 훈음차)
	정생골				政生洞		政生洞	政生里	정생골, 政生洞(중구)	
	범골				虎洞		虎洞 [호동]	虎溪里	범골, 호암, 虎洞(중구)	
	가능골 (가는골)				細洞		細洞 [가능골]	細洞	가능골, 細洞 (중구 석교동)	(細: 가는의 훈차)
	느나미				於南里		於南里 [느남이]	於南里	느나미, 於南洞(중구)	(於: 느~늘의 훈음차) [늘이(『新增類合』(1567),『石峰千字文』(1583)]

분류	지명	新增(1530)	東國(1656~1673)	輿地(1757~1765)	戶口(1789)	東輿·大圖·大志(1800년대 중엽)	舊權(1912)	新舊(1917)	大田(1994)	비고
산내면 村落지명	낭월				朗月(공주목 산내면) 朗月里(회덕현 외남면)		朗月里 [낭월]	▲朗月里 (대전군 산내면)	朗月洞(동구)	*朗과 郎이 틔쓰임
	바리바우				鉢巖里		鉢岩里 [바리바위]	鉢岩里	바리바우, 鉢岩(중구 宣化洞)	(巖>岩) (鉢: 바루~바리의 훈차)
	침산 (방아미)				砧山里		砧山里 [방아뫼]	砧山里	방아미, 砧山洞(중구)	(砧: 방아의 훈차)
	장척				長尺里		長尺里 [쟈기]	長尺里	長尺洞(동구)	
	소리				所好里		所好里 [쇼리]	所好里	소리, 所好洞(동구)	
	구두머니						九到門里 [구도문]	九到里	구두머니, 九到洞(동구)	(門 탈락)
	금뱅이				儉澗		錦洞 [검동]	錦洞里	금뱅이, 錦洞(중구)	[검(儉)>금(金): 고설모음화] (검·금: 크다, 大의 의미)

분류	지명	新增 (1530)	東國 (1656~1673)	輿地 (1757~1765)	戶口 (1789)	東輿·大圖·大志 (1800년대 중엽)	舊韓 (1912)	新舊 (1917)	大田 (1994)	비고
현내면(내남면) / 村落地名	비티골			飛來洞里	飛來洞里		飛來里 [비티리]	**比來里**	비티골, 比來洞(대덕구)	(飛)比 (飛來·比來: 음차)
	연방죽			連五洞里	連五洞里		連五里 [연죽골]	**連五里**	연방죽, 連五洞(대덕구)	*連五洞里(忠淸,湖西a,湖西b) (連·湖·連)
	범쳔동 (범젹골)				法泉里		法洞 [범동]	**法澗里**	범적골, 法澗洞(대덕구)	(泉 탈락)
	중리				中里 (현내면) 中里 (여남면)		中里 [중리]	**中里**	원중리, 中里洞(대덕구)	
	대화				大禾里		大禾里 [청수]	**大禾里**	大禾洞(대덕구)	
	새티말				新基里		新基里 [검기]	**新基里**	새티말, 新基洞(대덕구)	(新基: 새터의 훈차)
	왓골				瓦洞里		瓦洞 [에-골]	**瓦洞里**	왓골, 瓦洞(대덕구)	
	탑선				塔立里 (회덕현 현내면)		塔立里 (회덕군 현내면) (탑선골)	**塔立里** (대전군 구즉면)	탑신마을, 塔立洞(유성구)	(立: 선의 훈차)
	읍내					邑內	邑內里 [읍내]	▲**邑內里**	邑內洞(대덕구)	

분류	지명	新增 (1530)	東國 (1656~1673)	輿地 (1757~1765)	戶口 (1789)	東輿·大圖·大志 (1800년대 중엽)	舊韓 (1912)	新舊 (1917)	大田 (1994)	비고
동면	가래울			楸洞里	上楸洞里 下楸洞里		愁洞上里 愁洞中里 愁洞下里 (愁의 誤記) [가리울]	**秋洞里** 秋上里 秋中里 秋下里	가래울, 秋洞(동구)	(楸: 가래의 훈차) (楸〉愁〉秋)
	줄미			注山里	注山里		注山里 [줄뫼]	**注山里**	줄뫼, 注山洞(동구)	
	비름들			飛龍洞里	飛龍洞里		飛龍洞 [비름들]	**飛龍里**	비름들, 飛龍洞(동구)	(飛龍: 비름의 음차)
	잔개울			細川里	細川里		細川里 [잔구을]	**細川里**	잔개울, 細川洞(동구)	(細川: 잔개울의 훈차)
내남면	송촌			上宋村里 下宋村	松村 (宋의 誤記)		宋村 [송촌]	**宋村里**	원송촌, 宋村洞(대덕구)	*下宋村里(忠清, 湖西b) (宋〉松〉宋)
	오정 (오룡)			梧井里	上梧井里 下梧井		上梧里 [현촌] 下梧里 [오룡] (梧井店 [오룡쥬막])	**梧井里**	오룡, 梧井洞(대덕구)	(井: 룸의 훈차)
	연효			聯孝里	連孝里		連孝里 [녁남]	**連孝里**	連孝(동구) 城南洞	(聯〉連)
	용밭			龍田里	龍田里		龍田里 [용단이] [룡전방죽]	**龍田里**	용밭, 龍田洞(동구)	
村落地名	홍못골				弘道洞里		弘道里 [홍도]	**弘道里**	홍못골, 弘道洞(동구)	

분류	지명	新增 (1530)	東國 (1656~1673)	輿地 (1757~1765)	戶口 (1789)	東輿·大圖·大志 (1800년대 중엽)	舊韓 (1912)	新舊 (1917)	大田 (1994)	비고
村落 지명 / 大田面	대전 (한밭)	大田川 (공주목)	大田川(〃)			大田川 (官田川) (공주목)	大田里 (회덕군) [현재] 한밧당[大田市] [현재 大田停車場(大田修車場)]	大田郡 大田面 大田里	大田川(동구, 중구) 大田廣域市	(大田 : 한밭의 훈차)
	본정일정목						大田里	▲本町一丁目	元洞(동구)	*지명 소멸됨
	본정이정목				場垈里		場垈里 井浦里	本町二丁目	仁洞(동구)	*본정이정목, 장대리, 정포리: 지명 소멸됨 *본정삼정목>요동
	춘일정일정목						大田里 水站(站)里	春日町一丁目	中洞(동구)	*춘일정일정목, 수참(참)리: 지명 소멸됨
	춘일정이정목						木尺里	春日町二丁目	銀杏洞, 으느정이(중구)	*지명 소멸됨 *춘일정삼정목>선화동
	영정						大田里 水站(站)里 蘇堤里 下新里	榮町	貞洞(동구)	*영정>수참리, 하신리: 지명 소멸됨 *영정>이경목>삼성동

분류	지명	新增 (1530)	東國 (1656~1673)	輿地 (1757~1765)	戶口 (1789)	東輿·大圖·大志 (1800년대 중엽)	舊韓 (1912)	新舊 (1917)	大田 (1994)	비고
의남면 / 村落地名	줄골 (줄곳)			注洞里	㽺洞里		注洞 [㽺洞리]	注洞	줄골, 注洞 (동구 비룡동)	(注·㽺:줄의 음자) (㽺⟩注)
	새울			草洞里	草洞里		草洞 [초동]	草洞	새울, 草洞 (동구 용운동)	(草:새의 훈자) (곰)울
	흥룡 (흥농)			興農里	興龍里		興農里 [흥농]	興農里	흥농, 興龍 (동구 가양2동)	(農·龍)
	곰삼정				三丁里		三丁上里 三丁中里 三丁下里 [삼정이 (三丁~)]	三丁里 三丁上里 三丁中里 三丁下里	곰삼정, 三丁洞 (동구)	
	가오				可五坐里		加午里 [신티담]	加午里	加午洞 (동구)	(可五⟩加午) (坐 담터)
	새터담				新垈里 上新垈里		新垈里 [신티담]	新垈里	새터담, 新垈 (동구 新興洞, 新安洞)	(신대리⟩旭町·東町⟩ 신흥동·신안동)
	샘굼				泉洞里		內泉里 [닉쳔] 外泉里	外泉里	샘굼, 泉洞 (동구)	(泉:샘의 훈자)
	산소골				山所洞里		山所里 [산소]	山所里	산소골 (동구 板岩洞)	
	용방				龍方里		龍坊里 [용방이]	龍坊里	龍坊마을 (동구 龍雲洞)	*龍坊里 (湖西a) (方⟩坊)

분류		지명	新增 (1530)	東國 (1656~1673)	輿地 (1757~1765)	戶口 (1789)	東輿·大圖·大志 (1800년대 중엽)	舊韓 (1912)	新舊 (1917)	大田 (1994)	비고
村落地名	의남면	갱이				加陽里		佳陽里 [가양이]	**佳陽里**	갱이, 佳陽洞(동구)	(加陽·佳陽: 갱이 음차) (加)〉(佳)
		대동						大東里 [딕동]	**▲大東里**	大洞(동구)	(東 딕탁)
		대성						大成里 [딕성동]	**大成里**	大成洞(동구)	
		부용							**芙沙里**	부용, 芙沙洞(중구)	
		방죽굴						方丑里	**方丑里**	방죽굴, 方丑里 (중구 牧洞)	*지명 소멸됨
		돌다리						石橋里 [돌다리]	**石橋里**	돌다리, 石橋洞(중구)	(石橋: 돌다리의 훈차)
		옥계수						玉溪里 [지아마루]	**玉溪里**	玉溪洞(중구)	
		죽말(중말)						中村	**中村里**	中村洞(중구)	
	서면 (구즉면)	갑천	甲川(회덕현)	甲川(공주목) 甲川(회덕현) 甲川(진잠현)	甲川(회덕현) 甲川里(회덕현 서면)	甲川里(회덕 서면)	甲川(공주목) 甲川(회덕현)	甲川里(회덕군 서면) [모정]	**甲川里**(대전군 유천면에 편입)	甲川(대전시)	*촌락 지명은 소멸됨
		정민	貞民驛(회덕현)	貞民驛(〃)	貞民驛(〃) 貞民里(서면)	貞村里(서면) 驛村里(〃)	貞民驛(회덕현) 貞民(회덕현)	田民里(회덕군 서면) [뎡민이]	**田民里**(대전군 구즉면)	田民洞(유성구)	*田民里(忠淸,湖西, 湖西): (貞·田)

분류	지명	新增 (1530)	東國 (1656~1673)	輿地 (1757~1765)	戶口 (1789)	東輿·大圖·大志 (1800년대 중엽)	舊韓 (1912)	新舊 (1917)	大田 (1994)	비고
군폭면(폭면) / 村落地名	서원말				書院里(회덕현 서면)		院村(회덕군 서면)[서원말]	**院村里** (대전군 구즉면)	서원말, 院村洞(유성구)	(書院村)
	남개			木浦里	木浦里		木上里[나닥위듬] 木中里[나닥중듬] 木下里[나닥하듬]	**木里** 木中里 木下里	남개, 남해, 木上洞 (대덕구)	(木: 남의 훈차 혹은 훈음차)(浦: 개의 훈차)(上: 나주가) *과거 甲川에 마을 앞으로 흐르다 高宗 광무10년(1906)에 큰 장마로 유로가 서쪽으로 변경됨
	전골			紫雲洞里	紫雲洞里		紫雲里[전골]	紫雲里(雲의 誤記)	전골, 紫雲골 (대덕구 석봉동)	(紫雲: 건의 음차)
	방두말(방등)			方登里	方登里		方登里[방두마루]	方登里	방두말, 방등 (대덕구 상서동)	*方頭里(忠淸湖西地圖)(方登: 방두의 음차)(頭·登: 둘)
	새터				新垈里		新垈里	**新垈里**	새터, 新垈(대덕구 新一洞)	
	석봉				石峯里		石峯里	▲**石峯里**	石峯洞(대덕구)	
	담바위				德巖里		德岩里[한절구지][매(씩)바위]방죽(德岩堤塊)	**德岩里**	담바위, 더바위, 德岩洞(대덕구)	(德: 덤~더의 음차)(巖〉岩)

분류	지명	新增(1530)	輿閩(1656~1673)	輿地(1757~1765)	戶口(1789)	東輿·大圖·大志(1800년대 중엽)	舊韓(1912)	新舊(1917)	大田(1994)	비고
군북면(북면)	별말				벌村里		벌村 [벌말]	벌村里	벌말, 벌村洞(대덕구)	(벌村: 벌말의 준자)
	서당				書堂里		上書堂里 下書堂里 [상서당, 하서당, 新書市]	上書堂里 上書堂里 下書堂里	읫서당, 上書洞(대덕구)	(堂 달당)(上 주가)
일도면(북면)	신탄 (세여울)			新灘津小路 (회덕현)		新灘 (회덕현)	[세일나루] [세일당 (新灘市)]		新灘, 세여울(세일), 新灘津洞(대덕구)	*新灘市(忠淸.湖西a. 湖西b)(新: 세의 준자 혹은 음音자)(灘: 여울의 준자)
	웃산디			上山垈里	上垈山里		上山里 [산디]	上山里	산뒤, 산디, 山垈, 山北(대덕구 장동)	(山垈: 산디~산뒤의 음자)
	미호			渼湖里	渼湖里		美湖里 [미호] (渼津)	渼湖里	渼湖洞(대덕구)	(渼=渼)(*渼湖書院이 있던 곳)(恩津 宋氏 관련)
	배고개			梨峴里	梨峴里		梨峴里 [비오기]	梨峴里	배고개, 梨峴洞(대덕구)	(梨峴: 배고개의 준자)
村落地名	정글 (긴글)				長洞里		長洞上里 長洞中里 長洞下里 [긴글]	長洞里	정글, 長洞(대덕구)	(長: 긴의 준자)
	용호				龍湖里		龍湖里 [용호]	龍湖里	龍湖洞(대덕구)	*龍湖祠가 있던 곳(晉州 姜氏 관련)
	부수골				夫水洞里		夫水里 [부슈골]	芙水里	부수골, 芙水洞(대덕구)	(夫:芙)

분류	지명	新增 (1530)	東國 (1656~1673)	輿地 (1757~1765)	戶口 (1789)	東輿·大圖·大志 (1800년대 중엽)	舊韓 (1912)	新舊 (1917)	大田 (1994)	비고
일도면(북면) / 村落地名	삼정골				三岐里(岐는 政의 誤記)		三政上里 三政中里 三政下里 [삼정이]	**三政里**	삼정골, 閔村, 李村, 三政洞(대덕구)	(岐=政) *三政上里(강촌.민촌) *三政下里(이촌)
	갈밭				葛田里		葛田上里 葛田下里 [갈밧]	**葛田里**	갈밭, 葛田洞(대덕구)	
	괴골	稷洞(회덕현) -土産條	稷洞(회덕현) -土産條		稷洞里(회덕군 일도면)		稷洞里(회덕군 일도면)[괴골]	**稷洞里**(대전군 동면)	괴골, 稷洞(동구)	(稷: 괴의 훈차)
	황호 (누구지)						黃湖里 [황호]	**黃湖里**	누루꾸지, 黃湖洞(대덕구)	(黃: 누루의 훈차)
	민별						文坪里	**文坪里**	민별, 文坪洞(대덕구)	(文: 민의 음차)(坪: 별의 훈차)
일도면(동면) / 村落地名	말미						馬山上里 馬山下里(회덕군 일도면)[말미]	**馬山里**(대전군 동면) 馬山上里 馬山下里	말미, 馬山洞(동구)	(馬: 말의 훈차 죽음 음음차)
	효름 (소름)						孝坪里 [효름]	**孝坪里**	효름, 孝坪洞(동구)	
	세듬						新坪里 新上里 新下里	**新坪里** ▲新上下里 新坪里	새듬, 新坪(동구) 新上洞(동구) 새듬 아랫마을, 新下洞(동구)	(新坪: 새듬의 훈차)

부류	지명	新增(1530)	東國(1656~1673)	輿地(1757~1765)	戶口(1789)	東輿·大圖·大志(1800년대 중엽)	舊韓(1912)	新舊(1917)	大田(1994)	비고
읍·도면(동면) 村落지명	모래재			沙城里(청주목 주안면) 沙嶼城	沙城里(")		沙城里(회덕군 주예면)[모리지]	**沙城里**(대전군 동면)	모래재, 沙城洞(동구)	(沙城: 모래재~잿의 훈차)
	탑산(탑봉)			塔山里(청주목 주안면)	塔山里(")		內塔里(회덕군 주예면)[탑산이]外塔里	**內塔里**(대전군 동면)	탑산, 內塔洞(동구)	(山 탑탑)
	배암			舟村里(청주목 주안면)	舟村里(")		舟村(회덕군 주예면)[배암]	**舟村里**(대전군 동면)	배암, 舟村洞(동구)	(舟村: 배암이의 훈차)
	오동			梧桐里(청주목 주안면)	梧桐里(")	梧桐里(")	梧桐(회덕군 주예면)[안골]梧桐嶺里[머고기]	**梧桐里**(대전군 동면)	梧洞(동구)	(桐)洞
	신촌(사장)			倉里(청주목 주안면)	新村里(")司倉里(")	新村里(")司倉里(")	新村(회덕군 주예면)[안골]司倉里[창말]	**新村里**(대전군 동면)	사장, 新村洞(동구)	(新村: 사장의 同音異義 현상으로 과생)?
	내동(읍내)			內洞里	內洞里		內洞[안골][읍니장]	▲**內洞里**	읍내, 元內洞(유성구)	*內洞里>元內洞(1983년)(元 추가)
	솔마루			宋村里(松의 오기)	松村里		松村[소마루]	松村里	솔마루, 松村(유성구 원내동)	*松村(忠浦)(末松)(松村: 솔마루의 훈차)

분류	지명	新增 (1530)	東國 (1656~1673)	輿地 (1757~1765)	戶口 (1789)	東輿·大圖·大志 (1800년대 중엽)	舊韓 (1912)	新舊 (1917)	大田 (1994)	비고
읍북면(진잠면)	원당이			元堂里	元堂里				원당이, 元堂, 顧堂 (유성구 대정동)	
	용두 (용머리)			龍頭里	龍頭里		龍頭里 [룡머리]	龍頭里	용머리, 龍頭 (유성구 대정동)	
	주루바위 (줌바위)				珠岩里 [쥬리바위]			周岩里	주루바위, 줌바위, 周岩 (유성구 대정동)	*注乙巖里(忠淸), 注乙岩(湖西b) (迮·注乙)珠)周)
	모곡			茅谷里	茅谷里		茅谷里 [사괴목골]	茅谷里	띠울(사기막골 앞마을) (유성구 계산동)	
	별밭			星田里 星田路	星田里		星田里 [성전]	星田里	별밭, 星田 (유성구 하서동)	(星田 : 별밭의 훈차 혹은 훈음차 + 훈차)
	영당			影堂里	影堂里				影堂址 (유성구 하서동·성전)	*지명 소멸
村落지명	한우물				大井里		大井里 [한우믈]	大井里	한우믈, 大井洞 (유성구)	(大井 : 한우물의 훈차)
	계산			鷄山里	鷄山里		鷄山里	鷄山里	왼계산, 鷄山洞 (유성구 계산동)	
	학하동				鶴下洞里		鶴下洞 [학하동]	鶴下里	鶴下洞 (유성구)	*鶴下洞(湖西b)
	항교말						校村 [항교말]	校村里	항교말, 校村洞 (유성구)	*校村里 (忠淸, 湖西a)
	용계 (밀머리)						龍溪 [용머리]	龍溪里	밀머리, 龍溪洞 (유성구)	(龍 : 밀~미르의 훈차)
	방동							芳洞里 (대전군 진잠면)	芳洞(유성구)	*과거 진잠현 서면의 방동과 하세동 부근

분류		지명	新增 (1530)	東國 (1656~1673)	輿地 (1757~1765)	戶口 (1789)	東輿·大圖·大志 (1800년대 중엽)	舊韓 (1912)	新舊 (1917)	大田 (1994)	비고
동면 (기 성 면)	村落 地名	선굴			仙洞里 / 仙洞里路	仙洞里		仙谷里 [선굴]	仙谷里	선굴, 仙谷 (서구 괴곡동)	*仙谷里(湖西b) (洞〉谷)
		용소터			龍巢仍里	龍巢里		龍巢里 [용소터]	龍沼里	龍沼, 용소터 (서구 가수원동)	(巢〉沼) (坐 탈탁)
		관젓골 (관하촌)			官守洞里	官守洞里		關雎里 [관젹골]	關雎里	관젖골, 관츃촌, 關雎洞(서구)	*官守洞(湖西b) (寺: 졈의 츈자 혹은 즁음자) (관젓〉官守〉關雎)
		배야동			白也里	白也洞里				배야동, 白也洞 (서구 가수원동)	*白也洞(湖西b) (白也: 배야의 음자)
		고리골			槐里洞里	槐谷里		槐谷里 [고리골]	槐谷里	고리골, 槐谷洞(서구)	(槐里: 고리의 음자) (洞〉谷) (里 탈탁)
		도안				道安里		道安里 [도안티]	道安里	원도안, 道安洞(서구)	
		개수			介水路 (〃)		介水院 (진잠현)	佳水院里 (진잠군 동면) [가수원나루] (佳水院津) [가수원 졍가장] (佳水院驛)	佳水院里 (대전군 기성면)	佳水院洞(서구)	*介水院(湖西b) (介〉佳)

분류	지명	新增 (1530)	東國 (1656~1673)	輿地 (1757~1765)	戶口 (1789)	東輿·大圖·大志 (1800년대 중엽)	舊韓 (1912)	新舊 (1917)	大田 (1994)	비고
상남면(기성면) 村落地名	둔골			屯洞里	屯洞里				둔골, 屯谷 (서구 죽석동)	(洞)谷
	사진개			沙樹里	沙樹里		沙樹里 [ㅅ수리]	沙樹里	沙樹개, 洞津개, 洞津浦(서구 죽석동)	
	서골 (서점)			鐵店里	鐵店里			金谷里	서골, 서점, 鐵店, 金谷(서구 봉곡동)	(鐵)金:쇠의 훈차) *鐵과 金이 티.쓰임
	섬고개			薪古介里	薪古介里		薪峴里 [섬고개]	薪峴里	섬고개, 새재별음 (서구 매노동)	*薪峴里(忠流, 湖西a) [섬고개(ㅂ~ㄱ)>석고개(ㄱ~ㄱ) (薪:섬~석의 훈음차) (古介)峴)
	매노			梅老里	梅老里		梅老里 [미노리]	梅老里	원매노, 梅老洞(서구)	
	용매울			龍駄洞里	龍駄洞里				용매울, 龍胎里 (서구 산직동)	*龍台洞里(湖西a). 龍台洞(湖西b) (駄)台)胎)
	장안			長安里 長安里路	長安里		壯安里 [장안]	壯安里	원장안, 壯安洞(서구)	(長)壯)
	분토골			分土洞里	分土洞里				분토골, 粉土洞 (서구 매노동)	*分土洞(湖西b) (分)粉)
	거문듬				黑石里		黑石里 [거문듬]	▲黑石里	거문듬, 琴坪, 黑石洞 (서구)	(黑石:검돌~금돌의 음차+훈차)? (黑石:검은돌의 훈차)

분류	지명	新增 (1530)	東國 (1656~1673)	輿地 (1757~1765)	戶口 (1789)	東輿·大圖·大志 (1800년대 중엽)	舊韓 (1912)	新舊 (1917)	大田 (1994)	비고
下南面 (杞城面) 村落지명	미리미			龍村里	龍村里		龍村 [미리미]	龍村里	미리미. 龍ㅅ洞(서구)	(龍: 미리의 준자)
	배무등			栢木里	栢木里				柏木洞. 瓦村 (서구 평촌동)	
	바리고개 (발현)			鉢里峙里 (2음절의 里는 받처적기법)	鉢里峙里		上鉢里 [바리고기]	鉢峙里	바리고개, 발고개, 鉢峙(서구 원정동)	*鉢峙里(湖西) (鉢: 바리 ~바루의 준자) (峙: 峴) (里 탈락)
	증촌			增村里	增村里		增村 [증촌]		增村(서구 평촌동)	
	덕골			德谷里	德洞里		德洞 [덕골]	德洞洞	덕골. 德谷 (서구 원정동)	(谷〉洞〉谷)
	원정			元亭里	元亭里		元亭里 [원정리]	元亭里	원터정. 元亭洞(서구)	
	무도리				水回里				무도리. 水圖里 (서구 원정동)	(回〉圖) (回: 돌이 준자) (圖: 도리 음자)
	영골			永谷里	永洞里		永谷里 [영골]	永洞里	영골. 永洞(서구 오동)	(谷〉洞)
	평촌				坪村里		坪村 [점마구]	坪村里	坪村洞(서구)	
	울어울 (울아동)	蔚於洞 (진잠현) -土産條	蔚於洞 (진잠현) -土産條		牛鳴里		牛鳴里 [우래올]	牛鳴里	울어울. 牛鳴洞(서구)	(蔚於〉牛鳴)

분류	지명	新增 (1530)	輿圖 (1656~1673)	輿地 (1757~1765)	戶口 (1789)	東輿·大圖·大志 (1800년대 중엽)	舊韓 (1912)	新舊 (1917)	大田 (1994)	비고
村落地名 / 서면(진잠면)	나뭇골			木洞里	木洞里				나뭇골, 木洞 (유성구 방동)	(木: 나무의 훈차)
	소정이 (송정)			松亭里	松亭里		松亭里 [송정이]	松亭里	소정이, 松亭洞(유성구)	
	선창이			仙倉里	仙倉里		仙倉里 [선창이]	仙倉里	선창이, 仙倉 (유성구 송정동)	
	남선			南仙里	南仙里		南仙里 [남선이]	南仙里	南仙里 (충남 계룡시 남선면)	(南山)南仙) *대전군 진잠면 남선리(1989년)〉논산군 두마면(1989년)〉계룡시 남선면(2003년)
	홀림골 (유림동)			流林洞里 流林洞里路-道路條	流林里		流林里 [훌림골]	流林里	流林里, 훌림골 (계룡시 남선면 남선리)	(流林: 훌림의 반차적 기명) *타도로 편입(1989년)
	가는골			中細洞里	上細洞里 中細洞里		細洞里 [상세동] 上細洞 中細洞 下細洞 [하세동]	細洞里 上細洞 中細洞 下細洞	가는골, 細洞, 艮隱洞 (유성구)	*上細洞,中細洞,下細洞 (湖西b) (細洞: 가는골의 훈차)
	은골 (어은골)								은골, 魚隱골 (유성구 세동)	(魚隱: 언의 음차)

분류	지명	新增 (1530)	東國 (1656~1673)	輿地 (1757~1765)	戶口 (1789)	東輿·大圖·大志 (1800년대 중엽)	舊韓 (1912)	新舊 (1917)	大田 (1394)	비고
서면 (진잠면)	삼한이			三汗里	三汗里		[삼한쥬막 (三汗酒幕)]		三閑이, 三幄이 (유성구 방동)	*三閑里(湖西a) (산인)·삼인·삼한 (汗)閑·雁
기성면	잣뒤			上城北里 下城北里	上城北里 下城北里		上城北里 [위잣뒤]	城北里 上城北里 下城北里	잣뒤, 城北洞(유성구)	*城北里[『世宗』(鎭岑縣條, p.81)] 上城北(湖西b) (城北: 잣뒤의 훈차) (上·下 덜타)
村落地名	산직말							山直里	산직말, 山直洞(서구)	(直: 지기의 음차)
	봉구						鳳谷里 [야실]	鳳谷里	鳳谷洞(서구)	(鳳: 새의 훈차 혹은 훈음차) *세실: 東谷 의미 ?
	오리울						[경방당리 (五里洞)]	五里 五里洞	오리울, 五洞(서구)	(里 덜타)

부록 4. 부여군(부여·석성·임천) 지명의 변천

※ 收錄 地名數
: 347개 (郡縣·鄕·所·部曲·處·面·驛院·山川 지명 - 111개, 村落 지명 -236개)
: 郡縣지명 -37개, 鄕·所·部曲지명 -7개(所지명 -4개, 鄕·所·部曲지명 -2개, 部曲지명 -1개), 面지명 -39개(方位面지명 -33개, 村落面지명 -6개, 새로운 村落面지명 -33
개, 驛院지명 -11개(驛지명 -3개, 院지명 -8개), 山川지명 -51(山·고개지명 -30개, 河川·津·浦지명 -21개), 村落지명 -236개

※ 引用된 文獻의 略號
: 『新增東國輿地勝覽』=『新增』, 『東國輿地志』=『東國』, 『輿地圖書』=『輿地』, 『戶口總數』=『戶口』, 《東輿圖》=《東輿》, 《大東輿地圖》
=《大圖》, 『大東地志』=『大志』, 『舊韓國地方行政區域名稱一覽』=『舊韓』, 『新舊對照朝鮮全道府郡面里洞名稱』=『新舊』, 『韓國地名
總覽4(忠南篇』=『韓國』, 『扶餘郡誌』=『扶餘』, 『三國史記(地理志)』=『三國』, 『高麗史(地理志)』=『高麗』, 『世宗實錄(地理志)』=『世宗』,
『忠淸道邑誌』=『忠淸』, 『輿圖備志』=『輿圖』, 『湖西邑誌(1871)』=『湖西a』, 『湖西邑誌(1895)』=『湖西b』, 『朝鮮地誌資料』=『朝鮮』
※ (a>b): a에서 b로 지명이 변천됨 (a=b): a와 b가 같음. (a≒b): a와 b가 비슷함. (a≠b): a와 b가 다름
(?): 불확실한 기록 혹은 추정 자료. (▲___)는 면사무소 소재지, 邑邑은 行政里를 뜻함
[諺文]: 『舊韓』(1912년)에 기록된 諺文(한글) 자료임

분류	지명	新增(1530)	東國(1656~1673)	興地(1757~1765)	戶口(1789)	東輿·大圖·大志(1800년대 중엽)	舊韓(1912)	新舊(1917)	扶餘(2003)	비고
郡縣 지명	부여	扶餘縣	扶餘縣	扶餘縣	扶餘縣	扶餘縣	扶餘郡	扶餘郡	扶餘郡 扶餘邑	*지명 영어 확대됨
	남부여	南夫餘-郡名條	南夫餘-郡名條						扶餘郡 扶餘邑	*國號>郡縣名
	소부리	所夫里-郡名條	所夫里-郡名條	所夫里-郡名條					所夫里	*지명 영어 죽소됨
	석성	石城縣	石城縣	石城縣	石城縣	石城縣	石城郡	石城面 ▲石城里	石城面 石城里(부여군)	*부여군과 논산시로 분할됨
	임천	林川郡	林川郡	林川郡	林川郡	林川郡	林川郡	林川面	林川面 (부여군)	*지명 영어 죽소됨
所지명	가림	加林,嘉林-郡名條 嘉林藪-山川條	加林,嘉林-郡名條	加林,嘉林-郡名條 (읍내면) 嘉林里 (읍내면) 嘉林藪-山川條	嘉林里 (읍내면)		加林里 (동면)		嘉林里, 加林山城 (임천면 구교리·군사리)	*지명 영어 죽소됨 *경덕왕 16년(757) 改定 지명의 존속
	부여풍지	櫪枝所-古跡條								*지명 소멸됨
	임천 고다나지	古多只所-古跡條 古多只-姓氏條 古多津院-輝院院 古多津-山川條	古多院-郵遞條 古多渡	頒詔院里 (명암면) 古多只-姓氏條 古多只所-古跡條 頒詔院院-古跡條	須詔院里 (백암면)	古多津	頒詔院里 (백암면)	頒詔院里 (세도면)	串之, 古多只, 古多只所, 古多津, 須詔院, 頒詔院里 (세도면)	(古多>古多·串·須詔院)
	소고	召羅所-古跡條		召羅所-古跡條						*지명 소멸됨
	금암	今岩所-古跡條		今岩所-古跡條						*지명 소멸됨
慶지명	임천 금음촌	今勿村處-古跡條 今勿村處-古跡條		今勿村處-古跡條 黔勿浦橋-橋梁條					두모금, 두모只, 豆毛谷, 豆谷 (임천면 두곡리)	*지명 소멸됨 *今勿과 黔勿이 터쓰임

분류	지명	新增(1530)	東國(1656~1673)	輿地(1757~1765)	戶口(1789)	東輿·大圖·大志(1800년대 중엽)	舊韓(1912)	新舊(1917)	拔餘(2003)	비고
部曲지명	부여석전	石田部曲-古跡條								*지명 소멸됨
	임천안량	安良部曲-古跡條		安良部曲-古跡條						*지명 소멸됨
面지명	부여 현내			縣內面	縣內面	縣內面	縣內面	縣內面		*부여읍이 신설되면서 지명 소멸됨(1914년) *현내면)부여면(1917년))부여읍(1960년)
	석성			縣內面	縣內面	縣內面	縣內面	縣內里 (석성면)		*신설된 석성면에 편입됨(1914년) *지명 영역 축소됨
	부여대방			大方面	大方面	大方面	大方面			*부여읍이 신설되면서 지명 소멸됨(1914년)
	초촌			草村面 草里	草村面 草里	草村面	草村面 草里	草村里 草坪里	초촌면 초평리 세음. 草里(부여군)	
	몽도			蒙道面	蒙道面	蒙道面	蒙道面			*부여읍이 신설되면서 지명 소멸됨(1914년)
	도성			道城面	道城面	道城面	道城面			*규암면이 신설되면서 지명 소멸됨(1914년)
	공동			公洞面 公洞里	公洞面 公洞里	公洞面	公洞面 公洞里	琴公里	규굄, 公洞 (은산면 금공리)	*신설된 은산면에 편입됨(1914년)
	방생동(방생)			方生洞面	方生洞里	方草面	方生面			*은산면이 신설되면서 지명 소멸됨(1914년) (生)草)生)

분류	지명	新增 (1530)	東國 (1656~1673)	輿地 (1757~1765)	戶口 (1789)	東輿·大圖·大志 (1800년대 중엽)	舊韓 (1912)	新舊 (1917)	扶餘 (2003)	비고
面지명	가좌동 (가좌)			加佐洞面 大加里	加佐洞面 大加里	加佐洞面	加佐面 大佳里	佳中里	가좌울, 佳佐 (은산면 가중리)	*신설된 은산면에 편입됨(1914년) *지명 영의 축소됨 (加)佳
	송원당			松元堂面	松元堂面	松元堂面	松元堂面	合松里	松堂 (구암면 함송리)	*신설된 구암면에 편입됨(1914년) *지명 영의 축소됨
	천을			淺乙面	淺乙面	淺乙面	淺乙面		여울(구암면 내리)	*신설된 은산면에 편입됨(1914년) *지명 영의 축소됨
	석성 북			北面	北面	北面	北面		縣北(부여읍)	
	증산	甑山川-山川條		甑山面 甑山里	甑山面 曾山里	甑山面 甑山川	甑山面 曾山里	甑山里	시루미, 甑山里, 甑山, 甑山川(석성면)	(甑)曾·僧(甑)
	비당			碑堂面	碑堂面	碑堂面	碑堂面	碑堂里	비당리 碑堂(석성면)	*지명 영의 축소됨
	원북			院北面	院北面	院北面	院北面	院北里	원북리 院北 (논산시 성동면)	*지명 영의 축소됨
	정지			定之面	定止面	定之面	定止面	定止里	정지리 定止 (논산시 성동면)	*지명 영의 축소됨 (之)止&(之)止
	삼산	三山里-土産條 (鐵)		三山面	三山面	三山面	三山面	▲三山里	삼산리 三山 (논산시 성동면)	*지명 영의 축소됨
	병촌			甁村面	甁村面	井村面	甁村面	甁村里	병촌리 甁邑, 甁村 (논산시 성동면)	*지명 영의 축소됨 (甁)井·瓶
	우곤			牛昆面	牛昆面	牛昆面	牛昆面	牛昆里	우곤리 소곤, 소골, 牛昆(논산시 성동면)	*지명 영의 축소됨

분류	지명	新增 (1530)	東國 (1656~1673)	輿地 (1757~1765)	戶口 (1789)	東輿·大圖·大志 (1800년대 중엽)	舊韓 (1912)	新舊 (1917)	扶餘 (2003)	비고
	임천읍내			邑內面	邑內面	郡內面	郡內面			*임천면이 신설되면서 지명 소멸됨(1914년)
	신리 (성부)			新里面	新里面	新里面	新里面			*장암면,임천면이 신설되면서 지명 소멸됨(1914년) *城北面 신설(東興)
						城北面	城北面			
	남산			南山面	南山面	南山面	南山面			*장암면이 신설되면서 지명 소멸됨(1914년)
	백암	白巖-山川條	白巖-山川條	白巖面 白巖-山川條	白巖面	白岩面	白岩面		白岩초등학교 (세도면 화수리)	*세도면이 신설되면서 지명 소멸됨(1914년)
面지명	인의			仁義面	仁義面	仁義面	仁義面			*세도면이 신설되면서 지명 소멸됨(1914년)
	세도			世道面	世道面	世道面	世道面	世道面	世道面(부여군)	
	초동			草洞面	草洞面	草洞面	草洞面			*세도면이 신설되면서 지명 소멸됨(1914년)
	두모곡 (두곡)			豆毛谷面	豆毛谷面	豆毛谷面	豆谷面	豆谷里	豆谷里 두모곡, 두곡, 豆毛谷, 豆谷 (임천면)	*지명 영위 축소됨
	동변			東邊面	東邊面	東邊面	東邊面			*임천면이 신설되면서 지명 소멸됨(1914년)
	서변			西邊面	西邊面	西邊面	西邊面			*임천면이 신설되면서 지명 소멸됨(1914년)
	지곡			紙谷面	紙谷面	紙谷面	紙谷面			*임천면이 신설되면서 지명 소멸됨(1914년)

분류	지명	新增 (1530)	東國 (1656~1673)	輿地 (1757~1765)	戶口 (1789)	東輿·大圖·大志 (1800년대 중엽)	舊韓 (1912)	新舊 (1917)	抃餘 (2003)	비고
面지명	역량토 (력양)			赤良土面 赤良里	赤良土面 赤良里	赤良土面	積良面 赤良里	五良里	오량리 中里(양좌면)	*신설됨 양좌면에 편입됨 (1914년) (赤良>積良)
	대동			大洞面	大洞面	大洞面	大洞面			*양좌면이 신설되면서 지명 소멸됨(1914년)
	상지포 (상지)	上之浦津·山川條		上之浦面 浦川里 時音里 上之浦津·山川條	上之浦面 浦川里 時音里	上之浦面 上之浦	上芝面 浦川里 時音里	時音里 (양좌면)	時音里, 개포, 浦村 (양좌면)	*신설됨 양좌면에 편입됨 (1914년)
	홍화			紅化面 紅化路·道路條	紅化面	紅花面	洪化面			*양좌면이 신설되면서 지명 소멸됨(1914년) (紅>洪)
	가을화 (갈화) (가좌)			加乙化面	哥乙化面	葛花面	可化面	可化里	可化里 (중좌면)	(加乙化>可化>葛花)可化)
	팔충			八忠面 八忠面·古跡條	八忠面	八忠面	八忠面	八忠里	忠化面 八忠里 (부여군)	
	박곡			朴谷面	朴谷面	朴谷面	朴谷面		박곡, 朴谷 (장암면 점상리)	*장암면이 신설되면서 지명 소멸됨(1914년)
	북조지 (북변)			北調只面	北調只面	北調只面	北邊面			*장암면이 신설되면서 지명 소멸됨(1914년)
	내동			內洞面	內洞面	內洞面	內洞面		안골, 內洞 (장암면 정암리)	*신설됨 장암면에 편입됨(1914년)

분류	지명	新增 (1530)	東國 (1656~1673)	輿地 (1757~1765)	戶口 (1789)	東輿·大圖·大志 (1800년대 중엽)	舊韓 (1912)	新舊 (1917)	扶餘 (2003)	비고
驛院 지명	부여은산	恩山驛	恩山驛	恩山驛 恩山里 (방·생동면)	恩山里 (방생동면)	恩山驛	恩山里 [은산역] (恩山驛)	恩大里	恩山, 恩山驛담. 恩山里(은산면)	(恩〉恩〉恩) (山〉大〉山)
	용전	龍田驛	龍田驛	龍田驛 龍田里(웅도면)	龍田里 (웅도면)	龍田驛	龍田里 (웅도면) [용전역말]		용받, 龍田 (부여읍 용정리)	
	임천영유	靈楡驛	靈楡驛	靈楡驛 驛里(박·구면)	驛里 (박·구면)	灵楡驛	驛里 (북구면)		역말, 驛里 (장암면 함구리)	*前部 지명소(靈楡) 소멸됨
	부여고성	古省院 古省津-山川條	古省院	古省院 古省津-山川條		古省津			? 구드래나루 부근 (부여읍 구교리)	*지명 소멸됨
	복천	福泉院	福泉院	福泉院 (今皆廢)			[복천원] (今黑川里)			*지명 소멸됨
	금강	金剛院 金剛川橋-關梁條 金剛川-山川條	金剛院 金剛川橋-關梁條 金剛川-山川條	金剛川(공동면) 金剛川-山川條 金剛院(今皆廢)	琴江里 (공동면)	金剛川	琴江里 (공동면)		금강이, 琴江 (은산면 금공리)	(金剛〉琴江)
	석성수탕	水湯院 水湯浦-山川條 水湯川石橋-橋梁條	水湯院 水湯浦-山川條 水湯川橋-橋梁條	水湯院-山川條 水湯橋-橋梁條		水湯川			水湯院터, 院터. 水湯川橋(논산시 성동면 원북리)	
	임강	臨江院	臨江院	臨江院					임경이, 臨江洞 (부여읍 현북리)	
	임천남원	南院	南院							*지명 소멸됨

분류	지명	新增 (1530)	東國 (1656~1673)	輿地 (1757~1765)	戶口 (1789)	東興·大圖·大志 (1800년대 중엽)	舊韓 (1912)	新舊 (1917)	扶餘 (2003)	비고
驛院 지명	교다진 (교다)	古多津院 古多只所~古跡條 古多只~姓氏條 古多津~山川條	古多院 古多渡	古多只~姓氏條 古多堤~堤堰條 古多只所~古跡條		古多津			串之, 古多只, 古多只所, 古多津, 古多, 串多, 頹韶院, 頹韶院里(세도면)	(古多>古多只·串·多·頹韶院)
	반조원			頹韶院里~古跡條 頹韶院里(백암면)	頹韶院里(백암면)		頹韶院里(백암면)	頹韶院里(세도면)	頹韶院, 串之古多只所, 串之, 古多津, 多津院, 頹韶院里(세도면)	
山지명	부여 부소산	扶蘇山	扶蘇山	扶蘇山			[부소산 扶蘇山]		扶蘇山(부여읍 성북리~구아리)	*서성원 山川條에도 등제됨
	부산	浮山	浮山	浮山		浮山	[부산]		浮山(구암면 진변리~신리)	
	취령산	鷲靈山	鷲靈山	鷲嶺山		鷲灵山	[취녕슨(鷲嶺山)]		鷲靈山, 수리봉(구암면 호암리~금암리)	(鷲>靈·嶺>灵·靈)
	망월산	望月山	望月山	望月山			[망월손]		望月山(초촌면 세탁리)	
	오산	烏山		烏山	烏山里(대방면)	烏山	烏山里(대방면) [오시슨(烏石山)]		烏山, 烏石山, 烏積山(부여읍 능산리)	
	호암	虎巖山	虎巖山	虎巖里(도성면)	虎巖里(도성면)	虎岩	上虎岩里(도성면) 下虎岩里 [범바위나무(虎岩津)]	虎岩里(구암면)	호암리 냄바위, 虎岩(구암면)	(巖>岩)

분류	지명	新增(1530)	東國(1656~1673)	輿地(1757~1765)	戶口(1789)	東輿·大圖·大志(1800년대 중엽)	舊韓(1912)	新舊(1917)	扶餘(2003)	비고
山지명	석성 파진산	波鎭山	波鎭山			波鎭山			파지산, 破鎭山, 破鎭山, 杇山(부여읍 현북리-석성면 현내리)	(波鎭〉破鎭·破陳·杇)
	불음산	佛巖山	佛巖山	佛岩津路·道路條		佛岩山			부자바위, 불음. 佛岩山(논산시 성동면 신충리)	(巖〉岩)
	태조봉	大祖峯							大祖峯(석성면 정각리-증산리)	(峯〉峰)
	봉황암	鳳凰巖	鳳凰巖	鳳北里(현내면)	鳳北里(현내면)		奉北里(현내면)		鳳凰山(석성면 현내리)	(鳳〉鳳)
	장군동	藏軍洞	藏軍洞			藏軍洞			藏軍洞(석성면 증산리)	
	임천 성흥산	聖興山	聖興山	聖興山		聖興山	[산성]		聖興山, 聖興山城, 加林城(임천면 군사리)	*地名兼가 도시됨
	건지산	乾止山	乾止山	乾止山		乾止山			? 錦城山(임천면 군사리)	*지명 소멸됨
	성주산	聖住山	聖住山			聖住山	[무제산](零祭山)		武帝山, 普光山(양화면-임천면-충화면)	*지명 소멸됨
	보광산	普光山		普光山					普光山, 武帝山(양화면-임천면-충화면)	
	주성산	周城山	周城山	周城山		周城山	[주성산](珠城山)(城北面 店里 後)		주성산(장암면 원문리)	

분류	지명	新增 (1530)	東閩 (1656~1673)	輿地 (1757~1765)	戶口 (1789)	東輿·大圖·大志 (1800년대 중엽)	舊韓 (1912)	新舊 (1917)	扶餘(2003)	비고
山지명	칠성산	七星山	七星山	七星山(동변면) 七山里	七山里(동변면)		七山里(동변면)	七山里(임천면)	七星山(임천면 칠산리-두곡리)	
	봉황산	鳳凰山	鳳凰山	鳳凰山			[부엉산](鳳凰山)		? 봉황, 부엉메(임천면 비정리)	
	구랑산 (구랑산)(구즉산)	仇郞山 仇良浦	九良山 九良浦 九良舊-關梁條	仇郞山 仇郞浦					구랑개 (장암면 칠곡리) 부근	
	천등산		天燈山	天燈里(별충면)	天燈里(별충면)	[천등산](天燈山) 上天里 中天里 下天里		天燈里(충화면)	天燈山, 天燈골 (충화면 천당리-만리)	
	유현 (유현산)	楡峴	楡峴山	楡峴 楡峴路·道路條		楡峴			? 역티, 驛峙 (임천면 점리)	*지명 소멸됨 *山 지명과 고개 지명이 모두 존재함
	화산	花山		花山	花山	花山			솔고개 남쪽 산(임천면 군사리-만사리)	*지명 소멸됨
	백암	白巖	白巖	白巖 白巖面	白巖面	白岩面	白巖	白巖面	白岩초등학교 (세도면 화수리) 부근	
	사인암	舍人巖							사공터 (임천면 비정리)	*지명 소멸됨
	노고산			老姑山		老姑山	[노고산] [老龜山]		老姑山 (충화면 지석리)	(姑〉姑·龜〉姑)

분류	지명	新增(1530)	東國(1656~1673)	輿地(1757~1765)	戶口(1789)	東輿·大圖·大志(1800년대 중엽)	舊韓(1912)	新舊(1917)	扶餘(2003)	비고
고개지명	부여 탄천면	炭峴				炭峴			숯고개, 炭峴(공주시) 탄천면 가척리	
	나소원(나소치)	羅所峴	羅所峴	羅所峴 羅馬里(방·생동등면)	羅馬里(방생면)	羅兀峙	内羅馬里(방생면) 外羅馬里 [나별티羅鉢峙]	羅嶺里(은산면)	나별티, 밤은게. 밤은티 (은산면 나령리)	(羅所>羅馬·羅兀) (羅馬·羅兀: 나별의 음차) (羅所: 나별의 음차 표기)
	석성 배야현	白也峴	白也峴	白也里(북면)	白也里	白也峙(북면)	[희엿지] (白也峙)		희어티, 白峙, 路上里 戱御臺(戱女臺)티 (부여읍 현복리)	(也 털티) (嶼峙) (白也) 戲御臺·戲女臺
	인천 승림령	升達嶺		升達嶺 升達峴·堤堰條		升達峯			舛達山, 매봉제 (임천면 답산리)	(升)昇
	발현	發峴	發峴	發峴路·道路條					? 바리티, 鈸峴 (장임면 점상리)	
河川 관련 지명	부여 백마강	白馬江	(錦江이 기록됨)	白馬江		白馬江	[빅마강] [빅마강나루] (津邊里前)		白馬江 (부여읍 구교리)	
	고성진	古省津 古省院·驛院條	古省院	古省津古省院 (今省院)-道路條		古省津	[고성진] (古省津) (今無)		? 구두래나루 부근 (부여읍 구교리) ? 구드래나루 부근 (부여읍 구교리)	*지명 소멸됨

분류	지명	新增 (1530)	輿圖 (1656~1673)	輿地 (1757~1765)	戶口 (1789)	東輿·大圖·大志 (1800년대 중엽)	舊韓 (1912)	新舊 (1917)	扶餘 (2003)	비고
河川 관련 지명	대왕포	大王浦	大王浦	大王浦		大王浦	大旺里 (대왕면) [旺浦 (大旺浦)]	旺浦里 (현내면)	旺浦里 大旺浦, 왕멀, 旺浦川, 마내, 馬川, 寮川(부여읍)	(王旺)
	광지포	光之浦		光之浦 加增里(몽도면)	加增里 (몽도면)		佳增里 (몽도면) [光之浦 井澗野 云科評] [佳增川 (가증기)]	佳增里 (현내면)	가강개, 光之浦, 佳增川(부여읍 가증리)	
	양단포	良丹浦	良丹浦	良丹浦			[양단나들 (良丹坪)]		恩山川(은산면)	(良丹〉恩山)
	금강천	金剛院·驛院條 金剛川橋	金剛川 金剛院·郵驛條 金剛橋·關梁條	金剛川 金剛院(今邑廢)- 驛院條	琴江里 (공동면)	金剛川	琴江里 (공동면)		긋개, 금강천 (은산면 금공리 부근)	(金剛〉琴江)
	석탄	石灘	石灘	石灘	石灘里 (몽도면)	石灘	楮石里 (현내면)		돌여울, 石灘 (부여읍 저석리)	
	금강		錦江						白馬江, 錦江(부여군 정유 금강 본류)	*부여 부근에서는 금강 본류를 대부분 백마강으로 호칭함
	석성 관음포	觀音浦 觀音浦石橋·橋梁條	觀音浦·關梁條	觀音浦 觀音浦石橋·橋梁條					? 正覺川 (석성면 석성리)	*지명 소멸됨

분류	지명	新增(1530)	東國(1656~1673)	興地(1757~1765)	戶口(1789)	東輿·大圖·大志(1800년대 중엽)	舊韓(1912)	新舊(1917)	扶餘(2003)	비고
河川 관련 지명	창포	倉浦 水湯院-驛院條 水湯川石橋-橋梁條		倉浦			倉里 (현내면)		창리, 아랫개사리 (석성면 봉정리)	
	수탕포	水湯浦 水湯院-驛院條 水湯川石橋-橋梁條	水湯川 水湯院-郵驛條 水湯川橋-關梁條	水湯浦 水湯橋-橋梁條		水湯川			水湯川橋, 石城川, 水湯院터(느은시) 성동면 원북리	
	저포	猪浦 猪浦川石橋-橋梁條	猪浦川橋-關梁條	猪浦		猪浦			도치개, 猪浦川(느은시 성동면 우곤리)	
	증산천	甑山川		甑山面 甑山里	甑山面 曾山里	甑山川 曾山面	甑山面 曾山面 [시루메〉(曾山川)]	甑山里	甑山川, 시루메, 甑山 (석성면 증산리)	(甑〉曾〉甑)
	고다진 (고다도)	古多津 古多只所-古跡條 古多只-姓氏條 古多津院-驛院條	古多渡 古多院-郵驛條	古多只所-姓氏條 古多堤-堤堰條 古多只所-古跡條		古多津	[반조원진]		串之, 古多只 只所, 古多津, 須召院 院里 (세도면)	(古多〉古多·串·須召) (古多·須召院) *임천 山川條에도 등재됨
	임천 구량포 (구량호) (구죽포)	仇郞山 九良浦	九良山 九良浦 九良橋-關梁條	仇卽山 仇卽浦			[궁양기] (九龍浦)		구량개(장암면 합정리) 부근	(九〉仇〉九) (良〉卽〉龍) *九龍平野의 명명 기반

분류	지명	新增(1530)	東國(1656~1673)	輿地(1757~1765)	戶口(1789)	東輿·大圖·大志(1800년대 중엽)	舊韓(1912)	新舊(1917)	扶餘(2003)	비고
河川 관련 지명	장암강	場巖江		場巖江 場巖-古跡條 長巖里(내동면)	長巖里(내동면)	場岩津	場巖里(내동면) [맛바위나루(場岩津)]	岩寺里(장암면)	맛바위, 場岩, 場岩里(장암면 정암리)	(場巖〉長巖〉場巖〉場岩)*하천 지명은 소멸됨
	강경진	江景津	江景渡				[황산나루](黃山津)		? 세도나루(세도면 가회리)	*강경읍 맞은편의 금강 사안
	청포진	菁浦津		菁浦津		菁浦津		菁浦里	무개, 무새, 菁浦(세도면 청포리)	*小字명이 行政里로 지명 영역 확대(1914년)
	남당진	南堂津	南堂渡	南堂津	南塘里(지곡면)	南塘津	南塘里(지곡면) [남당나루](남당포)		南塘(임천면 탄산리)	(堂〉塘)
	상지포진	上之浦津		上之浦津 上之浦面 浦川里 時音里	上之浦面 浦川里 時音里	上之浦 上之浦面	上芝面 浦川里 時音里	時音里(양화면)	時音里, 개旨, 浦村(양화면)	*행정지명신 上之 탈락
	낭청진			浪淸津 浪淸津路-道路條		浪淸津			? 가회리 금강 부근(세도면)	*지명 소멸됨
村落 地名 (부여현내면)	딋개			北浦里	北浦里		北浦里 [뒤개]		뒷개, 北浦(부여읍 쌍북리)	(北: 뒤의 훈차)
	가무내			黑川里	黑川里		黑川里 [흑천리]		가무내, 黑川, 玄川(부여읍 쌍북리)	(黑〉黑·玄)
	관북			官北里	官北里		官北里 [관북리]	官北里(현내면)	官北里(부여읍)	*현내면 관북리(1914년)〉부여면(1917년)〉부여읍(1960년)

분류	지명	新增 (1530)	東國 (1656~1673)	輿地 (1757~1765)	戶口 (1789)	東輿·大圖·大志 (1800년대 중엽)	舊韓 (1912)	新舊 (1917)	扶餘(2013)	비고
부여현 내면 (村落지명)	구아			舊衙里	舊衙里		舊衙里 [옥뒤]	▲舊衙里 (현내면)	舊衙里 (부여읍)	
	구교			舊校里	舊校里		舊校里 [구두뒤]	舊校里 (현내면)	舊校里, 구두뢰 (부여읍)	
	빙고게			氷庫里	氷庫里		氷庫里 [빙고지]		빙고게, 빙곳지, 氷庫 (부여읍 구교리)	
	동산			東山里	東山里		東山里 [동산뒤]		東山, 향교골 (부여읍 동남리)	
	마내			馬川里	馬川里		馬川里 [마뒤]		마내, 馬川, 蓼川 (부여읍 동남리)	(馬: 마의 음차 표기) (蓼: 마의 훈차 혹은 훈음차 표기)
	세뜨말			新垈里	新垈里		新垈里 [막뜰]		세뜨말, 新垈 (부여읍 군수리)	
	홍문거리						紅門里 [하문뒤]		홍문거리, 紅門里 (부여읍 구아리)	
대방면	능뫼			陵山里	陵山里		陵山里 [능뫼]	陵山里 (현내면)	능뫼, 능메, 능뫼, 陵山, 陵山里 (부여읍)	
	염창	義鹽倉古基-古蹟條	義鹽倉古基-古蹟條	上鹽里 下鹽里 義鹽倉-古蹟條	上鹽里 下鹽里		上鹽里 [위영창니] 下鹽里 [아리영창니]	鹽倉里 (현내면)	鹽倉, 鹽倉里, 아래염창, 下鹽倉 (부여읍 여음)	*석성원 북내에도 鹽倉里 (석성면)가 존재함
	동리			東里	東里		東里 [동니]		東里 (부여읍 중정리)	

분류		지명	新增(1530)	東國(1656~1673)	輿地(1757~1765)	戶口(1789)	東輿·大圖·大志(1800년대 중엽)	舊韓(1912)	新舊(1917)	扶餘(2003)	비고
村落地名	대방면	중리			中里	中里		中里[중니]		中里(부여읍 중정리)	
		구포			九羅浦里	九羅浦里		九浦里[구라기]		九浦里(부여읍 왕포리)	(羅 탈락)
		오산	烏山-山川條		烏山-山川條	烏山里	烏山	烏山里[오산미]		烏山, 烏石山, 烏積山(부여읍 능산리)	
		당리				唐里		唐里[당니]		唐里(부여읍 중정리)	
		산막						山幕里[산막굴]		산직골, 山所里, 山幕里(부여읍 능산리)	
		제마소						遞馬所[체마소]		遞馬所(부여읍 능산리)	
		대왕이	大王浦-山川條	大王浦-山川條	大王浦-山川條		大王浦	大旺里[대왕니]	旺浦里(현내리)	대왕이, 大旺浦, 대왕 땅, 大旺里(부여읍 왕 포리)	(王旺)
	조촌면	가는골			細洞里	細洞里		細洞[가는골]	世洛里	가는골, 細洞(조촌면 세탑리)	*構造線上의 合地 地形 반영
		궁영이			國合洞里 國合洞堤堰-堤堰條	國合里		上菊里[윗국냉이] 下菊里	松菊里	궁영이, 國合里(조촌면 송국리)	(國合·國)
		새울			草村面 草里	草村面 草里	草村面	草村面 草里[서울]	草村面 草坪里	새울, 屬洞, 草里, 봉 구디(草村面 조명리)	(屬·草: 새의 춘차 혹은 훈음차)
		연화동			蓮花里 蓮花堤堰-堤堰條	蓮花里		上蓮里[웃연리] 下蓮里	蓮花里	연꽃굴, 蓮花洞, 蓮花里(조촌면 연화 里[조촌면]	

분류	지명	新增(1530)	東國(1656~1673)	輿地(1757~1765)	戶口(1789)	東輿·大圖·大志(1800년대 중엽)	舊韓(1912)	新舊(1917)	扶餘(2003)	비고
조촌면	건틀			乾坪里 乾坪路-道路條	乾坪里	釛坪	乾坪里[고坪]		건틀, 乾坪 (조촌면 응평리)	
	가운데뜸			中里	中里		中里[중니]		가운데뜸, 중뜸, 中里 (조촌면 산의리)	
	신틀			新嚴里	新巖里		新巖里[신암]	莘岩里	신틀, 莘岩, 莘岩里 (조촌면)	(新?莘)
	보가골			寶角里	寶角里		寶角里(능도면)(보가골)		寶角里, 보가골 (조촌면 산의리)	*寶劍藏匣形의 명당이 있음
	송정				松峴里		新松里[송현]	松菊里	松峴(조촌면 송국리)	
	평정말					坪里	上坪里[상평] 中坪里 下坪里	草菊里 鷹坪里	평정말, 평정말(조촌면 산의리) 上坪, 中坪(응평리) 下坪, 암뫼, 馬山(조촌면)	
	매골						鷹洞里[미골]	▲鷹坪里	매골, 鷹洞 (조촌면 응평리)	
부여면	돌다리			石橋里	石橋里		石橋里[논결]		돌다리, 石橋 (부여읍 용정리)	
	용밭			龍田里	龍田里		龍田里[용전]	龍井里(현내면)	용밭, 龍田 (부여읍 용정리)	*현내면 용정리(1914년)>부여면(1917년)>부여읍(1960년)
	가징개	光之浦·山川條		加增里 光之浦·山川條	加增里		佳增里[가증기]	佳增里	佳增浦 가징개, 光之浦, 佳增川(부여읍)	(加增)

분류	지명	新增 (1530)	東國 (1656~1673)	輿地 (1757~1765)	戶口 (1789)	東輿·大圖·大志 (1800년대 중엽)	舊韓 (1912)	新舊 (1917)	扶餘 (2003)	비고
里洞地名	분티굴			粉垈里	粉垈里		粉垈里 [분티]		분티굴, 분티, 粉垈(부여읍 가증리)	
	주자왕이			注子旺里	注自旺里		注自旺里 [도구머리]		주자왕이, 注自旺里, 自旺里(부여읍)	(子)目 (注 旺里)
	베드랭이			柳村里	柳村里		[버들잉이](柳村里)		베드랭이, 柳村, 내유촌, 인베드랭이(부여읍 저석리)	*安東 金氏 宗族村
	수타			水落里	水落里		下水落里 [아리슈타]		수타, 水落, 下水落(부여읍 중리)	
	샘굴			井洞	井洞里		井洞里 [시암굴]	井洞里	샘굴, 井洞, 井洞里(부여읍)	
	돌샘굴						石井里 [돌샘이]	龍井里	돌샘굴, 石井(부여읍 용정리)	
村落地名	텃굴						代谷里 [터굴(坌 谷里)]	松谷里	텃굴, 坌谷(부여읍 중리)	[(坌)(代坌)
	소새미						松三里 [송삼리]	松合里	소새미, 松三(부여읍 중리)	(松三: 소새의 준자+음 차)
	소새이						松亭里 [송정리]	松間里	소새이, 소정이, 松亭(부여읍 송간리)	
	돌어울	石灘-山川條	石灘-山川條	石灘-山川條	石灘里	石灘	[돌어울 (石灘)]	楮石里	돌어울, 石灘, 서원말, 왕지정변(부여읍 저석리)	*고려 慈悲王 때 正言 存吾의 萬居地이자 自號名
	저동						楮木里 [저처리]	楮石里	楮木, 楮洞(부여읍 저처리)	

분류	지명	新增 (1530)	東國 (1656~1673)	輿地 (1757~1765)	戸口 (1789)	東輿·大圖·大志 (1800년대 중엽)	舊韓 (1912)	新舊 (1917)	扶餘 (2003)	비고
도성면 村落지명	나룻가			津邊里	津邊里		津邊里 [빅강]	津邊里	나룻가, 津邊, 津邊里 (구암면)	
	수원터			水原里			水源里 [슈원티]	午水里	水源리 (구암면 오수리)	(原〉源)
	함양			咸陽里	咸陽里		咸陽里 [함양티]	咸陽里	咸礪, 咸陽里 (구암면)	
	중뜸			中里	中里		上中里 [위강슈을] 下中里 [아래강슈을] 新中里 [신티]		중뜸 (구암면 신성리)	
	강시울			江所洞里	江所洞里				강시울 (구암면 신성리)	
	금세			金沙里	金沙里		金沙里 [금시]	金岩里	금세, 金沙 (구암면 금암리)	(沙〉岩) ?
	함우물			合井里	合井洞里		合井里 [함정굴]	合井里	함우물, 한우물, 合井, 合井里 (구암면)	
	장주			長洲里	長州里		長州里 [쟝쥬]	長州里	長洲, 쟝즁뜸, 長水坪 (구암면 금암리)	(洲〉州)〉洲)
	범바위			虎岩里	虎巖里		上虎岩里 [윗범바위] 下虎岩里	虎岩里	범바위, 虎岩, 虎岩里 (구암면)	
	포천			浦村里 *甫河橋〈《海東》 (18세기중반)]	浦村里				浦川石礪, 정수나리 부 근(구암면 금암리)	(村)川) *浦河橋[《海東》 〈定山縣〉]

분류	지명	新增 (1530)	東國 (1656~1673)	輿地 (1757~1765)	戶口 (1789)	東輿·大圖·大志 (1800년대 중엽)	舊韓 (1912)	新舊 (1917)	扶餘 (2003)	비고
도성면	구룡말			加龍里	駕龍里		九龍里 [구룡말]	九龍里 (청양군 적곡면)	구룡말, 구룡촌 九龍村 (청양군 장평면)	(加)駕)九) *청양군 적곡면(장평면)에 편입됨[1914년]
	무논골						水畓里 [닥나골]		무논골, 水畓 (규암면 합정리)	(水畓: 무논의 훈차)
	금강이	金剛院-驛院條 金剛川橋 金剛川-山川條	金剛院-郵驛條 金剛橋-關梁條 金剛川-山川條	金剛院 金剛川-山川條 金剛院(今皆隆)	琴江里	金剛川	琴江里 [금강이]		금강이, 琴江 (은산면 금공리)	(金剛)琴江)
	오룡가리			五倫里	五倫里				오룡가리(은산면 금공리)	
공동면	귀골			公洞面 公洞里	公洞面 公洞里	公洞面	公洞面 公洞里 [귀골]	琴公里	귀골, 公洞 (은산면 금공리)	
	옥가실			玉可谷里	玉可谷里		玉可谷里 [옥가실] (玉佳谷里)	桂谷里	佳谷, 佳谷里, 옥가실 玉溪谷, 玉溪(은산면)	(可)桂)佳)
	세거리			三巨里	三巨里		三巨里 [세거리]	巨田里	세거리, 三巨里 (은산면 거전리)	
	용머리			龍頭里	龍頭里		龍頭里 [용두리]	龍頭里	용머리, 龍頭 龍頭里(은산면)	
	닥밭실			楮田里	楮田里		楮田里 [닥바실]	巨田里	닥밭실, 닥나실, 楮田 (은산면 거전리)	(楮: 닥~닭의 훈차, 은 훈음차)
	장제울			長佐洞里	長佐洞里		長佐里 [장좌울]	長興里	장제울, 長佐(은산면 장벌리)	

村落地名

분류	지명	新增 (1530)	東國 (1656~1673)	輿地 (1757~1765)	戶口 (1789)	東輿·大圖·大志 (1800년대 중엽)	舊韓 (1912)	新舊 (1917)	扶餘 (2003)	비고
恩등면	벌말			伐里	伐里		伐里 [벌말]([閥里])	長閥里	벌말, 伐里 (은산면 경월리)	(伐)閥·代
	잣제울			自偵洞里	自偵洞里		自栄里 [자처울]		잣제울, 自栄里 (은산면 경월리)	(偵)債·柰·栄
	봉매				鳳岱里		鳳岱里 [안져울]		안네, 안네울, 간제울, 鳳岱(은산면 금공리)	
	회곡			檜谷里	檜谷里		檜谷里 [져실]	檜谷里	檜谷, 檜谷里(은산면)	
恩恩등면	오리울			五利里	午利里		午利里 [오리울]	五番里	오리울, 五利里 (은산면 오번리)	(五)午·吾
	옻나무골			柒木里	柒木里		柒木里 [옻나무골]		옻나무골, 漆木 (은산면 대양리)	(柒)柒·漆 (柒: 漆、七과 同字)
	나별티	羅所峴-山川條	羅所峴-山川條	羅馬里 羅所峙-山川條	羅馬里	羅八峙	內羅馬里 [안나마리] 外羅馬里 [밧나마리]	羅嶺里	나별티, 날은제 날은티(은산면 나령리)	(羅馬·羅八: 나별의 음자) (羅八: 나별의 음자+훈자) (羅所: 나별의 음자+훈 음자)
	새재			鳥嶺里	鳥嶺里		鳥嶺里 [시지]	羅嶺里	새재, 鳥嶺 (은산면 나령리)	
	뒷골			後洞里	後洞里		後洞里 [뒤골]		뒷골, 後洞 (은산면 홍산리)	
	중미			中山里	中山里		中山里 [즁뫼]		中美, 中山 (은산면 대양리)	[美: 미(山)의 음자]

村落地名

분류	지명	新增 (1530)	東國 (1656~1673)	輿地 (1757~1765)	戶口 (1789)	東輿·大圖·大志 (1800년대 중엽)	舊韓 (1912)	新舊 (1917)	扶餘 (2003)	비고
면동명 행정지명	삼괴정			三槐亭里	三槐亭里		三槐里 [삼괴댕이]		三槐亭, 삼괴리 (은산면 오번리)	
	계룡댕이			鷄龍堂里	雞龍堂里		雞龍里 [계룡댕이]		계룡댕이, 계룡댕이, 鷄龍堂, 鷄龍里 (은산면 충진리)	(鷄〉雞)
	은산	恩山驛-驛院條	恩山驛-郵驛條	恩山里 恩山驛-驛院條	恩山里	恩山驛	恩山里 [은슨(恩山)]	▲恩大里	恩山, 恩山里 (은산면), 恩山里 (은산면 충진리)	(恩〉恩)恩 (山〉大山) *지명 영역 확대됨
村落地名	번포			番布里	番布里		番布里 [번승니]	五番里	番浦里 (은산면 오번리)	(番布〉番布〉番浦)
	검산				檢山里		檢山里 [검슨굴]	洪山里	檢山里 (은산면 충진리)	
	은답이						溫塔里 [은답니]		은답이, 溫塔 (은산면 나령리)	
	노루목이						黃山里 [노루목이]		노루목이, 黃山, 鄕頢 (은산면 충진리)	(黃·獚: 노루의 훈차 혹은 훈음차) *황산: 연산현 黃山과 유사
	나붕내						上洪里 [하나박니] 下洪里	洪山里	나바내, 나붕내, 廣川, 洪川(은산면 충진리)	(洪〉洪〉廣)

분류	지명	新增 (1530)	東國 (1656~1673)	輿地 (1757~1765)	戶口 (1789)	東輿·大圖·大志 (1800년대 중엽)	舊韓 (1912)	新舊 (1917)	扶餘 (2003)	비고
가좌동면 村落地名	가좌울			加佐洞面 大加里	加佐洞面 大加里	加佐洞面	加佐面 大佳里 [가좌울]	佳中里	가좌울 (은산면 가중리)	(加>佳)
	중리			中里	中里		內中里 [안중말] 外中里 [밧중말]	佳中里	中里(은산면 가중리)	
	정수티			敏所里	敏所里		內敬里 [안정수티] 外敬里	敬屯里	정수티, 亭水墅, 外敬里(은산면 경둔리)	(敏所)>亭水
	둔티골			屯垈里	屯垈里		上垈里 [위두티골]	敬屯里	둔티골, 屯垈灘, 후둔, 上垈里(은산면 경둔리)	
	수양			首陽里	首陽里		內首陽里 [안수양리] 外首陽里	合音里	首陽里, 양지틈, 隣枝里 內音里(은산면 합수리)	
	함적골			陽地里	陽地里		陽地里 [함적골]		陽地里 함적골 鹹積洞(은산면 내리)	
	안티			內垈里	內里		內垈里 [안티]	內地里	안티, 雁垈, 內垈(은산면 내리)	(內)>內·雁 (雁: 안의 음차)
	지경			地境里	地境里		地境里 [냥치]	內地里	地境里(은산면 내지리)	*과거 부여현과 홍산현의 경계에 위치함
	빼내			秀川里	秀川里		秀川里 [빼니]	秀木里	빼내, 秀川(규암면 수목리)	(秀>빼의 훈차 혹은 훈음차)

분류	지명	新增 (1530)	東國 (1656~1673)	輿地 (1757~1765)	戶口 (1789)	東輿·大圖·大志 (1800년대 중엽)	朝鮮 (1912)	新舊 (1917)	拔萃 (2003)	비고
村落地名 / 송원당면	돌모루			石隅里	乭毛隅里		石隅里 [숙당늬]	石隅里	돌모루, 石隅 (구암면 석우리)	(石隅〉乭毛隅〉石隅) (乭毛隅: 乭毛루의 음차)
	감교지 (노화)			路下里	路下里		蘆花里 [노화시티]	蘆花里	감교지, 감구지, 노화, 蘆花里, 蘆花化(구암면)	(蘆花: 감교지의 훈차 혹은 훈음차, 蘆/路下: 蘆花의 取音)
	시무골			柚木里	柚木里		柚木里 [감나무골]	秀木里	柚木골(구암면 수목리)	
村落地名 / 권읍면	속뜸			內里	內里		內里 [닉니]	內里	속뜸, 속멀 (구암면 닉리)	
	돌뫼			乭毛五里	乭里		石里 [돌뫼]		돌뫼, 石村, 돌里 (구암면 외리)	(乭毛五〉乭〉石) (乭毛五: 乭毛루의 음차)
	금봉리			儉卜里	檢卜里		儉卜里 [금복골]		金鳳里(구암면 외리)	(儉卜〉儉卜〉金鳳) *金鳳抱卵形 명당이 있음(風水地名化)
	걸산			乞山里	傑山里		杰山 [걸뫼]		杰山(구암면 반산리)	(乞山〉杰)(美化지명)
	소반뫼			盤山里	盤山里		盤山里 [소반뫼]	盤山里	소반뫼, 盤山, 盤山里(구암면)	(盤〉盤)
	건지말			乾地里	乾地里		乾芝里 [건지말]		건지말, 乾芝村 (구암면 나복리)	(地芝)
	나복			羅卜里	羅卜里		羅卜里 [나복니]	羅福里	羅蔔, 羅蔔里(구암면)	卜(黃地)〉福

분류		지명	新增 (1530)	東國 (1656~1673)	輿地 (1757~1765)	戶口 (1789)	東輿·大圖·大志 (1800년대 중엽)	舊韓 (1912)	新舊 (1917)	扶餘 (2003)	비고
村落地名	천을면	세티			新垈里	新垈里		新垈里 [시티]		새터(규암면 구암리)	
		띠울			茅洞里	茅洞里		茅洞里 [씌울]	茅里	띠울, 茅洞, 茅里 (규암면)	(洞里 > 里)
		엉불				芿不里		芿不里 [부어마디]	扶餘頭里	芿不 (규암면 부여두리)	
		엿바위 (규암)			倉里	倉里	江合	魏岩里 [엿바위]	▲魏岩里	엿바위, 魏岩. 魏岩里(규암면)	*지명 영의 화대됨
		개사			浦沙里	浦沙里		浦沙里 [기사리]		개사, 浦沙, 浦沙 (석성면 봉정리)	*浦沙가 沙浦로 지명소 倒置됨
	석성	봉두정			鳳頭亭里·道路條 鳳頭津·道路條	鳳頭亭里	鳳頭亭	鳳頭亭里 [봉두정 나루] (鳳頭津)	鳳亭里	鳳頭亭, 봉두정이, 원무정 鳳亭里(석성면)	(風 > 鳳)
		정각 (절골)			正覺里	正覺里		正覺里	正覺里	절골, 正覺. 正覺里(석성면)	*正覺寺가 있음 *북면에도 존재함
		향교골			鄕校里	鄕校里				향교골, 校洞 (석성면 석성리)	
	현내면	연지뜸	蓮池-山川條		蓮亭里	蓮下里		蓮下里 [연방죽] (蓮池里)		연방죽, 연지뜸. 양은, 蓮花(석성면 석성리)	*蓮花(浮水形이 명당이 있음
		잣점				皮里				잣점 (석성면 정3-리)	*가죽점이 있던 곳
		탑골						塔洞里 [탑골]		탑골, 塔洞 (석성면 석성리)	
		양지뜸						隱村里 [양은리]		양지뜸, 隱村 (석성면 석성리)	

분류	지명	新增 (1530)	東國 (1656~1673)	輿地 (1757~1765)	戶口 (1789)	東輿·大圖·大志 (1800년대 중엽)	舊韓 (1912)	新舊 (1917)	扶餘 (2003)	비고
북면 / 村落地名	월정			越境里	越境里		越境里		月境, 月境里 (부여읍 현북리)	(越〉月) *과거 부여현과 석성현의 경계
	석성말 (하염)			鹽倉里	鹽倉里		鹽倉里		下鹽, 석성말, 石城村 (부여읍 현북리)	*부여현과의 경계에 위치한 雙子村
	희여티	白也峙-山川條		白也里	白也	白也峙	? 路上里 路下里 [희여기] (白也峙)		희여티, 白峙, 路上里, 戲御臺(戲女臺)터 (부여읍 현북리)	(也〉틸티) (白也〉峙) (白也) 戲御臺·戲女臺)
	숯골				禾洞里		上禾里 [윗숯골] 下禾里 [아리숯골]		숯골, 회곡 (석성면 정각리)	
중산면 / 村落地名	정각 (절골)				正覺里		上正里 下正里	正覺里	절골, 正覺里 (석성면)	
	마리티			宗北里	宗北里		宗北里		마리티, 마리디, 마루지, 宗北(석성면 증산리)	(宗〉曾(僧〉甑)
	시루미	甑山川-山川條		甑山面 甑山里	甑山面 甑山里	甑山面 甑山川	甑山面 甑山里	甑山里	시루미, 甑山里, 甑山, 甑山川 (석성면)	(甑〉曾(僧〉甑)
	연화			蓮花里	蓮花里		蓮花里		石城蓮花 (석성면 증산리)	*부여군 초촌면 연화리 蓮花洞과 경계

분류	지명	新增 (1530)	東國 (1656~1673)	輿地 (1757~1765)	戶口 (1789)	東輿·大圖·大志 (1800년대 중엽)	舊韓 (1912)	新舊 (1917)	扶餘 (2003)	비고
비당면	상리			上里	上里		上里		윗碑堂, 連碑堂, 上里(석성면 비당리)	*방위지명
	중리			中里	中里		中里		中里, 아랫碑堂 (석성면 비당리)	*碑堂面터가 있음
	옥산						玉山里		玉山里(석성면 비당리)	
村落地名 / 원북면	상리			上里	上里		上里 [장두골]		양지뜸, 陽上里 음지뜸, 陰上里(성동면 원북리)	*方位地名
	중리			中里	中里		中里		中里, 맛개, 竹浦 (성동면 원남리)	
	하서			下里	下里		下西里 下東里		하서, 성티, 城峙 (성동면 원남리)	
	장구매						缶山里 [장구매]		장구매, 缶山 (성동면 원북리)	(缶: 장구의 춘치 혹은 춘음어)
	갈미						上葛里 [合골] 下葛里		갈미, 새갈미, 葛山, 新葛山, 上葛, 下葛(성동면 원북리)	
	적은맛개						小竹里 [딕석]		적은맛개, 소죽, 小竹浦(성동면 원남리)	
정지면	중리			中里	中里		中里		中里, 대미, 대뫼, 竹山(성동면 원동리)	*방위지명
	피리			皮匠里	皮里					*갓바치 거주 마을 *지명 소멸됨

분류		지명	新增 (1530)	東國 (1656~1673)	輿地 (1757~1765)	戶口 (1789)	東輿·大圖·大志 (1800년대 중엽)	舊韓 (1912)	新舊 (1917)	扶餘 (2003)	비고
村落지명	정지면	붕무골						冶洞里 [붕무곡]		붕무골, 冶洞 (성동면 정지리)	
		화정이						花亭里	花亭里	화정이, 花亭, 花亭里(성동면)	*삼산면에도 花亭里 존재 (면경계에 위치함)
	삼신면	긴금이 (장금)			長串里	長串里		小長里 大長里		긴금이, 장금, 장금, 大長(성동면 三湖里)	
		오미			孤山里	孤山里		五山里		오미, 鰲山 (성동면 삼호리)	(孤〉五·鰲)
		중리			中里	中里		中里 新中里 [신고라실]		中里, 花中 (성동면 화정리)	*방위지명
		하리			下里	下里		小下里 大下里		大下, 小下 (성동면 삼신리)	
		피리			皮匠里	皮里					*갓바지 거주 마을 *지명 소멸됨
	방촌면	중리			中里	中里		小中里 大中里		中里, 大中里 (성동면 방축리)	*방위지명
		개자			盖尺里	盖尺里		盖尺里 [기지]	盖尺里	개자, 개제, 盖尺, 盖尺里(성동면)	(盖〉蓋) (蓋尺: 개자의 음차+훈음차)
		불암		佛岩津·道路條			佛岩山	佛巖里		佛岩, 나루개 (성동면 개척리) 佛岩山, 불암, 부처바위(성동면 신흥리)	

분류	지명	新增(1530)	東國(1656~1673)	輿地(1757~1765)	戶口(1789)	東輿・大圖・大志(1800년대 중엽)	舊韓(1912)	新舊(1917)	扶餘(2003)	비고
우군면	상리			上里	上里		上里	牛昆里	上里, 內牛昆 (성동면 우군리)	*방위지명
	다르매			月外里	月外里		月外里 [다르메]		다르메, 月山, 月外 (성동면 우군리)	(月 : 다르의 훈차 혹은 훈음차)
	포전			浦田里	浦田里		浦田里	牛昆里	浦田, 밧스곳, 外牛昆 (성동면 우군리)	
임천 임천읍내면	군사			郡司里	郡沙里		郡司里 [군ㅅ리]	郡司里	임천읍내, 읍내, 郡司, 郡同里(임천면)	(司〉沙)司
	관혁			貫革里	觀革里		貫革里 [관혁리]		貫革里 (임천면 군사리)	(貫〉觀)貫
	방고			水庫里 舊水庫里	水庫里		水庫里 [방고리]		水庫里(임천면 군사리)	
	가림	加林,嘉林-郡名條 嘉林藪-山川條	加林,嘉林-郡名條	嘉林里 加林,嘉林-郡名條 嘉林藪-山川條	嘉林里		加林里 [동넉면] [가림리]		嘉林里, 加林山城 (임천면 구교리·군사리)	*경덕왕 16년(757) 개정 지명의 존속
	향교골			舊鄕校里	舊校里		舊校里 [향교골]	▲舊校里	향교골, 舊校, 舊校里(임천면)	
신리면 (성북면)	점골			店里	店里		店里 (성북면) [점골]	店里	점골, 점굴, 店佩, 店里(임천면)	
	지장골			紙匠里	紙匠里		紙匠里 [지장골]	新上里	지장골, 紙上(장암면 지토리)	(匠)主
	수랑골			水多海里	水多海里		水多海里 [무란바ᄃ]	水古里	海村(세도면 ᄂ고리)	

분류	지명	新增 (1530)	東國 (1656~1673)	輿地 (1757~1765)	戶口 (1789)	東輿·大圖·大志 (1800년대 중엽)	舊韓 (1912)	新舊 (1917)	共編 (2003)	비고
남산면 (村落地名)	기층꼴			幾層里	幾層里		幾層里 [기층리]		기층꼴, 기층꼴, 幾層洞(세도면 수고리)	
	고추꼴			古秋洞里	古秋洞里		古楸里 [고추꼴]	水古里	고추꼴, 古楸洞(세도면 수고리)	(秋〉楸)
	장정			長亭里	長亭里		長亭里 [장정]	長蝦里	長亭(장암면 장하리)	
	후포			後浦里	後浦里		後浦里 [후포리]		後浦里, 두메마루,두네나루,頭浦津,장하나루,長浦津(장암면 장하리)	
	하곡			蝦谷里	蝦谷里		蝦谷里 [헤아곡]	長蝦里	蝦谷, 화수골, 火薬谷(장암면 장하리)	
	탑리			塔里	塔里		塔里 [탑리]	長蝦里	塔里(장암면 장하리)	*栗山寺가 있던 곳
	누른드리			黃橋里	黃橋里		上黃 [왕임리], 下黃 [누른다리]	上黃里, 下黃里	누른드리, 누른다리, 黃橋, 上黃里, 下黃里(장암면)	
백암면	화수			花樹里	花樹里		花樹里 [화진기]	花樹里	화수개, 화정개, 花中, 花樹, 花樹里(세도면)	
	사랑이			沙浪里	沙浪里		沙浪里 [스랑골]	沙山里	사랑이, 沙浪(세도면 사산리)	*세도면에 편입됨(1973년)

분류	지명	新增(1530)	東國(1656~1673)	輿地(1757~1765)	戶口(1789)	東輿·大圖·大志(1800년대 중엽)	舊韓(1912)	新舊(1917)	扶餘(2003)	비고
백암면	반조원			頒詔院里 頒詔院-古跡條	須詔院里		頒詔院里 [반조원이] [반조원주막]	頒詔院里	頒詔院, 串之, 古多只, 古多只所, 古多津, 古多院, 多津院, 頒詔院里(세도면)	(須〉須)(須〉須)
인의면	인고개			言古介里	言古介里		言古介里 [인고기]	佳檜里	言古介, 連古介, 주막골(세도면 가회리)	(言〉連)(取音)
인의면	해정이			檜花亭里	檜花亭里		檜花亭里 [회화정리]	佳檜里	해정이, 해정리, 해정이, 檜亭(세도면 가회리)	(花〉달터)
인의면	홍가골			洪哥洞里	洪野洞里		洪佳洞里 [홍가골]	佳檜里	홍가골, 洪佳洞, 중뜸(세도면 가회리)	(哥〉佳)
세도면	구덕구			歸德里	歸德里		歸德里	歸德里	구덕구, 구덕비, 귀덕, 歸德里(세도면)	
세도면	무개	菁浦津-山川條		菁浦津-山川條		菁浦津	[청어묵菁浦里]	菁浦里	무개, 무새, 菁浦里, 菁浦(세도면)	*小지명이 行政里로 지명영위 化대(1914년)
초동면	간디			艮里	間里		艮里 [간리]	艮大里	艮里(세도면 간데리)	(艮〉間) *마을의 위치가 艮方을 향함
초동면	행김이대			大路下里	大路下里		下大里 [다근이] 上大里 [일젓아리]	艮大里	행김아래, 路下, 下大里(세도면 간데리)	*下大: 大路下里가 지명
초동면	동역기			東神洞里	東神里		東神里 [동역]	東寺里	동역기(세도면 동사리)	

村落地名

분류	지명	新增 (1530)	東國 (1656~1673)	輿地 (1757~1765)	戶口 (1789)	東輿·大圖·大志 (1800년대 중엽)	舊韓 (1912)	新舊 (1917)	扶餘 (2003)	비고
초동면	바위베기 (바우메)			蘇尼山里	所漂山里		所山里 [비메]		바메, 바위베기, 뻬메, 所彫山(세도면 동사리)	(蘇尼)所漂 (所泥: 바메~바미의 반 차적기법)
초동면	절골			寺洞里	寺洞里		寺洞 [동구]	東寺里	산정말, 절골, 寺洞 (세도면 동사리)	*聖林寺가 있던 곳
누이목면 (누곡면)	소메			牛山里	牛山里		牛山里 [소미]		소메, 牛山 (세도면 동사리)	
누이목면 (누곡면)	북동			北洞里	北洞里		北洞里 [북동리]		北洞(임천면 두곡리)	
누이목면 (누곡면)	나르메			羅里山里	羅里山里		羅山里 [나루메]		나르메, 羅山 (임천면 두곡리)	(里 탈락)
동변면	칠산			七山里	七山里		七山里 [칠산리]	七山里	七山, 七山里(임천면)	
동변면	왜머루			瓦宗里	瓦宗里		瓦宗里 (와종리) [瓦宗里]		왜머루, 瓦宗 (임천면 칠산리)	*기와를 굽던 곳
동변면	가느골			細洞里	細洞里		細洞里 [간은골]		가느골, 細洞 (임천면 구교리)	*구조선상의 곡지 지형 반영
동변면	선돌			立石里	立石里		立石里 [민나루]		선돌, 立石 (임천면 칠산리)	

분류		지명	新增(1530)	輿國(1656~1673)	輿地(1757~1765)	戶口(1789)	東輿·大圖·大志(1800년대 중엽)	舊韓(1912)	新舊(1917)	扶餘(2003)	비고
村落지명	동변면	황새울			觀洞里	觀洞里		鶴洞里[한시올]		황새울, 황새굴, 鶴洞(임천면 구교리)	(觀)鸛
		수도리			水鳥里	水鳥里					(水鳥: 물도리의 훈차+음차) *하천 구류지형 반영 *지명 소멸됨
	시변면	원모루			院隅里	? 毛老里		院隅里[사퇴말]		원머루, 원모루, 院洞(임천면 만사리)	(毛老: 모루의 음차)(隅: 모루>모퉁이의 훈차)
		만모루			萬毛隅里	萬毛老里		萬隅里[만머리]	萬社里	만머루, 萬隅(임천면 만사리)	(萬毛隅>萬毛老>萬隅)(萬毛隅/萬毛老: 만머루의 음차)
		바랏			鉢田田里			鉢山里[바랏]	鉢山里	바랏, 鉢田, 鉢山(임천면 山里(임천면)	(鉢里: 바리의 받쳐적기법) *(받쳐적기법 소멸)진검원 하느면 鉢崐峙里 鉢崐里와 비교
	지곡면	부엉메			草洞里	草洞里		草洞里[부엉메]		샛골, 草洞, 부엉메, 鳳(임천면 비정리)	(草·鳳: 샛~새의 훈차 죽은 훈음차) *부엉메: 샛골에서 파생된 지명
		비댕이			飛洞里	飛洞里		飛洞里[비동이]	飛亭里	비댕이, 飛洞(임천면 비정리)	
		초일			招逸里	招逸里		松逸里[초일]		樵日(임천면 탑산리)	(招逸>松逸>樵日)

분류	지명	新增 (1530)	東國 (1656~1673)	黃地 (1757~1765)	戶口 (1789)	東輿·大圖·大志 (1800년대 중엽)	舊稱 (1912)	新舊 (1917)	扶餘(2003)	비고
지국면	가라			加羅里	嘉羅里		加羅里 [조실]	加羅里	加羅(임천면 가신리)	(加>嘉>加)
	옥실			玉谷里	玉谷里		玉谷里 [옥실]	玉谷里	옥실, 玉谷, 玉谷里 (임천면)	
	남당	南堂津-山川條	南堂渡-山川條	南堂津-山川條	南塘里	南塘津	南塘里 [남당이]	南塘里	南塘(임천면 탑산리)	(堂>塘)
	검신				檢神里		檢神里 [검신]	加羅里	檢神(임천면 가신리)	
	매산굴						達山里 [미산굴]	塔山里	매산골, 達山 (임천면 탑산리)	(達: 뫼의 훈음차)
적당토면 (적당면)	왕굴			旺洞里	旺洞里		旺洞里 [왕굴]	草旺里	왕굴, 旺洞 (양화면 초왕리)	
	적당			赤良土面 赤良里	赤良土面 赤良里	赤良土面	積良面 赤良里 [응-매리]	五良里	오량리 中里(양화면)	(赤良土>積良>五良) *赤良土面이 있던 곳
	죽다리			足橋里	足橋里		足橋里 [역구신]	足橋里	죽다리, 足橋, 足橋里(양화면)	
	세율						草洞里 [서울]	草旺里	새을, 草洞 (양화면 초왕리)	
	오승대						五松里 [오승대]	五良里	五松臺(양화면 오량리)	

村落지명

분류	지명	新增(1530)	東國(1656~1673)	輿地(1757~1765)	戶口(1789)	東輿·大圖·大志(1800년대 중엽)	舊韓(1912)	新舊(1917)	抶餘(2003)	비고
대 동 면 / 村落地名	잣개			笠浦里	笠浦里		上笠浦里[위잣기] 下笠浦里[아래잣기]	▲笠浦里	잣개, 笠浦, 笠浦里(양화면) 浦里(양화면)	(冠:笠이 훈자 혹은 훈음자)
	목수굴			木手洞里	木子里		木樹洞	岩樹里	목수굴, 木樹里(양화면 암수리)	(木手>木子>木樹)
	가아구			大巖里	大巖里		大巖里[가아귀]	岩樹里	가아구, 가아마구, 大巖(양화면 암수리)	*마을 지형이 개의 이가 나처럼 생김: 개를 담은 바위가 있음 (大:가아~가아이의 훈자 혹은 훈음자)
	원댕이			元堂里	元堂里		元堂里[원댕이]	元堂里	원댕이, 元堂, 元堂里(양화면)	
	안닙			內頂里	內頂里		內頂里[청골]	內城里	안닙, 內洞, (양화면 내성리)	
	검성(금성)			檢城里	檢城里		檢城里[금성구지]	內城里	錦城(양화면 내성리)	(檢>錦)
	원산				元山浦里		元山里[원산이]	元山里	元山里(양화면 암수리)	(浦 탈락)

분류	지명	新增 (1530)	東國 (1656~1673)	輿地 (1757~1765)	戶口 (1789)	輿奧·大圖·大志 (1800년대 중엽)	舊韓 (1912)	新舊 (1917)	扶餘(2003)	비고
村落지명 (상지포리(상지리))	시름개			時音里	時音里		時音里 [시음기]	時音里	시루미, 시음개, 時音, 時音里(양좌면)	
	곰절			古邑里	古邑里		古邑里 [곰골]		곰절, 古邑 (양좌면 시음리)	(邑: 곰의 닫음 ㅂ 표기)
	개골			浦村里	浦村里		浦村里 [이러말]		개골, 浦村, 아랫말, 下村(양좌면 시음리)	
	안골			內洞里	內洞里				안골, 內洞, 雁谷(양좌면 상촌리)	(雁: 안의 음차)
	상촌			上村里	上村里		上村里 [상촌]	上村里	上村, 上村里 桑村(양좌면)	(上>上·桑)
흥화리	수원골			水原里	水原里		水原里 [수원골]	水原里	수원골, 水原谷, 水原里(양좌면)	
	마루골			尢洞里	尢洞里		尢洞里 [말우골]		尢洞, 마루골, 말을 (양좌면 수원리)	(尢>元>尢)
	벽절			碧龍里	碧龍里		碧龍里 [벽절]	碧龍里	벽절, 碧寺, 碧龍뜰(양좌면 벽룡리)	*조선시대의 混成地名 (blending place name) (벽절+뜰롱)
	오밭			五田里	五里		五田里 [오밭]		오밭, 五田 (양좌면 송정리)	

분류	지명	新增 (1530)	東國 (1656~1673)	輿地 (1757~1765)	戶口 (1789)	東輿·大圖·大志 (1800년대 중엽)	舊韓 (1912)	新舊 (1917)	扶餘 (2003)	비고
가을화면(갈화면)(가화면) 村落地名	용굴		龍洞里	龍洞里	龍洞里		龍洞里 [용굴]		용굴, 용곡, 龍洞 (중화면 가화리)	*可化面이 있던 곳
	마차실			馬蔡谷里	下蔡谷里		馬蔡里 [마차실]		馬蔡실 마차, 마채, 마채곡(중화면 가화리)	馬蔡谷〉下蔡谷〉馬蔡
	뱀무안			金伊南里	金南里		金南里 [뱀무안]		뱀무안, 金南 (중화면 가화리)	(金伊南〉金南)
	시남			時南里	時南里		時南里 [시남이]	青南里	時南, 臣卯里 (중화면 청남리)	(時南)臣卯 *上帝峯[두리봉] 아래로 신하가 上帝를 우러러 보는 형국(풍수지명화)
	갈비			可乙合里	葛合里		葛合里 [갈티]		葛合(중화면 오덕리)	可乙合〉葛合
	물인골			水岾里	水岾里		水深里 [슈담]		물인골, 水岾여 (중화면 오덕리)	(岾〉深)岾
	현미			玄眉里	玄眉里		玄眉里 [현미]	玄眉里	仙티, 玄眉, 玄眉里 (중화면 오덕리)	(仙: 玄의 取音)
	청등			天燈里	天燈里		青燈里 [등이]	青南里	天燈, 青燈 (중화면 청남리)	(天燈〉天燈〉青燈) (青: 天의 取音)
	장제울						莊子洞 [닝]		장제울, 壯子, 胎封 (중화면 오덕리)	(莊子) *胎封山이라 宣祖大王胎室碑가 있음

분류	지명	新增 (1530)	東國 (1636~1673)	輿地 (1757~1765)	戶口 (1789)	東輿·大圖·大志 (1800년대 중엽)	舊韓 (1912)	新舊 (1917)	扶餘 (2003)	비고
村落地名 / 팔충면	북심			福深里	福心里		福深里 [김하김]	福金里	福心里(초좌면 복금리)	(深〉心)
	금학			金魚山里	金魚山里		上金里 [은골] 下金里 [박은실]	福金里	金鶴, 주막골, 濃隱洞으로, 상금(초좌면 금학)	*조선시대의 혼성지명 (금하+어은동)
	괸돌			支石里	支石里		上支石里 [건아골] 下支石里 [고인돌]	▲支石里	고인돌, 괸돌, 支石, 支石里(초좌면)	
	말티			馬峙里	馬峙里		上馬里 [덕임골] 下馬里 [말퇴]		말티, 馬峙, 斗峴 (초좌면 말중리)	
	천당골		天燈山·山川條	天燈里	天燈里		上天里 [꾀골] 中天里 [중뜸] 下天里 [수일골]	天燈里	天燈里, 上天 中天 下天, 주인골(초좌면 천당리)	*천남리 靑燈(天燈)과 지명 有緣性이 동일함
	무쇠점						水鐵里 [무쇠점]		무쇠점, 무수점, 水鐵 (초좌면 팔중리)	
박곡면	매실골			竹林洞里	竹林里				매실골, 竹林洞 (초좌면 복곡리)	
	만지울			萬智洞里	晚智洞里		晚智洞里 [만지울]	晚智里	만지울, 晚智洞, 晚智里(초좌면)	(萬〉晚)

분류	지명	新增 (1530)	東國 (1656~1673)	輿地 (1757~1765)	戶口 (1789)	東輿·大圖·大志 (1800년대 중엽)	舊增 (1912)	新舊 (1917)	扶餘 (2005)	비고
박곡면	소년동			少年洞里	少年洞里		少年洞 [소년동]		少年洞 별암 (중화면 인지리)	
	구리굵			求理谷里	九里谷里		九里谷里 [구리굵]		九里谷里 (정3면 정상리)	(求理/九里)
	역말	靈楡驛·驛院條	靈楡驛 驛院條	驛里 靈楡驛 驛院條	驛支里	灵楡驛	驛里 (북변면) [역말]		驛里, 驛里 (정3면 합구리)	*前部 지명소 靈楡輪 소멸
복조지면 (북변면)	하괴동			河波洞里	閣下洞里		閣下里 [합하리]	閣谷里	閣下 (정3면 춘구리)	(河波〉閣下)
	원문이			元門里	元門里		元門里 [원문리]	元門里	元門里 (정3면)	
	뜰머리	場巖江-山川條		石毛老里	石隅里		石隅里 [돌멥우]	▲石東里	뜰머리, 石隅里 引道 (정3면 석동리)	(石毛老〉石隅) (石毛老: 돌모루의 훈차+음자) *경합지명(뜰머리/石隅/引道)
내동면	맛바위 (정암)	場巖江-山川條		長巖里 場巖江-山川條 場巖-古蹟條	長巖里	場巖津	場巖里 [맛바위(場巖里)]	岩岩里	맛바위, 場岩, 場岩里 (정3면 참리)	(場岩〉場巖〉場巖〉場巖〉長巖〉長巖巖) *場岩里[『世宗』 공주목 임천군 條]
	정자			亭子里	亭子里		亭子里 [언덕]	岩岸里	亭子里 (정3면 정암리)	(岩岸/亭岩: 지명소 도치됨)
	부쿠내			北九川里	北皐里		北皐里 [뒤군리]	北葉里	부쿠내, 北皐里 (정암면)	(北九川)〉北皐) (北: 뒤의 훈차)
	수작						樹作里 [수곡곱]		謝作, 樹作里 (정3면 정암리)	(樹〉籌〉樹)

부록 5. 서천군(한산) 지명의 변천

※ 收錄 地名數

: 141개(郡縣・鄕・所・部曲・面・驛院・山川 지명 – 35개, 村落 지명 – 106개)

: 郡縣지명 – 2개, 鄕・所・部曲지명 – 2개(鄕지명 – 1개, 所지명 – 1개), 面지명 – 9개(方位面지명 – 9개, 세로운 村落面지명 – 0개), 驛院지명 – 5개(驛지명 – 1개, 院지명 – 4개), 山川지명 – 17개(山・고개지명 – 9개, 河川・津・浦지명 – 8개), 村落지명 – 106개

※ 引用된 文獻의 略號

: 『新增東國輿地勝覽』 = 『新增』, 『東國輿地志』 = 『東國』, 『輿地圖書』 = 『輿地』, 『戶口總數』 = 『戶口』, 《東輿圖》 = 《東圖》, 《大東輿地圖》 = 《大圖》. 『大東地志』 = 『大志』, 『舊韓國地方行政區域名稱一覽』 = 『舊韓』, 『新舊對照朝鮮全道府郡面里洞名一覽』 = 『新舊』, 『韓國地名總覽4(忠南篇)』 = 『韓國』, 『舒川郡誌』 = 『舒川』, 『三國史記地理志』 = 『三國』, 『高麗史(地理志)』 = 『高麗』, 『世宗實錄(地理志)』 = 『世宗』, 『忠淸道邑誌』 = 『忠淸』, 『輿圖備志』 = 『輿圖』, 『湖西邑誌(1871)』 = 『湖西a』, 『湖西邑誌(1895)』 = 『湖西b』, 『朝鮮地誌資料』 = 『朝鮮』.

※ (a치b): a와 b가 같음. (a≒b): a와 b가 비슷함. (a≠b): a와 b가 다름.

(?): 불확실한 기록 혹은 추정 자료, (▲ __): 향교의 ▲는 면사무소 소재지, 밑줄은 行政里를 뜻함

[諺文]: 『舊韓』(1912년) 향교의 큰 괄호[ ]는 『朝鮮』(1911년)에 기록된 諺文(언글) 자료임

분류	지명	新增(1530)	東國(1656~1673)	輿地(1757~1765)	戶口(1789)	東輿·大圖·大志(1800년대 중엽)	舊韓(1912)	新舊(1917)	舒川(1988)	비고
郡縣지명	한산	韓山郡	韓山郡	韓山郡	韓山郡	韓山郡	韓山郡	韓山郡	韓山面(서천군)	*지명 영역 축소됨
	마산	馬山-郡名條	馬山-郡名條	馬山-郡名條		馬山-山水條		馬山面	馬山面(서천군) 馬山(마산면 마명리)	*지명 영역 축소됨
鄕지명	안보	安保鄕-古跡條		安保鄕里(남하면) 安保堤-堤堰條 安保鄕-古跡條	安保里(남하면)		安保里(남하면)	保縣里(화양면)	安保鄕, 安保, 保縣里(화양면) 안병이,	(安保鄕)保縣 (安)탈락 *지명 영역 축소됨
所지명	안곡	鵝谷所-古跡條		鵝谷所-古跡條					? 비오소 (마산면 비오리)	*지명 소멸됨 (基在郡北鵝峯里幷俗備邑基而今不可考)[『韓山郡誌』(1843~1858)(p.231)]
面지명	북부			北部面	北部面	北部面	北部面			*한산면이 신설되면서 지명 소멸됨(1914년)
	동상			東上面	東上面	東上面	東上面			*한산면과 화양면이 신설되면서 지명 소멸됨(1914년)
	동하			東下面	東下面	東下面	東下面			*한산면과 화양면이 신설되면서 지명 소멸됨(1914년)
	남상			南上面	南上面	南上面	南上面			*화양면이 신설되면서 지명 소멸됨(1914년)
	남하			南下面	南下面	南下面	南下面			
	서상			西上面	西上面	西上面	西上面			*마산면과 기산면이 신설되면서 지명 소멸됨(1914년)
	서하			西下面	西下面	西下面	西下面			*기산면이 신설되면서 지명 소멸됨(1914년)

분류	지명	新增 (1530)	東國 (1656~1673)	興地 (1757~1765)	戶口 (1789)	東輿·大圖·大志 (1800년대 중엽)	舊韓 (1912)	新舊 (1917)	舒川 (1988)	비고
面지명	상북			上北面	上北面	上北面	上北面			*마산면이 신설되면서 지명 소멸됨(1914년)
	하북			下北面	下北面	下北面	下北面			
驛院지명	신곡	新谷驛	新谷驛	新谷驛里(서하면) 驛里(서하면)	驛西里(서하면) 驛東里 驛北里	新谷驛	驛村(서하면)		역말, 驛村, 새터골 新谷(기산면 화산리)	
	간법암	看法巖院	看法巖院				院山里(동상면)	院山里(한산면)	가든뫼위, 원뫼, 院山, 院山里(한산면)	*前部 地名素(간법암)는 소멸됨
	승정	崇井院	崇井院	崇井里(서하면)	崇丁里(서하면)	崇井山	崇井里(서하면)		崇禎山, 崇禎(기산면 영모리)	(井·井·貞→丁井·禎)
	곡화	曲火院	曲火院						전등고개(마산면 나궁리)	*지명 소멸됨 *曲峴 아래 ?
	길산	吉山院 吉山浦石橋-橋梁條	吉山院 吉山浦-關梁·橋梁條	吉山里(서하면) 吉山浦石橋-橋梁條	吉山里(서하면) 院洞里(서하면)	石橋	吉山里(서하면) 院洞里(서하면)	院吉里(기산면)	길뫼, 吉山, 원골, 院洞(기산면 원길리)	*吉山院·吉山·院洞·院吉(지명소가 倒置됨)
山지명	건지산	乾至山	乾至山	乾至山 乾至山城-古蹟條		乾止山	[건지산]		乾止(至·志)山, 玉馬山(한산면)	*至, 止, 志가 티쓰임
	취봉산	鷲峯山	鷲峯山	鷲峯山 鷲峯峙小路-道路條		鷲峯山	[죽봉산]		鷲峯山, 日光山, 冠帽峰(한산면 화양리)	*峯과 峰이 티쓰임
	기린산	麒麟山	麒麟山	狉豨山		狉豨山	[기린산](麒麟山)	麒山面(서천군)	麒麟山(한산면·기산면·마산면), 麒山面(서천군)	(麒麟·狉豨·麒麟)

분류	지명	新增 (1530)	東國 (1656~1673)	輿地 (1757~1765)	戶口 (1789)	東輿·大圖·大志 (1800년대 중엽)	舊韓 (1912)	新舊 (1917)	舒川 (1988)	비고
山지명	월명산	月明山	月明山		月明里 (하북면)	月明山	月明里 (하북면) [월명산]		月明山 (마산면)	*훈타 지명은 소멸됨
	계점산	鷄岾山		鷄岾山			[계점산 (鷄岾山)]		? 漁(魚)城山 (화양면 대등리)	*지명 소멸됨
	원산	圓山	圓山	圓山里 [남하면]	陸元山里 (남하면) 浦元山里 (남하면)	圓山	陸元里 (남하면) 浦元里 [圓山] (원산)]		圓山, 도룸메, 浦元, 陸元 (화양면 옥포리)	(圓)元>圓·元)
고개지명	기현	箕峴	箕峴	箕峴		箕峴	箕山里 (남하면) [치올기 (箕峴)]	箕福里 (화양면)	치올게, 箕山 (화양면 기복리)	*箕峴(一名峙峴)[『韓山郡誌』(p.233)] (峙: 치의 음차 표기) (箕: 치의 훈차 표기) (箕>箕·峙>峴〉山·福)
	적현	赤峴	赤峴	赤峴 光峴里 (남하면)	光觀里 (남하면)		光峴里 (적현) [적현 (赤峴)]	光岩里 (기산면)	빛고개, 光峴 (기산면 광암리)	*赤峴(一名光峴)[『韓山郡誌』(p.233)] (1843~1858) (赤>光)
	곡현	曲峴	曲峴	曲峴 曲峴大路·道路條			[고부웅귀 (曲峴)] (庫干里)		(마산면 군간리)	*曲火院이 위치한 고개 ? (曲: 고부웅의 훈차) *지명 소멸됨
河川 관련 지명	상지포	上之浦		上之浦			[상지기]		신상개, 新城浦 (한산면 신성리)	*지명 소멸됨
	후포 (사포)	朽浦	沙斤浦	朽浦		朽浦	新厚里 (동하면) [후기]		후게, 후게, 朽浦 (한산면 송산리)	(朽>厚) (沙斤: 사근의 음차) (朽: 朽의 훈차 혹은 훈음) (厚)厚>취)

分類	지명	新增(1530)	東國(1656~1673)	輿地(1757~1765)	戶口(1789)	東興·大圖·大志(1800년대 중엽)	舊韓(1912)	新舊(1917)	舒川(1988)	비고
河川관련지명	기포	岐浦		岐浦 岐浦里(남하면)	岐浦里(남하면)		岐浦里[기암기]		거름개, 岐浦(화양면 완포리)	(岐: 거름의 훈차 혹은 훈음자)
	와포	瓦浦	瓦浦	瓦浦 ? 瓦草里(남하면)	? 瓦草里(남하면)	瓦浦	瓦草里(남하면)[지서울(瓦浦)][지서울나루(瓦草津)]	瓦草里(화양면)	? 지세울, 지초, 瓦草 등,瓦草里(화양면)	(瓦)瓦草
	아포	芽浦	芽浦	芽浦	新牙浦里(남상면)	芽浦	新牙里(남상면)[아포(芽浦)]		新牙, 新芽浦(화양면 망월리)	(芽>新芽·新牙)(浦 탈락)
	진포	鎭浦		鎭浦			[진강(鎭江)(한산군 남하면)][진기(鎭浦)(서하면)]			*지명 소멸됨
	금강		錦江						錦江 下流(한산면-화양면 일대)	*지명 영역 확대됨
村落지명	향곳음(향교골)			鄕校里 鄕校大路·道路 條	校村里		校村里[향교골]		향곳골, 생교골, 校村(한산면 지산리)	(鄕校>校村)
	북부이(북문)			北門外里	北門外上里 北門外下里		外上里[외상리]外下里[외하리]		북바이, 붐바이(한산면 성외리)	(北門 탈락)(北門)城

분류	지명	新增 (1530)	東國 (1656~1673)	輿地 (1757~1765)	戶口 (1789)	東輿·大圖·大志 (1800년대 중엽)	舊韓 (1912)	新舊 (1917)	舒川 (1988)	비고
村落地名 (북부면)	범바위			虎岩里	虎巖里	虎巖里	虎岩里 [범바위]	虎岩里	범바위, 범메, 虎岩, 虎岩里(한산면)	(岩>巖)>암.
	고촌 (이올)			枯村里 枯村堤-規還條	枯上里 枯下里		枯村里 [이올]	竹村里	枯村, 이올 (한산면 죽촌리)	*묵은 이색 탄생지 *문헌서원 유허비
	동자북			童子里	童子里		童子里 [동자북]	童山里 (한산면)	童子북 (한산면 동산리)	
	음지편			隱地里	隱地里		山陰里 [음지편]		음지편, 山陰 (한산면 지현리)	(隱>陰)>山陰
	유산				遊山里		由山里 [유산]	童山里 (한산면)	由山(한산면 동시리)	(遊)由
	종지울				種之里		種芝里 [종지울]	種芝里	종지울, 종지, 鍾芝洞, 鍾洞, 種洞, 種芝里 (한산면)	(種·種·鍾) (之)芝
	대실				? 竹枝里		竹洞里 [디실]	竹村里 (한산면)	대실, 竹洞 (한산면 죽촌리)	
	새터				新基里		新洞里 [새터]	新基	새터, 新基 (한산면 중지리)	(基>洞)基
村落地名 (동상면)	송림			松林里	松林里		[송금 (松林里)]	松林里 (한산면)	松林(마산면)	*한산면에서 마산면으로 편입 (1973년)
	솔메				松上里 松下里		松上里 [솔뫼] 松中里 [송중리] 松下里 [송하리]	松山里 (松上,松中) 松合里 (松下)	솔메, 솔뫼, 松山, 松山里 (한산면) 松合里 (한산면)	*손닥 분동이 활발함
	싸리메			杻山里	杻西里 杻東里 杻内里		杻東里 [죽동리] 杻山里 [싸리뫼]	杻東里	싸리메, 杻洞, 杻東, 杻山(한산면 죽동리)	

분류	지명	新增 (1530)	東國 (1656~1673)	興地 (1757~1765)	戶口 (1789)	東輿·大圖·大志 (1800년대 중엽)	舊韓 (1912)	新舊 (1917)	舒川 (1988)	比고
村落地名 동상면	여사			余土里 余土堤-堤堰條	余思里		余土里 [여사지]	余土里	余土池 여수지, 余土堤 (한산면 여사리)	(思>土)
	나다리			羅橋里	羅橋里		羅橋里 [라다리]	羅橋里	나다리, 羅橋, 羅橋里(한산면)	(橋>喬)
	동지메			冬至里 冬至堤-堤堰條	冬至里		冬至里 [동지뫼]	冬至里	동지메, 冬至, 冬至里(한산면)	
	단장이			丹精里	丹上里 丹下里		丹上里 [단상리] 丹中里 丹西里 丹下里	丹上里 丹下里	단장이, 丹亭, 丹山, 위단정이, 上丹(한산면 단상리), 아랫단정이, 下丹, 丹下里(한산면)	*춘타 分洞이 활발함 (精>亭·山)
	아인				野仁里		也仁里 [야인믈]		也仁, 也印 (한산면 원신리) (일제시대 지명도 표기: 1912~1919)	(野仁·也仁·也印)
	가그말						烏谷里 [가그말]	烏谷	가그말, 가그메, 烏谷 (한산면 송곡리)	(烏: 가그의 춘자 혹은 훈음자)
	갈마메			渴馬里	渴馬里		渴馬里 [갈마뫼]	渴馬	갈마메, 渴馬 (한산면 마양리)	
	누옹지				綠橋里		綠橋里 [누옹지里]	綠楊	누옹티(지), 綠楊 (한산면 마양리)	(楊)
	원메 (가늠 바위)	看法嚴院-驛院條	看法巖院-郵驛條				院山里 [원믜]	院山里	가늠바위, 원메, 院山, 院山里(한산면), 院山소(간범암) 소멸	*전부 지명소(간범암) (가늠바위 촌속)
	뷧믜						兎山里 [뷧믜]		뷧믜, 兎山 (한산면 동지리)	

분류	지명	新增 (1530)	東國 (1656~1673)	輿地 (1757~1765)	戶口 (1789)	東輿·大圖·大志 (1800년대 중엽)	舊韓 (1912)	新舊 (1917)	舍川 (1988)	비고
村落地名 / 등하면	다리목			橋頭里	下橋東里 下橋西里		上東里 [상동리] 下東里 下西里		다리목, 橋頭 (한산면 연봉리)	*연봉리(下東里, 下西里, 上東里, 緣楊里를 통합하여 신설)(1914년)
	대매			竹山里	竹山里		竹山里 [듹뫼]	竹山里	대매, 竹山, 竹山里(화양면)	
	달고개			月令里	月令里		月令里 [월영]	月山里	달고개, 月令, 月嶺, 月山里(화양면)	(令>嶺·山) (令: 고개를 훈자한 嶺의 取音)
	광생이			光生里	光生里		光生里 [광성리]		광생이, 光生 (화양면 남성리)	*「輿地」부터 등재된 광생이가 行政里名으로 승계되지 않은 이유는?
	후개	朽浦-山川條	沙斤浦-山川條	朽浦-山川條		朽浦	新厚里 [후기]		후개, 후게, 후포 (한산면 용산리)	(朽:사근의 음자) (沙斤: 사근의 훈자 혹은 음) (朽: 사근의 훈자 혹은 음)
	신원포				薪原浦里				? 후개 (한산면 용산리)	*후개의 기록 新厚里: 薪原浦+朽浦 ?
	등칠				等上里 等下里		等上里 [등줄리] 等下里 [등하리]	大等里 (화양면) 大下里	등칠(화양면 매듭리, 대하리)	
	구수굴						九洞里 [구수동]	九洞里	구실, 구실다리, 구수굴, 九水洞, 九洞, 九洞里(한산면)	

분류		지명	新增 (1530)	東國 (1656~1673)	輿地 (1757~1765)	戶口 (1789)	東輿·大圖·大志 (1800년대 중엽)	舊韓 (1912)	新舊 (1917)	舒川 (1988)	비고
村落地名	동하면	은수골						溫洞里 [온슈골]	溫洞里	은수골, 온슈골, 온수, 溫水洞, 溫洞里(한산면)	
		신성개						新城里 [신성리]	新成里	신성개, 新城浦, 新城, 新城里(한산면)	(城)成〉城
		용머리			龍頭里	龍頭里		龍頭里 [용머리]		용머리, 龍頭 (한산면 용산리)	
		꽃뫼						花山里 [화산리]	花村里	꽃뫼, 花山 (한산면 용산리)	(花: 꽃의 훈음자)
		고지말				? 花草里		花村里 [화촌]		고지말, 花村, 花村里 (화양면)	(花: 고지의 훈음자)
	남상면	금냉이			今堂里	今堂北里		今下里 [금ᄒᆞ리], 今北里 [금북리]	琴堂里	금냉이, 琴下, 今唐下里, 琴北, 今唐北里, 琴堂里(화양면)	(今〉琴·今) (堂〉堂·唐)
		창의밖			昌儀里	昌儀里		昌外里 [남촌]	昌外里	昌儀밖, 昌儀외, 昌外, 昌外里(화양면)	(儀〉外·儀)
		창의			? 長佐里	長上里 / 長下里		長上里 [읫촌]	長上里	장의, 長上, 長上里(화양면)	
		선소			船所里	船所里	戰船所	船所里 [선소]		船所(화양면 망월리)	*배(船)를 만들던 곳
		춘부 (농소)			農所里	農所里		農所里 [농소] 춘부방(忠動府坪)		春府, 충춘부(화양면 봉명리)	*지명 소멸됨 (農所〉春府)
		망천				望川里		堂泉里 [당쳔리] (望川里)		網川(화양면 봉오리)	(川〉泉) (望〉網)

분류		지명	新增 (1530)	束國 (1656~1673)	輿地 (1757~1765)	戶口 (1789)	東輿·大圖·大志 (1800년대 중엽)	舊韓 (1912)	新舊 (1917)	舒川 (1988)	비고
村落地名	남상면	고마				叩馬里		叩馬里 [고마뫼]	叩馬里	叩馬, 叩馬里 (화양면)	
		신아	芽浦-山川條	芽浦-山川條	芽浦-山川條	新牙浦里	芽浦	新牙里 [산어포]		新牙, 新芽浦 (화양면 망월리)	(芽>新芽·新牙) (浦 탈락)
		새터						新基里 [사터]		새터, 新基 (화양면 봉명리)	
		황시배						閼巖里 [한암]		황시배, 황새바위 (화양면 봉명리)	(閼: 황의 음자 혹은 황새의 훈차)
		가름개	岐浦-山川條		岐浦里, 岐浦-山川條	岐浦里		岐浦里 [기암기]		가름개, 岐浦 (화양면 완포리)	(岐: 가름의 훈차 혹은 음차)
		지새울	瓦浦-山川條	瓦浦-山川條	瓦草里, 瓦浦-山川條	瓦草里	瓦浦	瓦草里 [지새울]	瓦草里	지새울, 지초, 瓦草洞, 瓦草里 (화양면)	
		완길 (거믈)			完吉里	完吉里		完吉里 [완길]		完古, 거믈 (화양면 완포리)	(完>完)
	남하면	한저울			大寺里	大上里 大下里		大上里 [한저울] 大下里 [용당리]	大等里 (화양면) 大下里	한저울, 大寺洞, 大下 (화양면 대등리)	
		안뱅이	安保鄕-古跡條		安保鄕里 安保堤-堤塘條 安保鄕-古跡條	安保里		安保里 [안방이]	保縣里 (화양면)	安保縣, 安保鄕, 安保, 안뱅이, 安保, 保縣里 (화양면)	(安保鄕>保縣) (安 탈락) *지명 영역 축소됨
		원산	圓山-山川條	圓山-山川條	圓山里, 圓山-山川條	陸元山里 浦元山里	圓山	陸元里 [뭇도리뫼] 浦元里 [도리뫼]		圓山, 도루메, 浦元,陸元 (화양면 옥포리)	(圓山>圓·元) (山 탈락)

분류	지명	新增 (1530)	東國 (1656~1673)	輿地 (1757~1765)	戸口 (1789)	東輿·大圖·大志 (1800년대 중엽)	舊韓 (1912)	新舊 (1917)	舒川 (1988)	비고
村落地名 / 남하면	빛고개	赤峴-山川條	赤峴-山川條	光峴里 赤峴-山川條	光觀里		光岩里 [빗고기]	光岩里	빛고개, 光岩 (기산면 광암리)	峴)觀(觀記) 觀:峴의 誤記
	가래을			楸洞里	秋山里 秋下里		秋山里 [쥬산리] 秋下里	楸洞里	가래을, 楸洞, 楸洞里 (화양면)	楸)秋(秋의 훈차 혹은 훈음차) 楸: 가래의 훈차 혹은 훈음차
	다고개				多古里		多古里 [다고기]		다고개, 多古니 (화양면 옥포리)	多古니: 니의 음차 혹은 훈음차
	웝동 (수문굴)(은굴)			漁隱洞里	活洞里		活洞里 [어은골]	活洞里	은골, 隱洞, 수문골, 崇文洞, 活洞, 活洞里 (화양면)	漁·隱: 언의 음차 혹은 훈음차 *活: 서울 헐『新增東國』(1567) *漁城山 및 漁城 관련
	한새을						閑合里 [한암] (閑合里)		한새을, 閑合 (화양면 흥림리)	*한새(논산시) 은진면 大鳥谷, 한새와 비교
	갓굴						長谷里 [장곡]		갓굴, 長谷 (화양면 죽당리)	(長: 갓의 음차)
	조빼굴						瓢洞里 [표동]		조빼굴, 瓢洞 (화양면 죽동리)	瓢: 조빼의 훈차 혹은 훈음차
	두루제						圓峰里 [두리지]		두루제, 圓峯 (화양면 기복리)	
	지을재	箕峴-山川條	箕峴-山川條	箕峴-山川條		箕峴	箕山里 [치을지]	箕嶺里 (화양면)	지을재, 箕山 (화양면 기복리)	*箕峴(一名峙峴)『韓山郡誌』(p.233) (峙: 지의 음차) (箕: 지의 훈차) (箕)峴(峙), 峴)山·嶺)

분류	지명	新增 (1530)	東國 (1656~1673)	輿地 (1757~1765)	戶口 (1789)	東輿·大圖·大志 (1800년대 중엽)	舊韓 (1912)	新舊 (1917)	舒川 (1988)	비고
村落地名 / 시상면	배저울			梨子里	梨子里		梨南里 [이남] 梨北里 [이북]	梨子里	배저울, 배젖, 梨亭, 南里, 北里, 梨子里 (마산면)	(南, 北 추가)
	세거리			三峴里	三峴里		三峴里 [세거리]		세거리, 三峴 (기산면 월기리)	(峴>峙)改 (峙: 峴의 取形)
	온군절			溫公里	溫公里		溫公里 [온공절]		온군절, 溫公 (기산면 가공리)	
	가재울			加佐里	加佐里		加佐里 [가좌울]		가재울, 加佐 (기산면 가공리)	(加佐: 가재의 음차)
	무넛골			水出里	水出里		水出里 [문넏골]	水出里	무넛골, 文幕洞, 水出 (기산면 화산리)	(水出: 무넏의 훈차 혹은 음음차) (文幕: 무넏의 음차)
	막골						幕洞里 [막골]	幕洞里	막골, 幕洞 (기산면 마동리)	
	양지편						陽地里 [양지편]		양지편, 陽地 (기산면 가공리)	
	달구내						月川里 [월천]		달구내, 月川 (기산면 월기리)	(月川: 달구내의 훈차 음차)
시하면	산정말			山井里	內山井里 外山井里		內山里 [안야야멀] 外山里	山亭里	산정말, 山亭, 內山亭, 外山亭, 山亭里산넘말, 산넘너멀 (기신면)	(井>亭)
	절매	吉山院-驛院條 吉山浦石橋-橋梁條	吉山院-郵驛條 吉山浦橋-關梁條	吉山浦石橋-橋梁條	吉山里	石橋	吉山里 [길뫼]	院吉里	절매, 吉山 (기산면 원길리)	*吉山院>吉山·院洞)院吉 (지명소 도치됨)

분류	지명	新增(1530)	東國(1656~1673)	興地(1757~1765)	戶口(1789)	東輿·大圖·大志(1800년대 중엽)	舊韓(1912)	新舊(1917)	舒川(1988)	비고
村落地名 서하면	원뜸	吉山院-驛院條 / 吉山浦石橋-橋梁條	吉山院-郵驛條 / 吉山浦橋-關梁條	吉山浦石橋-橋梁條	院洞里		院洞里 [원동]	院吉里	원뜸, 院洞 (기산면 원길리)	*吉山院>吉山·院洞>院洞)院吉 (지명소 도치됨)
	두문이			斗文里	外冬北里 / 外冬南里 / 內冬北里 / 內冬南里		內東里[ㄴ둥] / 外北里[외북] / 外南里 / 內北里 / 內南里	內東里 / 斗北里 / 斗南里	杜門이, 인두문이, 斗女洞, 杜門洞, 斗北里 斗南里(기산면 내둥리, 두남리, 두북리)	(斗文>杜門) (斗冬>斗·杜) *斗冬 분동이 활발함
	신산				辛山里		辛山里 [신산]	辛山里	辛山, 內辛山, 外辛山, 辛山里(기산면)	
	역말	新谷驛-驛院條	新谷驛-郵驛條	驛里 / 新谷驛 驛院條	驛西里 / 驛東里 / 驛北里	新谷驛	驛村 [역말]		역말, 驛村, 새터금, 新谷(기산면 화산리)	(驛>驛村)
	누른절	黃寺里		黃寺里	黃寺里		黃寺里 [누운절]	黃寺里	누른절, 黃寺, 黃寺里(기산면)	
	숭정	崇井院-驛院條	崇井院-郵驛條	崇井里 / 崇貞堤-堤堰條	崇丁里	崇井山	崇井里 [숭정리]	崇禎	崇禎山, 崇禎(기산면 영모리)	(井>丁·貞>丁>禎)
	산성나머			山城里	山城里				山城나머 (기산면 영모리)	
	영모암(영암)						永慕里 [영모리]	永慕里	영모암, 永慕, 영암 永慕里(기산면)	*韓山 李氏의 墳庵인 永慕庵(牧隱影堂)에서 유래

분류	지명	新增 (1530)	輿國 (1656~1673)	輿地 (1757~1765)	戶口 (1789)	東輿·大圖·大志 (1800년대 중엽)	舊韓 (1912)	新舊 (1917)	舒川 (1988)	비고
상북면 村落地名	은적굴			隱寂里	隱寂里		隱寂里 [은적꿀]		은적굴, 隱寂 (마산면 나궁리)	
	군간이			軍看里	軍干里		軍干里 [군간믜]	軍干里	軍干이, 軍干里 (마산면)	(看>干)
	웃개멀 (개말)			上浦里	上浦里		大浦里 [디포리], 冠村里 [관촌]	冠浦里	웃개멀, 上冠村, 大浦里 (마산면 관포리)	(上>大) (上浦: 웃개의 훈자) (갯멀>冠村)?
	한팔지				八之里	八枝洞	八之里 [팔지]		한팔지, 八芝 (마산면 지산리)	(之>枝)芝
	벼오소			碧梧里	碧梧里		碧五里 [벼오소]	碧梧里	벼오소, 碧梧里 (마산면)	(梧五)梧 *鵶谷所가 있던 곳
	소아			所也里			所也里 [소아리]	所也里	所也, 所也里 (마산면)	
	갈무리				乫勿里		易勿里 [易아리]		갈무리, 葛勿 (마산면 지산리)	(乫>易)葛
	눈드리				雪月里		雪月里 [설월리]		눈드리, 雪月 (마산면 삼월리)	*雪月,半月,新月을 통합하여 三月里라 함(1974년)
	선녀굴						仙洞里 [선녀굴]		선녓굴, 仙女洞 (마산면 신현리)	
	음산말						陰山里 [음산]		음산말, 陰山村 (마산면 관포리)	
	구렛굴						九體里 [구레말]		구렛굴, 九體 (마산면 관포리)	
	모가굴						毛角里 [모가굴]		모가굴, 毛角 (마산면 관포리)	

분류		지명	新增(1530)	東國(1656~1673)	輿地(1757~1765)	戶口(1789)	東輿·大圖·大志(1800년대 중엽)	舊韓(1912)	新舊(1917)	舒川(1988)	비고
村落地名	하북면	개얌			加陽里	加陽里		嘉陽里[가양굴]	嘉陽里	갬말, 곰말, 갱얌, 加陽, 嘉陽里(마산면)	(加)>嘉·加
		허웃굴			虛門里	虛門里		虛門里[허문리]		허웃굴, 虛門이(마산면 요곡리)	
		말못굴			馬池里	馬池里		馬池里[말못굴] 馬鳴里[마명리]	馬鳴里	말못굴, 馬池, ? 마천(마산면 마명리)	*馬池와 馬鳴, 馬山과의 관련 ?
		안민			安民里	安民里		安眠里[안민]		安民里(마산면 안당리)	(民)眠·民
		필당				筆堂里		筆堂里[필당]		필당(마산면 안당리)	
		구시				仇時里		九時里[구시]		九畤(마산면 시선리)	(仇)九
		둔정굴				屯田里		屯田里(屯陳峰)[둔진굴]		? 둔정굴, 屯門洞(마산면 요곡리)	
		새장터				新場里		新場里[서장터]	▲新場里	새장터, 新場, 新場里(마산면)	*인근 촌락들의 中心地로 부상
		장아				長牙里		長牙里[장아!트리]		長牙(마산면 신장리)	
		점촌				店村里		店村里[점촌]		店村里(마산면 안당리)	
		답골						塔洞里[답골]		답골, 塔洞, 무수골. 무시절(마산면 시선리)	

분류	지명	新增 (1530)	東國 (1656~1673)	輿地 (1757~1765)	戶口 (1789)	東輿·大圖·大志 (1800년대 중엽)	舊韓 (1912)	新舊 (1917)	舒川 (1988)	비고
村落地名 하북면	서동굴						西峯里 [서봉굴]		서동굴, 樓鳳 (마산면 신봉리)	(西峯>樓鳳) *風水地名化(청원군 부용면 갈산리 봉무골과 비교)
	월명리	月明山~山川條	月明山~山川條		月明里 (하북면)	月明山	月明里 (하북면) [월명]		月明山 (마산면 벽오리)	*춘탁 지명은 소멸됨
	옷굴						堯谷里 [요굴]	堯谷里	옷굴, 堯谷, 堯谷里 (마산면)	

부록 6. 연기군(연기·전의) 지명의 변천

※ 收錄 地名數

: 222개(郡縣·鄉·所·部曲·處·面·驛院·山川 지명 – 46개, 村落 지명 – 176개)

: 郡縣지명 – 2개, 鄉·所·部曲·處지명 – 4개, 鄉·所 部曲지명 – 1개, 處지명 – 1개, 面지명 – 14개(方位面지명 – 13개, 새로운 村落面지명 – 1개), 部曲지명 – 1개, 所지명 – 1개, 驛院지명 – 7개(驛지명 – 2개, 院지명 – 4개(읍명변 포함)), 驛院지명 – 6개(驛지명 – 2개, 院지명 – 4개), 山川지명 – 20개(山·고개지명 – 16개, 河川·津·浦 지명 4개), 村落지명 – 176개

※ 引用된 文獻의 略號

: 『新增東國輿地勝覽』=『新增』, 『東國輿地志』=『東國』, 『輿地圖書』=『輿地』, 『戶口總數』=『戶口』, 《東輿圖》=《東輿》, 《大東輿地圖》
=《大圖》, 『大東地志』=『大志』, 『舊韓國地方行政區域名稱一覽』=『舊韓』, 『新舊對照朝鮮全道府郡面里洞名稱一覽』=『新舊』, 『韓國地名
總覽4(忠南篇)』=『韓國』, 『朝鮮郡面 地名由來』=『朝鮮』, 『三國史記(地理志)』=『三國』, 『高麗史(地理志)』=『高麗』, 『世宗實錄(地理志)』
=『世宗』, 『忠淸道邑誌』=『忠淸』, 『輿圖』, 『湖西邑誌(1871)』=『湖西a』, 『湖西邑誌(1895)』=『湖西b』, 『朝鮮地誌資料』=『朝
鮮』

※ (a)b): a에서 b로 지명이 변천됨. (a=b): a와 b가 같음. (a≒b): a와 b가 비슷함. (a≠b): a와 b가 다름
(?): 불확실한 기록 혹은 추정 자료. (▲, ──): 항목의 ▲는 면사무소 소재지. 밑줄은 行政里를 뜻함
[諺文]: 『舊韓』(1912년) 항목의 큰 글자로 [ ]는 『朝鮮』(1911년)에 기록된 諺文(한글) 자료임

분류	지명	新增 (1530)	東國 (1656~1673)	輿地 (1757~1765)	戶口 (1789)	東輿・大圖・大志 (1800년대 중엽)	舊韓 (1912)	新舊 (1917)	燕岐 (2007)	비고
郡縣지명	연기	燕岐縣	燕岐縣	燕岐縣	燕岐縣	燕岐縣	燕岐郡	燕岐郡	燕岐郡	*지명 영역 확대됨
	전의	全義縣	全義縣	全義縣	全義縣	全義縣	全義郡	全義面	全義面	*지명 영역 축소됨
鄕지명	전의대부	大部鄕-古跡條 大部川-山川條	大部川-山川條	上打愚里-道路條 上打愚里-道路條	大夫里 (북면)	大部川	上大夫里 (북면) 中大夫里 下大夫里		大夫, 대우, 上大夫, 中大夫, 下大夫, 四觀亭 (전의면 관정리)	(大部)打愚)大夫)대우) *지명 영역 축소됨
所지명	연기인천	薪川所-古 跡條	燕川所-古 跡條	燕川所-古跡條					종촌리(연기군 남면)	*지명 소멸됨
部曲지명	연기토흥	土興部曲- 古跡條		土興部曲-古跡條 土興里-道路條	土興里 (북일면)		東里	東里	등이, 東里, 등으산, 땅배미(조치원읍 봉산리)	(土興)東) (土)반) *東里)鳳山町(1939년)
處지명	전의 가을정	加乙井處- 고적조	葛井里(북면)- 道路條	葛井里(북면) 葛井里-道路條	葛井里 (북면)		葛井里 (북면)		가나물, 가을우물, 갈우물, 葛井(전의면 신정리)	(加乙)葛)
面지명	연기 읍내			邑內面	邑內面	邑內面	郡內面			*남면에 편입되면서 지명 소멸됨(1914년)
	전의 읍내			邑內面	縣內面		郡內面			*전의면이 신설되면서 지명 소멸됨(1914년) *청주군 덕평면과 천안군 소동면이 전의면에 편입됨(18 95년)

분류	지명	新增(1530)	東國(1656~1673)	輿地(1757~1765)	戶口(1789)	東輿·大圖·大志(1800년대 중엽)	舊韓(1912)	新舊(1917)	燕岐(2007)	비고
面지명	남 연기			南面	南面		南面	南面	南面(연기군)	*행정중심복합도시 건설부지에 편입됨(★년)
	전의			南面	南面		南面	南面		*전동면이 신설되면서 지명 소멸됨(1914년)
	연기동일			東一面	東一面	東一面	東一面	東面	東面(연기군)	(一 탈락)
	동이			東二面	東二面	東二面	東一面	東面	東面(연기군)	(二 탈락)
	북일			北一面	北一面	北一面	北一面			*북면(1914년), 조치원면 (1917년) 신설로 지명 소멸됨
	북이			北二面	北二面	北二面	北二面			*서면이 신설되면서 지명 소멸됨(1914년)
	북삼			北三面	北三面	北三面	北三面			
	전의 동			東面	東面	東面	東面	全東面	全東面(연기군)	(全 추가)
	소서			小西面	小西面	小西面	小西面			
	대서			大西面	大西面	大西面	大西面			*전의면이 신설되면서 지명 소멸됨(1914년)
	북			北面	北面	北面	北面			
	덕평									
	공주 병단 양야리			鳴灘面 陽也里面	鳴灘面 陽也里面	鳴灘面 陽也里面	鳴灘面 陽也里面			*금남면 신설과 연기군으로 편입으로 소멸됨(1914년)
驛院지명	연기금사	金沙驛	金沙驛	金沙堤堰-堤堰條 金沙里(남면) ?前堂里(남면)	金沙里(남면) ?前堂里(남면)	金沙驛	金沙里		金沙, 검세울, 검사 (남면 갈운리)	

분류	지명		新增 (1530)	東國 (1656~1673)	輿地 (1757~1765)	戶口 (1789)	東輿·大圖·大志 (1800년대 중엽)	舊韓 (1912)	新舊 (1917)	燕岐 (2007)	비고
驛院지명	천의포조		浦合驛-古跡條	浦合驛-古跡條			浦合驛-驛站條 (革罷)			?	*지명 소멸됨
	송현	연기	松峴院	松峴院	松峴院-山川條			松峴里 (북삼면)		슬티, 송티, 松峴(서면 쌍류리)	*슬티 고개를 사이로 연기현과 전의현 松峴院이 있었을 ? (峴)峙
		전의	松峴院	松峴院	松峴里(남면)-道路條	松峴里 (남면)	松峴-山水條	松峴里 (남면)		슬티, 松峴, 松峙洞 (전동면 송성리)	
	연기신원		新院	新院						?	*지명 소멸됨
	동진		東津院 東津-山川條	東津院 東津水-山川條	東津-山川條		東津 (「대도」) 東津江 (「대지」)			동나루, 東津, 동진들, 東津벌, 美湖江(동면 응호리)	
	천의고리원		高羅院 (飯院) 高羅院川-山川條	高羅院(飯院) 高羅院川-山川條						?	*지명 소멸됨
山지명	연기 성산		城山 城山城-古跡條	城山 城山城-古跡條	城山		城山	[성산]		城山, 唐山 (남면 연기리, 보통리)	
	원수산		元帥山	元帥山	元帥山	元合 (남면)	元帥山	元合里 (남면)		元帥山, 원수봉, 원생골, 元合(남면 갈운리, 전의리)	*山 지명에서 파생된 촌락 지명도 존속
	용수산		龍帥山		龍帥山					龍帥山(남면 갈운리, 연기리)	

분류	지명	新增(1530)	東國(1656~1673)	輿地(1757~1765)	戶口(1789)	東輿·大圖·大志(1800년대 중엽)	舊韓(1912)	新舊(1917)	燕岐(2007) ●	비고
山지명	정좌산	正左山	正左山			正左山			正左山, 兵馬山(전동면 송곡리)	
	오봉산	五峯山	五峯山			五峯山			五峯山, 鳳山(서면 고복리, 전동면 송곡리)	(五峯山〉鳳山里)(1939년)
	둔지산	屯智山				屯之山			? 둔더기, 둔더, 國土里(남면 수산리)	
	전월산			轉月山		轉月山			轉月山, 금달, 仇乙山(남면 양화리, 월산리)	(轉月: 금달의 훈차 음차 표기)
	대박산			大朴山 大朴山堤堰-堤堰條		大朴山	大朴里(북이면)		大朴山, 咸朴山, 大朴(서면 봉암리, 국촌리)	(大戚)
	봉황산	鳳山	甑山	鳳凰山 ? 鳳巖里(북이면)	鳳巖里(북이면)	甑山	鳳巖里(북이면)	鳳岩里(서면)	? 봉바위, 부엉바위. 鳳岩, 鳳山里(서면)	
	전의증산	甑山							?	*지명 소멸됨
	고산	高山	高山			高山			?	*지명 소멸됨
	용자산	龍子山	龍子山						?	*지명 소멸됨
	운주산	雲住山	雲住山	雲注山		雲注山			雲住山(전의면 노곡리, 전동면 청, 송리)	(住)注(주)
	금성산	金城山	金城山				金城洞(소서면)		金城山, 서성골, 金城(전동면 송성리, 전의면 달전리)	

분류	지명	新增(1530)	東國(1656~1673)	輿地(1757~1765)	戶口(1789)	東輿·大圖·大志(1800년대 중엽)	舊韓(1912)	新舊(1917)	燕岐(2007)	비고
山지명	고려산			高麗山		高麗山			高麗山(연기군 소정면 고등리)	(峴>峙)
교계지명	전의율현(동고수)	栗峴	栗峴			栗峙			밤실고개(전의면 봉암리)	*栗峴이란 표기는 소멸됨(고개 나머 현in서 성남면 봉암리에 밤실과 율실과 율리가 있음)
河川 관련지명	연기동진(동진수)	東津 東津院-驛院條	東津水 東津院-郵驛條	東津		東津(『대도』) 東津江(『동여』)	[동진강] [동진들] (東津坪)		동나루, 東津, 동진들. 東津坪, 美湖川(동면 응호리)	
	전의 고려원천	高麗院川 高麗院(驪院)-驛院條	高麗院川 高麗院(驪院)-郵驛條						?	*지명 소멸됨
	생출천	生拙川	生拙川						生拙川, 沙器所내, 小西川(전의면 금사리)	
	대부천	大部川 大部鄕-古 驛諸條	大部鄕川 大部鄕-郵驛條	上打愚里(북면)	大夫里(북면)	大部川	上大夫里(북면) 中大夫里 下大夫里		大夫川, 大夫진, 大夫, 대부(전의면 관정리)	(大部>大夫:대우)
村落지명(연기 음내면)	바위내			岩川里	磤川里		岩川里		바위내, 岩川(남면 연기리)	(岩>礒>岩)
	향굿골			校村里	校村		校村里	▲校村里	향굿골, 校村里(남면 연기리)	*校村里>濂岐里(1917년)
	중부			中部里	中部		中部里	中部里	? 中部里(남면 연기리)	*지명 소멸됨

분류		지명	新增(1530)	東國(1656~1673)	輿地(1757~1765)	戶口(1789)	東輿·大圖·大志(1800년대 중엽)	舊韓(1912)	新舊(1917)	燕岐(2007)	비고
村落 지명	연기 읍내면	북부			北部里	北部		北部里		? 北部里(남면 연기리)	*지명 소멸됨
		서부			西部里	西部		西部里		西部(남면 연기리)	
		월리						月里		月里, 갓디(남면 보통리)	
		보통						浪通里[보통이(浪通怀)]	浪通, 浪通里	浪通, 浪通里(남면)	
	남면	느랑이			訥邱里	訥邱里		訥邱里 下訥里	訥邱里	느랑이, 訥邱峙(남면)	(訥·訥·議) (旺)即)旺·浪)
		청룡			靑龍里	靑龍里		靑龍里		靑龍(남면 농웅이)	
		백정촌			白丁村里	白丁村				? 수산(남면)	*지명 소멸됨(특수 하층 신분 거주 지명 대부분 소멸 경향)
		국사동			國士洞里	國土里		國土里		國土里, 國土峰, 둔디기, 둔덕(남면 수산리)	
		운주동			雲住洞里	雲柱里	雲住山			? 위손리 은왕 근처(남면)	*지명 소멸됨 (註)柱(註)
		소학동(소아)			巢鶴洞里	巢鶴里	巢鶴洞南	所也里		巢鶴洞, 소아(남면 고정리)	(巢鶴)所也·巢鶴)
		덕골			德洞里	德洞里		德洞里		덕골, 德洞(남면 방축리)	

분류	지명	新增 (1530)	東國 (1656~1673)	輿地 (1757~1765)	戶口 (1789)	東輿·大圖·大志 (1800년대 중엽)	舊韓 (1912)	新舊 (1917)	燕岐 (2007)	비고
村落地名 / 남면	검세울	金沙驛-驛院條	金沙驛-郵驛條	金沙里 / 金沙驛-驛院條·堤堰條 / 金沙堤堰-堤堰條 / ? 館垈里	金沙里 / 館垈里?	金沙驛	金沙里 [검사꼬기] (金沙峴)		金沙, 검세울, 검사(남면 겸운리)	
	바깥세거리	淸流部曲-古跡條	淸流部曲-古蹟條	外三岐里 / 淸流部曲-古跡條	外三岐里				바깥세거리, 外三 골말, 골말, 仇乙村, 谷村(남면 양화리)	*淸流部曲이 잇던 곳
	안세거리	良化部曲-古跡條 / 良化-姓氏條	良化部曲-古蹟條	內三岐里 / 良化部曲-古跡條 / 良化山城-古跡條	內三岐里				안세거리, 內三洞(남면 양화리)	*良化部曲이 잇던 곳
	갯골			盖洞里	濟谷里		介洞里		갯골, 介洞, 霽洞(남면 월산리)	(盖)溝〉介〉(霽)
	청골			大洞里	大谷		大洞里		청골, 한골, 대동(남면 월산리)	(洞)谷(洞)
	수산				秀山里		水山里	水山里	水山, 水山里(남면)	(秀)水)
	정차골				亭子洞				정차골, 亭子洞(남면 양화리)	
	양화동	良化部曲-古跡條 / 良化-姓氏條	良化部曲-古蹟條	良化部曲-古跡條 / 良化山城-古跡條	陽化洞		陽化里	陽化里	陽化里(남면)	(良)陽)
	갈운				葛云里		葛雲里	葛雲里	葛雲, 葛雲里(남면)	(云)雲)

분류	지명	新增 (1530)	東國 (1656~1673)	輿地 (1757~1765)	戸口 (1789)	東輿·大圖·大志 (1800년대 중엽)	舊韓 (1912)	新舊 (1917)	現峴 (2007)	비고
남면	원수골	元帥山-山川條	元帥山-山川條	元帥山-山川條	元合	元帥山	元合里		원수골, 원생골, 原沙골, 元合, 元帥山(남면 갈운리)	*山지명에서 파생된 촌락지명 (元〉元·原)
	학천 (가타기)						鶴川里		鶴川, 鷄鷸, 가타기, 아래말(남면 양화리)	
	꽃재						花峴里		꽃재, 花峴(남면 월산리)	
	상촌 (개밭터)						上村里		上村, 개밭터(남면 갈운리)	
	늘은정이						高亭里	高亭里	늘은정이, 高亭, 元高亭, 高亭里(남면)	
	자지탕골						紫芝洞里		자지탕골, 잣터골, 紫芝洞(남면 갈운리)	
동일면	용산			龍山里	龍山里		龍淵里 龍湖里 龍溪里		上龍, 中龍, 下龍, 龍湖里(동면)	(山)湖
	합강			合江里	合江里		合江里	合江里	合江, 合江里(동면)	
	대산			台山里	內台里 外台里		內臺里		內台, 外臺, 外臺(동면 명학리)	(台)台·臺·秦
	가마골			釜洞里	釜洞里		釜洞里		가마골, 釜洞, 山水(동면 응암리)	
	칠미			葛山里	葛山里		葛山里	葛山里	칠미, 칡산, 葛山, 지구레, 葛山里(청원군 부용면)	*충북 청원군 부용면으로 편입됨, 葛山里(청원군 부용면)(1995년)

村落地名

분류		지명	新增 (1530)	東國 (1656~1673)	輿地 (1757~1765)	戶口 (1789)	東輿·大圖·大志 (1800년대 중엽)	舊韓 (1912)	新舊 (1917)	燕岐(2007)	비고
村落지명	동일면	백정촌			白丁村	白丁村				? 동면(동일면)	*지명 소멸됨
		명학			鳴鶴里	鳴鶴里		鳴鶴里	鳴鶴	鳴鶴, 원명학, 아붕골, 鳴鶴里(동면)	
		생골				生芝里		生芝里		생골, 생지울, 生芝 (동면 합강리)	
		용당			龍塘里	龍塘里	龍塘	龍塘里		龍塘(동면 명학리)	
		진고개						泥峴里		진고개, 泥峴(동면 용호리)	
		쇠골						沼地里		쇠골, 소지울, 沼地 (동면 합강리)	
		매바위						鷹岩里	鷹岩里	매바위, 鷹岩, 鷹岩里(동면)	
		붐무골 (봉무동)						鳳舞洞里		붐무골, 鳳舞洞(청원군 부용면 갈산리)	
	동이면	문주			問舟里	問舟里		文舟里	文舟里	門舟, 文舟里(동면)	(同)文·門
		나디리			板橋里 板橋堤堰-堤堰 條	上板橋里 內板橋里 外板橋里		上板里 內板里 外板里	▲內板里	나디리, 위나디리, 안나 디리, 바깥나디리, 板橋, 上板, 內板, 外板(동면 내판리)	*촌락 분동이 활발함
		소골			內松洞里	上松里 內松里 松山洞里 外松洞里		上松里 松里 松潭里 松山里 外松里		소골, 송산(동면 송용리)	*촌락 분동이 활발함

분류	지명	新增(1530)	東國(1656~1673)	輿地(1757~1765)	戸口(1789)	東輿·大圖·大志(1800년대 중엽)	舊韓(1912)	新舊(1917)	燕岐(2007)	비고
동이면	노루미			獐山里	老山		老山里		노루미, 노리미, 獐山, 老山(동면 노송리)	(獐>老) (獐: 노루의 훈차) (老: 노루~노리의 음차)
	양골(양곡)			養仁洞里	養仁洞	養仁洞	養仁洞里 仁洞里	禮養里	양골, 養仁, 禮養(동면 예양리)	(養仁>禮養)
	미꾸지(미호)					彌串			미꾸지, 美湖, 美湖川(동면 예양리)	
	노곡				老谷里		老谷里		老谷(동면 응암리)	
	송담						松潭里		松潭, 마근담(동면 노송리)	
북일면 村落地名	죽림(죽내)			竹內里 竹林里	竹林里		竹內里	竹內里	竹林, 죽어, 竹內, 竹林里(조치원읍)	(竹林과 竹內과 티쓰임) *竹內里>조치원읍 竹林町(1939년)
	방아미			砧山里 砧山埋墵·埋墵條	砧松里		砧山里[침산장(砧山市)]	▲鳥致院里(북면)	방아미, 砧山, 砧山里(조치원읍)	*砧山里>鳥致院里(1914년)>砧山洞(1947년) 下町(1940년)>砧山洞(1947년)
	살골			薪洞里	薪洞里		薪洞里	薪洞里	살골, 섬골, 薪洞(조치원읍 신안리)	*薪洞里>新安町(1917년)>新安洞(1947년)
	옥골			土沃洞里			玉洞里		옥골, 土玉洞, 玉洞(조치원읍 신안리)	(沃>玉)
	등이(토흥)	土興部曲-古跡條		土興里 土興部曲-古跡條	土興里		東里	東里	등이, 東里, 등이산, 吐興山(조치원읍 봉산리)	(土興>東) (土>吐) *東里>조치원읍 鳳山町(1939년)>鳳山洞(1947년)

분류	지명	新增(1530)	束國(1656~1673)	輿地(1757~1765)	戶口(1789)	束輿·大圖·大志(1800년대 중엽)	舊韓(1912)	新舊(1917)	燕岐(2007)	비고
북일면	번암			礌岩里	礌巖里		礌巖里	礌岩里	礌岩, 礌岩里(조치원읍)	
	백관				? 百官里		百官里	烏致院里	百官(조치원읍 신흥리)	
	내창				內倉里		內倉里	內倉里	內倉(조치원읍 서창리)	*內倉里>瑞倉町(1917년)>瑞倉町(1947년)
	새터						新垈里	烏致院里	새터, 新垈(조치원읍 신창리)	*新垈里>烏致院町(1914년)>조치원읍 新興町(1940)>新興洞(1947년)
	띠재골			? 学峙堤堰·堤堰條			学村里		띠재골, 学村(조치원읍 봉산리)	
북이면	월동			月河洞里	月河洞		月下里		月洞, 月下, 月河洞(서면)	(河)河·下)
	돔옥골			斗王洞里	斗王洞				돔옥골, 斗王(서면 월하리)	
	진성말			錢城里	錢城里				錢城말(서면 쌍전리)	
	성재(성재골)			性齋洞里	性齋里		性齋里	性齋里(북면)	성재, 성재골, 도맥, 性齋(서면)	(齋>齊)
	고신골			高山洞里	高山里		東高里/西高里		고신골, 高山洞(서면 고복리)	
	복골			福洞里	福洞里/下福洞		上福里/下福里		복골, 위복골, 아래복골, 上福/下福(서면 고복리)	

村落地名

분류	지명	新增 (1530)	東國 (1656~1673)	鳳地 (1757~1765)	戶口 (1789)	東輿·大圖·大志 (1800년대 중엽)	舊韓 (1912)	新舊 (1917)	燕岐 (2007)	비고
村落地名 북이면	쌍괴				雙槐亭		雙槐里		雙槐, 창고개, 倉峴 (서면 쌍전리)	(亭 탈락)
	전당곡				錢塘里		錢塘里		전당골, 錢塘(서면 쌍전리)	*중국 절강성 杭州의 옛 이름인 錢塘에서 유래
	독곡						獨洞里		독골, 獨洞(서면 국촌리)	
	부곡 (부쇠골)						富谷里		富谷, 부쇠골(서면 월하리)	
	전동						典洞里		典洞, 새터말, 작은창고개 (서면 월하리)	
	과성 (세암)						寞城里 鳳村里		寞城, 새말, 新里, 巢流, 봉촌리(서면 성제리)	
	봉바위			鳳巖里(북이면)? 鳳凰山-山川條	鳳巖里		鳳巖里	▲鳳岩里	봉바위, 부엉바위, 鳳岩, 鳳岩里里(서면)	(巖>岩)
	함박산			大朴山-山川條 大朴山堤堰-堤堰條		大朴山	大朴里		大朴, 大朴山, 咸朴山 (서면 국촌리)	(大>大·咸)
북삼면	생천			生泉里	生泉里		生川里		生川, 生天(서면 쌍류리)	(泉>川·天)
	쌍류			雙流洞里	雙流里		雙流洞里	雙流里	雙流(서면 쌍류리)	(洞 탈락)
	솔치	松峴院-驛院條	松峴院-郵驛條	松峴嶺-山川條			松峴里 [솔티고개] (松峴) [솔티주막 (松峴店)]		솔티, 솔峙, 松峴(서면 쌍류리)	

분류		지명	新增(1530)	東國(1656~1673)	輿地(1757~1765)	戶口(1789)	東輿·大圖·大志(1800년대 중엽)	舊韓(1912)	新舊(1917)	嶧岐(2007)	비고
村落地名	북삼면	헌터(당복)			蕙坐里			望北里		헌터, 獻터, 망복, 음지 터(서면 청라리)	(蕙坐〉望北) (憲〉蕙)
		사방말			合房洞里	合方里				사방말(서면 교복리)	
		청라			青羅田里	青羅里		青羅里	青羅里	青羅, 나팔터, 青羅里(서면)	(田 덥석) (羅〉蘿〉羅) *羅가 蘿로 바뀐 시기는?
		자롱			白龍山里	白龍里		白龍里		白龍(서면 기룡리)	(山 덥석)
		신림			新林里	新林		新林里		新林(서면 기룡리)	
		숙골			利同里	利同里		禾洞里		숙골, 禾洞(서면 신대리)	(和〉禾)
		두루봉			圓峯里	圓峯				두루봉, 원봉(서면 성제리)	
		산덕			山德洞里	? 德山洞	山水洞	山德里		山德, 산수골, 山水洞(서면 부동리)	
		변엄터			礪巖里	礪巖		礪巖里		변엄터, 礪巖(서면 외춘리)	
		밤나뭇골			栗村里	栗村里				밤나뭇골, 栗村(서면 위춘리)	
		성당자리			聖堂寺					聖堂, 성당자리(서면 쌍유리)	
		새터말						新坐里	新坐里	새터말, 新坐里(서면)	
		실구정이			杏亭里			杏花里		실구정이, 杏亭(서면 신대리)	(亭〉花)
		우덕				友德里		友德里		友德, 불당골(서면 신대리)	
		용바위			龍巖里	龍巖里		龍岩里	龍岩里	龍岩, 龍岩里(서면)	(巖〉岩)

분류		지명	新增 (1530)	東國 (1656~1673)	輿地 (1757~1765)	戶口 (1789)	東奧·大圖·大志 (1800년대 중엽)	舊韓 (1912)	新舊 (1917)	燕岐 (2007)	비고
村落地名	北三面	방죽안			防築洞里	防築洞				방죽안: 防築洞(서면 부등리)	
		오룡골			五龍洞里	五龍洞		五龍里		오룡골: 五龍洞(서면 부둥리)	
		마룡			馬龍里 下馬龍里	馬龍里				?효교, 망룡, 막은골 부근(서면 기룡리)	*馬龍(洞)孝橋(영조 49년 1773)
		효교				孝橋		孝橋里		효교, 망룡, 막은골 (서면 기룡리)	*孝子 洪廷慶 의 五世入孝에 대한 孝橋碑가 있으며, 조선 영조가 馬龍洞이라는 마을 이름을 孝橋로 고침 [英祖 49년 癸巳(1773)]
		뙁바위				致巖				뙁바위: 雉岩(서면 부둥리)	
		은암			隱巖里	隱巖里		隱岩里		隱巖(서면 와촌리)	(巖)岩
		은골						隱洞里		은골: 隱洞(서면 기룡리)	
		지아말						瓦村里		지아말, 瓦村, 瓦村里(서면)	
		효방동						孝防里		孝芳洞(서면 와촌리)	(防)芳
	鳥致院面	조치원						砧山里 (북일면) 新垈里 百官里 內倉里 場垈里 (청주군 西江外一下面) 平里	▲鳥致院里	鳥致院里	鳥致院邑(연기군)	*烏川·鵲川·雀川), 烏川院)崔致院(1895~1905) ? *鳥致院驛 개설(1905.1.1)〉조치원 북면 조치원리(1914년)〈조치원면 신설(1917년)〉조치원읍 승격(1931년)

분류	지명	新增 (1530)	東國 (1656~1673)	輿地 (1757~1765)	戶口 (1789)	東輿·大圖·大志 (1800년대 중엽)	舊韓 (1912)	新舊 (1917)	燕岐 (2007)	비고
村落地名 / 조치원면	김아정							鳥致院里	校里(조치원읍)	*鳥致院里(1914년)>조치원읍 吉野町(1940년)>교동(학교 일 집지역)(1947년)>교리(1988년)
	적송정							鳥致院里	南里(조치원읍)	*鳥致院里(1914년)>조치원읍 赤松町(1940년)>남주(조치원읍의 남주(1947년)>남리(1988년)
	옥정							鳥致院里	明里(조치원읍)	*鳥致院里(1914년)>조치원읍 旭町(1940년)>명동(일정소 위치)(1947년)>명리(1988년)
	본정 일정목							鳥致院里	上里(조치원읍)	*鳥致院里(1914년)>조치원읍 本町一丁目(1940년)>상동(1947년)>상리(1988년)
	본정 이정목							鳥致院里	元里(조치원읍)	*鳥致院里(1914년)>조치원읍 本町二丁目(1940년)>원동(1947년)>원리(1988년)
	신흥정					新垈里 (북일면)/ 百眭里		鳥致院里	新興里(조치원읍)	*鳥致院里(1914년)>조치원읍 新興町(새롭게 일어나는 곳)(1940년)>신흥동(1947년)>신흥리(1988년)
	영정							鳥致院里	貞里(조치원읍)	*鳥致院里(1914년)>조치원읍 영정(1940년)>정동(1947년)>정리(1988년)

분류	지명	新增 (1530)	東國 (1656~1673)	輿地 (1757~1765)	戶口 (1789)	東輿·大圖·大志 (1800년대 중엽)	舊韓 (1912)	新舊 (1917)	秉峽 (2007)	비고
조치원면	궁하정						砧山里	鳥致院里	砧山里 (조치원읍)	*砧山里>鳥致院里(1914년)>조치원읍 宮下町(1940년)>砧山洞(1947년)>砧山里(1988년)
	소하정						場垈里 (청주군 西江外一下面) 平里	鳥致院里	平里 (조치원읍)	*西江外一下面 場垈里·平里 조치원리(1914년)>조치원읍 昭和町(일본 年號(1940년))>평동(1947년)>평리(1988년)
전의 읍내면 (현전의면) 村落地名	서부			西部里	西部里		西部里		西部 (전의면 읍내리)	
	북부			北部里	北部里		北部里 下北部里		北部 (전의면 읍내리)	
	동부			東部里	東部里		東部里		東部 (전의면 읍내리)	
	남부			南部里	南部里		南部里		南部 (전의면 읍내리)	
	뒤고개						德峴里		뒤고개, 德峴 (전의면 읍내리)	
	산직말						上山直里 中山直里		신직말·상교동 (전의면 동교리)	*현재 지명이 소멸됐는지 現 地踏查 필요함
	생골						舊校洞		생골, 舊校洞 (전의면 동교리)	*鄕校골>생골

分類	地名	新增(1530)	東國(1656~1673)	輿地(1757~1765)	戶口(1789)	東奧·大圖·大志(1800년대 중엽)	舊韓(1912)	新舊(1917)	燕岐(2007)	비고
里洞名	수구동			水口洞里-道路條	水口洞里		水口洞		水口洞, 무수골, 피수골, 피수구동(전동면 미곡리)	
	대재			大峙里, 大峙里-道路條	大峙里	大峙	大峙里		대재, 대치, 대치(전동면 청송리)	
	갈거리(노장)			上芦長里	蘆長里		上蘆長里, 中蘆長里, 下蘆長里	蘆長里	갈거리, 上蘆長(汀)·中蘆長, 下蘆長(전동면 갈거리), 葛巨里(전동면 심중리)	(芦蘆)(長)長(汀)(蘆長(汀): 갈거리의 훈음) 중요 음자(葛巨里: 갈거리의 음자)
	서봉동(서방골)	西房里-土産條(鐵)	西房里-土産條(鐵)	西方洞里	西芳洞里		西方洞		樓鳳洞, 서방골, 西方골(전동면 봉대리)	(西)西(房·樓)(房)方(方)*風水 地名化
村落地名	미룩당이			彌力堂里-道路條					彌勒堂이, 미럭당이, 美堂(전동면 미곡리)	(彌勒堂>彌力堂>美堂)
	조읍말						紙谷里	紙谷里	조읍말, 紙谷, 製紙谷(전동면 미곡리)	(紙: 조읍~죠읍의 훈자)
	배미(이미)						外排一里, 內排一里		배미, 梨逃, 內排一, 이대배미-(전동면 청송리)	
	고삿재						古所峙里		고삿재, 고싯재, 古所峙(전동면 봉대리)	
	들꽃이(선돌배기)						上石谷里, 中石谷里, 下石谷里	石谷里	들꽃이, 선돌배기, 石谷, 石谷里(전동면)	
	도청이						都靑里		도청이, 都靑(전동면 청송리)	
	배나뭇골						梨木洞		배나뭇골, 梨木洞(전동면 노장리)	

분류	지명	新增 (1530)	東國 (1656~1673)	輿地 (1757~1765)	戶口 (1789)	東奧·大圖·大志 (1800년대 중엽)	舊韓 (1912)	新舊 (1917)	燕岐 (2007)	비고
村落地名 / 南面	붓들			寶坪里			寶坪里		붓들, 寶坪(전동면 보덕리)	
	소골 (송곡)			上松洞里	松谷里		上松洞 上中松洞 大中松洞 中松洞 下松洞	松亭里 松谷里	소골, 松谷, 上洞勤(전동면 송곡리, 송곡리)	*송터 分洞이 활발함 *洞과 谷이 터쓰임 *松亭里(상송동·상중송동,대 중송동) *松谷里(중송동,하송동)
	쪽개			藍浦里	藍浦里		上藍浦里 下藍浦里		쪽개, 조개, 藍浦 (전동면 청람리)	
	슬티	松峴院-驛 院條	松峴院-郵驛 條	松峴里 松峴里-道路條	松峴里	松峴-山水條	松峙里	松峙里	슬티, 松峙, 松峙洞 (전동면 송성리)	(峴)峙
	오아꼬지						陶山里		오아꼬지, 옛고지, 陶山(전의면 신방리)?	(陶: 오아의 훈자 혹은 훈음자)?
	쳇멀						城谷里		쳇말, 城谷(전동면 송성리)	
	무드리 (수회)			水回里-道路條			上水回里 下水回里		무드리, 무도리, 水回 (전동면 송성리)	
	구리금						銅谷里		구리금, 銅谷(전동면 송정리)	(銅: 구리의 훈자 혹은 훈음자)
	사장굴						沙場里		사장굴, 沙場洞, 沙場里(전동면 송정리)	
	쳥미						青山里		쳥미, 青山(전동면 청람리)	

분류	지명	新增(1530)	東國(1656~1673)	輿地(1757~1765)	戶口(1789)	東輿·大圖·大志(1800년대 중엽)	舊韓(1912)	新舊(1917)	燕岐(2007)	비고
村落地名 (자연마을, 촌락지명)	돈대			頓地里 頓地里-道路條	頓地里		頓地里		돈대, 돈디, 頓地 (전의면 신방리)	
	사기소			沙器所里 沙器所里-道路條	沙器所里		上沙器所里 下沙器所里		沙器所(전의면 금사리)	
	마느실			萬老谷里			上晚谷里 下晚谷里		마느실, 말위실, 馬上谷, 晚谷(전의면 영당리)	(萬老.晚: 마느의 음차)(馬上: 말위의 훈차 혹은 훈차 음차)(萬老.晚: 馬上)
	양지말			陽地里 陽地里-道路條	陽地里		陽支里		양지말, 陽地村 (전의면 양곡리)	(地〉地)
	말미				馬山里		馬山里		말미, 馬山(전의면 영당리)	
	압실				鴨谷里		鴨谷里		압실, 압실, 鴨谷 (전의면 양곡리)	
	가느실						上細谷里 下細谷里		가느실, 細谷, 細洞, 上細谷, 下細谷, 붓두미 (전의면 양곡리)	
	다락골 (다락동)						多樂洞		다락골, 多樂洞 (전의면 다양리)	(多樂: 달밭~다락의 음차)
	다락골 (답전)						上達田里 下達田里		다락골, 답전, 上達田, 下達田, 達田里(전의면)	(達田: 달밭의 음차+훈차)
	부거실						富居谷里		부거실, 부계실, 富居谷	

분류		지명	新增 (1530)	東國 (1656~1673)	輿地 (1757~1765)	戶口 (1789)	東輿·大圖·大志 (1800년대 중엽)	舊韓 (1912)	新舊 (1917)	燕岐 (2007)	비고
소서면		방잇골						陽芳耳洞 陰芳耳洞		양달말, 陽芳, 음달말. 陰芳, 陰房耳洞(전의면 신방리)	(芳·房)
		신얌골						莘岩里		신암골, 莘岩(전의면 신방리)	
		쇠성골	金城山-山川條	金城山-山川條				金城洞		쇠성골, 金城山 (전의면 달전리)	
대서면		생송			生松里	生松里		生松里		생송, 生松(전의면 신중리)	
		신음			山陰里			山陰里		山陰, 평전말(전의면 서정리)	
		내서				川西里		川西里		내서, 川西(전의면 서정리)	
		노루목						獐項里		노루목, 獐項(전의면 원성리)	
		삼성당						三省里		三省堂(전의면 원성리)	
		사스리						土沙里		사스리, 沙土, 沙土(전의면 신중리)	*地名素 倒置 됨(土沙〉沙土)
		양안						良安里		良安(전의면 유천리)	
村落地名		다우내			多五川-道路條			多雲川里		다우내, 다오내, 多雲川(전의면 유천리)	(五雲)
		느내						於川里		느내, 於川(전의면 유천리)	[於: 느~늘의 훈음 차이[늘 이(『新增類合』(1567), 石峰 千字文』(1583)]

분류		지명	新增 (1530)	東國 (1656~1673)	輿地 (1757~1765)	戶口 (1789)	東輿·大圖·大志 (1800년대 중엽)	舊韓 (1912)	新舊 (1917)	燕岐 (2007)	비고
대서면	村落 지명	오닷골			五柳洞-道路條			內五柳洞 外五柳洞		오닷골, 五柳洞, 안오닷골, 바깥오닷골(전의면 유천리)	
북면		관정골						觀亭洞		觀亭골, 강정골, 감싱, 강싱(전의면 서정리)	
		대우 (대부)	大部鄕-古跡條 大部川-山川條	大部川-山川條	上打愚里 上打愚里-道路條	大夫里	大部川	上大夫里 中大夫里 下大夫里		大夫, 대우, 上大夫, 中大夫, 下大夫, 四觀亭(전의면 관정리)	(大部〉打愚)大夫·대우
		가나골	加乙井慶-고적조		葛井里 葛井里-道路條	葛井里		葛井里		가나골, 가을우물, 감싱, 葛井(전의면 신정리)	(加乙〉葛)
		거리실			反老合里	居光合里		上老合里 中老合里 下老合里	老谷里	거리실, 가리실, 감싱, 老谷, 葛井(전의면 신정리)	
		고등이				高登里		高登里	高登里	高登이, 모은골, 高登里	
		신대 (종성골)				新垈里		新垈里		新垈, 종성골, 鍾聲洞(전의면 신정리)	
		한우물						寒井里		한우물, 寒井里(전의면 신정리)	
		음달말						陰閑谷里		음달말, 陰閑谷(전의면 신정리)	
		양달말						陽閑谷里		양달말, 陽閑谷(전의면 신정리)	

분류		지명	新增 (1530)	輿國 (1656~1673)	輿地 (1757~1765)	戶口 (1789)	東輿·大圖·大志 (1800년대 중엽)	舊韓 (1912)	新舊 (1917)	燕岐 (2007)	비고
村落地名	북면	세거리						三岐里		세거리, 시거리, 三岐 (소정면 고등리)	
		아야목						我也目里		我也目 (소정면 고등리)	
		역말						驛里		역말, 驛里, 김계역말, 진계역말 (소정면 대곡리)	*천안군 소동면에서 편입됨 (1895년)
		느릿골						楡洞		느릿골, 楡洞 (전의면 군정리)	
	덕평면	남바위						廣岩里		남바위, 너바위, 廣岩 (소정면 소정리)	*淸州牧 越境地 덕평면 에서 편입됨 (1895년)
		웃골						蓼谷里		웃골, 蓼谷, 要谷 (소정면 소정리)	(蓼〉要·要)
		불당골						富合里		불당골, 佛堂谷, 富合里 (소정면 운당리)	

부록 7. 청양군(정산) 지명의 변천

※ 收錄 地名數
: 145개 (郡縣・鄕・所・部曲・面・驛院 지명 - 30개, 村落 지명 - 115개)
: 郡縣 지명 - 1개, 鄕・所・部曲 지명 - 0개, 面 지명 - 9개(方位面지명 - 1개, 새로운 村落面지명 - 8개), 驛院 지명 - 5개(驛 지명 - 1개, 院 지명 - 4개).
山川지명-15개(山・고개지명-12개, 河川・津・浦 지명-3개), 村落지명-115개

※ 引用된 文獻의 略號
: 『新增東國輿地勝覽』=『新增』, 『東國輿地志』=『東國』, 《海東地圖》=《海東》, 『戶口總數』=『戶口』, 《東輿圖》=《東輿》, 《大東輿地》=《大東輿地圖》=《大圖》, 『大東地志』=『大志』, 『舊韓國地方行政區域名稱一覽』=『舊韓』, 『新舊對照朝鮮全道府郡面里洞名稱一覽』=『新舊』, 『韓國地名總覽4(忠南篇)』=『韓國』, 『靑陽郡誌(地理志)』=『靑陽』, 『三國史記(地理志)』=『三國』, 『高麗史(地理志)』=『高麗』, 『世宗實錄(地理志)』=『世宗』, 『忠淸道邑誌』=『忠淸』, 『輿圖備志』=『輿圖』, 『湖西邑誌(1871)』=『湖西a』, 『湖西邑誌(1895)』=『湖西b』, 『朝鮮地誌資料』=『朝鮮』

(a>b): a에서 b로 지명이 변천됨. (a=b): a와 b가 같음. (a≒b): a와 b가 비슷함. (a≠b): a와 b가 다름.
(?): 불확실한 기록 혹은 추정 자료. (▲——): 항목이 『新舊』(1917년) 항목의 ▲는 면사무소 소재지. 邑은 行政里를 뜻함
[諺文]: 『朝鮮』(1911년)에 기록된 諺文(한글) 자료임

※ : 볼화-실한 기록 혹은 추정 자료, (▲——): 『舊韓』(1912년) 항목의 큰 글호로 끝됨

분류	지명	新增 (1530)	東國 (1656~1673)	戶口 (1789)	忠淸 (1835~1849)	東輿·大圖·大志 (1800년대 중엽)	舊韓 (1912)	新舊 (1917)	靑陽 (2005)	비고
郡縣지명	정산 (정산)	定山縣	定山縣	定山縣	定山縣	定山縣	定山郡	定山面	定山面 (청양군)	*지명 영위 축소됨
面지명	읍내 (읍내)			邑內面 邑場·場市條	縣內面		邑內面			(邑>縣>읍) *지명 소멸(1914년) 현재 邑內場으로 불림
	대박곡 (대)			大朴谷面 *《海東》 (18세기중반)	大朴谷面	大朴谷面	大面 大朴里	大朴里 (정산면)	한박실, 大朴里(정산면)	*지명 영위 축소됨
	목동 (목)			木洞面 *木洞面 [《海東》]	木洞面	木洞面	木面	木面	木(청양군)	*목면 池谷里 못골>木洞 (못~목이 음사)(면지명) (木洞面>木面
	청소			靑所面 靑所里 *靑所面 [《海東》]	靑所面	靑所面	靑所面 靑所里	靑場面 靑所里	청소음, 靑所里, 靑南面(청양군)	(所>場)南 *지명 영위 축소됨
	잉화달 (잉)			仍火達面 仍火達面 [《海東》]	仍火達面	仍火達面	仍面		나분들, 금두실, 웃너비탈 (정산면 덕성리) 仍火達面∥(정산면 청남면)	(仍火: 내>너비~너벌의 차+중음사 표기) *아래너비탈(孔火里) *所火面[《朝鮮地圖》] (18세기 후반)
	장촌 (장)			場村面 上場里 *場村面 [《海東》]	場村面	場村面	場面 上場里	靑場面 上場里	상장굴, 上場里(청남면)	*지명 영위 축소됨

분류	지명	新增 (1530)	東國 (1656~1673)	戶口 (1789)	忠淸 (1835~1849)	輿·大圖·大志 (1800년대 중엽)	舊韓 (1912)	新舊 (1917)	南陽 (2005)	비고
面지명	피현 (피아) (관)			皮兒面,皮里 *皮峴面 [《海東》]	皮峴面	皮峴面	冠面 冠峴里	冠峴里 (적곡면)	갓고개, 元冠峴, 冠峴里 (장평면)	(皮峴〉皮兒)冠〉冠峴〉冠峴 *지명 영의 축소됨
	적구 (적) (장명)			赤谷面 赤谷里 *赤谷面 [《海東》]	赤谷面	赤谷面	赤面 赤谷里	赤谷面 赤谷里	절곡, 赤谷里, 長坪面 (청양군)	*적곡면〉장평면(1987년 1월): 뺄‘장이을을 연양시린다는 이유로 改定됨 *長坪里 신설됨(2009년 8월)
	백곡	白谷里 -古蹟條	白谷里 -古蹟條	白谷面 白谷里 *白谷面 [《海東》]	白谷 -古蹟條	白谷面	白谷里 (읍내면)	白谷里 (청산면)	백실, 밝실, 백곡, 元白谷, 白谷里 (청산면)	*지명 영의 축소됨
驛院지명	유양	楡楊驛	楡楊驛	驛里 (백곡면) 楡楊驛 [《海東》] [18세기중반]	楡楊驛	楡楊驛	驛村 (읍내면)	驛村里 (청산면)	역말, 驛村里 (청산면)	*前部 지명소(楡楊)는 소멸됨
	미륵 (미당)	彌勒院	彌勒院	彌堂里 (청소면)	彌堂院 彌勒堂場-場 市條		美堂里 (적면)	美堂里 (적곡면)	미륵당, 미륵당이, 미당, 美堂里 (장평면)	(彌勒〉彌)美
	장수	長壽院	長壽院		長壽院				長壽坪, 長水坪 (장평면 구룡리)	(壽〉壽·水)
	수덕	修德院	修德院		修德院		德洞 (읍면)	新德里 (청산면)	德洞, 新德里 (청산면)	(修德〉德)

분류	지명	新增 (1530)	東國 (1656~1673)	戶口 (1789)	忠淸 (1835~1849)	東輿·大圖·大志 (1800년대 중엽)	舊韓 (1912)	新舊 (1917)	靑陽 (2005)	비고
山지명	대치	大峴-山川條	大峴-山川川條		大峙院·幷今無 (미득, 정수, 수딕, 대치) 大峴-山川條		大峙里 (읍면)		한티, 정산한티, 大峙 (정산면 마치리)	
	개봉산	鷄鳳山	鷄鳳山	*鷄峰寺 [《海東》] (18세기중반)	鷄峯 鷄鳳山城 -古蹟條	雞鳳山	鷄峯里 (목면)		鷄鳳山 (정산면, 목면) 鷄鳳 (목면 본의리)	(鷄〉雞〉鷄) *鳳과 峯이 터쓰임
	칠갑산	七甲山	七甲山	*七甲山 [《海東》]	七甲山	七甲山			七甲山 (정산면-장평면-대치리)	
	광생산	光生山	光生山				光生里 (읍면)	光生里 (정산면)	光生山, 광생이, 光生里 (정산면-장평면-광생리)	
	대박곡산	大朴谷山	大朴谷山	大朴谷面	大朴谷山 大朴谷面 -坊里條	大朴谷	大面 大朴里	大朴里 (정산면)	한박산, 大朴谷山, 鼎山, 한박실, 大朴山 (정산면)	
	오동산			*梧桐山 [《海東》]	梧桐山	梧桐山			梧桐山 (정산면)	
	사인봉			*舍人峯 [《海東》]	舍人峯				舍人峯, 새임봉 (정산면 마치리)	*읍티 북쪽에 위치함
	앵봉			*鸎峯山 [《海東》]	鶯峯		鸎峯里 (목면)		꾀꼬리봉, 鶯峯, 鸎峯山, 致城山 (목면 청남리)	(鸎〉鶯)
고개지명	송현	松峴	松峴	松峴里 (대박곡면) *松峴 [《海東》]	松峴	松峴	上松里, 下松里 (대면)	松鶴里 (정산면)	솔치고개, 솔티, 松峴 (정산면 송학리)	(峴〉峙)

분류	지명	新增 (1530)	東國 (1656~1673)	戶口 (1789)	忠淸 (1835~1849)	東輿·大圖·大志 (1800년대 중엽)	舊韓 (1912)	新舊 (1917)	靑陽 (2005)	비고
고개지명	호고개현	孤古介峴	狐峴				[여호고기 (狐嶺)]		여우고개, 여호고개, 狐峴 (목면 송암리)	(古介>嶺>峴)
	장항현	獐項峴	獐項峴	*獐項峙 [《海東》]		獐項峙			노루목고개, 獐項峴 (정산면 용두리)	(峴>峙>峴)
	직현	直峴	直峴	直峙里 (청소면)			內直里, 外直里 (청소면) [고듬틔고기 (直峙)]	內直里 (청상면)	고듬티, 직티, 直峙 (청남면 내직리)	(峴>峙)
	대현	大峴	大峴		大峙院 大峙院~驛院條		大峙里 (일면) [흔틔직]		한티, 정산한티, 대티, 大峙 (정산면)	(峴>峙)
河川 관련지명	금강천	金剛川	金剛川		金剛川	金剛川	[가거니]		금강내, 금경이, 金剛川 (정남면 관현리, 부여군 은산면 금공리)	*가거내, 가거내, 之川, 鵲川, 靑陽川과 동일한 하천을 지칭함
	왕지진	王之津	王之津 (錦江 細註)	旺津里 (청소면) *汪津 [《海東》 18세기중반]	汪津	王之津	旺津里 (청소면) [왕진나루 (旺津)]	汪津里 (청소면)	汪津나루, 汪津里 (청남면)	(王之>汪>汪>王之) 旺>汪
	금강	錦江	錦江						錦江 (청양군 목면, 청남면 경유)	

분류		지명	新增 (1530)	東國 (1656~1673)	戶口 (1789)	忠淸 (1835~1849)	東輿·大圖·大志 (1800년대 중엽)	舊韓 (1912)	新舊 (1917)	菁陽 (2005)	비고
읍내면(현내면)(백곡면)	村落地名	옥거리 (옥터)			玉巨里	線野橋-橋梁條		玉巨里		玉巨里, 獄터, 綠野 (정산면 서정리)	(獄:玉·獄) *누엇틈 = 옥읻틈
		서정자						西亭里	▲西亭里	西亭子, 서정자, 西亭里 (정산면)	
		향교말			校洞里			校村		鄕校말, 校村 (정산면 서정리)	
		과디 (구아대)						舊衙垈里		과디, 舊衙垈 (정산면 서정리)	
		용머리						龍頭里 [노루목이] (龍斗峴)	龍頭里	용머리, 龍頭里 (정산면)	
		물안이 (수춘)	水閼里- 土産條 (鐵) ?	水閼里- 土産條 ?				水村 [무란이]		물안이, 水村 (정산면 서정리)	
		숙티						艾峙里 [쑥틱]		쑥티, 예티 (정산면 역촌리)	
		어덕말						長坡里 [어더말] (常心里)		어덕말, 어덕팡, 長坡 (정산면 역촌리)	
		별담 (별음)						上坪里 [위별담] 下坪里 [아딕별담]		별담, 윗별담, 아랫별담, 上坪(정산면 역촌리), 下坪(정산면 역촌리)	

분류	지명	新增 (1530)	東國 (1656~1673)	戶口 (1789)	忠淸 (1835~1849)	東興·大圖·大志 (1800년대 중엽)	舊韓 (1912)	新舊 (1917)	靑陽 (2005)	비고
청소면 村落地名	역말	楡楊驛-驛院條	楡楊驛-郵驛條	驛里 (배구면)	楡楊驛-驛院條	楡楊	驛村 (읍내면) [역말]	驛村里 (정산면)	역말, 驛村里 (정산면)	*前部 지명소(楡楊)는 소멸됨
	배실	白谷里 -古跡條	白谷里 -古跡條	白谷面 白谷里	白谷 -古跡條	白合	白合里 [박실]	白合里	배실, 박실, 백곡, 元白谷, 白合里 (정산면)	
	통미						通山里 [통뫼]		통뫼, 통메, 通山 (정산면 역촌리)	
	미륵당 (미당)	彌勒院- 驛院條	彌勒院- 郵驛條	彌堂里	彌堂院-驛院條 彌勒堂場-場 市條		美堂里 (적곡면) [미당당이]	美堂里 (적곡면)	미륵당, 미륵댕이, 미당, 美堂里 (장평면)	(彌勒)彌)美
	고듬티	直峴-山 川條	直峴-山川 條	直峙里			內直里 [안고듬티] 外直里 [밧고듬티]	內直里 (청장면)	고듬티, 직티, 直峙 內直里 (청남면)	
	노루목 (외동)			獐項里			獐項 [외동]		노루목, 獐項里, 外洞 (청남면 동강리)	
	청소골			靑所面 靑所里	靑所面	靑所	靑所面 靑所里	靑場面 靑所里	靑所, 靑沼, 청소골, 里, 靑南面 (청양군)	
	내안말			川內里			川內 [천ㄴ리]		내안말, 뱃말, 川內 (청남면 청소리)	
	왕진	王之津- 山川條	王之津-山川 條(錦江 細註)	旺津里	汪津·山川條	王之津	旺津里	汪津里	汪津, 元汪津, 汪津里 (청남면)	(王汪)汪

분류	지명	新增 (1530)	東國 (1656~1673)	戶口 (1789)	忠淸 (1835~1849)	東輿·大圖·大志 (1800년대 중엽)	舊韓 (1912)	新舊 (1917)	靑陽 (2005)	비고
村落地名 / 청·소면	솔뫼			松山里			松山里 [솔뫼]		솔뫼, 松山 (청남면 왕진리)	
	지개실 (지곡)						芝谷里 [지계실]	▲芝谷里	지개실, 芝谷,芝溪 (청남면 지곡리)	
	태평						上太平里 下太平里		太平, 泰平,웃태평, 아래태평(청남면 중산리)	
	중뫼						中山里 [중뫼]	中山里	중뫼, 중미, 中山, 中山里 (청남면)	
	창고개					江倉	倉峴里 [창고기]		창고개, 倉峴 (청남면 왕진리)	
	세개골						細木洞 [음지편]		세맷골, 細木洞 (청남면 천내리)	
	환마루 (배야동)						白羊洞 [환마루]		환마루, 白羊洞, 白隅洞, 回洞(청남면 동상리)	
	설밭말						薛田里 [설밧말]	薛田里	설밭말, 薛田 (청남면 청소리)	
장촌면 (장면)	상장곡 (막굴)			場村面 上場里	場村面	場村	場面 上場里 [상막굴]	靑場面 上場里	상장곡, 막바,장곡, 막골, 막굴, 上場里 (청남면)	
	갓점			笠店里			笠店里 [갓점]		갓점, 笠店 (청남면 대흥리)	
	으미			牙山里			牙山里 [음의]	牙山里	으미, 어미, 牙山, 漁山, 牙山里 (청남면)	

분류	지명	新增(1530)	東國(1656~1673)	戶口(1789)	忠淸(1835~1849)	東輿·大圖·大志(1800년대 중엽)	舊韓(1912)	新舊(1917)	菁陽(2005)	비고
村落지명 장촌면(장촌면)	인양(바다티)			仁良里			仁良里[바다티][바다티고개(海岾嶺)]	仁良里	仁良, 바다티, 바다티, 海岾, 仁良里(청남면)	
	발양골(발용골)						盤良洞		발양골, 발용골, 盤良洞, 盤龍洞(청남면 상장리)	(良良·龍)
	가리골						可里洞[가리골(加里洞)]		가리골, 可里洞(청남면 상장리)	
	유래(이화천)				伊火川堤堰-堤堰條		伊火川里[이우래]		유래, 이으래, 伊華村,(伊火川), 院村, 有龍(청남면 아산리)	[이블내(伊火川)>이블때>이을때>이으때>유래](伊火川)>伊華村, 有龍
	서당골(불당골)						書堂洞		서당골, 불당골, 부처빗골, 선비마을, 선인마을(청남면 아산리)	
	매주을(매소)						大召洞[매쥬을(大衆洞)]		매주을, 매츨, 매주, 매츠, 大召, 大衆(청남면 대추리)	(召>召·衆)
	한티						大岾里[한티]		한티, 大岾(청남면 대추리)	

분류	지명	新增 (1530)	東國 (1656~1673)	戶口 (1789)	忠淸 (1835~1849)	東輿·大圖·大志 (1800년대 중엽)	舊韓 (1912)	新舊 (1917)	靑陽 (2005)	비고
피현면(피항면)(관면) 村落地名	주밋골			枇洞里			上枇洞 [위쥐미굴] 下枇洞 [아릐쥐미굴]		주밋골, 淸美洞 (장평면 분향리)	(枇>淸美)
	새터			新垈里			新垈里 [졉신이]		새티, 新垈 (장평면 관현리)	(里>村)
	늘말			坪里			坪里		늘말, 坪村 (장평면 구룡리)	
	갓고개 (과리)			皮兒面 皮里	皮峴面	皮峴	冠面 冠峴里 [갓고기]	▲冠峴里	갓고개, 元冠峴, 冠峴里 (장평면)	(皮>冠) (皮:갓의 훈음차 표기) (冠:갓의 훈자 표기)
	꽃뫼			花山里			[꼿뫼쥬먀 (花山淸幕)]	花山里	꼿뫼, 花山, 花山里 (장평면)	
	까치내 (작천) (지천)			鵲川里 *鵲川 [《海東》 (18세기중반)]			上之川里 [야지이] 下之川里 [아릐야지]	之川里	가치내, 가리점, 之川里, 之川里 (장평면)	(鵲>之鵲) *이근 대지에 존타 지명인 鵲川里가 존재함
	넘적 바위 (광암)						光岩里 [넘젹바위]		넘적바위, 넘적바위, 廣岩 (장평면 관현리)	(光>廣)
	구룡말						? [구룡말] (巷村)	九龍里	구룡말, 구룡리 (장평면)	*부여군 도성면에서 청양군 적곡면으로 편입됨 (1914년)
	양지뜸						陽支村 [양지씀]		양지뜸, 陽支村 (장평면 화산리)	

분류	지명	新增(1530)	束國(1656~1673)	戶口(1789)	忠淸(1835~1849)	東輿·大圖·大志(1800년대 중엽)	舊韓(1912)	新舊(1917)	靑陽(2005)	비고
村落地名 （적곡면（적곡면）（장평면））	세티말						新基村 [식티말]	新基	새터말, 新基 (장평면 화산리)	
	영화둥						鴛花村		鴛花洞(장평면 좌산리)	(村)洞)
	묵은 느이 (진남)						陳畓里 [무근느이]		묵은느이, 陳畓 (장평면 죽림리)	
	낙지			樂只里			樂只里 [상거리]	樂只里	樂只, 樂岐里 (장평면)	
	가래울			楸洞里			上楸里 [진여울] / 中楸里 / 下楸里	中楸里	가래울, 楸洞 (장평면 중추리)	*長坪里 신설됨(중추리 1반+부촌82리 6반)(2009년 8월 13일)
	수리나미			車南里			內車洞 [거느군두리미] / (小文仕嶺) / 外車洞 [건문두리미] / (大文仕嶺)		큰수리나미고개, 가래울고개, 大車洞, 內車洞, 外車洞(장평면 은곡리)	(南: 나미~나미의 음차) (南 담티)
	적굴 (절굴) (북실)			赤谷面 / 赤谷里	赤谷面	赤谷	赤面 / 赤谷里 [북실]	赤谷面 / 赤谷里	절굴, 적굴, 赤谷里, 長坪面(청양군 장평권)	
	율정						栗亭里		栗亭, 삼천냥터 (장평면 미당리)	

분류	지명	新增(1530)	東國(1656~1673)	戸口(1789)	忠清(1835~1849)	東輿·大圖·大志(1800년대 중엽)	舊稱(1912)	新舊(1917)	青陽(2005)	비고
적곡면(적면)(장평면) / 대박곡면(대면) / 村落地名	계양말						桂陽里		桂陽말, 지양말 (장평면 미당리)	
	별티						坪里 [별티]		별티, 坪村 (장평면 미당리)	(里)村
	돌말						石里 [돌말] (乭里말)		돌말, 石村 (장평면 미당리)	(里)村
	사천						小沙川里 大沙川里		小沙川 (장평면 적곡리) 沙川, 大沙川 (낙곡리)	
	은곡						隱谷里	隱谷里	은곡, 隱谷. 隱谷里 (장평면)	
	절울						芝合里		절울, 芝谷 (장평면 은곡리)	
	뒷골			後洞里			上後洞 [위뒤골] 下後洞 [아리뒤골]		뒷골, 後洞 (정산면 용두리)	
	가리실			艮谷里			艮谷里 [가리실]		가리실, 艮谷 (정산면 해남리)	
	물이			毛好里			毛好里 [모리고기]		물이, 모일리, 毛好里 (정산면 해남리)	
	숯티 (숯말)	松峴-山川條	松峴-山川條	松峙里	松峴-山川條	松峙	上松里 [위숯티] 下松里 [아리숯티]	松鶴里 (정산면)	숯지고개, 숯티, 松峴 (정산면 송학리)	

분류	지명	新增 (1530)	東國 (1656~1673)	戶口 (1789)	忠淸 (1835~1849)	東輿·大圖·大志 (1800년대 중엽)	舊韓 (1912)	新舊 (1917)	靑陽 (2005)	비고
村落地名	남천삿골 (절골)			南泉里			南泉寺里	南泉里	南泉寺골, 절골, 탑골 塔谷, 塔洞, 南泉里 (정산면 남천리)	
	봉명동			鳳鳴洞里			鳳鳴洞		鳳鳴洞, 굼티, 郡峙 (공주시 우성면 봉현리)	(里 탈락) *공주군 성두면에 편입됨 (1895년)
	두물						杜洞 [두물]		두물, 杜洞 (정산면 내파리)	
	감나뭇골						柿木洞		감나뭇골, 柿木洞 (정산면 대박리)	
	삼심골						三心洞		삼심골, 三心洞 (정산면 대박리)	
(대박곡면)	한박실	大朴谷山 -山川條	大朴谷山-山 川條	大朴谷面	大朴谷山-山 川條 大朴谷面	大朴谷	大面 大朴里 [한박실]	大朴里 (정산면)	한박실, 한밧산, 大朴谷山, 大朴山, 鼎山 (정산면)	
	비봉골						飛鳳洞		비봉골, 飛鳳洞 (정산면 송학리)	
	새울						鳥谷里 [새울]		새울, 鳥谷 (정산면 남천리)	
	고양골						高陽洞		고양골, 高陽洞 (정산면 남천리)	
	바닥골						垈谷里 [바닥골]		바닥골, 바닥곡, 垈谷 (정산면 남천리)	
	해남골						海南洞	海南里	해남골, 海南洞, 海南里 (정산면)	(基>基)

분류	지명	新增(1530)	東國(1656~1673)	戶口(1789)	忠淸(1835~1849)	東輿·大圖·大志(1800년대 중엽)	舊韓(1912)	新舊(1917)	靑陽(2005)	비고
목동면(목면) 村落地名	동매이			東幕里			東幕里		동매이, 東幕里 (목면 본의리)	
	본의실			本儀合里			本義合里 [본의실]	本義里	본의실, 本義谷. 本義里(목면)	(儀〉義) (谷〉탈락)
	구시울			九水洞里			九水洞 [구시울]		구시울, 구실, 구슬, 九水洞(목면 신송리)	(里 탈락)
	점골			店洞里			店洞 [점골]		점골, 점촌, 店洞(목면 대평리)	
	오상미			烏山里			五山里 [오상뫼]		오상미, 오상뫼, 五山(목면 화양리)	(烏〉五)
	새터			新垈里			上新垈里[웟새터] 下新垈里		새터, 윗새터, 아랫새터, 新垈(목면 대평리)	
	가야미			加也山里			介也山里 [가야뫼]		가야미, 개미, 佳也山. 介也山(목면 대평리)	(加〉介·介〉)
	반거쿳			*牛灘津 [《海東》] (18세기중반)			反浦里 [반거쿳] [반어울] (牛灘津)	反浦	반거쿳, 反浦 (목면 신종리)	*電塲(이근 구수동 사람들이 번거쿳 표기) *나루케,반어울.牛灘 공주시 탄천면 대하리) (電: 번거의 훈음차 혹은 혼차)
	임장골						王長洞		임장골, 王長谷(목면 신종리)	(洞〉谷)
	돌과골						石花洞		돌과골, 石花洞(목면 인삼리)	(花〉돍의 음차)

분류	지명	新增 (1530)	東國 (1656~1673)	戶口 (1789)	忠淸 (1835~1849)	東輿·大圖·大志 (1800년대 중엽)	輿纂 (1912)	新舊 (1917)	靑陽 2005	비고
목동면(목면) 村落地名	건지울						乾芝洞		건지울, 乾芝洞 (목면 안심리)	
	무슬						無愁洞 [무수울]		무슬, 無愁洞 (목면 본의리)	*대전시 중구 無愁洞은 무쇠골로 부름
	숧아						松內里 [솔안]		솔안, 큰솔안, 작은솔안, 松內(목면 송암리)	
	마근동						麻斤洞		麻斤洞 (목면 안심리)	
	정구동						長久洞		長久洞, 藏龜洞 (목면 송암리)	(長久>長久·藏龜)
	나분동						羅分洞		윗나분동, 아랫나분동羅分洞 (목면 송암리)	
	장금절						長琴寺里 [장금절]		장금절, 長琴寺洞 (목면 송암리)	(里·洞)
	철마장						坪里 [철마정]		鐵馬場 (목면 안심리)	*鐵馬山(薇嶽山) 아래에 있었던 장터
	안심골						安心洞	▲安心里	안심골, 안숙굴, 安心里(목면 안심리)	
	증계실						曾谷里 [증계실]		증계실, 김계실, 曾谷(목면 지곡리)	
	뭇골			木洞面	木洞面 池洞堤堰-堤堰條	木洞	外池谷里 [밧뭇골] 內池谷里 [안뭇골] 木面 [뭇골면] (池谷堤堰)	池合里 木面	뭇골, 밧뭇골, 안뭇골, 池合里(목면) 木面(청양군)	*뭇골>木洞(뭇~목의 음차) (면지명) *뭇골>池合(뭇의 훈차) (촌락지명)

분류		지명	新增 (1530)	東國 (1656~1673)	戶口 (1789)	忠淸 (1835~1849)	東輿·大圖·大志 (1800년대 중엽)	舊韓 (1912)	新舊 (1917)	靑陽 (2005)	비고
村落地名	청남면 (정산면)	간두문						千杜門里		千杜門(묵리 지극리)	
		개봉	鷄鳳山-山川條	鷄鳳山-山川條		鷄峯-山川條 鷄鳳山城-古蹟條	雞鳳山	鷄峯里		鷄鳳, 鷄鳳山 (묵리 본의음)	(鷄〉雞) *鳳과 峯이 티쓰임
		구슬고개			玉峴里			玉峴里		구슬고개, 굴고개, 玉峴(청산면 광생리)	
		천쟁이			天庄里			天庄里	天庄里	천쟁이, 天庄, 天庄里(청산면)	(庄)庄
		제장골						白店洞		제장골, 제장굴, 白店洞(청산면 마치리)	
		답티						馬峙里	馬峙里	답티, 마티, 馬峙, 馬峙里(청산면)	
		사점						沙器店村 [사발]		沙店, 새울 (청산면 마치리)	(占〉點)
		구을						九乙里 [굴올]		구울, 九乙, 구룹 (청산면 마치리)	
		점심골						占心洞		점심골, 점성골, 點心洞(청산면 마치리)	(占)點
		한티	大峴-山川條	大峴-山川條		大峴-山川條 大峙院-驛院條		大峙里 [한티]		한티, 定山한티, 대티, 大峴(청산면)	(峴)峙
		새울						外草里 [밧염이] 內草里 [안뇸울]	內草里	새울, 안새울, 냅새울, 草谷, 鳥谷, 鳳谷, 內草里(청산면)	(草·鳥·鳳: 새의 훈음자 혹은 훈자) *밧새울: 외촌리 소속

분류	지명	新增 (1530)	東國 (1656~1673)	戶口 (1789)	忠淸 (1835~1849)	東輿·大圖·大志 (1800년대 중엽)	舊韓 (1912)	新舊 (1917)	靑陽 (2005)	비고
村落地名 / 응하달면(응면)	덕동(구억틈)	修德院-驛院條	修德院-郵驛條		修德院-驛院條		德洞 [아리덕틈]	新德里 (정산면)	德洞, 즉틈, 구억틈, 菊坼, 新德里 (정산면)	(修)德
	왜마루						瓦村里	瓦村里	왜마루, 瓦村, 瓦村里 (정산면)	
	마근골						麻斤洞 [마근몰]		마근골, 麻斤里 (정산면 하엄리)	(洞)>里
	금두실(나븐덥)			仍火達面	仍火達面 孔孔堤堰-堤堰條	仍火達	金頭洞 [나븐덥] [금두실] (檢斗里) 仍面		금두실, 금쿡, 웃니븐덥 (정산면 덕성리) 仍火達川 (정산면, 청남면)	(仍火: 내블~나븐의 음차 +훈음차 표기) *웃니븐덥의 別稱
	아래 나린덥						孔孔里		아래니린덥 (정산면 덕성리)	*아래니린덥(孔孔里)
	덕계						德城里 [덕킈]	德城里	덕계, 덕성, 德城里 (정산면)	
	광~생이	光生山-山川條	光生山-山川條				光生里	光生里 (정산면)	광~생이, 光生山, 光生里 (정산면 광생리)	
	별즈막						文城里 [별주마이]		문즈실, 文城里, 별즈막 (정산면 덕성리)	
	치섬 장티				致城場-場市條		場垈里 [장티] (致城酒幕)		치섬장티, 致城場垈, 致城場坐, 리東場坐, 箕島場坐 (정산면 여근리)	[致城: 치(기)섬의 음차] [箕島: 치(기)섬의 훈차] [기(치)섬의 致城/箕島]

참고문헌

1. 史料 및 資料

1) 古文獻/古地圖

『三國史記』[김부식, 고려 인종 23년(1145)].

『三國遺事』[일연, 고려 충렬왕 7년~9년(1281~1283)].

『高麗史』CD[김종서·정인지, 조선 문종 1년~단종 2년(1451~1454)].

『朝鮮王朝實錄』CD[조선 태종 13년~고종 2년(1413~1865)].

『經國大典』[朝鮮總督府中樞院(1934)].

『世宗實錄地理志』[정인지, 조선 단종 2년(1454)].

『承政院日記』(1623~1894).

『日省錄』[1785~1910, 서울대학교 도서관 영인(1991)].

『司馬榜目』CD(조선시대, 한국정신문화연구원 제작).

『新增東國輿地勝覽』[李荇, 조선 중종 25년(1530)].

『東國輿地志』[유형원, 조선 효종 7년~현종 14년(1656~1673), 아세아문화사 영
            인(1983)].

『擇里志』[이중환, 조선 영조 27년(1751)].

『輿地圖書』[조선 영조 33~41년(1757~1765), 국사편찬위원회 영인(1973), 定山
            縣 補遺篇(조선 헌종 년간, 1835~1849)].

『頤齋亂藁』[黃胤錫, 한국학중앙연구원 간행(2003)].

『戶口總數』[조선 정조 13년(1789), 서울대출판부 영인(1996)].

『忠淸道邑誌(6冊)』[조선 영조~헌종 년간(1724~1849), 서울대규장각 영인
            (2001)].

≪靑丘圖≫[김정호, 조선 순조 34년(1834)].

『輿圖備志』[김정호, 조선 철종 2~7년(1851~1856)].

≪東輿圖≫(解說 索引)[김정호, 조선 철종 년간(1850~1863), 서울대규장각 영인
            (2003)].

『東輿圖志』[김정호, 조선 철종 3~7년(1852~1856)].

≪大東輿地圖≫[김정호, 조선 철종 12년(1861) 초판 발간, 고종 1년(1864) 재간].

『大東地志』[김정호, 조선 고종 1년(1864), 철종 12년~고종 3년(1861~1866)].

『湖西邑誌』[조선 고종 8년(1871)].

『湖西邑誌』[조선 고종 32년(1895)].

『忠淸南道郡縣地理志』[충남대 내포연구단 編(2004)].

『重訂南漢志』[홍경모, 조선 헌종 12년(1846), 하남역사박물관 간행(2005)].

≪海東地圖≫[조선 영조 26년~27년(1750~1751), 서울대 규장각 소장(古大 4709-41), 서울대 규장각 영인(1995), 관찬 비경위선표식 군현지도집].

≪朝鮮地圖≫[1750~1768, 서울대 규장각 소장(奎 16030), 방안식, 경위선 표식 군현지도집].

≪1872년 지방지도≫[459매, 조선 고종 9년(1872), 서울대 규장각 소장, 서울대 규장각 영인(2004), 비경위선표식 군현지도집].

≪朝鮮圖≫[1800~1822, 일본 오사카 나카노시마 도서관(大阪府立 中之島 圖書館) 소장(韓 14-7), 分帖式 대축척 전국지도].

『朝鮮寶輿勝覽』[李秉延(1929), 한국인문과학원 영인(1993), 16권, 충청도(1-3)].

≪舊韓末 韓半島 地形圖(1:50,000)≫[일본육군참모본부(1894~1906), 대전부근 (1911년 인쇄발행), 조치원부근(明治28년, 1895년)].

≪近世韓國五萬分之一地形圖(1:50,000)≫[조선총독부 저작권 소유, 일본육지측 량부 인쇄발행(1912~1919)].

≪近世韓國萬分之一地形圖朝鮮地形圖(1:10,000)≫(조선총독부 제작, 일제초기 제작).

『朝鮮地誌資料(54冊)』[조선총독부(明治44년, 1911)].

『舊韓國地方行政區域名稱一覽』[조선총독부(1912), 태학사 영인].

『新舊對照朝鮮全道府郡面里洞名稱一覽』[越智唯七(1917), 태학사 영인].

『舊式戶籍大帳』[戶口調査規則(1896년) 반포 이전 호적대장, 총550책].

『新式戶籍大帳』[戶口調査規則(1896년)~民籍法(1909년) 시행 사이의 호적대장, 총254책].

『民籍統計表』(1909).

『土地調査簿』(조선총독부).

『韓國地理風俗誌叢書』[조선총독부, 경인문화사 영인(1995)].

『朝鮮の聚落』[善生永助, 조선총독부(1935), 한국지리풍속지총서 137].

『朝鮮の人口現象: 附圖』[善生永助(1927)].

『書院謄錄』[朝鮮 禮曹 編, 조선 인조 19~영조 18년(1642~1742), 민창문화사 영 인(1990)].

『列邑院宇事蹟』[편자미상, 조선 영조 35년(1759) 경, 민창문화사 영인(1991)].

『訓蒙字會』[최세진, 조선 중종 22년(1527)].
『新增類合(羅孫本)』[유희춘, 조선 명종 22년(1567) 편찬, 선조 7년(1574) 간행].
『光州千字文』[조선 선조 8년(1575)].
『石峰千字文』[조선 선조 16년(1583)].
『註解千字文』[조선 순조 4년(1804)].

2) 公州牧 鎭管 區域 郡縣別 參考資料(文集類, 碑文類, 地圖類, 其他 雜著)

① 公州牧: 『全州李氏德泉君派譜(5卷)(知先錄)』「始祖德泉君祠宇重建記」(癸未譜, 2003), 『華陽誌』(宋周相 編, 1744년), 『寒水齋集』卷22 記(嚴棲齋重修記)(1721년), 『原州李氏大同譜(4卷)』(李秉勳 編, 1986), 『杞溪兪氏族譜』(杞溪兪氏族譜所, 1991), ② 定山縣: 靑陽의 金石文(2000), 「東山趙先生伊山祠由來碑」(2007년), 「1880年에 金生員宅 奴 貴金이 尹生員宅 奴 久以每에게 作成해 준 文書」, 「1892年에 寡婦 陳氏가 作成한 典當文記」, 「某年에 場面 仁良里에 사는 尹時煥이 作成한 戶口單子」, 「淸州韓公兩世孝子諱逵諱箕宗紀績碑」(1996년), ③ 懷德縣·鎭岑縣: 『懷德鄕校誌(附 邑誌)』[懷德鄕校(1988)], 『懷德鄕校誌』[懷德鄕校(1989)], 「懷德鄕案(壬子本) 序」(宋時烈, 1672), 『老峯集(九代祖妣 贈貞夫人 礪山宋氏 閔審言妻 墓表)』[閔鼎重(1628~1692)], 『同春集(諸子孫以先祖妣柳氏旌烈又呈地主文, 先祖妣柳氏旌門碑陰記)』[宋浚吉(1606~1672)], 『大田發展誌』[田中麗水 編(1917)], ④ 燕岐縣: 『燕岐鄕案』(조선 인조 23년, 1645), 『燕岐誌』[兪致成, 林憲斌, 孟義燮(1934)], 『燕岐誌』[林憲斌, 孟義燮(1967), 연기향교 발행], 『鄒雲實記』[孟義燮(1972)], ≪朝鮮全岸≫[水路部(1906)(188.8×77.7cm), 영남대 박물관 소장], ≪朝鮮地圖≫[일본인, 三省堂 編(19014년 이전)], 『鳥致院發展誌』[酒井俊三郎 編(1915), 연기향토사연구소 譯(2004)], 『六逸堂集』[崔進源(1606~1676), 江華崔氏 松菴宗中書室 간행(2005)], ≪忠淸南道 燕岐郡 北面 鳥致院里 原圖≫[조선총독부, 大正 2년(1913)], 『平澤林氏參判(府使) 吉陽公派譜』(辛酉譜, 1982), 「晋州柳氏世葬地碑」(柳寬熙 외, 1990), 『密陽朴氏派譜(上下卷)』(朴學均 序, 丙申譜, 1956년), 『漢陽趙氏兵參公派譜(乾)』(戊寅譜, 1998년), ⑤ 全義縣: 『安東權氏樞密公派大譜(天)』(辛丑譜, 1961년), ⑥ 連山縣: 『先祖創立高菴誌鐵券後錄』(光山金氏 門中, 조선 성종 6년~정조 24년(1475~1800)], 『愼獨齋遺稿(卷5, 復題先世墳菴遺籍後, 1636)』[金集, 조선 숙종 36년(1710)], 『光山金氏 文敬公派譜』(乙酉譜, 2005), 「贈貞敬夫人陽川許氏事實記」(光山金氏 門中), 『戒逸軒日記(己卯 十二月 十三日)』(李命龍,

1708~1789),『西坡集(5卷)(詩)』(吳道一, 1645~1703), ⑦ 魯城縣:『魯宗史錄』(윤의중·윤여택 編, 1986),『魯宗派譜』(己丑譜, 윤광문 외 編, 1829년),『魯城 闕里祠誌』(1996),『明齋遺稿』[尹拯, 조선 영조 8년(1732)],『同腹和會立義』(尹暾, 1573년),『宗學訓講 講義錄(4輯)』(坡平尹氏魯宗派丙舍大宗中, 1995),『西坡集(5卷)(詩)』(吳道一, 1645~1703),『朝鮮紳士寶鑑』(조선문우회, 1914년), ⑧ 恩津縣:『忠南論山發展史』[富村六郞 編(大正3년, 1914)],『東學亂記錄』(先鋒陳日記)(1894년),『叢瑣錄』(吳宖默, 1898년),「魯城郡 光石面 論山里 致死 女人 朴召史 屍體 文案」[서울대 규장각 소장(奎 21641), 1899],「恩津郡 花枝面 論山里 致死 男人 百彔 屍體 初檢 文案」(奎 21403, 1906), 扶餘縣:『百濟文化(6집, 12집)』(1973, 1979), ⑨ 韓山郡:『韓山郡誌』[李濟益 ?, 조선 헌종~철종 년간(1843~1858), 서천문화원(2001)], 서천의 민속(전통지명 편)(1994),『紀年便攷』(朴義成 編, 1897년),「서북학회월보(제7호)」(1908년), ⑩ 공통: 東亞日報, 群山日報, 湖南日報, 中鮮日報, 한겨레신문, 國土海洋部 하천관리지리정보시스템(2008)(http://www.mltm.go.kr).

3) 國家記錄院 所藏 文書 및 地圖

朝鮮總督府 官報, 大韓民國政府 官報,「府郡廢合關係書類」[조선총독부(1914), 관리번호(CJA0002545), 국가기록원 대전서고 소장],「面廢合關係書類」[조선총독부(1914), CJA0002560],「行政區劃關係書類」[조선총독부(1914), CJA0002566],「面洞里名稱變更書類」[조선총독부(1917), CJA0002573], <朝鮮行政區劃圖(忠淸南道)(축척 1:30만)>(1914년), <燕岐郡面 廢合豫定圖>, <忠淸南道 全義郡 地圖>, <(公州)郡界變更 豫定圖>, <公州郡面 廢合圖面>, <公州郡 木洞面 疆界略圖>, <忠淸南道 公州郡에서 扶餘郡으로 變更된 半灘面 正谷里 地域圖>, <定山郡面 廢合略圖(1:6만)>, <扶餘郡面 廢合地圖(1:5만)>, <鎭岑郡 略圖(1:5만)>, <連山郡面 廢合圖>, <魯城郡(地圖)(1:24,000)>, <論山里 一部 圖面>, <恩津郡(地圖)>, <忠淸南道 林川郡面 廢合圖>, <韓山郡 地圖>, <懷德郡面 廢合圖>, <(忠北)淸州郡 全圖>.

2. 國內 單行本

강길부, 1997, 땅이름 국토사랑, 집문당.

강내희, 2003, 한국의 문화변동과 문화정치, 문화과학사.

건설교통부국토지리정보원, 2003, 한국지리지(충청편), 국토지리정보원.

공주대박물관, 1998, 연기군 충효열 유적, 연기군청.

공주대지역개발연구소·공주시 編, 1997, 공주 지명지, 공주대지역개발연구소·공주시.

공주시지편찬위원회, 2002, 공주시지, 공주시.

괴란 테르본(최종렬 譯), 1994, 권력의 이데올로기와 이데올로기의 권력, 백의(Therborn, G., 1980, The Ideology of Power and the Power of Ideology, London: Verso Edition).

국토지리정보원, 2010, 한국지명유래집: 전라·제주편, 국토해양부 국토지리정보원.

국토지리정보원, 2010, 한국지명유래집: 충청편, 국토해양부 국토지리정보원.

국토지리정보원, 2011, 한국지명유래집: 경상편, 국토해양부 국토지리정보원.

그래엄 터너(김연종 譯), 1995, 문화연구 입문, 한나래(Turner, G., 1996, British Cultural Studies, London: Routledge).

김용옥, 2000, 老子와 21세기(上), 통나무.

김욱동, 1990, 바흐찐과 대화주의, 나남출판사.

김찬호, 2007, 문화의 발견: KTX에서 찜질방까지, 문학과지성사.

김형효, 1989, 구조주의의 사유체계와 사상, 인간사랑.

남면향토지발간위원회, 2004, 남면향토지, 조치원문화원.

남영우 외, 2004, 도시와 국토, 법문사.

남풍현, 1981, 차자 표기법 연구, 단국대출판부.

남풍현, 2000, 이두연구, 태학사.

노성궐리사지편찬위원회, 1996, 魯城 闕里祠誌, 노성궐리사.

논산문화원, 1991, 논산 지역의 향교·서원·사당·정려, 논산문화원.

논산문화원, 1994, 논산 지역의 지명 유래, 논산문화원.

논산시지편찬위원회, 2005, 논산시지 1: 지리와 마을이야기, 논산시.

대전광역시사편찬위원회, 2008, 大田의 鄕校·書院(3권), 대전광역시.

대전대 국문과 編, 1996, 금강유역의 전통문화 1-3, 대전대학교출판부.

대전시사편찬위원회, 1994, 대전지명지, 대전직할시.

도수희, 1987, 백제어 연구 Ⅰ·Ⅱ·Ⅲ·Ⅳ, 백제문화개발연구소.

도수희, 1991, 한국 고지명의 개정사에 대하여, 민음사.

도수희, 1997, 백제어 연구, 백제문화사.

도수희, 1999, 한국 지명 연구, 이회.

도수희, 2003, 한국의 지명, 아카넷.

도수희, 2008, 삼한어 연구, 제이앤씨.

도수희, 2010, 한국지명 신연구: 지명연구의 원리와 응용, 제이앤씨.

레이먼드 윌리엄스(성은애 譯), 2007, 기나긴 혁명, 문학동네(Williams, R., 1961, The Long Revolution, London: Chatto and Windus).

레이먼드 윌리엄스(이일환 譯), 1982, 이념과 문학, 문학과지성사(Williams, R., 1977, Marxism and Literature, Oxford: Oxford University Press).

롤랑 바르트(김희영 譯), 2002, 텍스트의 즐거움, 동문선(Barthes, R., 1973, Le Plaisir du Texte, Paris: Editions de Seuil).

롤랑 바르트(정현 譯), 1995, 신화론, 현대미학사(Barthes, R., 1957, Mythologies, St Albans: Paladin).

루트비히 비트겐슈타인(이영철 譯), 2006, 철학적 탐구, 책세상.

류제헌, 2002, 한국문화지리, 살림출판사.

마뉴엘 카스텔(정병순 譯), 2008, 정체성 권력, 한울아카데미(Castells, M., 2004, The Power of Identity, Massachusetts: Blackwell).

문옥표 외, 2004, 조선양반의 생활세계: 의성김씨 천전파 고문서 자료를 중심으로, 백산서당.

미셸 푸코(Foucault, M.; 정일준 譯), 1994, 미셸 푸코의 권력이론, 새물결.

미셸 푸코(Foucault, M.; 홍성민 譯), 1991, 권력과 지식: 미셸 푸코와의 대담, 나남.

미하일 바흐친(Bakhtin, M.; 이득재 譯), 1992, 문예학의 형식적 방법, 문예출판사.

배우리, 1994, 우리 땅이름의 뿌리를 찾아서(1, 2), 토담.

부여군지편찬위원회, 2003, 부여군지(상·하 8권), 부여군.

부여문화원 編(오세운 譯), 2000, "扶風詩社趣旨," 부여의 누정, 부여문화원.

사곡면지편찬위원회, 2005, 사곡면지, 사곡면.

서천군지편찬위원회, 1988, 서천군지(마을유래), 서천군.

손정목, 1996, 일제강점기 도시화과정연구, 일지사.

송효섭, 2001, 문화기호학, 아르케.

신종원 編, 2007, 강원도 땅이름의 참모습: 朝鮮地誌資料(江原道篇), 경인문화사.

아서 제이 클링호퍼(Arthur Jay Klinghoffer; 이용주 譯), 2007, 지도와 권력, 알마.

안병직, 1998, 오늘의 역사학, 한겨레신문사.

엄정식 編譯, 1983, 비트겐슈타인과 분석철학, 서광사.

엘리자베스 클레망(Clement, E.; 이정우 譯), 1996, 철학사전: 인물들과 개념들, 동녘.

여홍상 編, 1995, 바흐친과 문화이론, 문학과지성사.

여홍상 編, 1997, 바흐친과 문학이론, 문학과지성사.

역사문화학회 編, 2008, 지방사연구입문, 민속원.

연기군지편찬위원회, 2007, 燕岐郡誌, 연기군.

윤석찬 編著, 2005, 논산시 노성면 鄕土誌, 향토지발간추진위원회.

윤의중·윤여택 編, 1986, 魯宗史錄, 파평윤씨노종파병사대종중.

이득재, 2003, 바흐찐 읽기: 바흐찐의 사상, 언어, 문학, 문화과학사.

이무용, 2005, 공간의 문화정치학, 논형.

이수건, 1989, 조선시대 지방행정사, 민음사.

이영택, 1986, 한국의 지명: 한국지명의 지리·역사적 고찰, 태평양.

이진경 외, 1995, 철학의 탈주, 새길.

이희덕, 2004, 조선시대 서원과 양반, 집문당.

임동권 외 編, 2005, 청양의 지명과 전설, 청양문화원.

임영호 編譯, 1996, 스튜어트 홀의 문화이론, 한나래.

장 크리스토프 빅토르(Jean-Christophe Victor; 김희균 譯), 2007, 아틀라스 세계는
    지금: 정치지리의 세계사, 책과함께.

張載(장윤수 譯), 2002, 正蒙, 책세상.

전경목 외 譯, 2006, 儒胥必知, 사계절.

정구복 외 譯, 2012, 역주 삼국사기, 한국학중앙연구원 출판부.

제러미 블랙(Jeremy Black; 박광식 譯), 2006, 지도 권력의 얼굴, 심산.

조근태 編, 1995, 언어철학연구 Ⅰ: 비트겐슈타인과 언어, 현암사.

조너선 컬러(Jonathan Culler 1984; 이종인 譯), 2002, 소쉬르, 시공사.

조창선, 2002, (조선어학전서 37) 조선지명연구, 사회과학출판사.

조치원문화원, 2007, 연기군의 지명 유래, 조치원문화원.

지승종 외, 2000, 근대 사회 변동과 양반, 아세아문화사.

지헌영, 2001, 한국 지명의 제문제, 경인문화사.

질 들뢰즈(Gilles Deleuze; 이경신 譯), 2001, 니체와 철학, 민음사.

청양군지편찬위원회, 2005, 청양군지(상·하), 청양군.

청양문화원, 1999, 청양의 유향, 청양문화원.

청양문화원, 2001, 청양의 사적지, 청양문화원.

최문휘, 1988, 충남 토속지명 사전, 민음사.

충남대학교마을연구단, 2006, 연기 솔올마을: 근현대 촌락사의 축도, 대원사.

충청남도교육위원회, 1988, 우리고장 충남: 고적과 지명편(상), 환경과 역사편,
    충청남도교육위원회.

충청남도지편찬위원회, 2006, 충청남도지, 충청남도지편찬위원회.

콜린 고든(홍성민 譯), 1991, 권력과 지식: 미셸 푸코와의 대담, 나남출판.

콜린 플린트(Colin Flint 2006; 한국지정학연구회 譯), 2007, 지정학이란 무엇인가, 길.

테리 이글턴(Terry Eagleton 1991; 여홍상 譯), 1994, 이데올로기 개론, 한신문화사
   (Eagleton, T., 1991, Ideology: an introduction, London: Verso).
페르디낭 드 소쉬르(최승언 譯), 2006, 일반언어학 강의, 민음사(Saussure, F. 1917,
   Cours de Linguistique Générale).
필립 모르 드파르쥐(Philippe Moreau Defarges; 이대희 외 譯), 1997, 지정학 입문:
   공간과 권력의 정치학, 새물결.
필립 스미스(Philip Smith; 한국문화사회학회 譯), 2008, 문화이론: 사회학적 접근,
   이학사.
한국고문서학회 編, 1996, 조선시대 생활사, 역사비평사.
한국문화역사지리학회, 2008, 지명의 지리학, 푸른길.
한국지리연구회 譯, 2000, 현대인문지리학사전, 한울(Johnston, R.J., et al.(eds.),
   2000, 4th ed., The Dictionary of Human Geography, Oxford: Blackwell.)
한국지명학회·국어사학회, 2008, 국어사학회－한국지명학회 공동학술대회 발표
   문, 한국지명학회·국어사학회.
한국향토사연구전국협의회, 1998, 금강유역사 연구, 날빛.
한글학회, 1974, 한국 지명 총람 4(충남편), 한글학회.
한글학회, 1991, 한국 땅이름 큰사전(상·하), 한글학회.
허경진, 1998, 대전지역 누정문학연구, 태학사.
허경진, 2000, 충남지역 누정문학연구, 태학사.

3. 國內 論文

강내희, 1992, 「언어이론, 언어와 변혁－변혁의 언어모델 비판과 주체의 '역동일
   시'」 『문화과학』 2, 11~46쪽.
강병윤, 1998, 「지명어 연구사: 1990년대 전반기까지를 중심으로」 『지명학』 1,
   한국지명학회, 219~278쪽.
강헌규, 2001, 「춘향전에 나타난 어사또 이몽룡의 남원행 經由地名의 고찰(1)」
   『지명학』 6, 한국지명학회, 5~82쪽.
권선정, 2003, 「풍수의 사회적 구성에 기초한 경관 및 장소 해석」, 한국교원대학
   교 박사학위논문.
권선정, 2004, 「지명의 사회적 구성」 『지리학연구』 38(2), 국토지리학회, 167~181쪽.

김경학, 2006,「정체성의 정치: 캐나다 시크사회를 중심으로」『한국문화인류학』 39(2), 129~168쪽.

김기혁·윤용출, 2006,「조선 - 일제 강점기 울릉도 지명의 생성과 변화」『문화역 사지리』18(1), 한국문화역사지리학회, 38~62쪽.

김선희, 2008,「『五萬分一地形圖』에 나타난 20세기 초 한반도의 지명 분포와 특 성」『대한지리학회지』43(1), 대한지리학회, 87~103쪽.

김순배, 2004,「地名 變遷의 地域的 要因: 16세기 이후 大田 지방의 漢字 地名을 사례로」『문화역사지리』16(3), 한국문화역사지리학회, 65~85쪽.

김순배, 2004,「地名 變遷의 地域的 要因에 關한 硏究: 16세기 이후 大田 지방의 漢字 地名을 사례로」, 한국교원대학교 석사학위논문.

김순배, 2009,「하천 지명의 영역과 영역화」『지명학』15, 5~31쪽.

김순배, 2009,「韓國 地名의 文化政治的 變遷에 關한 硏究: 舊 公州牧 鎭管 區 域을 中心으로」, 한국교원대학교 박사학위논문.

김순배, 2010,「지명의 스케일 정치: 지명 영역의 스케일 상승을 중심으로」『문 화역사지리』22(2), 15~37쪽.

김순배, 2010,「지명의 이데올로기적 기호화: 유교·불교·풍수 지명을 중심으로」 『문화역사지리』22(1), 33~59쪽.

김순배, 2010,「충청 지역의 지명 연구 동향과 과제」『지명학』16, 49~85쪽.

김순배, 2011,「명명 유연성에 따른 지명 유형과 문화정치적 의의」『한국지역지 리학회지』17(3), 270~296쪽.

김순배, 2011,「언어적 변천에 따른 지명 유형과 문화정치적 의의」『정신문화연 구』34(3), 229~257쪽.

김순배, 2011,「하남 지역의 지명 변천」『지명학』17, 61~104쪽.

김순배, 2012,「필사본『朝鮮地誌資料』충청북도편 해제」『조선지지자료 충 청북도편』, 충청북도문화재연구원, 1-14쪽.

김순배·김영훈, 2010,「지명의 유형 분류와 관리 방안」『대한지리학회지』45(2), 201~220쪽.

김순배·류제헌, 2008,「한국 지명의 문화정치적 연구를 위한 이론의 구성」『대한 지리학회지』43(4), 대한지리학회, 599~619쪽.

김용규, 2007,「스튜어트 홀과 영국 문화연구의 형성」『새한영어영문학』49(1), 새한영어영문학회, 1~29쪽.

김윤학, 1985,「땅이름 연구 방법론」『국어국문학』3, 건국대 국어국문학과, 12~20쪽.

김영훈·김순배, 2010,「지명의 영문 표기 표준화 방안에 관한 연구: 대안 제시를 중심으로」『한국지도학회지』 10(2), 41~58쪽.

김이열, 1965, 「한국 지방제도사 서설(1)」『법정논총』 10(2), 중앙대 법정대학 학생회, 78~110쪽.

김정태, 2006, 「'바위'(岩) 소재 지명어의 명명 근거와 전부지명소(1)」『지명학』 12, 한국지명학회, 33~66쪽.

김종택, 2004, 「일본 왕가의 본향 '고천원'은 어디인가」『지명학』 10호, 한국지명학회, 27~59쪽.

김종혁, 2009, 「<구한말 한반도 지형도>에 수록된 지명의 유형 분포」『문화역사지리』 21(2), 한국문화역사지리학회, 58-75쪽.

김진식, 2005, 「외부 준거에 따른 자연마을 명명」『지명학』 11, 한국지명학회, 21~66쪽.

남영우, 1996, 「고지명 「두모」 연구」『지리교육논집』 36.

남호엽, 2001, 「한국 사회과에서의 민족정체성과 지역정체성의 관계」, 한국교원대학교 박사학위논문.

도수희, 1976, 「이두사 연구」『인문과학논문집』 2(6), 충남대인문과학연구소.

도수희, 1984, 「백제어의 음운변화」『언어』 5, 충남대어학연구소.

도수희, 1991, 「고지명 와오표기의 해석 문제」『김영배선생화갑기념논업』, 경운출판사.

도수희, 1994, 「지명 연구의 새로운 인식」『새국어 생활』 4(1), 국립국어연구원.

도수희, 1996, 「지명 속에 숨어 있는 옛 새김들」『진단학보』 82, 진단학회.

도수희, 1997, 「지명 연구의 과제」『한국지명학회 창립 학술발표회 발표요지문』, 한국지명학회.

도수희, 2002, 「금강유역의 언어」『어문연구학회 전국학술대회 발표문』, 어문연구학회.

도수희, 2003, 「석좌강의: 국어사연구와 지명자료」『제30회 국어학회 전국학술대회 발표논문집』, 국어학회.

도수희, 2004, 「지명·왕명과 차자표기」『구결연구』 13, 구결학회.

도수희, 2005, 「榮山江의 어원에 대하여」『지명학』 11, 한국지명학회, 67~87쪽.

도수희, 2006, 「행정중심복합도시 지명 제정에 관한 제 문제」『지명학』 12, 한국지명학회, 69~89쪽.

도수희, 2008a, 「古代 地名의 改定과 그 功過」『한국어문교육연구회 제172회 학술대회 발표논문집』, 한국어문교육연구회.

도수희, 2008b, 「마을 이름으로 본 대전 지역의 고유어」『대전문화』 17, 335~359쪽.

도정일, 1992, 「문화이론, 문화, 상징질서, 일상의 삶－비판이론의 현대적 전개:

루이 알튀세르와 앙리 르페브르」,『문화과학』창간호, 117~134쪽.

루이 알튀세르(이진수 譯), 1997,「이데올로기와 이데올로기 국가장치」,『레닌과 철학』, 백의(Althusser, L., 1971, "Ideology and Ideological State Apparatus," in Lenin and Philosophy and Other Essays, New York: Monthly Review Press).

류연택, 2006,「스케일의 정치와 도시주택공간 생산」,『대한지리학회연례학술대회 발표논문요약집』, 대한지리학회, 37~38쪽.

류제헌, 1999,「충북정체성 탐구를 위한 인문지리학적 논의」,『충북학』창간호, 충북학연구소, 177~212쪽.

류제헌, 2005,「경합 장소로서의 계룡산」,『대한지리학회지』40(5), 대한지리학회, 553~570쪽.

박병철, 2006,「행정중심복합도시 명칭 제정의 경과와 전망」,『지명학』12, 한국지명학회, 91~128쪽.

박선웅, 2000,「스튜어트 홀의 문화연구: 이데올로기와 재현의 정치」,『경제와 사회』45, 149~171쪽.

박성종, 1996,「조선 초기 이두 자료와 그 국어학적 연구」, 서울대학교 박사학위논문.

박승규, 1995,「문화지리학의 최근 동향: '新'문화지리학을 중심으로」,『문화역사지리』7, 한국문화역사지리학회, 131~145쪽.

성희제, 2006,「지명어의 구성」,『지명학』12, 한국지명학회, 129~156쪽.

손정목, 1983,「일제침략초기 지방행정제도와 행정구역에 관한 연구(1)」,『지방행정』, 대한지방행정공제회.

안대회, 2010,「정조 어휘의 개정: '이산'과 '이성'」,『한국문화』52, 95~121쪽.

양보경, 1987,「조선시대 읍지의 성격과 지리적 인식에 관한 연구」, 서울대학교 박사학위논문.

양보경, 1994,「서울의 산수와 지명」,『역사비평』봄호, 역사문제연구소.

양보경·정치영, 2006,「한국 지명의 업무체계와 지명 업무의 활성화 방안」,『문화역사지리』18권 3호, 한국문화역사지리학회, 73~90쪽.

예경희, 1998,「충북 충주호의 지명분쟁」,『도시·지역개발연구』6, 9-19쪽.

이기봉, 2005,「≪靑邱圖≫와≪東輿圖≫의 지명 위치 비정에 대한 일고찰: 충청도의 해미현을 사례로」,『문화역사지리』17(1), 한국문화역사지리학회, 84~102쪽.

이돈주, 1971,「지명어의 소재와 그 유형에 관한 비교 연구: 지명의 유연성을 중심으로」,『한글학회 50돌 기념 논문집』, 한글학회, 281~315쪽.

이득재, 1992, 「언어이론, 바흐친의 유물론적 언어이론」『문화과학』2호, 85~106쪽.

이득재, 1996, 「바흐찐과 타자」, 고려대학교 박사학위논문.

이문영, 1995, 「예술적 진리와 대화적 다성성의 공존: M. 바흐찐 연구」, 서울대학교 석사학위논문.

이문영, 2000, 「바흐찐 이론과 사상의 체계적·통일적 전유를 위한 서론」『러시아어문학 연구논집』8(1), 한국러시아문학회.

이영희, 2006, 「지명 속에 나타난 북한 개성시의 자연경관특성」『대한지리학회지』41(3), 대한지리학회, 283~300쪽.

이욱, 2007, 「조선시대 노성 궐리사와 공자사당」『종교연구』47, 한국종교학회, 1~35쪽.

이정우, 1995, 「조선후기 懷德縣 士族의 鄕權掌握: 恩津宋氏를 中心으로」『충남사학』7, 충남대사학회, 1~30쪽.

이정우, 1997, 「17세기 호서지방 士族家門의 宗中活動 양상과 성격」『충남사학』9, 충남대사학회, 65~91쪽.

이정우, 1999, 「17~18세기 在地 老·少論의 분쟁과 書院建立의 성격: 충청도 論山地方 光山金氏와 坡平尹氏를 중심으로」『진단학보』88, 진단학회, 209~229쪽.

이정우, 2000, 「19~20세기 초 公州지방 儒林의 動向과 鄕村活動의 性格變化」『충남사학』11·12, 충남대사학회, 379~406쪽.

이철수, 1982, 「지명언어학연구서설(Ⅰ): 지명언어학 연구영역을 중심으로」『어문연구』35, 한국어문교육연구회.

이해준, 1998, 「지방 고문서의 조사, 수집과 과제」『고문서연구』11(1), 한국고문서학회, 53~69쪽.

이해준, 1999, 「향촌사회사 관련 자료발굴과 정리: 향촌 지배세력(인물·성씨) 자료를 중심으로」『고문연구』12(1), 한국고문연구회, 169~184쪽.

이해준, 2000, 「17세기 중엽 坡平尹氏 魯宗派의 宗約과 宗學」『충북사학』11·12, 충북대사학회, 331~350쪽.

이해준, 2004, 「光山金氏 墳菴 '永思菴' 資料의 性格-충남 논산지역 광산김씨 사례」『고문서연구』25, 한국고문서학회, 139~170쪽.

이해준, 2005, 「명재 尹拯家의 古文書와 典籍」『유학연구』12집, 충남대유학연구소, 89~101쪽.

이현재, 2005, 「정체성(Identity) 개념 분석: 자율적 주체를 위한 시론」『철학연구』71(1), 철학연구회, 263~292쪽.

이환곤, 1986, 「충청남도의 지명 연구」, 고려대학교 석사학위논문.

이희승, 1932, 「지명연구의 필요」『한글』1(2), 46~49쪽.

임병조, 2008, 「내포지역의 구성과 아이덴터티에 관한 연구」, 한국교원대학교 박사학위논문.

임병조·류제헌, 2007, 「포스트모던 시대에 적합한 지역 개념의 모색: 동일성(identity) 개념을 중심으로」, 『대한지리학회지』 42(4), 대한지리학회, 582~600쪽.

任先彬, 1990, 「公州 浮田大同契의 成立背景과 運營主體」, 『백제문화』 20, 공주 대백제문화연구소, 71~95쪽.

임승표, 2000, 「조선시대 읍호승강제 운용의 제 영향: 군 현민에 미치는 사회, 징치, 경세, 행성석 손익을 중심으로」, 『실학사상연구』, 무악실학회.

임용기, 1996, 「≪조선지지자료≫와 부평의 지명」, 『기전문화연구』 24, 141~210쪽.

장석홍 외, 2005, 「금강 문화권: 우리 역사문화의 갈래를 찾아서」, 역사공간.

전용우, 1994, 「호서사림의 형성에 대한 연구: 16~17세기 호서사족과 서원의 동향을 중심으로」, 충남대학교학교 박사학위논문.

전종한, 2002, 「역사지리학 연구의 고전적 전통과 새로운 노정: 문화적 전환에서 사회적 전환으로」, 『지방사와 지방문화』 5(2), 역사문화학회, 215~252쪽.

전종한, 2002, 「종족집단의 거주지 이동과 지역화 과정: 14~19세기를 중심으로」, 한국교원대학교 박사학위논문.

전종한·류제헌, 1999, 「영미 역사지리학의 최근 동향과 사회역사지리학」, 『문화역사지리』 11호, 한국문화역사지리학회, 169~186쪽.

정치영, 2005, 「마을명 분석을 통한 마을 입지 및 지역성 연구: 경기도와 함경도의 비교」, 『문화역사지리』 17권 2호, 한국문화역사지리학회, 58~73쪽.

정현주, 2006, 「사회운동의 공간성: 사회운동연구에 있어서 지리학적 기여에 대한 탐색」, 『대한지리학회지』 41(4), 470~490쪽.

조강봉, 2002, 「江·河川의 합류와 분기처의 지명연구」, 전남대학교 박사학위논문.

조병로, 1990, 「朝鮮時代 驛制 硏究」, 동국대학교 박사학위논문.

조주관, 2002, 「언어의 구심력과 원심력: 바흐찐의 언어철학을 중심으로」, 『성곡논총』 33(상), 성곡학술문화재단.

주성재, 2007, 「동해 명칭 복원을 위한 최근 논의의 진전과 향후 연구과제」, 『한국지도학회지』 7(1), 1~9쪽.

주성재, 2010, 「동해의 지정학적 의미와 표기 문제」, 『한국지도학회지』 10(2), 1-11쪽.

주성재, 2011, 「유엔의 지명 논의와 지리학적 지명연구에의 시사점」, 『대한지리학회지』 46(4), 443~465쪽.

진종헌, 2005a, 「금강산 관광의 경험과 담론분석: '관광객의 시선'과 자연의 사회적 구성」, 『문화역사지리』 17(1), 한국문화역사지리학회, 31~46쪽.

진종헌, 2005b, 「지리산 읽기: 유토피아적 도피처에서 근대적 국립공원으로의 변형: '산사람'의 도피적 삶을 중심으로」 『대한지리학회지』 40(2), 대한지리학회, 172~186쪽.

최범훈, 1987, 「경기도 서해안 고지계 지명고」 『기전문화』 2, 기전향토문화연구회.

최양규, 2007, 「중국 족보와 조선 족보의 비교 연구」, 홍익대학교 박사학위논문.

최진성, 2003, 「종교경관의 지리적 해석: 천주교 경관과 선교전략의 관계를 중심으로」, 한국교원대학교 박사학위논문.

한명희, 1972, 「春香傳의 地所研究: 路程記의 踏査를 中心해서」, 건국대 한국고유문화연구소·국어국문학회 문호.

한준수, 1998, 「신라 경덕왕대 군현제의 개편」 『북악사론』 5, 북악사학회.

허필숙, 1991, 「문화적 유물론에 대한 고찰」 『현상과 인식』 15(1), 한국인문사회과학원, 30~55쪽.

홍금수, 2004, 「역사지리학의 기초연구: 호서지방을 사례로」 『문화역사지리』 16(2), 한국문화역사지리학회, 1~35쪽.

홍금수, 2007, 「근대형 지역구조로의 이행과 지역패권의 선점을 위한 도시담론의 동원」 『문화역사지리』 19(1), 한국문화역사지리학회, 91~124쪽.

4. 外國 單行本/論文

Agnew, J., 2003, *Geopolitics: Re-visioning world politics*, London: Routledge.

Angehrn, E., 1985, *Geschichte und Identität*, Berlin: Walter de Gruyter.

Azaryahu, M. and Golan, A., 2001, "(Re)naming the landscape: The formation of the Hebrew map of Israel 1949~1960," *Journal of Historical* Geography, 27(2), pp.178~195.

Azaryahu, M., 2001, "Water towers: A study in the cultural geographies of Zionist mythology," *Ecumene*, 8(3), pp.320~339.

Azaryahu, M., 2011, "The Critical Turn and Beyond: The Case of Commemorative Street Naming," ACME: An International E-Journal for Critical Geographies, 10(1), pp.28~33.

Baldwin, E., et al., 2004, *Cultural Studies*, New York: Prentice Hall.

Barnett, C., 1999, "Deconstructing context: exposing Derrida," *Transactions of The Institute of British Geographers*, 24(3), pp.277~298.

Bender, B., 2001, "Book reviews: Material culture in the social world," *Ecumene*, 8(3), pp.360~362.

Benwell, B. and Stokoe, E., 2006, *Discourse and Identity*, Edinburgh: Edinburgh University Press.

Berg, L.D. and Duncan, J.S. and Cosgrove, D., 2005, "Classics in human geography revisited(Social formation and symbolic landscape): Commentary 1, 2, Author's response," *Progress in Human Geography*, 29(4), pp.479~482.

Berg, L.D., 2011, "Banal Naming, Neoliberalism, and Landscapes of Dispossession," ACME: An International E-Journal for Critical Geographies, 10(1), pp.13~22.

Castells, M., 2004, *The Power of Identity*, Massachusetts: Blackwell, 정병순 譯, 2008, 정체성 권력, 한울아카데미.

Choi, Jinyoung and Kwon Youngrak, 2006, "Naming of Undersea Features in the East Sea," *Journal of the Korean Geographical Society*, 41(5), pp.623~629.

Choo, Sungjae, 2006, "International Practices of Naming Undersea Features and the Implication for Naming Those in the East Sea," *Journal of the Korean Geographical Society*, 41(5), pp.630~638.

Claval, P., 1998, "Regional Consciousness and Identity," in *An Introduction to Regional Geography*, trans. Thompson, I., Oxford: Blackwell, pp.138~160.

Cloke, P., 1999, "Self-Other," in Cloke, P., et al.(eds.), *Introducing Human Geographies*, London: Arnold, pp.43~53.

Cohen, S.B. and Kliot, N., 1992, "Place-names in Israel's ideological struggle over the administrated territories," *Annals of the Association of American Geographers*, 82(4), pp.653~680.

Cosgrove, D. and Jackson, P., 1987, "New Directions in the Cultural Geography," *Area*, 19(2), pp.95~101.

Cox, K.R., 1996, The difference that scale makes, *Political Geography*, 15(8), pp.667~669.

Crang, M., 1998, *Cultural Geography*, London & New York: Routledge, pp.102~103.

Crang, P. and Mitchell, D., 2000, "Editorial," *Cultural Geographies*, 7(1), pp.1~6.

Davis, J.S., 2005, "Representing Place: "Deserted Isles" and the Reproduction of Bikini Atoll," *Annals of the Association of American Geographers*, 95(3), pp.607~625.

Delaney, D. and Leitner, H., 1997, "The political construction of scale, *Political Geography*, 16(2), pp.93~97.

Deleuze, G. and Guattari, F., *What is Philosophy?*(French original 1991), trans. Graham Burchell and Hugh Tomlinson, 1994, London: Verso.

Duncan, J.S., 1980, "The superorganic in American cultural geography," *Annals of the Association of American Geographers,* 70(2), pp.181~198.

Eagleton, T., 1994, *Ideology,* London: Longman.

Edgar, A. and Sedgwick, P.(eds.), 2002, *Cultural Theory: The Key Concepts,* London: Routledge, 박명진 외(譯), 2003, 문화 이론 사전, 한나래.

Entrikin, J.N., 1994, "Place and Region," *Progress in Human Geography,* 18(1), pp.227~233.

Entrikin, J.N., 1997, "Place and region 3," *Progress in Human Geography,* 21(2), pp.263~268.

Escobar, A., 1997, "Cultural politics and biological diversity: State, capital, and social movements in the Pacific Coast of Colombia," in L. Lowe and D. Llord(eds.), *The Politics of Culture in the Shadow of Capitalism,* Durham, N.C.: Duke University Press, pp.201~226.

Hagen, J., 2011, "Theorizing Scale in Critical Place-Name Studies," ACME: An International E-Journal for Critical Geographies, 10(1), pp.23~27.

Hall, S and du Gay, P.(eds.), 1996, *Questions of Cultural Identity,* Thousand Oaks: Sage.

Hall, S., 1992, "Encoding/decoding," in Stuart Hall, Dorothy Hobson, Andrew Lowe and Paul Wills(eds.), *Culture, Media, Language,* London: Routledge, pp.128~138.

Hall, S., 1992, "The question of cultural identity," in Stuart Hall, et al.(eds.), *Modernity and its Futures,* London: Open University Press, 김수진(譯), 2000, "문화적 정체성의 문제," 모더니티의 미래, 현실문화연구, pp.320~385.

Hester, J.T., 1999, *Place-making and the cultural politics of belonging in a mixed Korean/Japanese locale of Osaka, Japan,* Unpublished Ph.D. Dissertation in Anthropology, University of California, Berkeley.

Hong, K.S., 2000, "The Poetics and Politics of Culture: A critical rethinking of cultural geography," *Journal of Cultural and Historical Geography,* 12(2), pp.97~124.

Jackson, P., 1995, Maps of Meaning: *An introduction to cultural geography,* London: Routledge.

Jackson, P., 2000, "Rematerializing social and cultural geography," *Social & Cultural Geography,* 1(1), pp.9~14.

Jones, K., 1998, "Scale as epistemology," *Political Geography,* 17(1), pp.25~28.

Kelly, P., 1997, "Globalization, power and the politics of scale in the Philippines", Geoforum, 28(2), pp.151~171.

Kenny, M., 2004, *The Politics of Identity,* Cambridge: Polity Press.

Kim, Sun-Bae, 2010, "The Cultural Politics of Place Names in Korea: Contestation of

Place Names' Territories and Construction of Territorial Identity," The Review of Korean Studies, 13(2), pp.161~186.

Kim, Sun-Bae, 2012, "The Confucian Transformation of Toponyms and the Coexistence of Contested Toponyms in Korea," *Korea Journal*, 52(1), pp.105-139.

Kingsbury, P., 2007, "The extimacy of space," *Social & Cultural Geography*, 8(2), pp.235~258.

Knight, D.B., 1982, "Identity and territory: geographical perspective on nationalism and regionalism," *Annals of the Association of American Geographers*, 72(4), pp.517~518.

Kurtz, H., 2003, "Scale frames and counter scale frames: constructing the problem of environmental injustice," *Political Geography*, 22, pp.887~916.

Lewis, M.W. and Wigen, K.E., 1997, *The Myth of Continents: A Critique of Metageography*, Berkeley and Los Angeles: University of California Press.

Light, D., 2004, "Street names in Bucharest, 1990~1997: exploring the modern historical geographies of post-socialist change," *Journal of Historical Geography*, 30(1), 154~172.

Lorimer, H. and Mitchell, D. and Jackson, P., 2005, "Classics in human geography revisited(Maps of meaning: an introduction to cultural geography): Commentary 1, 2, Author's response," *Progress in Human Geography*, 29(6), pp.746~747.

Marston, S.A., 2000, "The social construction of scale," *Progress in Human Geography*, 24(2), pp.219~242.

Massey, D. and Jess, P.(eds.), 1995, *A Place in the World? Place, Culture and Globalization*, Cambridge: Cambridge University Press.

Mayhew, R., 2006, "Reviews: History, Theory, Text: Historians and the Linguistic Turn, London, Harvard University Press," *Journal of Historical Geography*, 32, pp.227~228.

Mitchell, D., 2000, Cultural Geography: A Critical Introduction, Oxford: Blackwell, 류제헌 외(譯), 2011, 문화정치 문화전쟁: 비판적 문화지리학, 살림.

Mitchell, W.J.T.(ed.), 1994, *Landscape and Power*, Chicago: University of Chicago Press.

Nash, C., 1999, "Irish placenames: post-colonial locations," *Transactions of the Institute of British Geographers*, 24(4), pp.457~480.

Park, Kyonghwan, 2005, "The Urban Spaces and Politics of Hybridity: Repoliticizing the Depoliticized Ethnicity in Los Angeles Koreatown," *Journal of the Korean Geographical Society*, 40(5), pp.473~490.

Pêcheux, M., 1975, *Language, Semantics and Ideology,* trans., Nagpal, H., 1982, London: The Macmillan Press.

Pred, A., 1992, "Languages of everyday practice and resistance: Stockholm at the end of the nineteenth century," in A. Pred and M.J. Watts(eds.), Reworking *Modernity: Capitalisms and Symbolic Dissent,* New Brunswick: Rutgers University Press, pp.118~154.

Relph, E., 1976, *place and placelessness,* London: Pion, 김덕현 외(譯), 2005, 장소와 장소상실, 논형.

Rose, G., 1995, "Place and identity: a sense of place," in Massey, D. and Jess, P.(eds.), *A Place in the World? Place, Cultures and Globalization,* Cambridge: Cambridge University Press.

Rose-Redwood, R. and Alderman, D., 2011, "Critical Interventions in Political Toponymy," ACME: An International E-Journal for Critical Geographies, 10(1), pp.1~6.

Rose-Redwood, R., 2011, "Rethinking the Agenda of Political Toponymy," ACME: An International E-Journal for Critical Geographies, 10(1), pp.34~41.

Ryu, Je-Hun, 2000, "Power, Ideology and Symbolism in Korean Urban Landscape," *The 29th IGC Seoul Abstracts,* pp.460~461.

Ryu, Je-Hun, 2000, *Reading the Korean Cultural Landscape,* Hollym.

Ryu, Je-Hun, 2005, "Kyeryong Mountain as a Contested Place," *Journal of the Korean Geographical Society,* 40(5), pp.553~570.

Sack, R.D., 1986, *Human Territoriality: Its theory and history,* Cambridge: Cambridge University Press.

Schiller, N.G., 1997, "Cultural Politics and the Politics of Culture," *Identities,* 4(1), pp.1~7.

Sung, Hyo-Hyun, 2006, "Activities on Naming Undersea Features in Korea," *Journal of the Korean Geographical Society,* 41(5), pp.600~622.

Taylor, P., 1999, "Places, spaces and Macy's: place-space tensions in the political geography of modernities," *Progress in Human Geography,* 23(1), pp.7~26.

Thoburn, N., 2005, "Book Review: Deleuze and geophilosophy: a guide and glossary," *Progress in Human Geography,* 29(1), pp.97~98.

Tuan, Yi-Fu, 1977, Space and Place: The Perspective of Experience, Minneapolis: University of Minnesota Press.

Valentine, G. and Skelton, T., 2007, "The right to be heard: Citizenship and language," *Political Geography,* 26, pp.121~140.

Voloshinov, V.N., 1973, *Marxism and the Philosophy of Language,* New York and London: Seminar Press, 송기한(譯), 1988, 마르크스주의와 언어철학, 한겨레.

West, C., 1994, "The New Cultural Politics of Difference," in Seidman, S.(ed.), The *Postmodern Turn: new perspectives on social theory,* Cambridge: Cambridge University Press, pp.65~81.

Whatmore, S., 2006, "Materialist returns: practising cultural geography in and for a more-than-human world," *Cultural Geographies,* 13, pp.600-609.

Whelan, Y., 2011, "(Inter)national Naming: Heritage, Conflict and Diaspora," ACME: An International E-Journal for Critical Geographies, 10(1), pp.7~12.

Williams, R., 1977, *Marxism and Literature,* Oxford: Oxford University Press.

白鳥庫吉, 1895~1896, "朝鮮古代地名考," 史學雜誌, 6編 10·11號, 7編 1號.

논문요약

인간은 구체적인 형상을 지닌 공간을 얻어야 이름나게 된다. 이러한 경험적 사유는 공간의 구체적 형상을 드러내는 이름 짓기(place naming)로 인해 가능한 것이다. 이와 같은 맥락에서 땅이름인 지명은 공간의 내외와 그 사이에 자리한 무수한 존재들에 형상과 윤곽을 새기며 그것을 다른 존재와 구별하고 지시하게 된다.

지명의 지시와 구별 기능은 다양한 사회적 주체들의 아이덴티티(identity)와 이데올로기(ideology)를 재현하고 구성하는 수준으로 확대되어, 지명의 의미와 의미 생산을 둘러싼 상이한 주체들 간의 갈등과 경합에 주목하는 문화정치(cultural politics)로 연결되기도 한다. 이 때 지명과 사회적 주체 사이의 관계를 이해하기 위해서는 이 관계에 함축되어 있는 수평적 공간의 공시성과 수직적 시간의 통시성을 적절한 접점에서 통합해 분석하는 다학문적인(multidisciplinary) 시각과 방법이 요구된다.

한반도에서는 수천 년의 역사와 경계·점이 지대라는 지정학적 위치에 따라 정치·사회적 격변과 문화 변동이 끊임없이 발생하였다. 이 과정에서 상이한 사회적 주체들이 상호 갈등하고 경합하는 권력관계(power relations)가 양산되었다. 더욱이 사회적 신분의 차별에 따른 언어생활의 분열은 일정한 권력관계와 연결되어 복수 지명이 상호 대립하며 공존하는 이른바 경합 지명(contested place name)이 발달하는 배경이 되었다. 이와 같은 한국 지명의 경합적 성격은 문화전쟁(culture wars)에 초점을 맞추어 연구하는 문화정치의 연구 주제로 적합한 것이다.

한 가지 특성으로 단정 짓기 어려운 한국 지명의 다양성과 복잡성은 전통 문화지리학이 수행해 온 언어 내적인 형태적 지명 연구를 극복하는 새로운 연구 방법론을 요구하고 있다. 이러한 요구에 부응하는 신문화지리학(new cultural geography)의 문화정치는 사회적 주체들이 문화의 의미를 둘러싸고 벌이는 갈등과 경합의 권력관계를 연구하는 분야로 한국 지명을 둘러싼 사회적 주체들 간의 권력관계를 분석하는데 효과적인 방법론을 제공한다. 한국 지명을 문화정치적 관점과 방법으로 연구하기 위한 당위성은 이제 지리적이고 공간적인 실천 수준에서 입증되어야 한다.

이러한 인식을 기초로 하여 본 연구가 지향한 문화정치적 지명 연구는 한국 지명의 생성과 변천 과정을 통해 사회적 주체가 지니고 있는 아이덴티티와 이데올로기가 재현되고 구성되는 과정을 분석하려는데 목적이 있다. 그리고 공간 – 주체 – 권력 간의 상호 작용이 구체적인 장소와 영역 수준에서 경합되는 문화정치의 다양한 양상을 지명과 권력관계를 매개로 고찰하려는 목적을 지닌다. 이를 통해 본 연구는 한국 지명이 지닌 문화정치적 변천의 특성과 지명 영역의 변동 양상을 규명하려 하였다.

본 연구는 한국 지명에 대한 문화정치적인 연구를 위해 세 가지 논의가 필요함을 인식하였다. 먼저 한국 지명의 문화정치적 연구를 위한 지리적인 이론 구성의 논의가 필요하다. 그 다음으로 이로써 마련된 이론 논의가 사례 지역에 적용 가능한 가를 확인하는 공주목 진관 지명의 유형과 문화정치적 의의 분석이 요구된다. 끝으로 지명을 둘러싼 문화정치가 가시적인 공간으로 표출되는 지명 영역의 경합과 변동 양상을 실증적으로 사례 분석하는 것이다. 이와 같은 세 가지 논의로 구성된 본론의 내용을 요약하면 아래와 같다..

1. 지명의 아이덴티티 재현과 영역 경합

한국의 지명은 자연과 사회적 주체를 지칭하고 재현하여 장소 아이덴티티의 재현과 구성에 개입한 역사적 내용을 풍부하게 지니고 있다. 또한 다양한 사회적 주체들이 자신들의 이데올로기적 가치 평가를 근거로 지명을 이데올로기적 기호(ideological sign)로 만들거나 지명의 구심력과 원심력을 이용하여 권력관계를 지명의 영역에 실천하여 왔다. 사회적 주체의 아이덴티티와 이데올로기가 지명에 투영되는 과정은 장소 아이덴티티가 구성되는 과정이기도 하며, 이러한 과정에는 반드시 포함과 배제라는 권력관계가 적극적으로 작용하고 있다. 이와 같은 복합적인 과정은 결과적으로 공간의 형상화를 동반하므로, 지명 영역의 형성과 경합은 물론 지명 스케일의 변동을 설명하고 해석하기 위한 이론 구축이 요구된다. 이러한 인식 위에서 본 연구는 장소 아이덴티티(place identity), 영역 경합(territorial contestation), 스케일 정치(politics of scale)라는 세 개념을 기초로 하여 한국 지명을 문화정치적으로 연구하기 위한 지리적인 이론 구성을 다음과 같이 시도하였다.

1) 지명은 장소 아이덴티티(place identity)를 재현하고 구성한다. 이와 관련하여 지명은 자연, 사회적 주체, 타자를 지칭할 뿐만 아니라 이들의 아이덴티티를 재현하여 장소 아이덴티티의 구축을 실현한다. 지명의 기능은 자연, 주체, 타자를 지칭하여 특정한 존재가 있음을 언어적, 시각적, 물리적으로 확증해 주는 것이다. 이러한 기능은 사회적 주체에 대한 공간적 정보를 타자에게 제공해 주는데 그치지 않고, 사회적 주체가 지닌 아이덴티티와 이데올로기를 대외적으로 표상하여 사회적 주체의 현존성을 확인해 준다.

한국의 지명이 사회적 주체의 아이덴티티를 재현하는 과정은 '지명 명명'과 '지명 인식'이라는 두 가지 과정으로 진행되어 왔다. 여기에서 지명 명명 과정은 내부적 아이덴티티(안게른의 수적 – 질적 – 자아 아이덴티티와 지명 명명)와 외부적 아이덴티티(카스텔의 정당화 – 저항 – 기획 아이덴티티와 지명 명명)를 재현하는 선택적인 과정을 거쳐 왔다. 사회적 주체가 자신의 아이덴티티를 근거로 외부에 존재하는 지명을 인식하는 과정을 분석할 때는 페쇠의 동일시 이론(동일시 – 역동일시 – 비동일시)과 홀의 디코딩 이론(지배적 헤게모니적 – 타협적 – 대항적 위치)이 적용될 수 있다. 이들 이론은 특정한 사회적 주체가 지명을 대상 또는 수단으로 하여 일정한 아이덴티티를 포함하고 배제하는 과정을 이해하는데 도움이 된다. 또한 바흐찐의 이데올로기적 기호 이론은 특정한 이데올로기가 하나의 지명에 반영되는 과정, 즉 이데올로기적 기호화를 분석하는데 상대적으로 유용하다.

특정한 사회적 주체가 하나의 지명을 매개로 자기 자신의 아이덴티티와 이데올로기를 재현하는 과정은 곧 자기 고유의 장소 아이덴티티를 구성해 가는 과정이다. 장소 아이덴티티는 사회적 주체가 장소와 맺는 관계에 기초하고 있으며, 이러한 장소 아이덴티티를 재현하는 지명 사례들은 한반도 전역에서 풍부하게 발견된다. 그 대표적 사례로는 종족에 대한 소속감을 표상하는 성씨 지명, 군현에 대한 소속감을 표상하는 촌락 지명, 특정한 중국 고사를 재현하는 지명, 그리고 일제 시대에 명명된 일본식 지명 등이 있다.

2) 권력관계를 통해 지명 영역은 경합(territorial contestation)되고 변동된다. 사회적 주체가 특정한 지명을 인식하는 과정은 곧 우리와 그들을 구별하는 포함과 배제의 과정이며, 여기에는 가치 평가를 실천하는 권력관계가 필연적으로 영향을 미친다. 특정한 사회적 주체가 하나의 지명을 권력을 실천하는 매개이자 수단으로 활용하면서, 그 지명은 일정한

스케일의 지명 영역을 형성하고 타자들이 생산한 지명 영역과 경합하게
된다. 상이한 지명 영역 간의 경합은 영역 내의 유력한 사회적 주체가
자신들의 아이덴티티를 관리하고 확장하려는 영역성을 강화시키고, 영
역 내부의 아이덴티티가 강화되어 영역 외부로 확장되는 영역화 과정으
로 진행되기도 한다. 이러한 일련의 과정에서 바흐찐이 언급한 지명을
통일시키고 표준화하려는 구심력과 획일적인 지명에 저항하고 다양화하
려는 원심력이 사회적 주체들의 권력관계에 의해 작동될 수 있다.

3) 지명을 매개로 하는 영역 경합 과정에는 스케일 정치(politics of
scale)가 작용하고 있다. 사회적 주체에 의해 재현되고 전유된 지명에는
일정한 스케일의 경계와 영역을 획득하고 자신의 영역을 더욱 확장해 나
가는 과정이 존재한다. 이 과정은 바로 스케일을 사회적이고 정치적으로
구축하는 과정이며 특정한 사회적 주체가 자신들의 의도와 목적을 실현
하기 위해 기존의 스케일을 축소하고 확대하거나, 전혀 새로운 스케일을
창조하는 스케일 정치의 과정이다. 그러므로 사회적 주체가 권력관계를
통하여 지명의 영역을 인위적으로 축소하고 확장하는 과정은 스케일 하
강(scaling down)과 스케일 상승(scaling up)이라는 스케일 전략이 담긴
스케일 정치의 관점에서 분석해야 한다.

2. 공주목 진관 지명의 유형과 문화정치적 의의

공주목 진관 구역의 위치와 영역이 지닌 경계적·점이적 성격은 다양
한 사회적 주체들의 거주와 이동에 영향을 미치면서, 이들에 의한 다양
한 지명 생성과 변천 유형을 양산하였다. 이러한 사실을 기초로 하여 본
연구는 공주목 진관 지명의 일반적 유형과 그 안에서 포착되는 문화정치

적 의의를 언어적 변천(linguistic change), 명명 유연성(named source), 경합(contestation)이라는 세 가지 측면에서 분석하였다.

1) 공주목 진관 지명의 언어적 변천(linguistic change)에 따른 유형을 살펴보고, 이러한 언어적 변천 양상이 특정한 사회적 주체들의 권력관계에 의해 활용되거나 변용되는 언어−사회적인 과정을 포착하였다. 본 연구는 언중들에 의해 일상 언어생활에서 부지불식중에 비의도적으로 발생하는 지명의 표기 변화와 음운 변화, 그리고 이를 포함한 音借, 訓借, 訓音借, 받처적기법 등의 표기가 복합적으로 나타나는 이두식 표기의 지명들을 분석하였다. 이로써 공주목 진관 지명들의 순수한 언어적 변천 유형과 함께 이들 유형 내에 문화정치적인 변용 및 해석의 가능성이 내재해 있음을 확인하였다.

표기 한자의 변화를 고려한 '표기 변화 지명'은 고유 지명이나 한자 지명을 다른 한자로 取音, 取義, 取形하거나 표기자가 탈락, 치환되어 변천된 지명들을 말한다. 일례로 '公州', '儒城', '너분들(光里)' 등은 음차 표기로 변화된 전부 지명소 '公', '儒', '光'을 표기자의 뜻(訓)을 중심으로 해석하거나 인식하면서 새로운 지명 인식이 발생하게 된 사례들이다. 이와 같은 표기 변화의 비의도적인 발생과는 달리 특정한 사회적 주체에 의해 표기 한자가 의도적으로 변경된 '미화 지명'도 같은 경우에 해당된다. 특정 지명의 표기 문자를 거부하거나 부정적으로 인식(비동일시)하여 다른 긍정적이고 좋다고 판단되는 한자로 미화하거나 아화한 '獄거리>玉巨里', '도둑골>道德洞', '피천말>碑선말' 등이 해당된다. 특히 남북 분단의 대치 상황에서 반공 이데올로기에 의해 특정한 표기 한자(赤 : 빨갱이)가 거부되어 변천된 '赤谷面>長坪面'의 사례와 촌락 내 지배적인 사회적 주체(班村)가 기존 지명(下所田)을 거부하고 비동일시하여 피지배자 집단(民村)의 이름(上所田)을 빼앗아 헤게모니적으로 지명을 변경한 '下所田>上所田' 사례가 주목된다.

음운 변화가 표기에 반영되어 변천된 '음운 변화 지명'은 지명 인식의 다양성을 발생시켰다. 시대에 따른 지명의 음운 변화 결과는 지명 표기에 반영되어 새로운 지명 해석과 인식을 초래하였다[토홍리(土興里)＞통리＞동리(桐里＞東里)＞등이]. 이들 중 일부는 특정한 사회적 주체들에 의해 활용 및 변용되어 그들의 이데올로기를 반영하는 한자로 음운 변화를 표기하는 결과를 낳기도 하였다. 예를 들면 '有禮'라는 지명은 그곳에 거주하는 유교적 소양을 지닌 사족들에 의해 '이블내(伊火川)＞이블래＞이을래＞이으래＞유래'의 음운 변화 결과를 그들의 이데올로기를 재현해 주는 '유례(有禮)'로 표기한 것이다.

한자의 음(음차)과 훈(훈차), 훈음(훈음차)을 빌어 차자 표기한 '이두식 지명'은 한국적인 독특한 지명 표기 방식이다. 일례로 '넓은 산'이란 의미를 지닌 것으로 추정되는 '너븐달(仍火達)'이란 지명은 '仍火'가 '넓은'을 뜻하는 '너블~내블~너벌'의 음차＋훈음차 표기이며, '達'은 후부 지명소로서 '山'의 의미를 지닌다. 한편 이두식 지명 중 받쳐적기법(訓主音從法)에 의해 표기된 지명으로는 '버드내(柳等川)', '바리고개(鉢里峙)', '흘림골(流林洞)' 등이 있다. 그런데 이두식 지명은 후대로 오면서 지명소의 탈락과 변형 등이 심하여 그 원형이 지속되는 경우가 희박하다. 이러한 이두식 표기 지명은 사회적 주체들에 의해 자신들의 아이덴티티와 이데올로기를 재현하거나 권력관계를 행사하는 수단으로 사용되면서 문화정치적으로 활용될 가능성을 내포하고 있다.

2) 공주목 진관 지명들은 지명소, 특히 전부 지명소의 명명 유연성(named source)에 따라 '자연적 지명', '사회·이념적 지명', '역사적 지명', '경제적 지명' 등의 지리－사회적인 유형으로 분류된다. 이러한 유형의 지명들은 다양한 사회적 주체의 장소 아이덴티티와 이데올로기를 재현하거나 이들의 권력관계로 인해 지명이 변천되는 지명들도 있기 때문에 문화정치적인 적용 가능성을 지니고 있다.

전부 지명소의 명명 유연성이 자연 지리적 특성과 관련된 '자연적 지명'은 지명이 생성된 장소의 지형을 반영하는 '지형 지명'과 장소의 동서남북 방위, 전후 등의 위치와 그 순서를 표현하는 '방위 및 숫자 지명'이 있다. 지형을 유연성으로 하는 지형 지명들은 다른 자연적 지명들에 비해 그 유연성 내지는 유래가 정확하며 가시적인 형태 확인이 가능하다. 지형 지명은 지명이 지칭하는 장소의 지형적 특성과 관련되어 각각 산지와 하천의 분기 지형[가래울(楸洞·楸木里) 등의 '가르'계 지명]과 합류 지형[은골·어은골(隱洞·魚隱洞) 등의 '얼'계 지명], 평지로 돌출한 선상 구릉 지형[돌고지(乭串之里)·고지말(花村)·들꽃미(野花) 등], 하천 곡류 지형[무드리·몰도리(水回里·水圖里)] 등이 포함된다. 이들 지형 지명들은 일반적으로 언중들의 유연성 인식에 깊이 각인되어 있고 지명 변천에 있어서도 강한 존속성을 보이므로 문화정치적인 접근을 쉽게 허락하지 않는 경향이 있다. 다만 '얼'계 지명인 '은골(隱洞)'은 표기자인 '隱'자가 은일자를 동경하는 특정한 사회적 주체들에 의해 은둔 사상을 재현하는 지명으로 인식되기도 한다. 한편 '東一面', '東二面' 혹은 '一里', '二里' 등과 같은 방위 및 숫자 지명은 언중들에 의해 자생적으로 생성된 지명이 아니라, 지방 행정 권력에 의해 획일적으로 부여되었기 때문에 현대로 오면서 대체로 소멸되는 경향이 나타난다.

지명의 명명 유연성이 사회적 주체의 사회적 소속을 표현하거나 특정 사회의 주요 이념과 사상을 반영하는 '사회·이념적 지명'은 특정한 종족 촌락임을 나타내는 종족촌 및 산소 관련 성씨 지명[姜村(晋州 姜氏) — 閔村(驪興 閔氏) — 李村(慶州 李氏), 宋山所(恩津 宋氏) — 韓山所(淸州 韓氏) — 朴山所(高靈 朴氏) 등]과 군현의 경계 지역에서 소속 군현의 명칭을 전부 지명소로 표기한 군현명 표기 지명[魯城편·恩津뜸 등]이 있다. 또한 사회의 특정 이념을 반영하고 있는 유교 지명[三綱 및 五常 관련 지명(忠谷里·山所里 등), 유교적 관념 관련 지명(崇文洞·文學洞

등), 유교적 신분 및 시설 관련 지명(祠宇村·永慕里 등), 중국의 고사·
경전·유적을 인용한 지명(魯城·闕里村·子陵臺 등)]과 불교 지명(彌勒
院>美堂里·金剛院>琴江里 등), 풍수 지명[불뭇골(鳳舞洞)·쇠방골(棲
鳳洞) 등] 등이 포함된다. 대체로 사회·이념적 지명들은 문화정치적 속
성이 강하게 반영되어 있기 때문에 지명 의미를 둘러싼 사회적 주체 간
의 경합과 갈등 양상에 주목하는 문화정치적 지명 연구와 깊이 관련되어
있다. 특히 사회·이념적 지명들은 사회적으로 지배적인 위치에 있던 상
층민들에 의해 생성된 경우가 많다.

역사 및 전설 지명[범내미(凡南)·관골(寬洞)·범재(虎峴) 등]과 일본
식 지명[大和町·昭和町·本町一丁目 등]이 포함된 '역사적 지명'은 지
명 생성의 시간적 측면에 주목하여 분류한 유형이다. 이들 지명은 생성
과정에 있어 일정한 역사적 사실과 사건, 지명 전설 등이 개입되어 명명
되었다. 특정한 사회적 주체들은 역사적 지명들을 매개로 자신들이 거주
하는 장소의 의미를 국가적인 유명한 역사적 사실이나 특정한 종족의 전
설과 연관시켜 동일시하였다. 이를 통해 거주 장소에 특별한 의미를 부
여하면서 일정한 장소감이나 장소 아이덴티티를 생성하기도 하였다.

'경제적 지명'은 특정한 하층민이 거주하던 전산업시대의 생산 및 서
비스 관련 지명들로써, 산업 지명[갓점(笠店)·白丁村·農所 등]과 상업
지명[앞술막·東酒幕·가루전골(粉塵里) 등]이 포함된다. 경제적 지명들
은 조선 시대 경제 활동에 대한 상류층의 멸시와 사회의 부정적인 평가로
인해 비동일시되었고, 후대로 오면서 대체로 소멸하는 경향이 나타났다.

3) 공주목 진관 지명의 경합(contestation)에 따른 유형 분류는 지명
경합과 영역 변동을 경험한 지명들로 구성되어 있다. 지명 경합과 영역
변동의 과정에는 권력관계가 작용하는 경우가 발견되기 때문에 정치 -
사회적인 성격을 띤다. 이 유형에는 지명소의 경합과 통일 양상에 따라
경합 지명과 표기 방식 통일 지명이 있으며, 후부 지명소의 영역 변화에

따라 영역이 확대되거나 축소되는 지명이 포함된다.

'경합 지명'이란 하나의 장소가 두 가지 이상의 서로 다른 지명으로 지칭될 경우, 그 장소의 이름으로 전용되기 위해 서로 경합하는 지명들을 가리킨다. 경합 지명에는 특히 불교 지명과 유교 지명 간의 경합[佛堂골 / 友德, 불당골 / 書堂洞 등]과 고유 지명과 유교 지명 간의 경합 사례(유래·伊火川 / 有禮·院村 등) 등을 확인할 수 있다. 경합 지명의 내부에는 사회적 주체들 사이에 갈등하는 권력관계가 작용하고 있는 경우가 있다. 특히 경합하는 지명들의 배후에 각각의 지명을 선호하고 후원하는 상이한 사회적 주체가 지명 언중으로 포진해 있을 경우 이러한 지명들 간의 경합 양상은 문화정치적인 관점에 의한 관찰과 분석이 필요하다. 한편 특정한 사회적 주체들이 지명을 대상으로 행사하는 구심력에 의해 동일한 표기자와 표기 방식으로 지명이 표준화되는 '표기 방식 통일 지명'이 있다. 표기 방식 통일 지명은 통일적인 표기 방식이 작동되는 지리적 스케일에 따라 국가적(중앙 권력에 의한 전국 단위의 지명 개정 사례), 지역적, 국지적 스케일로 구분된다. 경합 지명과 표기 방식 통일 지명의 생성과 변천에는 특정한 사회적 주체의 권력관계가 개입되기도 하며, 지배적인 아이덴티티나 이데올로기가 교체될 경우 경합의 우열과 표기 방식의 특성이 변형되기도 한다.

후부 지명소가 지칭하는 행정 단위(道市郡區邑洞面里), 즉 지명 영역의 변화에 따라 '영역 확대 지명'[論山里(놀뫼)>論山市, 窺岩里>부여군 窺岩面 등]과 '영역 축소 지명'[南扶餘(국호)>扶餘郡 扶餘邑, 韓山郡>서천군 韓山面, 德恩縣>논산시 가야곡면 삼전리 德恩堂, 노성현 豆寺面>노성면 豆寺里 등]이 분류된다. 그런데 후부 지명소의 영역 변화는 단순한 지명 표기의 변천만을 의미하는 것이 아니라 영역 변동에 작용한 사회적 주체의 권력관계가 바뀌었음을 뜻한다. 지명 영역의 변화에는 지명을 둘러싼 사회적 주체들 간의 문화전쟁과 일정한 영역을 자기의 것으로 차지하기 위한 영역 싸움을 반영한다는 측면에서 문화정치적인 속성이 담겨 있다.

3. 지명 영역의 경합과 변동

다양한 사회적 주체들이 공주목 진관 지명을 둘러싸고 벌이는 문화정치는 지명 영역이 형성, 경합, 분화되는 다양한 경로와 양상을 전개시켰다. 사회적 주체들은 특정한 이데올로기적인 지명을 부여하고 장소 아이덴티티를 재현하는 지명을 생산하면서 자신들의 영역성을 구축하거나 강화해 나갔다. 이러한 과정은 다른 사회적 주체와 지명 영역 사이에 작용하는 권력관계에 의해 지명 영역이 확장, 축소, 쟁탈되는 영역화 양상으로 확대되기도 하였다. 본 연구는 지명에 내재된 경계와 영역의 형성, 경합, 분화에 영향을 미치는 주요 인자를 사회적 주체들에 의한 장소 아이덴티티와 이데올로기 재현, 그리고 사회적 권력관계에서 찾았다. 이를 규명하는 작업으로 영역(territory), 영역성(territoriality), 영역화(territorialization)라는 세 개념을 중심으로 지명 영역의 형성과 경합, 아이덴티티 재현 지명과 영역성 구축, 마지막으로 권력을 동반한 지명의 영역화를 사례 분석하였다.

1) 지명 영역(territory)의 형성과 경합 양상을 분석하였다. 이를 통해 지명 영역이 형성되어 분화되거나 타 영역으로 이탈 혹은 越境(transgression)하는 다양한 경로를 확인하였다. 이 과정에는 상이한 사회적 주체들이 지명을 매개로 벌이는 지명 경합과 영역 경합의 다양한 양상이 자리 잡고 있다. 구체적인 사례로서 동일한 지명 유연성에서 유래한 두 지명, 즉 '못골(池谷)'과 '木洞'이 차자 표기와 영역 형성의 차별

적 전개로 인해 상이한 지명 영역을 형성하여 분화해 간 '木洞面/池谷里' 사례를 분석하였다. '葛巨里/蘆長里' 사례에서는 특정한 사회적 주체(安東 權氏)가 자신들의 장소 아이덴티티를 반영하는 한자 지명(上蘆長)을 생성하면서 기존의 고유 지명(갈거리)을 구석으로 축출하고 자신들의 지명 영역을 확대해간 과정이 포착되었다. 마지막으로 유교 지명(禮養里 養仁洞)과의 경합에서 밀려 쇠락해진 고유 지명(미꾸지)이 유교 지명에 저항하고 변신, 월경해간 '미꾸지/美湖/養仁' 사례를 살펴보았다.

2) 사회적 주체가 아이덴티티를 재현하는 지명을 생산하여 영역성(territoriality)을 구축해간 양상을 분석하였다. 특정한 영역 내에서 지배적인 위치를 차지하는 사회적 주체는 자신들의 아이덴티티를 관리하고 확장하려는 능력, 즉 영역성을 가지고 있다. 이들은 자신의 장소 아이덴티티와 이데올로기를 재현하는 지명들을 생산하거나 동일시하는 지명으로 변경시키면서 그들의 영역성을 강화해 갔다. 본 연구는 우선 영역성 구축의 양상이 특정한 사회적 주체들이 수행하는 이데올로기적 지명 부여로 인해 영역성이 구축된 사례를 분석하였다. 이러한 지명들은 특정한 사회적 주체의 유교 이데올로기를 대외에 과시하고 해당 지명 영역을 통해 생성된 장소 아이덴티티와 차별적인 영역성을 강화하는 지명들이다. 조선 시대 중앙 권력에 의해 시행된 '국가적인 지명 특사'의 경우(孝橋洞/典洞/仁良里)가 이에 해당된다.

다음으로 장소 아이덴티티를 재현하는 지명의 생산으로 인해 영역성이 구축된 사례가 있다. 이러한 사례 분석은 지명이 타자로부터 사회적 주체의 영역을 구획하고 자신들의 장소 아이덴티티를 재현하여 그들이 점유하고 있는 장소의 영역성을 강화한다는 사실에 기초한 것이다. 여기에는 향촌이란 지역적 스케일에서 일정한 지위와 권력을 소유하고 있던 조선 시대 노성현의 坡平 尹氏 魯宗五房派와 연기현의 南陽 洪氏 燕岐派 사례가 해당된다. 마지막으로 종족촌에서 분동된 촌락 지명에 모촌락과 동일한 표기자가 부여되면서 종족촌의 영역성이 구축된 사례가 있다. 사례 지명인 靑林의 촌락 분동 과정에서 光山 金氏 文敬公派 종족에 의해 확대 재생산된 숲말(林里)의 상징성이 분동된 촌락(靑林)의 지명 표기자로 '林'을 공유하게 하였다. 이 과정을 통해 광산 김씨 종족의 장소 아이덴티티가 재현되고 그들의 거주 영역과 일정한 영역성이 강화·구축되었다.

3) 권력관계가 동반되면서 지명 영역이 확장되는 양상, 즉 영역화 (territorialization) 사례를 확인하였다. 특정한 사회적 주체들이 권력을 행사하여 지명 영역을 확장시킨 사례는 영역성이 강화되어 새로운 영역을 확장시키는 영역화 개념, 즉 영역 내부의 아이덴티티가 더욱 강화되어 영역 외부로도 확장되는 과정과 연관된다. 권력을 동반한 지명의 영역화 사례는 행정 구역의 개편과 통폐합 과정에서 발생한 특정 지명의 행정 구역 확대와 특정한 하천 지명의 확대에서 찾아볼 수 있다. 본 연구는 이러한 지명 영역의 확장 양상을 면 지명(窺岩面·恩山面·場岩面), 읍 지명(鳥致院邑), 군현 지명(論山市)으로의 영역화 사례와 하천 지명의 영역이 확대, 쟁탈, 변동되는 사례를 금강 유역(錦江·論山川)을 중심으로 분석하였다. 이 지명들의 영역화 과정에는 해당 지명 영역에 거주하던 당시 일본인 거류민과 일부의 조선인, 그리고 행정 관청의 구심력과 중심성이 일정한 권력관계로 작용하였다.

주요어 : 지명, 고유 지명, 한자 지명, 경합 지명, 차자 표기법(音借法, 訓借法, 訓音借法), 권력, 권력관계, 문화정치, 문화전쟁, 지명을 통한 장소 아이덴티티의 재현, 지명의 이데올로기적 기호화, 지명 영역, 지명의 영역 경합, 지명을 둘러싼 스케일 정치, 지명의 언어적 변천, 지명의 명명 유연성, 지명을 통한 영역성 구축, 지명을 통한 영역화

찾아보기

ㄱ

ㅈ

ㅊ

경인한국학연구총서

*대한민국학술원 우수학술 도서   **문화체육관광부 우수학술 도서